# 工科数学分析

GONGKE SHUXUE FENXI

第二版　上册

主　编：李宏伟　肖海军
副主编：杨瑞琰　付丽华
　　　　杨　飞　陈荣三
　　　　马晴霞

**图书在版编目(CIP)数据**

工科数学分析(上册)/李宏伟,肖海军主编. —2版.武汉:中国地质大学出版社,
2018.12 (2023.8重印)
 ISBN 978-7-5625-4295-7

Ⅰ.①工…
Ⅱ.①李…②肖…
Ⅲ.①数学分析-高等学校-教材
Ⅳ.①O17

中国版本图书馆 CIP 数据核字(2018)第 169031 号

| 工科数学分析 第二版 上册 | | 李宏伟 肖海军 主 编 |
|---|---|---|
| | 杨瑞琰 付丽华 杨 飞 陈荣三 马晴霞 | 副主编 |

| 责任编辑:王凤林 郑济飞 | 策划编辑:毕克成 段连秀 郑济飞 | 责任校对:彭钰会 |
|---|---|---|
| 出版发行:中国地质大学出版社(武汉市洪山区鲁磨路388号) | | 邮政编码:430074 |
| 电　　话:(027)67883511 | 传　真:(027)67883580 | E-mail:cbb@cug.edu.cn |
| 经　　销:全国新华书店 | | http://cugp.cug.edu.cn |
| 开本:787毫米×960毫米 1/16 | | 字数:510千字　印张:25.75 |
| 版次:2010年9月第1版　2018年12月第2版 | | 印次:2023年 8月第9次印刷 |
| 印刷:湖北睿智印务有限公司 | | 印数:20 001—21 000册 |
| ISBN 978-7-5625-4295-7 | | 定价:56.00元 |

如有印装质量问题请与印刷厂联系调换

# 第二版前言

《工科数学分析》第一版出版至今已有八年，一直作为高等数学 A 课程的教材在我校使用。根据作者在多年教学实践中的体会和学生提出的问题与建议，充分采纳使用过本书的同行专家所提出的宝贵意见，并借鉴国内外同类教材的成功经验，这次修订再版对第一版的部分内容进行了增补、删减和修改，以便更好地适应高等数学教学的需要。

这次修订，我们主要进行了以下工作：

(1) 在保持本书第一版的优点和特色的基础上，继续坚持改革，反复锤炼，以使教材更好地反映国内外高等数学课程改革的新成果，体现高等数学课程教学的新理念。

(2) 对一些章节的内容进行了修订，使之更通俗易懂。由于很多专业在开设高等数学课程的同时，已经开设了线性代数课程，所以第二版删去了关于行列式简介的附录。

(3) 对全书例题进行了全面梳理，替换了部分例题，以使例题能更好地与知识内容衔接。

(4) 对全书的习题进行了调整，包括替换、增加、删减和调整次序，对习题答案进行了全面订正，并对第一版未给出答案和提示的习题进行了补充。

(5) 对全书内容进行了全面勘误，包括文字内容、数学符号、公式表达、图表等的修正。

由于第一版的部分作者退休等原因，本次修订的编者有部分调整。第二版上册由陈荣三（第一章）、杨瑞琰（第二章）、肖海军（第三章）、付丽华（第四章）、杨飞（第五章）、马晴霞（第六章、附录一及附录二）、李宏伟（第七章）修订，李宏伟、肖海军统稿。下册由刘安平（第八章）、罗文强（第九章）、李星（第十章）、黄刚（第十一章）、黄精华（第十二章）、刘鲁文（第十三章）、郭万里（第十四章、第十五章）修订，刘安平、罗文强统稿。本书第二版得到了中国地质大学出版社的大力支持，王凤林、郑济飞编辑为修订工作付出了辛勤的劳动，我们在此表示真诚的感谢！

由于作者水平所限，新版虽经反复修改，但仍会有不少缺点和疏漏，恳请同行专家和广大读者批评指正！

编　者

2018 年 10 月

# 第一版前言

随着信息科学与计算技术的发展,数学课程在理论和应用两方面的重要性越来越突出,同时使得一些专业对数学基础课程在内容的深度和广度上都提出了更高的要求.目前出版的《数学分析》教材,大多数是为数学类本科专业编写的.而信息科学、计算机科学与技术、通信工程、系统工程、软件工程、地理信息系统、地质工程等有关本科专业,它们对于数学分析的内容和方法的要求及教学时数都不同于数学类本科专业.因此,本书是为这些专业的数学基础课程编写的.

本书是以教育部工科数学课程指导委员会颁布的高等工科院校本科《高等数学课程教学基本要求》为纲,在多年开设工科数学分析课程的基础上,广泛吸取国内外知名大学的教学经验而编写的《工科数学分析》课程教材.它是一门重要的基础理论必修课,不仅包含了一般理工科"高等数学"的全部内容,而且加强和拓宽了微积分的理论基础,注重无穷小分析思想的应用,在数学逻辑性、严谨性及抽象性方面也有一定的要求和训练.

本书可作为理工科院校对数学要求较高的非数学类专业本科生教材,但如果略去理论性较强的部分和带 ∗ 号的内容,其他专业也可以使用.

编写本书的宗旨是:①通过这门课的学习,使学生系统地获得一元与多元微积分及其应用、向量代数与空间解析几何、无穷级数与常微分方程等方面的基本概念、基本理论、基本方法和运算技能,为学习后续课程和知识的自我更新奠定必要的数学基础;②在传授知识的同时,培养学生比较熟练的运算能力、抽象思维和形象思维能力、逻辑推理能力、自主学习能力以及一定的数学建模能力,正确领会一些重要的数学思想方法,使学生受到用数学分析的基本概念、理论、方法解决几何、物理及其他实际问题的初步训练,以提高抽象概括问题的能力和应用数学知识分析解决实际问题的能力.

本书在体现教材内容的深度和广度方面有一定拓宽、加强,在课程体系方面有一些改革与创新,在内容详略和增减、编写次序等方面有所变动与革新,特说明如下:

1. 本教材的课堂教学时数(包括习题课)为 170~210 学时.以篇、章、节为单位编写,全书上、下册共分三篇十五章.带 ∗ 号的内容为选学内容,教师可根据专业需要和教学时数选择讲授内容或者安排学生自学.

2. 本教材拓宽和加强了数学基础.在实数完备性基础上讲解极限理论,增加了关于实数基本理论、一致连续、一致收敛、函数可积性、矢量分析和含参变量积分的内容,以加强对学生的逻辑思维训练.

3. 在结构上进行了精心编排和重组.本书内容按照向量代数与空间解析几何、一元函数微积分学、级数理论、多元函数微积分学、常微分方程的顺序进行编写.

4. 由于本教材不仅包含了一般"高等数学"的全部内容,而且拓宽和加强了数学基础,因此篇幅会有所扩大,编写者采用了集中表达、有所偏重(主要篇幅用于典型情况,类似情况简单交待)、简化(如排除完全类似的证明)等手段尽量做到精炼.

5. 本教材在加强高等数学内容中一些重要的数学思想方法和实际应用方面做了一些尝试.对现行教材中的例题和习题作了较大变更和调整,加深、扩大了应用实例和习题的范围.通过典型例题的介绍突出数学思想方法的讲解;配以相应习题,加强应用数学能力的训练,培养学生运用高等数学的思想方法和思维方式解决实际问题能力.

6. 关于习题的配置:本教材每节及每章后均配有一定数量的习题,任课教师可从中酌情选择布置学生练习.所配习题力争做到反映各节内容的基本要求,并在一般高等数学的基础上有所加深.

每节的习题分为 A、B 两类:A 类为基本练习,其中第一题一般为思考题或讨论题,用于巩固基础知识和基本技能;B 类为加深和拓宽练习,用于扩大视野和熟练技巧.

每章配总习题,这部分习题综合性较强,既反映基本内容又有一定难度,增加一些考研的习题,题型多样,供学生综合练习和复习使用.

书末附有习题和总习题的答案与提示.

7. 本教材附有常用曲线、行列式和积分表的附录,以备教师和学生查阅.

8. 本教材中所有外国人名均用英文表示(如泰勒公式写为 Taylor 公式、洛必达法则写为 L'Hospital 法则等等).

本书上册由朱小宁(第一、二章及附录一)、赵晶(第三章)、张益群(第四章)、韩世勤(第五章)、马晴霞(第六章、附录二及附录三)、李宏伟(第七章)编写,赵晶、李宏伟统稿.下册由刘安平(第八章)、刘小雅(第九章)、李星(第十章)、吴振远(第十一、十二章)、刘鲁文(第十三章)、彭放(第十四、十五章)编写,彭放统稿.我们在编写出版过程中得到了中国地质大学数理学院领导和教师的大力支持与帮助.段连秀编辑为本书的出版付出了辛勤的劳动.谨在此向他们表示衷心的感谢.

在此次编写过程中参考了大量的有关教材,其中对本书影响较大的书目均列在书后的参考文献中,但由于编者水平所限,不足和疏漏之处在所难免,恳请读者和专家学者批评指正.

编　者<br>2010 年 9 月

# 目　录

## 上篇　向量代数与空间解析几何

### 第1章　向量代数 (1)

1.1　向量及其线性运算 (1)

    1.1.1　向量概念 (1)

    1.1.2　向量的线性运算 (2)

    1.1.3　空间直角坐标系 (6)

    1.1.4　向量的坐标表示 (8)

    1.1.5　向量的模、方向角 (10)

    习题1.1 (12)

1.2　数量积、向量积、混合积 (13)

    1.2.1　两向量的数量积 (13)

    1.2.2　两向量的向量积 (15)

    1.2.3　向量的混合积 (17)

    *1.2.4　二重向量积 (18)

    习题1.2 (20)

总习题1 (21)

### 第2章　空间解析几何 (24)

2.1　平面与直线 (24)

    2.1.1　平面方程 (24)

    2.1.2　直线方程 (27)

    习题2.1 (29)

2.2　关于直线与平面的基本问题 (30)

    2.2.1 距离问题……………………………………………………(30)
    2.2.2 两平面的关系………………………………………………(31)
    2.2.3 两直线的关系………………………………………………(32)
    2.2.4 直线与平面的关系…………………………………………(33)
    2.2.5 平面束方程…………………………………………………(34)
    习题 2.2 ……………………………………………………………(35)
  2.3 曲面…………………………………………………………………(37)
    2.3.1 曲面及其方程………………………………………………(37)
    2.3.2 球面…………………………………………………………(38)
    2.3.3 柱面…………………………………………………………(38)
    2.3.4 旋转曲面……………………………………………………(39)
    2.3.5 常见的二次曲面……………………………………………(40)
    习题 2.3 ……………………………………………………………(43)
  2.4 曲线…………………………………………………………………(44)
    2.4.1 空间曲线及其方程…………………………………………(44)
    2.4.2 空间曲线的投影柱面和投影曲线…………………………(46)
    习题 2.4 ……………………………………………………………(46)
  总习题 2 …………………………………………………………………(47)

## 下篇 微积分

## 第 3 章 函数、极限、连续……………………………………………(51)
  3.1 集合与实数系………………………………………………………(51)
    3.1.1 集合及其运算………………………………………………(51)
    3.1.2 常用的逻辑符号……………………………………………(54)
    3.1.3 数集的上确界与下确界……………………………………(54)
    习题 3.1 ……………………………………………………………(56)
  3.2 映射与函数…………………………………………………………(58)
    3.2.1 映射与函数的概念…………………………………………(58)

3.2.2 函数的初等性质 (60)
3.2.3 函数的四则运算 (61)
3.2.4 复合函数与反函数 (62)
3.2.5 初等函数 (63)
习题 3.2 (66)
3.3 数列的极限 (69)
3.3.1 引例 (69)
3.3.2 数列极限 (70)
3.3.3 收敛数列的性质 (73)
习题 3.3 (77)
3.4 收敛数列的判别定理 (79)
3.4.1 两边夹准则 (79)
3.4.2 单调有界准则 (79)
3.4.3 区间套定理 (81)
3.4.4 Weierstrass 致密性定理 (82)
3.4.5 Cauchy 收敛准则 (83)
习题 3.4 (84)
3.5 函数的极限 (85)
3.5.1 函数极限的概念 (85)
3.5.2 函数极限的性质 (89)
习题 3.5 (92)
3.6 两个重要极限与函数极限的存在准则 (94)
3.6.1 两个重要极限 (94)
3.6.2 函数极限的存在准则 (97)
习题 3.6 (99)
3.7 无穷小和无穷大 (100)
3.7.1 无穷小及其运算 (100)
3.7.2 无穷大 (102)
3.7.3 无穷小的比较 (103)

  3.7.4 曲线的渐近线 ……………………………………………………… (107)

  习题 3.7 …………………………………………………………………… (108)

 3.8 函数的连续性 …………………………………………………………… (110)

  3.8.1 连续与间断 …………………………………………………………… (110)

  3.8.2 连续函数的运算性质与初等函数的连续性 …………………………… (113)

  3.8.3 闭区间上连续函数的性质 …………………………………………… (115)

  3.8.4 函数的一致连续性 …………………………………………………… (118)

  习题 3.8 …………………………………………………………………… (120)

 总习题 3 ……………………………………………………………………… (122)

## 第 4 章　导数与微分 ………………………………………………………… (127)

 4.1 导数概念 ………………………………………………………………… (127)

  4.1.1 切线问题与速度问题 ………………………………………………… (127)

  4.1.2 导数的定义 …………………………………………………………… (129)

  4.1.3 导数的几何意义 ……………………………………………………… (132)

  4.1.4 函数可导性与连续性的关系 ………………………………………… (133)

  4.1.5 单侧导数 ……………………………………………………………… (134)

  习题 4.1 …………………………………………………………………… (135)

 4.2 求导法则与导数基本公式 ……………………………………………… (137)

  4.2.1 函数的和、差、积、商的求导法则 ………………………………… (138)

  4.2.2 复合函数的求导法则 ………………………………………………… (139)

  4.2.3 反函数的求导法则 …………………………………………………… (141)

  4.2.4 高阶导数 ……………………………………………………………… (143)

  习题 4.2 …………………………………………………………………… (148)

 4.3 隐函数与参数式函数的求导法则 ……………………………………… (151)

  4.3.1 隐函数求导法则 ……………………………………………………… (151)

  4.3.2 由参数方程确定的函数的求导法则 ………………………………… (154)

  4.3.3 极坐标式求导 ………………………………………………………… (157)

  4.3.4 相关变化率问题 ……………………………………………………… (158)

  习题 4.3 …………………………………………………………………… (160)

4.4 微分 ……………………………………………………………… (162)
  4.4.1 微分的概念 ……………………………………………… (162)
  4.4.2 一阶微分形式的不变性 ………………………………… (164)
  4.4.3 微分的运算法则 ………………………………………… (164)
  4.4.4 高阶微分 ………………………………………………… (166)
  4.4.5 微分在近似计算中的应用 ……………………………… (167)
  习题 4.4 …………………………………………………………… (169)

总习题 4 ………………………………………………………………… (170)

## 第 5 章 微分中值定理与导数的应用 ……………………………… (174)

5.1 微分中值定理 …………………………………………………… (174)
  5.1.1 极值概念与 Fermat 定理 ……………………………… (174)
  5.1.2 Rolle 定理 ……………………………………………… (175)
  5.1.3 Lagrange 中值定理 ……………………………………… (177)
  5.1.4 Cauchy 中值定理 ………………………………………… (179)
  习题 5.1 …………………………………………………………… (181)

5.2 L'Hospital 法则 ………………………………………………… (183)
  5.2.1 $\frac{0}{0}$ 与 $\frac{\infty}{\infty}$ 型未定式 ……………………………… (183)
  5.2.2 其他类型未定式 ………………………………………… (186)
  习题 5.2 …………………………………………………………… (189)

5.3 Taylor 公式 ……………………………………………………… (190)
  5.3.1 Taylor 公式 ……………………………………………… (190)
  5.3.2 几个基本初等函数的 Maclaurin 公式 ………………… (194)
  5.3.3 Taylor 公式的应用 ……………………………………… (198)
  习题 5.3 …………………………………………………………… (201)

5.4 函数形态的研究 ………………………………………………… (202)
  5.4.1 函数的单调性 …………………………………………… (202)
  5.4.2 函数极值的判定 ………………………………………… (204)
  5.4.3 函数的凹凸性 …………………………………………… (206)

5.4.4　函数作图 ································································ (208)

　　5.4.5　平面曲线的曲率 ························································ (211)

　　习题 5.4 ·········································································· (214)

5.5　函数的最大(小)值及其应用 ····················································· (216)

　　习题 5.5 ·········································································· (218)

\*5.6　求函数零点的 Newton 迭代法 ················································· (220)

　　习题 5.6 ·········································································· (221)

总习题 5 ················································································· (221)

## 第 6 章　一元函数的不定积分 ································································ (226)

6.1　不定积分的概念与性质 ····························································· (226)

　　6.1.1　原函数与不定积分的概念 ··············································· (226)

　　6.1.2　基本积分表 ································································ (228)

　　6.1.3　不定积分的性质 ··························································· (229)

　　习题 6.1 ·········································································· (230)

6.2　换元积分法和分部积分法 ·························································· (231)

　　6.2.1　第一换元法 ································································ (231)

　　6.2.2　第二换元法 ································································ (236)

　　6.2.3　分部积分法 ································································ (240)

　　习题 6.2 ·········································································· (243)

6.3　几类初等函数的积分 ································································ (245)

　　6.3.1　有理函数的积分 ··························································· (245)

　　6.3.2　三角函数有理式的积分 ·················································· (248)

　　6.3.3　某些含根式的函数的积分 ··············································· (250)

　　习题 6.3 ·········································································· (252)

总习题 6 ················································································· (253)

## 第 7 章　一元函数定积分 ································································ (255)

7.1　定积分的概念 ········································································· (255)

　　7.1.1　面积问题与路程问题 ······················································ (255)

7.1.2　定积分的定义 …………………………………………………… (258)

　　7.1.3　用定义计算定积分 ……………………………………………… (260)

　习题 7.1 ………………………………………………………………………… (262)

7.2　函数可积准则 ………………………………………………………………… (263)

＊7.2.1　可积函数的判别定理 …………………………………………… (263)

　　7.2.2　可积函数类 ……………………………………………………… (266)

　习题 7.2 ………………………………………………………………………… (268)

7.3　定积分的性质 ………………………………………………………………… (269)

　习题 7.3 ………………………………………………………………………… (274)

7.4　微积分基本公式 ……………………………………………………………… (275)

　　7.4.1　问题的提出 ……………………………………………………… (275)

　　7.4.2　积分上限函数及其性质 ………………………………………… (276)

　　7.4.3　Newton-Leibniz 公式 …………………………………………… (279)

　习题 7.4 ………………………………………………………………………… (281)

7.5　定积分的计算 ………………………………………………………………… (283)

　　7.5.1　定积分的换元法 ………………………………………………… (283)

　　7.5.2　定积分的分部积分法 …………………………………………… (286)

　　7.5.3　定积分计算和证明的若干方法 ………………………………… (288)

　习题 7.5 ………………………………………………………………………… (296)

7.6　反常积分 ……………………………………………………………………… (299)

　　7.6.1　无穷区间的反常积分 …………………………………………… (299)

　　7.6.2　无界函数的反常积分 …………………………………………… (302)

　　7.6.3　收敛判别法 ……………………………………………………… (306)

＊7.6.4　Γ 函数与 B 函数 ………………………………………………… (311)

　习题 7.6 ………………………………………………………………………… (314)

7.7　定积分的应用 ………………………………………………………………… (316)

　　7.7.1　微元法 …………………………………………………………… (317)

　　7.7.2　定积分在几何中的应用举例 …………………………………… (318)

　　7.7.3　定积分在物理中的应用举例 …………………………………… (329)

习题 7.7 ……………………………………………………………（335）
　*7.8　定积分的近似计算 …………………………………………（339）
　　　7.8.1　矩形法 …………………………………………………（339）
　　　7.8.2　梯形法 …………………………………………………（340）
　　　7.8.3　抛物线法 ………………………………………………（341）
　　习题 7.8 ……………………………………………………………（343）
　总习题 7 ………………………………………………………………（343）
附录Ⅰ　积分表 …………………………………………………………（350）
附录Ⅱ　几种常用的二次曲线 …………………………………………（360）
参考文献 …………………………………………………………………（364）
习题答案与提示 …………………………………………………………（365）

# 上篇　向量代数与空间解析几何

在平面解析几何中,通过坐标法把平面上的点与一对有次序的数对应起来,把平面上的图形和方程对应起来,从而可以用代数方法来研究几何问题,空间解析几何也是按照类似的方法建立起来的.

平面解析几何的知识对学习一元函数微积分是不可缺少的,而空间解析几何的知识对学习多元函数微积分也是必要的.

本篇首先建立空间直角坐标系,引进在工程技术上有着广泛应用的向量,介绍向量的一些运算,然后介绍空间曲面和空间曲线的部分内容,并以向量为工具来讨论空间的平面和直线,最后介绍二次曲面.

# 第1章　向量代数

## 1.1　向量及其线性运算

### 1.1.1　向量概念

在研究力学、物理学以及其他应用科学时,常会遇到这样一类量,它们既有大小,又有方向.例如力、力矩、位移、速度、加速度等,这一类量叫做**向量**.

在数学上,往往用一条有方向的线段,即有向线段来表示向量.有向线段的长度表示向量的大小,有向线段的方向表示向量的方向.以 $M_1$ 为起点、$M_2$ 为终点的有向线段所表示的向量,记作 $\overrightarrow{M_1M_2}$(图 1.1).有时也用一个粗体字母或用一个上面加箭头的书写体字母表示向量,例如 $\boldsymbol{a}$、$\boldsymbol{i}$、$\boldsymbol{v}$、$\boldsymbol{F}$ 或 $\vec{a}$、$\vec{i}$、$\vec{v}$、$\vec{F}$ 等.

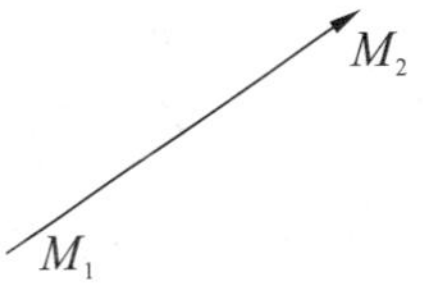

以坐标原点 $O$ 为起点,向一个点 $M$ 引向量 $\overrightarrow{OM}$,这个向

图 1.1

量叫做点 $M$ 对于点 $O$ 的向径,常用粗体字母 $r$ 表示.

在实际问题中,有些向量与其起点有关,有些向量与其起点无关.由于一切向量的共性是它们都有大小和方向,所以在数学上我们只研究与起点无关的向量,并称这种向量为自由向量(以下简称为向量),即只考虑向量的大小和方向,而不论它的起点在什么地方.当遇到与起点有关的向量时(例如,谈到某一质点的运动速度时,这速度就是与所考虑的那一质点的位置有关的向量),可在一般原则下作特别处理.

由于我们只讨论自由向量,所以如果两个向量 $a$ 和 $b$ 的大小相等,且方向相同,我们就说向量 $a$ 和 $b$ 是相等的,记作 $a=b$.这就是说,经过平行移动后能完全重合的向量是相等的.

向量的大小叫做向量的模.向量 $\overrightarrow{M_1M_2}$、$\vec{a}$ 的模依次记作 $|\overrightarrow{M_1M_2}|$、$|a|$、$|\vec{a}|$.模等于1的向量叫做**单位向量**.模等于零的向量叫做**零向量**,记作 $\mathbf{0}$ 或 $\vec{0}$.零向量的起点和终点重合,它的方向可以看作是任意的.

两个非零向量,如果它们的方向相同或者相反,就称这两个向量**平行**.向量 $a$ 与 $b$ 平行,记作 $a/\!/b$.由于零向量的方向可以看作是任意的,因此可以认为零向量与任何向量都平行.

### 1.1.2　向量的线性运算

现在我们引进向量的加法和数乘这两种运算,称之为向量的线性运算.

**1. 向量的加法**

根据力学中两个力的合成法则,我们用**平行四边形法则**来定义两个向量的相加.

将两个向量 $a$ 与 $b$ 平移至同一起点 $A$,作 $\overrightarrow{AB}=a$,$\overrightarrow{AD}=b$,以 $AB$、$AD$ 为边作一个平行四边形 $ABCD$,连接对角线 $AC$,见图 1.2(a),则向量 $\overrightarrow{AC}$ 即等于向量 $a$ 与 $b$ 的和 $a+b$,即

$$a+b=\overrightarrow{AC}.$$

为了解决两个平行向量相加的问题,我们进一步引进下面的**三角形法则**.

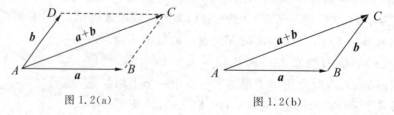

图 1.2(a)　　　　　　　　　　图 1.2(b)

通过平移将向量 $a$ 与 $b$ 首尾相接,则由起点到终点的向量 $\overrightarrow{AC}$ 为向量 $a$、$b$ 之和,见图 1.2(b),即
$$a+b=\overrightarrow{AC}.$$
不难看出,三角形法则蕴含了平行四边形法则.

**2. 向量的数乘**

向量 $a$ 与实数 $k$ 的乘积(称为**向量的数乘**)定义为一个向量,记作 $ka$,它的模为 $|ka|=|k||a|$,它的方向与 $a$ 平行.当 $k>0$ 时,$ka$ 与 $a$ 同向;当 $k<0$ 时,$ka$ 与 $a$ 反向(图 1.3);当 $k=0$ 时,$|ka|=0$,即 $ka$ 为零向量,这时它的方向可以是任意的.特别地,当 $k=1$ 时,$1 \cdot a=a$;$k=-1$ 时,$(-1) \cdot a=-a$,是与 $a$ 的模相同而方向相反的向量,$-a$ 叫做 $a$ 的负向量.

由向量的数乘可以导出向量的减法,即 $b$ 与 $a$ 的差定义为
$$b-a=b+(-1) \cdot a=b+(-a).$$
也就是将 $a$ 变成 $-a$ 再和 $b$ 相加(图 1.4).

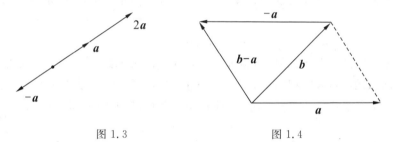

图 1.3　　　　　　图 1.4

如果用记号 $e_a$ 表示与向量 $a$ 同方向的单位向量,则依向量的数乘定义,有
$$a=|a|e_a.$$
因此,一个非零向量除以它的模便可得到一个同方向的单位向量,即
$$\frac{a}{|a|}=e_a.$$

**3. 向量加法和数乘的运算律**

**定理 1.1**　对于任意向量 $a$、$b$、$c$ 以及任意的数 $\alpha$、$\beta$,以下的运算律成立:

(1) $a+b=b+a$　(交换律);

(2) $(a+b)+c=a+(b+c)$　(结合律);

(3) $\alpha(\beta a)=(\alpha\beta)a$　(数乘的结合律);

(4) $(\alpha+\beta)a=\alpha a+\beta a$　(分配律);

(5) $\alpha(a+b)=\alpha a+\alpha b$　(分配律).

**证**　仅证明(2),其余证明留作练习.

按向量加法的三角形法则,从图 1.5 可见:先作 $a+b$,再加上 $c$,即得和 $(a+b)+c$,如以 $a$ 与 $b+c$ 相加,则得同一结果,所以符合结合律.证毕.

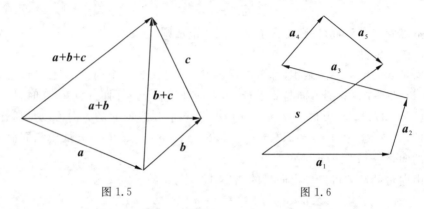

图 1.5　　　　　　　　　图 1.6

由于向量的加法符合交换律与结合律,故 $n$ 个向量 $a_1, a_2, \cdots, a_n (n \geqslant 3)$ 相加可写成

$$a_1 + a_2 + \cdots + a_n.$$

并按向量相加的三角形法则,可得 $n$ 个向量相加的法则如下:将前一向量的终点作为次一向量的起点,相继作向量 $a_1, a_2, \cdots, a_n$,再以第一个向量的起点为起点、最后一个向量的终点为终点作一向量,这个向量即为所求的和.如图 1.6,有

$$s = a_1 + a_2 + \cdots + a_5.$$

由三角形两边之和大于第三边的原理,有

$$|a+b| \leqslant |a| + |b| \quad \text{及} \quad |a-b| \leqslant |a| + |b|,$$

其中等号在 $a$ 与 $b$ 同向或反向时成立.

我们常用向量与数的乘积来说明两个向量的平行关系,即有以下定理.

**定理 1.2**　设向量 $a \neq 0$,那么,向量 $b$ 平行于 $a$ 的充分必要条件是:存在唯一的实数 $k$,使 $b = ka$.

**证明**:条件的充分性是显然的,下面证明条件的必要性.

设 $b \parallel a$,取 $|k| = \dfrac{|b|}{|a|}$,当 $b$ 与 $a$ 同向时 $k$ 取正值,当 $b$ 与 $a$ 反向时 $k$ 取负值,即有 $b = ka$.这是因为此时 $b$ 与 $ka$ 同向,且 $|ka| = |k| |a| = \dfrac{|b|}{|a|} |a| = |b|$.

再证数 $k$ 的唯一性.设 $b = ka$,又设 $b = la$,两式相减,便得

$$(k-l)a = 0, \quad \text{即} \quad |k-l| |a| = 0.$$

因 $|a| \neq 0$,故 $|k-l| = 0$,即 $k = l$,定理证毕.

我们知道,给定一个点、一个方向及单位长度,就确定了一条数轴.由于一个单

位向量既确定了方向,又确定了长度,因此,给定一个点及一个单位向量就确定了一条数轴.设点 $O$ 及单位向量 $\boldsymbol{i}$ 确定了数轴 $Ox$(图 1.7),对于轴上任一点 $P$,对应一个向量 $\overrightarrow{OP}$,由于 $\overrightarrow{OP}/\!/\boldsymbol{i}$,根据定理 1.2,必有唯一实数 $x$,使 $\overrightarrow{OP}=x\boldsymbol{i}$(实数 $x$ 叫做轴上有向线段 $\overrightarrow{OP}$ 的值),并知 $\overrightarrow{OP}$ 与实数 $x$ 一一对应.于是

$$\text{点 } P \longleftrightarrow \text{向量}\overrightarrow{OP}=x\boldsymbol{i} \longleftrightarrow \text{向量实数 } x.$$

从而轴上的点 $P$ 与实数 $x$ 有一一对应的关系.据此,又定义实数 $x$ 为轴上点 $P$ 的坐标.

由此可知,轴上点 $P$ 的坐标为 $x$ 的充分必要条件是

$$\overrightarrow{OP}=x\boldsymbol{i}.$$

**例 1.1** 在平行四边形 $ABCD$ 中,设 $\overrightarrow{AB}=\boldsymbol{a}$,$\overrightarrow{AD}=\boldsymbol{b}$.试用 $\boldsymbol{a}$ 和 $\boldsymbol{b}$ 表示向量 $\overrightarrow{MA},\overrightarrow{MB},\overrightarrow{MC}$ 和 $\overrightarrow{MD}$,这里 $M$ 是平行四边形对角线的交点(图 1.8).

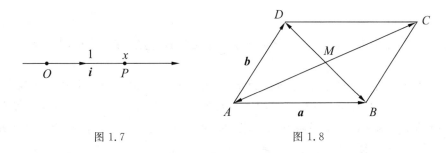

图 1.7  图 1.8

**解** 由于平行四边形的对角线互相平分,所以由三角形法则,得

$$\boldsymbol{a}+\boldsymbol{b}=2\overrightarrow{AM},$$

即

$$-(\boldsymbol{a}+\boldsymbol{b})=2\overrightarrow{MA},$$

于是 $\overrightarrow{MA}=-\dfrac{1}{2}(\boldsymbol{a}+\boldsymbol{b})$.

因为 $\overrightarrow{MC}=-\overrightarrow{MA}$,所以

$$\overrightarrow{MC}=\dfrac{1}{2}(\boldsymbol{a}+\boldsymbol{b}).$$

因为 $-\boldsymbol{a}+\boldsymbol{b}=\overrightarrow{BD}=2\overrightarrow{MD}$,所以

$$\overrightarrow{MD}=\dfrac{1}{2}(\boldsymbol{b}-\boldsymbol{a}).$$

由于 $\overrightarrow{MB}=-\overrightarrow{MD}$,所以 $\overrightarrow{MB}=\dfrac{1}{2}(\boldsymbol{a}-\boldsymbol{b})$.

### 1.1.3 空间直角坐标系

**1. 空间直角坐标系**

为了沟通空间图形与数的研究,我们需要建立空间的点与有序数组之间的联系.这种联系通常是用类似于平面解析几何的方法通过引进空间直角坐标系来实现的.

过空间一个定点 $O$,作三条互相垂直的数轴,它们都以 $O$ 为原点且一般具有相同的长度单位.这三条轴分别叫做 $x$ **轴**(横轴)、$y$ **轴**(纵轴)、$z$ **轴**(竖轴),统称**坐标轴**.通常把 $x$ 轴和 $y$ 轴配置在水平面上,而 $z$ 轴则是铅垂线;它们的正向通常符合右手规则,即以右手握住 $z$ 轴,当右手的四个手指从正向 $x$ 轴以 $\frac{\pi}{2}$ 角度转向正向 $y$ 轴时,大拇指的指向就是 $z$ 轴的正向,如图 1.9,图中箭头的指向表示 $x$ 轴、$y$ 轴、$z$ 轴的正向.这样的三条坐标轴就组成了一个**空间直角坐标系**.点 $O$ 叫做**坐标原点**(或原点).

三条坐标轴中的任意两条可以确定一个平面,这样定出的三个平面统称为**坐标面**.$x$ 轴与 $y$ 轴所确定的坐标面叫做 $xOy$ 面,另两个由 $y$ 轴及 $z$ 轴和由 $z$ 轴及 $x$ 轴所确定的坐标面,分别叫做 $yOz$ 面及 $zOx$ 面.三个坐标面把空间分成八个部分,每一部分叫做**卦限**.含有 $x$ 轴、$y$ 轴与 $z$ 轴正半轴的那个卦限叫做第一卦限,其他第二、第三、第四卦限,在 $xOy$ 面的上方,按逆时针方向确定.第五至第八卦限,在 $xOy$ 面的下方,由第一卦限之下的第五卦限,按逆时针方向确定,这八个卦限分别用字母 Ⅰ、Ⅱ、Ⅲ、Ⅳ、Ⅴ、Ⅵ、Ⅶ、Ⅷ 表示(图 1.10).

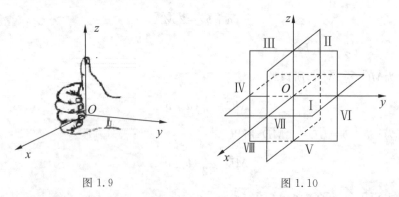

图 1.9    图 1.10

设 $M$ 为空间一已知点,我们过点 $M$ 作三个平面分别垂直于三个坐标轴,它们与 $x$ 轴、$y$ 轴、$z$ 轴的交点依次为 $P$、$Q$、$R$(图 1.11),这三点在 $x$ 轴、$y$ 轴、$z$ 轴上的

坐标依次为 $x,y,z$. 于是空间一点 $M$ 就唯一确定了一个有序数组 $x,y,z$；反过来，已知一有序数组 $x,y,z$，我们可以在 $x$ 轴上取坐标为 $x$ 的点 $P$，在 $y$ 轴上取坐标为 $y$ 的点 $Q$，在 $z$ 轴上取坐标为 $z$ 的点 $R$，然后通过 $P$、$Q$ 与 $R$ 分别作 $x$ 轴、$y$ 轴和 $z$ 轴的垂直平面. 这三个垂直平面的交点 $M$ 便是由有序数组 $x,y,z$ 所确定的唯一的点. 这样，就建立了空间的点 $M$ 和有序数组 $x,y,z$ 之间的一一对应关系. 这组数 $x,y,z$ 就叫做点 $M$ 的坐标，并依次称 $x$、$y$ 和 $z$ 为点 $M$ 的横坐标、纵坐标和竖坐标. 坐标为 $x,y,z$ 的点 $M$ 通常记为 $M(x,y,z)$.

坐标面上和坐标轴上的点，其坐标各有一定的特征. 例如：若点 $M$ 在 $yOz$ 面上，则 $x=0$；同样，在 $zOx$ 面上的点，$y=0$；在 $xOy$ 面上的点，$z=0$. 若点 $M$ 在 $x$ 轴上，则 $y=z=0$；同样，在 $y$ 轴上的点，有 $z=x=0$；在 $z$ 轴上的点，有 $x=y=0$. 若点 $M$ 为原点，则 $x=y=z=0$.

**2. 空间两点间的距离**

设 $M_1(x_1,y_1,z_1)$、$M_2(x_2,y_2,z_2)$ 为空间两点，为了用两点的坐标来表达它们间的距离 $d$，我们过 $M_1$、$M_2$ 各作三个平面分别垂直于三条坐标轴，这六个平面围成一个以 $M_1M_2$ 为对角线的长方体(图 1.12).

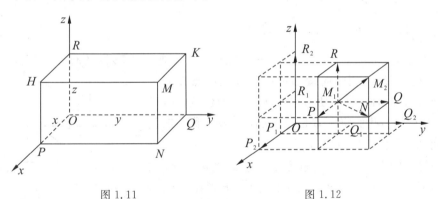

图 1.11　　　　　　　　图 1.12

由于 $\angle M_1NM_2$ 为直角，$\triangle M_1NM_2$ 为直角三角形，所以
$$d^2=|M_1M_2|^2=|M_1N|^2+|NM_2|^2.$$
又 $\triangle M_1PN$ 也是直角三角形，且 $|M_1N|^2=|M_1P|^2+|PN|^2$，所以
$$d^2=|M_1M_2|^2=|M_1P|^2+|PN|^2+|NM_2|^2.$$
由于 $|M_1P|=|P_1P_2|=|x_2-x_1|$，$|PN|=|Q_1Q_2|=|y_2-y_1|$，$|NM_2|=|R_1R_2|=|z_2-z_1|$，所以
$$d=|M_1M_2|=\sqrt{(x_2-x_1)^2+(y_2-y_1)^2+(z_2-z_1)^2},$$
这就是空间两点间的距离公式.

特殊地,点 $M(x,y,z)$ 与坐标原点 $O(0,0,0)$ 的距离为
$$d=|OM|=\sqrt{x^2+y^2+z^2}.$$

**例 1.2** 求证:以 $A(2,1,9)$、$B(8,-1,6)$、$C(0,4,3)$ 三点为顶点的三角形是一个等腰直角三角形.

**证明** $|AB|=\sqrt{(8-2)^2+(-1-1)^2+(6-9)^2}=\sqrt{49}=7$,

$|AC|=\sqrt{(0-2)^2+(4-1)^2+(3-9)^2}=\sqrt{49}=7$,

$|CB|=\sqrt{(8-0)^2+(-1-4)^2+(6-3)^2}=\sqrt{98}=7\sqrt{2}$,

因为 $|AB|=|AC|$,$|CB|^2=|AB|^2+|AC|^2$,所以 $\triangle ABC$ 是一个等腰直角三角形.

**例 1.3** 在 $y$ 轴上求与点 $M_1(1,2,3)$ 和 $M_2(2,3,2)$ 等距离的点坐标.

**解** 设点为 $M(0,y,0)$,则有 $|M_1M|^2=|M_2M|^2$,即
$$1^2+(2-y)^2+3^2=2^2+(3-y)^2+2^2 \Rightarrow y=\frac{3}{2},$$
所以点为 $M(0,\frac{3}{2},0)$.

### 1.1.4 向量的坐标表示

在空间直角坐标系中,由于任一向量均可以通过平移将其起点移至原点 $O$ 处,因此,下面谈到的向量都可以看成是起点在原点的向量.这时,向量 $\overrightarrow{OA}$ 便由它的终点 $A$ 的位置完全确定(图 1.13),我们将点 $A$ 的坐标 $(a_1,a_2,a_3)$ 称为向量 $\overrightarrow{OA}$ 的坐标,也就是说,起点在原点的向量的坐标就是它的终点的坐标,并且向量完全由它的坐标确定. 在几何上,$|a_1|$、$|a_2|$ 以及 $|a_3|$ 是向量 $\overrightarrow{OA}$ 分别在 $x$ 轴、$y$ 轴以及 $z$ 轴上的投影线的长度. 因此,我们也称 $a_1$ 是向量 $\overrightarrow{OA}$ 在 $x$ 轴上的投影,$a_2$ 是向量 $\overrightarrow{OA}$ 在 $y$ 轴上的投影,$a_3$ 是向量 $\overrightarrow{OA}$ 在 $z$ 轴上的投影. 如此,我们将向量 $\overrightarrow{OA}$ 的坐标 $(a_1,a_2,a_3)$ 称为向量 $(a_1,a_2,a_3)$. 只要注意上下文,这样的记号是不会使点的坐标与向量混淆的. 例如,$\boldsymbol{r}=(1,2,3)$ 就是起点在原点、终点在点 $A(1,2,3)$ 的向量 $\boldsymbol{r}$,而不是点 $A$.

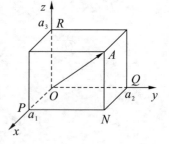

图 1.13

任给向量 $\boldsymbol{r}$,有对应点 $A$,使 $\overrightarrow{OA}=\boldsymbol{r}$. 由向量加法的三角形法则可知,有
$$\boldsymbol{r}=\overrightarrow{OA}=\overrightarrow{OP}+\overrightarrow{PN}+\overrightarrow{NA}=\overrightarrow{OP}+\overrightarrow{OQ}+\overrightarrow{OR}.$$

设
$$\overrightarrow{OP}=a_1\boldsymbol{i},\overrightarrow{OQ}=a_2\boldsymbol{j},\overrightarrow{OR}=a_3\boldsymbol{k},$$

则
$$r = \overrightarrow{OA} = a_1\boldsymbol{i} + a_2\boldsymbol{j} + a_3\boldsymbol{k}.$$

上式称为向量 $\boldsymbol{r}$ 的坐标分解式, $a_1\boldsymbol{i}$、$a_2\boldsymbol{j}$、$a_3\boldsymbol{k}$ 称为向量 $\boldsymbol{r}$ 沿三个坐标轴方向的分向量,其中 $\boldsymbol{i},\boldsymbol{j},\boldsymbol{k}$ 是分别在三个坐标轴上取的单位向量
$$\boldsymbol{i}=(1,0,0), \boldsymbol{j}=(0,1,0), \boldsymbol{k}=(0,0,1).$$

向量 $\boldsymbol{r}=\overrightarrow{OA}$ 也称为点 $A$ 关于原点 $O$ 的向径.

这里要注意,向量在坐标轴上的分向量和向量的坐标有本质的区别.向量 $\boldsymbol{r}$ 的坐标是三个数 $a_1$、$a_2$、$a_3$,而向量 $\boldsymbol{r}$ 在坐标轴上的分向量是三个向量 $a_1\boldsymbol{i}$、$a_2\boldsymbol{j}$、$a_3\boldsymbol{k}$.

利用向量的坐标,可得向量的加法、减法以及向量与数的乘法的运算如下:
设
$$\boldsymbol{a}=(a_x,a_y,a_z),\quad \boldsymbol{b}=(b_x,b_y,b_z),$$
即
$$\boldsymbol{a}=a_x\boldsymbol{i}+a_y\boldsymbol{j}+a_z\boldsymbol{k},\quad \boldsymbol{b}=b_x\boldsymbol{i}+b_y\boldsymbol{j}+b_z\boldsymbol{k}.$$

利用向量加法的交换律与结合律,以及向量与数相乘的结合律与分配律,有
$$\boldsymbol{a}+\boldsymbol{b}=(a_x+b_x)\boldsymbol{i}+(a_y+b_y)\boldsymbol{j}+(a_z+b_z)\boldsymbol{k},$$
$$\boldsymbol{a}-\boldsymbol{b}=(a_x-b_x)\boldsymbol{i}+(a_y-b_y)\boldsymbol{j}+(a_z-b_z)\boldsymbol{k},$$
$$\lambda\boldsymbol{a}=(\lambda a_x)\boldsymbol{i}+(\lambda a_y)\boldsymbol{j}+(\lambda a_z)\boldsymbol{k}\quad (\lambda \text{ 为常数}),$$
即
$$\boldsymbol{a}+\boldsymbol{b}=(a_x+b_x,a_y+b_y,a_z+b_z),$$
$$\boldsymbol{a}-\boldsymbol{b}=(a_x-b_x,a_y-b_y,a_z-b_z),$$
$$\lambda\boldsymbol{a}=(\lambda a_x,\lambda a_y,\lambda a_z).$$

由此可见,对向量进行加、减及与数相乘,只须对向量的各个坐标分别进行相应的数量运算就行了.

上节定理 1.2 指出,当向量 $\boldsymbol{a}\neq\boldsymbol{0}$ 时,向量 $\boldsymbol{b}/\!/\boldsymbol{a}$ 相当于 $\boldsymbol{b}=\lambda\boldsymbol{a}$,按坐标表示式即为
$$(b_x,b_y,b_z)=(\lambda a_x,\lambda a_y,\lambda a_z).$$

这也就相当于向量 $\boldsymbol{b}$ 与 $\boldsymbol{a}$ 对应的坐标成比例:
$$\frac{b_x}{a_x}=\frac{b_y}{a_y}=\frac{b_z}{a_z}.$$

**例 1.4** 已知两点 $A(x_1,y_1,z_1)$、$B(x_2,y_2,z_2)$ 以及实数 $\lambda\neq-1$,求向量 $\overrightarrow{AB}$ 的坐标表示式,并在直线 $AB$ 上求点 $M$,使
$$\overrightarrow{AM}=\lambda\overrightarrow{MB}.$$

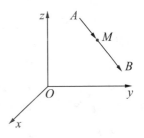

图 1.14

**解** 如图 1.14 所示,由于

$$\overrightarrow{OA}+\overrightarrow{AB}=\overrightarrow{OB},$$

所以
$$\overrightarrow{AB}=\overrightarrow{OB}-\overrightarrow{OA}=(x_2,y_2,z_2)-(x_1,y_1,z_1)$$
$$=(x_2-x_1,y_2-y_1,z_2-z_1).$$

又
$$\overrightarrow{AM}=\overrightarrow{OM}-\overrightarrow{OA},\ \overrightarrow{MB}=\overrightarrow{OB}-\overrightarrow{OM},$$

因此
$$\overrightarrow{OM}-\overrightarrow{OA}=\lambda(\overrightarrow{OB}-\overrightarrow{OM}).$$

从而
$$\overrightarrow{OM}=\frac{1}{1+\lambda}(\overrightarrow{OA}+\lambda\overrightarrow{OB}),$$

以 $\overrightarrow{OA}$、$\overrightarrow{OB}$ 的坐标(即点 $A$、点 $B$ 的坐标)代入,即得
$$\overrightarrow{OM}=\left(\frac{x_1+\lambda x_2}{1+\lambda},\frac{y_1+\lambda y_2}{1+\lambda},\frac{z_1+\lambda z_2}{1+\lambda}\right),$$

这就是点 $M$ 的坐标.

本例也称为线段的定比分点公式. 由此例可知, 用向量方法解决空间解析几何问题是很方便的. 当 $\lambda=1$ 时, 可得线段 $AB$ 的中点为
$$M\left(\frac{x_1+x_2}{2},\frac{y_1+y_2}{2},\frac{z_1+z_2}{2}\right).$$

### 1.1.5 向量的模、方向角

向量可以用它的模和方向来表示,也可以用它的坐标来表示. 为了应用上的方便,有必要找出这两种表示法之间的联系. 也就是说,要找出向量的坐标与向量的模、方向之间的联系.

设向量 $\boldsymbol{r}=(x,y,z)$,则其起点为原点 $(0,0,0)$,终点为 $(x,y,z)$,因而由两点间距离公式即知向量 $\boldsymbol{r}=(x,y,z)$ 的模
$$|\boldsymbol{r}|=\sqrt{x^2+y^2+z^2}.$$

设有点 $A(x_1,y_1,z_1)$ 和 $B(x_2,y_2,z_2)$,则点 $A$ 与点 $B$ 间的距离就是向量 $\overrightarrow{AB}$ 的模,即
$$|\overrightarrow{AB}|=\sqrt{(x_2-x_1)^2+(y_2-y_1)^2+(z_2-z_1)^2}.$$

对于非零向量 $\boldsymbol{a}=\overrightarrow{OA}=(a_1,a_2,a_3)$,我们可以用它与三条坐标轴的正向的夹角 $\alpha、\beta、\gamma(0\leqslant\alpha\leqslant\pi,0\leqslant\beta\leqslant\pi,0\leqslant\gamma\leqslant\pi)$ 来表示它的方向(图 1.15),称 $\alpha、\beta、\gamma$ 为非零向量 $\boldsymbol{a}$ 的方向角.

由图 1.15 可见,坐标 $a_1$ 即为向量 $\boldsymbol{a}$ 在 $x$ 轴上的投影,故可得

$$a_1 = |\overrightarrow{OA}|\cos\alpha = |\boldsymbol{a}|\cos\alpha.$$

从而

$$\cos\alpha = \frac{a_1}{|\boldsymbol{a}|} = \frac{a_1}{\sqrt{a_1^2+a_2^2+a_3^2}}.$$

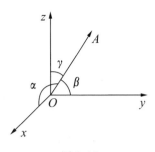

图 1.15

同理可得

$$\cos\beta = \frac{a_2}{\sqrt{a_1^2+a_2^2+a_3^2}}, \quad \cos\gamma = \frac{a_3}{\sqrt{a_1^2+a_2^2+a_3^2}}.$$

从而

$$(\cos\alpha,\cos\beta,\cos\gamma) = \left(\frac{a_1}{|\boldsymbol{a}|},\frac{a_2}{|\boldsymbol{a}|},\frac{a_3}{|\boldsymbol{a}|}\right)$$
$$= \frac{1}{|\boldsymbol{a}|}(a_1,a_2,a_3) = \frac{\boldsymbol{a}}{|\boldsymbol{a}|} = \boldsymbol{e}_a,$$

$\cos\alpha,\cos\beta,\cos\gamma$ 称为向量 $\boldsymbol{a}$ 的方向余弦。上式表明，以向量 $\boldsymbol{a}$ 的方向余弦为坐标的向量就是与 $\boldsymbol{a}$ 同方向的单位向量 $\boldsymbol{e}_a$。并由此可得

$$\cos^2\alpha + \cos^2\beta + \cos^2\gamma = 1$$

通常也用向量的方向余弦来表示向量的方向。

**例 1.5** 设向量 $|\boldsymbol{a}|=6$，$\boldsymbol{a}$ 与 $x$、$y$ 轴的夹角分别为 $\frac{\pi}{6}, \frac{\pi}{3}$，求 $\boldsymbol{a}$ 的坐标表示式。

**解** $\cos\alpha = \cos\frac{\pi}{6} = \frac{\sqrt{3}}{2}$，$\cos\beta = \cos\frac{\pi}{3} = \frac{1}{2}$，故

$$\cos^2\gamma = 1 - \left(\frac{\sqrt{3}}{2}\right)^2 - \left(\frac{1}{2}\right)^2 = 0,$$

即 $\cos\gamma = 0$。所以

$$a_x = 6\times\frac{\sqrt{3}}{2} = 3\sqrt{3}, \quad a_y = 6\times\frac{1}{2} = 3, \quad a_z = 0.$$

因此 $\boldsymbol{a} = (3\sqrt{3}, 3, 0)$。

**例 1.6** 求一个单位向量，使它与向量 $\boldsymbol{r} = 2\boldsymbol{i} - 3\boldsymbol{j} + \boldsymbol{k}$ 的方向一致。

**解** 因为

$$|2\boldsymbol{i}-3\boldsymbol{j}+\boldsymbol{k}| = \sqrt{2^2+(-3)^2+1^2} = \sqrt{14}.$$

设 $\boldsymbol{r}^0$ 为和向量 $\boldsymbol{r}$ 方向一致的单位向量，于是

$$\boldsymbol{r}^0 = \frac{\boldsymbol{r}}{|\boldsymbol{r}|} = \frac{1}{\sqrt{14}}(2\boldsymbol{i}-3\boldsymbol{j}+\boldsymbol{k}).$$

## 习题 1.1

### (A)

1. 回答下列问题.
  (1) 空间直角坐标系具有哪些要素?
  (2) $\mathbf{R}^n$ 中两点的距离如何定义?
  (3) 怎样确定一个向量? 向量之间能否互相比较?
  (4) 什么叫单位向量? 给定一个非零向量 $a$, 你能写出一个与 $a$ 同方向的单位向量吗?
  (5) 如何定义一个向量的模与方向余弦?
  (6) 如何定义一个向量的线性运算?

2. 在空间直角坐标系中, 画出下列各点: $(0,0,-4)$, $(0,3,4)$, $(\sqrt{2},1,2)$.

3. 求点 $(a,b,c)$ 关于 (1) 各坐标面、(2) 各坐标轴、(3) 坐标原点的对称点的坐标.

4. 自点 $P_0(x_0,y_0,z_0)$ 分别作各坐标面和各坐标轴的垂线, 写出各垂足的坐标.

5. 求点 $M(4,-3,5)$ 到各坐标轴的距离.

6. 在 $yOz$ 面上, 求与三个已知点 $A(3,1,2)$、$B(4,-2,-2)$ 和 $C(0,5,1)$ 等距离的点.

7. 求平行于向量 $a=(6,7,-6)$ 的单位向量.

8. 设 $u=a-b+2c$, $v=-a+3b-c$, 试用 $a$、$b$、$c$ 表示 $2u-3v$.

9. 设 $m=3i+5j+8k$, $n=2i-4j-7k$ 和 $p=5i+j-4k$, 求向量 $a=4m+3n-p$ 在 $x$ 轴上的投影及在 $y$ 轴上的分向量.

10. 设一向量与 $x$ 轴和 $y$ 轴的夹角相等, 而与 $z$ 轴的夹角是前者的两倍, 求这一向量的方向余弦.

11. 向量 $a=4i-4j+7k$ 的终点 $B$ 的坐标为 $(2,-1,7)$, 求它的始点 $A$ 的坐标, 并求 $a$ 的模及其方向余弦.

12. 设向量的方向余弦分别满足 (1) $\cos\alpha=0$; (2) $\cos\beta=1$; (3) $\cos\alpha=\cos\beta=0$, 问这些向量与坐标面或坐标轴的关系如何?

13. 设 $m=i+j$, $n=2j+k$, 求以向量 $m$、$n$ 为边的平行四边形的对角线的长度.

### (B)

1. 证明以三点 $A(4,1,9)$, $B(10,-1,6)$, $C(2,4,3)$ 为顶点的三角形是等腰三角形.

2. 已知三力 $F_1=(1,2,3), F_2=(-2,3,-4), F_3=(3,-4,5)$ 同时作用于一点,求合力的大小和方向余弦.

3. 设 $a、b、c$ 均为非零向量,其中任意两个向量不共线,但是 $a+b$ 与 $c$ 共线,$b+c$ 与 $a$ 共线,证明 $a+b+c=0$.

## 1.2 数量积、向量积、混合积

### 1.2.1 两向量的数量积

设一物体在常力 $F$ 作用下沿直线从点 $M_1$ 移动到点 $M_2$. 以 $s$ 表示位移 $\overrightarrow{M_1M_2}$. 由物理学知道,力 $F$ 所作的功为
$$W=|F||s|\cos\theta,$$
其中 $\theta$ 为 $F$ 与 $s$ 的夹角(图 1.16).

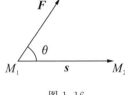

图 1.16

由于功 $W$ 是数量,这表明,我们有时要对两个向量 $a$ 和 $b$ 作这样的运算,其结果是一个数. 这是两个向量间的一种特殊运算,它在理论与实际中是经常遇到的. 为此,我们给出下面的定义.

**定义 1.1(数量积)** 向量 $a$ 与 $b$ 的数量积(或称为点积,内积)定义为
$$a \cdot b = |a||b|\cos\theta,$$
其中 $\theta$ 为向量 $a$ 与 $b$ 之间的夹角,$0 \leqslant \theta \leqslant \pi$.

由于 $|b|\cos\theta$ 是向量 $b$ 在向量 $a$ 的方向上的投影,记 $b_a$,因此 $a$ 与 $b$ 的数量积等于其中一个向量的模与另一个向量在这个向量的方向上的投影的乘积,即 $a \cdot b = |a|b_a$.

由数量积的定义可以推得:

(1) 对任一向量 $a$,有 $a \cdot a = |a|^2$.

这是因为夹角 $\theta=0$,所以 $a \cdot a = |a|^2\cos 0 = |a|^2$. 例如,在 $\mathbf{R}^3$ 中,$i \cdot i = j \cdot j = k \cdot k = 1$.

(2) **两个非零向量正交(即互相垂直)的充分必要条件是它们的数量积等于零**,即
$$a \perp b \Leftrightarrow a \cdot b = 0.$$

这是因为如果 $a \cdot b = 0$,由于 $|a| \neq 0, |b| \neq 0$,所以 $\cos\theta = 0$,从而 $\theta = \dfrac{\pi}{2}$,即 $a \perp b$;反之,如果 $a \perp b$,那么 $\theta = \dfrac{\pi}{2}$,$\cos\theta = 0$,于是 $a \cdot b = 0$. 例如,在 $\mathbf{R}^3$ 中,$i \cdot j = j \cdot k$

$= i \cdot k = 0.$

由于零向量的方向可以看作是任意的,故可以认为零向量与任何向量都垂直.因此,上述结论可叙述为:向量 $a \perp b$ 的充分必要条件是 $a \cdot b = 0$.

对于向量 $a$、$b$、$c$ 及数 $\lambda$,由定义知数量积符合下列运算规律:

(1) $a \cdot b = b \cdot a$(交换律);

(2) $(a+b) \cdot c = a \cdot c + b \cdot c$(分配律);

(3) $a \cdot (\lambda b) = \lambda(a \cdot b) = (\lambda a) \cdot b$(结合律).

请读者给出证明.

我们还可以推导出数量积的坐标表达式. 设有向量
$$a = a_x i + a_y j + a_z k, b = b_x i + b_y j + b_z k,$$
按数量积的运算规律可得
$$\begin{aligned} a \cdot b &= (a_x i + a_y j + a_z k) \cdot (b_x i + b_y j + b_z k) \\ &= a_x b_x i \cdot i + a_x b_y i \cdot j + a_x b_z i \cdot k + a_y b_x j \cdot i + a_y b_y j \cdot j \\ &\quad + a_y b_z j \cdot k + a_z b_x k \cdot i + a_z b_y k \cdot j + a_z b_z k \cdot k \\ &= a_x b_x + a_y b_y + a_z b_z. \end{aligned}$$

这就是两个向量的数量积的坐标表达式.

由于 $a \cdot b = |a||b|\cos\theta$,所以当 $a$ 与 $b$ 均为非零向量时,有
$$\cos\theta = \frac{a \cdot b}{|a||b|}.$$

以数量积的坐标表达式及向量的模的坐标表达式代入上式,就得
$$\cos\theta = \frac{a_x b_x + a_y b_y + a_z b_z}{\sqrt{a_x^2 + a_y^2 + a_z^2}\sqrt{b_x^2 + b_y^2 + b_z^2}}.$$

这就是两向量夹角余弦的坐标表达式.

**例 1.7** 设 $a = 2i + 2j - k, b = -i + 2j + 2k$,求 $a$,$b$ 的模、方向余弦及 $a$,$b$ 之间的夹角.

**解** 因为 $a = 2i + 2j - k, b = -i + 2j + 2k$,所以
$$|a| = \sqrt{2^2 + 2^2 + (-1)^2} = 3; |b| = \sqrt{(-1)^2 + 2^2 + 2^2} = 3.$$

$a$ 的方向余弦为 $\cos\alpha = \frac{2}{3}$; $\cos\beta = \frac{2}{3}$; $\cos\gamma = -\frac{1}{3}$.

$b$ 的方向余弦为 $\cos\alpha = -\frac{1}{3}$; $\cos\beta = \frac{2}{3}$; $\cos\gamma = \frac{2}{3}$.

设 $a$,$b$ 之间的夹角为 $\varphi$,则
$$\cos\varphi = \frac{a \cdot b}{|a| \cdot |b|} = \frac{-2 + 4 - 2}{3 \times 3} = 0,$$

所以 $\varphi = \dfrac{\pi}{2}$.

## 1.2.2 两向量的向量积

在研究物体转动问题时,不但要考虑这个物体所受的力,还要分析这些力所产生的力矩.下面就举一个简单的例子来说明表达力矩的方法.

设 $O$ 为一根杠杆的支点,有一个力 $F$ 作用于这杠杆上 $P$ 点处,$F$ 与 $\overrightarrow{OP}$ 的夹角为 $\theta$(图 1.17).由力学规定,力 $F$ 对支点 $O$ 的力矩是一向量 $M$,它的方向垂直于 $\overrightarrow{OP}$ 与 $F$ 所决定的平面,其指向是按右手规则从 $\overrightarrow{OP}$ 以不超过 $\pi$ 的角转向 $F$ 来确定的,即当右手的四个手指从 $\overrightarrow{OP}$ 以不超过 $\pi$ 的角转向 $F$ 握拳时,大拇指的指向就是 $M$ 的指向(图 1.18).

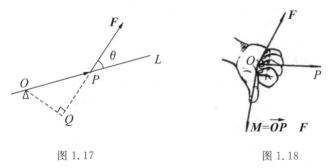

图 1.17　　　　　　　　　　图 1.18

$M$ 的模为
$$|M| = |OQ||F| = |\overrightarrow{OP}||F|\sin\theta.$$

这种由两个已知向量按上面的规则来构成另一个向量的方法具有普遍意义,因此有必要抽象成两个向量之间的一种运算.

**定义 1.2(向量积)**　向量 $a$ 与 $b$ 的向量积(或称为叉积,外积)定义为
$$a \times b = (|a||b|\sin\theta)e_n,$$
其中 $\theta$ 为向量 $a$ 与 $b$ 之间的夹角,$0 \leqslant \theta \leqslant \pi$,$e_n$ 是垂直于 $a$ 和 $b$ 的单位向量,$e_n$ 的指向按右手系规则从 $a$ 转向 $b$ 来确定.

因此,上面的力矩 $M$ 等于 $\overrightarrow{OP}$ 与 $F$ 的向量积,即
$$M = \overrightarrow{OP} \times F.$$

由向量积的定义可以推得:

(1)对任一向量 $a$,有 $a \times a = \mathbf{0}$.

这是因为夹角 $\theta = 0$,所以 $|a \times a| = |a|^2 \sin\theta = 0$.

(2)**两个非零向量平行的充分必要条件是它们的向量积等于零**,即
$$a /\!/ b \Leftrightarrow a \times b = \mathbf{0}.$$

这是因为如果 $a \times b = 0$,由于 $|a| \neq 0, |b| \neq 0$,故必有 $\sin\theta = 0$,于是 $\theta = 0$ 或 $\theta = \pi$,即 $a /\!/ b$;反之,如果 $a /\!/ b$ 那么 $\theta = 0$ 或 $\theta = \pi$,于是 $\sin\theta = 0$,从而 $|a \times b| = 0$,即 $a \times b = 0$.

由于可以认为零向量与任何向量都平行,因此,上述结论可叙述为:向量 $a /\!/ b$ 的充分必要条件是 $a \times b = 0$.

(3) $|a \times b| = S(a$ 和 $b$ 构成的平行四边形的面积).

向量积符合下列运算规律:

(1) 反交换律 $a \times b = -b \times a$;

这是因为按右手规则从 $b$ 转向 $a$ 定出的方向恰好与按右手规则从 $a$ 转向 $b$ 定出的方向相反,它表明交换律对向量积不成立.

(2) 分配律 $a \times (b+c) = a \times b + a \times c$;

(3) 结合律 $(\lambda a) \times b = \lambda(a \times b) = a \times (\lambda b)$.

运算规律的证明在这里从略.

对于 $\mathbf{R}^3$ 中的单位坐标向量 $i$、$j$、$k$,不难验证有

$$i \times j = k, \quad j \times k = i, \quad k \times i = j, \quad j \times i = -k, \quad k \times j = -i,$$
$$i \times k = -j, \quad i \times i = j \times j = k \times k = 0.$$

从而可得向量积的坐标表达式,设

$$a = a_x i + a_y j + a_z k, b = b_x i + b_y j + b_z k,$$

按向量积的运算规律可得

$$\begin{aligned} a \times b &= (a_x i + a_y j + a_z k) \times (b_x i + b_y j + b_z k) \\ &= a_x b_x i \times i + a_x b_y i \times j + a_x b_z i \times k + a_y b_x j \times i + a_y b_y j \times j \\ &\quad + a_y b_z j \times k + a_z b_x k \times i + a_z b_y k \times j + a_z b_z k \times k \\ &= (a_y b_z - a_z b_y) i + (a_z b_x - a_x b_z) j + (a_x b_y - a_y b_x) k. \end{aligned}$$

这就是两个向量的向量积的坐标表达式.为了帮助记忆,上式可写成行列式形式:

$$a \times b = \begin{vmatrix} a_y & a_z \\ b_y & b_z \end{vmatrix} i - \begin{vmatrix} a_x & a_z \\ b_x & b_z \end{vmatrix} j + \begin{vmatrix} a_x & a_y \\ b_x & b_y \end{vmatrix} k$$

或

$$a \times b = \begin{vmatrix} i & j & k \\ a_x & a_y & a_z \\ b_x & b_y & b_z \end{vmatrix}.$$

可以检验,这种形式的记法是满足行列式的各种运算性质的(运算方法详见书后附录).

**例1.8** 求同时垂直于 $a = 2i - j - k, b = i + 2j - k$ 的单位向量.

**解** $a = (2, -1, -1), b = (1, 2, -1),$

$$a \times b = \begin{vmatrix} i & j & k \\ 2 & -1 & -1 \\ 1 & 2 & -1 \end{vmatrix} = 3i + j + 5k = (3,1,5),$$

与 $a, b$ 都垂直的单位向量为：

$$n^0 = \pm \frac{a \times b}{|a \times b|} = \pm \frac{(3,1,5)}{\sqrt{3^2 + 1^2 + 5^2}} = \pm \frac{1}{\sqrt{35}}(3,1,5).$$

**例 1.9** 已知 $\triangle ABC$ 的顶点分别是 $A(1,2,3)$、$B(3,4,5)$、$C(2,4,7)$，求 (1) $\triangle ABC$ 的面积；(2) $\triangle ABC$ 的 $AB$ 边上的高.

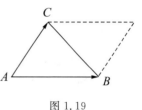

图 1.19

**解** (1) 如图 1.19 所示，作向量 $\overrightarrow{AB}, \overrightarrow{AC}$，两向量构成一个平行四边形，$\triangle ABC$ 的面积是它的一半. 由向量积的定义可知，$\overrightarrow{AB} \times \overrightarrow{AC}$ 的模恰为平行四边形的面积. 因此

$$S_{\triangle ABC} = \frac{1}{2} |\overrightarrow{AB} \times \overrightarrow{AC}| = \frac{1}{2} |\overrightarrow{AB}||\overrightarrow{AC}| \sin \angle A.$$

由于 $\overrightarrow{AB} = (2,2,2)$，$\overrightarrow{AC} = (1,2,4)$，因此

$$\overrightarrow{AB} \times \overrightarrow{AC} = \begin{vmatrix} i & j & k \\ 2 & 2 & 2 \\ 1 & 2 & 4 \end{vmatrix} = 4i - 6j + 2k.$$

于是

$$S_{\triangle ABC} = \frac{1}{2} |4i - 6j + 2k| = \frac{1}{2} \sqrt{4^2 + (-6)^2 + 2^2}$$
$$= \sqrt{14}.$$

(2) 设三角形 $ABC$ 的 $AB$ 边上的高为 $h$，则

$$h = \frac{|\overrightarrow{AB} \times \overrightarrow{AC}|}{|\overrightarrow{AB}|} = \frac{\sqrt{56}}{\sqrt{12}} = \sqrt{\frac{14}{3}}.$$

### 1.2.3 向量的混合积

**定义 1.3（混合积）** 设有三个向量 $a, b, c$，称 $(a \times b) \cdot c$ 为这三个向量的混合积，记为 $[abc]$.

可见混合积并非独立的向量运算，它不过是数量积与向量积的混合而已. 即

$$[abc] = |a \times b||c| \cos \langle a \times b, c \rangle.$$

若已知

$$a = a_x\boldsymbol{i} + a_y\boldsymbol{j} + a_z\boldsymbol{k}, b = b_x\boldsymbol{i} + b_y\boldsymbol{j} + b_z\boldsymbol{k}, c = c_x\boldsymbol{i} + c_y\boldsymbol{j} + c_z\boldsymbol{k},$$
则由数量积与向量积的运算规律可推出混合积的坐标表达式:
$$\begin{aligned}(\boldsymbol{a}\times\boldsymbol{b})\cdot\boldsymbol{c} &= [(a_yb_z - a_zb_y)\boldsymbol{i} + (a_zb_x - a_xb_z)\boldsymbol{j} + (a_xb_y - a_yb_x)\boldsymbol{k}]\\ &\quad\cdot(c_x\boldsymbol{i} + c_y\boldsymbol{j} + c_z\boldsymbol{k})\\ &= (a_yb_z - a_zb_y)c_x + (a_zb_x - a_xb_z)c_y + (a_xb_y - a_yb_x)c_z\\ &= \begin{vmatrix} a_x & a_y & a_z \\ b_x & b_y & b_z \\ c_x & c_y & c_z \end{vmatrix}.\end{aligned}$$

容易验证混合积有以下性质:

(1) 反对称性:任意对换两向量,混合积改变符号.例如
$$[abc] = [bca] = [cab] = -[acb] = -[bac] = -[cba],$$
即所有混合积只有两个值,它们仅差一个符号.

(2) 向量的混合积有下述几何意义:

向量的混合积 $[abc] = (\boldsymbol{a}\times\boldsymbol{b})\cdot\boldsymbol{c}$ 是这样一个数,它的绝对值表示以向量 $\boldsymbol{a},\boldsymbol{b},\boldsymbol{c}$ 为棱的平行六面体的体积.如果 $\boldsymbol{a},\boldsymbol{b},\boldsymbol{c}$ 向量组成右手系(即 $\boldsymbol{c}$ 的指向按右手规则从 $\boldsymbol{a}$ 转向 $\boldsymbol{b}$ 来确定),那么混合积的符号是正的;如果 $\boldsymbol{a},\boldsymbol{b},\boldsymbol{c}$ 组成左手系(即 $\boldsymbol{c}$ 的指向按左手规则从 $\boldsymbol{a}$ 转向 $\boldsymbol{b}$ 来确定),那么混合积的符号是负的(图 1.20).

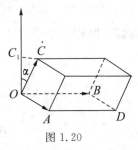

图 1.20

(3) 三向量 $\boldsymbol{a},\boldsymbol{b},\boldsymbol{c}$ 共面的充分必要条件是 $(\boldsymbol{a}\times\boldsymbol{b})\cdot\boldsymbol{c} = 0$,即
$$\begin{vmatrix} a_x & a_y & a_z \\ b_x & b_y & b_z \\ c_x & c_y & c_z \end{vmatrix} = 0.$$

**例 1.10** 证明向量 $\boldsymbol{a} = (3,4,5), \boldsymbol{b} = (1,2,2)$ 和 $\boldsymbol{c} = (9,14,16)$ 是共面的.

**证明** 因为
$$(\boldsymbol{a}\times\boldsymbol{b})\cdot\boldsymbol{c} = \begin{vmatrix} 3 & 4 & 5 \\ 1 & 2 & 2 \\ 9 & 14 & 16 \end{vmatrix} = 0,$$
所以 $\boldsymbol{a},\boldsymbol{b},\boldsymbol{c}$ 共面.

### *1.2.4 二重向量积

同混合积一样我们可以定义三个向量 $\boldsymbol{a},\boldsymbol{b},\boldsymbol{c}$ 的二重向量积.如 $\boldsymbol{a}\times(\boldsymbol{b}\times\boldsymbol{c})$,或者 $(\boldsymbol{a}\times\boldsymbol{b})\times\boldsymbol{c}$.对于二重向量积的计算有下面的公式:
$$(\boldsymbol{a}\times\boldsymbol{b})\times\boldsymbol{c} = (\boldsymbol{a}\cdot\boldsymbol{c})\boldsymbol{b} - (\boldsymbol{b}\cdot\boldsymbol{c})\boldsymbol{a},$$

$$a \times (b \times c) = (a \cdot c)b - (a \cdot b)c.$$

**证** 只需证第一个式子(第二式可由第一式推出). 若已知
$$a = a_x i + a_y j + a_z k, b = b_x i + b_y j + b_z k, c = c_x i + c_y j + c_z k,$$
则由向量积的运算规律可推出二重向量积的坐标表达式及向量分解式：

$$\begin{aligned}
(a \times b) \times c &= \begin{vmatrix} i & j & k \\ a_y b_z - a_z b_y & a_z b_x - a_x b_z & a_x b_y - a_y b_x \\ c_x & c_y & c_z \end{vmatrix} \\
&= [(a_z b_x - a_x b_z)c_z - (a_x b_y - a_y b_x)c_y]i \\
&\quad + [(a_x b_y - a_y b_x)c_x - (a_y b_z - a_z b_y)c_z]j \\
&\quad + [(a_y b_z - a_z b_y)c_y - (a_z b_x - a_x b_z)c_x]k \\
&= [(a_z b_x c_z + a_y b_x c_y) - (a_x b_z c_z + a_x b_y c_y)]i \\
&\quad + [(a_x b_y c_x + a_z b_y c_z) - (a_y b_z c_z + a_y b_x c_x)]j \\
&\quad + [(a_y b_z c_y + a_x b_z c_x) - (a_z b_x c_x + a_z b_y c_y)]k \\
&= [(a_x c_x + a_y c_y + a_z c_z)b_x - (b_x c_x + b_y c_y + b_z c_z)a_x]i \\
&\quad + [(a_x c_x + a_y c_y + a_z c_z)b_y - (b_x c_x + b_y c_y + b_z c_z)a_y]j \\
&\quad + [(a_x c_x + a_y c_y + a_z c_z)b_z - (b_x c_x + b_y c_y + b_z c_z)a_z]k \\
&= (a_x c_x + a_y c_y + a_z c_z)(b_x i + b_y j + b_z k) \\
&\quad - (b_x c_x + b_y c_y + b_z c_z)(a_x i + a_y j + a_z k) \\
&= (a \cdot c)b - (b \cdot c)a.
\end{aligned}$$

**例 1.11** 设 $a, b, c$ 均为非零向量，举例说明
$$(a \times b) \times c = a \times (b \times c)$$
不成立，并推求当 $b$ 与 $a$, $b$ 与 $c$ 不垂直时等式成立的充要条件.

**解** 取 $a = b = j, c = k$ 时，则
$$(a \times b) = j \times j = 0, (b \times c) = j \times k = i.$$
所以
$$(a \times b) \times c = 0 \times k = 0, a \times (b \times c) = j \times i = -k,$$
可见有
$$(a \times b) \times c \neq a \times (b \times c).$$
当 $b$ 与 $a$, $b$ 与 $c$ 不垂直时，由二重向量积的分解式：
$$(a \times b) \times c = (a \cdot c)b - (b \cdot c)a,$$
$$a \times (b \times c) = -(b \times c) \times a = -[(b \cdot a)c - (c \cdot a)b],$$
$$(a \times b) \times c = a \times (b \times c) \Leftrightarrow (a \cdot c)b - (b \cdot c)a = -(b \cdot a)c + (c \cdot a)b,$$
$$\Leftrightarrow (b \cdot c)a = (b \cdot a)c \Leftrightarrow a = \lambda c$$
即等式成立的充要条件为 $a, c$ 共线.

# 习题 1.2

## (A)

1. 回答下列问题.

(1) 两个向量的点积是什么?

(2) 如何用数量积来刻画两个向量互相正交?

(3) 两个向量的向量积怎样定义?

(4) 数量积与向量积的区别是什么?

(5) 向量积的几何意义是什么?

(6) 如何用向量积来刻画两个向量互相平行?

2. 下列命题是否正确? 说明理由.

(1) $a \cdot a \cdot a = a^3$;

(2) 当 $a \neq 0$ 时, $\dfrac{a}{a} = 1$;

(3) $a(a \cdot b) = a^2 b$;

(4) $(a \cdot b)^2 = a^2 \cdot b^2$;

(5) $(a+b) \times (a-b) = a \times a - b \times b = 0$;

(6) 若 $a \neq 0$ 时, $a \cdot b = a \cdot c$, 则 $b = c$.

3. 设 $a = 3i - j - 2k, b = i + 2j - k$, 求:

(1) $a \cdot b$ 及 $a \times b$;

(2) $a, b$ 的夹角的余弦.

4. 求同时垂直于 $i - 3j + 2k$ 与 $-2i + j - 5k$ 的向量.

5. 求与 $a = 3i + 6j + 8k$ 及 $x$ 轴都垂直的单位向量, 这样的向量共有几个?

6. 设向量 $a$ 与向量 $b = (2, -1, 2)$ 共线, 且满足关系 $a \cdot b = -18$, 求向量 $a$.

7. 已知平行四边形的三个顶点是 $(0,0,0), (1,5,4)$ 和 $(2,-1,3)$, 求它的面积.

8. 设向量 $a$ 和 $b$ 夹角 $\varphi = \dfrac{2}{3}\pi$, 又 $|a| = 3, |b| = 4$, 试计算 $(3a - 2b) \cdot (a + 2b)$.

9. 设 $a = (3, 5, -2), b = (2, 1, 4)$, 问 $\lambda$ 与 $\mu$ 有怎样的关系, 能使得 $\lambda a + \mu b$ 与 $x$ 轴垂直.

10. 已知 $|a| = 3, |b| = 26, |a \times b| = 72$, 计算 $a \cdot b$.

11. 已知 $|a| = 3, |b| = 5$, 问 $\lambda$ 为何值时, $a + \lambda b$ 与 $a - \lambda b$ 互相垂直?

12. 已知 $|a| = 6, a$ 与 $x$ 轴、$y$ 轴的夹角依次为 $\dfrac{\pi}{6}, \dfrac{\pi}{3}$, 试求向量 $a$.

(B)

1. 已知两非零不垂直的向量 $(\widehat{a,b})$，$(\widehat{a,b})$ 表示向量 $a$ 和向量 $b$ 之间的夹角，

(1) 求证 $\tan(\widehat{a,b}) = \dfrac{|a \times b|}{a \cdot b}$；

(2) 求证 $(a \times b)^2 \leqslant a^2 b^2$，且求等号成立的充要条件．

2. 已知向量 $a,b,c$ 满足条件 $a+b+c=0$，证明 $a \times b = b \times c = c \times a$．

3. 设 $C$ 是点 $A$ 和点 $B$ 连线以外的一点，证明三点 $A,B,C$ 为共线的充分必要条件是

$$\overrightarrow{OC} = \lambda \overrightarrow{OA} + \mu \overrightarrow{OB},$$

其中 $\lambda + \mu = 1$．

## 总习题 1

1. 填空题．

(1) 在 $y$ 轴上与点 $A(1,-3,7),B(5,7,-5)$ 等距离的点的坐标是_____．

(2) 设向量的方向余弦满足 $\cos\alpha = \cos\beta = 0$，则该向量与坐标轴的关系是_____．

(3) 设 $a = i + 2j + k, b = -i - \dfrac{1}{2}j + \dfrac{1}{2}k$，则 $\cos(\widehat{a,2b}) =$ _____．

(4) 设 $a,b,c$ 为单位向量，且满足 $a+b+c=0$，则 $a \cdot b + b \cdot c + c \cdot a =$ _____．

(5) 已知 $(a \times b) \cdot c = 2$，则 $[(a+b) \times (b+c)] \cdot (c+a) =$ _____．

(6) 设数 $\lambda_1, \lambda_2, \lambda_3$ 不全为 $0$，使 $\lambda_1 a + \lambda_2 b + \lambda_3 c = 0$，则 $a,b,c$ 三个向量是_____的．

(7) 设 $a = (2,-1,-2), b = (1,1,z)$，若要使 $(\widehat{a,b})$ 最小，则 $z$ 应为_____．

(8) 设 $u = 2a + b, v = \lambda a + b$，其中 $|a|=1, |b|=2$，且 $a \perp b$，若以 $u,v$ 为邻边的平行四边形的面积为 $6$，则 $\lambda =$ _____．

2. 选择题（只有一个答案是正确的）．

(1) 设 $a,b$ 均为非零向量，则下列结论中正确的是（　）．

(A) $a \times b = 0$ 是 $a$ 与 $b$ 垂直的充要条件

(B) $a \cdot b = 0$ 是 $a$ 与 $b$ 平行的充要条件

(C) $a$ 与 $b$ 的对应分量成比例是 $a$ 与 $b$ 平行的充要条件

(D) 若 $a = \lambda b$（$\lambda$ 为实数），则 $a \cdot b = 0$

(2) 非零向量 $a$ 与 $b$ 垂直，则（　）．

(A) $|a+b| = |a| + |b|$　　　　　　(B) $|a+b| \leqslant |a-b|$

(C) $|a+b|=|a-b|$　　　　　　(D) $|a+b|\geqslant|a-b|$

(3) 设 $a,b$ 为非零向量,若等式 $\dfrac{a}{|a|}=\dfrac{b}{|b|}$ 成立,则向量 $a,b$(　　).

(A) 相互垂直　　　　　　　　(B) 相互平行
(C) $a=b$　　　　　　　　　　(D) $|a|=|b|$

(4) 设 $a=i+5j-2k$, $b=2i+j+4k$,且已知 $\lambda a+\mu b$ 与 $z$ 轴垂直,则必有(　　).

(A) $\lambda=\mu$　　　　　　　　(B) $\lambda=-\mu$
(C) $\lambda=2\mu$　　　　　　　(D) $\lambda=3\mu$

(5) 如果向量 $a$ 与 $b$ 共线,$b$ 与 $c$ 共线,则 $a$ 与 $c$(　　).

(A) $a=c$　　　　　　　　　　(B) 一定共线
(C) 一定不共线　　　　　　　(D) 既可能共线,也可能不共线

(6) 如果向量 $a,b,c$ 共面,$b,c,d$ 共面,则 $a,b,c,d$(　　).

(A) 一定不共面　　　　　　　(B) 一定共面
(C) 是否共面取决于 $a,d$　　　(D) 是否共面取决于 $b,c$

(7) 已知 $a=(2,-3,1)$, $b=(1,-2,3)$, $c=(1,-2,-7)$,若向量 $A$ 满足: $A\perp a$, $A\perp b$, $A\cdot c=10$,则 $A$ 的坐标为(　　).

(A) $(0,3,2)$　　　　　　　　(B) $(11,7,1)$
(C) $(4,3,1)$　　　　　　　　(D) $(-7,-5,-1)$

(8) 设非零向量 $a$ 与 $b$ 互相正交,$\lambda$ 为任意的非零实数,则 $|a+\lambda b|$ 与 $|a|$ 的大小关系是(　　).

(A) $|a+\lambda b|\leqslant|a|$　　　　　(B) $|a+\lambda b|\geqslant|a|$
(C) 大小不定　　　　　　　　(D) 不能比较

3. 已知向量 $a=(2,2,1)$, $b=(8,-4,1)$,求(1) $a$ 在 $b$ 上的投影;(2)与 $a$ 同方向的单位向量;(3) $b$ 的方向余弦.

4. 已知两点 $M_1(4,\sqrt{2},1)$, $M_2(3,0,2)$,计算向量 $\overrightarrow{M_1M_2}$ 的模、方向余弦和方向角.

5. 在 $xOy$ 平面上求向量 $\beta$,使其垂直于 $\alpha=5i-3j+4k$,且与 $\alpha$ 有相同的长度.

6. 已知向量 $a$ 与三个坐标轴成相等的锐角,求 $a$ 的方向余弦.若 $|a|=2$,求 $a$.

7. 求同时垂直于 $a=2i-j-k$, $b=i+2j-k$ 的单位向量.

8. 已知平行四边形的两对角线向量为 $c=m+2n$ 及 $d=3m-4n$,而 $|m|=1$, $|n|=2$,向量 $m$ 和向量 $n$ 的夹角 $\widehat{(m,n)}=\dfrac{\pi}{6}$,求此平行四边形面积.

9. 已知向量 $a=(1,0,0)$, $b=(0,1,-2)$, $c=(2,-2,1)$, 求一单位向量 $e$, 使 $e \perp c$, 且使向量 $a, b, e$ 共面.

10. 设 $a$ 是非零向量, 已知 $b$ 在与 $a$ 平行且正向与 $a$ 一致的数轴上投影为 $p$, 求极限: $\lim\limits_{x \to 0} \dfrac{|a+xb|-|a|}{x}$.

11. 已知不在一个平面上的四点: $A(0,0,0)$、$B(2,-3,1)$、$C(1,-1,3)$、$D(1,-2,0)$. 求四面体 $ABCD$ 的体积.

12. 设 $a \perp b$, 将 $b$ 绕 $a$ 右旋 $\theta$ 角得到向量 $c$, 试用 $a$、$b$ 及 $\theta$ 表示向量 $c$.

# 第 2 章 空间解析几何

在本章里,我们以向量为工具,将其应用于空间解析几何问题的研究,即在空间直角坐标系中讨论空间曲面和空间曲线.先讨论最简单的曲面与曲线——平面与直线,然后讨论一般的曲面和空间曲线.

## 2.1 平面与直线

### 2.1.1 平面方程

一个非零向量垂直于一平面,是指该向量垂直于这个平面上的每一个向量. 如果一非零向量 $n$ 垂直于一平面 $\pi$,则称 $n$ 为平面 $\pi$ 的**法向量**.

因为过空间一点可以作而且只能作一个平面,垂直于一已知直线,所以当平面 $\pi$ 上的一个点 $M(x_0,y_0,z_0)$ 和它的一个法向量 $n=(A,B,C)$ 为已知时,平面 $\pi$ 的位置就完全确定了. 利用法向量以及向量的数量积,我们可以导出平面的方程.

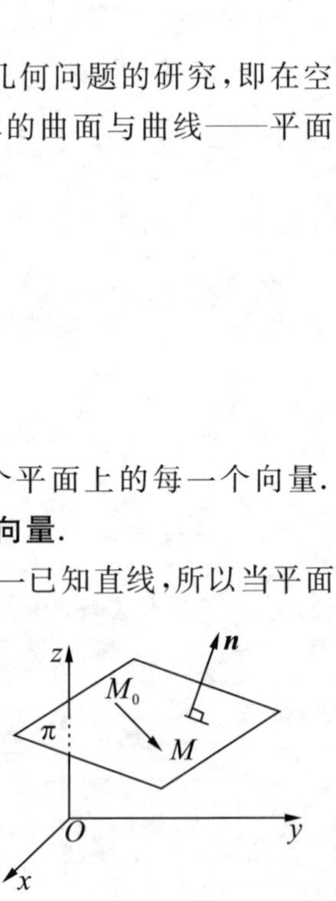

任意一点 $M(x,y,z)$ 在平面 $\pi$ 上的充分必要条件是向量 $\overrightarrow{M_0M}$ 必与平面 $\pi$ 的法向量 $n$ 垂直(图 2.1),即

$$n \cdot \overrightarrow{M_0M}=0,$$

由于 $n=(A,B,C)$,$\overrightarrow{M_0M}=(x-x_0,y-y_0,z-z_0)$,所以有

$$A(x-x_0)+B(y-y_0)+C(z-z_0)=0, \quad (2.1)$$

图 2.1

这就是平面 $\pi$ 的方程,而平面 $\pi$ 就是方程(2.1)的图形. 由于方程(2.1)是由平面 $\pi$ 上的一点 $M_0(x_0,y_0,z_0)$ 及它的一个法向量 $n=(A,B,C)$ 确定的,所以方程(2.1) 叫做**平面的点法式方程**.

若记 $D=-(Ax_0+By_0+Cz_0)$,则方程(2.1)又可写成

$$Ax+By+Cz+D=0, \quad (2.2)$$

其中系数 $A,B,C$ 不全为零.

以上推导说明,一平面可以用一个三元一次方程来表示.

反过来,设有三元一次方程(2.2),我们任取满足该方程的一组数 $x_0,y_0,z_0$,即
$$Ax_0+By_0+Cz_0+D=0, \qquad (2.3)$$
把上述两等式相减,得
$$A(x-x_0)+B(y-y_0)+C(z-z_0)=0, \qquad (2.4)$$
方程(2.4)恰好是通过点 $M_0(x_0,y_0,z_0)$,且以 $\boldsymbol{n}=(A,B,C)$ 为法向量的平面方程. 由此可知,任何一个三元一次方程(2.2)的图形总是一个平面. 方程(2.2)称为**平面的一般式方程**,其中 $x,y,z$ 的系数就是该平面的一个法向量 $\boldsymbol{n}$ 的坐标,即 $\boldsymbol{n}=(A,B,C)$.

例如,方程
$$3x-4y+z-9=0,$$
表示一个平面,$\boldsymbol{n}=(3,-4,1)$ 是这平面的一个法向量.

对于一些特殊的三元一次方程,应该熟悉它们的图形的特点.

当 $D=0$ 时,方程(2.2)成为 $Ax+By+Cz=0$,它是一个通过原点的平面.

当 $A=0$ 时,方程(2.2)成为 $By+Cz+D=0$,法向量 $\boldsymbol{n}=(0,B,C)$ 垂直于 $x$ 轴,方程表示一个平行于 $x$ 轴的平面.

同样,方程 $Ax+Cz+D=0$ 和 $Ax+By+D=0$ 分别表示一个平行于 $y$ 轴和 $z$ 轴的平面.

当 $A=B=0$ 时,方程(2.2)成为 $Cz+D=0$ 或 $z=-\dfrac{D}{C}$,法向量 $\boldsymbol{n}=(0,0,C)$ 同时垂直 $x$ 轴和 $y$ 轴,方程表示一个平行于 $xOy$ 面的平面.

同样,方程 $Ax+D=0$ 和 $By+D=0$ 分别表示一个平行于 $yOz$ 面和 $xOz$ 面的平面.

下面考虑平面的确定问题. 在一般式方程(2.2)中,由于 $A、B、C$ 不同时为零,不妨假定 $A\neq 0$,则式(2.2)可化为
$$x+\frac{B}{A}y+\frac{C}{A}z+\frac{D}{A}=0,$$
或
$$x+B'y+C'z+D'=0.$$
这个方程含有三个独立参数,要确定它们,需要三个独立条件,因此三个独立条件决定一个平面.

**例 2.1**  求经过点 $A(3,2,1)$ 和 $B(-1,2,-3)$ 且与坐标平面 $xOz$ 垂直的平面的方程.

**解**  与 $xOy$ 平面垂直的平面平行于 $y$ 轴,方程为

$$Ax + Cz + D = 0.$$

把点 $A(3,2,1)$ 和点 $B(-1,2,-3)$ 代入上式得

$$3A + C + D = 0,$$
$$-A - 3C + D = 0,$$

由上面两式得 $A = -\dfrac{D}{2}$, $C = \dfrac{D}{2}$. 代入得

$$-\dfrac{D}{2}x + \dfrac{D}{2}z + D = 0.$$

消去 $D$ 得所求的平面方程为

$$x - 2 - z = 0.$$

**例 2.2** 已知三个不共线的点 $P(x_i, y_i, z_i)$ $(i=1,2,3)$，求过这三点的平面．

**解** 在平面上取动点 $P(x,y,z)$，记 $\overrightarrow{OP_i} = \boldsymbol{r}_i (i=1,2,3)$，$\overrightarrow{OP} = \boldsymbol{r}$，由于 $\boldsymbol{r} - \boldsymbol{r}_1$，$\boldsymbol{r}_2 - \boldsymbol{r}_1$，$\boldsymbol{r}_3 - \boldsymbol{r}_1$ 共面，所以这三个向量的混合积

$$(\boldsymbol{r} - \boldsymbol{r}_1) \cdot [(\boldsymbol{r}_2 - \boldsymbol{r}_1) \times (\boldsymbol{r}_3 - \boldsymbol{r}_1)] = 0,$$

故所求平面方程为

$$\begin{vmatrix} x - x_1 & y - y_1 & z - z_1 \\ x_2 - x_1 & y_2 - y_1 & z_2 - z_1 \\ x_3 - x_1 & y_3 - y_1 & z_3 - z_1 \end{vmatrix} = 0. \tag{2.5}$$

式(2.5)叫做**平面的三点式方程**．

如果取 $P_1, P_2, P_3$ 分别为坐标轴上的三点：$(a,0,0)$，$(0,b,0)$，$(0,0,c)$，且 $abc \neq 0$，则过三点的平面方程为

$$\begin{vmatrix} x - a & y & z \\ -a & b & 0 \\ -a & 0 & c \end{vmatrix} = 0,$$

即

$$bcx + cay + abz = abc,$$

或

$$\dfrac{x}{a} + \dfrac{y}{b} + \dfrac{z}{c} = 1. \tag{2.6}$$

式(2.6)叫做**平面的截距式方程**．且 $a, b, c$ 分别称为该平面在三个坐标轴上的截距．

**例 2.3** 求通过点 $M_0(1, -2, 4)$ 且垂直于向量 $\boldsymbol{n} = \{3, -2, 1\}$ 的平面方程．

**解** 由于 $\boldsymbol{n} = \{3, -2, 1\}$ 为所求平面的一个法向量，平面又过点 $M_0(1, -2, 4)$，所以，由平面的点法式方程(2.1)可得所求平面的方程为

$$3(x-1) - 2 \cdot (y+2) + 1 \cdot (z-4) = 0,$$

整理,得
$$3x-2y+z-11=0.$$

**例 2.4** 求过两点 $A(3,0,-2),B(-1,2,4)$ 且与 $x$ 轴平行的平面方程.

**解** 要求出平面的方程,关键要找出平面所过的一个点以及平面的一个法向量 $\boldsymbol{n}$.

由已知,所求平面的法向量同时与 $\overrightarrow{AB}$ 和 $x$ 轴垂直,即法向量同时与 $\overrightarrow{AB}=\{-4,2,6\}$ 和 $\boldsymbol{i}=\{1,0,0\}$ 垂直.因此,可取 $\overrightarrow{AB}\times\boldsymbol{i}$ 作为该平面的一个法向量,

$$\boldsymbol{n}=\overrightarrow{AB}\times\boldsymbol{i}=\begin{vmatrix}\boldsymbol{i}&\boldsymbol{j}&\boldsymbol{k}\\-4&2&6\\1&0&0\end{vmatrix}=\begin{vmatrix}2&6\\0&0\end{vmatrix}\boldsymbol{i}-\begin{vmatrix}-4&6\\1&0\end{vmatrix}\boldsymbol{j}+\begin{vmatrix}-4&2\\1&0\end{vmatrix}\boldsymbol{k}$$
$$=0\boldsymbol{i}+6\boldsymbol{j}-2\boldsymbol{k}.$$

所以 $\boldsymbol{n}=\{0,6,-2\}$ 为所求平面的一个法向量.

再由平面的点法式方程(2.1)得所求平面的方程为
$$0\cdot(x-3)+6(y-0)-2(z+2)=0,$$
整理得
$$3y-z-2=0.$$

### 2.1.2 直线方程

空间直线具有如下特征:直线上一定点与其上任一动点分别作为起点和终点所成的向量与一定向量平行.我们根据这个特征来推导空间直线的方程.

如图 2.2 所示,设一直线过定点 $M_0(x_0,y_0,z_0)$,与定向量 $\boldsymbol{s}=(l,m,n)$ 平行,其中 $l,m,n$ 不全为零.

取直线上任一点 $M(x,y,z)$,则 $\overrightarrow{M_0M}=(x-x_0,y-y_0,z-z_0)$ 平行于 $\boldsymbol{s}$,因此我们可以这样表示向量 $\overrightarrow{M_0M}$:

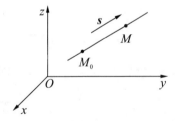

图 2.2

$$\overrightarrow{M_0M}=t\boldsymbol{s},\quad t\in\mathbf{R}.$$

于是
$$(x-x_0)\boldsymbol{i}+(y-y_0)\boldsymbol{j}+(z-z_0)\boldsymbol{k}=tl\boldsymbol{i}+tm\boldsymbol{j}+tn\boldsymbol{k},$$
亦即
$$x-x_0=tl,\ y-y_0=tm,\ z-z_0=tn.$$
$$\begin{cases}x=x_0+tl,\\y=y_0+tm,\ t\in\mathbf{R}\\z=z_0+tn\end{cases} \tag{2.7}$$

式(2.7)叫做**直线的参数式方程**.过点$M_0$且平行于向量$s$,$s$叫做直线的**方向向量**. $l,m,n$也称为该直线的一组**方向数**,它们与向量$s$的三个方向余弦成比例.式(2.7)又可写成

$$\frac{x-x_0}{l}=\frac{y-y_0}{m}=\frac{z-z_0}{n}, \tag{2.8}$$

上式称为**直线的对称式方程**,或标准方程,其中$l^2+m^2+n^2\neq 0$.

**例2.5** 求通过两相异点$A(x_1,y_1,z_1)$和$B(x_2,y_2,z_2)$的直线方程.

**解** $\overrightarrow{AB}=(x_2-x_1,y_2-y_1,z_2-z_1)$可作为直线的方向向量,于是得到**直线的两点式方程**

$$\frac{x-x_1}{x_2-x_1}=\frac{y-y_1}{y_2-y_1}=\frac{z-z_1}{z_2-z_1}.$$

这正是平面解析几何中直线两点式方程的推广.

下面介绍**直线的一般式方程**.因为两个相交平面可以确定一条直线,所以直线方程也可由线性方程组

$$\begin{cases} A_1x+B_1y+C_1z+D_1=0, \\ A_2x+B_2y+C_2z+D_2=0 \end{cases} \tag{2.9}$$

来决定,其中$A_1,B_1,C_1$及$A_2,B_2,C_2$不成比例.

通过空间一直线的平面有无限多个,只要在这无限多个平面中任意选取两个,把它们的方程联立起来,所得的方程组就表示空间直线.

在对称式方程中,如果$l,m,n$中的一个为零,例如$l=0$,而$m\neq 0$,$n\neq 0$,则

$$\frac{x-x_0}{0}=\frac{y-y_0}{m}=\frac{z-z_0}{n}$$

应理解为表示两个平面$\frac{y-y_0}{m}=\frac{z-z_0}{n}$与$x-x_0=0$的交线;而当$l,m,n$中有两个为零,例如$l=m=0$,而$n\neq 0$,则

$$\frac{x-x_0}{0}=\frac{y-y_0}{0}=\frac{z-z_0}{n}$$

应理解为表示两个平面$y-y_0=0$与$x-x_0=0$的交线.

**例2.6** 将直线的一般式方程$\begin{cases}2x-y+3z-1=0 \\ 3x+2y-z-12=0\end{cases}$化为对称式方程.

**解** 先求直线上一点$M_0$,不妨设$z=0$,代入方程中得

$$\begin{cases}2x-y-1=0, \\ 3x+2y-12=0.\end{cases}$$

解之,得

$$x=2, \qquad y=3,$$

所以 $M_0(2,3,0)$ 为直线上的一点.

再求直线的一个方向向量 $s$. 由于直线与两个平面的法向量 $n_1,n_2$ 都垂直,其中 $n_1=\{2,-1,3\},n_2=\{3,2,-1\}$,因此可用 $n_1\times n_2$ 作为直线的一个方向向量 $s$.

$$s=n_1\times n_2=\begin{vmatrix} i & j & k \\ 2 & -1 & 3 \\ 3 & 2 & -1 \end{vmatrix}=-5i+11j+7k$$

即

$$s=\{-5,11,7\}.$$

于是,该直线的对称式方程为

$$\frac{x-2}{-5}=\frac{y-3}{11}=\frac{z}{7}.$$

# 习题 2.1

(A)

1. 回答下列问题.

(1) $\mathbf{R}^3$ 中平面的方程有哪些表示形式?

(2) $\mathbf{R}^3$ 中直线的方程有哪些表示形式?

(3) 怎样求平面的法向量? 法向量唯一吗?

(4) 怎样求直线的方向向量? 方向向量唯一吗?

2. 指出下列平面的特殊位置,并画出各平面.

(1) $x=0$;    (2) $2x-3y-6=0$;    (3) $x-\sqrt{3}y=0$;

(4) $y+z=1$;    (5) $x-2z=0$;    (6) $6x+5y-z=0$.

3. 求下列平面的法向量.

(1) $2(x-z)=3(x+y)$;    (2) $\pi(x-1)=(1-\pi)(y-z)+\pi$.

4. 求下列直线的方向向量.

(1) $\dfrac{x}{1}=\dfrac{y}{2}=\dfrac{z-6}{-3}$;    (2) $x=2+t,\ y=-1+2t,\ z=1+t$;

(3) $\begin{cases} 4x+y+3z=0, \\ 2x+3y+2z=9. \end{cases}$

5. 求过点 $M(2,9,-6)$ 且与连接坐标原点的线段 $OM$ 垂直的平面方程.

6. 求平行于 $x$ 轴且经过两点 $A(4,0,-2)$ 和 $B(5,1,7)$ 的平面方程.

7. 用对称式方程及参数式方程表示直线

$$\begin{cases} x-y+z=1, \\ 2x+y+z=4. \end{cases}$$

8. 求过两点 $A(3,-2,1)$ 和 $B(-1,0,2)$ 的一般式直线方程.

(B)

1. 求过定点 $(a,b,c)$ 且在 $x$ 轴和 $y$ 轴上的截距分别是 $a,b$ 的平面方程.
2. 说明以下诸直线的位置.

(1) $\begin{cases} A_1x + B_1y + C_1z = 0, \\ A_2x + B_2y + C_2z = 0; \end{cases}$ (2) $\begin{cases} A_1x + D_1 = 0, \\ B_2y + D_2 = 0; \end{cases}$

(3) $\begin{cases} A_1x + B_1y + C_1z + D_1 = 0, \\ B_2y + D_2 = 0; \end{cases}$ (4) $\begin{cases} B_1y + C_1z + D_1 = 0, \\ B_2y + C_2z + D_2 = 0; \end{cases}$

(5) $\begin{cases} A_1x + C_1z = 0, \\ A_2x + C_2z = 0; \end{cases}$ (6) $\begin{cases} B_1y + C_1z = 0, \\ A_2x + D_2 = 0. \end{cases}$

## 2.2 关于直线与平面的基本问题

### 2.2.1 距离问题

在空间解析几何中,除了两点间的距离公式以外,点到平面、点到直线的距离的计算也是经常会遇到的.

首先我们来求点到平面的距离. 设 $M_0(x_0, y_0, z_0)$ 是平面 $Ax + By + Cz + D = 0$ 外一点(图 2.3).

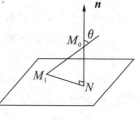

图 2.3

在平面上任取一点 $M_1(x_1, y_1, z_1)$,并作法向量 $\boldsymbol{n}$,如图 2.3 所示,$M_0$ 到平面的距离

$$d = |\overrightarrow{M_1M_0} \text{ 在 } \boldsymbol{n} \text{ 上的投影}| = |\boldsymbol{e}_n \cdot \overrightarrow{M_1M_0}|,$$

其中 $\boldsymbol{e}_n$ 是与 $\boldsymbol{n}$ 方向一致的单位法向量,即

$$\boldsymbol{e}_n = \left( \frac{A}{\sqrt{A^2+B^2+C^2}},\ \frac{B}{\sqrt{A^2+B^2+C^2}},\ \frac{C}{\sqrt{A^2+B^2+C^2}} \right).$$

而

$$\overrightarrow{M_1M_0} = (x_0 - x_1,\ y_0 - y_1,\ z_0 - z_1),$$

故推得

$$d = \left| \frac{A(x_0 - x_1) + B(y_0 - y_1) + C(z_0 - z_1)}{\sqrt{A^2+B^2+C^2}} \right|.$$

利用 $Ax_1 + By_1 + Cz_1 + D = 0$ 将上式化简整理,得

$$d = \frac{|Ax_0 + By_0 + Cz_0 + D|}{\sqrt{A^2 + B^2 + C^2}}. \tag{2.10}$$

**例 2.7**  求点 $(2,1,1)$ 到平面 $x+y-2+1=0$ 的距离.

**解**  由点到平面的距离公式得
$$d = \frac{|1\times 2 + 1\times 1 - 2\times 1 + 1|}{\sqrt{1^2 + 1^2 + (-1)^2}} = \sqrt{3}.$$

**例 2.8**  求点 $(2,3,1)$ 关于直线 $x+7 = \dfrac{y+1}{2} = \dfrac{z+2}{3}$ 的对称点坐标.

**解**  过点 $(2,3,1)$ 且与直线 $x+7 = \dfrac{y+1}{2} = \dfrac{z+2}{3}$ 垂直的平面方程为:
$$x - 2 + 2(y-3) + 3(z-1) = 0,$$

而直线 $x+7 = \dfrac{y+1}{2} = \dfrac{z+2}{3}$ 的参数方程为 $\begin{cases} x=-7+t, \\ y=-1+2t, \\ z=-2+3t, \end{cases}$ 代入平面方程得
$$t = \frac{13}{7}.$$

故平面 $x-2+2(y-3)+3(z-1)=0$ 与直线 $x+7 = \dfrac{y+1}{2} = \dfrac{z+2}{3}$ 的交点为 $(-7+\dfrac{13}{7}, -1+\dfrac{26}{7}, -2+\dfrac{39}{7})$，由中点坐标公式得点 $(2,3,1)$ 关于直线 $x+7 = \dfrac{y+1}{2} = \dfrac{z+2}{3}$ 的对称点坐标为 $(-\dfrac{86}{7}, \dfrac{17}{7}, \dfrac{43}{7})$.

### 2.2.2 两平面的关系

讨论平面与平面、直线与直线、直线与平面间的各种相对位置关系的问题，通常可转化为向量之间的关系来解决.

设有两平面
$$\pi_1: A_1 x + B_1 y + C_1 z + D_1 = 0,$$
$$\pi_2: A_2 x + B_2 y + C_2 z + D_2 = 0,$$
它们的法向量分别是 $\boldsymbol{n}_1 = (A_1, B_1, C_1)$，$\boldsymbol{n}_2 = (A_2, B_2, C_2)$. 我们规定，**两平面法向量的夹角 $\theta$ 称为两平面的夹角**，通常限定 $0 \leqslant \theta \leqslant \dfrac{\pi}{2}$（图 2.4）. 因此，
$$\cos\theta = |\cos(\widehat{\boldsymbol{n}_1, \boldsymbol{n}_2})|.$$

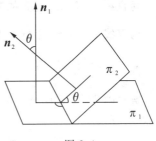

图 2.4

由数量积公式

$$\boldsymbol{n}_1 \cdot \boldsymbol{n}_2 = |\boldsymbol{n}_1||\boldsymbol{n}_2|\cos(\widehat{\boldsymbol{n}_1,\boldsymbol{n}_2}),$$

可得

$$\cos\theta = \frac{|\boldsymbol{n}_1 \cdot \boldsymbol{n}_2|}{|\boldsymbol{n}_1||\boldsymbol{n}_2|} = \frac{|A_1A_2 + B_1B_2 + C_1C_2|}{\sqrt{A_1^2+B_1^2+C_1^2}\sqrt{A_2^2+B_2^2+C_2^2}}. \tag{2.11}$$

由此定义不难推出:

两平面 $\pi_1$ 与 $\pi_2$ 垂直的充要条件是 $\quad A_1A_2 + B_1B_2 + C_1C_2 = 0$;

两平面 $\pi_1$ 与 $\pi_2$ 平行的充要条件是 $\quad \dfrac{A_1}{A_2} = \dfrac{B_1}{B_2} = \dfrac{C_1}{C_2}.$

**例 2.9** 求两平面 $x - y + 2z - 6 = 0$ 和 $2x + y + z - 5 = 0$ 的夹角.

**解** 由式(2.11),有

$$\cos\theta = \frac{|1\times 2+(-1)1+2\times 1|}{\sqrt{6}\sqrt{6}} = \frac{3}{6} = \frac{1}{2},$$

故 $\theta = \dfrac{\pi}{3}.$

### 2.2.3 两直线的关系

设有两直线

$$L_1: \frac{x-x_1}{l_1} = \frac{y-y_1}{m_1} = \frac{z-z_1}{n_1},$$

$$L_2: \frac{x-x_2}{l_2} = \frac{y-y_2}{m_2} = \frac{z-z_2}{n_2},$$

它们的方向向量分别是 $\boldsymbol{s}_1 = (l_1, m_1, n_1), \boldsymbol{s}_2 = (l_2, m_2, n_2)$. 我们规定,**两直线的方向向量的夹角** $\theta$ 称为两直线的夹角,通常限定 $0 \leqslant \theta \leqslant \dfrac{\pi}{2}.$

由定义推出

$$\cos\theta = \frac{|\boldsymbol{s}_1 \cdot \boldsymbol{s}_2|}{|\boldsymbol{s}_1||\boldsymbol{s}_2|} = \frac{|l_1l_2 + m_1m_2 + n_1n_2|}{\sqrt{l_1^2+m_1^2+n_1^2}\sqrt{l_2^2+m_2^2+n_2^2}}. \tag{2.12}$$

两直线 $L_1$ 与 $L_2$ 垂直的充要条件是 $\quad l_1l_2 + m_1m_2 + n_1n_2 = 0$;

两直线 $L_1$ 与 $L_2$ 平行的充要条件是 $\quad \dfrac{l_1}{l_2} = \dfrac{m_1}{m_2} = \dfrac{n_1}{n_2}.$

**例 2.10** 求直线 $L_1: \dfrac{x-1}{1} = \dfrac{y}{-4} = \dfrac{z+3}{1}$ 和 $L_2: \dfrac{x}{2} = \dfrac{y+2}{-2} = \dfrac{z}{-1}$ 之间的夹角.

**解** 因为 $L_1$ 与 $L_2$ 的方向向量分别是 $\boldsymbol{s}_1 = (1, -4, 1), \boldsymbol{s}_2 = (2, -2, -1)$,由式(2.12),有

$$\cos\theta = \frac{|1\times 2 + (-4)\times(-2) + 1 + 1\times(-1)|}{\sqrt{1^2+(-4)^2+1^2} \cdot \sqrt{2^2+(-2)^2+(-1)^2}} = \frac{1}{\sqrt{2}}.$$

故 $\theta = \dfrac{\pi}{4}$.

## 2.2.4 直线与平面的关系

设有直线 $L: \dfrac{x-x_0}{l} = \dfrac{y-y_0}{m} = \dfrac{z-z_0}{n}$，及平面 $\pi: Ax+By+Cz+D=0$. 我们规定，**直线和它在平面上的投影直线的夹角 $\theta$ 称为直线与平面的夹角**，通常限定 $0 \leqslant \theta \leqslant \dfrac{\pi}{2}$.

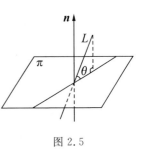

图 2.5

如图 2.5 所示，直线 $L$ 的方向向量 $\boldsymbol{s}=(l, m, n)$ 与平面的法向量 $\boldsymbol{n}=(A, B, C)$ 的夹角为 $\dfrac{\pi}{2}-\theta$ 或 $\dfrac{\pi}{2}+\theta$，又因为

$$\sin\theta = \cos\left(\dfrac{\pi}{2}-\theta\right) = \left|\cos\left(\dfrac{\pi}{2}+\theta\right)\right|,$$

所以

$$\sin\theta = \dfrac{|Al+Bm+Cn|}{\sqrt{A^2+B^2+C^2} \cdot \sqrt{l^2+m^2+n^2}}. \tag{2.13}$$

由此推出：

**直线与平面垂直的充要条件是** $\quad \dfrac{A}{l} = \dfrac{B}{m} = \dfrac{C}{n}$；

**直线与平面平行的充要条件是** $\quad Al+Bm+Cn=0$.

**例 2.11** 试验证直线 $l: \dfrac{x}{-1} = \dfrac{y-1}{1} = \dfrac{z-1}{2}$ 与平面 $\pi: 2x+y-z-3=0$ 相交，并求出它的交点和交角.

**解** 由于 $2\times(-1)+1\times 1-1\times 2 = -3 \neq 0$，所以直线与平面相交.

又直线的坐标式参数方程为：

$$\begin{cases} x = -t, \\ y = 1+t, \\ z = 1+2t, \end{cases}$$

设交点处对应的参数为 $t_0$，所以

$$2\times(-t_0)+(1+t_0)-(1+2t_0)-3 = 0,$$

因此 $t_0 = -1$，从而交点为 $(1, 0, -1)$.

又设直线 $l$ 与平面 $\pi$ 的交角为 $\theta$，则：

$$\sin\theta = \dfrac{|2\times(-1)+1\times 1-1\times 2|}{\sqrt{6}\times\sqrt{6}} = \dfrac{1}{2},$$

所以 $\theta = \dfrac{\pi}{6}$.

### 2.2.5 平面束方程

设直线 $L$ 由方程组

$$\begin{cases} A_1 x + B_1 y + C_1 z + D_1 = 0, \\ A_2 x + B_2 y + C_2 z + D_2 = 0 \end{cases} \tag{2.14}$$

所确定,其中系数 $A_1$, $B_1$, $C_1$ 及 $A_2$, $B_2$, $C_2$ 不成比例. 考虑一次方程

$$A_1 x + B_1 y + C_1 z + D_1 + \lambda(A_2 x + B_2 y + C_2 z + D_2) = 0 \tag{2.15}$$

其中 $\lambda$ 为任意常数. 这是平面的方程. 若点 $M_0(x_0, y_0, z_0)$ 在 $L$ 上,则它的坐标必同时满足方程组的两个方程,因而也满足式(2.15),故方程(2.15)表示过直线 $L$ 的平面. 对不同的 $\lambda$ 值,方程(2.15)表示通过直线 $L$ 的不同的平面. 若 $\lambda=0$,表示平面 $A_1 x + B_1 y + C_1 z + D_1 = 0$. 反之,过直线 $L$ 的任何平面[除平面 $A_2 x + B_2 y + C_2 z + D_2 = 0$ 外],都可由方程(2.15)选取适当的 $\lambda$ 值来表示. 因此,称式(2.15)为过直线 $L$ 的平面束方程.

**例 2.12** 求直线 $\begin{cases} x+y-z-1=0, \\ x-y+z+1=0 \end{cases}$ 在平面 $x+y+z=0$ 上的投影直线方程.

**解** 过直线 $\begin{cases} x+y-z-1=0, \\ x-y+z+1=0 \end{cases}$ 的平面束方程为

$$x + y - z - 1 + \lambda(x - y + z + 1) = 0,$$

即

$$(1+\lambda)x + (1-\lambda)y + (\lambda-1)z + \lambda - 1 = 0.$$

由 $(1+\lambda) \times 1 + (1-\lambda) \times 1 + (\lambda-1) \times 1 = 0$ 得

$$\lambda = -1,$$

故直线 $\begin{cases} x+y-z-1=0, \\ x-y+z+1=0 \end{cases}$ 在平面 $x+y+z=0$ 上的投影直线方程为

$$\begin{cases} y - z - 1 = 0, \\ x + y + z = 0. \end{cases}$$

**例 2.13** 平面 $x+y+z+1=0$ 上的直线 $L$ 通过直线 $L_1$: $\begin{cases} x+2z=0, \\ y+z+1=0 \end{cases}$ 与此平面的交点且与直线 $L_1$ 垂直,求直线 $L$ 的方程.

**解** 由题意可知,$L$ 与 $L_1$ 的交点在平面上,设通过交点的平面方程为

$$x + y + z + 1 + \lambda(y + z + 1) + \mu(x + 2z) = 0,$$

即

$$(1+\mu)x + (1+\lambda)y + (1+\lambda+2\mu)z + 1 + \lambda = 0.$$

已知直线 $L_1\begin{cases} x+2z=0 \\ y+z+1=0 \end{cases}$ 的一组方向数为

$$\frac{m}{\begin{vmatrix} 0 & 2 \\ 1 & 1 \end{vmatrix}} = \frac{n}{\begin{vmatrix} 2 & 1 \\ 1 & 0 \end{vmatrix}} = \frac{p}{\begin{vmatrix} 1 & 0 \\ 0 & 1 \end{vmatrix}},$$

所以

$$\frac{m}{-2} = \frac{n}{-1} = \frac{p}{1}.$$

由直线与平面垂直得

$$\frac{1+\mu}{2} = \frac{1+\lambda}{1} = \frac{1+\lambda+2\mu}{-1},$$

所以

$$\begin{cases} 1+\mu = 2+2\lambda, \\ -1-\mu = 2+2\lambda+4\mu, \end{cases} \quad 得 \quad \begin{cases} \lambda = -\dfrac{2}{3}, \\ \mu = -\dfrac{1}{3}. \end{cases}$$

将 $\lambda = -\dfrac{2}{3}, \mu = -\dfrac{1}{3}$ 代入得

$$\frac{2}{3}x + \frac{1}{3}y - \frac{1}{3}z + \frac{1}{3} = 0,$$

化简得

$$2x + y - z + 1 = 0.$$

故所求直线方程为

$$\begin{cases} x+y+z+1=0, \\ 2x+y-z+1=0. \end{cases}$$

## 习题 2.2

(A)

1.回答下列问题.

(1)两平面的夹角怎样定义?

(2)两平面平行或垂直的充分必要条件是什么?

(3)两直线的夹角怎样定义?

(4)两直线平行或垂直的充分必要条件是什么?

(5)直线与平面的夹角怎样定义?

(6)直线与平面平行或垂直的充分必要条件是什么?

2. 平面 $A_1x+B_1y+C_1z+D_1=0$ 与 $A_2x+B_2y+C_2z+D_2=0$ 平行但不重合的条件是什么？

3. 求满足下列条件的平面方程.

(1) 过点 $(3,0,-1)$ 且与平面 $3x-7y+5z-12=0$ 平行；

(2) 过点 $(1,2,-1)$ 且与直线 $\begin{cases} x=-t-2 \\ y=3t-4 \\ z=t-1 \end{cases}$ 垂直；

(3) 过点 $(3,1,-2)$ 且通过直线 $\dfrac{x-4}{5}=\dfrac{y+3}{2}=\dfrac{z}{1}$；

(4) 过直线 $L_1: \dfrac{x-1}{1}=\dfrac{y+1}{0}=\dfrac{z-2}{-2}$ 且平行于直线 $L_2: \dfrac{x+1}{3}=\dfrac{y-1}{1}=\dfrac{z}{2}$.

4. 求满足下列条件的直线方程.

(1) 过点 $(4,-1,3)$ 且平行于直线 $\dfrac{x-3}{2}=y=\dfrac{z-1}{5}$；

(2) 过点 $(0,2,4)$ 且与两平面 $x+2z=1$ 和 $y-3z=2$ 平行；

(3) 过点 $(1,2,3)$ 和 $z$ 轴相交,且垂直于直线 $x=y=z$；

(4) 求过点 $(1,-2,4)$ 且与平面 $x+2y-z+4=0$ 垂直的直线方程；

(5) 过点 $(-3,5,-9)$ 且与直线 $L_1: \begin{cases} y=3x+5 \\ z=2x-3 \end{cases}$ $L_2: \begin{cases} y=4x-7 \\ z=5x+10 \end{cases}$ 均相交.

5. 试确定下列各组中的直线与平面间的关系.

(1) $\dfrac{x+3}{-2}=\dfrac{y+4}{-7}=\dfrac{z}{3}$ 与 $4x-2y-2z=3$；

(2) $\dfrac{x}{3}=\dfrac{y-1}{-7}=\dfrac{z+2}{5}$ 与 $3x-7y+5z-12=0$；

(3) $\begin{cases} 5x-3y+2z=5 \\ 5x-3y+z=2 \end{cases}$ 与 $15x-9y+5z=12$.

6. 求两平面 $3x+2y+6z-35=0$ 与 $3x+2y+6z-56=0$ 之间的距离.

7. 求直线 $L_1: \begin{cases} x-y=6 \\ 2y+z=3 \end{cases}$ 与 $L_2: \dfrac{x-1}{1}=\dfrac{y-5}{-2}=\dfrac{z+8}{1}$ 之间的夹角.

8. 求点 $A(-1,2,0)$ 在平面 $x+2y-z+1=0$ 上的投影.

(B)

1. 求直线 $L: \begin{cases} 2x-4y+z=0 \\ 3x-y-2z-9=0 \end{cases}$ 在平面 $\pi: 4x-y+z=1$ 上的投影.

2. 求证直线 $lx+my+nz=mx+ny+lz=nx+ly+mz$ 的三个方向角相等,并求其大小.

## 2.3 曲面

### 2.3.1 曲面及其方程

在日常生活中,我们经常会遇到各种曲面.例如反光镜的镜面、管道的外表面以及锥面等.

像在平面解析几何中把平面曲线当作动点的轨迹一样,在空间解析几何中,任何曲面都可看作点的几何轨迹.在这样的意义下,如果曲面 $S$ 与三元方程

$$F(x,y,z)=0 \tag{2.16}$$

有下述关系:

(1) 曲面 $S$ 上任意一点的坐标都满足方程(2.16);

(2) 不在曲面 $S$ 上的点的坐标都不满足方程(2.16),

那么,方程(2.16)就叫做曲面 $S$ 的方程,而曲面 $S$ 就叫做方程(2.16)的图形(图 2.6). 通常称方程(2.16)为曲面 $S$ 的**一般方程**.

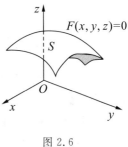

图 2.6

例如,三元一次方程 $Ax+By+Cz+D=0$ 是空间平面的方程.由于这个方程是一次的,又称平面为一次曲面.

曲面还可以用参数方程来表示,设有方程组

$$\begin{cases} x = x(u,v), \\ y = y(u,v), \quad (u \in I, v \in J), \\ z = z(u,v) \end{cases} \tag{2.17}$$

其中 $x(u,v)$、$y(u,v)$ 和 $z(u,v)$ 是 $u$、$v$ 的表达式,$I$ 和 $J$ 是某两个区间. 如果曲面 $S$ 与方程组(2.17)之间有如下关系:若点 $P(x,y,z)$ 位于曲面 $S$ 上,则必存在确定的数 $u \in I, v \in J$,使得 $x(u,v)=x$、$y(u,v)=y$、$z(u,v)=z$;反过来,若对于任意的数 $u \in I, v \in J$,由方程组(2.17)所确定的一组数 $x, y, z$ 总使得点 $P(x,y,z)$ 位于曲面 $S$ 上,则称方程组(2.17)为曲面 $S$ 的**参数方程**,其中 $u$、$v$ 为参数.

**例 2.14** 平面 $Ax+By+Cz+D=0$ ($C \neq 0$) 可用参数方程表示为:

$$x=u, \; y=v, \; z=-\frac{A}{C}u-\frac{B}{C}v-\frac{D}{C}.$$

下面介绍一些常见的曲面及其方程.

### 2.3.2 球面

由所有与定点 $M_0(x_0, y_0, z_0)$ 有定距离 $R$ 的点所组成的集合称为**球面**. 这个球面的中心是点 $(x_0, y_0, z_0)$,半径是 $R$(图 2.7). 若点 $M(x, y, z)$ 在这个球面上,则该点到球心的距离等于 $R$,即

$$\sqrt{(x-x_0)^2+(y-y_0)^2+(z-z_0)^2}=R,$$

或者等价地有

$$(x-x_0)^2+(y-y_0)^2+(z-z_0)^2=R^2.$$

这就是中心在 $M_0(x_0, y_0, z_0)$、半径为 $R$ 的球面方程.

如果球心在原点,那么 $x_0=y_0=z_0=0$,从而球面方程为

$$x^2+y^2+z^2=R^2.$$

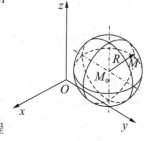

图 2.7

### 2.3.3 柱面

平行于定直线并沿定曲线 $C$ 移动的直线 $L$ 形成的轨迹称为**柱面**. 定曲线 $C$ 叫做柱面的**准线**,动直线 $L$ 叫做柱面的**母线**.

以下只讨论准线在空间直角坐标系中某一坐标平面内而母线与该坐标平面垂直的情形.

准线为 $C$,在 $xOy$ 平面内,其方程在平面直角坐标系 $xOy$ 中为 $f(x, y)=0$,母线平行于 $z$ 轴的柱面,方程就是

$$f(x, y)=0.$$

事实上,对于柱面上的任一点 $M(x, y, z)$(图 2.8),它在 $xOy$ 平面上的投影 $M_1(x, y, 0)$ 都在 $C$ 上,即满足 $f(x, y)=0$,反过来,任一满足 $f(x, y)=0$ 的点一定在过点 $M_1(x, y, 0)$ 的母线上,即在柱面上.

同样,$g(y, z)=0$ 和 $h(z, x)=0$ 分别表示母线平行于 $x$ 轴和 $y$ 轴的柱面.

应当注意,在空间直角坐标系中,方程 $f(x, y)=0$ 表示柱面,而它在 $xOy$ 平面上的准线 $C$ 的方程应当是

$$\begin{cases} f(x, y)=0, \\ z=0. \end{cases}$$

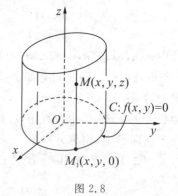

图 2.8

一般地,只含 $x,y$ 而缺 $z$ 的方程 $F(x,y)=0$ 在空间直角坐标系中表示母线平行于 $z$ 轴的柱面,其准线是 $xOy$ 面上的曲线 $F(x,y)=0$.

类似可知,只含 $x,z$ 而缺 $y$ 的方程 $G(x,z)=0$ 和只含 $y,z$ 而缺 $x$ 的方程 $H(y,z)=0$ 分别表示母线平行于 $y$ 轴和 $x$ 轴的柱面.

例如方程 $y^2=2x$ 表示母线平行于 $z$ 轴的柱面,它的准线是 $xOy$ 面上的抛物线 $y^2=2x$,该柱面叫做**抛物柱面**(图 2.9).

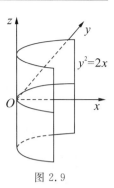

图 2.9

### 2.3.4 旋转曲面

平面曲线 $C$ 绕这平面上一条定直线 $L$ 旋转一周而成的曲面称为**旋转曲面**. 定直线 $L$ 称为旋转曲面的**轴**. 曲线 $C$ 叫做曲面的一条**母线**.

旋转曲面的特点是任一个和旋转轴垂直的平面与该曲面相截时,截痕一般为一圆周.

设母线在 $yOz$ 面内,其方程为
$$\begin{cases} f(y,z)=0, \\ x=0. \end{cases}$$

把这个曲线绕 $z$ 轴旋转一周,就得到一个以 $z$ 轴为轴的旋转曲面(图 2.10). 我们来推导此旋转曲面的方程.

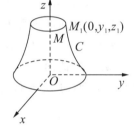

图 2.10

如图所示,设 $M(x,y,z)$ 为旋转曲面上的任一点,则存在曲线 $C$ 上一点 $M_1(0,y_1,z_1)$,使 $M$ 在 $M_1$ 绕 $z$ 轴旋转的圆周上,那么有
$$f(y_1,z_1)=0, \tag{2.18}$$
且 $z=z_1$ 保持不变,点 $M$ 到 $z$ 轴的距离
$$d=\sqrt{(x-0)^2+(y-0)^2+(z-z_1)^2}=\sqrt{x^2+y^2}=|y_1|,$$
将 $z_1=z,y_1=\pm\sqrt{x^2+y^2}$ 代入式(2.18),就有
$$f(\pm\sqrt{x^2+y^2},z)=0.$$
这就是所求旋转曲面的方程.

由此可知,在 $yOz$ 平面上的曲线 $C$ 的方程 $f(y,z)=0$ 中将 $y$ 改成 $\pm\sqrt{x^2+y^2}$,便得曲线 $C$ 绕 $z$ 轴旋转所成的旋转曲面的方程.

同理,方程
$$f(y,\pm\sqrt{x^2+z^2})=0$$
表示 $yOz$ 平面上的曲线 $C$ 绕 $y$ 轴旋转所成的旋转曲面. 以 $x$ 轴或 $y$ 轴为旋转轴的旋转曲面可类似讨论.

**例 2.15** $yOz$ 面内的直线 $y=a$ 绕 $z$ 轴旋转一周所成的曲面方程是
$$\sqrt{x^2+y^2}=a \text{ 即 } x^2+y^2=a^2.$$
这是以 $z$ 轴为对称轴、半径为 $a$ 的直圆柱面方程.

**例 2.16** 抛物线 $y^2=2px$ 绕 $x$ 轴旋转一周所成的曲面方程是
$$y^2+z^2=2px.$$
这种曲面叫旋转抛物面.

### 2.3.5 常见的二次曲面

与平面解析几何中规定的二次曲线相类似. 我们把三元二次方程 $F(x,y,z)=0$ 所表示的曲面称为二次曲面,它是除平面之外一种最重要的曲面.

与平面解析几何讨论曲线性质的方法类似,讨论曲面的性质可从以下几个方面入手:

第一,考察曲面是否关于原点、某个坐标轴或某个坐标面对称.

第二,在曲面方程 $F(x,y,z)=0$ 中,令任二变量,例如 $x,y$ 等于零,求出第三个变量 $z$ 的实数值,称为曲面在 $z$ 轴上的截距.

第三,在曲面方程 $F(x,y,z)=0$ 中,令任某变量等于零,例如 $z=0$,则得曲面与 $xOy$ 面的交线,称为曲面在该坐标面上的截痕,其方程为
$$\begin{cases} F(x,y,z)=0, \\ z=0. \end{cases}$$

若用平行于坐标面的平面去截曲面,即令某变量为常数,例如 $z=h$,则得曲面与平行于 $xOy$ 面的平面的交线,称为曲线的**轮廓线**. 其方程为
$$\begin{cases} F(x,y,z)=0, \\ z=h. \end{cases}$$

如果平行于某一坐标面的平面,不管它与坐标面距离多么远,它所产生的轮廓线永远是实截线,则此曲面可以伸展到无穷远.

在平面解析几何中,通常根据点动成线的思想,采用逐点描图法来作出方程的图形,而在空间解析几何中,一般需要根据线动成面的思想,即通过分别考察各种轮廓线的形状,然后加以综合,来达到了解曲面全貌的目的,这种方法叫**平行截面法**.

**1. 椭球面**

由方程
$$\frac{x^2}{a^2}+\frac{y^2}{b^2}+\frac{z^2}{c^2}=1 \qquad (2.19)$$

表示的曲面叫做**椭球面**(其中 $a>0, b>0, c>0$).

由方程知

$$\frac{x^2}{a^2} \leqslant 1 \text{ 即 } |x| \leqslant a.$$

同理

$$|y| \leqslant b, |z| \leqslant c.$$

这说明椭球面上所有点都在以平面 $x=\pm a, y=\pm b, z=\pm c$ 所围成的长方体内.

不难看出，此曲面关于原点、各坐标轴和各坐标面都对称. 曲面在各坐标面上的截痕均为椭圆，且三种轮廓线都是椭圆. 其形状如图 2.11 所示.

当 $a=b$ 时，式(2.19)变为

$$\frac{x^2+y^2}{a^2} + \frac{z^2}{c^2} = 1.$$

它是由 $yOz$ 面上的椭圆 $\frac{y^2}{a^2} + \frac{z^2}{c^2} = 1$ 绕 $z$ 轴旋转一周而成的旋转椭球面. 当 $a=b=c$ 时，即是球面方程：

$$x^2 + y^2 + z^2 = a^2.$$

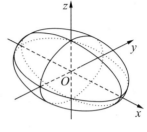

图 2.11

**2. 双曲抛物面**

由方程

$$\frac{x^2}{a^2} - \frac{y^2}{b^2} = 2z \tag{2.20}$$

表示的曲面叫**双曲抛物面**.

为了画出它的图形，我们采用平行截面法，首先用平面 $z=h$ 去截，轮廓线为

$$\begin{cases} \dfrac{x^2}{a^2} - \dfrac{y^2}{b^2} = 2h, \\ z = h. \end{cases}$$

当 $h>0$ 时，这是双曲线，其实轴平行于 $x$ 轴，虚轴平行于 $y$ 轴；$h=0$ 时，这是 $xOy$ 面上两条相交于原点的直线.

$$\begin{cases} \dfrac{x}{a} + \dfrac{y}{b} = 0, \\ z = 0 \end{cases} \quad \text{及} \quad \begin{cases} \dfrac{x}{a} - \dfrac{y}{b} = 0, \\ z = 0. \end{cases}$$

当 $h<0$ 时，它也是双曲线，但实轴平行于 $y$ 轴，虚轴平行于 $x$ 轴.

其次，用平面 $x=h$ 去截，轮廓线为

$$\begin{cases} \dfrac{y^2}{b^2} = \dfrac{h^2}{a^2} - 2z, \\ x = h. \end{cases}$$

当 $h=0$ 时，截痕是 $yOz$ 面上顶点在原点的抛物线，且开口向下. 当 $h\neq 0$ 时，也都是开口向下的抛物线，不过随 $|h|$ 增大，抛物线的顶点也随之升高.

最后,用平面 $y=h$ 去截,轮廓线为开口向上的抛物线

$$\begin{cases} \dfrac{x^2}{a^2} = 2z + \dfrac{h^2}{b^2}, \\ y = h. \end{cases}$$

综合起来,可得双曲抛物面的形状如图 2.12 所示,由于其形状如马鞍,也称**马鞍面**.

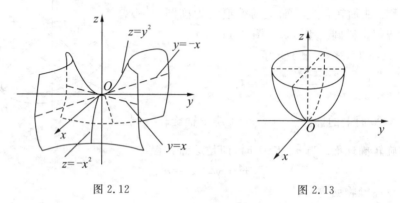

图 2.12   图 2.13

**3. 椭圆抛物面**

由方程

$$\frac{x^2}{2p} + \frac{y^2}{2q} = z \, (p, q \text{ 同号})\tag{2.21}$$

表示的曲面叫**椭圆抛物面**. 其形状如图 2.13 所示.

用垂直于 $x$ 轴或 $y$ 轴的平面去截椭圆抛物面,轮廓线均为抛物线. 它与垂直于 $z$ 轴的平面的交线一般为椭圆.

**4. 双曲面**

由方程

$$\frac{x^2}{a^2} + \frac{y^2}{b^2} - \frac{z^2}{c^2} = 1 \tag{2.22}$$

表示的曲面叫**单叶双曲面**(图 2.14).

由方程

$$\frac{x^2}{a^2} - \frac{y^2}{b^2} + \frac{z^2}{c^2} = -1 \tag{2.23}$$

表示的曲面叫**双叶双曲面**(图 2.15).

对于椭圆抛物面和上述两类双曲面,建议读者用平行截面法独立进行研讨.

除了上面介绍的几种二次曲面以外,常见的还有椭圆锥面、椭圆柱面、双曲柱面、抛物柱面等,就不一一介绍了.

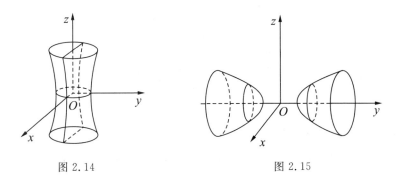

图 2.14　　　　　　　　　　图 2.15

## 习题 2.3

(A)

1.回答下列问题.

(1)曲面的一般方程是怎样的?如何定义?

(2)一个空间曲面的图形用什么方法描述?

(3)一个二元方程在平面直角坐标系与空间直角坐标系中各代表什么意思(例如 $y^2=2px$)?

(4)设曲面 $S$ 的方程为 $F(x,y,z)=0$,如何判定曲面 $S$ 关于坐标面、坐标轴或坐标原点是否对称?

2.指出下列方程在平面解析几何与空间解析几何中分别表示什么图形.

(1)$x=2$;　　(2)$y=x+1$;　　(3)$x^2+y^2=4$;　　(4)$\begin{cases} y=5x+1, \\ y=2x-3. \end{cases}$

3.求满足下列条件的旋转曲面的方程.

(1)将 $xOy$ 坐标面上的直线 $y=kx$ 绕 $x$ 轴旋转一周;

(2)将 $xOz$ 坐标面上的抛物线 $z^2=5x$ 绕 $x$ 轴旋转一周;

(3)将 $xOz$ 坐标面上的圆 $x^2+z^2=9$ 绕 $z$ 轴旋转一周.

4.画出下列方程所表示的曲面.

(1)$\left(x-\dfrac{a}{2}\right)^2+y^2=\left(\dfrac{a}{2}\right)^2$;　　(2)$\dfrac{x^2}{4}+\dfrac{y^2}{9}+\dfrac{z^2}{9}=1$;

(3)$\dfrac{z}{3}=\dfrac{x^2}{4}+\dfrac{y^2}{9}$.

5.指出下列各方程或方程组所表示的曲面或曲线的名称,并绘出草图.

(1)$x^2+y^2=2x$;　　(2)$2x^2-y^2+4=0$;　　(3)$2x^2-y^2+z^2=1$;

(4)$2x^2-y^2-z^2=1$;　　(5)$L_1:\begin{cases} x^2+y^2-2z=0, \\ x+z=1. \end{cases}$

(B)

1. 画出由下列各曲面所围成的空间区域.

(1) $x=0$, $y=0$, $x=2$, $y=1$, $3x+4y+2z-12=0$;

(2) $x=0$, $z=0$, $x=1$, $y=2$, $z=\dfrac{y}{4}$;

(3) $z=x^2+3y^2$, $z=4$(有界部分);

(4) $x=0$, $z=0$, $y=0$, $x^2+y^2=R^2$, $y^2+z^2=R^2$(在第一卦限内).

2. 写出与直线 $\dfrac{x-1}{3}=\dfrac{y+4}{6}=\dfrac{z-6}{4}$ 在点 $(1,-4,6)$ 相切,并与直线 $\dfrac{x-4}{2}=\dfrac{y+3}{1}=\dfrac{z-2}{-6}$ 在点 $(4,-3,2)$ 相切的球面之方程.

## 2.4 曲线

### 2.4.1 空间曲线及其方程

如同空间直线可以看成是两个平面的交线一样,空间曲线也可以看成是空间两曲面的交线. 设

$$F(x,y,z)=0 \text{ 和 } G(x,y,z)=0$$

是两个曲面的方程,它们的交线为 $C$(图 2.16). 因为曲线 $C$ 上的任何点的坐标应同时满足这两个曲面的方程,所以应满足方程组

$$\begin{cases} F(x,y,z)=0, \\ G(x,y,z)=0. \end{cases} \tag{2.24}$$

反过来,如果点 $M$ 不在曲线 $C$ 上,那么它不可能同时在两个曲面上,所以它的坐标不满足方程组(2.24). 因此,曲线 $C$ 可以用方程组(2.24)来表示. 方程组(2.24)叫做**空间曲线 $C$ 的一般方程**.

空间曲线 $C$ 的方程除了一般方程之外,也可以由参数形式表示,只要将 $C$ 上动点的坐标 $x,y,z$ 表示为参数 $t$ 的函数:

$$\begin{cases} x=f(t), \\ y=g(t), \quad (a\leqslant t\leqslant b). \\ z=h(t) \end{cases} \tag{2.25}$$

当给定 $t=t_1$ 时,就得到 $C$ 上的一个点 $(x_1,y_1,z_1)$;随着 $t$ 的变动便可得曲线 $C$ 上的全部点. 方程组(2.25)称为**空间曲线 $C$ 的参数方程**.

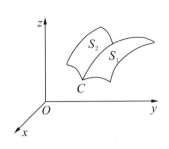

图 2.16

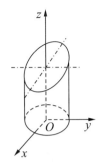

图 2.17

**例 2.17** 方程组 $\begin{cases} z = \sqrt{a^2 - x^2 - y^2} \\ (x - \dfrac{a}{2})^2 + y^2 = (\dfrac{a}{2})^2 \end{cases}$ 表示的曲线.

**解** 方程组中的第一个方程表示球心在坐标原点,半径为 $a$ 的上半球面.第一个方程表示母线平行于 $z$ 轴的圆柱面,其准线是 $xOy$ 面上的圆,圆心在 $(\dfrac{a}{2}, 0)$,半径为 $\dfrac{a}{2}$.方程组表示上述半球面与圆柱面的交线,如图 2.18 所示.

**例 2.18 圆柱螺线** 当螺旋转动时,螺旋上一点 $M$,一方面绕螺旋的轴作圆周运动,另一方面又沿轴线的方向前进,试求点 $M$ 的轨迹.

**解** 设圆周半径为 $a$,点 $M$ 从 $A(a, 0, 0)$ 开始运动,一方面以角速度 $\omega$ 绕 $z$ 轴旋转,同时以速率 $v$ 沿 $z$ 轴运动,这里 $\omega$ 及 $v$ 都是常数.

于是,对于轨迹上任意一点 $M(x, y, z)$,就有
$$\begin{cases} x = a\cos\omega t \\ y = a\sin\omega t \\ z = vt \end{cases} \quad (0 \leqslant t < +\infty).$$

这就是轨迹的参数方程,这条曲线称为圆柱螺线 (图 2.19).

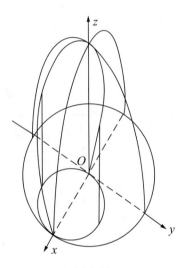

图 2.18

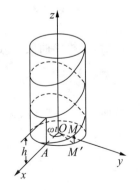

图 2.19

## 2.4.2 空间曲线的投影柱面和投影曲线

为了正确地画出一条空间曲线的图形,同时也出于后面计算重积分和曲面积分的需要,下面介绍空间曲线在坐标面上的投影.

设空间曲线 $C$ 的一般方程(2.24)为
$$\begin{cases} F(x, y, z) = 0, \\ G(x, y, z) = 0. \end{cases}$$

现在讨论它在 $xOy$ 坐标面上投影曲线的方程.

在作投影时,过曲线 $C$ 上每一点作 $xOy$ 面的垂线,这就相当于作一个母线平行于 $z$ 轴且通过曲线 $C$ 的柱面. 这一柱面与 $xOy$ 面的交线就是曲线 $C$ 在 $xOy$ 面上的投影,所以关键在于求出这柱面的方程.

设由方程组(2.24)中的两个方程联立消去 $z$ 得
$$H(x, y) = 0. \tag{2.26}$$

式(2.26)即为过曲线 $C$,母线垂直于 $xOy$ 面的柱面方程,因而,称它为曲线 $C$ 对于 $xOy$ 面的投影柱面. 那么,曲线(2.24)在 $xOy$ 面上的投影曲线的方程是
$$\begin{cases} H(x, y) = 0, \\ z = 0. \end{cases}$$

用同样的方法可得曲线(2.24)在 $yOz$、$zOx$ 面上的投影曲线的方程.

**例 2.19** 设立体由上半球面 $z = \sqrt{4-x^2-y^2}$ 和锥面 $z = \sqrt{3(x^2+y^2)}$ 所围成,求它在 $xOy$ 面上的投影(图 2.20).

**解** 上半球面和锥面的交线 $C$ 为 $\begin{cases} z = \sqrt{4-x^2-y^2}, \\ z = \sqrt{3(x^2+y^2)}, \end{cases}$

消去 $z$ 后,得投影曲线的方程为
$$\begin{cases} x^2 + y^2 = 1, \\ z = 0. \end{cases}$$

从而所求立体在 $xOy$ 面上的投影为:$x^2 + y^2 \leqslant 1$.

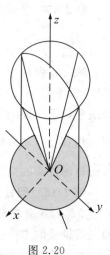

图 2.20

# 习题 2.4

(A)

1. 回答下列问题.

(1) 空间曲线的方程有哪两种形式?

(2)空间曲线在坐标面上的投影是如何得到的?

2.画出下列曲线在第一卦限内的图形.

(1) $\begin{cases} x=1, \\ y=2; \end{cases}$ (2) $L_1: \begin{cases} z=\sqrt{4-x^2-y^2}, \\ x-y=0; \end{cases}$ (3) $\begin{cases} x^2+y^2=R^2, \\ x^2+z^2=R^2. \end{cases}$

3.将下列曲线的一般方程化为参数方程.

(1) $\begin{cases} x^2+y^2+z^2=9, \\ y=x; \end{cases}$ (2) $\begin{cases} (x-1)^2+y^2+(z+1)^2=4, \\ z=0; \end{cases}$

(3) $\begin{cases} x^2+y^2+z^2=2(x+y), \\ x+y=2. \end{cases}$

4.求母线平行于 $x$ 轴而且通过曲线 $\begin{cases} 2x^2+y^2+z^2=16, \\ x^2-y^2+z^2=0 \end{cases}$ 的柱面方程.

5.求空间曲线 $\begin{cases} x^2+y^2+3yz-2x+3z-3=0, \\ y-z+1=0 \end{cases}$ 在 $zOx$ 面上的投影曲线的方程.

(B)

1.证明直线 $L: \begin{cases} \dfrac{x}{a}+\dfrac{z}{c}=0, \\ y=b \end{cases}$ 在单叶双曲面 $S: \dfrac{x^2}{a^2}+\dfrac{y^2}{b^2}-\dfrac{z^2}{c^2}=1$ 上.

2.画出曲面 $z=x^2+y^2$ 与平面 $z=1+y$ 的交线,并求出这交线在 $xOy$ 平面上的投影曲线,投影时光线平行于 $z$ 轴.

# 总习题 2

1.填空题.

(1) 过点 $(1,2,-1)$ 且垂直于平面 $3x+2y-z+4=0$ 的直线方程是_____.

(2) 已知平面 $x+ky-2z=9$ 与平面 $2x-3y+z=0$ 的夹角为 $\dfrac{\pi}{4}$,则 $k=$_____.

(3) 已知直线 $\dfrac{x-a}{3}=\dfrac{y}{-2}=\dfrac{z-1}{a}$ 在平面 $3x+4y-az=3a-1$ 内,则 $a=$_____.

(4) 从平面 $x-2y-2z+1=0$ 上的点 $A(7,-1,5)$ 出发,作长等于12单位的垂线,则此垂线的端点坐标为_____.

(5) 通过直线 $\begin{cases} 4x+2y+3z=6, \\ 2x+y=0 \end{cases}$ 且与球面 $x^2+y^2+z^2=4$ 相切的平面方程为

(6) 一动点与两平面 $x+y-z-1=0$，$x+y+z+1=0$ 距离的平方和等于1，则动点的轨迹为 _____．

(7) 曲线 $\begin{cases} 4x^2-9y^2=36 \\ z=0 \end{cases}$ 绕 $y$ 轴旋转一周所成的旋转曲面方程为 _____．

(8) 母线平行于 $y$ 轴且通过曲线 $\begin{cases} 2x^2+y^2+z^2=16 \\ x^2-y^2+z^2=0 \end{cases}$ 的柱面方程为 _____．

(9) 过点 $M(1,2,3)$ 且与 $yOz$ 坐标面平行的平面方程为 _____．

(10) 点 $(1,2,1)$ 到平面 $x+2y+2z-10=0$ 的距离为 _____．

2. 选择题(只有一个答案是正确的)．

(1) 两条平行直线 $L_1: x=t+1, y=2t-1, z=t$；$L_2: x=t+2, y=2t-1, z=t+1$ 之间的距离是（  ）．

(A) $\dfrac{2}{3}$　　　　(B) $\dfrac{2}{3}\sqrt{3}$　　　　(C) 1　　　　(D) 2

(2) 若两直线 $L_1: \dfrac{x-1}{1}=\dfrac{y+1}{2}=\dfrac{z-1}{\lambda}$，$L_2: \dfrac{x+1}{1}=\dfrac{y-1}{1}=\dfrac{z}{1}$ 相交，则必有（  ）．

(A) $\lambda=1$　　(B) $\lambda=\dfrac{3}{2}$　　(C) $\lambda=-\dfrac{5}{4}$　　(D) $\lambda=\dfrac{5}{4}$

(3) 直线 $L: \dfrac{x-2}{2}=\dfrac{y+1}{-2}=\dfrac{z+3}{1}$ 与平面 $\pi: x+2y-2z=6$ 的关系是（  ）．

(A) 平行　　　(B) 垂直　　　(C) 相交但不垂直　　　(D) 重合

(4) 关于平面 $6x+2y-9z+121=0$，且与原点 $(0,0,0)$ 对称的点之坐标为（  ）．

(A) $(12,8,3)$　　　　　　　　(B) $(-4,1,3)$
(C) $(2,4,8)$　　　　　　　　(D) $(-12,-4,18)$

(5) 方程 $\dfrac{x^2}{2}+\dfrac{y^2}{2}-\dfrac{z^2}{3}=0$ 表示旋转曲面，它的旋转轴是（  ）．

(A) $x$ 轴　　　　　　　　　(B) $y$ 轴
(C) $z$ 轴　　　　　　　　　(D) 直线 $x=y=z$

(6) 在 $\mathbf{R}^3$ 中，方程 $x^2=4y$ 的图形是（  ）．

(A) 抛物线　　　　　　　　　(B) 抛物柱面
(C) 椭圆抛物面　　　　　　　(D) 旋转抛物面

(7) 双曲抛物面 $\dfrac{x^2}{p}-\dfrac{y^2}{q}=2z$（$p>0, q>0$）与 $xOy$ 平面的交线是（  ）．

(A) 双曲线        (B) 抛物线

(C) 平行直线       (D) 相交于原点的两条直线

(8) 曲面 $x^2+y^2+z^2=a^2$ 与 $x^2+y^2=2az$ ($z>0$) 的交线是( ).

(A) 抛物线        (B) 双曲线

(C) 圆周         (D) 椭圆

(9) 平面 $x+\sqrt{26}y+3z-3=0$ 与 $xOy$ 面夹角为( ).

(A) $\dfrac{\pi}{6}$    (B) $\dfrac{\pi}{4}$    (C) $\dfrac{\pi}{3}$    (D) $\dfrac{\pi}{2}$

(10) 直线 $L: \dfrac{x-2}{3}=\dfrac{y+2}{1}=\dfrac{z-3}{-4}$ 与平面 $\Pi: x+y+z=3$ 的位置关系为( ).

(A) 平行    (B) 垂直    (C) 斜交    (D) $L$ 在平面 $\Pi$ 上

3. 求直线 $L: \dfrac{x+2}{3}=\dfrac{y-2}{-1}=\dfrac{z+1}{2}$ 与平面 $\pi: 2x+3y+3z-8=0$ 的交点.

4. 已知直线 $L_1: \dfrac{x-1}{1}=\dfrac{y-2}{0}=\dfrac{z-3}{-1}$, $L_2: \dfrac{x+2}{2}=\dfrac{y-1}{1}=\dfrac{z}{1}$, 求过 $L_1$ 且平行于 $L_2$ 的平面方程.

5. 求通过点 $P(3,0,0)$, $Q(0,0,1)$ 且与 $xOy$ 面成 $\dfrac{\pi}{3}$ 角的平面方程.

6. 求过点 $A(1,0,-1)$ 且与平面 $\pi: 2x-y+z-5=0$ 平行, 又与直线 $L_1: \dfrac{x+1}{2}=\dfrac{y-1}{-1}=\dfrac{z}{2}$ 相交的直线 $L$ 的方程.

7. 已知直线 $L_1: \dfrac{x+1}{1}=\dfrac{y}{1}=\dfrac{z-1}{2}$ 与 $L_2: \dfrac{x}{1}=\dfrac{y+1}{3}=\dfrac{z-2}{4}$,

(1) 求 $L_1$ 与 $L_2$ 之间的距离;

(2) 求 $L_1, L_2$ 的公垂线方程.

8. 设一平面垂直于平面 $z=0$, 并通过从点 $P(1,-1,1)$ 到直线 $L: \begin{cases} y-z+1=0, \\ x=0 \end{cases}$ 的垂线, 求此平面的方程.

9. 求下列旋转曲面的方程:

(1) $C: \begin{cases} z^2=5x, \\ y=0 \end{cases}$ 绕 $x$ 轴旋转而成的曲面;

(2) $L: \begin{cases} y=ax, \\ z=0 \end{cases}$ 绕 $y$ 轴旋转而成的曲面.

10. 求顶点在原点、母线和 $z$ 轴正向夹角保持 $\dfrac{\pi}{6}$ 的锥面方程.

11. 求通过曲面 $x^2+y^2+4z^2=1$ 和 $x^2=y^2+z^2$ 的交线, 而母线平行于 $z$ 轴的

柱面方程.

12. 求直线 $L: \dfrac{x-1}{1} = \dfrac{y}{1} = \dfrac{z-1}{-1}$ 在平面 $\pi: x-y+2z-1=0$ 上的投影直线 $L_0$ 的方程,并求 $L_0$ 绕 $y$ 轴旋转一周所成曲面的方程.

13. 求过点 $(2,0,1)$ 且与直线 $\begin{cases} 2x-3y+z-6=0, \\ 4x-2y+3z+9=0 \end{cases}$ 平行的直线方程.

14. 求证:直线 $\begin{cases} 5x-3y+2z-5=0, \\ 2x-y-z-1=0 \end{cases}$ 包含在平面 $4x-3y+7z-7=0$ 之内.

15. 求点 $(2,3,1)$ 关于直线 $x+7 = \dfrac{y+1}{2} = \dfrac{z+2}{3}$ 的对称点坐标.

# 下篇 微积分

本篇介绍微积分学,内容包括一元函数微积分学(上册)、多元函数微积分学和级数(下册).

# 第 3 章 函数、极限、连续

函数是数学最基本的概念. 函数一词表达了这样一种思想:通过某个事实的信息去推知另一事实. 数学上,最重要的函数是那些可根据某一数值而推知另一数值的函数,比如当我们知道了一个长方体的边长,那么它的体积也就随之确定了. 微积分是从研究函数开始的,函数关系就是变量之间的依赖关系. 极限方法则是研究变量的一种基本方法. 本章将介绍映射、函数、极限和函数的连续性等基本概念,以及它们的一些性质.

## 3.1 集合与实数系

### 3.1.1 集合及其运算

**1. 集合概念**

集合是数学中最基本的概念之一. 它渗透于数学的各个分支之中,然而它却像平面几何中的点、线、面一样,很难给出精确的数学定义,在此我们不去研究集合的严格定义而只给出一种描述.

**集合**是指具有某种特定性质的事物的总体,组成这个集合的事物称为该集合的**元素**.

通常,我们用大写拉丁字母如 $A,B,C,\cdots$ 等来表示集合,用小写拉丁字母 $a,b,$

$c,\cdots$ 等来表示集合的元素. 若 $a$ 是集合 $A$ 的元素,则记作 $a\in A$;否则记作 $a\notin A$ 或 $a\overline{\in}A$.

由有限个元素组成的集合称为有限集;不含任何元素的集合称为**空集**,记作 $\varnothing$;既不是空集又不是有限集的集合称为无限集.

集合的表示法通常有两种. 一种是列举法,就是把集合的所有互异元素一一列举出来表示. 例如,由元素 $a_1,a_2,\cdots,a_n$ 组成的集合 $A$,可记作 $A=\{a_1,a_2,\cdots,a_n\}$,其中 $a_i\ne a_j(i\ne j)$. 另一种是特征描述法,如果集合 $A$ 是由具有某种特征 $P$ 的元素 $x$ 的全体所组成,就可以表示成

$$A=\{x\mid x\text{具有特征}P\};$$

其中 $P$ 是关于 $x$ 的某个命题,实际上就是 $x$ 作为 $A$ 的元素应适合的充分必要条件. 例如,$xOy$ 平面上单位圆周 $x^2+y^2=1$ 上点 $(x,y)$ 的全体构成的集合,可以表示成

$$C=\{(x,y)\mid x,y\in R\text{ 且 }x^2+y^2=1\};$$

给定集合 $A,B$,若当 $x\in A$ 时必有 $x\in B$,则称 $A$ 是 $B$ 的子集,记作 $A\subset B$ 或 $B\supset A$,读作 $A$ 含于 $B$ 中或 $B$ 包含 $A$. 对于任何集合 $A$,显然有 $A\subset A$,并且规定 $\varnothing\subset A$. 若 $A\subset B$,并且 $B\subset A$,则称集合 $A$ 与集合 $B$ 相等,记作 $A=B$.

**2. 集合的运算**

集合的运算有下面几种:交、并、差和直积.

设 $A,B$ 是两个集合,令

$$A\cup B=\{x\mid x\in A\text{ 或 }x\in B\};$$
$$A\cap B=\{x\mid x\in A\text{ 且 }A\in B\},$$

分别称 $A\cup B$ 与 $A\cap B$ 为 $A$ 和 $B$ 的**并**与**交**;若 $A\cap B=\varnothing$,称 $A$ 与 $B$ 互不相交;称集合

$$A-B=\{x\mid x\in A\text{ 且 }x\notin B\}$$

为 $A$ 与 $B$ 的**差集**(简称差);有时,我们研究某个问题限定在一个大的集合 $X$ 中进行,所研究的其他集合 $A$ 都是 $X$ 的子集,则称集合 $X$ 为**基本集**或全集,称 $X-A$ 为集合 $A$ 关于基本集 $X$ 的**余集**或补集(简称余),记作 $A^C$.

集合之间的交、并、差和余的关系常可用 Euler - Venn 图来示意,如图 3.1 所示.

集合的交、并、余有如下的运算规律:设 $A,B,C$ 为任意三个集合,则

(1) 交换律　$A\cup B=B\cup A, A\cap B=B\cap A$;

(2) 结合律　$(A\cup B)\cup C=A\cup(B\cup C), (A\cap B)\cap C=A\cap(B\cap C)$;

(3) 分配律　$A\cap(B\cup C)=(A\cap B)\cup(A\cap C),$
$A\cup(B\cap C)=(A\cup B)\cap(A\cup C);$

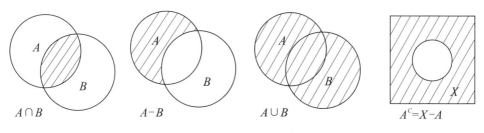

图 3.1

(4) 对偶律（De-Morgan 公式）$(A\cup B)^c=A^c\cap B^c$，$(A\cap B)^c=A^c\cup B^c$；

(5) 幂等律　$A\cup A=A$，$A\cap A=A$；

(6) 吸收律　$A\cup\varnothing=A$，$A\cap\varnothing=\varnothing$.

上述运算性质都可以由集合相等的定义验证.

两个集合之间还可以定义**直积**或 **Descartes 乘积**：设 $A,B$ 是两个集合，称集合
$$\{(x,y)\mid x\in A,\ y\in B\}$$
为集 $A$ 与 $B$ 的直积，记为 $A\times B$，即 $A\times B=\{(x,y)\mid x\in A,\ y\in B\}$. 当 $A,B$ 中有一个为空集时，规定 $A\times B=\varnothing$.

例如，$\mathbf{R}\times\mathbf{R}=\{(x,y)\mid x\in\mathbf{R},\ y\in\mathbf{R}\}$ 为实平面 $\mathbf{R}^2$. 再如，$A$ 为区间 $[0,1]$，$B$ 为区间 $[1,2]$，则 $A\times B=\{(x,y)\mid 0\leqslant x\leqslant 1,\ 1\leqslant y\leqslant 2\}$ 为一个单位正方形（图 3.2）.

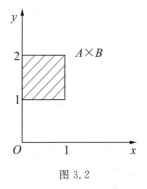

图 3.2

**3. 区间与邻域**

在现代社会中，人们常常要和各类数据打交道，数据之间关系的研究是数据分析的基本问题，而实数系是最常见和最有用的数学结构之一，实数的表示和函数的概念是微积分的基石和出发点.

本书用到的集合主要是实数集. 对任何实数 $x$，约定 $-\infty<x<+\infty$. 此处 $+\infty$ 与 $-\infty$ 是两个记号(不是数)，分别读作正无穷大与负无穷大.

最常用的数集是区间，它包括以下几种

(1) 有限区间：

开区间：$(a,b)=\{x\mid a<x<b\}$；

闭区间：$[a,b]=\{x\mid a\leqslant x\leqslant b\}$；

半开半闭区间：$[a,b)=\{x\mid a\leqslant x<b\}$ 及 $(a,b]=\{x\mid a<x\leqslant b\}$.

其中 $a$ 和 $b$ 都是实数，且 $a<b$. 数 $b-a$ 称为这些**区间的长度**.

(2) 无穷区间：

$[a,+\infty)=\{x|a\leqslant x<+\infty\}$；

$(a,+\infty)=\{x|a<x<+\infty\}$；

$(-\infty,b]=\{x|-\infty<x\leqslant b\}$；

$(-\infty,b)=\{x|-\infty<x<b\}$；$(-\infty,+\infty)=\{x|-\infty<x<+\infty\}=\mathbf{R}$.

以后在不需要辨明所论区间是否包含端点，以及是有限区间还是无限区间的场合，我们就简单地称它为"区间"，且常用 $I$ 表示.

邻域也是一个经常用到的概念. 设 $a\in\mathbf{R}, \delta>0$，称集合

$$O(a,\delta)=\{x\mid |x-a|<\delta\}=(a-\delta,a+\delta)$$

为点 $a$ 的**邻域**，简记为 $O(a)$；称集合

$$O_0(a,\delta)=\{x\mid 0<|x-a|<\delta\}=(a-\delta,a+\delta)-\{a\}$$

为点 $a$ 的**去心邻域**，简记为 $O_0(a)$；称集合

$$O^+(a,\delta)=\{x\mid 0<x-a<\delta\}=(a,a+\delta)$$

为点 $a$ 的**右邻域**，简记为 $O^+(a)$；称集合

$$O^-(a,\delta)=\{x\mid -\delta<x-a<0\}=(a-\delta,a)$$

为点 $a$ 的**左邻域**，简记为 $O^-(a)$.

### 3.1.2 常用的逻辑符号

为今后表述方便起见，下面介绍一些常用的逻辑符号.

符号"$A\Rightarrow B$"表示由命题（条件/定理或论断）$A$ 可推出命题 $B$.

符号"$A\Leftrightarrow B$"表示命题 $A$ 与命题 $B$ 等价，即"$A\Rightarrow B$ 且 $B\Rightarrow A$".

符号"$\forall$"表示任给. 例如"$\forall x>0$"表示对任何正数 $x$；再如"$\forall x\in I, f(x)>0$"的意思为：对 $I$ 中任给的 $x$，均有不等式 $f(x)>0$ 成立.

符号"$\exists$"表示存在. 例如"$\exists x>0$"表示存在一个正数 $x$；再如"$\exists x\in I: f(x)=0$"的意思为：在 $I$ 中有 $x$，使 $f(x)=0$ 成立[即在 $I$ 中有方程 $f(x)=0$ 的根].

符号"$\max\{a_1,a_2,\cdots,a_n\}$"表示 $n$ 个实数 $a_1,a_2,\cdots,a_n$ 中最大的一个. 同理，"$\min\{a_1,a_2,\cdots,a_n\}$"表示 $n$ 个实数 $a_1,a_2,\cdots,a_n$ 中最小的一个. 例如符号"$\max_{x\in A}\{x\}$"（$\max A$ 或 $\max\{x|x\in A\}$）表示数集 $A$ 中的最大数（当数集 $A$ 中存在最大数时）.

### 3.1.3 数集的上确界与下确界

对于一个有限数集来说，它一定有一个最大数和一个最小数，例如数集 $A=\{-4,-1,-2.5,0,-2\}$ 的最大数为 $0$（即 $\max A=0$），最小数为 $-4$（即 $\min A=-4$）. 但是，对于一个无限数集来说就不一定有最大数和最小数了，例如，开区间

$(0,1)$ 没有最大数和最小数,而闭区间 $[0,1]$ 有最大数 1,最小数 0. 那么 0 和 1 对于开区间 $(0,1)$ 意味着什么?为探讨这个问题,我们引入数集的确界概念.

**1. 上界和下界**

**定义 3.1** 设 $A$ 是一个非空数集,如果存在一个数 $M$,使得 $\forall x \in A$,都有 $x \leqslant M$,则称数集 $A$ 有上界,数 $M$ 称为数集 $A$ 的一个**上界**;

如果存在一个数 $m$,使得 $\forall x \in A$,都有 $x \geqslant m$,则称数集 $A$ 有下界,数 $m$ 称为数集 $A$ 的一个**下界**;

若 $A$ 既有上界又有下界,则称 $A$ 为**有界数集**,否则称 $A$ 为**无界数集**.

显然,有上界的数集必有无穷多个上界;有下界的数集必有无穷多个下界. 因而对有界数集 $A$ 来说,如果它有最大数 $\max A$,那么这个最大数也是它的一个上界,比这个数小的任何数都不是它的上界,这时,这个最大数自然就是它的最小上界. 同样,如果有界数集 $A$ 有最小数 $\min A$,那么这个最小数就是它的最大下界,也就是说,比这个数大的任何数都不是它的下界.

**2. 确界定义**

**定义 3.2** 设 $A$ 是一个非空数集,若 $\beta$ 是数集 $A$ 的上界,且对 $\forall \alpha < \beta$, $\exists x \in A$,使得 $x > \alpha$,则称 $\beta$ 为 $A$ 的**上确界**,记为 $\sup A$,即 $\beta = \sup A$;若 $\alpha$ 是数集 $A$ 的下界,且对 $\forall \beta > \alpha$, $\exists x \in A$,使得 $x < \beta$,则称 $\alpha$ 为 $A$ 的**下确界**,记为 $\inf A$,即 $\alpha = \inf A$.

实际上,$\sup A$ 就是 $A$ 的最小上界,而 $\inf A$ 是 $A$ 的最大下界.

此外,数集 $A$ 的上确界或下确界不一定属于 $A$. 例如 $A = \left\{ \dfrac{1}{n} \,\middle|\, n = 1, 2, 3, \cdots \right\}$,显然 $\inf A = 0 \notin A$(即下确界不能达到);而 $\sup A = 1 \in A$(即上确界可以达到).

可以证明,若数集 $A$ 有最大数 $x_1$,则 $\sup A = x_1 \in A$;同样,若数集 $A$ 有最小数 $x_0$,则 $\inf A = x_0 \in A$.

**3. 确界存在定理**

在上确界和下确界的定义中,并没有回答数集上确界与下确界的存在性问题. 那么,在什么情况下,数集 $A$ 的上确界或下确界存在?下面不加证明的引述确界存在定理.

**定理 3.1** 非空有上界的实数集 $A$ 必有上确界;非空有下界的实数集 $A$ 必有下确界.

对于非空无上界的数集 $A$,规定 $\sup A = +\infty$;非空无下界的数集 $A$,规定 $\inf A = -\infty$. 将此规定与定理 3.1 结合起来得到:任何非空数集均有上确界与下确界,且 $-\infty \leqslant \inf A \leqslant \sup A \leqslant +\infty$.

关于上确界还有以下等价说法:设 $\beta$ 是数集 $A$ 的上界,且满足下述两条件之一:

(1) 对 $\forall \varepsilon > 0, \beta - \varepsilon$ 不再是 $A$ 的上界；

(2) 对 $\forall \varepsilon > 0, \exists x_0 \in A$, 使得 $x_0 > \beta - \varepsilon$,

则 $\beta = \sup A$.

关于下确界也有以下等价说法：设 $\alpha$ 是数集 $A$ 的下界，且满足下述两条件之一：

(1) 对 $\forall \varepsilon > 0, \alpha + \varepsilon$ 不再是 $A$ 的下界；

(2) 对 $\forall \varepsilon > 0, \exists x_0 \in A$, 使得 $x_0 < \alpha + \varepsilon$,

则 $\alpha = \inf A$.

证明留给读者.

**例 3.1** 设 $A = \left\{ 1, -\dfrac{1}{2}, 3, -\dfrac{1}{4}, 5, -\dfrac{1}{6}, \cdots \right\}, B = \left\{ \ln\left(\dfrac{1}{n}\right) \mid n = 1, 2, \cdots \right\}$, 则

$$\inf A = -\frac{1}{2} \in A, \sup A = +\infty \notin A;$$

$$\inf B = -\infty \notin B, \sup B = 0 \in B.$$

## 习题 3.1

(A)

1. 上确界和下确界是怎样定义的？它们的等价说法是什么？

2. 单项选择题.

(1) 下列关系中，正确的是（　　）.

(A) $\{0\} = \varnothing$　　(B) $\varnothing \in \{0\}$　　(C) $\varnothing \subset \{0\}$　　(D) $0 \in \varnothing$

(2) 已知 $\{1, 2\} \subset M \subset \{1, 2, 3, 4, 5\}$, 那么这样的集合 $M$ 有（　　）.

(A) 6 个　　(B) 7 个　　(C) 8 个　　(D) 9 个

(3) 已知 $A = \{x \mid f(x) = 0\}, B = \{x \mid g(x) = 0\}, C = \{x \mid \varphi(x) = 0\}$, 则方程组 $\begin{cases} f(x)g(x) = 0 \\ \varphi(x) = 0 \end{cases}$ 的解集是（　　）.

(A) $A \cap B \cap C$　　(B) $(A \cup B) \cap C$　　(C) $(A \cap B) \cup C$　　(D) $A \cup B \cup C$

3. (1) 用集合表示邻域 $O_0(2, 3)$ 和区间 $[1, +\infty)$；

(2) 用邻域表示区间 $(-5, 3)$ 和集合 $\{x \mid |x - 0.1| < 0.01\}$.

4. 设 $X = \{a, b, c, d, e, f, g\}, A = \{a, b, c, d, e\}, B = \{a, c, e, g\}, C = \{b, e, f, g\}$, 求：

(1) $A \cup B$　　(2) $B \cap A$　　(3) $C - B$　　(4) $B^c \cap C$

5. (1) 设 $A = \{1, 2\}, B = \{a, b, c\}, C = \varnothing$, 求 $A \times B, B \times C$；

(2) 设 $X=\{x|a\leqslant x\leqslant b\}$, $Y=\{y|c\leqslant y\leqslant d\}$, $Z=\{z|-\infty<z<+\infty\}$, 求 $X\times Y$ 及 $Y\times Z$.

6. 求下列数集的上确界和下确界.

(1) $A=\{0,1,2,3,4,5\}$;

(2) $B=\{x|x^2<3\}$;

(3) $C=\{x||x+2|+|x-2|<12\}$.

7. 证明下列等式.

(1) $\max\{a,b\}=\dfrac{a+b}{2}+\dfrac{|a-b|}{2}$; $\min\{a,b\}=\dfrac{a+b}{2}-\dfrac{|a-b|}{2}$;

(2) $x^2=\left(\dfrac{x}{2}+\dfrac{|x|}{2}\right)^2+\left(\dfrac{x}{2}-\dfrac{|x|}{2}\right)^2$.

8. (1) 设 $A=\{x|\ x^2-ax+a^2-19=0\}$, $B=\{x|\ x^2-5x+6=0\}$, $C=\{x|\ x^2+2x-8=0\}$. 若 $A\cap B\neq\varnothing$ 且 $A\cap C=\varnothing$, 求 $a$ 的值;

(2) 设 $A=\{\ x,xy,\lg xy\ \}$, $B=\{\ 0,|x|,y\ \}$, 且 $A=B$. 求 $x,y$ 的值.

(B)

1. 判断下列用数学符号表示的语句中哪一个是正确的?

(1) $\forall \varepsilon>0, \exists \delta>0, \forall x\in O(0,\delta): |\sin x|<\varepsilon$;

(2) $\forall \varepsilon>0, \exists \delta>0, \forall x\in O_0(0,\delta): |\sin\dfrac{1}{x}|<\varepsilon$.

2. 设 $A$ 是一个非空有界数集, 证明:

(1) $\beta=\sup A$ 的充分必要条件是: $\beta$ 为 $A$ 的上界, 且 $\forall \varepsilon>0, \exists x_0\in A$, 使得 $x_0>\beta-\varepsilon$;

(2) $\alpha=\inf A$ 的充分必要条件是: $\alpha$ 为 $A$ 的下界, 且 $\forall \varepsilon>0, \exists x_0\in A$, 使得 $x_0<\alpha+\varepsilon$.

3. 设 $A,B$ 是非空有界数集, 定义数集 $A+B=\{z|z=x+y, x\in A, y\in B\}$. 证明:

(1) $\sup(A+B)=\sup A+\sup B$;

(2) $\inf(A+B)=\inf A+\inf B$.

4. 证明: (1) 若数集 $A$ 包含了它的一个下界 $\alpha$, 则 $\alpha=\inf A$;

(2) 若数集 $A$ 包含了它的一个上界 $\beta$, 则 $\beta=\sup A$.

5. 设 $A=\left\{x\bigg|x\text{ 是数列}\left\{\dfrac{1}{n}\right\}\text{ 的上界}\right\}$, 证明数集 $A$ 中有最小数 $\min A$, 且 $\min A=\sup\left\{\dfrac{1}{n}\bigg|n\in Z^+\right\}$.

## 3.2 映射与函数

函数是本课程的主要研究对象，因此，函数概念将贯穿于本书各章中．在中学数学课程中，对函数概念已经有了初步的了解．本节将进一步讨论函数的概念，函数的初等特性以及函数的运算等．

### 3.2.1 映射与函数的概念

**1. 映射**

**定义 3.3** 设 $A,B$ 是两个非空集合．如果存在一个规则 $f$，使得 $\forall x\in A$，总有唯一的一个元素 $y\in B$ 与它对应，则称 $f$ 是从 $A$ 到 $B$ 的一个**映射**，记作
$$f:A\rightarrow B$$
其中 $y$ 称为 $x$（在 $f$ 下）的**像**，记作 $f(x)$，即 $y=f(x)$，元素 $x$ 称为元素 $y$（在 $f$ 下）的**原像**；集合 $A$ 称为 $f$ 的**定义域**，记为 $D_f$，即 $D_f=A$．集合 $\{f(x)|x\in A\}$ 称为 $f$ 的**值域**，记作 $R_f$ 或 $f(A)$．

根据定义，$A$ 中任一元素的像是唯一的，反之未必；一般地，$R_f$ 是 $B$ 的一个子集，不必是整个 $B$；确定一个映射有两个主要因素：定义域 $D_f$ 和对应规则 $f$．

若 $b\in R_f$，则集合 $\{x|f(x)=b,x\in A\}$ 表示值域中元素 $b$ 的原像集，记作 $f^{-1}(b)$；若 $B_0\subset R_f$，则集合 $\{x|x\in A,f(x)\in B_0\}$ 表示集合 $B_0$ 在 $f$ 下的原像集，记作 $f^{-1}(B_0)$，它是 $A$ 的子集．

下面介绍有关映射的几个术语．

**满射、单射、双射**：设 $f:A\rightarrow B$，若 $f(A)=B$，则称 $f$ 为**满射**；若 $\forall x_1,x_2\in A$，当 $x_1\neq x_2$ 时，有 $f(x_1)\neq f(x_2)$，则称 $f$ 为**单射**，并称 $f$ 为**可逆映射**；若 $f$ 既是满射又是单射，则称 $f$ 为双射或**一一映射**．

**恒等映射**：设 $f:A\rightarrow A$，若 $\forall x\in A$，有 $f(x)=x$，则称 $f$ 为**恒等映射**，记作 $I$．

**映射的图像**：设 $f:A\rightarrow B$，称集合 $\{(x,f(x))|x\in A\}$ 为映射 $f$ 的图像．显然，$\{(x,f(x))|x\in A\}\subset A\times B$．

**例 3.2** 设 $Z^+$ 表示全体正整数之集，映射 $f:Z^+\rightarrow R$ 表示以正整数为下标编号，依次排列的一列实数：
$$x_1=f(1),x_2=f(2),\cdots,x_n=f(n),\cdots$$
这样的一串实数称为实数列，简称为数列，记作 $\{x_n\}$，称数列中的每一个数为数列的项，称 $x_n$ 为一般项或通项．

**2. 一元函数概念**

在映射概念中，当 $A,B$ 是两个非空实数集时，就得到一元函数的概念．

**定义 3.4** 设 $A,B$ 是两个非空实数集合. 称映射 $f:A\to B$ 为**一元函数**,简称为函数. 记作
$$y=f(x),\ x\in A$$
称 $x$ 为自变量, $y$ 为因变量. 称 $f(x_0)$ 为 $f$ 在点 $x_0$ 处的函数值.

函数 $y=f(x)$ 的图形为 $xOy$ 平面上点集 $C=\{(x,y)\mid y=f(x),x\in A\}$ (图 3.3).

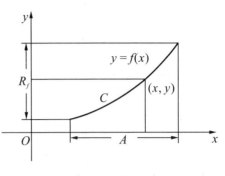

图 3.3

在实际问题中,函数的定义域是根据问题中的实际意义确定的. 如圆的面积 $A$ 与它的半径 $r$ 之间的函数关系 $A=\pi r^2$ 中,定义域为 $(0,+\infty)$;再如自由落体运动中物体落下的距离 $s$ 与下落的时间 $t$ 之间的函数关系为 $s=\frac{1}{2}gt^2$(假定开始下落的时刻为 $t=0$,着地的时刻为 $t=T$,$g$ 是重力加速度),定义域为 $[0,T]$.

若 $f(x)$ 是用算式表达的函数,并且不考虑其实际含义,这时我们约定:函数的定义域就是使算式有意义的 $x$ 之全体. 例如,函数 $y=\sqrt{1-x}$ 与 $y=\ln x$ 的定义域分别是区间 $(-\infty,1]$ 与 $(0,+\infty)$.

函数的表达方式有公式法、列表法、图示法和描述法等. 下面看几个特殊函数的例子.

**例 3.3** 符号函数 $\mathrm{sgn}x=\begin{cases}1, & x>0,\\ 0, & x=0,\\ -1, & x<0.\end{cases}$

$\mathrm{sgn}x$ 是一种分段函数(在自变量的不同取值范围内,用不同的表达式表示的函数),定义域为 $(-\infty,+\infty)$,值域为 $\{-1,0,1\}$,它的图形如图 3.4 所示. 利用符号函数还可以把绝对值函数 $f(x)=|x|$ 表示为
$$|x|=x\mathrm{sgn}x.$$

**例 3.4** 取整函数 $y=[x]$.

$[x]$ 表示不超过 $x$ 的最大整数,即 $[x]=\max\{n\mid n\leqslant x,n\in Z\}$.

例如:$\left[\dfrac{5}{7}\right]=0,[\sqrt{2}]=1,[-1]=-1,[-3.5]=-4.$

$[x]$ 的定义域为 $(-\infty,+\infty)$,值域为 $Z$. 它的图形如图 3.5 所示为阶梯曲线,在 $x$ 为整数值处,图形发生跳跃,跃度为 1.

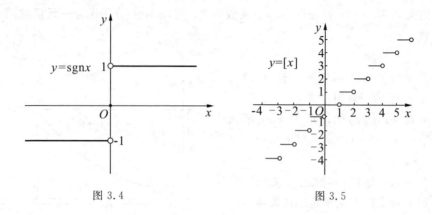

图 3.4　　　　　　　　　　图 3.5

**例 3.5**　Dirichlet 函数 $D(x)=\begin{cases}1, & x\text{ 为有理数},\\ 0, & x\text{ 为无理数}.\end{cases}$

$D(x)$ 定义在整个数轴上，其图形是分布在直线 $y=0$ 和 $y=1$ 上的无限个点构成的集合，无法实际画出来．Dirichlet 函数也不能用表格形式表示．

以上三例中的函数都没有单一的解析式子，这与初等数学中所熟悉的那些函数有所不同．

## 3.2.2　函数的初等性质

下面考察函数的单调性、奇偶性、周期性和有界性．这些性质的描述都不涉及深入的数学知识，因此称为"初等性质"．函数的初等性质有明显的几何解释，所以容易理解与掌握．

**1. 函数的单调性**

设函数 $f(x)$ 在区间 $I$ 上有定义．若 $\forall x_1,x_2\in I$，当 $x_1<x_2$ 时恒有 $f(x_1)\leqslant f(x_2)$ [或 $f(x_1)\geqslant f(x_2)$]，则称函数 $f(x)$ 是区间 $I$ 上的**单调增**（或**单调减**）函数．单调增加和单调减少的函数统称为**单调函数**；若 $\forall x_1,x_2\in I$，当 $x_1<x_2$ 时恒有 $f(x_1)<f(x_2)$ [或 $f(x_1)>f(x_2)$]，则称函数 $f(x)$ 是区间 $I$ 上的**严格单调增**（或**严格单调减**）函数．

在几何上，$f(x)$ 单调增（或单调减）意味着：曲线 $y=f(x)$ 沿着轴的正向渐升（或渐降）．因此可以结合函数的图形判定一些常见函数的单调性．例如：函数 $f(x)=x^2$ 在区间 $[0,+\infty)$ 上是单调增加的，在区间 $(-\infty,0]$ 上是单调减少的；在区间 $(-\infty,+\infty)$ 内函数 $f(x)=x^2$ 不是单调的．这表明函数的单调性与所考虑的区间有关．

**2. 函数的奇偶性**

设 $f(x)$ 的定义域 $D$ 关于原点对称．若 $\forall x\in D$，有 $f(-x)=f(x)$，则称 $f(x)$

为偶函数;若 $\forall x \in D$,有 $f(-x)=-f(x)$,则称 $f(x)$ 为**奇函数**.

在几何上:偶函数的图形关于 $y$ 轴是对称的;奇函数的图形关于原点是对称的.利用这种对称性,对奇(偶)函数的研究只须在 $x \geq 0$ 的部分进行.

由定义可以直接验证函数 $x^3$,$\sin x$,$x\cos x$,$\mathrm{sgn}\, x$ 是 $(-\infty, +\infty)$ 上的奇函数;而 $x^2$,$x\sin x$,$|x|$,$D(x)$ 是 $(-\infty, +\infty)$ 上的偶函数;函数 $y=\sin x+\cos x$ 既非奇函数,也非偶函数.

**3. 函数的周期性**

设函数 $f(x)$ 定义域为 $D$.若 $\exists T>0$,使得 $\forall x \in D$,有 $x+T \in D$ 且 $f(x+T)=f(x)$,则称 $f(x)$ 为**周期函数**,称 $T$ 为 $f(x)$ 的一个**周期**.周期函数的周期不唯一,若 $T$ 是 $f(x)$ 的最小正周期,则称 $T$ 为 $f(x)$ 的基本周期.通常我们所说的周期是指基本周期.但并不是每一个周期函数都有基本周期.

例如:函数 $\sin x$,$\cos x$ 以 $2\pi$ 为基本周期;函数 $\tan x$ 以 $\pi$ 为基本周期;而任一正有理数都是 Dirichlet 函数 $D(x)$ 的周期,它没有基本周期.

在几何上,$T$ 是 $f(x)$ 的一个周期意味着:在这函数定义域内每个长度为 $T$ 的区间上,函数图形有相同的形状.因此只要在长度为 $T$ 的区间上研究函数就可以了.

**4. 函数的有界性**

设函数 $f(x)$ 的定义域为 $D$,数集 $I \subset D$.我们说函数 $f(x)$ 在 $I$ 上有上界(或有下界)是指:存在数 $K$,使得 $\forall x \in I$,有 $f(x) \leq K$[或 $f(x) \geq K$].而 $K$ 称为函数 $f(x)$ 在 $I$ 上的一个上界(或下界).若 $f(x)$ 在 $I$ 上既有上界又有下界,则称函数 $f(x)$ 在 $I$ 上**有界**;否则称函数 $f(x)$ 在 $I$ 上无界.

可以证明,函数 $f(x)$ 在 $I$ 上有界等价于:$\exists M>0$,使得 $\forall x \in I$,有 $|f(x)| \leq M$.因此,函数 $f(x)$ 在 $I$ 上无界等价于:$\forall M>0$,总存在 $x' \in I$,使 $|f(x')|>M$.

在几何上,函数 $f(x)$ 在 $I$ 上有界意味着:曲线 $y=f(x)$ 位于两条水平线 $y=M$ 与 $y=m$ 之间,如图 3.6 所示.

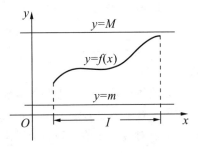

图 3.6

## 3.2.3 函数的四则运算

设函数 $f, g$ 的定义域分别是 $D_f, D_g$,$D = D_f \cap D_g \neq \emptyset$,则 $f$ 与 $g$ 的和、差、积、商的定义如下:

和(差) $f \pm g$:$(f \pm g)(x) = f(x) \pm g(x)$,$x \in D$;

积 $f \cdot g$：$(f \cdot g)(x) = f(x)g(x)$，$x \in D$；

商 $\dfrac{f}{g}$：$\left(\dfrac{f}{g}\right)(x) = \dfrac{f(x)}{g(x)}$，$x \in D - \{x \mid g(x) = 0\}$.

**例 3.6** 设 $f, g$ 是 $D$ 上的有界函数. 证明：$f \pm g$ 与 $f \cdot g$ 也是 $D$ 上的有界函数.

**证明** 由 $f, g$ 有界可知，$\exists M, N > 0$，使得 $\forall x \in D$：$|f(x)| \leqslant M$，$|g(x)| \leqslant N$. 于是 $\forall x \in D$，有

$$|f(x) \pm g(x)| \leqslant |f(x)| + |g(x)| \leqslant M + N,$$
$$|f(x)g(x)| = |f(x)||g(x)| \leqslant MN,$$

这表明 $f \pm g$ 与 $f \cdot g$ 在 $D$ 上是有界函数.

### 3.2.4 复合函数与反函数

**1. 复合函数**

复合函数是由已知函数构成新函数的一种表达方式的概念. 先看一个例子：函数 $y = \sqrt{1-x^2}$ 可以看成是由函数 $y = \sqrt{u}$ 和 $u = 1 - x^2$ 复合而成的函数，辅助变量 $u$ 则称为中间变量. 要注意的是：虽然 $u = 1 - x^2$ 的定义域是 $(-\infty, +\infty)$，但复合函数 $y = \sqrt{1-x^2}$ 的定义域是 $[-1, 1]$. 因为只有在 $u = 1 - x^2 \geqslant 0$ 时，$\sqrt{u}$ 才有意义. 因此必须限制 $u = 1 - x^2$ 的定义域，使其值域在 $y = \sqrt{u}$ 的定义域内，这样 $y = \sqrt{1-x^2}$ 才有意义.

一般地，给定函数 $f$ 与 $g$，若 $R_g \subset D_f$，则称由

$$\varphi(x) = f[g(x)], \quad x \in D_g$$

所确定的函数 $\varphi$ 为 $f$ 与 $g$ 的复合函数，也记作 $\varphi = f \circ g$（注意不要与乘积 $fg$ 混淆）.

必须注意，不是任何两个函数都能够复合成一个函数. 例如：$y = \arcsin u$ 及 $u = 2 + x^2$ 就不能复合成一个函数，原因是对于 $u = 2 + x^2$ 的定义域 $(-\infty, +\infty)$ 内任何 $x$ 所对应的 $u$ 值（$u \geqslant 2$），都不能使 $y = \arcsin u$ 有意义.

复合函数也可以由两个以上的函数经过复合构成. 例如，设 $y = \sqrt{u}$，$u = \cot v$，$v = \dfrac{x}{2}$，则得复合函数 $y = \sqrt{\cot \dfrac{x}{2}}$，这里 $u$ 及 $v$ 都是中间变量.

**2. 反函数**

设函数 $f$ 是 $D_f$ 到 $R_f$ 的单射，则 $\forall y \in R_f$，有唯一的 $x \in D_f$，使得 $f(x) = y$，记此 $x$ 为 $f^{-1}(y)$，按照函数概念，就得到一个从 $R_f$ 到 $D_f$ 的新函数 $f^{-1}$，称它为 $f$ 的**反函数**，其定义域为 $R_f$，值域为 $D_f$.

若以 $\varphi$ 记反函数 $f^{-1}$，则由反函数的定义可以得到恒等式：
$$\varphi(f(x))=x, x\in D_f; \quad f(\varphi(y))=y, y\in R_f$$
这两个式子成立是 $\varphi$ 为 $f$ 的反函数的特征性质.

$y=f(x)$ 的反函数 $x=\varphi(y)$ 可以看作是关于 $x$ 的方程 $f(x)-y=0$ 的解. 这一观点有助于求出反函数的表达式. 如 $y=x^3$ 的反函数是 $x=y^{\frac{1}{3}}$.

习惯上自变量用 $x$ 表示，因变量用 $y$ 表示，因此如果函数 $y=f(x)$ 的反函数为 $x=f^{-1}(y)$，那么 $y=f^{-1}(x)$ 也是 $y=f(x)$ 的反函数. 这是因为函数的实质是对应关系，只要对应关系和定义域不变，自变量和因变量用什么字母表示是无关紧要的.

在同一个坐标平面上，函数 $y=f(x)$ 与反函数 $y=f^{-1}(x)$ 的图形关于直线 $y=x$ 对称（图 3.7）.

显然，如果在区间 $I$ 上定义的函数 $y=f(x)$ 是严格单调的，则其反函数一定存在. 反之不然.

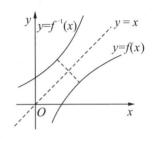

图 3.7

### 3.2.5 初等函数

在初等数学中已学过以下几类函数：

**幂函数**：$x^\alpha$ （$\alpha\in R$ 是常数），

**指数函数**：$a^x$ （$a$ 是常数且 $a>0, a\neq 1$），

**对数函数**：$\log_a x$（$a$ 是常数且 $a>0, a\neq 1$，特别当 $a=\mathrm{e}$ 时，记为 $y=\ln x$），

**三角函数**：如 $\sin x, \cos x, \tan x, \cot x, \sec x, \csc x$，

**反三角函数**：如反正弦函数 $\arcsin x$，其定义域与值域分别为 $[-1,1]$ 与 $[-\frac{\pi}{2}, \frac{\pi}{2}]$，它在闭区间 $[-1,1]$ 上是单调增加的，如图 3.8 所示. 其余反三角函数都可由 $y=\arcsin x$ 得出：

反余弦函数 $\quad \arccos x=\dfrac{\pi}{2}-\arcsin x \quad |x|\leqslant 1$；

反正切函数 $\quad \arctan x=\arcsin\dfrac{x}{\sqrt{1+x^2}} \quad |x|<+\infty$；

反余切函数 $\quad \operatorname{arccot} x=\dfrac{\pi}{2}-\arctan x \quad |x|<+\infty$.

反三角函数的图形都可由相应的三角函数的图形按反函数作图法的一般规律作出. 它们的定义域、值域、单调性等如下：

反余弦函数 $y=\arccos x$ 在 $[-1,1]$ 上单调减少，值域为闭区间 $[0,\pi]$，如图 3.9 所示；

反正切函数 $y=\arctan x$ 在 $(-\infty,+\infty)$ 内单调增加,值域为开区间 $(-\frac{\pi}{2},\frac{\pi}{2})$,如图 3.10 所示;

反余切函数 $y=\operatorname{arccot} x$ 在 $(-\infty,+\infty)$ 内单调减少,值域为开区间 $(0,\pi)$,如图 3.11 所示.

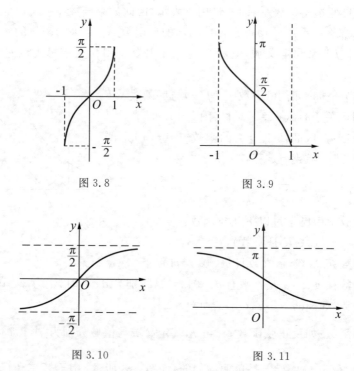

图 3.8　　　　　　图 3.9

图 3.10　　　　　　图 3.11

以上五类函数统称为**基本初等函数**.

由常数和基本初等函数经过有限次的四则运算和有限次的复合步骤所得到并可用一个式子表示的函数,称为**初等函数**.

最后,简单介绍在应用上常遇到且与三角函数有许多相似之处的**双曲函数**. 主要有:

双曲正弦　$\operatorname{sh} x=\dfrac{e^x-e^{-x}}{2}$;

双曲余弦　$\operatorname{ch} x=\dfrac{e^x+e^{-x}}{2}$;

双曲正切　$\operatorname{th} x=\dfrac{\operatorname{sh} x}{\operatorname{ch} x}=\dfrac{e^x-e^{-x}}{e^x+e^{-x}}$;

双曲函数的简单性态如下：

定义域都是$(-\infty,+\infty)$；$\text{sh}x,\text{th}x$ 是奇函数，这两个函数的图形通过原点且关于原点对称，$\text{ch}x$ 是偶函数，它的图形通过点$(0,1)$且关于 $y$ 轴对称；在区间$(0,+\infty)$上，$\text{sh}x,\text{ch}x$ 与 $\text{th}x$ 严格单调增，这些函数的图形如图 3.12 和图 3.13 所示.

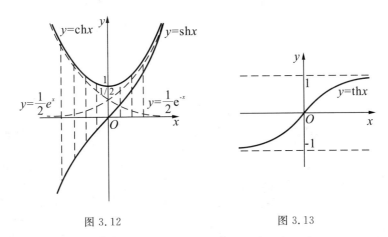

图 3.12　　　　　　　　　　图 3.13

根据双曲函数的定义,可证下列四个公式：
(1) $\text{sh}(x\pm y)=\text{sh}x\text{ch}y\pm\text{ch}x\text{sh}y$；
(2) $\text{ch}(x\pm y)=\text{ch}x\text{ch}y\pm\text{sh}x\text{sh}y$；
(3) $\text{sh}2x=2\text{sh}x\text{ch}x$；
(4) $\text{ch}^2 x-\text{sh}^2 x=1$.

由以上几个公式可以导出其他一些公式，例如：在第(2)个公式中令 $x=y$ 得 $\text{ch}2x=\text{ch}^2 x+\text{sh}^2 x$.

函数 $\text{sh}x,\text{ch}x$ 和 $\text{th}x$ 的反函数分别记为 $\text{arsh}x,\text{arch}x$ 和 $\text{arth}x$. 依次称为反双曲正弦，反双曲余弦和反双曲正切，它们可通过自然对数函数来表示：

$$\text{arsh}x=\ln(x+\sqrt{x^2+1})\quad (|x|<+\infty);$$
$$\text{arch}x=\ln(x+\sqrt{x^2-1})\quad (x\geqslant 1);$$
$$\text{arth}x=\frac{1}{2}\ln\frac{1+x}{1-x}\quad (|x|<1).$$

这三个函数的图形可以由双曲函数的图形，根据反函数作图法得到，如图 3.14 所示.

我们对反双曲正弦函数的表达式推导如下：由于 $y=\text{arsh}x$ 是 $x=\text{sh}y$ 的反函数，因此从 $x=\dfrac{e^y-e^{-y}}{2}$ 中解出 $y$ 来便是. 令 $u=e^y$，则由上式有

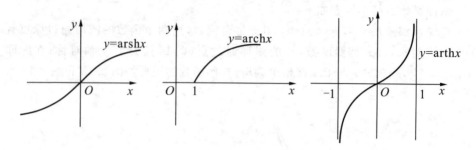

图 3.14

$$u^2 - 2xu - 1 = 0$$

这是关于 $u$ 的一个二次方程，它的根为 $u = x \pm \sqrt{x^2+1}$. 因 $u = e^y > 0$，于是

$$u = x + \sqrt{x^2+1},$$

由于 $y = \ln u$，故得

$$y = \mathrm{arsh}\, x = \ln(x + \sqrt{x^2+1}).$$

## 习题 3.2

### (A)

1. 判断下列命题正确与否.

(1) 设 $f(x) = \dfrac{1}{x}$，则 $f[f(x)] = x$；

(2) 设 $f(x)$ 为 $(-l, l)$ 内的偶函数，若 $f(x)$ 在 $(0, l)$ 内单调增加，则在 $(-l, 0)$ 内 $f(x)$ 单调减少；

(3) $\sin(\arcsin x) = \arcsin(\sin x)$；

(4) $f(x) = \sin \dfrac{1}{x}$ 是定义域上的有界函数；

(5) 对任何函数 $y = f(u), u = g(x)$，必有复合函数 $f \circ g(x) = f[g(x)]$；

(6) 若 $f, g$ 有反函数，则 $f \circ g$ 也有反函数.

2. 求下列函数值.

(1) $f(x) = \dfrac{1}{2} \arccos \dfrac{x}{2}$，求 $f(0), f(-2), f(\sqrt{2}), f(-\sqrt{3}), f(1)$；

(2) $f(x) = \begin{cases} 4x+1, & x \geqslant 0, \\ x^2+2, & x+1 \leqslant 0. \end{cases}$ 求 $f(-1), f(0), f(1), f(x+1)$.

3. 求下列函数的定义域.

(1) $y=\dfrac{1}{1-x^2}+\sqrt{x+2}$;　　(2) $y=\arcsin\dfrac{x-1}{2}$;　　(3) $y=\dfrac{\lg(3-x)}{\sqrt{|x|-1}}$.

4. 单项选择题.

(1) 在下列各组函数中,两个函数相同的一组是(　　).

(A) $y=x^0$ 与 $y=1$　　　　　　(B) $y=(\sqrt{x})^2$ 与 $y=\sqrt{x^2}$

(C) $y=\dfrac{\sqrt[3]{x-1}}{x}$ 与 $y=\sqrt[3]{\dfrac{x-1}{x^3}}$　　(D) $y=\dfrac{\sqrt{x-3}}{\sqrt{x-2}}$ 与 $y=\sqrt{\dfrac{x-3}{x-2}}$

(2) 函数 $y=|\sin x|+|\cos x|$ 是周期函数,它的最小周期是(　　).

(A) $2\pi$　　　(B) $\pi$　　　(C) $\dfrac{\pi}{4}$　　　(D) $\dfrac{\pi}{2}$

(3) 设 $f(x)$ 为定义在 $(-\infty,+\infty)$ 的任何不恒等于零的函数,则(　　)必是偶函数.

(A) $F(x)=f(x)-f(-x)$　　　(B) $F(x)=f(x)+f(-x)$

(C) $F(x)=f(-x)-f(x)$　　　(D) $F(x)=f(-x)+f(-x)$

(4) 任意一个定义在 $(-\infty,+\infty)$ 的函数,皆可分解为(　　).

(A) 两个偶函数之和　　　　　　(B) 两个奇函数之和

(C) 一个奇函数与一个偶函数之和　(D) 奇函数与偶函数之积

(5) 指出下列哪一个是初等函数(　　).

(A) $y=\operatorname{sgn}x$(符号函数)　　(B) $y=x^x$

(C) $y=[x]$(取整函数)　　　　(D) $y=\begin{cases}x+1,&x\geqslant 0\\x-1,&x<0\end{cases}$

5. 判断下列函数的奇偶性.

(1) $y=\ln(x+\sqrt{1+x^2})$;　　(2) Dirichlet 函数 $D(x)$;

(3) 取整函数 $[x]$;　　　　　　(4) 符号函数 $\operatorname{sgn}x$.

6. 设 $\varphi(x)$ 是以 $T$ 为周期的函数,$\lambda>0$. 证明函数 $\varphi(\lambda x+k)$ 是以 $\dfrac{T}{\lambda}$ 为周期的函数(其中 $k$ 是任意常数).

7. 判定下列函数在给定区间上的有界性.

(1) $y=\dfrac{x}{x^2+1}$　$(|x|<+\infty)$;　　(2) $y=\dfrac{x^2-1}{x^2+1}$　$(|x|<+\infty)$;

(3) $y=\dfrac{1}{x}$　$(1<x<+\infty)$;　　(4) $y=\begin{cases}\dfrac{1}{x},&0<x\leqslant 1,\\0,&x=0.\end{cases}$

8. 作出下列函数的图形.

(1) $y=\dfrac{1}{2}+\sin x$;　　　(2) $y=3\sin x$;　　　(3) $y=\sin 2x$;

(4) $y=3\sin(2x+\dfrac{2}{3}\pi)$;　　(5) $y=x+\dfrac{1}{x}$;　　(6) $y=\sin x+\cos x$.

9. 求下列函数的反函数.

(1) $y=2\sin 3x$;　　(2) $y=1+\ln(x+2)$;　　(3) $y=\dfrac{2^x}{2^x+1}$;　　(4) $y=\text{th}x$.

10. 下列各组函数中哪些不能构成复合函数？写出可构成的复合函数及其定义域.

(1) $y=\sin\sqrt{1-u^2}$, $u=e^x+e^{-x}$;

(2) $y=\dfrac{u}{\sqrt{1+u^2}}$, $u=\dfrac{v}{\sqrt{1+v^2}}$, $v=\dfrac{x}{\sqrt{1+x^2}}$;

(3) $y=\log_a x$, $x=-1-t^2$;

(4) $y=\arcsin x$, $x=t-3$.

11. 设 $f(x)$ 的定义域是 $[0,1]$，求下列各函数的定义域.

(1) $f(x^2)$;　　　　　　　　(2) $f(\sin x)$;

(3) $f(x+a)(a>0)$;　　　　　(4) $f(x+a)+f(x-a)(a>0)$.

12. 证明：(1) $\text{ch}^2 x-\text{sh}^2 x=1$;　　(2) $\text{sh}(x+y)=\text{sh}x\text{ch}y+\text{ch}x\text{sh}y$.

13. 某市某种出租车票价规定如下：起价 8.90 元，行驶 8km 时开始按里程计费，不足 16km 时每公里收费 1.20 元，超过 16km 时每公里收费 1.80 元. 试求票价(元)与路程(km)的函数关系式，并画出这函数的图形.

(B)

1. 设 $f(x)=\dfrac{x}{1-x}$，求 $f\circ f(x)$ 和 $\underbrace{f\circ f\circ\cdots\circ f}_{n\uparrow f}(x)$.

2. 设 $f(x)=\begin{cases}e^x, & x<1,\\ x, & x\geqslant 1,\end{cases}$　$\varphi(x)=\begin{cases}x+2, & x<0,\\ x^2-1, & x\geqslant 0,\end{cases}$ 求 $f[\varphi(x)]$.

3. 求下列函数的反函数.

(1) $f(x)=\begin{cases}x, & x<1,\\ x^2, & 1\leqslant x\leqslant 4,\\ 2^x, & x>4;\end{cases}$　　(2) $y=\begin{cases}\sin x, & -\dfrac{\pi}{2}\leqslant x\leqslant 0,\\ x(x+1), & 0\leqslant x<1,\\ 2\sqrt{x}, & 1\leqslant x<8.\end{cases}$

4. 设 $g(x)$、$h(x)$ 为 $(-\infty,+\infty)$ 上的单调增函数，且 $f[f(x)]$、$g[g(x)]$、$h[h(x)]$ 均存在. 证明：若 $f(x)\leqslant g(x)\leqslant h(x)$，则 $f[f(x)]\leqslant g[g(x)]\leqslant h[h(x)]$.

## 3.3 数列的极限

### 3.3.1 引例

极限概念是因为求某些实际问题的精确解答而产生的,以下是几个典型例子.

**问题 1(自由落体的速度)** 自由落体在时间 $t$ 内所经过的路程 $s(t)=\frac{1}{2}gt^2$,$g$ 是重力加速度,试求落体在时刻 $t_0$ 的速度 $v_0$.

首先算出落体在时刻 $t_0$ 到 $t$ 这段时间内的平均速度 $\bar{v}$:

$$\bar{v}=\frac{s(t)-s(t_0)}{t-t_0}=\frac{1}{2}\frac{gt^2-gt_0^2}{t-t_0}=gt_0+\frac{g}{2}(t-t_0)$$

因此,$\bar{v}$ 是 $t$ 的函数. $t$ 越接近 $t_0$,$\bar{v}$ 就越接近 $gt_0$. 于是可以认为 $v_0=gt_0$.

**问题 2** 设有一圆,首先作内接正六边形,把它的面积记为 $S_1$;再作内接正十二边形,其面积记为 $S_2$;再做内接正二十四边形,其面积记为 $S_3$;如此下去,每次边数加倍,一般地,把内接正 $6\times 2^{n-1}$ 边形的面积记为 $S_n(n\in N_+)$. 这样,就得到一系列内接正多边形的面积

$$S_1,S_2,S_3,\cdots,S_n,\cdots,$$

它们构成一列有次序的数. $n$ 越大,内接正多边形与圆的差别就越小,从而以 $S_n$ 作为圆面积的近似值也越精确. 但是无论 $n$ 取得如何大,只要 $n$ 取定了,$S_n$ 终究只是多边形的面积,而还不是圆的面积. 因此,设想 $n$ 无限增大(记为 $n\to\infty$,读作 $n$ 趋于无穷大),即内接正多边形的边数无限增加,在这个过程中,内接正多边形无限接近于圆,同时 $S_n$ 也无限接近于某一确定的数值,这个确定的数值就理解为圆的面积.

**问题 3(无穷等比级数的和)** 设 $|q|<1$,试求无限多项 $q^n(n=0,1,2,\cdots)$ 相加的和 $S$:

$$S=1+q+q^2+\cdots+q^n+\cdots,$$

同前两个问题一样,采用逼近法. 令 $S_n=1+q+q^2+\cdots+q^{n-1}$,则有

$$S_n=\frac{1-q^n}{1-q}=\frac{1}{1-q}-\frac{q^n}{1-q},$$

由 $|q|<1$,所以 $n$ 无限增大时,$q^n$ 无限地趋于零,从而 $S_n$ 无限地趋近于 $\frac{1}{1-q}$. 于是可以认为所求无穷和为 $S=\frac{1}{1-q}$.

以上三个问题的描述和直观含义虽然比较简单,但它们实质上已经包含了微

积分学的基本问题. 只要将其加以适当引伸与拓广,就可得出微积分的主要概念——导数、积分与无穷级数.

此外,上述问题的讨论都用逼近的方法获得了问题的答案,但这里的推理并不严谨,缺乏严格的依据. 为了使这种逼近方法改进得严谨可靠,需要引入极限的准确概念,这正是本章以后各节要详细介绍的内容.

问题 2 和问题 3 都涉及到随 $n$ 变化的一列数 $S_1, S_2, \cdots, S_n, \cdots$,这就是"数列极限"问题. 问题 1 涉及的是"函数极限"问题. 这两类问题将分别在本节与 3.5 节讨论,由于数列相对直观且比较容易处理,所以我们先对数列讨论极限概念和性质,然后再将其概念、结论与方法推广到函数极限中.

### 3.3.2 数列极限

首先给出几个常见数列:

$$1, \frac{1}{2}, \frac{1}{3}, \cdots, \frac{1}{n}, \cdots \qquad (调和数列);$$

$$a, aq, \cdots, aq^n, \cdots \ (a \neq 0) \qquad (等比数列);$$

$$c, c, \cdots, c, \cdots \qquad (常数列);$$

$$1, -1, \cdots, (-1)^{n-1}, \cdots \qquad (摆动数列).$$

在数轴上,依次标出点 $x_1, x_2, \cdots, x_n, \cdots$,就得到数列 $\{x_n\}$ 的图示(图 3.15).

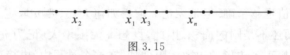

图 3.15

由于数列是一类特殊的函数,对于数列也有"有界性"和"单调性"概念. 例如,调和数列、常数列和摆动数列都是有界数列;等比数列在公比 $|q| \leqslant 1$ 时有界,在 $|q| > 1$ 时无界. 调和数列是单调递减数列,常数列既是单调增又是单调减数列,摆动数列不是单调数列.

对于我们要讨论的问题来说,重要的是:当 $n$ 无限增大(即 $n \to \infty$)时,对应的 $x_n = f(n)$ 是否能无限接近于某个确定的数值? 如果能的话,怎样表示这种特性?

考虑以下数列:

$$1, -\frac{1}{2}, \frac{1}{3}, \cdots, \frac{(-1)^{n-1}}{n}, \cdots \qquad (3.1)$$

$$2, \frac{3}{2}, \cdots, \frac{n+1}{n}, \cdots \qquad (3.2)$$

$$1, \frac{3}{2}, \frac{5}{3}, \cdots, \frac{2n-1}{n}, \cdots \qquad (3.3)$$

这些数列的通项各异:式(3.1)中正负项交替出现;式(3.2)的通项单调递减;式(3.3)的通项单调递增.但它们有一个共同特点:当 $n$ 无限增大时,通项 $x_n$ 无限接近于某个确定的数值,它们依次为 $0,1,2$.

就数列(3.1)而言,因为 $|x_n-0|=\left|\dfrac{(-1)^{n-1}}{n}\right|=\dfrac{1}{n}$,由此可见,当 $n$ 越来越大时,$\dfrac{1}{n}$ 越来越小,从而 $x_n$ 就越来越接近于 $0$. 因为只要 $n$ 足够大,$|x_n-0|$ 即 $\dfrac{1}{n}$ 可以小于任意给定的正数,所以说,当 $n$ 无限增大时,$x_n$ 无限接近于 $0$. 通常我们将这种事实描述为:当 $n\to\infty$ 时,$x_n$ 趋于其极限.

但是从定量分析的角度来说,以上提法在逻辑上是不明确的,既没有说明"极限"一词的准确含义,又没有指出"趋于"意味着什么,如果用"无限接近"来表示"趋于",那么又怎样对"无限接近"给出精确描述? 由此可见,需要以准确的、定量分析的语言给出极限的定义.

为寻求一种严格的逻辑语言,微积分学的先行者们进行了数百年之久的探索,直到 19 世纪中叶,这个难题由德国数学家 Weierstrass 解决,给出了现行微积分教材中的"$\varepsilon\text{-}N$"极限定义,从而对"无限接近""趋于"以及"要多小有多小"等等不明确的提法给以精确形式的描述. 这就是下面的数列极限的定义.

**定义 3.5(数列极限)**  设 $\{x_n\}$ 是一数列,$a$ 是一实数,若对任意给定的正数 $\varepsilon$,总存在自然数 $N$,使得对任何大于 $N$ 的自然数 $n$,都有 $|x_n-a|<\varepsilon$,则称 $a$ 为数列 $\{x_n\}$ 的极限,或称数列 $\{x_n\}$ 收敛于 $a$,记作

$$\lim_{n\to\infty}x_n=a \quad \text{或} \quad x_n\to a\ (n\to\infty).$$

存在极限的数列,称为**收敛数列**;否则称为**发散数列**.

利用逻辑符号 $\Leftrightarrow,\forall,\exists$,可将极限定义表示成如下简洁的形式:

$$\lim_{n\to\infty}x_n=a \Leftrightarrow \forall \varepsilon>0, \exists N, \text{当}\ n>N\ \text{时,有}\ |x_n-a|<\varepsilon.$$

本章中还会多次利用类似的"逻辑式",请读者尽快熟悉这种表示方法.

在上面的"$\varepsilon\text{-}N$ 语言"中,$\varepsilon$ 是任给的正数,它用来表示 $x_n$ 与 $a$ 的接近程度,可以限定 $\varepsilon<1$,但不能限制它大于某个正数,即 $\varepsilon$ 可以任意小. $\varepsilon$ 一经取定之后,可以把它看成一定值. $N$ 通常与 $\varepsilon$ 有关,一般来说,$N$ 随着 $\varepsilon$ 的缩小而增大,但并非由 $\varepsilon$ 唯一确定.

我们对"数列 $\{x_n\}$ 的极限为 $a$"给出一个几何解释:将常数 $a$ 及数列 $x_1,x_2$,$\cdots,x_n,\cdots$ 在数轴上用它们的对应点表示出来,再在数轴上作点 $a$ 的 $\varepsilon$ 邻域即开区间 $(a-\varepsilon,a+\varepsilon)$.

因为

$$|x_n-a|<\varepsilon \Leftrightarrow a-\varepsilon<x_n<a+\varepsilon \Leftrightarrow x_n\in(a-\varepsilon,a+\varepsilon),$$

所以当 $n>N$ 时,所有的点 $x_n$ 都落在开区间 $(a-\varepsilon, a+\varepsilon)$ 内,而只有有限个(至多只有 $N$ 个)在这区间以外,如图 3.16 所示.

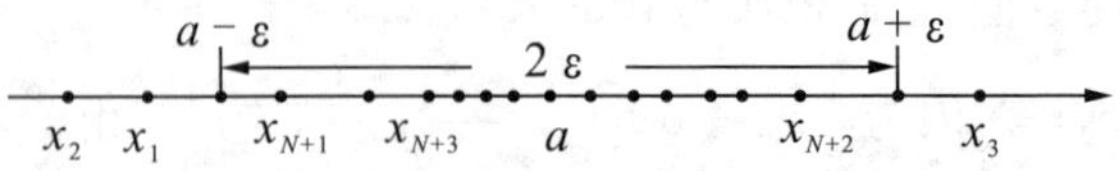

图 3.16

数列极限的定义并未直接提供如何去求数列的极限. 以后要讲极限的求法,而现在只先举几个说明极限概念的例子.

**例 3.7** 设 $x_n = \dfrac{\sqrt{n^2+a^2}}{n^2}$,证明 $\lim\limits_{n\to\infty} x_n = 1$.

下面的解答过程中要求 $\dfrac{a^2}{n} < \varepsilon$,则可取 $N = [\quad]\cdots$

**证** $\forall \varepsilon > 0$,取 $N = \left[\dfrac{a^2}{\varepsilon}\right] + 1$,则当 $n > N$ 时,有 $\dfrac{1}{n} < \dfrac{\varepsilon}{a^2}$,即 $\dfrac{a^2}{n} < \varepsilon$. 那么有

$$\left|\frac{\sqrt{n^2+a^2}}{n} - 1\right| = \frac{\sqrt{n^2+a^2}-n}{n} = \frac{a^2}{n(\sqrt{n^2+a^2}+n)} < \frac{a^2}{n} < \varepsilon$$

即

$$\lim_{n\to\infty} \frac{\sqrt{n^2+a^2}}{n^2} = 1.$$

**例 3.8** 设 $|q| < 1$,证明等比数列 $1, q, q^2, \cdots q^n, \cdots$ 的极限是 0.

**证** $\forall \varepsilon > 0$(不妨设 $\varepsilon < 1$),要使 $|q^n - 0| = |q|^n < \varepsilon$,只要 $n\ln|q| < \ln\varepsilon$. 因 $|q|<1, \ln|q|<0$,即

$$n > \frac{\ln\varepsilon}{\ln|q|},$$

取 $N = \left[\dfrac{\ln\varepsilon}{\ln|q|}\right]$,则当 $|n>N|$ 时,就有

$$|q^n - 0| < \varepsilon,$$

即

$$\lim_{n\to\infty} q^n = 0.$$

从上面两个例子可以看到,用定义证明数列极限时,关键是寻找 $N$,方法是:从不等式 $|x_n - a| < \varepsilon$ 中解出 $n$,随即获得 $N$. $N$ 不是唯一的,例如在例 3.7 中也可以取 $N = \left[\dfrac{1}{\varepsilon}\right] + 1, \left[\dfrac{1}{\varepsilon}\right] + 2, \cdots$ 等等.

**例 3.9** 设 $a>1$,证明 $\lim\limits_{n\to\infty}\sqrt[n]{a}=1$.

**证** 令 $t=\sqrt[n]{a}$,则 $t>1$,由于

$$0<\sqrt[n]{a}-1=t-1=\frac{t^n-1}{t^{n-1}+t^{n-2}+\cdots+1}<\frac{a-1}{n},$$

故 $\forall \varepsilon>0$,要使 $|\sqrt[n]{a}-1|<\varepsilon$,只要 $\frac{a-1}{n}<\varepsilon$,即 $n>\frac{a-1}{\varepsilon}$,取自然数 $N=\left[\frac{a-1}{\varepsilon}\right]$,则当 $n>N$ 时,有

$$|\sqrt[n]{a}-1|<\frac{a-1}{n}<\varepsilon,$$

即

$$\lim_{n\to\infty}\sqrt[n]{a}=1.$$

这个例子说明,用定义证明数列极限时,当从 $|x_n-a|<\varepsilon$ 中较难解出 $n$ 时,可以适当放大 $|x_n-a|$,使 $|x_n-a|\leqslant \alpha_n$,再从不等式 $\alpha_n<\varepsilon$ 中解出 $n$.

### 3.3.3 收敛数列的性质

极限的基本性质可分为三组,其中第一组涉及极限的唯一性及收敛数列的有界性;第二组涉及极限的四则运算,由等式表达;第三组涉及极限的比较,由不等式表达. 这些性质是微积分学中许多重要结论的基础,在以后各章中将被反复用到.

**定理 3.2(收敛数列的有界性与极限唯一性)** 设 $\{x_n\}$ 是一收敛数列,则数列 $\{x_n\}$ 有界且有唯一极限.

**证** 设 $\lim\limits_{n\to\infty}x_n=a$,则对 $\varepsilon=1$,$\exists N$,$\forall n>N$ 有

$$|x_n-a|<1,$$

于是

$$|x_n|=|(x_n-a)+a|\leqslant|x_n-a|+|a|<1+|a|.$$

取

$$M=\max\{|x_1|,|x_2|,\cdots,|x_N|,1+|a|\},$$

则对 $\forall n\geqslant 1$ 有 $|x_n|\leqslant M$,这表明数列 $\{x_n\}$ 有界.

再证极限的唯一性,即若 $a,b$ 都是 $\{x_n\}$ 的极限,则 $a=b$. 否则,不妨设 $a<b$,对 $\varepsilon_0=\frac{b-a}{2}>0$,由极限定义知,当 $n$ 充分大时,$x_n$ 既位于区间 $(a-\varepsilon_0,a+\varepsilon_0)$ 内,又位于区间 $(b-\varepsilon_0,b+\varepsilon_0)$ 内. 但是上述两区间不相交,这就得出矛盾. 可见 $\{x_n\}$ 的极限是唯一的.

**例 3.10** 设 $x_n=(-1)^{n-1}$,证明数列 $\{x_n\}$ 是发散的.

**证** 如果这数列收敛,根据定理 3.2,它有唯一的极限,设 $\lim\limits_{n\to\infty}x_n=a$. 按数列极

限的定义，对于 $\varepsilon=\frac{1}{2}$，存在自然数 $N$，当 $n>N$ 时，$|x_n-a|<\frac{1}{2}$ 成立；即当 $n>N$ 时，$x_n$ 都在开区间 $(a-\frac{1}{2},a+\frac{1}{2})$ 内，但这是不可能的，因为 $n\to\infty$ 时，$x_n$ 无休止地一再重复取 1 和 -1 这两个数，而这两个数不可能同时属于长度为 1 的开区间 $(a-\frac{1}{2},a+\frac{1}{2})$ 内．因此这数列发散．

由定理 3.2 知，无界数列一定发散．例如，数列 $1,-2,\cdots,(-1)^{n-1}n,\cdots$ 与 $\sqrt{1}$，$\sqrt{2},\cdots,\sqrt{n},\cdots$ 无界，因此是发散的．但要注意，有界数列不一定收敛，例如在例 3.9 中有界数列 $\{(-1)^{n-1}\}$ 是发散的．所以数列有界是数列收敛的必要条件，但不是充分条件．

**定理 3.3（极限的四则运算）** 设 $\lim\limits_{n\to\infty}x_n,\lim\limits_{n\to\infty}y_n$ 都存在，$c$ 为常数，则有

(1) $\lim\limits_{n\to\infty}(x_n\pm y_n)=\lim\limits_{n\to\infty}x_n\pm\lim\limits_{n\to\infty}y_n$；

(2) $\lim\limits_{n\to\infty}(x_n y_n)=\lim\limits_{n\to\infty}x_n\cdot\lim\limits_{n\to\infty}y_n$，特别地 $\lim\limits_{n\to\infty}cx_n=c\lim\limits_{n\to\infty}x_n$；

(3) $\lim\limits_{n\to\infty}\dfrac{x_n}{y_n}=\dfrac{\lim\limits_{n\to\infty}x_n}{\lim\limits_{n\to\infty}y_n}$ $(\lim\limits_{n\to\infty}y_n\neq 0)$．

**证** 不妨设 $\lim\limits_{n\to\infty}x_n=a,\lim\limits_{n\to\infty}y_n=b$．

(1) 只对和的情形证明，由定义 $\forall\varepsilon>0$，$\exists$ 自然数 $N_1$，当 $n>N_1$ 时，有
$$|x_n-a|<\frac{\varepsilon}{2},$$
又 $\exists$ 自然数 $N_2$，当 $n>N_2$ 时，有
$$|y_n-b|<\frac{\varepsilon}{2},$$
令 $N=\max\{N_1,N_2\}$，则当 $n>N$ 时，上面两个不等式同时成立．于是，当 $n>N$ 时，有
$$|(x_n+y_n)-(a+b)|\leqslant|x_n-a|+|y_n-b|<\frac{\varepsilon}{2}+\frac{\varepsilon}{2}=\varepsilon,$$
这表明 $\lim\limits_{n\to\infty}(x_n+y_n)=a+b$．

(2) 由定理 3.2 知，数列 $\{x_n\}$ 有界，即 $\exists M>0$，对任何 $n$ 都有 $|x_n|\leqslant M$．再由 $\lim\limits_{n\to\infty}x_n=a,\lim\limits_{n\to\infty}y_n=b$ 知，$\forall\varepsilon>0$，$\exists$ 自然数 $N$，当 $n>N$ 时，有
$$|x_n-a|<\frac{\varepsilon}{2(1+|b|)},|y_n-b|<\frac{\varepsilon}{2M},$$
从而有
$$|x_n y_n-ab|=|x_n(y_n-b)+b(x_n-a)|\leqslant|x_n||y_n-b|+|b||x_n-a|<\frac{\varepsilon}{2}+\frac{\varepsilon}{2}=\varepsilon.$$

(3) 由(2)知,只要证明 $\lim\limits_{n\to\infty}\dfrac{1}{y_n}=\dfrac{1}{b}$ ($b\neq 0$)即可. 由 $y_n\to b$ 知,$\forall \varepsilon>0$(不妨设 $\varepsilon<\dfrac{|b|}{2}$),$\exists$ 自然数 $N_1$,当 $n>N_1$ 时,有 $|y_n-b|<\varepsilon$,于是

$$|y_n|=|(y_n-b)+b|\geqslant |b|-|y_n-b|>|b|-\varepsilon>|b|-\dfrac{|b|}{2}=\dfrac{|b|}{2},$$

对 $\dfrac{b^2\varepsilon}{2}>0$,$\exists$ 自然数 $N_2$,当 $n>N_2$ 时,有 $|y_n-b|<\dfrac{b^2\varepsilon}{2}$,取 $N=\max\{N_1,N_2\}$,则当 $n>N$ 时,有

$$\left|\dfrac{1}{y_n}-\dfrac{1}{b}\right|=\dfrac{1}{|y_n b|}|y_n-b|<\dfrac{2}{b^2}\cdot\dfrac{b^2\varepsilon}{2}=\varepsilon.$$

利用数列极限的定义,可证明下列定理.

**定理 3.4(保号性)** 若 $\lim\limits_{n\to\infty}x_n=a$,且 $a>0$(或 $a<0$),则 $\exists$ 自然数 $N$,当 $n>N$ 时,有 $x_n>0$(或 $x_n<0$).

**证** 设 $a>0$,取正数 $\varepsilon\leqslant a$,根据 $\lim\limits_{n\to\infty}x_n=a$ 的定义,$\exists$ 自然数 $N$,当 $n>N$ 时,有

$$|x_n-a|<\varepsilon \quad \text{或} \quad a-\varepsilon<x_n<a+\varepsilon$$

因 $a-\varepsilon\geqslant 0$,故 $x_n>0$.

类似地可以证明 $a<0$ 的情形.

这里指出,在上述定理的证明中,不论 $a>0$ 或 $a<0$,只要取 $\varepsilon=\dfrac{|a|}{2}$,便可得到更强的结论:

**定理 3.4′** 若 $\lim\limits_{n\to\infty}x_n=a$ ($a\neq 0$),则 $\exists$ 自然数 $N$,当 $n>N$ 时,就有 $|x_n|>\dfrac{|a|}{2}$.

**推论 3.1** 若 $\lim\limits_{n\to\infty}x_n=a$,$\lim\limits_{n\to\infty}y_n=b$,且 $a>b$,则 $\exists$ 自然数 $N$,当 $n>N$ 时,有 $x_n>y_n$.

**证** 令 $z_n=x_n-y_n$,则由定理 3.3 知 $\lim\limits_{n\to\infty}z_n=\lim\limits_{n\to\infty}x_n-\lim\limits_{n\to\infty}y_n=a-b>0$,再利用定理 3.4 得,$\exists$ 自然数 $N$,当 $n>N$ 时,有 $z_n>0$,即 $x_n>y_n$.

**推论 3.2** 若 $\lim\limits_{n\to\infty}x_n=a$,$\lim\limits_{n\to\infty}y_n=b$,且 $\exists$ 自然数 $N$,当 $n>N$ 时,有 $x_n\geqslant y_n$,则 $a\geqslant b$.

**证** 假设上述论断不成立,即 $a<b$,那么由推论 3.1,$\exists$ 自然数 $N$,当 $n>N$ 时,有 $x_n<y_n$,这与条件 $x_n\geqslant y_n$ 相矛盾. 所以 $a\geqslant b$.

特别地,在推论 3.1 与推论 3.2 中若 $y_n=b$,则有下面的结论:

"若 $\lim\limits_{n\to\infty}x_n=a>b$,则 $\exists$ 自然数 $N$,当 $n>N$ 时,有 $x_n>b$";

"若 $\lim\limits_{n\to\infty}x_n=a$,且 $\exists$ 自然数 $N$,当 $n>N$ 时,有 $x_n\geqslant b$,则 $a\geqslant b$".

需要说明的是,与推论 3.1 不同,推论 3.2 的结论中使用"≥",而不能用">",即使 $x_n > y_n$($\forall n \geq 1$),也未必有 $\lim\limits_{n\to\infty} x_n > \lim\limits_{n\to\infty} y_n$. 例如,尽管 $\sqrt[n]{3} > \sqrt[n]{2}$,但 $\lim\limits_{n\to\infty}\sqrt[n]{3} = \lim\limits_{n\to\infty}\sqrt[n]{2} = 1$.

下面举例说明上述定理的应用.

**例 3.11** 证明 $\lim\limits_{n\to\infty}\sqrt[n]{a} = 1$ ($a > 0$).

**证** 在例 3.9 中已经证明了 $a > 1$ 时的情形.

当 $a = 1$ 时 $\sqrt[n]{a} = 1$,结论显然成立.

设 $0 < a < 1$,由极限的四则运算法则得

$$\lim_{n\to\infty}\sqrt[n]{a} = \lim_{n\to\infty}\frac{1}{\sqrt[n]{\frac{1}{a}}} = 1.$$

**例 3.12** 求 $\lim\limits_{n\to\infty}\dfrac{\sqrt[n]{2}(4n^2+2)}{7n^2+5n-3}$.

**解** 先用 $n^2$ 去除分母及分子,然后取极限,并利用 $\lim\limits_{n\to\infty}\sqrt[n]{2} = 1$,$\lim\limits_{n\to\infty}an^{-k} = a\lim\limits_{n\to\infty}\left(\dfrac{1}{n}\right)^k = a\left(\lim\limits_{n\to\infty}\dfrac{1}{n}\right)^k = 0$(其中 $a$ 为常数,$k$ 为正整数),得

$$\lim_{n\to\infty}\frac{\sqrt[n]{2}(4n^2+2)}{7n^2+5n-3} = \lim_{n\to\infty}\frac{\sqrt[n]{2}(4+2n^{-2})}{7+5n^{-1}-3n^{-2}} = \frac{\lim\limits_{n\to\infty}\sqrt[n]{2}(4+\lim\limits_{n\to\infty}2n^{-2})}{7+\lim\limits_{n\to\infty}5n^{-1}-\lim\limits_{n\to\infty}3n^{-2}}$$

$$= \frac{1\times(4+2\times 0)}{7+5\times 0-3\times 0} = \frac{4}{7}.$$

一般地,有

$$\lim_{n\to\infty}\frac{a_0 n^k + a_1 n^{k-1} + \cdots + a_k}{b_0 n^k + b_1 n^{k-1} + \cdots + b_k} = \frac{a_0}{b_0} \quad (b_0 \neq 0).$$

**例 3.13** 证明 $\lim\limits_{n\to\infty} n\left(\dfrac{1}{n^2+\pi} + \dfrac{1}{n^2+2\pi} + \cdots + \dfrac{1}{n^2+n\pi}\right) = 1$.

**证** 因为

$$n\frac{n}{n^2+n\pi} < n\left(\frac{1}{n^2+\pi} + \frac{1}{n^2+2\pi} + \cdots + \frac{1}{n^2+n\pi}\right) < n\frac{n}{n^2+\pi},$$

而

$$\lim_{n\to\infty} n\frac{n}{n^2+n\pi} = \lim_{n\to\infty}\frac{1}{1+\dfrac{\pi}{n}} = 1,$$

$$\lim_{n\to\infty} n\frac{n}{n^2+\pi} = \lim_{n\to\infty}\frac{1}{1+\dfrac{\pi}{n^2}} = 1,$$

故
$$\lim_{n\to\infty} n\left(\frac{1}{n^2+\pi} + \frac{1}{n^2+2\pi} + \cdots + \frac{1}{n^2+n\pi}\right) = 1.$$

最后,介绍子数列的概念以及关于收敛的数列与其子数列间关系的一个定理.

在数列 $\{x_n\}$ 中任意选取无限多项,并按其原来的顺序排成一个数列,记作
$$x_{n_1}, x_{n_2}, \cdots, x_{n_k}, \cdots$$
称 $\{x_{n_k}\}$ 为 $\{x_n\}$ 的**子数列**或**子列**.

**注意** 在子数列 $\{x_{n_k}\}$ 中,一般项 $x_{n_k}$ 是第 $k$ 项,而 $x_{n_k}$ 在原数列 $\{x_n\}$ 中却是第 $n_k$ 项. 因此 $n_1 < n_2 < \cdots < n_k < \cdots$,且 $n_k \geq k$.

**定理 3.5(收敛数列与其子数列间的关系)** 数列 $\{x_n\}$ 收敛于 $a$ 的充分必要条件是 $\{x_n\}$ 的任一子数列均收敛于 $a$.

**证 必要性** 设数列 $\{x_{n_k}\}$ 是数列 $\{x_n\}$ 的任一子数列.

由于 $\lim_{n\to\infty} x_n = a$,故 $\forall \varepsilon > 0$,存在自然数 $N$,当 $n > N$ 时,$|x_n - a| < \varepsilon$ 成立. 取 $K = N$,则当 $k > K$ 时,$n_k > n_K = n_N \geq N$,于是 $|x_{n_k} - a| < \varepsilon$. 即 $\lim_{k\to\infty} x_{n_k} = a$.

**充分性** 由 $\{x_n\}$ 也是自身的子列而得.

由定理 3.5 可知,如果数列 $\{x_n\}$ 有两个子数列收敛于不同的极限,那么数列 $\{x_n\}$ 是发散的. 例如,例 3.10 中的数列 $\{(-1)^{n-1}\}$,由 $x_n = (-1)^{n-1}$ 得子数列 $\{x_{2k-1}\}$ 收敛于 1,而子数列 $\{x_{2k}\}$ 收敛于 $-1$,因此数列是发散的. 同时这个例子也说明,一个发散的数列也可能有收敛的子数列.

# 习题 3.3

(A)

1. 判断下列语句是否可以作为极限 $\lim_{n\to\infty} x_n = a$ 的定义.

(1) $\forall \varepsilon > 0, \exists N, \forall n > N,$ 有 $|x_n - a| < k\varepsilon$($k$ 为正常数);

(2) $\forall \varepsilon \in (0,1), \exists N, \forall n > N,$ 有 $|x_n - a| \leq \varepsilon$;

(3) $\forall \varepsilon = \frac{1}{k}$($k$ 为正整数)$, \exists N, \forall n > N,$ 有 $|x_n - a| < \varepsilon$;

(4) $\forall N, \exists \varepsilon > 0, \forall n > N,$ 有 $|x_n - a| < \varepsilon$;

(5) $\exists N, \forall \varepsilon > 0, \forall n > N,$ 有 $|x_n - a| < \varepsilon$.

2. 单项选择题.

(1) 若数列 $\{x_n\}$ 有极限 $a$,则 $\forall \varepsilon > 0$,在 $a$ 的 $\varepsilon$ 邻域 $O(a, \varepsilon)$ 之外,数列中的 $x_n$ ( ).

(A) 必不存在      (B) 至多只有有限多个

(C) 有无穷多个　　　　　　(D) 可以有有限个,也可以有无限多个

(2) 数列有界是数列收敛的( ).

(A) 必要条件　　　　　　　(B) 充分条件

(C) 充分必要条件　　　　　(D) 既非充分也非必要条件

(3) 下列命题正确的是(　).

(A) 如 $\lim\limits_{n\to\infty}|U_n|=a$,则 $\lim\limits_{n\to\infty}U_n=a$

(B) 设 $\{x_n\}$ 为任意数列, $\lim\limits_{n\to\infty}y_n=0$,则 $\lim\limits_{n\to\infty}x_ny_n=0$

(C) 若 $\lim\limits_{n\to\infty}x_ny_n=0$,则必有 $\lim\limits_{n\to\infty}x_n=0$ 或 $\lim\limits_{n\to\infty}y_n=0$

(D) 数列 $\{x_n\}$ 收敛于 $a$ 的充分必要条件是:它的任一子数列都收敛于 $a$

3. 设 $x_n=\dfrac{3n+2}{n+1}$,

(1) 求 $|x_1-3|,|x_{10}-3|,|x_{100}-3|,|x_n-3|$ 的值;

(2) 求出 $N$,使对 $\forall n>N$,有 $|x_n-3|<10^{-4}$;

(3) 求出 $N$,使对 $\forall n>N$,有 $|x_n-3|<\varepsilon$.

4. 根据数列极限的定义证明.

(1) $\lim\limits_{n\to\infty}\dfrac{1}{n}\sin\dfrac{n\pi}{4}=0$;　　(2) $\lim\limits_{n\to\infty}(\sqrt{n+1}-\sqrt{n})=0$;

(3) $\lim\limits_{n\to\infty}\dfrac{a^n}{n^n}=0(a>0)$;　　(4) $\lim\limits_{n\to\infty}0.4\underbrace{999\cdots9}_{n\text{个}}=0.5$.

5. 求下列极限.

(1) $\lim\limits_{n\to\infty}\sum\limits_{k=1}^{n}\dfrac{1}{1+2+3+\cdots+k}$;

(2) $\lim\limits_{n\to\infty}[\sqrt{1+2+\cdots+n}-\sqrt{1+2+\cdots+(n-1)}]$;

(3) $\lim\limits_{n\to\infty}\dfrac{(n+1)(n+2)(n+3)}{5n^3}$;

(4) $\lim\limits_{n\to\infty}\left(1-\dfrac{1}{2^2}\right)\left(1-\dfrac{1}{3^2}\right)\cdots\left(1-\dfrac{1}{n^2}\right)$;

(5) $\lim\limits_{n\to\infty}\dfrac{1+\dfrac{1}{2}+\cdots+\dfrac{1}{2^n}}{1+\dfrac{1}{4}+\cdots+\dfrac{1}{4^n}}$;　　(6) $\lim\limits_{n\to\infty}\dfrac{a^n}{1+a^n}(a\geqslant0)$.

(B)

1. 若 $\lim\limits_{n\to\infty}x_n=a$,证明 $\lim\limits_{n\to\infty}|x_n|=|a|$,并举例说明反过来未必成立.

2. 对于数列 $\{x_n\}$,若 $x_{2k-1}\to a(k\to\infty)$, $x_{2k}\to a(k\to\infty)$,证明: $x_n\to a(n\to\infty)$.

3. 若 $\lim\limits_{n\to\infty} x_n = 0$，数列 $\{y_n\}$ 有界，证明 $\lim\limits_{n\to\infty} x_n y_n = 0$. 举例说明 $\lim\limits_{n\to\infty} x_n y_n = 0$ 不能推导出 $\lim\limits_{n\to\infty} x_n = 0$ 或 $\lim\limits_{n\to\infty} y_n = 0$.

4. 若 $x_n \leqslant a \leqslant y_n$，且 $\lim(x_n - y_n) = 0$，求证 $\lim\limits_{n\to\infty} x_n = \lim\limits_{n\to\infty} y_n = a$.

5. $x_0 = a$，$x_1 = 1 + bx_0$，$x_{n+1} = 1 + bx_n (n = 1, 2, \cdots)$. 问 $a, b$ 取何值时数列 $\{x_n\}$ 收敛，并求极限.

## 3.4 收敛数列的判别定理

在极限理论中，判定一数列是否收敛具有重要的意义．首先，确定一数列收敛是计算极限的前提；其次，往往判定出数列收敛，才能有计算极限的方法．本节介绍几个常用的收敛判别法．

### 3.4.1 两边夹准则

**定理 3.6** 设 $\lim\limits_{n\to\infty} y_n = \lim\limits_{n\to\infty} z_n = a$，且当 $n$ 充分大时 $y_n \leqslant x_n \leqslant z_n$，则数列 $\{x_n\}$ 收敛，且 $\lim\limits_{x\to\infty} x_n = a$.

**证** $\forall \varepsilon > 0$，因 $y_n \to a, z_n \to a$，存在自然数 $N$，则当 $n > N$ 时，有
$$|y_n - a| < \varepsilon \quad \text{与} \quad |z_n - a| < \varepsilon,$$
同时成立，即 $y_n, z_n$ 均属于 $(a - \varepsilon, a + \varepsilon)$. 又因 $y_n \leqslant x_n \leqslant z_n$，所以当 $n > N$ 时，有
$$x_n \in (a - \varepsilon, a + \varepsilon) \Leftrightarrow |x_n - a| < \varepsilon,$$
即
$$\lim\limits_{x\to\infty} x_n = a.$$

**例 3.14** 求 $\lim\limits_{n\to\infty} \sqrt[n]{1 + \dfrac{1}{2} + \dfrac{1}{3} + \cdots + \dfrac{1}{n}}$.

**解** 因为 $1 \leqslant \sqrt[n]{1 + \dfrac{1}{2} + \dfrac{1}{3} + \cdots + \dfrac{1}{n}} \leqslant \sqrt[n]{n}$，而 $\lim\limits_{n\to\infty} \sqrt[n]{n} = 1$，故
$$\lim\limits_{n\to\infty} \sqrt[n]{1 + \dfrac{1}{2} + \dfrac{1}{3} + \cdots + \dfrac{1}{n}} = 1.$$

### 3.4.2 单调有界准则

在 3.3.3 小节中曾提到，有界数列不一定收敛．下面的定理将指出，有界的单调数列一定收敛．也就是说，对单调数列而言，有界性与收敛性是等价的．

**定理 3.7** 单调有界数列必收敛.

**证** 不妨设 $\{x_n\}$ 单调增有上界. 记集合 $A=\{x_1,x_2,\cdots,x_n,\cdots\}$,则 $A$ 为非空有上界数集,根据确界存在原理,$A$ 的上确界存在,记作
$$\beta=\sup A=\sup\{x_n\,|\,n=1,2,\cdots\},$$
下面证明 $\lim\limits_{n\to\infty}x_n=\beta$. 事实上,因为 $\beta$ 是 $A$ 的最小上界,所以 $\forall \varepsilon>0$,$\exists x_N\in A$,使 $\beta-\varepsilon<x_N$,由数列单调增加得:$n>N$ 时 $\beta-\varepsilon<x_N\leqslant x_n$,再由上确界定义,有
$$\beta-\varepsilon<x_n<\beta+\varepsilon\quad(n>N),$$
这就证明了 $\lim\limits_{n\to\infty}x_n=\beta=\sup\{x_n\,|\,n=1,2,\cdots\}$.

若 $\{x_n\}$ 单调减有下界,则同理可以证明 $\lim\limits_{n\to\infty}x_n=\alpha=\inf\{x_n\,|\,n=1,2,\cdots\}$.

由定理 3.7 知,为了判定一个单调数列是否收敛,只需判定它是否有界即可,后者相对来说要容易些. 显然,单调增数列有界等价于它有上界;单调减数列有界等价于它有下界.

下面用定理 3.7 来研究一个著名的极限问题.

**例 3.15** 设 $x_n=\left(1+\dfrac{1}{n}\right)^n$,证明 $\{x_n\}$ 收敛.

**证** 我们来证数列 $\{x_n\}$ 单调增并且有界. 由几何平均值与算术平均值的著名不等式
$$\sqrt[m]{a_1a_2\cdots a_m}\leqslant\frac{a_1+a_2+\cdots+a_m}{m}\quad(\text{其中 }a_i\geqslant 0,i=1,2,\cdots,m)$$
得
$$x_n=1\cdot\left(1+\frac{1}{n}\right)\cdots\left(1+\frac{1}{n}\right)\leqslant\left\{\frac{1}{n+1}\left[1+\left(1+\frac{1}{n}\right)+\cdots+\left(1+\frac{1}{n}\right)\right]\right\}^{n+1}$$
$$=\left(\frac{n+2}{n+1}\right)^{n+1}=x_{n+1}.$$

所以 $\{x_n\}$ 单调增. 其次,由 Newton 二项展开式,有
$$x_n=1+C_n^1\frac{1}{n}+C_n^2\frac{1}{n^2}+\cdots+C_n^n\frac{1}{n^n}$$
$$=1+\frac{n}{1!}\cdot\frac{1}{n}+\frac{n(n-1)}{2!}\cdot\frac{1}{n^2}+\cdots+\frac{n(n-1)\cdots(n-n+1)}{n!}\cdot\frac{1}{n^n}$$
$$=1+1+\frac{1}{2!}\left(1-\frac{1}{n}\right)+\cdots+\frac{1}{n!}\left(1-\frac{1}{n}\right)\left(1-\frac{2}{n}\right)\cdots\left(1-\frac{n-1}{n}\right)$$
$$\leqslant 1+1+\frac{1}{2!}+\cdots+\frac{1}{n!}<1+1+\frac{1}{2}+\cdots+\frac{1}{2^{n-1}}$$
$$=1+\frac{1-\dfrac{1}{2^n}}{1-\dfrac{1}{2}}=3-\frac{1}{2^{n-1}}<3.$$

这就说明数列 $\{x_n\}$ 是有界的. 根据单调有界准则, $\{x_n\}$ 收敛. 用字母 e 来表示这个极限, 它是无理数, 即

$$\lim_{n\to\infty}\left(1+\frac{1}{n}\right)^n = e.$$

与 π 一样, e 是数学中最重要的常数之一. 它的重要性在于, 以 e 为底的指数函数 $e^x$ 与 e 为底的对数函数 $\log_e x$ (即自然对数 $\ln x$) 具有良好的分析性质, 这些性质将在以后的各章中陆续介绍.

**例 3.16** 设 $a>0, x_0=\sqrt{a}, x_{n+1}=\sqrt{a+x_n}$ $(n\in N)$, 证明 $\{x_n\}$ 收敛, 并求其极限.

**证** 首先判定 $\{x_n\}$ 收敛. 显然 $x_1 = \sqrt{a+\sqrt{a}} > \sqrt{a} = x_0$, 假设 $x_{n-1} < x_n$ $(n\geqslant 1)$, 则

$$x_n = \sqrt{a+x_{n-1}} \leqslant \sqrt{a+x_n} = x_{n+1},$$

由归纳法可知 $\{x_n\}$ 单调增. 其次

$$0 < x_0 = \sqrt{a} < \sqrt{1+2a+a^2} = 1+a.$$

假设 $0 < x_k < 1+a$, 则

$$x_{k+1} = \sqrt{a+x_k} < \sqrt{1+2a} < \sqrt{1+2a+a^2} = 1+a,$$

故 $\{x_n\}$ 单调增有上界, 因而收敛.

设 $\lim\limits_{n\to\infty} x_n = x$, 在等式 $x_{n+1}^2 = a+x_n$ 两边取极限得 $x^2 = a+x$, 解之得 $x = \dfrac{1\pm\sqrt{1+4a}}{2}$. 但由 $x_n \geqslant x_0 = \sqrt{a} > 0$ 及定理 3.4 的推论 3.2 得 $x \geqslant 0$, 故只能有

$$x = \frac{1+\sqrt{1+4a}}{2}.$$

例 3.16 所讨论的数列是"迭代数列"的简单例子. 一般地, 给定适当的函数 $f(x)$ 及初始值 $x_0$, 定义

$$x_{n+1} = f(x_n), \quad n = 0, 1, 2, \cdots$$

就得到一个迭代数列. 关于迭代数列的研究在理论及应用上都有很大作用. 熟悉了例 3.16 的解法, 读者就能自己解出下面更一般的问题.

**例 3.17** 设 $f(x)$ 是在 $[0,+\infty)$ 上单调增的非负函数, $b = f(b) > 0$, $0 \leqslant x_0 \leqslant b$. 求证: 由 $x_{n+1} = f(x_n)$ $(n=0,1,2,\cdots)$ 定义的迭代数列 $\{x_n\}$ 收敛.

### 3.4.3 区间套定理

定理 3.7 只适用于判定单调有界数列的情形. 对于一般的有界数列, 我们在 3.3 节已经指出, 它有可能收敛, 也有可能发散, 但有界数列无论收敛与否, 总存在收敛的子列. 这个性质的证明需要以"区间套"定理为基础.

**定义 3.6**  称满足下列两个条件的闭区间列 $\{[a_n,b_n]\}$ 为闭区间套,简称**区间套**:

(1) $[a_1,b_1]\supset[a_2,b_2]\supset\cdots\supset[a_n,b_n]\supset\cdots$（称 $\{[a_n,b_n]\}$ 是渐缩的）;

(2) $\lim\limits_{n\to\infty}(b_n-a_n)=0$.

**定理 3.8（区间套定理）**  设 $\{[a_n,b_n]\}$ 为实数轴上的闭区间套,则存在唯一的实数 $\xi$,对任意正整数 $n$,都有 $\xi\in[a_n,b_n]$,且 $\lim\limits_{n\to\infty}a_n=\lim\limits_{n\to\infty}b_n=\xi$.

**证**  由于 $\{[a_n,b_n]\}$ 为区间套,故
$$a_1\leqslant a_2\leqslant\cdots\leqslant a_n\leqslant\cdots,\quad b_1\geqslant b_2\geqslant\cdots\geqslant b_n\geqslant\cdots$$
且 $a_1\leqslant a_n\leqslant b_n\leqslant b_1$,即 $\{a_n\},\{b_n\}$ 均为单调有界数列,由定理 3.7,有
$$\lim_{n\to\infty}a_n=\xi_1,\quad \lim_{n\to\infty}b_n=\xi_2,\quad a_n\leqslant\xi_1\leqslant\xi_2\leqslant b_n\quad(n=1,2,\cdots)$$
又由条件(2)知 $\lim\limits_{n\to\infty}(b_n-a_n)=\xi_2-\xi_1=0$,故 $\xi_1=\xi_2$,记 $\xi=\xi_1=\xi_2$,则有
$$\lim_{n\to\infty}a_n=\lim_{n\to\infty}b_n=\xi.$$
设另有一点 $\eta\in[a_n,b_n]$,则 $|\eta-\xi|\leqslant b_n-a_n$,由极限的保号性得 $|\eta-\xi|\leqslant\lim\limits_{n\to\infty}(b_n-a_n)=0$,从而 $\eta=\xi$.

需要指出的是,定理 3.8 中区间套的两个条件缺一不可. 例如,开区间列 $\{(0,\frac{1}{n})\}$ 无公共点;闭区间列 $\{[0,\frac{n+1}{n}]\}$ 含无穷多个公共点,事实上,因为 $[0,1]\subset[0,\frac{n+1}{n}]$,故 $\forall x\in[0,1]$ 及 $\forall n$,都有 $x\in[0,\frac{n+1}{n}]$.

### 3.4.4  Weierstrass 致密性定理

下面的定理指出有界数列无论收敛与否,总存在收敛的子列.

**定理 3.9（Weierstrass 致密性定理）**  有界数列必有收敛的子列.

**证**  设 $\{x_n\}$ 有界,于是有区间 $[a,b]$,使得 $a\leqslant x_n\leqslant b$,将区间 $[a,b]$ 二等分,其中至少有一个子区间含有 $\{x_n\}$ 的无穷多项,记该子区间为 $[a_1,b_1]$. 再将区间 $[a_1,b_1]$ 二等分,同样其中至少有一个子区间含有 $\{x_n\}$ 的无穷多项,记该子区间为 $[a_2,b_2]$,$\cdots$如此继续下去,得到一列闭区间 $\{[a_n,b_n]\}$,它们满足:

(1) $\{[a_n,b_n]\}$ 是渐缩的;

(2) $\lim\limits_{n\to\infty}(b_n-a_n)=\lim\limits_{n\to\infty}\dfrac{b-a}{2^n}=0.$

由区间套定理,必存在唯一的实数 $\xi$ 属于所有区间 $[a_n,b_n]$,并且 $\lim\limits_{n\to\infty}a_n=\lim\limits_{n\to\infty}b_n=\xi$.

由于每个子区间都含有 $\{x_n\}$ 的无穷多项,故可在 $[a_1,b_1]$ 中取 $\{x_n\}$ 的一项,记

作 $x_{n_1}$；在 $[a_2,b_2]$ 中取 $\{x_n\}$ 的一项，记作 $x_{n_2}$，并使 $n_1<n_2$. 如此继续下去，可以得到 $\{x_n\}$ 的一个子列 $\{x_{n_k}\}$：
$$a_k \leqslant x_{n_k} \leqslant b_k, \qquad n_1<n_2<\cdots<n_k<\cdots$$
由 $\lim_{k\to\infty}a_k = \lim_{k\to\infty}b_k = \xi$ 及极限的两边夹准则，得 $\lim_{k\to\infty}x_{n_k} = \xi$.

### 3.4.5 Cauchy 收敛准则

对于一般的数列，人们自然要问，能否根据数列自身的情况来判断数列的敛散性. 关于这一点，著名的 Cauchy 收敛准则给出了一个基本的结论.

我们先介绍一个基本概念.

**定义 3.7** 若 $\forall \varepsilon>0, \exists N$，当 $n,m>N$ 时，有 $|x_n-x_m|<\varepsilon$，则称 $\{x_n\}$ 为 **Cauchy 数列或基本列**.

由定义可知，$\{x_n\}$ 是 Cauchy 数列意味着：当 $n\to\infty, m\to\infty$ 时，有 $|x_n-x_m|\to 0$. 此外，可以推出，Cauchy 数列 $\{x_n\}$ 必是有界数列. 事实上，取 $\varepsilon=1$，有自然数 $N_0$，当 $n,m>N_0$ 时，$|x_n-x_m|<1$，取 $m=N_0+1$，则 $|x_n-x_{N_0+1}|<1$，从而
$$|x_n| \leqslant |x_n-x_{N_0+1}| + |x_{N_0+1}| < 1 + |x_{N_0+1}|,$$
令 $M=\max\{|x_1|,|x_2|,\cdots,|x_{N_0}|,1+|x_{N_0+1}|\}$，则对一切 $n$，有 $|x_n|\leqslant M$，即数列 $\{x_n\}$ 是有界的.

**定理 3.10（Cauchy 收敛准则）** 数列 $\{x_n\}$ 收敛的充分必要条件为 $\{x_n\}$ 是 Cauchy 数列.

**证 必要性** 设 $x_n\to a (n\to\infty)$，则 $\forall \varepsilon>0, \exists N$，当 $n,m>N$ 时，有
$$|x_n-a|<\frac{\varepsilon}{2}, \qquad |x_m-a|<\frac{\varepsilon}{2},$$
从而
$$|x_n-x_m| \leqslant |x_n-a| + |x_m-a| < \varepsilon.$$

**充分性** 设 $\{x_n\}$ 是一个 Cauchy 数列，则 $\{x_n\}$ 必是有界数列. 根据定理 3.9，必有一个收敛子列 $\{x_{n_k}\}$，设 $\lim_{k\to\infty}x_{n_k}=a$，则由极限定义，$\forall \varepsilon>0, \exists K$，当 $k>K$ 时，有
$$|x_{n_k}-a|<\frac{\varepsilon}{2},$$
而 $\{x_n\}$ 是一个 Cauchy 数列，故存在正整数 $N_1$，当 $k>N_1$（从而 $n_k\geqslant k>N_1$）时，有
$$|x_{n_k}-x_k|<\frac{\varepsilon}{2},$$
令 $N=\max\{K,N_1\}$，则当 $k>N$ 时，
$$|x_k-a| \leqslant |x_k-x_{n_k}| + |x_{n_k}-a| < \varepsilon.$$
这说明 $\lim_{k\to\infty}x_k=a$.

**例 3.18**  设 $x_n = 1 + \dfrac{1}{2} + \dfrac{1}{3} + \cdots + \dfrac{1}{n}$,证明数列 $\{x_n\}$ 是发散的.

**分析**  为了证明 $\{x_n\}$ 发散,只要验证它不满足 Cauchy 收敛准则,也就是要证明:存在某个 $\varepsilon_0 > 0$,对任何自然数 $N$,都存在 $n, m > N$,使得 $|x_m - x_n| \geqslant \varepsilon_0$.

**证**  取 $\varepsilon_0 = \dfrac{1}{2}$,因对任意 $n$,有

$$|x_{2n} - x_n| = \frac{1}{n+1} + \frac{1}{n+2} + \cdots + \frac{1}{2n} \geqslant \frac{1}{2n} + \frac{1}{2n} + \cdots + \frac{1}{2n} = \frac{1}{2}$$

所以 $\{x_n\}$ 不满足 Cauchy 收敛准则,从而 $\{x_n\}$ 是发散的.

到目前为止,我们已经介绍了实数的五个基本定理:确界原理、单调有界准则、区间套定理、致密性定理和 Cauchy 收敛准则. 这五个定理是互相等价的,它们从不同的侧面反映了实数集的本质属性,即实数的完备性或连续性. 读者若想对此作更深一步的了解,可阅读数学专业的数学分析教材.

## 习题 3.4

(A)

1. 回答下列问题.

(1) 凡是 Cauchy 数列必有收敛子列,对吗?

(2) 若 $\forall \varepsilon > 0, \exists N, \forall n > N$,有 $|x_{n+1} - x_n| < \varepsilon$,问 $\{x_n\}$ 是否一定收敛?或者说,若 $\lim\limits_{n \to \infty}(x_{n+1} - x_n) = 0$,是否必有 $\{x_n\}$ 收敛?

2. 单项选择题:数列单调有界是数列具有极限的(    ).

(A) 必要条件　　　　　　　　(B) 充分条件

(C) 充分必要条件　　　　　　(D) 既非充分也非必要条件

3. 利用两边夹准则求极限.

(1) $\lim\limits_{n \to \infty} \dfrac{\sqrt{n^2+1}}{n+1}$;

(2) $\lim\limits_{n \to \infty} \left[ \dfrac{1}{n^2} + \dfrac{1}{(n+1)^2} + \cdots + \dfrac{1}{(2n)^2} \right]$;

(3) $\lim\limits_{n \to \infty} n \left( \dfrac{1}{n^2+\pi} + \dfrac{1}{n^2+2\pi} + \cdots + \dfrac{1}{n^2+n\pi} \right)$.

4. 利用单调有界准则证明下列数列的极限存在,并求其值.

(1) $0 < x_1 < 1$,$x_{n+1} = x_n(1 - x_n)$  $(n = 1, 2, \cdots)$;

(2) $x_0 = 1$,$x_{n+1} = \sqrt{2x_n}$  $(n = 1, 2, \cdots)$;

(3) $x_1 > 0$,且 $x_{n+1} = \dfrac{1}{2}\left(x_n + \dfrac{a}{x_n}\right)$  $(a > 0, n = 1, 2, \cdots)$.

5. 求下列数列的极限.

(1) $\lim\limits_{n\to\infty}\left(\dfrac{n}{n+1}\right)^n$;  (2) $\lim\limits_{n\to\infty}\left(\dfrac{n+2}{n+1}\right)^n$.

(B)

1. 求下列数列的极限.

(1) $x_n=(1^n+2^n+\cdots+10^n)^{\frac{1}{n}}$;

(2) $x_n=\dfrac{1}{\sqrt{n^2+1}}+\dfrac{1}{\sqrt{n^2+2}}+\cdots+\dfrac{1}{\sqrt{n^2+n}}$;

(3) $x_n=\dfrac{1}{2^n}+\dfrac{2}{2^n}+\cdots+\dfrac{n}{2^n}$.

2. 若对于充分大的 $n$ 有 $|x_n-a|\leqslant \rho|x_{n-1}-a|$ ($0<\rho<1$),求证 $\lim\limits_{n\to\infty}x_n=a$,并由此证明数列 $\{nq^n\}$ 收敛且极限为 $0(|q|<1)$.

3. 证明下列数列收敛.

(1) $x_n=\sum\limits_{k=0}^{n}a_kq^k$ ($|q|<1$,$\{a_k\}$ 有界);  (2) $x_n=\sum\limits_{k=0}^{n}\dfrac{\sin k}{2^k}$.

4. 若单调数列 $\{x_n\}$ 有一个子列收敛于 $a$,证明 $\lim\limits_{n\to\infty}x_n=a$.

## 3.5 函数的极限

前两节讲了数列的极限,数列极限讨论的是一列无限个数据的变化趋势. 定义在某区间上的函数也对应着无限个数据,在自变量 $x$ 的变化趋势下,考虑这些数据的变化趋势则涉及函数极限. 本节在数列极限的基础上将其概念、结论与方法推广到函数极限中.

### 3.5.1 函数极限的概念

如果把数列看作定义在正整数集上的函数:$x_n=f(n)$ ($n=1,2,\cdots$),那么 $\lim\limits_{n\to\infty}x_n=a$ 就是:"当自变量 $n\to\infty$ 时,函数 $f(n)$ 的极限为 $a$". 这样自然可以引出函数极限的一般概念:在自变量的某个变化过程中,如果对应的函数值无限接近于某个确定的数,那么这个确定的数就叫做在这一变化过程中函数的极限. 这个极限是与自变量的变化过程密切相关的,由于自变量的变化过程不同,函数的极限就表现为不同的形式. 数列极限中自变量的变化过程是 $n\to\infty$. 函数极限中自变量的变化过程可以有不同情况,下面描述自变量的不同变化过程时函数 $f(x)$ 的极限,主要研究两种情形:

(1) 自变量 $x$ 无限增大时,对应的函数 $f(x)$ 的变化情形;

(2) 自变量 $x$ 趋于有限值 $x_0$ 时,对应的函数 $f(x)$ 的变化情形.

**1. 自变量无限增大时函数的极限**

在数列 $f(n)=x_n$ 中,自变量的变化是离散的. 由此启示出以下问题:对于某个区间 $[a,+\infty)$ 上的函数 $f(x)$,当自变量 $x\to+\infty$ 时,函数 $f(x)$ 的变化趋势如何？精确地,我们将数列极限的 "$\varepsilon$-$N$" 定义稍作修改就可以得到下面的 "$\varepsilon$-$X$" 定义.

**定义 3.8** 设函数 $f(x)$ 在 $[a,+\infty)$ 上有定义,$A$ 为常数. 若
$$\forall \varepsilon>0, \exists X>0, 使得 \forall x: x>X, 都有 |f(x)-A|<\varepsilon$$
则称当 $x\to+\infty$ 时 $f(x)$ 的极限是 $A$,或说 $x\to+\infty$ 时 $f(x)$ 趋于 $A$,记作
$$\lim_{x\to+\infty}f(x)=A \quad 或 f(x)\to A\ (x\to+\infty) \quad 或 f(+\infty)=A$$

若 $x<0$ 而 $|x|$ 无限增大(记作 $x\to-\infty$),那么只要把上面定义中的 $x>X$ 改为 $x<-X$,就可得 $\lim\limits_{x\to-\infty}f(x)=A$(即 $f(-\infty)=A$)的定义;同样,若 $|x|$ 无限增大(记作 $x\to\infty$),那么只要把 $x>X$ 改为 $|x|>X$,便得 $\lim\limits_{x\to\infty}f(x)=A$(即 $f(\infty)=A$)的定义.

因 $|f(x)-A|<\varepsilon \Leftrightarrow A-\varepsilon<f(x)<A+\varepsilon$,所以,在几何上 $\lim\limits_{x\to\infty}f(x)=A$ 的意义是:$\forall \varepsilon>0, \exists X>0$,当 $|x|>X$ 时,曲线 $y=f(x)$ 位于两水平直线 $y=A-\varepsilon$ 和 $y=A+\varepsilon$ 之间(图 3.17). 同理读者可以自己推出 $\lim\limits_{x\to-\infty}f(x)=A$ 与 $\lim\limits_{x\to+\infty}f(x)=A$ 的几何意义.

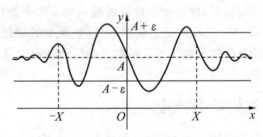

图 3.17

此外,可以由定义推出:$\lim\limits_{x\to\infty}f(x)=A \Leftrightarrow f(+\infty)=f(-\infty)=A$.

**例 3.19** 设 $\alpha$ 是正常数,证明 $\lim\limits_{x\to\infty}x^{-\alpha}=0$.

**证** $\forall \varepsilon>0$,要使 $|x^{-\alpha}-0|=|x|^{-\alpha}<\varepsilon$,只要 $|x|>\varepsilon^{-\frac{1}{\alpha}}$,故取 $X=\varepsilon^{-\frac{1}{\alpha}}$,则当 $|x|>X$ 时,有
$$|x^{-\alpha}-0|<\varepsilon,$$

这表明 $\lim\limits_{x\to\infty} x^{-a}=0$.

**例 3.20** 设 $a>1$ 是正常数,证明 $\lim\limits_{x\to-\infty} a^x=0$ (或 $\lim\limits_{x\to+\infty} a^{-x}=0$).

**证** $\forall \varepsilon>0$ (不妨 $\varepsilon<1$),要使 $|a^x-0|=a^x<\varepsilon$,只要 $x<\log_a\varepsilon$,故取 $X=-\log_a\varepsilon>0$,则当 $x<-X$ 时,有
$$|a^x-0|<\varepsilon,$$
这表明 $\lim\limits_{x\to-\infty} a^x=0$ (同理可证 $\lim\limits_{x\to+\infty} a^{-x}=0$).

**例 3.21** 证明 $\lim\limits_{x\to\infty} \arctan x$ 不存在.

**证** $\forall \varepsilon>0$ (不妨 $\varepsilon<\dfrac{\pi}{2}$),当 $x>0$ 时,由
$$\left|\arctan x-\frac{\pi}{2}\right|=\frac{\pi}{2}-\arctan x<\varepsilon,$$
解得 $x>\cot\varepsilon$,故取 $X=\cot\varepsilon>0$,则当 $x>X$ 时,有 $\left|\arctan x-\dfrac{\pi}{2}\right|<\varepsilon$,即
$$\lim_{x\to+\infty}\arctan x=\frac{\pi}{2}.$$
同理可证 $\lim\limits_{x\to-\infty}\arctan x=-\dfrac{\pi}{2}$,故 $\lim\limits_{x\to\infty}\arctan x$ 不存在.

**2. 自变量趋于有限值时函数的极限**

现在考虑自变量 $x$ 趋于有限值 $a$ (即 $x\to a$). 如果在 $x\to a$ 的过程中,对应的函数值 $f(x)$ 无限接近于确定的数值 $A$,那么就说 $A$ 是函数 $f(x)$ 当 $x\to a$ 时的极限. 当然,这里我们首先假定函数 $f(x)$ 在点 $a$ 的某个去心邻域内是有定义的. 下面将定义 3.8 中的"$\varepsilon$-$X$ 语言"换成"$\varepsilon$-$\delta$ 语言",得到 $x\to a$ 时函数的极限定义.

**定义 3.9** 设 $A$ 为常数.

(i) 设函数 $f(x)$ 在点 $a$ 的某一去心邻域 $O_0(a)$ 内有定义,若
$$\forall \varepsilon>0, \exists \delta>0, 使得 \forall x:0<|x-a|<\delta, 都有 |f(x)-A|<\varepsilon$$
则称当 $x\to a$ 时 $f(x)$ 的极限是 $A$,或说 $x\to a$ 时 $f(x)$ 趋于 $A$,记作
$$\lim_{x\to a} f(x)=A \quad 或 \quad f(x)\to A\ (x\to a);$$

(ii) 设函数 $f(x)$ 在点 $a$ 的某右邻域 $O^+(a)$ 内有定义,若
$$\forall \varepsilon>0, \exists \delta>0, 使得 \forall x:0<x-a<\delta, 都有 |f(x)-A|<\varepsilon$$
则称当 $x$ 从右侧趋于 $a$ 时 $f(x)$ 的极限是 $A$,或说 $A$ 是 $x\to a$ 时 $f(x)$ 右极限,记作
$$\lim_{x\to a^+} f(x)=A \quad 或 \quad f(x)\to A\ (x\to a^+) \quad 或 \quad f(a+0)=A;$$

(iii) 设函数 $f(x)$ 在点 $a$ 的某左邻域 $O^-(a)$ 内有定义,若
$$\forall \varepsilon>0, \exists \delta>0, 使得 \forall x:-\delta<x-a<0, 都有 |f(x)-A|<\varepsilon$$
则称当 $x$ 从左侧趋于 $a$ 时 $f(x)$ 的极限是 $A$,或说 $A$ 是 $x\to a$ 时 $f(x)$ 左极限,记作

$$\lim_{x \to a^-} f(x) = A \quad \text{或} \quad f(x) \to A \ (x \to a^-) \quad \text{或} \quad f(a-0) = A.$$

要说明的是:首先,$x \to a$ 时 $f(x)$ 有没有极限,与 $f(x)$ 在点 $a$ 是否有定义并无关系;其次,比较上述定义的(i)～(iii)直接推出,$\lim_{x \to a} f(x) = A \Leftrightarrow f(a+0) = f(a-0) = A$;最后,$\lim_{x \to a} f(x) = A$ 的几何解释为:$\forall \varepsilon > 0, \exists \delta > 0$,在点 $a$ 的去心邻域 $O_0(a, \delta)$ 内,曲线 $y = f(x)$ 位于两条水平直线 $y = A + \varepsilon$ 和 $y = A - \varepsilon$ 之间的横条区域内(图 3.18).

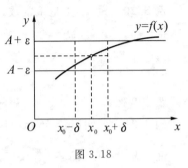

图 3.18

**例 3.22** 证明 $\lim_{x \to a}(kx + c) = ka + c$,这里 $k \neq 0, c$ 为常数.

**证** $\forall \varepsilon > 0$,要使 $|(kx+c) - (ka+c)| = |k||x-a| < \varepsilon$,只要 $|x-a| < \dfrac{\varepsilon}{|k|}$,因此取 $\delta = \dfrac{\varepsilon}{|k|}$,当 $0 < |x-a| < \delta = \dfrac{\varepsilon}{|k|}$ 时,有

$$|(kx+c) - (ka+c)| < \varepsilon,$$

即 $\lim_{x \to a}(kx+c) = ka + c$.

**注意** 在此极限中,当 $k = 0$ 时易知 $\lim_{x \to a} c = c$.

**例 3.23** 证明:当 $a > 0$ 时,$\lim_{x \to a} \sqrt{x} = \sqrt{a}$.

**证** $\forall \varepsilon > 0$,因为 $|\sqrt{x} - \sqrt{a}| = \dfrac{|x-a|}{\sqrt{x}+\sqrt{a}} \leqslant \dfrac{1}{\sqrt{a}}|x-a|$,要使 $|\sqrt{x} - \sqrt{a}| < \varepsilon$,只要 $|x-a| < \sqrt{a}\varepsilon$ 且 $x \geqslant 0$,而 $x \geqslant 0$ 可由 $|x-a| \leqslant a$ 保证,因此取 $\delta = \min\{a, \sqrt{a}\varepsilon\}$,则当 $0 < |x-a| < \delta$ 时,有 $|\sqrt{x} - \sqrt{a}| < \varepsilon$,所以,

$$\lim_{x \to a} \sqrt{x} = \sqrt{a}.$$

**例 3.24** 求证 Dirichlet 函数 $D(x) = \begin{cases} 1, & x \text{ 为有理数} \\ 0, & x \text{ 为无理数} \end{cases}$ 处处无极限.

**证** 对任意实数 $a$ 与 $A$,若 $A = 0$,取 $\varepsilon_0 = \dfrac{1}{2}$,对 $\forall \delta > 0$,取 $x$ 为 $O_0(a, \delta)$ 中的有理数,则 $|D(x) - A| = 1 > \varepsilon_0$.

若 $A \neq 0$,取 $\varepsilon_0 = \dfrac{|A|}{2}$,对 $\forall \delta > 0$,取 $x$ 为 $O_0(a, \delta)$ 中的无理数,则 $|D(x) - A| = |A| > \varepsilon_0$.

因此,$\lim D(x)$ 不存在.

**例 3.25** 设 $f(x) = [x]$ 是取整函数,$n$ 为任意整数,证明 $\lim_{x \to n} f(x)$ 不存在.

**证** 对任意整数 $n$，考虑该点处的左右极限：
$$f(n-0)=\lim_{x\to n^-}[x]=\lim_{x\to n^-}(n-1)=n-1,$$
$$f(n+0)=\lim_{x\to n^+}[x]=\lim_{x\to n^+}n=n$$
所以 $f(n-0)\neq f(n+0)$，从而 $\lim\limits_{x\to n}f(x)$ 不存在.

### 3.5.2 函数极限的性质

与 3.3 节中数列极限的性质类似，对函数极限也有相应的结果.

综合函数极限定义，得到六种类型的函数极限：
$$\lim_{x\to\infty}f(x),\quad \lim_{x\to+\infty}f(x),\quad \lim_{x\to-\infty}f(x),$$
$$\lim_{x\to a}f(x),\quad \lim_{x\to a^+}f(x),\quad \lim_{x\to a^-}f(x).$$

其中 $\lim\limits_{x\to\infty}f(x)$ 与 $\lim\limits_{x\to a}f(x)$ 是"双侧极限"，其余四个是"单侧极限". 所有这些极限在本质上具有相同的性质，只是在表达形式上略有不同. 为便于以后的统一处理，约定以 $\lim f(x)$ 泛指上面六种极限中的任意一种. 在同一问题中，自变量的变化过程应当明确并且一致（例如同为 $x\to+\infty$，或 $x\to a$ 等等）. 在不便统一表达时（如下面的局部有界性定理），我们就针对一种情形示范（如 $x\to a$），其余情形由读者自己给出.

**定理 3.11（函数极限的唯一性与局部有界性）**

(1) 若 $\lim f(x)$ 存在，则其极限唯一；

(2) 若 $\lim\limits_{x\to a}f(x)$ 存在，则 $f(x)$ 在点 $a$ 的某个去心邻域内有界.

**定理 3.12（函数极限的四则运算）** 设 $\lim f(x), \lim g(x)$ 都存在，$c$ 为常数，则有

(1) $\lim[f(x)\pm g(x)]=\lim f(x)\pm\lim g(x)$;

(2) $\lim f(x)g(x)=\lim f(x)\lim g(x)$，特别地 $\lim cf(x)=c\lim f(x)$;

(3) $\lim\dfrac{f(x)}{g(x)}=\dfrac{\lim f(x)}{\lim g(x)}\quad [\lim g(x)\neq 0]$.

**定理 3.13（函数极限的局部保号性）** 设 $\lim\limits_{x\to a}f(x)=A$，

(1) 若 $A\neq 0$，则在点 $a$ 的某个去心邻域内 $f(x)$ 与 $A$ 同号；

(2) 若在 $a$ 的某一去心邻域内 $f(x)\geqslant 0$（或 $f(x)\leqslant 0$），则 $A\geqslant 0$（或 $A\leqslant 0$）.

这里指出，对上述定理的证明稍作修改，便可得到更强的结论.

**定理 3.13′** 若 $\lim\limits_{x\to a}f(x)=A(A\neq 0)$，则在 $a$ 的某一去心邻域内，有
$$|f(x)|>\frac{|A|}{2}.$$

此外,利用保号性可以得到下面的推论:

**推论 3.3**  设 $\lim\limits_{x\to a}f(x)=A$,$\lim\limits_{x\to a}g(x)=B$,

(1) 若 $A>B$,则在点 $a$ 的某个去心邻域内 $f(x)>g(x)$;

(2) 若在 $a$ 的某一去心邻域内 $f(x)\geqslant g(x)$,则 $A\geqslant B$.

**定理 3.14(函数极限的两边夹准则)**  若在点 $a$ 的某个去心邻域内
$$g(x)\leqslant f(x)\leqslant h(x),$$
且 $\lim\limits_{x\to a}g(x)=\lim\limits_{x\to a}h(x)=A$,则 $\lim\limits_{x\to a}f(x)=A$.

上述定理的证明与数列极限性质的证明是类似的,故此处只给出结果而略去证明,读者不妨自己证明之.这些定理的应用在后面的学习中会频繁出现.

下面举例说明极限运算法则的应用.

**例 3.26**  求 $\lim\limits_{x\to 2}\dfrac{x^3-1}{x^2-5x+3}$.

**解**  利用极限的四则运算法则,故

$$\lim_{x\to 2}\frac{x^3-1}{x^2-5x+3}=\frac{\lim\limits_{x\to 2}(x^3-1)}{\lim\limits_{x\to 2}(x^2-5x+3)}=\frac{\lim\limits_{x\to 2}x^3-\lim\limits_{x\to 2}1}{\lim\limits_{x\to 2}x^2-5\lim\limits_{x\to 2}x+\lim\limits_{x\to 2}3}$$

$$=\frac{(\lim\limits_{x\to 2}x)^3-1}{(\lim\limits_{x\to 2}x)^2-5\lim\limits_{x\to 2}x+3}=\frac{2^3-1}{2^2-10+3}=-\frac{7}{3}.$$

更一般地,可以推出如下结论:

(1) 设多项式 $f(x)=a_0x^n+a_1x^{n-1}+\cdots+a_n$,则
$$\lim_{x\to x_0}f(x)=a_0x_0^n+a_1x_0^{n-1}+\cdots+a_n=f(x_0).$$

(2) 设 $P(x)=a_0x^n+a_1x^{n-1}+\cdots+a_n$,$Q(x)=b_0x^m+b_1x^{m-1}+\cdots+b_m$,若 $Q(x_0)\neq 0$,则有理分式 $\dfrac{P(x)}{Q(x)}$ 的极限为
$$\lim_{x\to x_0}\frac{P(x)}{Q(x)}=\frac{P(x_0)}{Q(x_0)}.$$

但必须注意:若 $Q(x_0)=0$,则不能应用商的极限运算法则,需要特别考虑.

**例 3.27**  求下列极限:(1) $\lim\limits_{x\to 3}\dfrac{x-3}{x^2-9}$; (2) $\lim\limits_{x\to\infty}\dfrac{3x^3+4x^2+2}{7x^3+5x^2-3}$.

**解**  (1) 当 $x\to 3$ 时,分子及分母的极限都是零,于是分子、分母不能分别取极限.因分子及分母有公因子 $x-3$,而 $x\to 3$ 时,$x\neq 3$,可约去这个公因子.所以

$$\lim_{x\to 3}\frac{x-3}{x^2-9}=\lim_{x\to 3}\frac{1}{x+3}=\frac{\lim\limits_{x\to 3}1}{\lim\limits_{x\to 3}(x+3)}=\frac{1}{6}.$$

(2) 先用 $x^3$ 去除分母及分子,然后取极限:

$$\lim_{x\to\infty}\frac{3x^3+4x^2+2}{7x^3+5x^2-3}=\lim_{x\to\infty}\frac{3+\dfrac{4}{x}+\dfrac{2}{x^3}}{7+\dfrac{5}{x}-\dfrac{3}{x^3}}=\frac{3}{7}.$$

更一般地,设 $f(x)=\dfrac{a_0 x^n+a_1 x^{n-1}+\cdots+a_n}{b_0 x^m+b_1 x^{m-1}+\cdots+b_m}$,则当 $x\to\infty$ 时,有

$$\lim_{x\to\infty}f(x)=\lim_{x\to\infty}\frac{a_0+a_1 x^{-1}+\cdots+a_n x^{-n}}{x^{m-n}(b_0+b_1 x^{-1}+\cdots+b_m x^{-m})}$$

$$=\frac{a_0}{b_0}\lim_{x\to\infty}\left(\frac{1}{x}\right)^{m-n}=\begin{cases}0, & n<m,\\ \dfrac{a_0}{b_0}, & n=m.\end{cases}$$

**定理 3.15(复合函数的极限运算法则)** 设 $\lim\limits_{t\to\tau}\varphi(t)=a$,但在点 $\tau$ 的某去心邻域内 $\varphi(t)\neq a$. 又 $\lim\limits_{x\to a}f(x)=A$,则复合函数 $f[\varphi(t)]$ 当 $t\to\tau$ 时极限也存在,且

$$\lim_{t\to\tau}f[\varphi(t)]=\lim_{x\to a}f(x)=A.$$

**证** 由 $\lim\limits_{x\to a}f(x)=A$,$\forall\varepsilon>0$,$\exists\eta>0$,当 $0<|x-a|<\eta$ 时,$|f(x)-A|<\varepsilon$. 又由于 $\lim\limits_{t\to\tau}\varphi(t)=a$,对于 $\eta>0$,$\exists\delta_1>0$,当 $0<|t-\tau|<\delta_1$ 时,$|\varphi(t)-a|<\eta$.

设在点 $\tau$ 的某去心邻域 $O_0(\tau,\delta_2)$ 内 $\varphi(t)\neq a$. 取 $\delta=\min(\delta_1,\delta_2)$ 则当 $0<|t-\tau|<\delta$ 时,$|\varphi(t)-a|<\eta$ 及 $\varphi(t)\neq a$ 同时成立,即 $0<|\varphi(t)-a|=|x-a|<\eta$. 从而

$$|f[\varphi(t)]-A|=|f(x)-A|<\varepsilon,$$

即

$$\lim_{t\to\tau}f[\varphi(t)]=A.$$

在计算极限时经常用到一种方法叫"变量代换法",定理 3.15 为这种方法提供了依据. 实际上,若函数 $f(x)$ 和 $\varphi(t)$ 满足该定理的条件,那么作代换 $x=\varphi(t)$ 可把求 $\lim\limits_{t\to\tau}f[\varphi(t)]$ 转化为求 $\lim\limits_{x\to a}f(x)$ [这里 $a=\lim\limits_{t\to\tau}\varphi(t)$],后者可能较易计算.

**例 3.28** 求下列极限:(1) $\lim\limits_{x\to 0}\dfrac{\sqrt[n]{1+x}-1}{x}$; (2) $\lim\limits_{x\to 0}e^{-\frac{1}{x^2}}$.

**解** (1) 当 $n=1$ 时可直接看出极限为 1.

设 $n\geq 2$,作代换 $y=\sqrt[n]{1+x}$,则 $x=y^n-1$,又因 $x\to 0$,故 $y>0$. 由于

$$|y-1|=\left|\frac{y^n-1}{y^{n-1}+y^{n-2}+\cdots+1}\right|\leq|x|,$$

所以 $x\to 0$ 时,$y\to 1$. 于是由定理 3.15 有

$$\lim_{x\to 0}\frac{\sqrt[n]{1+x}-1}{x}=\lim_{y\to 1}\frac{y-1}{y^n-1}=\lim_{y\to 1}\frac{1}{y^{n-1}+y^{n-2}+\cdots+1}=\frac{1}{n}.$$

(2) 作代换 $t=\dfrac{1}{x^2}$，则 $x\to 0$ 时，故 $t\to +\infty$. 由例 3.19 有

$$\lim_{x\to 0}e^{-\frac{1}{x^2}}=\lim_{t\to +\infty}e^{-t}=0.$$

## 习题 3.5

(A)

1. 判断下列语句可否作为极限 $\lim\limits_{x\to a}f(x)=A$ 的定义.

(1) $\forall \varepsilon>0$，$\exists \delta>0$，当 $0<|x-a|<\delta$ 时，有 $|f(x)-A|<k\varepsilon$ ($k$ 为正常数)；

(2) $\forall \varepsilon\in(0,1)$，$\exists \delta>0$，当 $0<|x-a|<\delta$ 时，有 $|f(x)-A|\leqslant\varepsilon$；

(3) $\forall \varepsilon=\dfrac{1}{k}$ ($k$ 为正整数)，$\exists \delta>0$，当 $0<|x-a|<\delta$ 时，有 $|f(x)-A|<\varepsilon$；

(4) $\exists \delta>0$，$\forall \varepsilon>0$，当 $0<|x-a|<\delta$ 时，有 $|f(x)-A|<\varepsilon$.

2. 单项选择题.

(1) 极限定义中 $\varepsilon$ 与 $\delta$ 的关系是（    ）.

(A) 先给定 $\varepsilon$ 后唯一确定 $\delta$　　(B) 先给定 $\varepsilon$ 后确定 $\delta$，但 $\delta$ 的值不唯一

(C) 先确定 $\delta$ 后给定 $\varepsilon$　　(D) $\delta$ 与 $\varepsilon$ 无关

(2) 如果对于任意给定的 $\varepsilon>0$，可找到 $X>0$，使得对于适合 $x<-X$ 的一切 $x$，总有不等式 $|f(x)-a|<\varepsilon$ 成立，则（    ）.

(A) $-a$ 是 $f(x)$ 当 $x\to +\infty$ 时的极限

(B) $-a$ 是 $f(x)$ 当 $x\to -\infty$ 时的极限

(C) $a$ 是 $f(x)$ 当 $x\to +\infty$ 时的极限

(D) $a$ 是 $f(x)$ 当 $x\to -\infty$ 时的极限

(3) 若 $\lim\limits_{x\to x_0}f(x)=0$，则（    ）.

(A) 当 $g(x)$ 为任意函数时，有 $\lim\limits_{x\to x_0}f(x)g(x)=0$ 成立

(B) 仅当 $\lim\limits_{x\to x_0}g(x)=0$ 时，才有 $\lim\limits_{x\to x_0}f(x)g(x)=0$ 成立

(C) 当 $g(x)$ 有界时，有 $\lim\limits_{x\to x_0}f(x)g(x)=0$ 成立

(D) 仅当 $g(x)$ 为常数时，才有 $\lim\limits_{x\to x_0}f(x)g(x)=0$ 成立

(4) 已知 $f(x)=\begin{cases}4-2x, & 0\leqslant x<\dfrac{5}{2},\\ 3, & x=\dfrac{5}{2},\\ 2x-6, & \dfrac{5}{2}<x<\infty,\end{cases}$ 则 $f(x)$ 在 $x=\dfrac{5}{2}$ 处（    ）.

(A) 左右极限都不存在　　　　(B) 左右极限有一个存在,一个不存在
(C) 左右极限都存在但不相等　(D) 极限存在

(5) 设 $A$ 为常数,则下列命题正确的是(　　).

(A) $\lim\limits_{x \to x_0} f(x) = A \Leftrightarrow f(x_0+0), f(x_0-0)$ 都存在

(B) $\lim\limits_{x \to x_0} f(x) = A \Leftrightarrow f(x_0+0) = f(x_0-0)$

(C) $\lim\limits_{x \to \infty} f(x) = A \Leftrightarrow \lim\limits_{x \to +\infty} f(x) = \lim\limits_{x \to -\infty} f(x) = A$

(D) $\lim\limits_{x \to \infty} f(x) = A \Leftrightarrow \lim\limits_{x \to +\infty} f(x) = \lim\limits_{x \to -\infty} f(x)$

3. 填空题.

(1) 当 $x \to 2$ 时, $f(x) = x^2 \to 4$. $\delta = $ _____ 时,使得当 $|x-2| < \delta$ 时, $|f(x) - 4| < 0.001$.

(2) 当 $x \to \infty$ 时, $y = \dfrac{x^2-1}{x^2+3} \to 1$. $X = $ _____ 时,使得当 $|x| > X$ 时, $|y-1| < 0.01$.

4. 根据函数极限的定义证明下列极限.

(1) $\lim\limits_{x \to \infty} \dfrac{x-2}{x+1} = 1$;

(2) $\lim\limits_{x \to 1} \dfrac{2x^2-2}{x-1} = 4$;

(3) $\lim\limits_{x \to x_0} \ln x = \ln x_0 \quad (x_0 > 0)$;

(4) $\lim\limits_{x \to 1} \varphi(x) = 1$, 其中 $\varphi(x) = \begin{cases} 2, & x=1, \\ x^3, & x \neq 1; \end{cases}$

(5) $\lim\limits_{x \to x_0} \sin x = \sin x_0$, $x_0$ 为任意实数;

(6) $\lim\limits_{x \to +\infty} \dfrac{\sin x}{\sqrt{x}} = 0$.

5. 根据极限定义证明.

(1) $\lim\limits_{x \to a} f(x)$ 存在的充分必要条件是 $f(a+0)$ 与 $f(a-0)$ 都存在且相等;

(2) $\lim\limits_{x \to \infty} f(x)$ 存在的充分必要条件是 $f(+\infty)$ 与 $f(-\infty)$ 都存在且相等.

6. 求下列极限.

(1) $\lim\limits_{x \to 2} \dfrac{x^2+4}{x-7}$;

(2) $\lim\limits_{x \to 1} \dfrac{x^2-1}{x^3-1}$;

(3) $\lim\limits_{x \to 0} \dfrac{\sqrt{2x+9}-3}{x}$;

(4) $\lim\limits_{x \to \infty} \dfrac{x^2+3}{4x^2-7}$;

(5) $\lim\limits_{x \to -1} \left( \dfrac{1}{x+1} - \dfrac{3}{x^3+1} \right)$;

(6) $\lim\limits_{x \to +\infty} \left( \sqrt{x^2+x} - \sqrt{x^2+1} \right)$;

(7) $\lim\limits_{x\to 1}\dfrac{x+x^2+\cdots+x^n-n}{x-1}$.

(B)

1. 求下列函数在 $x=0$ 处的左、右极限，并说明它们在 $x\to 0$ 时的极限是否存在.

(1) $\varphi(x)=\dfrac{|x|}{x}$; 　　　　　　　(2) $f(x)=\mathrm{e}^{\frac{1}{x}}$;

(3) $f[g(x)]=\operatorname{sing}(x)$, $g(x)=\begin{cases} x-\dfrac{\pi}{2}, & x\leqslant 0, \\ x+\dfrac{\pi}{2}, & x>0. \end{cases}$

2. 证明.

(1) 若 $x\to+\infty$ 及 $x\to-\infty$ 时，函数 $f(x)$ 的极限都存在且都等于 $A$，则 $\lim\limits_{x\to\infty}f(x)=A$.

(2) 如果极限 $\lim\limits_{x\to\infty}f(x)$ 存在，则 $\exists X>0$，使得当 $|x|>X$ 时，函数 $f(x)$ 有界；

(3) 如果极限 $\lim\limits_{x\to a}f(x)=A>0$，则函数 $f(x)$ 在 $a$ 的某个去心邻域内有 $\dfrac{A}{2}<f(x)<\dfrac{3A}{2}$.

(4) 若 $\varphi(x)\leqslant\psi(x)$ 且 $\lim\limits_{x\to x_0}\varphi(x)=a$，$\lim\limits_{x\to x_0}\psi(x)=b$，则 $a\leqslant b$.

3. 计算下列极限.

(1) $\lim\limits_{x\to\infty}\dfrac{x-\sin x}{x+\sin x}$; 　　　　(2) $\lim\limits_{x\to 0^-}\mathrm{e}^{\frac{1}{x}}\sqrt{\arctan\dfrac{1}{x}+\pi}$.

4. 求 $a,b$ 的值，使得 $\lim\limits_{x\to\infty}\left(\dfrac{x^2+1}{x+1}-ax-b\right)=0$.

## 3.6　两个重要极限与函数极限的存在准则

### 3.6.1　两个重要极限

作为两边夹准则的应用，下面来研究两个重要的极限.

1. $\lim\limits_{x\to 0}\dfrac{\sin x}{x}=1$

如图 3.19 所示，在半径为 1 的单位圆中，取圆心角为 $x$ ($0<x<\dfrac{\pi}{2}$) 的扇形

$AOB$,点 $A$ 处的切线与 $OB$ 的延长线交于 $C$,则

△$AOB$ 的面积<圆扇形 $AOB$ 的面积<△$AOC$ 的面积,

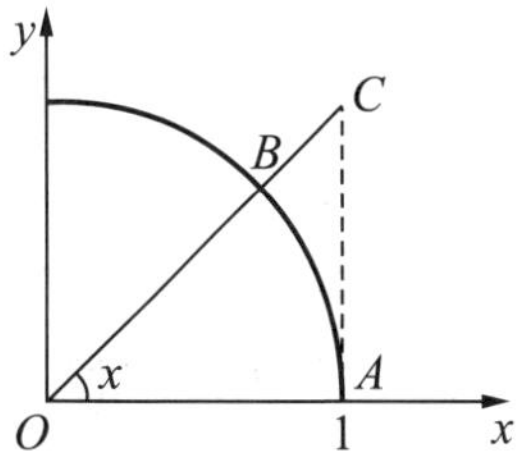

所以
$$\frac{1}{2}\sin x < \frac{1}{2}x < \frac{1}{2}\tan x,$$

因此
$$1 < \frac{x}{\sin x} < \frac{1}{\cos x},$$

从而
$$\cos x < \frac{\sin x}{x} < 1. \tag{3.4}$$

以 $\frac{x}{2}$ 代替 $x$,由 $\sin x < x$ 推出 $\sin \frac{x}{2} < \frac{x}{2}$. 因此
$$0 < 1 - \cos x = 2\sin^2 \frac{x}{2} < 2\left(\frac{x}{2}\right)^2 = \frac{x^2}{2}.$$

当 $x \to 0^+$ 时,$\frac{x^2}{2} \to 0$,由两边夹准则,有 $\lim_{x \to 0^+}(1 - \cos x) = 0$,所以 $\lim_{x \to 0^+}\cos x = 1$.

注意到不等式(3.4),再用两边夹准则得
$$\lim_{x \to 0^+}\frac{\sin x}{x} = 1.$$

应用此极限及变量代换 $x = -t$,得
$$\lim_{x \to 0^-}\frac{\sin x}{x} = \lim_{t \to 0^+}\frac{\sin(-t)}{-t} = \lim_{t \to 0^+}\frac{\sin t}{t} = 1.$$

因此
$$\lim_{x \to 0}\frac{\sin x}{x} = 1.$$

**例 3.29** 求下列极限.

(1) $\lim\limits_{x \to 0}\dfrac{\sin \alpha x}{\sin \beta x}$ $(\alpha\beta \neq 0)$;  (2) $\lim\limits_{x \to 0}\dfrac{\tan x}{x}$;  (3) $\lim\limits_{x \to 0}\dfrac{1 - \cos x}{x^2}$.

**解** (1) $\lim\limits_{x \to 0}\dfrac{\sin \alpha x}{\sin \beta x} = \lim\limits_{x \to 0}\dfrac{\sin \alpha x}{\alpha x} \cdot \dfrac{\beta x}{\sin \beta x} \cdot \dfrac{\alpha}{\beta} = \dfrac{\alpha}{\beta};$

(2) $\lim\limits_{x \to 0}\dfrac{\tan x}{x} = \lim\limits_{x \to 0}\left(\dfrac{\sin x}{x} \cdot \dfrac{1}{\cos x}\right) = \lim\limits_{x \to 0}\dfrac{\sin x}{x} \cdot \lim\limits_{x \to 0}\dfrac{1}{\cos x} = 1;$

(3) $\lim\limits_{x \to 0}\dfrac{1 - \cos x}{x^2} = \lim\limits_{x \to 0}\dfrac{2\sin^2 \dfrac{x}{2}}{x^2} = \dfrac{1}{2}\lim\limits_{x \to 0}\dfrac{\left(\sin \dfrac{x}{2}\right)^2}{\left(\dfrac{x}{2}\right)^2} = \dfrac{1}{2}\lim\limits_{x \to 0}\left(\dfrac{\sin \dfrac{x}{2}}{\dfrac{x}{2}}\right)^2$

图 3.19

$$= \frac{1}{2} \times 1^2 = \frac{1}{2}.$$

**2.** $\lim\limits_{x\to\infty}\left(1+\dfrac{1}{x}\right)^x = \mathrm{e}$ \hfill (3.5)

先证明 $\lim\limits_{x\to+\infty}\left(1+\dfrac{1}{x}\right)^x = \mathrm{e}$. 由于 $[x] \leqslant x < [x]+1$, 故当 $x>1$ 时, 有

$$1+\frac{1}{[x]+1} < 1+\frac{1}{x} \leqslant 1+\frac{1}{[x]},$$

从而

$$\left(1+\frac{1}{[x]+1}\right)^{[x]} < \left(1+\frac{1}{x}\right)^x < \left(1+\frac{1}{[x]}\right)^{[x]+1}.$$

记 $[x]=n$, 则当 $x\to+\infty$ 时, $n\to\infty$, 由 $\lim\limits_{n\to\infty}\left(1+\dfrac{1}{n}\right)^n = \mathrm{e}$ 得

$$\lim_{x\to+\infty}\left(1+\frac{1}{[x]+1}\right)^{[x]} = \lim_{n\to\infty}\left(1+\frac{1}{n+1}\right)^n = \lim_{n\to\infty}\frac{\left(1+\dfrac{1}{n+1}\right)^{n+1}}{\left(1+\dfrac{1}{n+1}\right)} = \mathrm{e},$$

$$\lim_{x\to+\infty}\left(1+\frac{1}{[x]}\right)^{[x]+1} = \lim_{n\to\infty}\left(1+\frac{1}{n}\right)^{n+1} = \lim_{n\to\infty}\left(1+\frac{1}{n}\right)^n\left(1+\frac{1}{n}\right) = \mathrm{e}.$$

由两边夹准则知, $\lim\limits_{x\to+\infty}\left(1+\dfrac{1}{x}\right)^x = \mathrm{e}$.

再证明 $\lim\limits_{x\to-\infty}\left(1+\dfrac{1}{x}\right)^x = \mathrm{e}$. 令 $t=-x$, 则当 $x\to-\infty$ 时, $t\to+\infty$, 于是

$$\lim_{x\to-\infty}\left(1+\frac{1}{x}\right)^x = \lim_{t\to+\infty}\left(1-\frac{1}{t}\right)^{-t} = \lim_{t\to+\infty}\left(\frac{t}{t-1}\right)^t$$
$$= \lim_{t\to+\infty}\left(1+\frac{1}{t-1}\right)^{t-1}\left(1+\frac{1}{t-1}\right) = \mathrm{e}.$$

综上所述, $\lim\limits_{x\to\infty}\left(1+\dfrac{1}{x}\right)^x = \mathrm{e}$.

**注意** 这个重要极限也可以等价地写成

$$\lim_{x\to 0}(1+x)^{\frac{1}{x}} = \mathrm{e}. \tag{3.6}$$

套用这个重要极限, 可以得到一系列涉及幂指函数形式的极限.

**例 3.30** 求下列极限.

(1) $\lim\limits_{x\to\infty}\left(1+\dfrac{n}{x}\right)^x$ ($n$ 为正整数);    (2) $\lim\limits_{x\to\infty}\left(\dfrac{1+x}{2+x}\right)^x$;

(3) $\lim\limits_{x\to 0}\left(\dfrac{1+2x}{1+x}\right)^{\frac{1}{x}}$;    (4) $\lim\limits_{x\to 0}(\cos^2 x)^{1/\sin^2 x}$.

**解** (1) $\lim\limits_{x\to\infty}(1+\dfrac{n}{x})^x = [\lim\limits_{x\to\infty}(1+\dfrac{n}{x})^{\frac{x}{n}}]^n = e^n.$

(2) 分解 $\dfrac{1+x}{2+x} = 1 - \dfrac{1}{2+x}$,再套用极限 (3.5),得

$$\lim_{x\to\infty}(\dfrac{1+x}{2+x})^x = \lim_{x\to\infty}(1-\dfrac{1}{2+x})^{2+x}(1-\dfrac{1}{2+x})^{-2}$$

$$= \lim_{x\to\infty}[(1-\dfrac{1}{2+x})^{-(2+x)}]^{-1} = e^{-1}.$$

(3) 分解 $(\dfrac{1+2x}{1+x})^{\frac{1}{x}} = [(1+2x)^{\frac{1}{2x}}]^2/(1+x)^{\frac{1}{x}}$,再套用极限 (3.6),得

$$\lim_{x\to 0}(\dfrac{1+2x}{1+x})^{\frac{1}{x}} = \lim_{x\to 0}[(1+2x)^{\frac{1}{2x}}]^2/(1+x)^{\frac{1}{x}} = e^2/e = e.$$

(4) 作代换 $t = \sin^2 x$,然后套用极限(3.6),得

$$\lim_{x\to 0}(\cos^2 x)^{1/\sin^2 x} = \lim_{t\to 0}(1-t)^{1/t} = \lim_{t\to 0}[(1-t)^{-1/t}]^{-1} = e^{-1}.$$

### 3.6.2 函数极限的存在准则

首先证明一个沟通函数极限与数列极限之间相互关系的定理.

**定理 3.16(Heine 定理)** 设函数 $f(x)$ 定义在点 $a$ 的某一去心邻域 $O_0(a)$ 上,则 $\lim\limits_{x\to a} f(x) = A$ 的充要条件是:对 $O_0(a)$ 内任何收敛于 $a$ 的数列 $\{x_n\}$ 有 $\lim\limits_{n\to\infty} f(x_n) = A.$

**证 必要性** 由 $\lim\limits_{x\to a} f(x) = A$:$\forall \varepsilon > 0, \exists \delta > 0$,当 $x \in O_0(a,\delta)$ 时,$|f(x)-A| < \varepsilon.$

又由 $\lim\limits_{n\to\infty} x_n = a$,$x_n \neq a$,对 $\delta > 0$,存在 $N$,当 $n > N$ 时,$x_n \in O_0(a,\delta)$,从而 $|f(x_n)-A| < \varepsilon.$ 即 $\lim\limits_{n\to\infty} f(x_n) = A.$

**充分性** 用反证法 设 $\lim\limits_{x\to a} f(x) \neq A$,则 $\exists \varepsilon_0 > 0$,对 $\forall \delta > 0$,存在 $x \in O_0(a,\delta)$,使 $|f(x)-A| \geq \varepsilon_0.$

取 $\delta_n = \dfrac{1}{n}$ $(n=1,2,\cdots)$,则有 $x_n \in O_0(a, \dfrac{1}{n})$ 使 $|f(x_n)-A| \geq \varepsilon_0.$

这表明 $\lim\limits_{n\to\infty} x_n = a$,$x_n \neq a$ 且 $\lim\limits_{n\to\infty} f(x_n) \neq A$,与题设矛盾,故 $\lim\limits_{x\to a} f(x) = A.$

由此定理可知,如果有 $x_n \to a(x_n \neq a)$ 而数列 $f(x_n)$ 发散,或者存在 $x_n \to a$,$y_n \to a(x_n, y_n \neq a)$,使 $f(x_n) \to A$,$f(y_n) \to B(A \neq B)$,则可以断定极限 $\lim\limits_{x\to a} f(x)$ 一定不存在. 这一结论常用来判定函数极限不存在.

**例 3.31**  证明 $\lim\limits_{x\to 0}\sin\dfrac{1}{x}$ 不存在.

**证**  取 $x_n=\dfrac{1}{2n\pi}$,$y_n=\dfrac{1}{2n\pi+\pi/2}(n=1,2,\cdots)$,则 $x_n\to 0$,$y_n\to 0(x_n,y_n\neq 0)$. 而

$$\lim_{n\to\infty}\sin\frac{1}{x_n}=0 \qquad \lim_{n\to\infty}\sin\frac{1}{y_n}=1.$$

故由 Heine 定理知,极限 $\lim\limits_{x\to 0}\sin\dfrac{1}{x}$ 不存在.

下面给出函数极限的 Cauchy 收敛原理.

**定理 3.17(Cauchy 收敛原理)**  设函数 $f(x)$ 定义在点 $a$ 的某一去心邻域 $O_0(a)$ 上,则 $\lim\limits_{x\to a}f(x)$ 存在的充要条件是:

$$\forall \varepsilon>0,\exists \delta>0,\text{当 } x,x'\in O_0(a,\delta)\text{时,有}|f(x)-f(x')|<\varepsilon.$$

**证  必要性**  设 $\lim\limits_{x\to a}f(x)=A$,则 $\forall \varepsilon>0$,$\exists \delta>0$,当 $x,x'\in O_0(a,\delta)$ 时,有

$$|f(x)-A|<\frac{\varepsilon}{2},\ |f(x')-A|<\frac{\varepsilon}{2},$$

从而

$$|f(x)-f(x')|\leqslant |f(x)-A|+|f(x')-A|<\frac{\varepsilon}{2}+\frac{\varepsilon}{2}=\varepsilon.$$

**充分性**  设 $\forall \varepsilon>0$,$\exists \delta>0$,当 $x,x'\in O_0(a,\delta)$ 时,有 $|f(x)-f(x')|<\varepsilon$. 取 $x_n\to a(x_n\neq a,n\to\infty)$,则由数列极限的 Cauchy 收敛准则,$\exists N$,当 $n,m>N$ 时,有 $|x_n-x_m|<\delta$,从而 $|f(x_n)-f(x_m)|<\varepsilon$. 即数列 $\{f(x_n)\}$ 是一个基本列,则 $\{f(x_n)\}$ 收敛,记 $\lim\limits_{n\to\infty}f(x_n)=A$.

若另有 $y_n\to a(y_n\neq x_n)$,则数列 $\{f(y_n)\}$ 也是一个基本列,从而 $\{f(y_n)\}$ 收敛,记 $\lim\limits_{n\to\infty}f(y_n)=B$.

作新数列

$$x_1,y_1,x_2,y_2,\cdots,x_n,y_n,\cdots$$

则此数列也收敛于 $a$,从而对应的数列

$$f(x_1),f(y_1),f(x_2),f(y_2),\cdots,f(x_n),f(y_n),\cdots$$

也收敛,故其子列 $\{f(x_n)\}$ 与 $\{f(y_n)\}$ 的极限相同,即 $A=B$,由海涅定理得 $\lim\limits_{x\to a}f(x)$ 存在且等于 $A$.

# 习题 3.6

## (A)

1. 回答下列问题.

(1) 何为两个重要极限？它们的形式是什么？

(2) 可以用本节的哪个定理来判断函数的极限不存在？怎样判断？

(3) 何为函数极限的 Cauchy 收敛原理？

2. 单项选择题.

(1) 下列结论中正确的是( ).

(A) $\lim\limits_{x \to 0}(1+x)^n = e$ 　　　　　　(B) $\lim\limits_{x \to \frac{\pi}{2}} \dfrac{\sin x}{x} = 1$

(C) $\lim\limits_{x \to 0} \dfrac{\tan x - \sin x}{x^3} = 0$ 　　　　(D) $\lim\limits_{x \to 0}(1+\sin x)^{\frac{1}{\sin x}} = e$

(2) 极限 $\lim\limits_{x \to 0} \dfrac{x + \sin x}{x}$ 的值为( ).

(A) 不存在　　　(B) 1　　　(C) 2　　　(D) $\infty$

(3) 极限 $\lim\limits_{x \to +\infty}\left(1 - \dfrac{1}{x}\right)^{2x}$ 的值为( ).

(A) $2e$　　　(B) $e^{-2}$　　　(C) $e^2$　　　(D) $\dfrac{2}{e}$

3. 填空：已知 $\lim\limits_{x \to 0}\left(\dfrac{\sin ax}{x} + b\right) = 4$, $\lim\limits_{x \to 0}(1+bx)^{\frac{1}{x}} = e^3$，那么 $a = $ _____, $b = $ _____.

4. 计算下列极限.

(1) $\lim\limits_{x \to 0} \dfrac{\tan 3x}{x}$;

(2) $\lim\limits_{n \to \infty} 3^n \sin \dfrac{x}{3^n}$;

(3) $\lim\limits_{x \to 0} \dfrac{\sin x + 2x}{2\tan x + 3x}$;

(4) $\lim\limits_{x \to 0} \dfrac{\tan x - \sin x}{x^3}$.

5. 求下列极限.

(1) $\lim\limits_{t \to \infty}\left(\dfrac{t}{1+t}\right)^t$;

(2) $\lim\limits_{x \to \infty}\left(\dfrac{x^2+1}{x^2}\right)^{x^2+1}$;

(3) $\lim\limits_{x \to 0}(1+6x)^{\frac{1}{2x}}$;

(4) $\lim\limits_{x \to 0}(1+3\tan^2 x)^{\cot^2 x}$.

## (B)

1. 已知 $\lim\limits_{x \to 1} \dfrac{\sin^2(x-1)}{x^2 + ax + b} = 1$, 求参数 $a, b$.

2.计算下列极限.

(1) $\lim\limits_{x\to\pi}\dfrac{\sin 3x}{\tan 5x}$；　　(2) $\lim\limits_{x\to a}\dfrac{\sin x-\sin a}{x-a}$；　　(3) $\lim\limits_{x\to 0}(\dfrac{x}{\cos x}+\cos x)$；

(4) $\lim\limits_{x\to\infty}(\dfrac{x+1}{x+3})^x$；　　(5) $\lim\limits_{x\to 0}(\dfrac{1+3x}{1+x})^{\frac{1}{x}}$；　　(6) $\lim\limits_{x\to\frac{\pi}{2}}(1+\cos^2 x)^{3\sec^2 x}$.

3.设 $a\neq 0$，考察函数 $f(x)=\begin{cases}(1+x)^{\frac{1}{x}}, & x>0,\\ \dfrac{\sqrt{1+x}-1}{ax}, & x<0\end{cases}$ 在 $x=0$ 处的极限是否存在? 若 $\lim\limits_{x\to 0}f(x)$ 存在，其极限值是多少? $a$ 的值是多少?

4.证明当 $x\to\infty$ 时，$\cos x$ 的极限不存在.

5.求 $\lim\limits_{x\to\infty}\dfrac{(2x-3)^{20}(3x-2)^{30}}{(2x+1)^{50}}$.

## 3.7　无穷小和无穷大

无穷小与无穷大在极限理论和应用中起着重要的作用，正确理解这两个概念和掌握它们的性质是十分必要的.

### 3.7.1　无穷小及其运算

如果函数 $f(x)$ 当 $x\to a$（或 $x\to\infty$）时极限为零，那么函数 $f(x)$ 叫做 $x\to a$（或 $x\to\infty$）时的无穷小. 因此，只要在极限的定义中令极限为 0，就可得无穷小的定义. 如同在 3.5 节一样，在不便统一表达的地方，仅以 $x\to a$ 的特殊情况为例进行表述，其他情况可通过类比让读者自己得出相应结论.

**定义 3.10**　设函数 $\alpha(x)$ 在 $a$ 的某一去心邻域内有定义. 若 $\forall\varepsilon>0$，总存在正数 $\delta$，使当 $x\in O_0(a,\delta)$ 时，有 $|\alpha(x)|<\varepsilon$，则称 $\alpha(x)$ 当 $x\to a$ 时为**无穷小量**，简称**无穷小**. 记作

$$\lim\limits_{x\to a}f(x)=0 \text{ 或 } \alpha(x)\to 0\ (x\to 0)$$

简言之，无穷小就是以零为极限的变量. 例如以下变量在所给极限过程中均为无穷小：

$x^2$，$\sin x$，$\tan x$　　　　　　$(x\to 0)$；

$\dfrac{1}{x}$，$e^{-x}$，$\dfrac{1}{\ln x}$　　　　　　$(x\to+\infty)$；

$\sqrt{x}$，$\sqrt{e^x-1}$，$\dfrac{1}{\ln x}$　　　　$(x\to 0^+)$；

$\dfrac{1}{n}$, $\sqrt[n]{e}-1$ $\qquad(n\to\infty)$.

**注意** 在谈到无穷小时必须指明其极限过程,因为函数极限与自变量的变化过程有关. 例如:当 $x\to\infty$ 时,$\dfrac{1}{x}$ 是无穷小;而当 $x\to0$ 时,$\dfrac{1}{x}$ 就不是无穷小. 因此不能无条件地说"$\dfrac{1}{x}$ 是无穷小".

其次,不能把无穷小与"很小的量"混为一谈,除了恒等于零的量以外,任何常量都不能当作无穷小.

无穷小具有下列性质:

**定理 3.18** $\lim\limits_{x\to a}f(x)=A$ 的充要条件是:$f(x)=A+\alpha(x)$,其中 $\alpha(x)$ 是当 $x\to a$ 时的无穷小.

**证 必要性** 设 $\lim\limits_{x\to a}f(x)=A$,则 $\forall \varepsilon>0,\exists \delta>0$,当 $0<|x-x_0|<\delta$ 时,有
$$|f(x)-A|<\varepsilon;$$
令 $\alpha(x)=f(x)-A$,则 $\alpha(x)$ 是当 $x\to a$ 时的无穷小,且 $f(x)=A+\alpha(x)$.

**充分性** 设 $f(x)=A+\alpha(x)$,其中 $A$ 是常数,$\alpha(x)$ 是 $x\to a$ 时的无穷小,于是 $\forall \varepsilon>0,\exists \delta>0$,当 $0<|x-a|<\delta$ 时,有 $|f(x)-A|=|\alpha(x)|<\varepsilon$,这就证明了 $\lim\limits_{x\to a}f(x)=A$.

此定理指明了无穷小与函数极限的关系.

**定理 3.19** 有限个无穷小的和、差、积也是无穷小;有界函数与无穷小的乘积是无穷小.

**证** 前一结论直接由极限的运算法则推出,下面证明后一结论.

设函数 $\alpha(x)$ 在 $a$ 的某一去心邻域 $O_0(a)$ 内有界,$\lim\limits_{x\to a}\beta(x)=0$. 故 $\exists M>0$,当 $x\in O_0(a)$ 时,有 $|\alpha(x)|\leqslant M$,从而
$$0\leqslant|\alpha(x)\beta(x)|\leqslant M|\beta(x)|$$
由两边夹准则得知 $\lim\limits_{x\to a}|\alpha(x)\beta(x)|=0$,即 $\lim\limits_{x\to a}\alpha(x)\beta(x)=0$.

**推论 3.4** 常数与无穷小的乘积是无穷小.

根据上述无穷小性质,可判定以下变量是所给极限过程中的无穷小:

$x+\sin x$, $x\sin x$, $x\cos x$ $\qquad(x\to0)$;

$\dfrac{1}{x}-e^{-x}$, $\dfrac{1}{x}e^{-x}$, $e^{-x}\sin x$ $\qquad(x\to+\infty)$;

$\dfrac{\sin x}{x}$, $\dfrac{\cos x}{x}$ $\qquad(x\to\infty)$;

$\dfrac{1}{n}+\dfrac{1}{\sqrt{n}}$, $\dfrac{1}{n}-\dfrac{1}{\sqrt{n}}$, $\dfrac{\sin n}{n}$, $\dfrac{1}{n\ln n}$ $\qquad(n\to\infty)$.

### 3.7.2 无穷大

绝对值无限增大的变量,称为**无穷大量**,简称为**无穷大**.

与无穷小一样,无穷大与自变量的变化过程有关,现仍以 $x \to a$ 为例,给出无穷大的"$M$-$\delta$"定义.

**定义 3.11** 设函数 $f(x)$ 在 $a$ 的某一去心邻域内有定义.

(1)若 $\forall M>0$(不论它多么大),$\exists \delta>0$,当 $x \in O_0(a,\delta)$(即 $0<|x-a|<\delta$)时,有 $|f(x)|>M$,则称函数 $f(x)$ 当 $x \to a$ 时为**无穷大**. 记作 $\lim\limits_{x \to a} f(x) = \infty$.

(2)若 $\forall M>0$(不论它多么大),$\exists \delta>0$,当 $x \in O_0(a,\delta)$(即 $0<|x-a|<\delta$)时,有 $f(x)>M$,则称函数 $f(x)$ 当 $x \to a$ 时为**正无穷大**. 记作 $\lim\limits_{x \to a} f(x) = +\infty$.

(3)若 $\forall M>0$(不论它多么大),$\exists \delta>0$,当 $x \in O_0(a,\delta)$(即 $0<|x-a|<\delta$)时,有 $f(x)<-M$,则称函数 $f(x)$ 当 $x \to a$ 时为**负无穷大**. 记作 $\lim\limits_{x \to a} f(x) = -\infty$.

其他各种极限过程的情况可由类比得到,不再一一列举.

当 $x \to a$ 时为无穷大的函数 $f(x)$,按函数极限定义来说,极限是不存在的. 但为了便于叙述函数的这一性态,我们也说"函数的极限是无穷大",并延用了极限的记号 $\lim\limits_{x \to a} f(x) = \infty$. 必须注意,无穷大 $\infty$ 不是数,不可与很大的数混为一谈.

**例 3.32** 证明 $\lim\limits_{x \to 0^+} e^{\frac{1}{x}} = +\infty$.

**证** $\forall M>0$(不妨设 $M>1$),要使 $e^{\frac{1}{x}} > M$,只要 $\frac{1}{x} > \ln M$,即

$$0 < x < \frac{1}{\ln M}.$$

取 $\delta = \frac{1}{\ln M}$,则当 $0<x<\delta$ 时,就有 $e^{\frac{1}{x}} > M$. 即 $\lim\limits_{x \to 0^+} e^{\frac{1}{x}} = +\infty$.

无穷大具有以下性质:

**定理 3.20** 在自变量的同一变化过程中,若 $f(x)$ 为无穷小,且 $f(x) \neq 0$,则 $\frac{1}{f(x)}$ 无穷大;反之,若 $f(x)$ 为无穷大,则 $\frac{1}{f(x)}$ 为无穷小.

**证** 设 $\lim\limits_{x \to a} f(x) = 0$,且 $f(x) \neq 0$. $\forall M>0$,由无穷小的定义,对于 $\varepsilon = \frac{1}{M}$,$\exists \delta>0$,当 $0<|x-a|<\delta$ 时,有

$$|f(x)| < \varepsilon = \frac{1}{M},$$

由于 $f(x) \neq 0$,从而

$$\left|\frac{1}{f(x)}\right| > M.$$

即 $\frac{1}{f(x)}$ 当 $x \to a$ 时为无穷大. 同理可证定理的第二部分.

类似地也可证 $x \to \infty$(或其他极限过程)时的情形.

这个定理指明了无穷大与无穷小之间的关系. 下面给出无穷大的其他运算性质.

**定理 3.21**　(1) 两个无穷大的积是无穷大;

(2) 有界函数与无穷大的和是无穷大;

(3) 在自变量的同一变化过程中,若 $f(x)$ 为无穷大,$\lim g(x) = L \neq 0$,则 $f(x)g(x)$ 为无穷大.

证明留给读者.

### 3.7.3　无穷小的比较

在同一极限过程中,不同无穷小趋于零的速度会有所不同. 例如,当 $x \to 0$ 时, $x, x^2, \sin x, 1 - \cos x$ 都是无穷小,而 $\lim\limits_{x \to 0} \frac{x^2}{x} = 0, \lim\limits_{x \to 0} \frac{\sin x}{x} = 1, \lim\limits_{x \to 0} \frac{1 - \cos x}{x^2} = \frac{1}{2}$. 可以说,在 $x \to 0$ 的过程中,$x^2$ 比 $x$ 更快地趋于零,$\sin x$ 与 $x$ 趋于零的速度"快慢相仿",而 $1 - \cos x$ 与 $x^2$ 趋于零的速度成比例.

下面,我们就无穷小之比的极限,来刻画两个无穷小之间的比较.

**定义 3.12**　设 $\alpha(x)$ 及 $\beta(x)$ 在 $x \to a$ 时均为无穷小,且 $\beta(x) \neq 0$,

(1) 若 $\lim\limits_{x \to a} \frac{\alpha(x)}{\beta(x)} = 0$,则称 $\alpha(x)$ 是 $\beta(x)$ 的**高阶无穷小**,或称 $\beta(x)$ 是 $\alpha(x)$ 的低阶无穷小,记作 $\alpha(x) = o(\beta(x)) \ (x \to a)$.

特别地,当 $x \to a$ 时 $\alpha(x)$ 为无穷小可记作 $\alpha(x) = o(1) \quad (x \to a)$.

(2) 若 $\lim\limits_{x \to a} \frac{\alpha(x)}{\beta(x)} = c \neq 0$,则称 $\alpha(x)$ 与 $\beta(x)$ 为**同阶的无穷小**,记作 $\alpha(x) = O(\beta(x)) \quad (x \to a)$.

特别地,当 $c = 1$ 时,称 $\alpha(x)$ 与 $\beta(x)$ 为**等价的无穷小**,记作 $\alpha(x) \sim \beta(x) \ (x \to a)$.

(3) 若 $\lim\limits_{x \to a} \frac{\alpha(x)}{\beta^k(x)} = c \neq 0 \ (k > 0)$,则称 $\alpha(x)$ 是关于 $\beta(x)$ 的 $k$ 阶无穷小.

其他各种极限过程的情况可由类比得到,不再一一列举.

**例如**　当 $x \to 0$ 时,$x^2$ 是比 $3x$ 高阶的无穷小(即 $x^2 = o(3x)$)且

$$\sin x \sim x, \ \tan x \sim x, \ (1 - \cos x) \sim \frac{x^2}{2}, \ (\sqrt[n]{1+x} - 1) \sim \frac{x}{n} \quad (x \to 0).$$

又因 $\lim\limits_{x \to 0} \frac{1 - \cos x}{x^2} = \frac{1}{2}$,所以,$1 - \cos x$ 是关于 $x^2$ 的同阶无穷小(即 $1 - \cos x = O(x^2)$).

上面列出的几对等价关系在极限计算中将经常用到.

**注意** 记号 $\alpha(x)=O(\beta(x))$ 有时候会引起一些误解,有必要加以说明: $\alpha(x)=o(\beta(x))$ 仅表示 $\lim\dfrac{\alpha(x)}{\beta(x)}=0$,没有其他含义,所以不可将 $\alpha(x)=o(\beta(x))$ 当作通常的等式处理,否则将导致错误. 例如,不能由 $\alpha(x)=o(\beta(x))$ 推出 $\alpha(x)-o(\beta(x))=0$ 或 $o(\beta(x))=\alpha(x)$;也不能由 $\alpha(x)=o(\beta(x))$ 及 $\gamma(x)=o(\beta(x))$ 推出 $\alpha(x)=\gamma(x)$. 对记号 $\alpha(x)=o(\beta(x))$ 也应有类似的注意.

关于无穷小的运算,下面给出一些有关规则,以备应用.

(i) $o(\alpha(x))+o(\alpha(x))=o(\alpha(x))$;

$o(\alpha(x))+o(\alpha(x))=o(\alpha(x))$.

(ii) $o(\alpha(x))\cdot o(\beta(x))=o(\alpha(x)\beta(x))$;

$o(\alpha(x))\cdot o(\beta(x))=o(\alpha(x)\beta(x))$.

(iii) $c\cdot o(\alpha(x))=o(\alpha(x))$ ($c$ 为常数);

$\beta(x)\cdot o(\alpha(x))=o(\alpha(x)\beta(x))$.

(iv) $o[o(\alpha(x))]=o(\alpha(x))$;

$o[o(\alpha(x))]=o(\alpha(x))$.

对上面的 4 组规则,我们仅以 $o[o(\alpha(x))]=o(\alpha(x))$ 为例给出解释和证明如下:

此式的含义是,若 $f(x)=o(\alpha(x)),g(x)=o(f(x))$,则 $g(x)=o(\alpha(x))$. 用极限表示,就可以得到证明

由 $\lim\dfrac{f(x)}{\alpha(x)}=0,\lim\dfrac{g(x)}{f(x)}=0$ 可得,$\lim\dfrac{g(x)}{\alpha(x)}=\lim\dfrac{g(x)}{f(x)}\dfrac{f(x)}{\alpha(x)}=0$.

关于等价无穷小,有下面两个定理.

**定理 3.22** 设 $\alpha(x)$ 及 $\beta(x)$ 都是同一极限过程中的无穷小,则

(i) $\alpha(x)\sim\beta(x)\Leftrightarrow\alpha(x)=\beta(x)+o(\beta(x))$;

(ii) 和取大规则:若 $\alpha(x)=o(\beta(x))$,则 $\alpha(x)+\beta(x)\sim\beta(x)$.

**证** (i) $\alpha(x)\sim\beta(x)\Leftrightarrow\lim\dfrac{\alpha(x)}{\beta(x)}=1\Leftrightarrow\lim\dfrac{\alpha(x)-\beta(x)}{\beta(x)}=\lim\dfrac{\alpha(x)}{\beta(x)}-1=0$
$\Leftrightarrow\alpha(x)-\beta(x)=o(\beta(x))\Leftrightarrow\alpha(x)=\beta(x)+o(\beta(x))$.

(ii) 因 $\lim\dfrac{\alpha(x)+\beta(x)}{\beta(x)}=\lim\dfrac{o(\beta(x))+\beta(x)}{\beta(x)}=0+1=1$,所以 $\alpha(x)+\beta(x)\sim\beta(x)$.

**例 3.33** 因为当 $x\to 0$ 时,$\sin x\sim x$,$\tan x\sim x$,$1-\cos x\sim\dfrac{x^2}{2}$. 所以当 $x\to 0$ 时,有

$$\sin x = x + o(x), \quad \tan x = x + o(x), \quad 1 - \cos x = \frac{1}{2}x^2 + o(x^2).$$

**定理 3.23(等价替换原理)** 设 $\alpha(x) \sim \alpha'(x)$, $\beta(x) \sim \beta'(x)$, 且 $\lim \dfrac{\alpha'(x)}{\beta'(x)}$ 存在. 则

$$\lim \frac{\alpha(x)}{\beta(x)} = \lim \frac{\alpha'(x)}{\beta'(x)}.$$

**证**

$$\lim \frac{\alpha(x)}{\beta(x)} = \lim \frac{\alpha(x)}{\alpha'(x)} \frac{\beta'(x)}{\beta(x)} \frac{\alpha'(x)}{\beta'(x)} = \lim \frac{\alpha(x)}{\alpha'(x)} \lim \frac{\beta'(x)}{\beta(x)} \lim \frac{\alpha'(x)}{\beta'(x)}$$

$$= \lim \frac{\alpha'(x)}{\beta'(x)}.$$

此定理表明,求两个无穷小之比的极限时,分子及分母都可用等价无穷小代替. 因此,此定理的价值在于,用来代替的无穷小选得适当的话,可以使极限的计算大为简化.

**定理 3.23′** 设 $\alpha(x) \sim \beta(x)$, 则 $\lim \alpha(x)\gamma(x) = \lim \beta(x)\gamma(x)$; $\lim \dfrac{\gamma(x)}{\alpha(x)} = \lim \dfrac{\gamma(x)}{\beta(x)}$. 只要等式一端的极限存在,另一端的极限也必存在.

**例 3.34** 求下列极限.

(1) $\lim\limits_{x \to 0} \dfrac{\tan 2x}{\sin 5x}$;   (2) $\lim\limits_{x \to 0} \dfrac{\sqrt{1+x} - 1}{x^3 + 3x}$;   (3) $\lim\limits_{x \to 0} \dfrac{\tan x - \sin x}{\sin x^3}$.

**解** (1) 当 $x \to 0$ 时, $\tan 2x \sim 2x$, $\sin 5x \sim 5x$, 所以

$$\lim_{x \to 0} \frac{\tan 2x}{\sin 5x} = \lim_{x \to 0} \frac{2x}{5x} = \frac{2}{5}.$$

(2) 当 $x \to 0$ 时, $\sqrt{1+x} - 1 \sim \dfrac{x}{2}$, 而 $x^3 = o(x)$, 故 $x^3 + 3x \sim 3x$. 所以

$$\lim_{x \to 0} \frac{\sqrt{1+x} - 1}{x^3 + 3x} = \lim_{x \to 0} \frac{x/2}{3x} = \frac{1}{6}.$$

(3) 多次用等价无穷小代换:

$$\lim_{x \to 0} \frac{\tan x - \sin x}{\sin x^3} = \lim_{x \to 0} \frac{\tan x - \sin x}{x^3} \quad (\sin x^3 \sim x^3)$$

$$= \lim_{x \to 0} \frac{\sin x (1 - \cos x)}{x^3 \cos x}$$

$$= \lim_{x \to 0} \frac{x(x^2/2)}{x^3 \cos x} \quad (\sin x \sim x, \ 1 - \cos x \sim x^2/2)$$

$$= \lim_{x \to 0} \frac{1}{2\cos x} = \frac{1}{2}.$$

**注意** 只能用等价无穷小替换因子,而不能替换加项. 例如,在例 3.34(3)中,若以 $x$ 替换其分子中的两项 $\tan x$ 和 $\sin x$,则得出错误结果 $\lim\limits_{x\to 0}\dfrac{\tan x-\sin x}{\sin x^3}=\lim\limits_{x\to 0}\dfrac{x-x}{\sin x^3}=0$. 再如,为计算极限 $\lim\limits_{x\to 0}\dfrac{\sqrt{1+2x}-1-x}{x^2}$,若以 $x$ 替换其分子中的项 $\sqrt{1+2x}-1$(因 $\sqrt{1+2x}-1\sim\dfrac{2x}{2}=x$),则得出极限 $=0$. 实际上,正确的做法是:

$$\lim_{x\to 0}\frac{\sqrt{1+2x}-1-x}{x^2}=\lim_{x\to 0}\frac{1+2x-(1+x)^2}{x^2(\sqrt{1+2x}+1+x)}$$

$$=\lim_{x\to 0}\frac{-x^2}{x^2(\sqrt{1+2x}+1+x)}=-\frac{1}{2}.$$

对于无穷大,也可以用它们比的极限刻画两个无穷大趋于 $\infty$ 的速度.

**定义 3.13** 设 $f(x)$ 及 $g(x)$ 在 $x\to a$ 时均为无穷大,则当

$$\lim_{x\to a}\frac{f(x)}{g(x)}=\begin{cases}0, & \text{称 } f(x) \text{ 是比 } g(x) \text{ 低阶的无穷大};\\ c\neq 0, & \text{称 } f(x) \text{ 与 } g(x) \text{ 为同阶的无穷大};\\ 1, & \text{称 } f(x) \text{ 与 } g(x) \text{ 为等价的无穷大}.\end{cases}$$

当 $f(x)$ 与 $g(x)$ 为等价的无穷大时,也记作 $f(x)\sim g(x)\ (x\to a)$.

类似于等价无穷小的结论,关于等价无穷大,也相应有"和取大规则"及"等价替换原理"等简化规则.

**例 3.35** 讨论极限 $\lim\limits_{x\to\infty}\dfrac{a_0x^n+a_1x^{n-1}+\cdots+a_n}{b_0x^m+b_1x^{m-1}+\cdots+b_m}$.

**解** 在 3.5 节中已经讨论过这个极限,现在利用等价无穷大的简化规则来重新计算,可以得到更完整的结果.

当 $x\to\infty$ 时,由"和取大规则"得

$$a_0x^n+a_1x^{n-1}+\cdots+a_n\sim a_0x^n,\quad b_0x^m+b_1x^{m-1}+\cdots+b_m\sim b_0x^m$$

再由"等价替换原理",得

$$\lim_{x\to\infty}\frac{a_0x^n+a_1x^{n-1}+\cdots+a_n}{b_0x^m+b_1x^{m-1}+\cdots+b_m}=\lim_{x\to\infty}\frac{a_0x^n}{b_0x^m}=\begin{cases}0, & n<m,\\ \dfrac{a_0}{b_0}, & n=m,\\ \infty, & n>m.\end{cases}$$

**例 3.36** 试确定 $k$ 的值,使 $f(x)=2x-5x^3-x^6$ 在 $x\to\infty$ 时为 $x^k$ 的同阶无穷大.

**解** 容易看出 $\lim\limits_{x\to\infty}\dfrac{2x-5x^3-x^6}{x^6}=-1\neq 0$,所以 $k=6$.

## 3.7.4 曲线的渐近线

在讨论函数时,其图形可能是无限延伸的.为了了解函数图形在无穷远处的趋向,常常讨论函数图形的渐近线,即函数的渐近形态.而函数的渐近形态与函数的极限有密切的关系.

首先,对渐近线的概念作如下说明.

给定直线 $L$,设其方程为 $y=kx+b$. 曲线 $y=f(x)$ 上的点 $P(x,f(x))$ 到直线 $L$ 的距离为

$$d = \frac{|f(x)-kx-b|}{\sqrt{k^2+1}},$$

若当点 $P(x,f(x))$ 沿曲线无限远离原点时,距离 $d \to 0$(这等价于 $f(x)-kx \to b$),则称直线 $L$ 为曲线 $y=f(x)$ 的**渐近线**. 方程 $y=kx+b$ 的系数 $k,b$ 由下式确定:

$$k = \lim_{\substack{x \to +\infty \\ (x \to -\infty)}} \frac{f(x)}{x}, \quad b = \lim_{\substack{x \to +\infty \\ (x \to -\infty)}} [f(x)-kx]$$

当 $k \neq 0$ 时,称 $L$ 为斜渐近线,如图 3.20 所示;当 $k=0$ 时,称 $L$ 为水平渐近线,如图 3.21 所示.

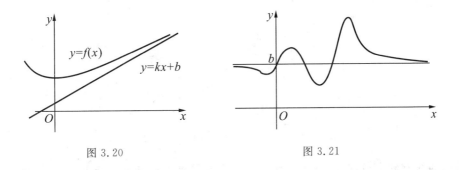

图 3.20　　　　　　　　　图 3.21

此外,若当 $\lim\limits_{\substack{x \to x_0^+ \\ (x \to x_0^-)}} |f(x)| = +\infty$ 时,则称直线 $x=x_0$ 为曲线 $y=f(x)$ 的垂直渐近线,如图 3.22 所示.

例如直线 $y=0$ 是函数 $y=\dfrac{1}{x}$ 的图形的水平渐近线. 特别地,如果 $\lim\limits_{x \to \infty} f(x) = c$,则直线 $y=c$ 是曲线 $y=f(x)$ 的水平渐近线.

**例 3.37** 求下列曲线的渐近线:(1) $y = \dfrac{x^2+1}{x}$;(2) $y = \sqrt{1+x^2}$.

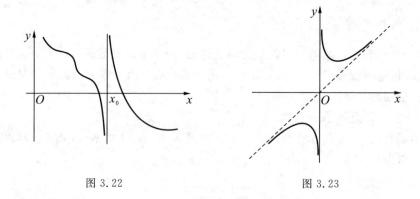

图 3.22　　　　　　　　　图 3.23

**解** (1)首先,由 $\lim\limits_{x\to 0}\dfrac{x^2+1}{x}=\infty$ 知 $x=0$ 即 $y$ 轴是垂直渐近线. 又因

$$k=\lim_{x\to\infty}(\dfrac{x^2+1}{x})/x=1,$$

$$b=\lim_{x\to\infty}(\dfrac{x^2+1}{x}-1\cdot x)=\lim_{x\to\infty}\dfrac{1}{x}=0$$

所以曲线有斜渐近线 $y=x$,如图 3.23 所示.

(2)因

$$k_1=\lim_{x\to +\infty}\sqrt{x^2+1}/x=1,$$

$$b_1=\lim_{x\to +\infty}(\sqrt{x^2+1}-x)=\lim_{x\to +\infty}\dfrac{1}{\sqrt{1+x^2}+x}=0,$$

$$k_2=\lim_{x\to -\infty}\sqrt{x^2+1}/x=-1,$$

$$b_2=\lim_{x\to -\infty}(\sqrt{x^2+1}+x)=\lim_{x\to -\infty}\dfrac{1}{\sqrt{1+x^2}-x}=0,$$

所以曲线有斜渐近线 $y=x$ 及 $y=-x$,没有水平渐近线和垂直渐近线.

## 习题 3.7

### (A)

1.判断下列变量在给定的变化过程中是否是无穷小量.

(1) $3^{-x}-1$ ($x\to 0$);　　　　(2) $\dfrac{\sin x}{x}$ ($x\to\infty$);

(3) $\dfrac{5x^2}{\sqrt{x^3-2x+1}}$ ($x\to\infty$);　　(4) $\dfrac{x^2}{x+1}\left(2+\sin\dfrac{1}{x}\right)$ ($x\to 0$).

2. 判断下列变量在给定的变化过程中是否是无穷大量.

(1) $\dfrac{x^2}{\sqrt{x^3+1}}$ $(x\to\infty)$;  (2) $\lg x$ $(x\to 0^+)$;

(3) $\lg x$ $(x\to +\infty)$;  (4) $e^{-\frac{1}{x}}$ $(x\to 0^-)$.

3. 证明下列无穷小的等价关系: 当 $x\to 0$ 时,

(1) $\arctan x \sim x$;  (2) $\sin(\tan x) \sim x$;

(3) $\dfrac{2}{3}(\cos x - \cos 2x) \sim x^2$;  (4) $2(1+\sin x - \cos x) \sim (1+\sin 2x - \cos 2x)$.

4. 求下列极限.

(1) $\lim\limits_{x\to 1}\dfrac{2x-3}{x^2-5x+4}$;  (2) $\lim\limits_{x\to\infty}(x^4-2x^2+1)$;  (3) $\lim\limits_{x\to 0}x^2\sin\dfrac{1}{x}$;

(4) $\lim\limits_{x\to 0}\dfrac{x^2\sin\dfrac{1}{x}}{\sin x}$;  (5) $\lim\limits_{x\to\infty}\dfrac{\arctan x}{x}$;  (6) $\lim\limits_{x\to 0}\dfrac{\sec x - 1}{x^2}$;

(7) $\lim\limits_{x\to 0}\dfrac{\tan 3x}{2x}$;  (8) $\lim\limits_{x\to 0}\dfrac{\sin(x^n)}{(\sin x)^m}$ ($m,n$ 为正整数);  (9) $\lim\limits_{x\to 0}\dfrac{1-\sqrt{\cos x}}{1-\cos\sqrt{x}}$.

5. 若 $\lim\dfrac{\beta}{\alpha^k}=c\neq 0, k>0$, 也就是说 $\beta$ 是关于 $\alpha$ 的 $k$ 阶无穷小(其中 $\alpha,\beta$ 都是同一个自变量在同一变化过程中的无穷小量),

(1) 当 $x\to 0$ 时, $x^2\sin\sqrt{x}$ 是关于 $x$ 的_____阶无穷小;

(2) 当 $x\to 0$ 时, $\sqrt[3]{x}+\sqrt[4]{x^3}$ 是关于 $x$ 的_____阶无穷小;

(3) 当 $x\to 0$ 时, $1-\cos x$ 是关于 $x$ 的_____阶无穷小;

(4) 当 $x\to 0$ 时, $\tan^3 x$ 是关于 $x$ 的_____阶无穷小.

(B)

1. 根据定义证明:

(1) $y=2^x$, 当 $x\to -\infty$ 时为无穷小量.

(2) $f(x)=\dfrac{x-1}{x^2-4}$, 当 $x\to -2$ 为无穷大量.

2. 证明:

(1) 函数 $y=\dfrac{1}{x}\sin\dfrac{1}{x}$ 在 $(0,1)$ 内无界, 当 $x\to 0^+$ 时不是无穷大;

(2) 函数 $y=x\cot x$ 在 $(0,+\infty)$ 内是无界的, 但当 $x\to +\infty$ 时却不是无穷大.

3. 已知 $P(x)$ 是多项式, 且 $\lim\limits_{x\to\infty}\dfrac{P(x)-2x^3}{x^2}=1$, 又 $x\to 0$ 时, $P(x)$ 与 $3x$ 是等价

无穷小,求 $P(x)$.

4. 试确定 $k$ 的值,使 $x \to +\infty$ 时, $\dfrac{x+1}{x^4+1}$ 是 $\left(\dfrac{1}{x}\right)^k$ 的同阶无穷小?

5. 证明 $\lim\limits_{n\to\infty}\sin \pi \sqrt{n^2+1}=0$.

6. 证明下列各题:

(1) $\sqrt{1+x}-1=o(1)(x\to 0)$;  (2) $2x^3+2x^2=o(x^3)(x\to\infty)$;

(3) $o(x^n)+o(x^m)=o(x^n)$ $(x\to 0, 0<n<m)$;

(4) $o(x^n)\cdot o(x^m)=o(x^{n+m})(x\to 0, n>0, m>0)$.

## 3.8 函数的连续性

本节讨论连续函数的概念与性质.将要证明初等函数在其定义域内都是连续的,从而对连续函数进行极限运算就是函数值运算.还要证明闭区间上连续函数的一些基本性质:有界性定理、最大值最小值定理、零点定理与介值定理.最后介绍一致连续的概念和一致连续性定理.

### 3.8.1 连续与间断

自然界中有许多"连续"与"间断"现象,如气温的变化、河水的流动、植物的生长、物价的涨跌、人口的增减等等.这些现象中的连续性,在数学上通常体现为函数的连续性.例如就气温的变化来看,当时间变化很微小时,气温的变化也很微小,这种特点就是连续的本质:即自变量的微小变化仅引起因变量的微小变化,也就是变化的稳定性.与此相反,间断意味着稳定的破坏,即自变量的微小变化引起因变量的剧烈改变.这里"微小"与"剧烈"变化的确切含义需要借助极限概念.

**1. 函数的连续性**

**定义 3.14** 设函数 $f(x)$ 在点 $x_0$ 的某邻域内有定义,且
$$\lim_{x\to x_0}f(x)=f(x_0)$$
则称函数 $f(x)$ 在点 $x_0$ **连续**,并称 $x_0$ 为函数 $f(x)$ 的一个连续点.当 $x_0$ 不是 $f(x)$ 的连续点时,称 $x_0$ 为 $f(x)$ 的**间断点**,或说 $f(x)$ 在 $x_0$ **间断**.

若 $f(x)$ 在点 $x_0$ 的某个左邻域内有定义,且 $f(x_0-0)=f(x_0)$,则称函数 $f(x)$ 在点 $x_0$ **左连续**;类似地,若 $f(x)$ 在点 $x_0$ 的某个右邻域内有定义,且 $f(x_0+0)=f(x_0)$,则称函数 $f(x)$ 在点 $x_0$ **右连续**.

若 $f(x)$ 在区间 $(a,b)$ 内每一点都连续,则称 $f(x)$ 是 $(a,b)$ 内的**连续函数**,或者说 $f(x)$ 在 $(a,b)$ 内连续.如果区间包括端点,那么函数在右端点连续是指左连续,

在左端点连续是指右连续. 区间$[a,b]$上连续函数全体记为$C[a,b]$, 若$f(x)$是$[a,b]$上的连续函数, 则简记为$f(x) \in C[a,b]$. 类似的记号还有$C(a,b)$, $C[a,+\infty)$, $C(-\infty,+\infty)$等等.

将上述定义与极限定义结合起来, 得到"函数$f(x)$在点$x_0$连续"的"$\varepsilon$-$\delta$"语言表达如下:

$$\forall \varepsilon > 0, \exists \delta > 0, 当|x-x_0|<\delta 时, 有|f(x)-f(x_0)|<\varepsilon.$$

由定义 3.14 及左右极限与极限的关系得出:

函数$f(x)$在点$x_0$连续的充要条件是:函数$f(x)$在点$x_0$既左连续又右连续.

若令$\Delta x = x - x_0$, $\Delta y = f(x) - f(x_0)$, 则

$$\lim_{x \to x_0} f(x) = f(x_0) \quad \Leftrightarrow \quad \lim_{\Delta x \to 0} \Delta y = 0,$$

或

$$\lim_{\Delta x \to 0}[f(x_0 + \Delta x) - f(x_0)] = 0.$$

这就是前面所说:自变量的微小变化仅引起因变量的微小变化.

连续与间断具有明显的几何解释:连续函数的图形是一条连续而不间断的曲线;若$f(x)$在点$x_0$间断, 则曲线$y=f(x)$在点$(x_0,f(x_0))$处发生断裂. 图 3.24 所示的函数$f(x)$在$(a,b)$内有三个间断点$x_1$, $x_2$, $x_3$. 在这些点处曲线$y=f(x)$形态各异, 但其共同点是曲线在这些点都出现断裂.

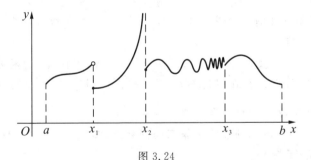

图 3.24

在 3.5 节中, 我们曾经证明:如果$f(x)$是多项式函数, 则对任意实数$x_0$都有$\lim_{x \to x_0} f(x) = f(x_0)$, 因此多项式函数$f(x) \in C(-\infty,+\infty)$. 对于有理分式函数$F(x) = \dfrac{P(x)}{Q(x)}$, 只要$Q(x_0) \neq 0$就有$\lim_{x \to x_0} F(x) = F(x_0)$, 因此有理分式函数在其定义域内是连续的. 由 3.5 节例 3.23 可知, 函数$f(x) = \sqrt{x} \in C(0,+\infty)$.

**例 3.38** 讨论函数$f(x) = \begin{cases} x+1, & x \geq 0, \\ 2-\cos x, & x < 0 \end{cases}$在点$x=0$处的连续性.

**解** 由于
$$f(0-0) = \lim_{x \to 0^-}(2-\cos x) = 1,$$
$$f(0+0) = \lim_{x \to 0^+}(x+1) = 1,$$
$$f(0) = 1,$$

故在点 $x=0$ 处 $f(x)$ 左连续且右连续. 因此, $f(x)$ 在点 $x=0$ 处连续.

**例 3.39** 证明: 正弦函数 $\sin x \in C(-\infty, +\infty)$.

**证** $\forall a \in (-\infty, +\infty)$, 因为

$$|\sin x - \sin a| = 2\left|\sin\frac{x-a}{2}\cos\frac{x+a}{2}\right| \leqslant 2\left|\sin\frac{x-a}{2}\right| \leqslant |x-a|$$

因此, 当 $x \to a$ 时, 由两边夹准则得 $\sin x \to \sin a$, 即 $\sin x$ 在 $(-\infty, +\infty)$ 内任意一点 $a$ 处是连续的.

类似地可以证明, 余弦函数 $\cos x \in C(-\infty, +\infty)$.

**2. 间断点的分类**

从连续的定义知, $f(x)$ 在点 $x_0$ 连续必须满足下列条件:

(1) 在 $x=x_0$ 有定义;

(2) 左右极限 $f(x_0-0)$ 与 $f(x_0+0)$ 均存在;

(3) $\lim\limits_{x \to x_0} f(x) = f(x_0)$.

所以, 凡不满足上述三条之一的点必定是 $f(x)$ 的**间断点**. 进一步, 还可以将间断点作如下分类:

(1) 若 $f(x_0-0)$ 及 $f(x_0+0)$ 都存在, 但不相等, 则称 $x_0$ 为函数 $f(x)$ 的**跳跃间断点**; 若极限 $\lim\limits_{x \to x_0} f(x)$ 存在, 但 $\lim\limits_{x \to x_0} f(x) \neq f(x_0)$, 则称 $x_0$ 为函数 $f(x)$ 的**可去间断点**. 以上两种间断点统称为**第一类间断点**.

(2) 不是第一类的间断点称为**第二类间断点**(即 $f(x_0-0)$ 及 $f(x_0+0)$ 中至少有一个不存在的间断点).

**例 3.40** 讨论下列函数在给定点 $x_0$ 处的间断点类型.

(1) $f(x) = \begin{cases} \arctan\dfrac{1}{x}, & x \neq 0, \\ 0, & x = 0, \end{cases}$ $x_0 = 0$;

(2) $g(x) = x\sin\dfrac{1}{x}$, $x_0 = 0$;

(3) $h(x) = e^{\frac{1}{x}}$, $x_0 = 0$.

**解** (1) 因为 $f(0-0) = \lim\limits_{x \to 0^-}\arctan\dfrac{1}{x} = -\dfrac{\pi}{2}$, $f(0+0) = \lim\limits_{x \to 0^+}\arctan\dfrac{1}{x} =$

$\frac{\pi}{2}$. 所以点 $x_0 = 0$ 是函数 $f(x)$ 的第一类跳跃间断点.

(2) 函数在 $x_0 = 0$ 无定义,而 $\lim\limits_{x \to 0} x\sin\frac{1}{x} = 0$,所以点 $x_0 = 0$ 是函数 $g(x)$ 的第一类可去间断点.

(3) 因为 $h(0-0) = \lim\limits_{x \to 0^-} e^{\frac{1}{x}} = 0, h(0+0) = \lim\limits_{x \to 0^+} e^{\frac{1}{x}} = +\infty$. 所以点 $x_0 = 0$ 是函数 $h(x)$ 的第二类间断点.

**例 3.41** 设 $f(x) = \begin{cases} x\sin\frac{1}{x}, & x > 0, \\ a + x^2, & x \leqslant 0, \end{cases}$ 要使 $f(x)$ 在 $(-\infty, +\infty)$ 内连续,应当怎样选择 $a$?

**解** 因 $f(x)$ 在 $(0, +\infty)$ 与 $(-\infty, 0)$ 内连续,当 $x = 0$ 时,
$$a = f(0) = \lim_{x \to -0} f(x), \lim_{x \to +0} f(x) = \lim_{x \to +0} x\sin\frac{1}{x} = 0,$$
故选 $a = 0$ 时,可使 $f(x)$ 在 $(-\infty, +\infty)$ 内都连续.

### 3.8.2 连续函数的运算性质与初等函数的连续性

**1. 连续函数的和、差、积与商的连续性**

由函数在某点连续性的定义和极限的四则运算法则,立即可得出下面的定理.

**定理 3.24** 设 $f(x)$ 与 $g(x)$ 在某点 $x_0$(或区间 $I$ 上)连续,则 $f(x) \pm g(x)$, $f(x)g(x)$ 与 $\frac{f(x)}{g(x)}(g(x_0) \neq 0)$ 也在 $x_0$(或区间 $I$ 上)连续.

**2. 反函数与复合函数的连续性**

关于反函数的连续性,不加证明地引述以下结果.

**定理 3.25(反函数的连续性)** 设 $y = f(x)$ 是区间 $I_x$ 上单调增(减)的连续函数,则其反函数 $x = \varphi(y)$ 是对应区间 $I_y = \{y \mid y = f(x), x \in I_x\}$ 上单调增(减)的连续函数.

由复合函数的极限性质可直接推出:

**定理 3.26(复合函数的连续性)** 设函数 $y = f(\varphi(x))$ 在点 $x_0$ 的某邻域内有定义,$\varphi(x)$ 与 $f(u)$ 分别在 $x = x_0$ 与 $u_0 = \varphi(x_0)$ 连续,则复合函数 $y = f(\varphi(x))$ 在 $x = x_0$ 也连续. 即
$$\lim_{x \to x_0} f(\varphi(x)) = f(\varphi(x_0))$$

**3. 初等函数的连续性**

现在利用上述结论来研究初等函数的连续性.

**(1) 三角函数的连续性**

因正切与余切、正割与余割函数是由正弦与余弦函数经四则运算表示的,故由定理 3.24 知三角函数在它们的定义域内是连续的.

**(2) 指数函数的连续性**

首先考虑函数 $e^x$ 的连续性.

注意到 $\lim\limits_{x \to 0} e^x = 1$,事实上,$\forall \varepsilon > 0$(不妨 $\varepsilon < 1$),取 $\delta = \min\{-\ln(1-\varepsilon), \ln(1+\varepsilon)\}$,则当 $|x| < \delta$ 时,有 $1 - \varepsilon < e^x < 1 + \varepsilon \Leftrightarrow |e^x - 1| < \varepsilon$.

进而由 $\lim\limits_{x \to a} e^x = \lim\limits_{x \to a} e^a e^{x-a} = e^a \lim\limits_{t \to 0} e^t = e^a$ 得 $e^x$ 处处连续.

其次,由 $a^x = e^{x \ln a}(a > 0)$ 及复合函数的连续性知 $a^x$ 在区间 $(-\infty, +\infty)$ 上连续.

**(3) 反三角函数与对数函数在各自的定义域上连续**

事实上,因为 $\sin x$ 在闭区间 $\left[-\dfrac{\pi}{2}, \dfrac{\pi}{2}\right]$ 上单调增且连续,由定理 3.25 知它的反函数 $\arcsin x$ 在闭区间 $[-1, 1]$ 上也是单调增且连续的;同样,$\arccos x$ 在闭区间 $[-1, 1]$ 上单调减且连续,$\arctan x$ 在区间 $(-\infty, +\infty)$ 内单调增且连续,$\operatorname{arccot} x$ 在区间 $(-\infty, +\infty)$ 内单调减且连续.

因 $a^x$ 在区间 $(-\infty, +\infty)$ 上单调且连续,所以它的反函数 $y = \log_a x (a > 0, a \neq 1)$ 在区间 $(0, +\infty)$ 上也连续.

**(4) 幂函数的连续性**

下面我们来证明,在 $(0, +\infty)$ 内幂函数连续. 事实上,设 $x > 0$,则 $y = x^\mu = a^{\mu \log_a x}$. 因此幂函数 $x^\mu$ 可看作是由 $y = a^u, u = \mu \log_a x$ 复合而成的,故它在 $(0, +\infty)$ 内连续. 如果对于 $\mu$ 取各种不同值加以分别讨论,可以证明幂函数在它的定义域内是连续的.

综上所述,**基本初等函数在它们的定义域内都是连续的**.

最后,由基本初等函数的连续性以及连续函数的运算性质可得下列重要结论:

**一切初等函数在其有定义的任何区间内都是连续的**.

复合函数的连续性定理表明:在 $f$ 连续的条件下,$\lim f(\varphi(x)) = f(\lim \varphi(x))$. 形式上此式代表符号"$\lim$"与"$f$"可以互换,意味着"**极限运算**"与"**函数运算**"可以交换. 因此,利用此式与初等函数的连续性,可以解决一系列极限计算问题.

**例 3.42** 求下列极限.

(1) $\lim\limits_{x \to 0} (1 + 3\tan^2 x)^{\cot x}$;  (2) $\lim\limits_{x \to 0} \dfrac{a^x - 1}{x}$ $(a > 0, a \neq 1)$;

(3) $\lim\limits_{x \to 0} \dfrac{(1+x)^\alpha - 1}{x}$ $(\alpha \neq 0)$.

**解** (1) $\lim\limits_{x\to 0}(1+3\tan^2 x)^{\cot x} = \lim\limits_{x\to 0}[(1+3\tan^2 x)^{\frac{1}{3\tan^2 x}}]^{3\tan x} = e^0 = 1.$

(2) 令 $a^x - 1 = t$，则 $x = \log_a(1+t)$，$x \to 0$ 时 $t \to 0$，于是

$$\lim_{x\to 0}\frac{a^x-1}{x} = \lim_{t\to 0}\frac{t}{\log_a(1+t)} = \ln a.$$

特殊地，$\lim\limits_{x\to 0}\dfrac{e^x-1}{x}=1.$

(3) $\lim\limits_{x\to 0}\dfrac{(1+x)^\alpha-1}{x} = \lim\limits_{x\to 0}\dfrac{e^{\alpha\ln(1+x)}-1}{x} = \lim\limits_{x\to 0}\dfrac{e^{\alpha\ln(1+x)}-1}{\alpha\ln(1+x)} \cdot \dfrac{\alpha\ln(1+x)}{x} = \alpha.$

此例给出三个经常用到的标准极限：

$$\lim_{x\to 0}\frac{\log_a(1+x)}{x}=\frac{1}{\ln a};\quad \lim_{x\to 0}\frac{a^x-1}{x}=\ln a;\quad \lim_{x\to 0}\frac{(1+x)^\alpha-1}{x}=\alpha.$$

它们也可等价地写为：

$$\log_a(1+x)\sim\frac{1}{\ln a}x;\quad a^x-1\sim x\ln a;\quad (1+x)^\alpha-1\sim\alpha x.\quad (x\to 0)$$

或

$$\log_a(1+x)=\frac{1}{\ln a}x+o(x);\quad a^x=1+x\ln a+o(x);$$

$$(1+x)^\alpha=1+\alpha x+o(x)\quad (x\to 0).$$

### 3.8.3 闭区间上连续函数的性质

定义在闭区间上的连续函数具有一系列重要的性质，它们是许多理论证明的基础，后面要多次用到。这些性质使得对连续函数的研究及应用比不连续函数的情形要简单得多，今以定理的形式叙述它们。

**定理 3.27(有界性定理)** 若 $f(x) \in C[a,b]$，则 $f(x)$ 在 $[a,b]$ 上必有界。

**证** 用反证法，假设 $f(x)$ 在 $[a,b]$ 上无界，则 $\forall n$，$\exists x_n \in [a,b]$，使得 $|f(x_n)| > n$。于是得到有界数列 $\{x_n\} \subset [a,b]$，对应的函数列 $\{f(x_n)\}: f(x_n) \to \infty \ (n\to\infty)$。

由致密性定理，$\{x_n\}$ 必含有收敛子列 $\{x_{n_k}\}$，设 $\lim\limits_{k\to\infty} x_{n_k} = x_0 \in [a,b]$。另一方面，因 $f(x)$ 在 $x_0$ 连续，再由函数极限与数列极限的关系得 $\lim\limits_{k\to\infty} f(x_{n_k}) = \lim\limits_{x\to x_0} f(x) = f(x_0)$，这与 $f(x_{n_k})\to\infty$ 矛盾。因此，假设 $f(x)$ 在 $[a,b]$ 上无界是错误的，定理得证。

**定理 3.28(最大值和最小值定理)** 若 $f(x) \in C[a,b]$，则 $f(x)$ 在 $[a,b]$ 上必有最大值和最小值。

**证** 由有界性定理知 $f(x)$ 在 $[a,b]$ 上有界。再由确界原理，数集 $R_f = \{f(x) |$

$a \leqslant x \leqslant b\}$ 有上确界 $\beta$ 和下确界 $\alpha$. 下面证明 $\alpha, \beta$ 均在值域 $R_f$ 之中.

假设 $\beta \notin R_f$, 则 $\forall x \in [a,b]$, 有 $f(x) < \beta$. 作函数 $\varphi(x) = \dfrac{1}{\beta - f(x)}$, 则 $\varphi(x) \in C[a,b]$, 故 $\varphi(x)$ 在 $[a,b]$ 上也有界, 设 $M > 0$ 是其上界, 则 $\beta - f(x) \geqslant \dfrac{1}{M}$, 从而 $f(x) \leqslant \beta - \dfrac{1}{M}$, 这与 $\beta$ 是数集 $R_f$ 的上确界矛盾, 因此 $\beta \in R_f$. 即 $\exists \xi_1 \in [a,b]$, 使 $f(\xi_1) = \beta = \sup R_f$.

同理可证, $\exists \xi_2 \in [a,b]$, 使 $f(\xi_2) = \alpha = \inf R_f$.

最大最小值定理表明, 若函数 $f(x)$ 在闭区间 $[a,b]$ 上连续, 则一定存在 $\xi_1, \xi_2 \in [a,b]$, 使 $f(\xi_1)$ 与 $f(\xi_2)$ 分别是 $f(x)$ 在 $[a,b]$ 上的最大值与最小值, 即 $f(\xi_1) = \max\{f(x) \mid a \leqslant x \leqslant b\}$, $f(\xi_2) = \min\{f(x) \mid a \leqslant x \leqslant b\}$.

**注意** 定理中"闭区间上的连续函数"这一条件十分重要. 例如, 函数 $f(x) = \dfrac{1}{x}$ 在开区间 $(0,1)$ 内是连续的, 但在开区间 $(0,1)$ 内无界, 且既无最大值又无最小值. 又如, 函数

$$g(x) = \begin{cases} -x+1, & 0 \leqslant x < 1, \\ 1, & x = 1, \\ -x+3, & 1 < x \leqslant 2 \end{cases}$$

在闭区间 $[0,2]$ 上无最大值, 是由于它有一个间断点 $x=1$ 所致. 另一方面, 尽管 $g(x)$ 在 $[0,1)$ 上连续, 但它在 $[0,1)$ 上无最小值(图 3.25).

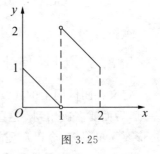

图 3.25

如果 $x_0$ 使 $f(x_0) = 0$, 则称 $x_0$ 为函数 $f(x)$ 的**零点**.

**定理 3.29(零点定理)** 若 $f(x) \in C[a,b]$, 且 $f(a) \cdot f(b) < 0$, 则 $f(x)$ 在开区间 $(a,b)$ 内至少有函数 $f(x)$ 的一个零点, 即至少有一点 $\xi \in (a,b)$, 使 $f(\xi) = 0$.

**证** 用反证法, 假设 $\forall x \in [a,b], f(x) \neq 0$.

因 $f(a) \cdot f(b) < 0$, 不妨设 $f(a) < 0, f(b) > 0$, 将区间 $[a,b]$ 二等分, 因 $f\left(\dfrac{a+b}{2}\right) \neq 0$, 故必有一个子区间为 $[a_1, b_1]$ 满足 $f(a_1) < 0, f(b_1) > 0$. 再将区间 $[a_1, b_1]$ 二等分, 同样其中有一个子区间 $[a_2, b_2]$ 满足 $f(a_2) < 0, f(b_2) > 0, \cdots$ 如此继续下去, 得到一列闭区间套 $\{[a_n, b_n]\}$, 它们满足

$$f(a_n) < 0, \quad f(b_n) > 0 \quad (n=1,2,\cdots)$$

由区间套定理, 必存在唯一的实数 $\xi \in [a_n, b_n] \subset [a,b]$, 使 $\lim_{n \to \infty} a_n = \lim_{n \to \infty} b_n = \xi$. 因 $f(x)$ 在 $\xi$ 点连续, 故

$$\lim_{n\to\infty} f(a_n) = \lim_{n\to\infty} f(b_n) = f(\xi),$$

再由保号性, $\lim_{n\to\infty} f(a_n) \leqslant 0$, $\lim_{n\to\infty} f(b_n) \geqslant 0$, 故 $f(\xi)=0$. 这与假设矛盾,故定理结论成立.

从几何上看,零点定理表示:如果连续曲线弧 $y=f(x)$ 的两个端点位于 $x$ 轴的不同侧,那么这段曲线弧与 $x$ 轴至少有一个交点(图 3.26).

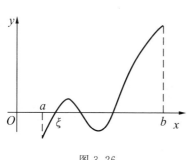

图 3.26

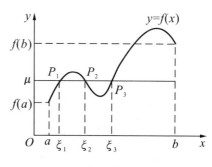

图 3.27

由定理 3.29 立即可推得下列较一般性的定理:

**定理 3.30(介值定理)** 若 $f(x) \in C[a,b]$,且 $f(a) \neq f(b)$,则对介于 $f(a)$ 与 $f(b)$ 之间的任何实数 $\mu$,至少存在一点 $\xi \in (a,b)$,使 $f(\xi)=\mu$.

**证** 不妨 $f(a) < f(b)$,于是 $f(a) < \mu < f(b)$. 作函数 $\varphi(x)=f(x)-\mu$,则 $\varphi(x) \in C[a,b]$,

$$\varphi(a)=f(a)-\mu<0, \varphi(b)=f(b)-\mu>0.$$

根据零点定理,存在 $\xi \in (a,b)$,使 $\varphi(\xi)=f(\xi)-\mu=0$,即 $f(\xi)=\mu$.

介值定理的几何意义是:连续曲线弧 $y=f(x)$ 与水平直线 $y=\mu$ 至少相交于一点(图 3.27).

**推论 3.5** 若 $f(x) \in C[a,b]$,则其值域也是一个闭区间.

**证** 设 $m=\min\limits_{[a,b]}\{f(x)\}=f(x_1), M=\max\limits_{[a,b]}\{f(x)\}=f(x_2), x_1, x_2 \in [a,b]$,而 $m \neq M$,在闭区间 $[x_1, x_2]$(或 $[x_2, x_1]$)上应用介值定理,即得上述结论.

此推论说明,闭区间上的连续函数必取得其最大值和最小值之间的任何数值.

**例 3.43** 证明:方程 $\dfrac{a_1}{x-\lambda_1}+\dfrac{a_2}{x-\lambda_2}+\dfrac{a_3}{x-\lambda_3}=0$(其中 $a_1, a_2, a_3 > 0$,且 $\lambda_1 < \lambda_2 < \lambda_3$)在区间 $(\lambda_1, \lambda_2)$、$(\lambda_2, \lambda_3)$ 内各有且仅有一根.

**证** 令

$$F(x)=\frac{a_1}{x-\lambda_1}+\frac{a_2}{x-\lambda_2}+\frac{a_3}{x-\lambda_3}$$

$$= \frac{a_1(x-\lambda_2)(x-\lambda_3)+a_2(x-\lambda_1)(x-\lambda_3)+a_3(x-\lambda_1)(x-\lambda_2)}{(x-\lambda_1)(x-\lambda_2)(x-\lambda_3)}$$

$$= \frac{f(x)}{(x-\lambda_1)(x-\lambda_2)(x-\lambda_3)}$$

其中 $f(x)=a_1(x-\lambda_2)(x-\lambda_3)+a_2(x-\lambda_1)(x-\lambda_3)+a_3(x-\lambda_1)(x-\lambda_2)$ 是一个二次多项式,必定连续. 从而在 $[\lambda_1,\lambda_2]$, $[\lambda_2,\lambda_3]$ 上连续. 又由于 $a_1,a_2,a_3>0,\lambda_1<\lambda_2<\lambda_3$,故有

$$f(\lambda_1) = a_1(\lambda_1-\lambda_2)(\lambda_1-\lambda_3) > 0,$$
$$f(\lambda_2) = a_2(\lambda_2-\lambda_1)(\lambda_2-\lambda_3) < 0,$$
$$f(\lambda_3) = a_3(\lambda_3-\lambda_1)(\lambda_3-\lambda_2) > 0.$$

再由零点定理知,$f(x)=0$ 在 $(\lambda_1,\lambda_2)$ 与 $(\lambda_2,\lambda_3)$ 内分别至少有一根.

又因为二次方程至多有两个实根,故 $f(x)=0$ 在 $(\lambda_1,\lambda_2)$ 与 $(\lambda_2,\lambda_3)$ 内各有一根且仅有一根,从而 $F(x)=0$,即 $\frac{a_1}{x-\lambda_1}+\frac{a_2}{x-\lambda_2}+\frac{a_3}{x-\lambda_3}=0$ 在 $(\lambda_1,\lambda_2)$ 和 $(\lambda_2,\lambda_3)$ 内各有且仅有一根.

**例 3.44** 设 $f(x)\in C[a,b],\alpha,\beta>0$. 证明存在 $\xi\in[a,b]$,使得
$$\alpha f(a)+\beta f(b)=(\alpha+\beta)f(\xi).$$

**证** 若 $f(a)=f(b)$,则 $\xi=a$.

若 $f(a)\neq f(b)$,不妨设 $f(a)<f(b)$,令 $\mu=\frac{\alpha f(a)+\beta f(b)}{\alpha+\beta}$,则 $f(a)<\mu<f(b)$. 根据介值定理,存在 $\xi\in(a,b)$,使 $f(\xi)=\mu$,即所要证等式成立.

**例 3.45** 设曲线 $C$ 与直线 $L$ 的方程分别为 $y=\sqrt{1-x^2}$ 与 $2x+3y=6$. 证明曲线 $C$ 上存在距离直线 $L$ 最近与最远的点.

**证** 由平面解析几何知,$C$ 上任一点 $(x,y)$ 到直线 $L$ 的距离为
$$d = \frac{|2x+3y-6|}{\sqrt{13}},$$

将 $y=\sqrt{1-x^2}$ 代入得
$$d(x) = \frac{|2x+3\sqrt{1-x^2}-6|}{\sqrt{13}} \quad (|x|\leqslant 1).$$

因 $d(x)\in C[-1,1]$,由最大值最小值定理知它在 $[-1,1]$ 上必有最大值与最小值,这表明曲线 $C$ 上存在距离直线 $L$ 最远与最近的点.

### 3.8.4 函数的一致连续性

在一些函数理论问题中,需要一种比连续性更强的概念,即函数的一致连续性.

先回忆函数在区间 $I$ 上连续的"$\varepsilon$-$\delta$"定义：$\forall \varepsilon > 0, \forall x_0 \in I, \exists \delta > 0$，当 $|x - x_0| < \delta$ 时，有 $|f(x) - f(x_0)| < \varepsilon$. 其中 $\delta$ 不仅与 $\varepsilon$ 有关，而且与 $x_0$ 有关（因此可记 $\delta$ 为 $\delta(\varepsilon, x_0)$）. 也就是说，即使 $\varepsilon$ 不变，当所讨论的点 $x_0$ 不同时，$\delta$ 也会随之改变.可是对于某些函数，却有这样一种重要情形：存在着只与 $\varepsilon$ 有关的 $\delta(\varepsilon) > 0$，使得上面的定义式仍成立. 如果函数 $f(x)$ 在区间 $I$ 上能使这种情形发生，就说函数 $f(x)$ 在区间 $I$ 上是一致连续的.

**定义 3.15** 设函数 $f(x)$ 在区间 $I$ 上有定义. 如果 $\forall \varepsilon > 0$，存在 $\delta(\varepsilon) > 0$，$\forall x_1, x_2 \in I$，当 $|x_1 - x_2| < \delta$ 时，有 $|f(x_1) - f(x_2)| < \varepsilon$，则称函数 $f(x)$ 在区间 $I$ 上是**一致连续**的.

一致连续性表示，不论在区间 $I$ 的任何部分，只要自变量的两个数值接近到一定程度，就可使对应的函数值达到所指定的接近程度.

**例 3.46** 证明函数 $f(x) = x + \sin x$ 在区间 $(-\infty, +\infty)$ 内一致连续.

**证** $\forall \varepsilon > 0$，当 $x_1, x_2 \in (-\infty, +\infty)$ 时取 $\delta = \dfrac{\varepsilon}{2}$，只要 $|x_1 - x_2| < \delta$ 时，恒有

$$|f(x_1) - f(x_2)| = |x_1 - x_2 + \sin x_1 - \sin x_2|$$

$$\leqslant |x_1 - x_2| + 2\left|\sin \frac{x_1 - x_2}{2}\right|\left|\cos \frac{x_1 + x_2}{2}\right|$$

$$\leqslant |x_1 - x_2| + 2\left|\frac{x_1 - x_2}{2}\right| = 2|x_1 - x_2| < \varepsilon,$$

即 $f(x) = x + \sin x$ 在 $(-\infty, +\infty)$ 内一致连续.

由定义 3.15 可知，如果函数 $f(x)$ 在区间 $I$ 上一致连续，那么 $f(x)$ 在区间 $I$ 上也是连续的. 但反过来不一定成立，举例说明如下：

**例 3.47** 函数 $f(x) = \dfrac{1}{x}$ 在区间 $(0, 1]$ 上连续，但不是一致连续的.

**证** 因为函数 $f(x) = \dfrac{1}{x}$ 是初等函数，它在区间 $(0, 1]$ 上有定义，所以在 $(0, 1]$ 上是连续的.

假定 $f(x) = \dfrac{1}{x}$ 在 $(0, 1]$ 上一致连续，$\forall \varepsilon > 0$（$0 < \varepsilon < 1$），应存在 $\delta > 0$，使得 $\forall x_1, x_2 \in (0, 1]$，当 $|x_1 - x_2| < \delta$ 时，恒有 $|f(x_1) - f(x_2)| < \varepsilon$.

取 $x_1 = \dfrac{1}{n}, x_2 = \dfrac{1}{n+1}$，$\forall \delta > 0$，当 $n$ 取得足够大时，有

$$|x_1 - x_2| = \left|\frac{1}{n} - \frac{1}{n+1}\right| = \frac{1}{n(n+1)} < \delta.$$

但 $|f(x_1) - f(x_2)| = |n - (n+1)| = 1 > \varepsilon$，得出矛盾，所以 $f(x) = \dfrac{1}{x}$ 在

$(0,1]$ 上不是一致连续的.

上例说明,在半开区间上连续的函数不一定在该区间一致连续. 下面的定理 3.31 表明,在闭区间上不会出现这种情况.

**定理 3.31(一致连续性定理)** 在闭区间 $[a,b]$ 上的连续函数 $f(x)$ 一定在该区间上一致连续.

此定理的证明超出本课程要求的范围,从略.

**例 3.48** 设 $f(x)\in C[a,b]$,证明:$\forall \varepsilon>0$,$\exists N>0$,当 $n>N$ 时,若 $x_i$ 是 $n$ 等分区间 $[a,b]$ 的分点(即 $a=x_0<x_1<\cdots<x_n=b$,$x_i-x_{i-1}=\dfrac{b-a}{n}$),则有 $|f(x_i)-f(x_{i-1})|<\varepsilon$ $(i=1,2,\cdots,n)$.

**证** 由定理 3.31,函数 $f(x)$ 在 $[a,b]$ 上一致连续. $\forall \varepsilon>0$,存在 $\delta>0$,当 $x_1$,$x_2\in[a,b]$,$|x_1-x_2|<\delta$ 时,有 $|f(x_1)-f(x_2)|<\varepsilon$. 令 $N=\left[\dfrac{b-a}{\delta}\right]$,则当 $n>N$ 时,分点 $x_i$ 满足:$|x_i-x_{i-1}|=\dfrac{b-a}{n}<\dfrac{b-a}{N}\leqslant\delta$,从而

$$|f(x_i)-f(x_{i-1})|<\varepsilon \quad (i=1,2,\cdots,n).$$

## 习题 3.8

### (A)

1. 单项选择题.

(1) 当 $x\to x_0$ 时,函数 $f(x)$ 在点 $x_0$ 处连续的充要条件是( ).

(A) $f(x)$ 是无穷小　　　　　(B) $f(x)$ 有界

(C) $f(x)=f(x_0)+\alpha(x)$,其中 $\alpha(x)\to 0 (x\to x_0)$

(D) $f(x)$ 在点 $x_0$ 处的左、右极限皆存在且相等

(2) 如果函数 $f(x)$ 在点 $x_0$ 处连续,则( ).

(A) $f(x)$ 在点 $x_0$ 的某一邻域内一定有界

(B) $f(x)$ 在点 $x_0$ 的任一邻域内一定有界

(C) $f(x)$ 在点 $x_0$ 的任一邻域内一定无界

(D) $f(x)$ 在 $x=x_0$ 处无定义

(3) 设函数 $f(x)$ 在 $x=x_0$ 处间断,则( ).

(A) $f(x)$ 在 $x=x_0$ 处一定没有定义

(B) 当 $f(x_0-0)$ 与 $f(x_0+0)$ 存在时,必有 $f(x_0-0)\neq f(x_0+0)$

(C) 当 $f(x_0)$,$f(x_0-0)$,$f(x_0+0)$ 都存在时,必有 $f(x_0-0)\neq f(x_0)$ 或 $f(x_0+0)\neq f(x_0)$

(D) 必有 $f(x) \to \infty \, (x \to x_0)$

(4) 设函数 $f(x)$ 在 $x=(1+x)^{1/x}$，那么 $x=0$ 时 $f(x)(\quad)$.

(A) 可去间断点　　　　　　　(B) 跳跃间断点

(C) 无穷间断点　　　　　　　(D) 震荡间断点

2. 设 $f(x) = \dfrac{e^x - b}{(x-a)(x-1)}$，确定 $a$、$b$ 的值，使 $x=0$ 为 $f(x)$ 的无穷间断点，使 $x=1$ 为 $f(x)$ 的可去间断点.

3. 设 $a>0$，且 $f(x) = \begin{cases} \dfrac{\cos x}{x+2}, & x \geq 0, \\ \dfrac{\sqrt{a} - \sqrt{a-x}}{x}, & x<0, \end{cases}$

(1) 当 $a$ 为何值时，$x=0$ 是 $f(x)$ 的连续点？

(2) 当 $a$ 为何值时，$x=0$ 是 $f(x)$ 的间断点？

(3) 当 $a=2$ 时，求 $f(x)$ 的连续区间.

4. 讨论函数 $f(x) = \begin{cases} \dfrac{x-\sqrt{x}}{\sqrt{x}}, & x>0, \\ 1-3e^{-x}, & x<0 \end{cases}$ 的连续性.

5. 已知 $f(x) = \begin{cases} \sin \dfrac{1}{x}, & x>0, \\ -\dfrac{\pi}{2}, & x=0, \\ \arctan \dfrac{1}{x}, & x<0, \end{cases}$ 证明：

(1) $f(x)$ 在 $x=0$ 处不连续；

(2) $f(x)$ 在 $x=0$ 处不连续，并指出 $x=0$ 是 $f(x)$ 的哪一类间断点.

6. 求下列极限.

(1) $\lim\limits_{x \to 0} \dfrac{\ln(1+2x)}{\sin 3x}$;　　　　(2) $\lim\limits_{x \to 0} \dfrac{\sqrt{1+2x} - 1}{\arcsin 3x}$;

(3) $\lim\limits_{x \to 1} \dfrac{x-1}{\ln x}$;　　　　　　(4) $\lim\limits_{x \to 1} \cos \dfrac{x^2 - 1}{x-1}$;

(5) $\lim\limits_{x \to a^+} \dfrac{\sqrt{x} - \sqrt{a}}{\sqrt{x^2 - a^2}}$　$(a>0)$;　(6) $\lim\limits_{x \to a} \dfrac{e^x - e^a}{x-a}$;

(7) $\lim\limits_{x \to 0} \dfrac{\sqrt{1+\tan x} - \sqrt{1+\sin x}}{e^{x^3} - 1}$;　(8) $\lim\limits_{x \to 0} \left[ \dfrac{\ln(\cos^2 x + \sqrt{1-x^2})}{e^x + \sin x} + (1+x)^x \right]$.

7. 证明下列方程在给定区间上至少有一个根.

(1) $x2^x = 1$ $(0 \leqslant x \leqslant 1)$;

(2) $x^3 + px + q = 0$ $(-\infty < x < +\infty)$;

(3) $x = a\sin x + b$ $(0 < x < a+b, a > 0, b > 0)$.

8. 设 $f(x) \in C[0,1]$, 且 $0 < f(x) < 1$. 求证: $\exists x_0 \in (0,1)$, 使得 $f(x_0) = x_0$.

9. 设 $f(x) \in C[0, 2a]$, 且 $f(0) = f(2a)$, 求证: 在 $[0, a]$ 上至少存在一个 $\xi$, 使得 $f(\xi) = f(\xi + a)$.

(B)

1. 讨论下列函数的连续性(若有间断点, 判别其类型), 并作出 $y = f(x)$ 的图形.

(1) $f(x) = \lim\limits_{n \to \infty} \dfrac{1}{1 + \cos^{2n} x}$;

(2) $f(x) = \lim\limits_{n \to \infty} \dfrac{1 - x^{2n}}{1 + x^{2n}} x$.

2. 若 $\lim\limits_{x \to x_0} u(x) = A$ $(A > 0)$, $\lim\limits_{x \to x_0} v(x) = B$. 证明 $\lim\limits_{x \to x_0} u(x)^{v(x)} = A^B$.

3. 用上一题的结论求下列极限.

(1) $\lim\limits_{x \to \infty} \left(\dfrac{2x^2 + 3}{2x^2 - 3}\right)^{x^2}$;

(2) $\lim\limits_{x \to +\infty} (\arctan x)^{\cos \frac{1}{x}}$;

(3) $\lim\limits_{x \to \infty} \left[\tan\left(\dfrac{\pi}{4} + \dfrac{1}{x}\right)\right]^x$.

4. 求证: 若 $f(x) \in C[a, b]$, $a < x_1 < x_2 < \cdots < x_n < b$, 则在 $[x_1, x_n]$ 上必有 $\xi$, 使
$$f(\xi) = \dfrac{f(x_1) + f(x_2) + \cdots + f(x_n)}{n}.$$
又若 $f(x) > 0$, 则存在 $c \in (a, b)$, 使 $f(c) = \sqrt[n]{f(x_1) f(x_2) \cdots f(x_n)}$.

5. 证明: 若 $f(x)$ 在 $(-\infty, +\infty)$ 内连续, 且 $\lim\limits_{x \to \infty} f(x)$ 存在, 则 $f(x)$ 必在 $(-\infty, +\infty)$ 内有界.

6. 设 $f(x) \in C(a, b)$, 且 $f(a+0)$ 与 $f(b-0)$ 都存在, 证明 $f(x)$ 在 $(a, b)$ 内一致连续.

7. 设 $f(x)$ 在 $[a, b]$ 上满足 Lipschitz 条件:
$$|f(x) - f(y)| \leqslant L|x - y| \quad (\forall x, y \in [a, b])$$
其中 $L$ 为常数. 证明 $f(x)$ 在 $[a, b]$ 上一致连续.

## 总习题 3

1. 在"充分""必要"和"充分必要"三者中选择一个正确的填入下列空格内:

(1) 数列 $\{x_n\}$ 有界是数列 $\{x_n\}$ 收敛的_____条件. 数列 $\{x_n\}$ 收敛是数列 $\{x_n\}$ 有界的_____条件.

(2) $f(x)$ 在 $x_0$ 的某一去心邻域内有界是 $\lim\limits_{x \to x_0} f(x)$ 存在的_____条件.

$\lim\limits_{x\to x_0} f(x)$ 存在是 $f(x)$ 在 $x_0$ 的某一去心邻域内有界的_____条件.

(3) $f(x)$ 在 $x_0$ 的某一去心邻域内无界是 $\lim\limits_{x\to x_0} f(x)=\infty$ 的_____条件. $\lim\limits_{x\to x_0} f(x)=\infty$ 是 $f(x)$ 在 $x_0$ 的某一去心邻域内无界的_____条件.

(4) $f(x)$ 当 $x\to x_0$ 时的右极限 $f(x_0+0)$ 及左极限 $f(x_0-0)$ 都存在且相等是 $\lim\limits_{x\to x_0} f(x)$ 存在的_____条件.

2.填空题.

(1) 设 $\lim\limits_{x\to\infty}(\dfrac{x+2a}{x-a})^x=8$,则 $a=$_____;

(2) 设 $f(x)=\dfrac{1}{x}\ln(1-x)$,欲使 $f(x)$ 在 $x=0$ 处连续,应该补充定义 $f(0)=$_____;

(3) 若 $x\to 0$ 时,$(1+\alpha x^2)^{\frac{1}{3}}-1$ 与 $\cos x-1$ 是等价无穷小,则 $\alpha=$_____;

(4) 设 $f(x)=\begin{cases} e^{\frac{1}{x}}+\dfrac{1}{2}, & x<0, \\ k, & x=0, \\ \dfrac{1}{a}+x\sin\dfrac{1}{x}, & x>0 \end{cases}$ 在 $(-\infty,+\infty)$ 内连续,则 $k=$_____,$a=$_____;

(5) 若 $x\to 0$ 时,$\alpha(x)=kx^2$ 与 $\beta(x)=\sqrt{1+x\arcsin x}-\sqrt{\cos x}$ 是等价无穷小,则 $k=$_____.

3.单项选择题.

(1) 下列命题正确的是( ).

(A) 如果数列 $\{x_n\}$ 收敛,$\{b_n\}$ 发散,则 $\{a_n b_n\}$ 一定发散

(B) 如果数列 $\{x_n\}$ 发散,$\{b_n\}$ 发散,则 $\{a_n b_n\}$ 一定发散

(C) 如果 $f(x)$ 与 $g(x)$ 在区间 $(a,b)$ 内都无界,则 $f(x)g(x)$ 在 $(a,b)$ 内也无界

(D) $\lim\limits_{x\to+\infty} f(x)=a$,则 $f(x)$ 在 $(-\infty,+\infty)$ 内不一定有界

(2) 若 $f(x)>\varphi(x)$,且 $\lim\limits_{x\to a} f(x)=A$,$\lim\limits_{x\to a}\varphi(x)=B$,则必有( ).

(A) $A>B$      (B) $A\geqslant B$      (C) $|A|>|B|$      (D) $|A|\geqslant|B|$

(3) 设 $y=\sin\dfrac{1}{x}\sin x$,则当 $x\to 0$ 时,$y$ 是( ).

(A) 无穷大量      (B) 无穷小量

(C) 有界但非无穷小量      (D) 无界但非无穷大量

(4) 下面函数中,在给定趋势下是无界变量且为无穷大的函数是( ).

(A) $y = x\sin\dfrac{1}{x}(x \to +\infty)$ \qquad (B) $y = n^{(-1)^n}(n \to \infty)$

(C) $y = \lg x(x \to +0)$ \qquad (D) $y = \dfrac{1}{x}\cos\dfrac{1}{x}(x \to 0)$

(5) 设函数 $f(x) = \dfrac{1}{e^{\frac{x}{x-1}} - 1}$，则（　　）.

(A) $x = 0, x = 1$ 都是 $f(x)$ 的第一类间断点

(B) $x = 0, x = 1$ 都是 $f(x)$ 的第二类间断点

(C) $x = 0$ 是 $f(x)$ 的第一类间断点，$x = 1$ 是 $f(x)$ 的第二类间断点

(D) $x = 0$ 是 $f(x)$ 的第二类间断点，$x = 1$ 是 $f(x)$ 的第一类间断点

(6) 函数 $y = \dfrac{1}{\ln(x-1)}$ 的连续区间是（　　）.

(A) $[1,2) \cup (2,+\infty)$ \qquad (B) $(1,2) \cup (2,+\infty)$

(C) $(1,+\infty)$ \qquad (D) $[1,+\infty)$

(7) 下列命题正确的是（　　）.

(A) 定义在 $(-\infty,+\infty)$ 上的一切偶函数在 $x = 0$ 处一定连续

(B) $f(x), g(x)$ 在点 $x_0$ 处都不连续，则 $f(x)g(x)$ 在 $x_0$ 处也一定不连续

(C) 定义在 $(-\infty,+\infty)$ 的一切奇函数在 $x = 0$ 处不一定连续

(D) $f(x), g(x)$ 在 $x_0$ 处都不连续，则 $f(x) + g(x)$ 在 $x_0$ 处一定不连续

(8) 设 $f(x) = \begin{cases} x+1, & 0 \leqslant x < 1, \\ 0, & 1 \leqslant x \leqslant 2, \end{cases}$ 则下列命题中错误的是（　　）.

(A) $f(x)$ 在 $[0,2]$ 上有界 \qquad (B) $f(x)$ 在 $[0,2]$ 上不连续

(C) $f(x)$ 在 $[0,2]$ 上有最大值和最小值 \qquad (D) $f(x)$ 在 $[0,2]$ 上连续

4. 求下列函数的定义域.

(1) $y = \sqrt{\lg\left(\dfrac{5x - x^2}{4}\right)} + \arccos 2^{-x}$; \qquad (2) $y = \begin{cases} \dfrac{1}{x-1}, & x < 0, \\ \dfrac{1}{x}, & 0 < x < 1, \\ 2, & 1 \leqslant x \leqslant 2. \end{cases}$

5. 求下列函数的表达式.

(1) 设 $f\left(x + \dfrac{1}{x}\right) = x^2 + \dfrac{1}{x^2}$，求 $f(x), f(\sin x)$;

(2) 已知函数 $f(x) = e^x, f[g(x)] = 1 - x$，且 $g(x) \geqslant 0$，求 $g(x)$;

(3) 设函数 $f(x) = \begin{cases} 0, & x \leqslant 0, \\ x, & x > 0; \end{cases}$ $g(x) = \begin{cases} 0, & x \leqslant 0, \\ -x^2, & x > 0, \end{cases}$ 求 $f[f(x)], f[g$

$(x)$].

6. 求下列极限.

(1) $\lim\limits_{x\to\sqrt{3}}\dfrac{x^2-3}{x^2+1}$ ;

(2) $\lim\limits_{n\to\infty}2^n\sin\dfrac{x}{2^n}$ ;

(3) $\lim\limits_{x\to 0}\dfrac{\sqrt{1+\tan x}-\sqrt{1+\sin x}}{x^3}$ ;

(4) $\lim\limits_{x\to a}\dfrac{\tan x-\tan a}{x-a}$ ;

(5) $\lim\limits_{n\to\infty}\dfrac{n^x-n^{-x}}{n^x+n^{-x}}$ ;

(6) $\lim\limits_{x\to 0^-}\dfrac{e^{\alpha x}-e^{\beta x}}{\sin\alpha x-\sin\beta x}$ ;

(7) $\lim\limits_{n\to\infty}(1+x)(1+x^2)\cdots(1+x^{2^n})$ ;

(8) $\lim\limits_{x\to\frac{\pi}{2}}\dfrac{\cos x}{x-\dfrac{\pi}{2}}$ ;

(9) $\lim\limits_{n\to\infty}a^n\sin\dfrac{t}{a^n}$  $(t\neq 0, a\neq 0)$ ;

(10) $\lim\limits_{x\to 0}\dfrac{|x|}{\sqrt{a+x}-\sqrt{a-x}}$  $(a>0)$ ;

(11) $\lim\limits_{x\to 0}\left(\dfrac{2+e^{\frac{1}{x}}}{1+e^{\frac{4}{x}}}+\dfrac{\sin x}{|x|}\right)$ ;

(12) $\lim\limits_{x\to\infty}\left(\dfrac{3x+2}{3x-1}\right)^{2x-1}$ ;

(13) $\lim\limits_{x\to+\infty}\left(\dfrac{ax+b}{ax+c}\right)^x$  $(a\neq 0, b\neq c)$ ;

(14) $\lim\limits_{x\to+\infty}t\left(1+\dfrac{1}{x}\right)^{2tx}$ ;

(15) $\lim\limits_{x\to 1}(2-x)^{\sec\frac{\pi}{2}x}$ ;

(16) $\lim\limits_{x\to 0}(\cos x)^{\sin^{-2}\frac{x}{2}}$ ;

(17) $\lim\limits_{x\to 0}\dfrac{e^{x^3}-1}{\sin^3 2x}$ ;

(18) $\lim\limits_{x\to 0}\dfrac{\left(1-\dfrac{1}{\sqrt{1-x^2}}\right)}{(\arcsin x)^2}$ ;

(19) $\lim\limits_{x\to 0}\dfrac{x^2}{\sqrt{1+x\sin 3x}-\sqrt{\cos 4x}}$ ;

(20) $\lim\limits_{n\to\infty}\dfrac{\ln(3^n+1)-\ln 3^n}{\ln(2^n+1)-\ln 2^n}$.

7. 证明下列结论.

(1) 设 $f(x)=\dfrac{1+x^2}{1+x^4}$ , 则 $f(x)$ 在 $(-\infty,+\infty)$ 上是有界函数.

(2) 设 $f(x)$ 当 $x\neq 0$ 时满足关系式 $2f(x)+f\left(\dfrac{1}{x}\right)=\dfrac{a}{x}$ , $a$ 为常数, 则 $f(x)$ 是奇函数.

8. 根据极限的 "$\varepsilon$-$N$" 定义, 证明 $\lim\limits_{n\to\infty}\sqrt[n]{n}=1$.

9. 证明下列数列的极限 $\lim\limits_{n\to\infty}x_n$ 存在, 并求其值.

(1) $a>0, 0<x_1<\dfrac{1}{a}, x_{n+1}=x_n(2-ax_n)$  $(n=1,2,\cdots)$ ;

(2) 设数列 $\{x_n\}$ 满足 $0<x_1<\pi, x_{n+1}=\sin x_n$  $(n=1,2,\cdots)$.

10. 设 $a>0$ , 且 $\lim\limits_{x\to+\infty}\left(\sqrt{ax^2+2bx+c}-\alpha x-\beta\right)=0$.

(1) 求 $\alpha, \beta$;

(2) 证明: $\lim\limits_{x \to +\infty} x(\sqrt{ax^2+2bx+c} - \alpha x - \beta) = \dfrac{ac-b^2}{2a^{\frac{3}{2}}}$.

11. 设 $\lim\limits_{x \to 0} \dfrac{\ln\left(1+\dfrac{f(x)}{\sin x}\right)}{a^x - 1} = A (a>0, a \neq 1)$, 求 $\lim\limits_{x \to 0} \dfrac{f(x)}{x^2}$.

12. 求下列函数的表达式, 并研究它们的连续性(若有间断点, 指出它们的类型):

(1) $f(x) = \lim\limits_{t \to +\infty} \dfrac{x + e^{tx}}{1 + e^{tx}}$;  (2) $f(x) = \lim\limits_{t \to x} \left(\dfrac{\sin t}{\sin x}\right)^{\frac{x}{\sin t - \sin x}}$;

(3) $f(x) = \lim\limits_{n \to \infty} \sqrt[n]{1 + x^{2n}}$.

13. 设 $f(x)$ 在区间 $[a, +\infty)$ 上连续, 且 $\lim\limits_{x \to +\infty} f(x) = A$ ($A$ 为实数), 则 $f(x)$ 在 $[a, +\infty)$ 上一致连续.

14. 证明下列方程在指定区间内有根.

(1) 试证方程 $x = \cos x$ 在 $\left(0, \dfrac{\pi}{2}\right)$ 内至少存在一个实根;

(2) 方程 $\dfrac{a}{x-h} + \dfrac{b}{x-m} + \dfrac{c}{x-n} = 0$ 在 $(h, m)$ 与 $(m, n)$ 内各有且仅有一个根 ($a>0, b>0, c>0, h<m<n$).

15. 设 $x=a$ 与 $x=b$ 是函数 $f(x)$ 的两个相邻的零点, 且 $f(x)$ 在 $[a,b]$ 上连续, 证明: 若已知有 $c \in (a,b)$ 使 $f(c)>0$, 则 $f(x)$ 在 $(a,b)$ 内恒正.

16. 设函数 $f(x)$ 在 $(a,b)$ 内连续, $a<x_1<x_2<b$, 证明对任意两个正数 $t_1, t_2$, 必存在 $c \in (a,b)$, 使 $t_1 f(x_1) + t_2 f(x_2) = (t_1 + t_2) f(c)$.

17. 设函数 $f(x)$ 在 $[a, +\infty)$ 上连续取正值, 且 $\lim\limits_{x \to +\infty} f(x) = 0$, 证明 $f(x)$ 在 $[a, +\infty)$ 上有最大值 [即存在一点 $x_0 \in [a, +\infty)$, 使对一切 $x \in [a, +\infty)$, 均有 $f(x_0) \geqslant f(x)$].

# 第 4 章　导数与微分

在我们研究变量时,经常遇到以下问题:①求给定函数 $y$ 相对于自变量 $x$ 的变化率,研究这类问题的工具就是函数的导数;②当自变量发生微小变化时,求函数的改变量的近似值,研究这类问题的工具就是函数的微分.导数与微分是微分学的核心内容.本章以极限概念为基础,引进导数与微分的定义,介绍它们的计算方法.

## 4.1　导数概念

### 4.1.1　切线问题与速度问题

导数的思想最初是由法国数学家 Fermat 在研究曲线的切线以及求函数极值问题时引入的,后来英国科学家 Newton 和德国数学家 Leibniz 等从不同的角度开始系统地研究导数与微分.

与导数概念直接相联系的是两个实际问题的求解:①已知平面曲线求它的切线;②已知质点的运动规律求瞬时速度.

**1. 平面曲线的切线**

给定一条平面曲线 $C:y=f(x)$,$M(x_0,y_0)$ 表示曲线上的一定点,求曲线 $C$ 在点 $M$ 处的切线.

先给出切线的定义:设有曲线 $C$ 及 $C$ 上的一点 $M$(图 4.1),在点 $M$ 外另取 $C$ 上一点 $N$,做割线 $MN$.当点 $N$ 沿曲线 $C$ 趋于点 $M$ 时,如果割线 $MN$ 绕点 $M$ 旋转而趋于极限位置 $MT$,直线 $MT$ 就称为曲线 $C$ 在点 $M$ 处的**切线**.

下面来讨论切线问题:设 $N(x,f(x))$ 表示曲线 $y=f(x)$ 上一动点.曲线上过 $M$ 与 $N$ 两点的割线的斜率为

$$\frac{f(x)-f(x_0)}{x-x_0}.$$

由图 4.2 知

$$\frac{f(x)-f(x_0)}{x-x_0}=\tan\alpha.$$

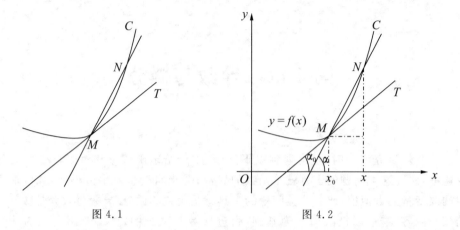

图 4.1  图 4.2

当点 $N$ 沿曲线 $C$ 趋向点 $M$ 时,$x \to x_0$. 若当 $x \to x_0$ 时,割线斜率的极限存在,记为 $k$,这里 $k = \tan\alpha_0$ 即为切线的斜率. 即

$$k = \lim_{x \to x_0} \frac{f(x) - f(x_0)}{x - x_0}.$$

若记 $\Delta x = x - x_0$,$\Delta y = f(x) - f(x_0) = f(x_0 + \Delta x) - f(x_0)$,因 $x \to x_0$ 相当于 $\Delta x \to 0$. 故切线斜率也可以写成 $k = \lim_{\Delta x \to 0} \frac{\Delta y}{\Delta x}$ 或

$$k = \lim_{\Delta x \to 0} \frac{f(x_0 + \Delta x) - f(x_0)}{\Delta x}. \tag{4.1}$$

这表明割线 $\overline{MN}$ 的极限位置就是过点 $M$,并以 $\tan\alpha_0$ 为斜率的直线 $MT$. 根据切线的定义,$MT$ 就是曲线 $y = f(x)$ 在点 $P_0$ 的切线.

**2. 非匀速直线运动的瞬时速度**

设一质点作直线运动,它所经过的路程 $s$ 是时间 $t$ 的函数:$s = s(t)$. 求质点在某一时刻 $t_0$ 的瞬时速度(记为 $v(t_0)$).

首先,当时间 $t$ 从 $t_0$ 变化到 $t_0 + \Delta t$ 时,时间的间隔为 $\Delta t$,而这段时间内物体经过的位移为

$$\Delta s = s(t_0 + \Delta t) - s(t_0),$$

于是,质点在时间间隔 $\Delta t$ 内运动的平均速度是

$$\frac{\Delta s}{\Delta t} = \frac{s(t_0 + \Delta t) - s(t_0)}{\Delta t}. \tag{4.2}$$

显然,当时间间隔 $\Delta t$ 很小时,速度的变化也不大,式(4.2)可以看成质点在时刻 $t_0$ 的瞬时速度的近似值. 因此当 $\Delta t \to 0$ 时,我们所要求的瞬时速度 $v(t_0)$ 就是式(4.2)的极限

$$v(t_0) = \lim_{\Delta t \to 0} \frac{\Delta s}{\Delta t} = \lim_{\Delta t \to 0} \frac{s(t_0 + \Delta t) - s(t_0)}{\Delta t}. \tag{4.3}$$

只要上式的极限存在,求瞬时速度就归结为计算式(4.2)的极限. 从数学上看,极限(4.1)与极限(4.3)显然属于同一类型.

### 4.1.2 导数的定义

由于切线问题、速度问题以及其他许多问题都可以归结为形如 $\lim\limits_{\Delta x \to 0} \frac{f(x_0 + \Delta x) - f(x_0)}{\Delta x}$ 的数学形式,我们有必要撇开这些量的具体意义,抓住它们在数量关系上的共性,对此类极限作系统的分析,就得出函数的导数概念.

**定义 4.1(导数)** 设函数 $y = f(x)$ 在点 $x_0$ 的某个邻域内有定义,任给非零实数 $\Delta x$,当 $x_0 + \Delta x$ 仍在该邻域内时,相应地有 $\Delta y = f(x_0 + \Delta x) - f(x_0)$. 如果当 $\Delta x \to 0$ 时,比值 $\frac{\Delta y}{\Delta x}$ 的极限存在,则称函数 $y = f(x)$ 在点 $x_0$ 处**可导**,并称这个极限为函数 $y = f(x)$ 在点 $x_0$ 处的**导数**,记为 $f'(x_0)$. 即

$$f'(x_0) = \lim_{\Delta x \to 0} \frac{\Delta y}{\Delta x} = \lim_{\Delta x \to 0} \frac{f(x_0 + \Delta x) - f(x_0)}{\Delta x}. \tag{4.4}$$

也可记作 $y'(x_0)$, $y'|_{x=x_0}$, $\frac{\mathrm{d}y}{\mathrm{d}x}|_{x=x_0}$ 或 $\frac{\mathrm{d}f(x)}{\mathrm{d}x}|_{x=x_0}$.

函数 $f(x)$ 在点 $x_0$ 处可导有时也说成 $f(x)$ 在点 $x_0$ 具有导数或导数存在.

导数的定义式(4.4)也可以取不同的形式,常见的有

$$f'(x_0) = \lim_{h \to 0} \frac{f(x_0 + h) - f(x_0)}{h}, \tag{4.5}$$

$$f'(x_0) = \lim_{x \to x_0} \frac{f(x) - f(x_0)}{x - x_0}. \tag{4.6}$$

若极限 $\lim\limits_{\Delta x \to 0} \frac{\Delta y}{\Delta x}$ 不存在,就说函数 $y = f(x)$ 在点 $x_0$ 处**不可导**. 如果不可导的原因是由于 $\lim\limits_{\Delta x \to 0} \frac{\Delta y}{\Delta x} = \infty$,为了方便起见,也往往说函数 $y = f(x)$ 在点 $x_0$ 处的导数为无穷大.

若函数 $y = f(x)$ 在开区间 $I$ 内的每一点都可导,就称函数 $f(x)$ 在开区间 $I$ 内可导. 这时,对于任一 $x \in I$,都对应着 $f(x)$ 的一个确定的导数值,这样就构成了一个新的函数 $f'(x)$,称为 $f(x)$ 的导函数,通常简称为导数,记作 $y'$, $\frac{\mathrm{d}y}{\mathrm{d}x}$ 或 $\frac{\mathrm{d}f(x)}{\mathrm{d}x}$.

在式(4.4)或式(4.5)中把 $x_0$ 换成 $x$,即得导函数的定义式

$$y' = \lim_{\Delta x \to 0} \frac{f(x + \Delta x) - f(x)}{\Delta x},$$

或
$$f'(x) = \lim_{h \to 0} \frac{f(x+h) - f(x)}{h}.$$

**注意** 在以上两式的极限过程中，$x$ 是常量，$\Delta x$ 或 $h$ 是变量.

显然，函数 $f(x)$ 在点 $x_0$ 处的导数 $f'(x_0)$ 就是导函数 $f'(x)$ 在点 $x = x_0$ 处的函数值，即
$$f'(x_0) = f'(x)|_{x=x_0}.$$

下面用导数定义来求一些简单函数的导数.

**例 4.1** 求常函数 $f(x) = C$（$C$ 为常数）的导数.

**解**
$$f'(x) = \lim_{h \to 0} \frac{f(x+h) - f(x)}{h} = \lim_{h \to 0} \frac{C - C}{h} = 0,$$
即 $(C)' = 0$. 这就是说，常数的导数等于零.

**例 4.2** 设 $f(x) = x^n$ ($n \in N^+$)，求 $f'(x)$.

**解** 因为
$$f'(a) = \lim_{x \to a} \frac{f(x) - f(a)}{x - a} = \lim_{x \to a} \frac{x^n - a^n}{x - a}$$
$$= \lim_{x \to a}(x^{n-1} + ax^{n-2} + \cdots + a^{n-1}) = na^{n-1}.$$

把以上结果中的 $a$ 换成 $x$ 得 $f'(x) = nx^{n-1}$，即
$$(x^n)' = nx^{n-1}.$$

特别地，$x' = 1$.

**例 4.3** 求函数 $f(x) = \sin x$ 的导数.

**解**
$$f'(x) = \lim_{h \to 0} \frac{f(x+h) - f(x)}{h}$$
$$= \lim_{h \to 0} \frac{\sin(x+h) - \sin x}{h}$$
$$= \lim_{h \to 0} \frac{1}{h} \cdot 2\cos\left(x + \frac{h}{2}\right)\sin\frac{h}{2}$$
$$= \lim_{h \to 0} \cos\left(x + \frac{h}{2}\right) \cdot \frac{\sin\frac{h}{2}}{\frac{h}{2}} = \cos x.$$

即
$$(\sin x)' = \cos x.$$

用类似的方法，可求得

$$(\cos x)' = -\sin x.$$

**例 4.4** 求指数函数 $a^x$ 与对数函数 $\log_a x$ ($a>0, a\neq 1$) 的导数.

**解** (1) 令 $f(x) = a^x$,则

$$f'(x) = \lim_{h\to 0}\frac{f(x+h)-f(x)}{h} = \lim_{h\to 0}\frac{a^{x+h}-a^x}{h}$$

$$= a^x \lim_{h\to 0}\frac{a^h-1}{h} = a^x \ln a.$$

此处用到例 3.42 的结论:当 $h\to 0$ 时, $a^h - 1 \sim h\ln a$. 即

$$(a^x)' = a^x \ln a.$$

特别地,当 $a = e$ 时,有

$$(e^x)' = e^x.$$

(2) 令 $f(x) = \log_a x$,则

$$f'(x) = \lim_{h\to 0}\frac{f(x+h)-f(x)}{h} = \lim_{h\to 0}\frac{\log_a(x+h)-\log_a x}{h}$$

$$= \lim_{h\to 0}\frac{\log_a \frac{x+h}{x}}{h} = \lim_{h\to 0}\frac{1}{x}\cdot\frac{x}{h}\log_a\left(1+\frac{h}{x}\right)$$

$$= \frac{1}{x}\lim_{h\to 0}\frac{\log_a\left(1+\frac{h}{x}\right)}{\frac{h}{x}} = \frac{1}{x\ln a}.$$

此处用到例 3.42 的结论:当 $h\to 0$ 时, $\log_a\left(1+\frac{h}{x}\right) \sim \frac{1}{\ln a}\frac{h}{x}$. 即

$$(\log_a x)' = \frac{1}{x\ln a}.$$

特别地,对以 e 为底的自然对数,有

$$(\ln x)' = \frac{1}{x}.$$

**例 4.5** 讨论函数 $f(x) = |x|$ 在 $x=0$ 处的导数.

**解**

$$\lim_{h\to 0}\frac{f(0+h)-f(0)}{h} = \lim_{h\to 0}\frac{|h|-0}{h} = \lim_{h\to 0}\frac{|h|}{h},$$

当 $h<0$ 时, $\frac{|h|}{h} = -1$,故 $\lim_{h\to 0^-}\frac{|h|}{h} = -1$;当 $h>0$ 时, $\frac{|h|}{h} = 1$,故 $\lim_{h\to 0^+}\frac{|h|}{h} = 1$.

所以, $\lim_{h\to 0}\frac{f(0+h)-f(0)}{h}$ 不存在,即函数 $f(x) = |x|$ 在 $x=0$ 处不可导.

### 4.1.3 导数的几何意义

由前面切线问题的讨论以及导数的定义可知:函数 $y=f(x)$ 在点 $x_0$ 处的导数 $f'(x_0)$ 在几何上表示曲线 $y=f(x)$ 在点 $M(x_0,y_0)$ 处切线的斜率,即

$$f'(x_0)=\tan\alpha_0.$$

其中 $\alpha_0$ 是切线的倾角(图 4.1).

如果 $y=f(x)$ 在点 $x_0$ 处导数为无穷大,这时曲线 $y=f(x)$ 在点 $M(x_0,y_0)$ 处具有垂直于 $x$ 轴的切线 $x=x_0$.

根据导数的几何意义并应用直线的点斜式方程,可知曲线 $y=f(x)$ 在点 $M(x_0,y_0)$ 处的切线方程为

$$y-y_0=f'(x_0)(x-x_0).$$

过切点 $M(x_0,y_0)$ 且与切线垂直的直线叫做曲线 $y=f(x)$ 在该点处的法线. 如果 $f'(x_0)\neq 0$,法线的斜率为 $-\dfrac{1}{f'(x_0)}$,从而法线方程为

$$y-y_0=-\frac{1}{f'(x_0)}(x-x_0).$$

**例 4.6** 求曲线 $y=x^2$ 在点 $(2,4)$ 处的切线方程和法线方程.

**解** 根据导数的几何意义可知,曲线 $y=x^2$ 在点 $(2,4)$ 处的切线斜率为

$$k_1=y'|_{x=2}.$$

由于 $y'=(x^2)'=2x$,于是

$$k_1=y'|_{x=2}=2x|_{x=2}=4.$$

从而所求切线方程为

$$y-4=4(x-2),$$

即

$$4x-y-4=0.$$

所求法线的斜率为

$$k_2=-\frac{1}{k_1}=-\frac{1}{4},$$

于是所求法线方程为

$$y-4=-\frac{1}{4}(x-2),$$

即

$$x+4y-18=0.$$

**例 4.7** 求曲线 $y=x^{\frac{3}{2}}$ 通过点 $(0,-4)$ 的切线方程.

**解** 注意到点 $(0,-4)$ 不在曲线上,故而该点不是切点. 设切点为 $(x_0,y_0)$

($x_0 \neq 0$),则切线的斜率为

$$k_1 = y'\big|_{x=x_0} = \frac{3}{2}\sqrt{x}\,\Big|_{x=x_0} = \frac{3}{2}\sqrt{x_0},$$

于是所求切线方程可设为

$$y - y_0 = \frac{3}{2}\sqrt{x_0}(x - x_0).$$

由于切点$(x_0, y_0)$在曲线$y = x^{\frac{3}{2}}$上,故有

$$y_0 = x_0^{\frac{3}{2}},$$

又因为切线通过点$(0, -4)$,故

$$-4 - x_0^{\frac{3}{2}} = \frac{3}{2}\sqrt{x_0}(0 - x_0),$$

解得 $x_0 = 4, y_0 = 8$.

所求的切线方程为

$$y - 8 = \frac{3}{2}\sqrt{4}(x - 4),$$

化简,得

$$3x - y - 4 = 0.$$

### 4.1.4 函数可导性与连续性的关系

设函数$y = f(x)$在点$x_0$处可导,即$\lim\limits_{\Delta x \to 0}\dfrac{\Delta y}{\Delta x} = f'(x_0)$存在. 由具有极限的函数与无穷小的关系知道

$$\frac{\Delta y}{\Delta x} = f'(x_0) + \alpha,$$

其中$\alpha$为当$\Delta x \to 0$时的无穷小,上式两边同乘以$\Delta x$,得

$$\Delta y = f'(x_0)\Delta x + \alpha\,\Delta x.$$

由此可见,当$\Delta x \to 0$时,$\Delta y \to 0$. 这表明函数$f(x)$在点$x_0$处是连续的.

从而,若函数$f(x)$在点$x_0$可导,则$f(x)$在$x_0$连续.

反之,函数在其连续点却不一定可导. 举例说明如下:

**例 4.8** 函数$f(x) = \sqrt[3]{x}$在区间$(-\infty, +\infty)$内连续,但在点$x = 0$处不可导.

事实上,因初等函数在其定义域内连续,所以$\sqrt[3]{x}$在区间$(-\infty, +\infty)$内连续. 在点$x = 0$处

$$\frac{f(0 + \Delta x) - f(0)}{\Delta x} = \frac{\sqrt[3]{\Delta x} - 0}{\Delta x} = \frac{1}{\Delta x^{\frac{2}{3}}},$$

因而
$$\lim_{\Delta x \to 0} \frac{f(0+\Delta x)-f(0)}{\Delta x} = \lim_{\Delta x \to 0} \frac{1}{\Delta x^{\frac{2}{3}}} = +\infty,$$

即导数为无穷大(注意,导数不存在),在图形中表现为曲线 $y=\sqrt[3]{x}$ 在原点 $O$ 具有垂直于 $x$ 轴的切线 $x=0$(图 4.3).

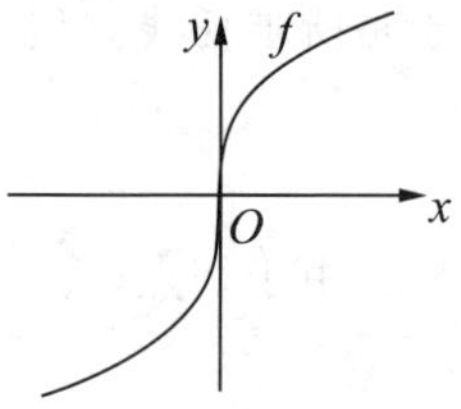

由以上讨论可知,函数在某点连续是函数在该点可导的必要条件,但不是充分条件.

图 4.3

### 4.1.5 单侧导数

根据定义,导数 $f'(x_0) = \lim\limits_{h \to 0} \dfrac{f(x_0+h)-f(x_0)}{h}$ 是一个极限,而极限存在的充分必要条件是左、右极限都存在且相等,因此 $f(x)$ 在 $x=x_0$ 处可导的充分必要条件是左、右极限

$$\lim_{h \to 0^-} \frac{f(x_0+h)-f(x_0)}{h} \text{ 及 } \lim_{h \to 0^+} \frac{f(x_0+h)-f(x_0)}{h}$$

都存在且相等. 这两个极限分别称为函数 $f(x)$ 在点 $x_0$ 处的**左导数**和**右导数**,记作

$$f'_-(x_0) = \lim_{h \to 0^-} \frac{f(x_0+h)-f(x_0)}{h} \text{ 与 } f'_+(x_0) = \lim_{h \to 0^+} \frac{f(x_0+h)-f(x_0)}{h}$$

左导数和右导数统称为**单侧导数**. 利用极限与左、右极限的关系可得下面的结论.

函数 $f(x)$ 在点 $x_0$ 处可导的充分必要条件是:左导数 $f'_-(x_0)$ 和右导数 $f'_+(x_0)$ 都存在且相等.

例如:函数 $f(x)=|x|$ 在 $x=0$ 处的左导数 $f'_-(0)=-1$ 及右导数 $f'_+(0)=1$ 虽然存在,但不相等,故 $f(x)=|x|$ 在 $x=0$ 处不可导.

如果函数 $f(x)$ 在开区间 $(a,b)$ 内可导,且 $f'_+(a)$ 及 $f'_-(b)$ 都存在,那么我们就称函数 $f(x)$ 在闭区间 $[a,b]$ 上可导.

**例 4.9** 讨论下列函数在 $x=0$ 处的连续性与可导性.

(1) $f(x)=\begin{cases} x^2, & x \leqslant 0, \\ x, & x>0; \end{cases}$ (2) $f(x)=\begin{cases} x^n \sin \dfrac{1}{x}, & x \neq 0, \\ 0, & x=0 \end{cases}$ ($n$ 为正整数).

**解** (1) 因为 $\lim\limits_{x \to 0^-} f(x) = \lim\limits_{x \to 0^-} x^2 = 0$,$\lim\limits_{x \to 0^+} f(x) = \lim\limits_{x \to 0^+} x = 0$,即

$$\lim_{x \to 0^-} f(x) = \lim_{x \to 0^+} f(x) = f(0).$$

所以函数 $f(x)$ 在 $x=0$ 处连续.

依导数定义

$$\frac{f(0+\Delta x)-f(0)}{\Delta x} = \begin{cases} \Delta x, & \Delta x < 0, \\ 1, & \Delta x > 0. \end{cases}$$

于是
$$\lim_{\Delta x \to 0^-} \frac{f(0+\Delta x)-f(0)}{\Delta x} = 0, \quad \lim_{\Delta x \to 0^+} \frac{f(0+\Delta x)-f(0)}{\Delta x} = 1,$$
故 $f'(0)$ 不存在. 不过, 当 $x \neq 0$ 时 $f'(x)$ 是存在的, 不难算出
$$f'(x) = \begin{cases} 2x, & x < 0, \\ 1, & x > 0. \end{cases}$$

(2) 因 $x \to 0$ 时, $x^n \to 0$, $\sin\dfrac{1}{x}$ 有界, 所以
$$\lim_{x \to 0} f(x) = \lim_{x \to 0} x^n \sin\frac{1}{x} = 0 = f(0).$$
即 $f(x)$ 在 $x=0$ 处连续. 又因为 $h \neq 0$ 时
$$\frac{f(0+h)-f(0)}{h} = h^{n-1}\sin\frac{1}{h},$$
所以, 当 $n \geq 2$ 时, $f'(0)=0$, 当 $n=1$ 时 $f'(0)$ 不存在.

例 4.9 中的函数 $f$ 及导数 $f'$ 的图像见图 4.4.

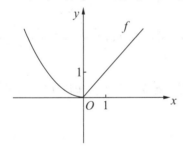 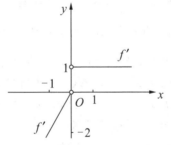

图 4.4

## 习题 4.1

### (A)

1. 回答下列问题.

(1) 导数是描述客观世界中什么现象的量? 你能举出几个例子吗?

(2) 如果 $f'(x_0) = \lim\limits_{\Delta x \to 0} \dfrac{f(x_0+\Delta x)-f(x_0)}{\Delta x} = \lim\limits_{\Delta x \to 0}\dfrac{\Delta y}{\Delta x}$ 存在, 那么是否有 $\dfrac{\Delta y}{\Delta x} = f'(x_0) + o(\Delta x)(\Delta x \to 0)$.

(3) 符号 $f'_+(x_0)$ 与 $f'(x_0+0)$ 是一回事吗? 为什么?

(4) 怎样求曲线 $y = f(x)$ 过点 $(x_0, f(x_0))$ 的切线方程和法线方程?

2. 试判断下列命题的真假, 并说明理由.

(1) 设 $f(x)$ 在点 $x=0$ 可导,若 $f(0)=0$,则 $f'(0)=0$,反之也成立;

(2) 若 $f(x)$ 在 $x_0$ 点可导,且在 $x_0$ 附近有 $f(x)>0$,则有 $f'(x_0)>0$;

(3) 若 $f(x)$ 在 $[-a,a]$ 上为偶函数,且 $f'(0)$ 存在,则 $f'(0)=0$;

(4) 设 $\varphi(x)=f(x)+g(x)$,若 $\varphi$ 在 $x_0$ 点可导,则 $f,g$ 中至少有一个在 $x_0$ 点可导;

(5) 设 $\varphi(x)=f(x)g(x)$,若 $\varphi$ 在 $x_0$ 点可导,则 $f,g$ 中至少有一个在 $x_0$ 点可导;

(6) 若 $f(x)$ 在 $x_0$ 点可导,则 $|f(x)|$ 在 $x_0$ 点可导,反之也成立.

3. 下列各式可否成为 $f(x)$ 在 $x_0$ 点的导数定义?请说明理由.

(1) $y=f(x)$ 在 $(a,b)$ 内有定义,$x_0\in(a,b)$,若极限 $\lim\limits_{\Delta x\to 0}\dfrac{f(x_0)-f(x_0-\Delta x)}{\Delta x}$ 存在,则称该极限为 $f(x)$ 在 $x_0$ 点的导数.

(2) $y=f(x)$ 在 $(a,b)$ 内有定义,$x,x_0\in(a,b)$,若极限 $\lim\limits_{x\to x_0}\dfrac{f(x)-f(x_0)}{x-x_0}$ 存在,则称该极限为 $f(x)$ 在 $x_0$ 点的导数.

(3) $y=f(x)$ 在 $(a,b)$ 内有定义,$x_0\in(a,b)$,若极限 $\lim\limits_{\Delta x\to 0}\dfrac{f(x_0+\Delta x)-f(x_0-\Delta x)}{2\Delta x}$ 存在,则称该极限为 $f(x)$ 在 $x_0$ 点的导数.

4. 设 $f(x),\varphi(x)$ 在 $(a,b)$ 内有定义,$x_0\in(a,b)$,并且对任何 $x\in(a,b)$,有

(1) $f(x)-f(x_0)=\varphi(x)(x-x_0)$;

(2) $\varphi(x)$ 在 $x_0$ 点连续.

求证:$f(x)$ 在 $x_0$ 点可导,且 $f'(x_0)=\varphi(x_0)$.

5. 设 $f(x)$ 在 $a$ 点可导,求极限 $\lim\limits_{h\to 0}\dfrac{f(a+nh)-f(a-mh)}{h}$.

6. 利用定义求函数 $f(x)=\begin{cases}x^2\sin\dfrac{1}{x}, & x\neq 0 \\ 0, & x=0\end{cases}$,在 $x=0$ 处的导数.

7. 设 $f(x)=\begin{cases}x^2\sin\dfrac{\pi}{x}, & x<0 \\ A, & x=0 \\ ax^2+b, & x>0\end{cases}$,其中 $A,a,b$ 为常数,试问 $A,a,b$ 为何值时,$f(x)$ 在 $x=0$ 处可导,为什么?并求 $f'(0)$.

8. 在曲线 $y=x^{\frac{3}{2}}$ 上哪些点处的切线

(1) 与直线 $y=3x-1$ 平行?

(2) 与 $x$ 轴平行?

9. 求曲线 $y=\dfrac{1}{x}$ 过点 $(1,1)$ 的切线.

10. 给定抛物线 $y=x^2-x+3$,求过点 $(2,5)$ 的切线与法线方程.

(B)

1. 试确定常数 $a$ 与 $b$ 的值,使下列函数在 $x=1$ 处可导.

(1) $f(x)=\begin{cases} x^2-1, & x>1, \\ ax+b, & x\leqslant 1; \end{cases}$  (2) $f(x)=\begin{cases} \dfrac{2}{1+x^2}, & x\leqslant 1, \\ ax+b, & x>1. \end{cases}$

2. 设 $f(x)=x(x-1)(x-2)\cdots(x-10000)$,求 $f'(0)$.

3. 证明:

(1) 偶函数的导数是奇函数;

(2) 奇函数的导数是偶函数.

4. 证明周期函数的导数仍为周期函数.

5. 设 $f(x)=|x-a|\varphi(x)$,$\varphi(x)$ 连续且 $\varphi(a)\neq 0$. 证明 $f(x)$ 在 $a$ 点不可导.

6. 给定曲线 $y=x^2+5x+4$,

(1) 确定 $b$,使直线 $y=3x+b$ 为曲线的切线;

(2) 确定 $m$,使直线 $y=mx$ 为曲线的切线.

7. 求曲线 $y=x^2-2x$ 和 $y=-x^2+1$ 分别在点 $(2,0)$ 与 $(1,0)$ 的切线的交点.

8. 求一条直线,使它与两个函数 $f(x)=x^2$ 和 $g(x)=x^2-2x$ 的图形相切.

9. 曲线 $y=\ln x$ 与 $x$ 轴的交角如何?

10. 讨论函数 $f(x)=\begin{cases} -x, & x\leqslant 0, \\ 2x, & 0<x<1, \\ x^2+1, & x\geqslant 1 \end{cases}$ 在点 $x=0$ 和 $x=1$ 处的连续性与可导性.

## 4.2 求导法则与导数基本公式

要使导数成为研究函数的有效工具,必须建立计算导数的简便方法. 本节将根据导数的定义证明可导函数的和、差、积、商、复合函数及反函数仍然是可导的,并且给出相应的求导法则与基本初等函数的导数公式. 借助于这些法则和基本初等函数的导数公式,就能求出常见的初等函数的导数.

### 4.2.1 函数的和、差、积、商的求导法则

**定理 4.1(和的导数)** 设 $f$ 和 $g$ 是定义在同一区间上的可导函数,则有
(1) $(f \pm g)' = f' \pm g'$;
(2) $(fg)' = f'g + fg'$,特别地,$(kg)' = kg'$($k$ 为常数);
(3) $\left(\dfrac{f}{g}\right)' = \dfrac{f'g - fg'}{g^2}$ (其中 $g \neq 0$).

**证** (1) 以和为例证明:令 $y(x) = f(x) + g(x)$,则比值
$$\frac{\Delta y}{\Delta x} = \frac{[f(x+\Delta x) + g(x+\Delta x)] - [f(x) + g(x)]}{\Delta x}$$
$$= \frac{f(x+\Delta x) - f(x)}{\Delta x} + \frac{g(x+\Delta x) - g(x)}{\Delta x},$$
因 $f$ 和 $g$ 均可导,所以当 $\Delta x \to 0$ 时,得 $y'(x) = f'(x) + g'(x)$,即
$$(f+g)' = f' + g'.$$

(2) 令 $y(x) = f(x)g(x)$,则比值
$$\frac{\Delta y}{\Delta x} = \frac{f(x+\Delta x)g(x+\Delta x) - f(x)g(x)}{\Delta x}$$
$$= \frac{f(x+\Delta x) - f(x)}{\Delta x} g(x+\Delta x) + f(x) \frac{g(x+\Delta x) - g(x)}{\Delta x}.$$
令 $\Delta x \to 0$,并利用可导必连续的性质,得 $y'(x) = f'(x)g(x) + f(x)g'(x)$,即
$$(fg)' = f'g + fg'. \tag{4.7}$$

(3) 我们先证明
$$\left(\frac{1}{g}\right)' = -\frac{g'}{g^2}. \tag{4.8}$$
为此,令 $y(x) = \dfrac{1}{g(x)}$,则比值
$$\frac{\Delta y}{\Delta x} = \frac{1}{\Delta x}\left[\frac{1}{g(x+\Delta x)} - \frac{1}{g(x)}\right]$$
$$= -\frac{g(x+\Delta x) - g(x)}{\Delta x} \cdot \frac{1}{g(x+\Delta x) \cdot g(x)}.$$
令 $\Delta x \to 0$,得 $y'(x) = -\dfrac{g'(x)}{[g(x)]^2}$. 所以(4.8)式成立,再利用公式(4.7),得
$$\left(\frac{f}{g}\right)' = \left(f \frac{1}{g}\right)' = f' \cdot \frac{1}{g} + f \cdot \left(\frac{1}{g}\right)'$$
$$= \frac{f'}{g} - \frac{fg'}{g^2} = \frac{f'g - fg'}{g^2}.$$

**注意** 和、积的求导法则(1)、(2)可推广为更一般的公式:

$$(f_1+f_2+\cdots+f_n)'=f_1'+f_2'+\cdots+f_n',$$
$$(f_1f_2\cdots f_n)'=f_1'f_2\cdots f_n+f_1f_2'\cdots f_n+\cdots+f_1f_2\cdots f_n', \tag{4.9}$$

其中 $f_i(i=1,2,\cdots,n)$ 是定义在同一区间上的可导函数.

对多项式
$$P(x)=a_nx^n+a_{n-1}x^{n-1}+\cdots+a_1x+a_0,$$

其中 $a_n,a_{n-1},\cdots a_1,a_0$ 均为常数,$n$ 为非负整数. 应用和、积的求导法则以及 $x^n$ 的导数公式,可得
$$P'(x)=na_nx^{n-1}+(n-1)a_{n-1}x^{n-2}+\cdots+a_1.$$

例如,若 $P(x)=2x^5-7x^3+3$,则
$$P'(x)=10x^4-21x^2.$$

**例 4.10** 若 $n$ 为负整数,则 $(x^n)'=nx^{n-1}$.

**证** 令 $n=-m$,则 $m$ 为正整数,于是
$$(x^n)'=(x^{-m})'=\left(\frac{1}{x^m}\right)'=\frac{-(x^m)'}{(x^m)^2}=\frac{-mx^{m-1}}{x^{2m}}=-mx^{-m-1}$$
$$=nx^{n-1}.$$

### 4.2.2 复合函数的求导法则

**定理 4.2(复合函数的导数)** 若 $f$ 和 $g$ 可导,$f[g(x)]$ 有意义,则复合函数可导,且
$$[f(g(x))]'=f'(g(x))g'(x). \tag{4.10}$$

这个公式称为**链式法则**.

**证** 设 $f'(u_0)$ 与 $g'(x_0)$ 存在,且 $u_0=g(x_0)$,定义一个函数
$$\varphi(u)=\begin{cases}\dfrac{f(u)-f(u_0)}{u-u_0}, & u\neq u_0,\\ f'(u_0), & u=u_0.\end{cases}$$

因为
$$\lim_{u\to u_0}\varphi(u)=f'(u_0)=\varphi(u_0),$$

故 $\varphi(u)$ 在 $u_0$ 点是连续的. 在恒等式
$$f(u)-f(u_0)=\varphi(u)(u-u_0),$$

中将 $u=g(x)$ 代入,得
$$f[g(x)]-f[g(x_0)]=\varphi[g(x)][g(x)-g(x_0)],$$

上式除以 $x-x_0$,得
$$\frac{f[g(x)]-f[g(x_0)]}{x-x_0}=\varphi[g(x)]\cdot\frac{g(x)-g(x_0)}{x-x_0}.$$

记 $F(x)=f[g(x)]$，则有

$$\frac{F(x)-F(x_0)}{x-x_0}=\varphi[g(x)]\cdot\frac{g(x)-g(x_0)}{x-x_0},$$

由复合函数的连续性，有 $\lim\limits_{x\to x_0}\varphi[g(x)]=\varphi[g(x_0)]=\varphi(u_0)=f'(u_0)$，又 $\lim\limits_{x\to x_0}\dfrac{g(x)-g(x_0)}{x-x_0}=g'(x_0)$，所以，令 $x\to x_0$ 得

$$F'(x_0)=f'(u_0)g'(x_0)=f'[g(x_0)]g'(x_0).$$

因此公式(4.10)成立.

使用符号

$$F'(x)=\frac{\mathrm{d}F(x)}{\mathrm{d}x},$$

我们可以把复合函数 $F(x)=f[g(x)]$ 的链式法则改写成如下形式：

$$\frac{\mathrm{d}F}{\mathrm{d}x}=\frac{\mathrm{d}F}{\mathrm{d}g}\cdot\frac{\mathrm{d}g}{\mathrm{d}x}.$$

**注意** 链式法则可以推广到多层中间变量的情况. 例如设 $y=f[g(\varphi(x))]$，$f,g,\varphi$ 可导，则

$$y'=f'[g(\varphi(x))]g'(\varphi(x))\varphi'(x). \tag{4.11}$$

**例 4.11** 求 $(\tan x)'$，$(\cot x)'$，$(\sec x)'$ 与 $(\csc x)'$.

**解** 用已知结果及商的求导法则，得

$$(\tan x)'=\left(\frac{\sin x}{\cos x}\right)'=\frac{\cos^2 x-\sin x(-\sin x)}{\cos^2 x}=\frac{1}{\cos^2 x}=\sec^2 x.$$

$$(\sec x)'=\left(\frac{1}{\cos x}\right)'=-\frac{(-\sin x)}{\cos^2 x}=\sec x\tan x,$$

利用 $\cot x=\tan(\dfrac{\pi}{2}-x)$，$\csc x=\sec(\dfrac{\pi}{2}-x)$ 并用链式法则得

$$(\cot x)'=-\frac{1}{\sin^2 x}, \qquad (\csc x)'=-\csc x\cot x.$$

到此，我们已经求出 6 个三角函数的导数公式.

**例 4.12** 设 $y=\ln|x|$，求 $y'$.

**解** 当 $x>0$ 时，由例 4.4 知 $y'=(\ln x)'=\dfrac{1}{x}$；当 $x<0$ 时，由链式法则

$$y'=[\ln(-x)]'=\frac{1}{(-x)}\cdot(-x)'=\frac{1}{x},$$

所以，只要 $x\neq 0$，总有

$$(\ln|x|)'=\frac{1}{x}.$$

**例 4.13**  求幂函数 $y=x^a$（$a$ 为任意实数）的导数 $y'$.

**解**  因为 $y=x^a=e^{a\ln x}$，由链式法则得

$$y'=e^{a\ln x}(a\ln x)'=\frac{a}{x}e^{a\ln x}=ax^{a-1},$$

即

$$(x^a)'=ax^{a-1} \quad (a\text{ 为任意实数}).$$

**例 4.14**  求下列函数的导数.

(1) 设 $y=\ln\sin x$，求 $y'$；

(2) 设 $y=\tan(\cos e^{x^3})$，求 $y'$；

(3) $y=\sqrt{3-2x}$，求 $y'$.

**解**  (1) 令 $u=\sin x$，则 $y=\ln u$，由链式法则

$$y'=\frac{\mathrm{d}y}{\mathrm{d}u}\cdot\frac{\mathrm{d}u}{\mathrm{d}x}=\frac{1}{u}\cdot\cos x=\frac{1}{\sin x}\cdot\cos x=\cot x.$$

(2) 令 $y=\tan u, u=\cos v, v=e^w, w=x^3$，由链式法则

$$y'=\frac{\mathrm{d}y}{\mathrm{d}u}\cdot\frac{\mathrm{d}u}{\mathrm{d}v}\cdot\frac{\mathrm{d}v}{\mathrm{d}w}\cdot\frac{\mathrm{d}w}{\mathrm{d}x}=\frac{\mathrm{d}}{\mathrm{d}u}(\tan u)\frac{\mathrm{d}}{\mathrm{d}v}(\cos v)\frac{\mathrm{d}}{\mathrm{d}w}(e^w)\frac{\mathrm{d}}{\mathrm{d}x}(x^3)$$

$$=(\sec^2 u)(-\sin v)e^w 3x^2=-3x^2 e^{x^3}\sin e^{x^3}(\sec(\cos e^{x^3}))^2.$$

(3) 令 $y=\sqrt{u}, u=3-2x$，由链式法则

$$y'=\frac{\mathrm{d}y}{\mathrm{d}u}\cdot\frac{\mathrm{d}u}{\mathrm{d}x}=\frac{\mathrm{d}}{\mathrm{d}u}(\sqrt{u})\frac{\mathrm{d}}{\mathrm{d}x}(3-2x)$$

$$=-\frac{1}{\sqrt{3-2x}}.$$

### 4.2.3 反函数的求导法则

**定理 4.3（反函数的导数）**  若区间 $I$ 上的严格单调连续函数 $y=f(x)$ 在 $x$ 处可导，且 $f'(x)\neq 0$，则它的反函数 $x=\varphi(y)$ 在对应的点 $y$ 处可导，并且

$$\varphi'(y)=\frac{1}{f'(x)} \text{ 或 } \frac{\mathrm{d}x}{\mathrm{d}y}=\frac{1}{\frac{\mathrm{d}y}{\mathrm{d}x}}. \tag{4.12}$$

**证**  由第三章连续函数的运算性质知，$f$ 的反函数 $\varphi$ 也是严格单调的连续函数. 故当 $\Delta y\to 0$ 时，必有 $\Delta x\to 0$，并且 $\Delta y\neq 0$ 时，

$$\Delta x=\varphi(y+\Delta y)-\varphi(y)\neq 0,$$

从而又有

$$\Delta x=\varphi(y+\Delta y)-\varphi(y)\neq 0,$$

故

$$y + \Delta y = f(x + \Delta x).$$

因此

$$\Delta y = f(x + \Delta x) - y,$$

于是

$$\varphi'(y) = \lim_{\Delta y \to 0} \frac{\varphi(y + \Delta y) - \varphi(y)}{\Delta y} = \lim_{\Delta x \to 0} \frac{\Delta x}{f(x + \Delta x) - f(x)}$$

$$= \lim_{\Delta x \to 0} \frac{1}{\dfrac{f(x + \Delta x) - f(x)}{\Delta x}} = \frac{1}{f'(x)}.$$

利用定理 4.3 可以求出反三角函数的导数.

**例 4.15** 求 $(\arcsin x)'$, $(\arccos x)'$, $(\arctan x)'$ 及 $(\mathrm{arccot}\, x)'$.

**解** 因为 $y = \arcsin x$ 的反函数是 $x = \sin y$,考虑到 $y = \arcsin x \in \left[-\dfrac{\pi}{2}, \dfrac{\pi}{2}\right]$ 时,$\cos y$ 应取正值,由反函数求导法则

$$(\arcsin x)' = \frac{1}{(\sin y)'} = \frac{1}{\cos y} = \frac{1}{\sqrt{1 - \sin^2 y}} = \frac{1}{\sqrt{1 - x^2}},$$

即

$$(\arcsin x)' = \frac{1}{\sqrt{1 - x^2}}.$$

类似地可以求出:

$$(\arccos x)' = -\frac{1}{\sqrt{1 - x^2}}.$$

对 $y = \arctan x$,则反函数是 $x = \tan y$,由反函数求导法则

$$(\arctan x)' = \frac{1}{(\tan y)'} = \frac{1}{\sec^2 y} = \frac{1}{1 + \tan^2 y} = \frac{1}{1 + x^2},$$

即

$$(\arctan x)' = \frac{1}{1 + x^2}.$$

类似地可以求出:

$$(\mathrm{arccot}\, x)' = -\frac{1}{1 + x^2}.$$

至此,我们已经求出所有基本初等函数的导数,为今后使用方便,我们列出常用的导数公式表.表中未予导出的公式,请读者自行推导.

$$(C)' = 0 \quad (C \text{ 是常数}); \qquad (x^a)' = ax^{a-1} (a \text{ 为实数});$$

$$(a^x)' = a^x \ln a; \qquad (e^x)' = e^x;$$

$$(\log_a x)' = \frac{1}{x \ln a}; \qquad (\ln x)' = \frac{1}{x};$$

$$(\sin x)' = \cos x; \qquad (\cos x)' = -\sin x;$$

$$(\tan x)' = \sec^2 x; \qquad (\cot x)' = -\csc^2 x;$$

$$(\sec x)' = \sec x \tan x; \qquad (\csc x)' = -\csc x \cot x;$$

$$(\arcsin x)' = \frac{1}{\sqrt{1-x^2}}; \qquad (\arccos x)' = -\frac{1}{\sqrt{1-x^2}};$$

$$(\arctan x)' = \frac{1}{1+x^2}; \qquad (\text{arccot}\, x)' = -\frac{1}{1+x^2};$$

$$(\sh x)' = \ch x; \qquad (\ch x)' = \sh x;$$

$$(\text{arcsh}\, x)' = \frac{1}{\sqrt{1+x^2}}; \qquad (\text{arcch}\, x)' = \frac{1}{\sqrt{x^2-1}}.$$

利用以上导数公式及求导法则,原则上可以计算任何初等函数的导数.

## 4.2.4 高阶导数

我们知道,变速直线运动质点运动的速度函数 $v(t)$ 是路程函数 $s(t)$ 对时间 $t$ 的导数,即

$$v = \frac{ds}{dt} \text{ 或 } v = s',$$

而加速度 $a$ 又是速度 $v$ 对时间 $t$ 的变化率,即速度 $v$ 对时间 $t$ 的导数:

$$a = \frac{dv}{dt} = \frac{d}{dt}\left(\frac{ds}{dt}\right) \text{ 或 } a = (s')',$$

这种导数的导数 $\frac{d}{dt}\left(\frac{ds}{dt}\right)$ 或 $(s')'$ 叫做 $s$ 对 $t$ 的二阶导数,记作

$$\frac{d^2 s}{dt^2} \text{ 或 } s''(t).$$

所以,直线运动的加速度就是位置函数 $s$ 对时间 $t$ 的二阶导数.

一般地,设 $y = f(x)$ 是区间 $I$ 上的可导函数,$x_0 \in I$. 若导函数 $f'(x)$ 在点 $x_0$ 可导(当 $x_0$ 是端点时为单侧可导),则称 $f(x)$ 在点 $x_0$ 二阶可导,称 $f'(x)$ 在点 $x_0$ 的导数为 $f(x)$ 在点 $x_0$ 处的**二阶导数**,记作

$$f''(x_0) \text{ 或 } y''(x_0), \left.\frac{d^2 y}{dx^2}\right|_{x=x_0},$$

即

$$f''(x_0) = \lim_{x \to x_0} \frac{f'(x) - f'(x_0)}{x - x_0}.$$

当 $f(x)$ 在 $I$ 中每一点的二阶导数存在,那么称 $f(x)$ 在 $I$ 上二阶可导. 依此类推,若 $f(x)$ 在 $I$ 上 $n-1$ 阶可导,且 $n-1$ 阶导数 $f^{(n-1)}(x)$ 在 $I$ 上(或点 $x_0$)可导,则说 $f(x)$ 在 $I$ 上(或点 $x_0$)$n$ 阶可导,且定义 $f(x)$ 的 $n$ **阶导数** $f^{(n)}(x)$ 为:

$$y^{(n)} = f^{(n)}(x) = \frac{d}{dx} f^{(n-1)}(x)$$

也记作 $\frac{d^n y}{dx^n}$. 为统一记号,约定 $y = y^{(0)}, y' = y^{(1)}, y'' = y^{(2)}$. 二阶及二阶以上的导数统称为**高阶导数**.

如果函数 $f(x)$ 在点 $x$ 处具有 $n$ 阶导数,那么 $f(x)$ 在点 $x$ 的某一邻域内必定具有一切低于 $n$ 阶的导数.

**例 4.16** 设函数 $f(x) = \begin{cases} -x^2, & x < 0, \\ x^2, & x \geq 0, \end{cases}$ 讨论 $f(x)$ 在 $x = 0$ 处的二阶导数是否存在.

**解** 当 $x \neq 0$ 时,容易求得

$$f'(x) = \begin{cases} -2x, & x < 0, \\ 2x, & x > 0, \end{cases}$$

而

$$f'(0) = \lim_{\Delta x \to 0} \frac{f(0 + \Delta x) - f(0)}{\Delta x} = \lim_{\Delta x \to 0} \frac{f(\Delta x)}{\Delta x},$$

由于

$$\lim_{\Delta x \to 0^-} \frac{f(\Delta x)}{\Delta x} = \lim_{\Delta x \to 0^-} \frac{-(\Delta x)^2}{\Delta x} = 0,$$

$$\lim_{\Delta x \to 0^+} \frac{f(\Delta x)}{\Delta x} = \lim_{\Delta x \to 0^+} \frac{(\Delta x)^2}{\Delta x} = 0,$$

所以

$$f'(0) = \lim_{\Delta x \to 0} \frac{f(\Delta x)}{\Delta x} = 0.$$

我们将上述讨论归结成 $f'(x) = 2|x|$,可见 $f''(0)$ 不存在,而当 $x \neq 0$ 时

$$f''(x) = \begin{cases} -2, & x < 0, \\ 2, & x > 0. \end{cases}$$

图形见图 4.5.

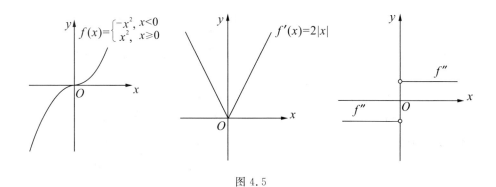

图 4.5

求高阶导数就是逐次求导数,因此,仍可应用前面学过的求导方法来计算高阶导数.

下面先用数学归纳法建立几个常用的基本初等函数的 $n$ 阶导数.

**例 4.17** 证明下列 $n$ 阶导数公式.

(1) $(a^x)^{(n)} = a^x (\ln a)^n$ $(a>0$ 且 $a \neq 1)$,$(e^x)^{(n)} = e^x$;

(2) $(\sin x)^{(n)} = \sin(x + n\frac{\pi}{2})$,$(\cos x)^{(n)} = \cos(x + n\frac{\pi}{2})$;

(3) $(x^\alpha)^{(n)} = \begin{cases} \alpha(\alpha-1)\cdots(\alpha-n+1)x^{\alpha-n}, & \alpha > n \text{ 或 } \alpha \notin N^+, \\ n!, & \alpha = n, \\ 0, & \alpha \in N^+ \text{ 且 } \alpha < n; \end{cases}$

(4) $(\ln(1+x))^{(n)} = (-1)^{n-1} \dfrac{(n-1)!}{(1+x)^n}$ $(n \geqslant 1)$;

(5) $\left(\dfrac{1}{1+x}\right)^{(n)} = (-1)^n \dfrac{n!}{(1+x)^{n+1}}$ $(n \geqslant 1)$.

**解** (1) 设 $y = a^x$,$y' = a^x \ln a$,$y'' = a^x (\ln a)^2$,假设 $n = k$ 时有 $y^{(k)} = a^x (\ln a)^k$,则当 $n = k+1$ 时有
$$y^{(k+1)} = (y^{(k)})' = (a^x (\ln a)^k)' = a^x (\ln a)^{k+1}.$$
由数学归纳法结论知公式 $(a^x)^{(n)} = a^x (\ln a)^n$ 对任何自然数 $n$ 都成立. 特别地,$a = e$ 时有 $(e^x)^{(n)} = e^x$.

(2) 设 $y = \sin x$,$y' = \cos x = \sin(x + \dfrac{\pi}{2})$,即当 $n = 1$ 时公式 $(\sin x)^{(n)} = \sin(x + n\dfrac{\pi}{2})$ 成立.

假设 $n = k$ 时有 $(\sin x)^{(k)} = \sin(x + k\dfrac{\pi}{2})$,则当 $n = k+1$ 时有

$$y^{(k+1)} = [\sin(x+k\frac{\pi}{2})]' = \cos(x+k\frac{\pi}{2}) = \sin[x+(k+1)\frac{\pi}{2}].$$

由数学归纳法结论知公式 $(\sin x)^{(n)} = \sin(x+n\frac{\pi}{2})$ 对任何自然数 $n$ 都成立.

用类似的方法,可证明 $(\cos x)^{(n)} = \cos(x+n\frac{\pi}{2})$.

(3) 设 $y = x^\alpha$ ($\alpha$ 为非零实数),若 $\alpha \notin N^+$,则 $y' = \alpha x^{\alpha-1}$, $y'' = \alpha(\alpha-1)x^{\alpha-2}$, ⋯ 运用数学归纳法易知

$$y^{(n)} = \alpha(\alpha-1)\cdots(\alpha-n+1)x^{\alpha-n} \quad (n \geqslant 1),$$

当 $\alpha$ 是正整数 $n$ 时, $y^{(n)} = n!$;

当 $\alpha$ 是小于 $n$ 的正整数时, $y^{(n)} = 0$.

(4) 设 $y = \ln(1+x)$,

$$y' = \frac{1}{1+x}, y'' = -\frac{1}{(1+x)^2}.$$

假设 $n=k$ 时有 $y^{(k)} = (-1)^{k-1}\frac{(k-1)!}{(1+x)^k}$,则当 $n=k+1$ 时有

$$y^{(k+1)} = (y^{(k)})' = \left((-1)^{k-1}\frac{(k-1)!}{(1+x)^k}\right)'$$
$$= (-1)^{k-1}(k-1)!(-k)(1+x)^{-k-1}$$
$$= (-1)^k \frac{k!}{(1+x)^{k+1}}.$$

由数学归纳法结论知公式 $(\ln(1+x))^{(n)} = (-1)^{n-1}\frac{(n-1)!}{(1+x)^n}$ 对任何自然数 $n$ 都成立.

(5) 由 $\left(\frac{1}{1+x}\right)^{(n)} = (\ln(1+x))^{(n+1)}$ 及(4)的结论可知

$$\left(\frac{1}{1+x}\right)^{(n)} = (-1)^n \frac{n!}{(1+x)^{n+1}} (n \geqslant 1).$$

由(3)的结论知,设有 $n$ 次多项式

$$P(x) = a_n x^n + a_{n-1}x^{n-1} + \cdots + a_1 x + a_0 \quad (a_n \neq 0)$$

若在其各阶导数中令 $x=0$,得

$$P_n'(0) = a_1, \ P_n''(0) = 2a_2, \cdots, P_n^{(n)}(0) = n!a_n$$

于是,$n$ 次多项式 $P_n(x)$ 可以写成如下形式:

$$P_n(x) = P_n^{(0)}(0) + \frac{1}{1!}P_n^{(1)}(0)x + \frac{1}{2!}P_n^{(2)}(0)x^2 + \cdots + \frac{1}{n!}P_n^{(n)}(0)x^n$$

运用数学归纳法,我们还可以得到如下求高阶导数的法则(证明略).

**定理 4.4** 设函数 $u, v, f$ 是 $n$ 阶可导函数,$u, v$ 定义在同一区间上,则 $c_1 u \pm$

$c_2v$、$uv$ 及 $f(ax+b)$ 也是 $n$ 阶可导函数(其中 $c_1,c_2,a$ 及 $b$ 为常数),并且

(1) $(u\pm v)^{(n)} = u^{(n)} \pm v^{(n)}$;

(2) $(uv)^{(n)} = \sum_{k=0}^{n} C_n^k u^{(n-k)} v^{(k)}$ (称此式为 Leibniz 公式,其中 $C_n^k = \dfrac{n!}{k!(n-k)!}$);

(3) $[f(ax+b)]^{(n)} = a^n f^{(n)}(ax+b)$.

Leibniz 公式可以这样记忆:把 $(u+v)^n$ 按照二项式展开写成

$$(u+v)^n = u^n v^0 + n u^{n-1} v^1 + \frac{n(n-1)}{2!} u^{n-2} v^2 + \cdots + u^0 v^n,$$

即

$$(u+v)^n = \sum_{k=0}^{n} C_n^k u^{n-k} v^k.$$

然后把 $k$ 次幂换成 $k$ 阶导数(零阶导数理解为函数本身),再把左端的 $u+v$ 换成 $uv$,这样就得到 Leibniz 公式

$$(uv)^{(n)} = \sum_{k=0}^{n} C_n^k u^{(n-k)} v^{(k)}. \tag{4.13}$$

利用例 4.17 中的公式和定理 4.4 中求高阶导数的运算法则,可以求得许多初等函数的 $n$ 阶导数,下面举例说明.

**例 4.18** 求下列函数的 $n$ 阶导数.

(1) $y = e^x \cos x$,求 $y^{(n)}$;

(2) 设 $f(x) = x^2 \ln(1+x)$,求 $f^{(n)}(x)$.

**解** (1) $y' = e^x \cos x - e^x \sin x = e^x (\cos x - \sin x) = \sqrt{2} e^x \cos(x + \dfrac{\pi}{4})$,

$$y'' = \sqrt{2}\left[e^x \cos(x + \frac{\pi}{4}) - e^x \sin(x + \frac{\pi}{4})\right] = (\sqrt{2})^2 e^x \cos(x + 2 \cdot \frac{\pi}{4}),$$

$$y''' = (\sqrt{2})^2 \left[e^x \cos(x + 2 \cdot \frac{\pi}{4}) - e^x \sin(x + 2 \cdot \frac{\pi}{4})\right]$$

$$= (\sqrt{2})^3 e^x \cos(x + 3 \cdot \frac{\pi}{4}),$$

再利用归纳法可以得到:

$$y^{(n)} = (\sqrt{2})^n e^x \cos(x + n \cdot \frac{\pi}{4}).$$

(2) 利用 Leibniz 公式,得

$$f(x) = [\ln(1+x)]^{(n)} \cdot x^2 + n [\ln(1+x)]^{(n-1)} \cdot 2x$$

$$+ \frac{n(n-1)}{2} [\ln(1+x)]^{(n-2)} \cdot 2,$$

$$[\ln(1+x)]^{(n)} = (-1)^{k-1} (k-1)! (1+x)^{-k},$$

所以，
$$f^{(n)}(x) = \frac{(-1)^{n-1}(n-1)!}{(1+x)^n} \cdot x^2 + \frac{(-1)^{n-2}(n-2)!}{(1+x)^{n-1}} \cdot 2nx$$
$$+ n(n-1)\frac{(-1)^{n-3}(n-3)!}{(1+x)^{n-2}}.$$

**例 4.19**  设 $y = \sin x \sin 2x \sin 3x$，求 $y^{(n)}$。

**解**
$$y = \frac{1}{2}(\cos 2x - \cos 4x)\sin 2x = \frac{1}{4}(\sin 2x + \sin 4x - \sin 6x),$$
$$y^{(n)} = \frac{1}{4}\left[2^n \sin(2x + \frac{n\pi}{2}) + 4^n \sin(4x + \frac{n\pi}{2}) - 6^n \sin(6x + \frac{n\pi}{2})\right].$$

**例 4.20**  设 $y = \arctan x$，求 $y^{(n)}(0)$。

**解**  $y' = \dfrac{1}{1+x^2}, y'' = -\dfrac{2x}{(1+x^2)^2}$，如果再依次求导，我们发现求导的次数越多，越无法归纳出一般公式，于是考虑把等式 $y' = \dfrac{1}{1+x^2}$ 写成
$$y'(1+x^2) = 1,$$
然后由这个等式两端对 $x$ 取 $n$ 阶导数，注意到 $y'$ 是 $x$ 的函数，利用 Leibniz 公式，得
$$(1+x^2)(y')^{(n)} + C_n^1(1+x^2)'(y')^{(n-1)} + C_n^2(1+x^2)''(y')^{(n-2)} = 0,$$
即
$$(1+x^2)y^{(n+1)} + 2nxy^{(n)} + n(n-1)y^{(n-1)} = 0.$$
令 $x = 0$，得
$$y^{(n+1)}(0) = -n(n-1)y^{(n-1)}(0),$$
这是一个递推公式，再由 $y'(0) = 1, y''(0) = 0$ 及上式可推得
$$y^{(2k)}(0) = 0, y^{(2k+1)}(0) = (-1)^k (2k)!.$$

## 习题 4.2

### (A)

1. 设 $f(x) = x^2, g(x) = e^x$，试应用求导的基本法则和相关导数公式计算下列函数的导数．

(1) $f+g$；　　(2) $f-2g$；　　(3) $fg$；　　(4) $\dfrac{f}{g}$；

(5) $f(1-x)$；　(6) $f \circ g$；　　(7) $g \circ f$；　(8) $f \circ g \circ f$；

(9) $|f(x)-1|$；　(10) $\mathrm{sgn} f(x)$．

2. 求下列函数的导数.

(1) $y = x^5 - 2x^2 + 1$;

(2) $y = x^4 - x + \sqrt{2}$;

(3) $y = (x^2 + 3x + 1)(x^3 - 2x)$;

(4) $y = 7\sqrt[3]{x}$;

(5) $y = \dfrac{5}{x^3}$;

(6) $y = \dfrac{3+x}{3+x^2}$;

(7) $y = \dfrac{t^2 - 3t + 1}{t^3 + 1}$;

(8) $y = x^3(1 + \sqrt{x})$;

(9) $y = \dfrac{2}{x} + \sqrt[3]{x}$;

(10) $y = 1 - \dfrac{1}{x} + \dfrac{1}{x^2}$;

(11) $y = \dfrac{1}{x^3 + 2x + 1}$;

(12) $y = \dfrac{1}{x + \sqrt{x}}$.

3. 求下列函数的导数.

(1) $y = \cos 2x - 2\sin x$;

(2) $y = (2 - x^2)\cos x$;

(3) $y = \sin(x + x^2)$;

(4) $y = \sin x + \sin x^3$;

(5) $y = \sin(\cos x)$;

(6) $y = \sin(\sin x)$;

(7) $y = \sin(x + \sin x)$;

(8) $y = \sin[\cos(\sin x)]$;

(9) $y = \tan \dfrac{x}{2} - \cot \dfrac{x}{2}$;

(10) $y = \sin^n x \cdot \sin nx$;

(11) $y = \sec x$;

(12) $y = \csc x$.

4. 求下列函数的导数.

(1) $y = x \ln x$;

(2) $y = \left(x + \dfrac{1}{x}\right) \ln x$;

(3) $y = \ln^3 x^2$;

(4) $y = \ln \tan \dfrac{x}{2}$;

(5) $y = \ln(\ln x)$;

(6) $y = \sin \sqrt{1 + x^2}$;

(7) $y = \ln(x + \sqrt{1 + x^2})$;

(8) $y = \dfrac{1}{4} \ln \dfrac{x^2 - 1}{x^2 + 1}$;

(9) $y = \sqrt{x + \sqrt{x + \sqrt{x}}}$;

(10) $y = \dfrac{x}{\sqrt{a^2 - x^2}}$;

(11) $y = \sqrt{x} + x + \sqrt[3]{x}$;

(12) $y = \dfrac{1}{x} + \dfrac{1}{\sqrt{x}} + \dfrac{1}{\sqrt[3]{x}}$.

5. 求下列函数的导数.

(1) $y = e^{\sqrt{x}}$;

(2) $y = e^{-\frac{1}{x^2}}$;

(3) $y = \arcsin \sqrt{1 - x^2}$;

(4) $y = \arcsin \dfrac{1}{x}$;

(5) $y = \arccos(\sin x)$;  (6) $y = x^2 \arctan x$;

(7) $y = e^{ax}\cos bx$;  (8) $y = e^{ax}\sin bx$;

(9) $y = \arctan \dfrac{2x}{1-x^2}$;  (10) $y = \text{arccot} 2x$;

(11) $y = \arctan e^x - \dfrac{1}{2}\ln(1+x^2)$;

(12) $y = \dfrac{x}{4}\sqrt{a^2-x^2} + \dfrac{a^2}{2}\arcsin\dfrac{x}{a}\ (a>0)$.

6. 求下列函数的二阶导数.

(1) $y = 3x^2 + \ln x$;  (2) $y = x\cos x$;

(3) $y = a^{2x}$;  (4) $y = e^{ax}\sin x$;

(5) $y = xe^x$;  (6) $y = x\sqrt{1+x^2}$;

(7) $y = \tan x$;  (8) $y = x\ln x$;

(9) $y = \dfrac{\arcsin x}{\sqrt{1-x^2}}$;  (10) $y = \dfrac{x}{\sqrt{1-x^2}}$.

7. 已知 $f(u)$ 可导, 求下列函数的导数:

(1) $y = f(\csc x)$;  (2) $y = f(\tan x) + \tan[f(x)]$;

(3) $y = f(e^x)e^{f(x)}$;  (4) $y = f(\sin^2 x) + f(\cos^2 x)$;

(5) $y = \arctan[f(x)]$;  (6) $y = f(\sin x) + \sin[f(x)]$.

(B)

1. 设 $f(\dfrac{1}{2}x) = \sin x$, 求 $f'[f(x)], \{f[f(x)]\}'$.

2. 设 $y = f(\dfrac{2x-1}{x+1})$, $f'(x) = \dfrac{1}{3}\ln x$, 求 $\dfrac{dy}{dx}$.

3. 设 $f(u)$ 在 $(-\infty, +\infty)$ 内可导, 且 $f(0) = 0$, $f'(\ln x) = \begin{cases} 1, & 0 < x \leqslant 1, \\ \sqrt{x}, & x > 1, \end{cases}$ 求 $f(u)$ 在 $(-\infty, +\infty)$ 内的表达式.

4. 求下列函数的 $n$ 阶导数 $y^{(n)}$:

(1) $y = \dfrac{1}{1-x^2}$;  (2) $y = \dfrac{x^2}{x-1}$;

(3) $y = \sin^2 x$;  (4) $y = xe^x$.

5. 设 $y = (\arcsin x)^2$, (1) 证明 $(1-x^2)y'' - xy' = 2$; (2) 求 $y^{(n)}(0)$.

6. 记 $y' = \dfrac{dy}{dx}, y'' = \dfrac{d^2 y}{dx^2}, y''' = \dfrac{d^3 y}{dx^3}$, 求 $\dfrac{d^2 x}{dy^2}, \dfrac{d^3 x}{dy^3}$.

## 4.3 隐函数与参数式函数的求导法则

### 4.3.1 隐函数求导法则

函数 $y=f(x)$ 表示两个变量 $x$ 与 $y$ 之间的对应关系，这种对应关系可以用各种不同方式表达. 我们在前面讨论过的许多具体函数都是显函数，即因变量 $y$ 可以用自变量 $x$ 的一个明确的式子表达出来，例如 $y=\sin x, y=e^x+\sqrt{1+x^2}$ 等. 但是在某种情况下，我们得到的函数表达式，如 $e^y+xy+1=0, x^2-y^2=0, x-y+\frac{1}{2}\sin y=0$ 等等，有的关系式可以把 $y$ 解出来，得到显函数 $y=y(x)$；有些关系式则不能把 $y$ 解出来写成 $x$ 的函数（指初等函数），但这并不等于说 $y$ 与 $x$ 之间不存在函数关系. 我们把这种解不出来或没有解出来，而由方程所确定的函数 $y=y(x)$ 称为**隐函数**.

一般地，给定含变元 $x, y$ 的方程

$$F(x,y)=0, \qquad (4.14)$$

如果当 $x$ 取某区间内的任一确定值时，相应地总有满足这个方程的唯一的 $y$ 值存在，那么就说方程(4.14)在该区间内确定一个隐函数 $y=y(x)$，此时有 $F(x,y(x))=0$. 隐函数的存在条件将在 9.6 中给出.

把一个隐函数化成显函数，叫做隐函数的显化. 例如从方程 $x^2+y^3-1=0$ 中解出 $y=\sqrt[3]{1-x^2}$，就把隐函数化成了显函数，隐函数的显化有时是较繁琐的，甚至是不可能的. 但在实际问题中，往往需要计算隐函数的导数，因此，我们希望找到一种方法，不管隐函数能否显化，都能直接由方程(4.14)算出它所确定的隐函数的导数.

下面通过具体的例子来说明隐函数的求导方法.

**例 4.21** 求由方程 $y^5+2y-x-3x^7=0$ 所确定的隐函数 $y=y(x)$ 在 $x=0$ 的导数 $\dfrac{\mathrm{d}y}{\mathrm{d}x}\bigg|_{x=0}$.

**解** 方程两边对 $x$ 求导. 注意应视 $y$ 为 $x$ 的函数，那么 $y^5$ 应该看成是 $x$ 的复合函数. 因此得到含 $\dfrac{\mathrm{d}y}{\mathrm{d}x}$ 的方程

$$5y^4\frac{\mathrm{d}y}{\mathrm{d}x}+2\frac{\mathrm{d}y}{\mathrm{d}x}-1-21x^6=0,$$

整理得到

$$\frac{dy}{dx} = \frac{1+21x^6}{5y^4+2}.$$

因为当 $x=0$ 时,从原方程得 $y=0$,于是

$$\left.\frac{dy}{dx}\right|_{x=0} = \frac{1}{2}.$$

**例 4.22** 设 $y=y(x)$ 由方程 $y\tan x = \cos(x+y)$ 所确定,求 $y'(x)$.

**解** 方程两边关于 $x$ 求导得,

$$y'\tan x + y\sec^2 x = -(1+y')\sin(x+y),$$

从而

$$y' = \frac{-\sin(x+y) - y\sec^2 x}{\sin(x+y) + \tan x}.$$

**例 4.23** 证明:曲线 $\sqrt{x} + \sqrt{y} = \sqrt{a}\,(a>0)$ 上任意一点处的切线在坐标轴上的截距和为常数 $a$.

**证** 由导数的几何意义知,曲线上一点的切线斜率为 $y'$,于是方程两边关于 $x$ 求导得:

$$\frac{1}{2\sqrt{x}} + \frac{1}{2\sqrt{y}}y' = 0 \Rightarrow y' = -\frac{\sqrt{y}}{\sqrt{x}}.$$

设 $(x_0, y_0)$ 为曲线上任意一点,此点处切线方程为 $y - y_0 = -\frac{\sqrt{y_0}}{\sqrt{x_0}}(x - x_0)$,其对应截距式方程为

$$\frac{y}{\sqrt{ay_0}} + \frac{x}{\sqrt{ax_0}} = 1,$$

所以,

$$\sqrt{ay_0} + \sqrt{ax_0} = \sqrt{a}\left(\sqrt{x_0} + \sqrt{y_0}\right) = a.$$

**例 4.24** 设 $\arctan\frac{y}{x} = \ln\sqrt{x^2+y^2}$,求该方程所确定的隐函数 $y=y(x)$ 的二阶导数 $\frac{d^2 y}{dx^2}$.

**解** 应用隐函数的求导法则,方程两边对 $x$ 求导,得

$$\frac{1}{1+\left(\frac{y}{x}\right)^2}\left(\frac{y}{x}\right)' = \frac{1}{\sqrt{x^2+y^2}} \cdot \left(\sqrt{x^2+y^2}\right)',$$

于是,

$$\frac{x^2}{x^2+y^2} \cdot \frac{y'x-y}{x^2} = \frac{1}{\sqrt{x^2+y^2}} \cdot \frac{2x+2yy'}{2\sqrt{x^2+y^2}},$$

得到
$$y'x - y = x + yy',$$
$$\frac{\mathrm{d}y}{\mathrm{d}x} = \frac{x+y}{x-y}.$$

上式两边再对 $x$ 求导,得
$$\frac{\mathrm{d}^2 y}{\mathrm{d}x^2} = \frac{2xy' - 2y}{(x-y)^2} = \frac{2(x^2+y^2)}{(x-y)^3}.$$

**例 4.25** 设 $y = x^{\sin x}\,(x>0)$,求 $y'$.

**解法一** 因 $y = \mathrm{e}^{\sin x \ln x}$,由复合函数求导法则得
$$y' = \mathrm{e}^{\sin x \ln x}\left(\cos x \ln x + \frac{\sin x}{x}\right) = x^{\sin x}\left(\cos x \ln x + \frac{\sin x}{x}\right).$$

**解法二** 在等式 $y = x^{\sin x}$ 两边取对数,得
$$\ln y = \sin x \ln x,$$

两边对 $x$ 求导,得
$$\frac{y'}{y} = \cos x \ln x + \frac{\sin x}{x},$$

于是
$$y' = y\left(\cos x \ln x + \frac{\sin x}{x}\right) = x^{\sin x}\left(\cos x \ln x + \frac{\sin x}{x}\right).$$

对于一般形式的幂指函数
$$y = u(x)^{v(x)} \quad (u(x) > 0), \tag{4.15}$$

先在两边取对数,得
$$\ln y = v(x) \ln u(x).$$

上式两边对 $x$ 求导,注意到 $y, u(x), v(x)$ 都是 $x$ 的函数,得
$$\frac{y'}{y} = v'(x) \ln u(x) + v(x) \frac{u'(x)}{u(x)},$$

于是
$$y' = y\left[v'(x) \ln u(x) + v(x) \frac{u'(x)}{u(x)}\right]$$
$$= u(x)^{v(x)}\left[v'(x) \ln u(x) + v(x) \frac{u'(x)}{u(x)}\right].$$

这种通过先取对数再求导数的方法称为对数求导法.当一个函数是若干个函数的乘积,或是幂指函数的形式时,用对数求导法比较简便.

**例 4.26** 求下列函数的导数:

(1) 设 $y = x^a + a^x + x^x + a^a\,(a>0, a \neq 1)$,求 $\dfrac{\mathrm{d}y}{\mathrm{d}x}$;

(2) $y=\sqrt{\left(\dfrac{b}{a}\right)^x \left(\dfrac{a}{x}\right)^b \left(\dfrac{x}{b}\right)^a}$,求 $\dfrac{dy}{dx}$.

**解** (1) $y' = ax^{a-1} + a^x \ln a + (x^x)'$

由对数求导法,可求得
$$(x^x)' = x^x(1+\ln x),$$
故
$$y' = ax^{a-1} + a^x \ln a + x^x(1+\ln x).$$

(2) 取对数 $\ln y = \dfrac{1}{2}\left[x\ln\dfrac{b}{a} + b(\ln a - \ln x) + a(\ln x - \ln b)\right]$,两边求导
$$\dfrac{1}{y}y' = \dfrac{1}{2}\left(\ln\dfrac{b}{a} - \dfrac{b}{x} + \dfrac{a}{x}\right),$$
故
$$y' = \sqrt{\left(\dfrac{b}{a}\right)^x \left(\dfrac{a}{x}\right)^b \left(\dfrac{x}{b}\right)^a} \cdot \dfrac{1}{2}\left(\ln\dfrac{b}{a} + \dfrac{a-b}{x}\right).$$

### 4.3.2 由参数方程确定的函数的求导法则

平面上的曲线方程 $F(x,y)=0$ 常由含参数 $t$ 的方程组
$$\begin{cases} x = \varphi(t), \\ y = \psi(t), \end{cases} \quad (\alpha \leqslant t \leqslant \beta) \tag{4.16}$$
确定. 我们称式(4.16)为曲线的**参数方程**.

一般地,若参数方程(4.16)确定 $y$ 与 $x$ 之间的函数关系,则称此函数关系所表达的函数为由参数方程(4.16)所确定的函数,简称为**参变量函数**.

在实际问题中,需要计算由参数方程(4.16)所确定的函数的导数. 但从式(4.16)中消去参数 $t$ 有时会有困难,因此,我们希望找到一种方法能直接由参数方程(4.16)算出它所确定的函数的导数. 下面来讨论由参数方程所确定的函数的求导方法.

**定理 4.5(参变量函数求导法则)** 假设函数 $\varphi(t)$ 和 $\psi(t)$ 在 $[\alpha,\beta]$ 上连续、可导,且 $\varphi'(t)\neq 0$,则由式(4.16)所确定的函数 $y=y(x)$ 的导数为
$$\dfrac{dy}{dx} = \dfrac{\psi'(t)}{\varphi'(t)}. \tag{4.17}$$

**证** 由于 $\varphi(t)$ 可导,且 $\varphi'(t)\neq 0$. 依本章定理 4.3,它的反函数 $t=t(x)$ 在与 $t$ 对应的 $x$ 处可导,且
$$t'(x) = \dfrac{1}{\varphi'(t)},$$

这时可以将 $y$ 看成是 $x$ 的复合函数：
$$y=\psi(t)=\psi[t(x)].$$
由链式法则，得
$$\frac{dy}{dx}=\frac{dy}{dt}\cdot\frac{dt}{dx}=\frac{\dfrac{dy}{dt}}{\dfrac{dx}{dt}}=\frac{\psi'(t)}{\varphi'(t)}.$$

**注意**  如果 $\varphi(t)$ 与 $\psi(t)$ 还是二阶可导的，因为 $\dfrac{dy}{dx}=\dfrac{\psi'(t)}{\varphi'(t)}$ 仍是 $t$ 的函数，再用一次参数式求导法则，得
$$\frac{d^2y}{dx^2}=\frac{d}{dx}\left(\frac{dy}{dx}\right)=\frac{\dfrac{d}{dt}\left(\dfrac{\psi'(t)}{\varphi'(t)}\right)}{\dfrac{dx}{dt}},$$
因为
$$\frac{d}{dt}\left(\frac{\psi'(t)}{\varphi'(t)}\right)=\frac{\psi''(t)\varphi'(t)-\psi'(t)\varphi''(t)}{[\varphi'(t)]^2},$$
所以得到参变量函数的二阶导数的公式：
$$\frac{d^2y}{dx^2}=\frac{\psi''(t)\varphi'(t)-\psi'(t)\varphi''(t)}{[\varphi'(t)]^3}. \tag{4.18}$$

**例 4.27**  已知椭圆的参数方程为
$$\begin{cases} x=a\cos t, \\ y=b\sin t \end{cases} (0\leqslant t\leqslant 2\pi),$$
求与椭圆相切，且平行于直线 $y=-\dfrac{b}{a}x$ 的切线方程.

**解**  设切点 $M_0(x_0,y_0)$ 对应的参数为 $t_0$，则曲线在点 $M_0$ 的切线斜率 $k$ 为：
$$k=\frac{dy}{dx}\Big|_{t=t_0}=\frac{(b\sin t)'}{(a\cos t)'}\Big|_{t=t_0}=-\frac{b}{a}\cot t_0,$$
又由题设知 $k=-\dfrac{b}{a}$，所以 $t_0=\dfrac{\pi}{4}$ 或 $\dfrac{3\pi}{4}$，代入参数方程得切点为
$$\left(\frac{\sqrt{2}}{2}a,\frac{\sqrt{2}}{2}b\right) \text{或} \left(-\frac{\sqrt{2}}{2}a,-\frac{\sqrt{2}}{2}b\right),$$
由点斜式方程，即得所求切线方程为
$$y\mp\frac{\sqrt{2}}{2}b=-\frac{b}{a}\left(x\mp\frac{\sqrt{2}}{2}a\right),$$
化简后得
$$bx+ay\mp\sqrt{2}ab=0.$$

**例 4.28** 研究抛射体问题时,如果空气阻力忽略不计,则抛射体的运动轨迹可表示为

$$\begin{cases} x = v_1 t, \\ y = v_2 t - \dfrac{1}{2} g t^2, \end{cases}$$

其中 $v_1, v_2$ 分别为抛射体初速度的水平和铅直分量,$g$ 为重力加速度,$t$ 为飞行时间,$x$ 和 $y$ 分别为飞行中抛射体在铅直平面上的位置的横坐标和纵坐标(图 4.6).求抛射体在时刻 $t$ 的运动速度的大小和方向.

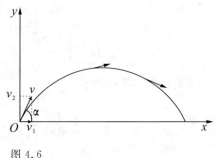

图 4.6

**解** 先求速度的大小.由于速度的水平分量为 $\dfrac{\mathrm{d}x}{\mathrm{d}t} = v_1$,铅直分量为 $\dfrac{\mathrm{d}y}{\mathrm{d}t} = v_2 - gt$.所以抛射体运动速度的大小为

$$v = \sqrt{\left(\dfrac{\mathrm{d}x}{\mathrm{d}t}\right)^2 + \left(\dfrac{\mathrm{d}y}{\mathrm{d}t}\right)^2} = \sqrt{v_1^2 + (v_2 - gt)^2}.$$

再求速度的方向,也就是轨迹的切线方向.设 $\alpha$ 是切线的倾角,则

$$\tan\alpha = \dfrac{\mathrm{d}y}{\mathrm{d}x} = \dfrac{\dfrac{\mathrm{d}y}{\mathrm{d}t}}{\dfrac{\mathrm{d}x}{\mathrm{d}t}} = \dfrac{v_2 - gt}{v_1},$$

所以,在抛射体刚射出(即 $t = 0$)时

$$\tan\alpha \bigg|_{t=0} = \dfrac{\mathrm{d}y}{\mathrm{d}x} \bigg|_{t=0} = \dfrac{v_2}{v_1},$$

当 $t = \dfrac{v_2}{g}$ 时,

$$\tan\alpha \bigg|_{t=\frac{v_2}{g}} = \dfrac{\mathrm{d}y}{\mathrm{d}x} \bigg|_{t=\frac{v_2}{g}} = 0.$$

这时,运动方向是水平的,即抛射体达到最高点.

**例 4.29** 一轮子沿一直线滚动,轮子上一定点 $M(x,y)$ 的轨迹曲线(图 4.7)的参数方程为

$$\begin{cases} x = a(t - \sin t), \\ y = a(1 - \cos t), \end{cases}$$

这条曲线称为**旋轮线**(在研究单摆的等时

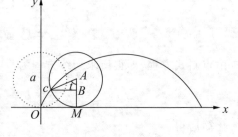

图 4.7

性问题时,也遇到这条曲线,所以又称它为**摆线**;在研究物体在重力作用下,沿什么曲线下滑时间最短时,也遇到这条曲线,所以它也称为**速降线**).求由旋轮线所确定的函数 $y=y(x)$ 的二阶导数.

**解** 因为

$$\frac{dy}{dx} = \frac{\dfrac{dy}{dt}}{\dfrac{dx}{dt}} = \frac{a\sin t}{a(1-\cos t)} = \frac{\sin t}{1-\cos t} = \cot\frac{t}{2},$$

所以

$$\frac{d^2 y}{dx^2} = \frac{d}{dt}\left(\cot\frac{t}{2}\right)\frac{dt}{dx} = -\frac{1}{2\sin^2\dfrac{t}{2}} \cdot \frac{1}{a(1-\cos t)}$$

$$= -\frac{1}{a(1-\cos t)^2} \quad (t \neq 2n\pi, n \in Z).$$

### 4.3.3 极坐标式求导

设曲线 $y=y(x)$ 由极坐标方程

$$r = r(\theta) \tag{4.19}$$

给出,其中 $r = \sqrt{x^2+y^2}$ 称为**极径**,$\theta = \arctan\dfrac{y}{x}$ 称为**极角**,$(r,\theta)$ 称为点 $(x,y)$ 的极坐标.求曲线在点 $(r,\theta)$ 处切线的斜率.

将式(4.19)代入直角坐标与极坐标的关系式 $x=r\cos\theta, y=r\sin\theta$ 中,得曲线的参数方程

$$\begin{cases} x = r(\theta)\cos\theta, \\ y = r(\theta)\sin\theta. \end{cases} \tag{4.20}$$

因此

$$\frac{dy}{dx} = \frac{\dfrac{dy}{d\theta}}{\dfrac{dx}{d\theta}} = \frac{r'(\theta)\sin\theta + r(\theta)\cos\theta}{r'(\theta)\cos\theta - r(\theta)\sin\theta} = \frac{\tan\theta + \dfrac{r(\theta)}{r'(\theta)}}{1 - \tan\theta \cdot \dfrac{r(\theta)}{r'(\theta)}}.$$

设切线与 $x$ 轴的夹角为 $\alpha$,由导数的几何意义知 $\dfrac{dy}{dx} = \tan\alpha$,于是

$$\frac{\tan\theta + \dfrac{r(\theta)}{r'(\theta)}}{1 - \tan\theta \cdot \dfrac{r(\theta)}{r'(\theta)}} = \tan\alpha,$$

由此解出

$$\frac{r(\theta)}{r'(\theta)} = \frac{\tan\alpha - \tan\theta}{1 + \tan\alpha \cdot \tan\theta} = \tan(\alpha - \theta).$$

若令 $\beta$ 表示向径沿逆时针方向转到切线位置的夹角,则由图 4.8 可以看出 $\beta = \alpha - \theta$,所以

$$\frac{r(\theta)}{r'(\theta)} = \tan\beta.$$

这就是 $\dfrac{r(\theta)}{r'(\theta)}$ 的几何意义.

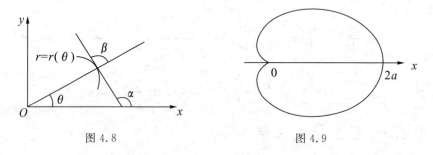

图 4.8　　　　　　　　　　图 4.9

**例 4.30**　设心形线(图 4.9)的极坐标方程为 $r = a(1+\cos\theta)$,求 $\dfrac{\mathrm{d}y}{\mathrm{d}x}$.

**解**　$r'(\theta) = -a\sin\theta$,则

$$\begin{aligned}\frac{\mathrm{d}y}{\mathrm{d}x} &= \frac{r'(\theta)\sin\theta + r(\theta)\cos\theta}{r'(\theta)\cos\theta - r(\theta)\sin\theta} \\ &= \frac{-a\sin\theta\sin\theta + a(1+\cos\theta)\cos\theta}{-a\sin\theta\cos\theta - a(1+\cos\theta)\sin\theta} \\ &= -\frac{\cos 2\theta + \cos\theta}{\sin 2\theta + \sin\theta} \\ &= -\frac{2\cos\dfrac{3\theta}{2}\cos\dfrac{\theta}{2}}{2\sin\dfrac{3\theta}{2}\cos\dfrac{\theta}{2}} \\ &= -\cot\frac{3\theta}{2} \quad (\theta \neq 0, \theta \neq \pm\frac{2\pi}{3}).\end{aligned}$$

### 4.3.4　相关变化率问题

设 $x = x(t)$ 及 $y = y(t)$ 都是可导函数,而变量 $x$ 与 $y$ 之间存在某种关系,从而变化率 $\dfrac{\mathrm{d}x}{\mathrm{d}t}$ 与 $\dfrac{\mathrm{d}y}{\mathrm{d}t}$ 之间也存在一定关系,这两个相互依赖的变化率称为相关变化率.相关变化率问题就是研究这两个变化率之间的关系,以便从其中一个变化率求出

另一个变化率.

**例 4.31** 钓鱼者站在离水面高 10m 的桥上,他的鱼线末端有一条鱼,设鱼在水的表面,若钓鱼者以 2m/s 的速率卷起他的鱼线,试问当鱼线的长度为 15m 时,鱼在水面移动的速率是多少?

**解** 令 $s$ 表示鱼线的长度,$x$ 表示鱼到桥的水面距离(图 4.10). 依题设有 $\dfrac{\mathrm{d}s}{\mathrm{d}t}=-2$. 鱼在水面移动的速率用导数 $\dfrac{\mathrm{d}x}{\mathrm{d}t}$ 表示. 问题归结为:当 $s=15\mathrm{m}$ 时,$\dfrac{\mathrm{d}x}{\mathrm{d}t}$ 等于多少?

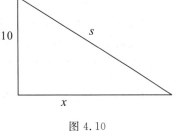

图 4.10

由于 $x$ 和 $s$ 都是时间 $t$ 的函数,它们之间的关系可由勾股定理给出:
$$x^2+10^2=s^2,$$
两端关于 $t$ 求导数,得
$$2x\dfrac{\mathrm{d}x}{\mathrm{d}t}=2s\dfrac{\mathrm{d}s}{\mathrm{d}t},$$
因此有
$$\dfrac{\mathrm{d}x}{\mathrm{d}t}=-2\dfrac{s}{x},$$
当 $s=15\mathrm{m}$ 时,由 $x^2+10^2=15^2$ 得 $x=5\sqrt{5}$ m. 所以,当鱼线长为 15m 时,所求速率为
$$\dfrac{\mathrm{d}x}{\mathrm{d}t}=\dfrac{6\sqrt{5}}{5}\approx 2.7 \text{ (m/s)}.$$

**例 4.32** 落在平静水面的石头使水面产生同心圆水纹. 若最外圈的半径增长率是 6m/s,问在 2s 末时被扰动水面面积的增长率是多少?

**解** 分别以 $r$,$S$ 记同心圆水纹外圈的半径与面积,则 $r$ 与 $S$ 均为时间 $t$ 的函数,且
$$S=\pi r^2,$$
上式两边对 $t$ 求导,得
$$\dfrac{\mathrm{d}S}{\mathrm{d}t}=2\pi r\dfrac{\mathrm{d}r}{\mathrm{d}t},$$
将 $\dfrac{\mathrm{d}r}{\mathrm{d}t}=6(\mathrm{m/s})$,$r|_{t=2}=6t|_{t=2}=12(\mathrm{m})$ 代入上式,得
$$\dfrac{\mathrm{d}S}{\mathrm{d}t}\bigg|_{t=2}=2\pi\times 12\times 6=144\pi(\mathrm{m}^2/\mathrm{s}).$$

# 习题 4.3

(A)

1. 回答下列问题.

(1) 怎样求隐函数的导数？隐函数求导的一般步骤是什么？

(2) 怎样求参变量函数的导数？参变量函数求导的一般步骤是什么？

(3) 什么叫相关变化率？求相关变化率的一般步骤是什么？

2. 求曲线 $x^{\frac{2}{3}}+y^{\frac{2}{3}}=a^{\frac{2}{3}}$ 在点 $(\frac{\sqrt{2}a}{4},\frac{\sqrt{2}a}{4})$ 处的切线方程和法线方程.

3. 求由下列函数的导数 $\frac{dy}{dx}$.

(1) $x^2+y^2=a^2$；

(2) $\begin{cases} x=a\cos^3 t, \\ y=a\sin^3 t; \end{cases}$

(3) $y+x^2y^3+ye^x+1=0$；

(4) $y=\sqrt{x\sin x\sqrt{1-e^x}}$.

4. 求由下列方程所确定的隐函数 $y=y(x)$ 的二阶导数 $y''$.

(1) $x^3+y^3-3axy=0 \quad (a>0)$；

(2) $y^2+2\ln y=x^4$；

(3) $xy=e^{x+y}$；

(4) $y=1-xe^y$.

5. 用对数求导法则求下列函数的导数.

(1) $y=x^x \quad (x>0)$；

(2) $y=(\sqrt{x})^{\ln x} \quad (x>0)$；

(3) $y=a^{\sin x} \quad (a>0)$；

(4) $y=(1+x)^{\frac{1}{x}} \quad (x>0)$；

(5) $y=\dfrac{(x+5)^2 (x-4)^{\frac{1}{3}}}{(x+2)^5 (x+4)^{\frac{1}{2}}}$；

(6) $y=x\sqrt{\dfrac{1-x}{1+x}}$.

6. 求下列参数方程所确定函数的导数 $\frac{dy}{dx}$.

(1) $\begin{cases} x=t-\ln(1+t), \\ y=t^3+t^2; \end{cases}$

(2) $\begin{cases} x=\theta(1-\sin\theta), \\ y=\theta\cos\theta; \end{cases}$

(3) $\begin{cases} x=t-t^2, \\ y=1-t^2. \end{cases}$

7. 求下列参数方程所确定的函数的二阶导数 $\frac{d^2y}{dx^2}$.

(1) $x=a\cos t, y=a\sin t$；

(2) $x=2t-t^2, y=3t-t^3$；

(3) $x=\ln(1+t^2), y=\arctan t$；

(4) $x=\ln(t+\sqrt{t^2+1}), y=t^2$.

8. 设 $r=\sqrt{x^2+y^2}$ 及 $\theta=\arctan\dfrac{y}{x}$ 为极坐标, 求 $\dfrac{dy}{dx}$.

(1) $r^2 = 2a^2\cos 2\theta$(双纽线)在 $\theta = \dfrac{\pi}{6}$ 处；

(2) $r = ae^{m\theta}$(对数螺线).

9. 在中午正 12 点，甲船以 6km/h 的速率向东行驶，乙船在甲船之北 16km 处，以 8km/h 的速率向南行驶，问下午 1 点整，两船相离的速率为多少？

10. 在摆线的一拱 $\begin{cases} x = a(t-\sin t), \\ y = a(1-\cos t), \end{cases}$ $(0 \leqslant t \leqslant 2\pi)$ 上求一点，使该点处切线与直线 $y = 1-x$ 平行，并写出切线方程.

11. 若以 $10\text{cm}^3/\text{s}$ 的速率给一个球形气球充气，那么当气球半径为 2cm 时，它的表面积增加的有多快？

(B)

1. 求下列函数的导数.

(1) $y = e^x + e^{e^x}$；　　　　　　(2) $y = a^{x^a} + a^{a^x}$ $(a > 0)$；

(3) $y = 2^{\tan\frac{1}{x}}$；　　　　　　(4) $y = \left(\dfrac{b}{a}\right)^x \left(\dfrac{b}{x}\right)^a \left(\dfrac{x}{a}\right)^b$ $(a > 0, b > 0)$；

(5) $y = e^x\left(1 + \cot\dfrac{x}{2}\right)$；　　(6) $y = 3^x \ln x$.

2. 一气球从离开观察员 500m 处离地面铅直上升，其速率为 140m/min(分). 当气球高度为 500m 时，观察员视线的仰角增加率是多少？

3. 已知 $y^y = \dfrac{e^x(a+x^2)^2}{\sqrt{(b+x^2)^3}}$，求 $\dfrac{dy}{dx}$.

4. 设 $y = f(x+y)$，其中 $f(u)$ 二阶导数，且 $f'(u) \neq 1$，求 $\dfrac{dy}{dx}, \dfrac{d^2y}{dx^2}$.

5. 设 $u = f(\varphi(x) + y^2)$，$y + e^y = x$，且 $f(x), \varphi(x)$ 均可导，求 $\dfrac{du}{dx}$.

6. 设函数 $\begin{cases} x = te^t, \\ e^t + e^y = 2, \end{cases}$ 求 $\dfrac{d^2y}{dx^2}$.

7. 求极坐标下的曲线 $r = e^\theta$ 在点 $(e^{\frac{\pi}{2}}, \dfrac{\pi}{2})$ 处的切线在直角坐标系下的方程.

## 4.4 微分

### 4.4.1 微分的概念

**1. 定义**

先分析一个具体的问题. 一块边长为 $x_0$ 的正方形金属薄片受温度变化的影响,边长由 $x_0$ 变到 $x_0+\Delta x$ (图 4.11),从而其面积 $A$ 相应的获得增量 $\Delta A$:

$$\Delta A=(x_0+\Delta x)^2-x_0^2=2x_0\Delta x+(\Delta x)^2,$$

由此可以看出,$\Delta A$ 是由两个部分构成:第一部分 $2x_0\Delta x$ 是图中带有斜线的两个矩形面积之和;而第二部分 $(\Delta x)^2$ 在图中是带有交叉斜线的小正方形的面

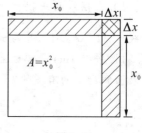

图 4.11

积,当 $\Delta x\to 0$ 时它是 $\Delta x$ 高阶的无穷小,即 $(\Delta x)^2=o(\Delta x)$. 依此可见,如果边长改变很微小(即 $|\Delta x|$ 很小时),面积的改变量 $\Delta A$ 可以近似地用第一部分来代替,即

$$\Delta A\approx 2x_0\Delta x.$$

此近似公式的简便之处在于 $2x_0\Delta x$ 是 $\Delta x$ 的线性函数.

一般地,给定函数 $y=f(x)$,如果当 $x$ 获得增量 $\Delta x$ 时,相应的函数的增量 $\Delta y$ 可表示为

$$\Delta y=A\Delta x+o(\Delta x), \quad (4.21)$$

其中 $A$ 与 $\Delta x$ 无关,则有近似公式

$$\Delta y\approx A\Delta x,$$

此式右边 $A\Delta x$ 是 $\Delta x$ 的线性函数,这有利于 $\Delta y$ 的计算与估计.由此引入下面微分的定义.

**定义 4.2(微分)** 设函数 $y=f(x)$ 在含 $x_0$ 的某区间 $I$ 内有定义,$x_0+\Delta x\in I$,若存在与 $\Delta x$ 无关的常数 $A$,使式(4.21)成立,则称函数 $f(x)$ 在点 $x_0$ 处**可微**,且称 $A\Delta x$ 为函数 $f(x)$ 在 $x_0$ 的**微分**,记作 $dy$ 或 $df(x)$,即

$$dy=A\Delta x.$$

由定义得 $\Delta y=dy+o(\Delta x)$,所以也称 $dy$ 为 $\Delta y$ 的"线性主部". 在实际计算中,当 $|\Delta x|$ 很小时,有近似等式

$$\Delta y\approx dy. \quad (4.22)$$

误差为 $o(\Delta x)$.

**2. 可微的条件**

下面讨论函数可微的条件. 设函数 $y=f(x)$ 在点 $x_0$ 处可微,则存在常数 $A$,使

$\Delta y = A\Delta x + o(\Delta x)$. 于是得到
$$\lim_{\Delta x \to 0} \frac{\Delta y}{\Delta x} = \lim_{\Delta x \to 0}\left[A + \frac{o(\Delta x)}{\Delta x}\right] = A.$$
这表明 $f'(x_0) = A$, 即 $f(x)$ 在点 $x_0$ 处可导, 且 $dy = f'(x_0)\Delta x$.

反之, 若 $y = f(x)$ 在点 $x_0$ 处可导, 记 $f'(x_0) = A$, 则 $\lim_{\Delta x \to 0} \frac{\Delta y}{\Delta x} = A$, 根据极限与无穷小的关系, 得
$$\frac{\Delta y}{\Delta x} = A + \alpha,$$
其中 $\alpha \to 0$ (当 $\Delta x \to 0$ 时). 于是
$$\Delta y = A\Delta x + \alpha \cdot \Delta x.$$
因 $\alpha \cdot \Delta x = o(\Delta x)$, 且 $A = f'(x_0)$ 不依赖于 $\Delta x$, 故上式相当于式(4.21), 表明 $f(x)$ 在 $x_0$ 处可微.

综上所述, 我们可以得到下面的结论:

**定理 4.6** 函数 $y = f(x)$ 在点 $x_0$ 可微的充分必要条件是 $f(x)$ 在点 $x_0$ 可导, 且当 $f(x)$ 在点 $x_0$ 可微时, 有
$$dy = f'(x_0)\Delta x. \tag{4.23}$$

例如, 求函数 $y = x^3$ 当 $x = 2, \Delta x = 0.02$ 时的微分, 利用式(4.22)得
$$dy\bigg|_{\substack{x=2\\\Delta x=0.02}} = 3x^2 \Delta x \bigg|_{\substack{x=2\\\Delta x=0.02}} = 3 \cdot 2^2 \cdot 0.02 = 0.24.$$

当 $f'(x_0) \neq 0$ 时, 有
$$\lim_{\Delta x \to 0} \frac{\Delta y}{dy} = \lim_{\Delta x \to 0} \frac{\Delta y}{f'(x_0)\Delta x} = \frac{1}{f'(x_0)} \lim_{\Delta x \to 0} \frac{\Delta y}{\Delta x} = 1.$$
从而, $\Delta y$ 与 $dy$ 是 $\Delta x \to 0$ 时的等价无穷小, 于是
$$\Delta y = dy + o(dy).$$
因此, 当以微分 $dy$ 近似替代增量 $\Delta y$ 时, 其误差不仅是 $o(\Delta x)$ 也是 $o(\Delta y)$.

鉴于定理 4.6 的结论, 通常称可导函数为可微函数. 约定把自变量 $x$ 的增量 $\Delta x$ 称为自变量的微分, 记作 $dx$, 即 $dx = \Delta x$, 于是式(4.23)可写成
$$dy = f'(x_0)dx.$$

若函数 $y = f(x)$ 在区间 $I$ 内每一点可导, 则对每一 $x \in I$, 有 $dy = f'(x)dx$, 称其为函数的微分, 于是
$$\frac{dy}{dx} = f'(x).$$

这就是说, 函数的微分 $dy$ 与自变量的微分 $dx$ 之商等于该函数的导数. 因此, 导数也叫做"微商".

**3. 微分的几何解释**

为了对微分有比较直观的了解,我们来说明微分的几何意义.

在直角坐标系中,函数 $y=f(x)$ 的图形是一条曲线.对于某一固定的 $x_0$,曲线上有一定点 $M(x_0,y_0)$,当 $x$ 有微小增量 $\Delta x$ 时,就得到曲线另一点 $N(x_0+\Delta x, y_0+\Delta y)$,从图 4.12 可知:

$$MQ=\Delta x, QN=\Delta y.$$

过点 $M$ 作曲线的切线 $MT$,它的倾角为 $\alpha$,则

$$QP=MQ\cdot \tan\alpha=f'(x_0)\Delta x,$$

即

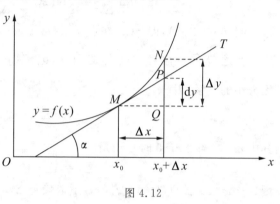

图 4.12

$$dy=QP.$$

由此可见,对于可微函数 $y=f(x)$ 而言,当 $\Delta y$ 是曲线 $y=f(x)$ 上点的纵坐标的增量时,$dy$ 就是切线上点的纵坐标的相应增量.当 $|\Delta x|$ 很小时,$|\Delta y-dy|$ 比 $|\Delta x|$ 小得多,因此在点 $M$ 附近,我们可以用切线段来近似代替曲线段.

## 4.4.2 一阶微分形式的不变性

设 $y=f(u)$ 可微,无论 $u$ 是自变量还是另一自变量 $x$ 的可微函数 $u=g(x)$,都同样有 $dy=f'(u)du$,即微分形式保持不变,这个性质叫做**一阶微分形式的不变性**.

事实上,若 $u$ 是自变量,则由定理 4.6 有

$$dy=f'(u)du.$$

若 $u=g(x)$ 是可微函数,则利用复合函数的求导法则,得到函数 $y=f[g(x)]$ 的微分为

$$dy=y'(x)dx=f'(u)g'(x)dx$$

由于 $g'(x)dx=du$,所以复合函数 $y=f[g(x)]$ 的微分公式也可以写成

$$dy=f'(u)du.$$

但要注意,$u$ 是自变量时,$du=\Delta u$;而 $u$ 是函数时,$du$ 与 $\Delta u$ 一般来说是不同的.

## 4.4.3 微分的运算法则

前面已经看到,要计算函数的微分,只要计算函数的导数,再乘以自变量的微分.因此,所有求导公式和求导法则都可推得相应的微分公式和微分运算法则,为了便于对照,列成下表:

| 导 数 公 式 | 微 分 公 式 |
|---|---|
| $(x^\mu)' = \mu x^{\mu-1}$ | $\mathrm{d}(x^\mu) = \mu x^{\mu-1}\,\mathrm{d}x$ |
| $(\sin x)' = \cos x$ | $\mathrm{d}(\sin x) = \cos x\,\mathrm{d}x$ |
| $(\cos x)' = -\sin x$ | $\mathrm{d}(\cos x) = -\sin x\,\mathrm{d}x$ |
| $(\tan x)' = \sec^2 x$ | $\mathrm{d}(\tan x) = \sec^2 x\,\mathrm{d}x$ |
| $(\cot x)' = -\csc^2 x$ | $\mathrm{d}(\cot x) = -\csc^2 x\,\mathrm{d}x$ |
| $(\sec x)' = \sec x \tan x$ | $\mathrm{d}(\sec x) = \sec x \tan x\,\mathrm{d}x$ |
| $(\csc x)' = -\csc x \cot x$ | $\mathrm{d}(\csc x) = -\csc x \cot x\,\mathrm{d}x$ |
| $(a^x)' = a^x \ln a$ | $\mathrm{d}(a^x) = a^x \ln a\,\mathrm{d}x$ |
| $(\mathrm{e}^x)' = \mathrm{e}^x$ | $\mathrm{d}(\mathrm{e}^x) = \mathrm{e}^x\,\mathrm{d}x$ |
| $(\log_a x)' = \dfrac{1}{x \ln a}$ | $\mathrm{d}(\log_a x) = \dfrac{1}{x \ln a}\,\mathrm{d}x$ |
| $(\ln x)' = \dfrac{1}{x}$ | $\mathrm{d}(\ln x) = \dfrac{1}{x}\,\mathrm{d}x$ |
| $(\arcsin x)' = \dfrac{1}{\sqrt{1-x^2}}$ | $\mathrm{d}(\arcsin x) = \dfrac{1}{\sqrt{1-x^2}}\,\mathrm{d}x$ |
| $(\arccos x)' = -\dfrac{1}{\sqrt{1-x^2}}$ | $\mathrm{d}(\arccos x) = -\dfrac{1}{\sqrt{1-x^2}}\,\mathrm{d}x$ |
| $(\arctan x)' = \dfrac{1}{1+x^2}$ | $\mathrm{d}(\arctan x) = \dfrac{1}{1+x^2}\,\mathrm{d}x$ |
| $(\operatorname{arccot} x)' = -\dfrac{1}{1+x^2}$ | $\mathrm{d}(\operatorname{arccot} x) = -\dfrac{1}{1+x^2}\,\mathrm{d}x$ |
| 函数和、差、积、商的求导法则 | 函数和、差、积、商的微分法则 |
| $(u \pm v)' = u' \pm v'$ | $\mathrm{d}(u \pm v) = \mathrm{d}u \pm \mathrm{d}v$ |
| $(uv)' = u'v + uv'$ | $\mathrm{d}(uv) = v\mathrm{d}u + u\mathrm{d}v$ |
| $(Cu)' = Cu'$（C 为常数） | $\mathrm{d}(Cu) = C\mathrm{d}u$ |
| $\left(\dfrac{u}{v}\right)' = \dfrac{u'v - uv'}{v^2}$ $(v \neq 0)$ | $\mathrm{d}\left(\dfrac{u}{v}\right) = \dfrac{v\mathrm{d}u - u\mathrm{d}v}{v^2}$ $(v \neq 0)$ |

其中 $u = u(x)$，$v = v(x)$ 都可导.

**例 4.33** 在下列等式左端的括号中填入适当的函数，使等式成立.

(1) $\mathrm{d}(\quad) = x\mathrm{d}x$；(2) $\mathrm{d}(\quad) = \sin \omega t\,\mathrm{d}t$.

**解** (1) 因为 $\mathrm{d}(x^2) = 2x\mathrm{d}x$，所以 $x\mathrm{d}x = \dfrac{1}{2}\mathrm{d}(x^2) = \mathrm{d}\left(\dfrac{x^2}{2}\right)$. 一般地，有

$$\mathrm{d}\left(\dfrac{x^2}{2} + C\right) = x\mathrm{d}x \quad (C \text{ 为任意常数}).$$

(2) 因为 $d(-\cos\omega t)=\omega\sin\omega t dt$, 所以

$$\sin\omega t dt = \frac{1}{\omega}d(-\cos\omega t)=d(-\frac{1}{\omega}\cos\omega t).$$

一般地,有

$$d(-\frac{1}{\omega}\cos\omega t + C) = \sin\omega t dt \quad (C \text{ 为任意常数}).$$

**例 4.34** 设 $y=e^{3x}\cos x$, 求 $dy$.

**解** 应用积的微分法则:

$$\begin{aligned}dy &= \cos x d(e^{3x}) + e^{3x}d(\cos x) \\ &= \cos x \cdot 3e^{3x}dx - e^{3x}\cdot\sin x dx \\ &= e^{3x}(3\cos x - \sin x)dx.\end{aligned}$$

**例 4.35** 设 $y=\ln(x+\sqrt{1+x^2})$, 求 $dy$.

**解** 令 $u=x+\sqrt{1+x^2}$, 则 $y=\ln u$, 于是利用一阶微分形式的不变性与和的微分法则:

$$dy = \frac{1}{u}du = \frac{dx+d\sqrt{1+x^2}}{x+\sqrt{1+x^2}} = \frac{1+\frac{x}{\sqrt{1+x^2}}}{x+\sqrt{1+x^2}}dx = \frac{1}{\sqrt{1+x^2}}dx.$$

### 4.4.4 高阶微分

类似于高阶导数,我们可以定义函数的高阶微分,如函数 $y=f(x)$ 的二阶微分是一阶微分 $dy$ 的微分 $d(dy)$, 记作 $d^2y$. 而函数 $f(x)$ 的 $n$ 阶微分则可定义为 $n-1$ 阶微分的微分, 记作

$$d^n y = d(d^{n-1}y),$$

由于 $y=f(x)$ 的一阶微分是

$$dy = f'(x)dx,$$

从而二阶微分为

$$\begin{aligned}d^2 y &= d(dy) = [f'(x)dx]'dx \\ &= [f''(x)dx + f'(x)(dx)']dx \\ &= f''(x)dx^2.\end{aligned}$$

这里, $x$ 与 $dx$ 是相互独立的, 因此 $(dx)'=0$. 此外, 上式中用 $dx^2$ 代表 $(dx)^2$. 如果孤立的看 $dx^2$, 也可理解为 $x^2$ 的微分, 但在等式 $d^2y = f''(x)dx^2$ 中结合两边看, 左边为 $d^2y$, 所以将 $dx^2$ 理解为 $(dx)^2$.

类似的有 $d^3 y = d(d^2 y) = f'''(x)dx^3$, 一般地有

$$d^n y = d(d^{n-1}y) = f^{(n)}(x)dx^n,$$

因此高阶导数也可以表示为
$$f^{(n)}(x)=\frac{d^n y}{dx^n}.$$

**注意** 高阶微分不再具有微分形式不变性.

**例 4.36** 设 $y=\cos^2 x \cdot \ln x$,求 $d^2 y$.

**解**
$$dy=(\cos^2 x \cdot \ln x)'dx$$
$$=[-2\cos x\sin x \cdot \ln x+\frac{1}{x}\cos^2 x]dx$$
$$=(\frac{1}{x}\cos^2 x-\sin 2x \cdot \ln x)dx.$$
$$d^2 y=(\cos^2 x \cdot \ln x)''dx^2$$
$$=(\frac{1}{x}\cos^2 x-\sin 2x \cdot \ln x)'dx^2$$
$$=(-\frac{1}{x^2}\cos^2 x-\frac{1}{x}\sin 2x-2\cos 2x \cdot \ln x-\frac{1}{x}\sin 2x)dx^2$$
$$=-(2\cos 2x \cdot \ln x+\frac{2\sin 2x}{x}+\frac{\cos^2 x}{x^2})dx^2.$$

### 4.4.5 微分在近似计算中的应用

利用微分可以作近似计算和误差估计.

**1. 近似计算**

前面说过,如果函数 $y=f(x)$ 在点 $x_0$ 处的导数 $f'(x_0)\neq 0$,且 $|\Delta x|$ 很小时,有
$$\Delta y\approx dy=f'(x_0)\Delta x.$$
这个式子也可以写成
$$f(x_0+\Delta x)-f(x_0)\approx f'(x_0)\Delta x,$$
或
$$f(x_0+\Delta x)\approx f(x_0)+f'(x_0)\Delta x.$$
若令 $x=x_0+\Delta x$,即 $\Delta x=x-x_0$,那么就有
$$f(x)\approx f(x_0)+f'(x_0)(x-x_0). \tag{4.24}$$
这表明在 $x_0$ 附近可以用切线上的点近似代替曲线上的点,也就是局部线性逼近. 当 $f(x_0),f'(x_0)$ 比较容易计算时,我们可以通过式(4.24)近似得到 $f(x)$ 的值. 当 $x_0=0$ 时,则有
$$f(x)\approx f(0)+f'(0)x. \tag{4.25}$$
其中 $f(x)$ 在点 $x_0=0$ 处可微,$|x|$ 充分小. 由公式(4.25)可以得到一系列简单的

近似计算公式. 例如, 分别取 $f(x)$ 为 $(1+x)^\alpha$, $e^x$, $\ln(1+x)$, $\sin x$, $\tan x$ 就可以得到以下的近似计算公式($|x|$充分小):

(i) $(1+x)^\alpha \approx 1+\alpha x$;

(ii) $e^x \approx 1+x$;

(iii) $\ln(1+x) \approx x$;

(iv) $\sin x \approx x$ ($x$ 以弧度为单位);

(v) $\tan x \approx x$ ($x$ 以弧度为单位).

**例 4.37** 计算 $\sqrt[5]{0.99}$ 的近似值.

**解** 令 $f(x)=\sqrt[5]{x}$, $x_0=1$, $\Delta x=-0.01$, 利用公式(4.24):

$$\sqrt[5]{0.99} = f(1-0.01) \approx f(1)+f'(1)\cdot(-0.01)$$
$$= 1-\frac{0.01}{5} = 0.998.$$

**例 4.38** 计算 $\arctan 1.01$ 的近似值.

**解** 设 $f(x)=\arctan x$, 则

$$f(x_0+\Delta x)=\arctan(x_0+\Delta x), f'(x)=\frac{1}{1+x^2}.$$

由 $f(x_0+\Delta x)\approx f(x_0)+f'(x_0)\Delta x$, 取 $x_0=1$, $\Delta x=0.01$, 得

$$\arctan 1.01 = \arctan(1+0.01) \approx \arctan 1+\frac{1}{1+1^2}\cdot 0.01 \approx 0.790.$$

**2. 误差估计**

设 $y=f(x)$, 已知 $x$ 计算 $y$. 常常因输入数据 $x$ 出现误差 $\Delta x$, 导致计算所得的结果也会有误差 $\Delta y$. 由公式(4.22)和(4.23)有

$$|\Delta y| \approx |f'(x)\Delta x| \qquad (4.26)$$

与

$$\left|\frac{\Delta y}{y}\right| \approx \left|\frac{f'(x)\Delta x}{f(x)}\right| \qquad (4.27)$$

分别称 $|\Delta y|$ 与 $\left|\dfrac{\Delta y}{y}\right|$ 为 $y$ 的**绝对误差**与**相对误差**. 若已知 $|\Delta x|\leqslant \delta_x$, 则由式(4.26)和式(4.27)得

$$|\Delta y|\leqslant |f'(x)|\delta_x, \qquad \left|\frac{\Delta y}{y}\right|\leqslant \left|\frac{f'(x)}{f(x)}\right|\delta_x.$$

分别称 $|f'(x)|\delta_x$ 与 $\left|\dfrac{f'(x)}{f(x)}\right|\delta_x$ 为 $y$ 的**绝对误差界**与**相对误差界**.

**例 4.39** 设测得一球体的直径为 42cm, 测量工具的精度为 0.05cm, 试求以此直径计算球体体积时所引起的误差.

**解** 由直径 $d$ 计算球体体积的函数式是 $V = \dfrac{1}{6}\pi d^3$，取 $d_0 = 42, \delta_d = 0.05$，求得

$$V_0 = \dfrac{1}{6}\pi d_0^3 \approx 38792.39 (\text{cm}^3),$$

则球体体积的绝对误差限为

$$\delta_V = \left|\dfrac{1}{2}\pi d_0^2\right| \cdot \delta_d = \dfrac{\pi}{2} \cdot 42^2 \cdot 0.05 \approx 138.54 (\text{cm}^3)$$

相对误差限为

$$\dfrac{\delta_V}{|V_0|} = \dfrac{\dfrac{1}{2}\pi d_0^2}{\dfrac{1}{6}\pi d_0^3} \cdot \delta_d = \dfrac{3}{d_0} \cdot \delta_d \approx 0.357\%$$

## 习题 4.4

### (A)

1. 回答下列问题.

(1) 函数 $f(x)$ 在点 $x_0$ 处可微是如何定义的？

(2) 可微与可导的关系是什么？

(3) 什么是函数的一阶微分形式不变性？

2. 计算下列各题.

(1) $d(x^2 e^x)$；  (2) $d(\sin x - x\cos x)$；

(3) $d\left(\dfrac{1}{x^2}\right)$；  (4) $d(\sqrt{a^2 + x^2})$；

(5) $d(\ln(1-x^2))$；  (6) $d\left(\dfrac{\ln x}{\sqrt{x}}\right)$.

3. 将适当的函数填入下列括号内，使等号成立.

(1) $\sqrt{x}\, dx = d(\quad)$；  (2) $\sin(3x-2)\, dx = d(\quad)$；

(3) $(3x^2 + 2x)\, dx = d(\quad)$；  (4) $e^{-2x}\, dx = d(\quad)$；

(5) $\dfrac{1}{a^2 + x^2}\, dx = d(\quad)$；  (6) $\dfrac{1}{2x+3}\, dx = d(\quad)$；

(7) $e^{x^2} d(x^2) = d(\quad)$；  (8) $\cos(2x)\, dx = d(\quad)$；

(9) $\dfrac{1}{\sqrt{1-x^2}}\, dx = d(\quad)$；  (10) $\dfrac{\ln x}{x}\, dx = d(\quad)$.

4. 求下列函数的微分.

(1) $y=\ln\sin\dfrac{x}{2}$；  (2) $y=\arctan\dfrac{1+x}{1-x}$；

(3) $e^{\frac{x}{y}}-xy=0$；  (4) $y^2+\ln y=x^4$.

5. 利用一阶微分形式不变性求微分.

(1) $y=\arctan e^x$；  (2) $y=e^{\cos x}$.

6. 求下列近似值.

(1) $\sqrt[3]{996}$；  (2) $\cos 29°$.

7. 有一立方形的铁箱,其边长为 $70\pm 0.1\mathrm{cm}$,求出它的体积,并估计绝对误差和相对误差.

8. 讨论 $f(x)=\begin{cases}x^2, & x\leqslant 1,\\ 2x-1, & x>1\end{cases}$ 在 $x=1$ 处的连续性与可微性.

9. 求下列函数或隐函数的微分.

(1) $\dfrac{x^2}{a^2}+\dfrac{y^2}{b^2}=1$，求 $dy$；  (2) $y=x+\arctan y$，求 $dy$；

(3) $y=x^{\sin x}$，求 $dy$.

10. 已知单摆的振动周期 $T=2\pi\sqrt{\dfrac{l}{g}}$，其中 $g=980\mathrm{cm/s}^2$，$l$ 为摆长（单位为 cm），设原摆长为 20cm，为使周期 $T$ 增大 0.05s，摆长约需加长多少？

(B)

1. 求下列函数的二阶微分 $d^2y$.

(1) $y=\sqrt{1+x^2}$；  (2) $y=\dfrac{\ln x}{x}$.

2. 计算球体体积时,要求精度在 2% 以内,问这时测量直径 $D$ 的相对误差不能超过多少？

3. 设函数 $f(x)$ 连续，$f'(0)$ 存在，并且对于任何的 $x,y\in R$，有
$$f(x+y)=\dfrac{f(x)+f(y)}{1-4f(x)f(y)}.$$
证明：$f(x)$ 在 $R$ 上可微.

## 总习题 4

1. 在"充分""必要"和"充分必要"三者中选择一个正确的填入下列空格内.

(1) $f(x)$ 在点 $x_0$ 可导是在该点连续的_____条件；$f(x)$ 在点 $x_0$ 连续是在该点可导的_____条件.

(2) $f(x)$ 在点 $x_0$ 左导数 $f'_{-}(x_0)$ 及右导数 $f'_{+}(x_0)$ 都存在且相等是 $f(x)$ 在点

$x_0$ 可导的_____条件.

(3) $f(x)$ 在点 $x_0$ 可导是 $f(x)$ 在点 $x_0$ 可微的_____条件.

2. 选择题(四个答案中只有一个是正确的).

(1) 设 $f(x)$ 在 $x=a$ 的某个邻域内有定义,则 $f(x)$ 在 $x=a$ 处可导的一个充分条件是( ).

(A) $\lim\limits_{h\to\infty} h\left[f\left(a+\dfrac{1}{h}\right)-f(a)\right]$ 存在

(B) $\lim\limits_{h\to 0}\dfrac{f(a+2h)-f(a+h)}{h}$ 存在

(C) $\lim\limits_{h\to\infty}\dfrac{f(a+h)-f(a-h)}{2h}$ 存在

(D) $\lim\limits_{h\to\infty}\dfrac{f(a)-f(a-h)}{h}$ 存在

(2) 设 $F(x)=\begin{cases}\dfrac{f(x)}{x}, & x\neq 0,\\ f(0), & x=0,\end{cases}$ 其中 $f(x)$ 在 $x=0$ 处可导,$f(0)=0$,$f'(0)\neq 0$,则 $x=0$ 是 $F(x)$ 的( ).

(A) 连续点  (B) 第一类间断点

(C) 第二类间断点  (D) 不能确定是连续点或间断点

(3) 设 $f(x)$ 对任意 $x$ 均满足等式 $f(1+x)=af(x)$,且 $f'(0)=b$,其中 $a,b$ 为非零常数,则( ).

(A) $f(x)$ 在 $x=1$ 处不可导

(B) $f(x)$ 在 $x=1$ 处可导,且 $f'(1)=a$

(C) $f(x)$ 在 $x=1$ 处可导,且 $f'(1)=b$

(D) $f(x)$ 在 $x=1$ 处可导,且 $f'(1)=ab$

(4) 设 $f(x)$ 在区间 $(-\delta,\delta)$ 内有意义,若当 $x\in(-\delta,\delta)$ 时,恒有 $|f(x)|\leqslant x^2$,则 $x=0$ 必为 $f(x)$ 的( ).

(A) 间断点  (B) 连续但不可导的点

(C) 可导的点,且 $f'(0)=0$  (D) 可导的点,且 $f'(0)\neq 0$

3. 求下列函数 $f(x)$ 的 $f'_-(0)$ 及 $f'_+(0)$,又 $f'(0)$ 是否存在?

(1) $f(x)=\begin{cases}\sin x, & x<0,\\ \ln(1+x), & x\geqslant 0;\end{cases}$

(2) $f(x)=\begin{cases}\dfrac{x}{1+e^{\frac{1}{x}}}, & x\neq 0,\\ 0, & x=0.\end{cases}$

4. 设 $f(x)$ 在 $x=0$ 处连续,且 $\lim\limits_{x\to 0}\dfrac{f(x)}{x}$ 存在,证明 $f(x)$ 在 $x=0$ 处连续可导.

5. 设 $a,b$ 为已知常数,函数 $f(x)=\begin{cases}x-a, & x<a,\\ A(x-a)(x-b)(x-B), & a\leqslant x\leqslant b,\\ 2(x-b), & x>b,\end{cases}$

试确定常数 $A$ 和 $B$,使得在 $x=a$ 及 $x=b$ 点均可导.

6. 设某产品的总成本 $C$ 是产量 $q$ 的函数: $C=q^2+1$,求

(1) 从 $q=100$ 到 $q=102$ 时,自变量的改变量 $\Delta q$;

(2) 从 $q=100$ 到 $q=102$ 时,函数的改变量 $\Delta C$;

(3) 从 $q=100$ 到 $q=102$ 时,函数的平均变化率;

(4) 总成本在 $q=100$ 处的变化率.

7. 求下列函数的导数.

(1) $y=\sin^2(\dfrac{1-\ln x}{x})$,求 $y'$;

(2) $y=x+x^x+x^{x^x}$,求 $y'$;

(3) $y=\dfrac{(x+1)^2\sqrt[3]{3x-2}}{\sqrt[3]{(x-3)^2}}$,求 $y'$;

(4) $y\sin x-\cos(x-y)=0$,求 $\dfrac{dy}{dx}$;

(5) $e^{\arctan\frac{y}{x}}=\sqrt{x^2+y^2}$,求 $\dfrac{d^2y}{dx^2}$;

(6) $\begin{cases}x=t^2-1\\y=t^3-t\end{cases}$,求 $\dfrac{d^3y}{dx^3}$;

(7) $y=f(\sin^2 x)+f(\cos^2 x)$,$f$ 是可微函数,求 $\dfrac{dy}{dx}$;

(8) 已知 $y=f(x)$,求其反函数的二阶导数 $\dfrac{d^2x}{dy^2}$(用 $y'$,$y''$ 等表示);

(9) $y=\ln(ax+b)$,求 $y^{(n)}$;

(10) $y=x(\sin^4 x+\cos^4 x)$,求 $y^{(n)}$.

8. 求曲线 $\begin{cases}x=2e^t\\y=e^{-t}\end{cases}$ 在相应于 $t=0$ 点处的切线、法线方程.

9. 求下列函数的微分.

(1) $y=\ln(x+\sqrt{x^2-1})$,求 $dy$;

(2) $y=\ln\sin\dfrac{x}{2}$,求 $dy|_{x=\frac{\pi}{3},dx=\frac{\pi}{12}}$;

(3) $y=\arctan x$,求 $d^2y$;

(4) $y=\sqrt{1+x^2}$,求 $d^2y|_{x=0}$.

10. 半径为 10cm 的圆盘,当半径改变 1cm 时,其面积大约改变多少?

11. 设函数 $f(u)$ 在 $u=t$ 处可导,求 $\lim\limits_{r\to 0}\dfrac{1}{r}\left[f(t+\dfrac{r}{a})-f(t-\dfrac{r}{a})\right]$ ($a\neq 0$ 为常数).

12. 设 $f(x)$ 在 $R$ 上有定义,满足 $f(x_1+x_2)=f(x_1)f(x_2)$,且 $f'(0)=1$,求 $f'(x)$.

13. $g(x)=\begin{cases} x^2\arctan\dfrac{1}{x}, & x\neq 0, \\ 0, & x=0, \end{cases}$ $f(x)$ 处处可导,求 $f[g(x)]$ 的导数.

14. 设 $f(x)=\lim\limits_{n\to\infty}\dfrac{x^2 e^{n(x-1)}+ax+b}{1+e^{n(x-1)}}$,求 $f(x)$ 并讨论 $f(x)$ 的连续性与可导性.

# 第5章 微分中值定理与导数的应用

本章首先给出与导数相关的某些重要结论,我们统称其为中值定理,然后利用函数的导数来研究函数的局部性质与整体特征.本章内容比较抽象,是学习过程中的难点之一.

## 5.1 微分中值定理

本节集中给出几个重要定理,它们分别是 Fermat 定理、Rolle 定理、Lagrange 中值定理、Cauchy 中值定理.由于这些定理的结论都涉及函数在区间$[a,b]$内的某个值$\xi$处的导数信息,因此将这些定理统称为微分中值定理.

### 5.1.1 极值概念与 Fermat 定理

**定义 5.1** 设函数$f(x)$在点$x_0$的某邻域$O(x_0)$内有定义,若对任意点$x\in O(x_0)$,有

$$f(x_0)\geqslant f(x) \quad (f(x_0)\leqslant f(x)), \tag{5.1}$$

则称函数$f(x)$在点$x_0$处取得极大(极小)值$f(x_0)$,$x_0$称为函数$f(x)$的一个极大(极小)值点.

极大值与极小值统称为极值,极大值点与极小值点统称为极值点.

与函数在某个区间上的最大值和最小值不同,函数的极大值和极小值是一个局部概念.一般而言,极大值不一定是最大值,极小值也不一定是最小值.

**定理 5.1(Fermat 定理)** 设函数$f(x)$在点$x_0$的某个邻域$O(x_0)$内有定义,若$f(x)$在点$x_0$可导,且在点$x_0$处取得极大值或极小值,则必有$f'(x_0)=0$.

**证** 如图 5.1 所示,不妨设函数$f(x)$在点$x_0$取得极大值,则对所有点$x\in O(x_0)$均有

$$f(x_0)\geqslant f(x),$$

因此,当$x<x_0$时有

$$\frac{f(x)-f(x_0)}{x-x_0}\geqslant 0, \tag{5.2}$$

而当 $x>x_0$ 时有
$$\frac{f(x)-f(x_0)}{x-x_0}\leqslant 0, \tag{5.3}$$
又由于 $f(x)$ 在点 $x_0$ 可导,所以由式(5.2)可得
$$f'(x_0)=\lim_{x\to x_0^-}\frac{f(x)-f(x_0)}{x-x_0}\geqslant 0, \tag{5.4}$$
而由式(5.3)可得
$$f'(x_0)=\lim_{x\to x_0^+}\frac{f(x)-f(x_0)}{x-x_0}\leqslant 0. \tag{5.5}$$
综合上述式(5.4)和式(5.5)可得,$f'(x_0)=0$.

通常称使 $f'(x_0)=0$ 的点 $x_0$ 为函数 $f(x)$ 的**驻点**. 图 5.1 给出了上述定理的几何解释,从图中可以看出,如果函数 $f(x)$ 在点 $x_0$ 处取得极值,而且曲线 $y=f(x)$ 在点 $(x_0,y_0)$ 处有切线,则该切线一定平行于 $x$ 轴.

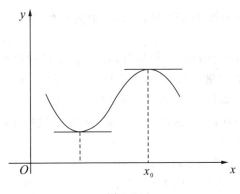

图 5.1

### 5.1.2 Rolle 定理

**定理 5.2(Rolle 定理)**  若函数 $f(x)$ 满足:
(1) 在闭区间 $[a,b]$ 上连续;
(2) 在开区间 $(a,b)$ 内可导;
(3) $f(a)=f(b)$,
则在开区间 $(a,b)$ 内至少存在一点 $\xi$,使得
$$f'(\xi)=0. \tag{5.6}$$

**证**  由于函数 $f(x)$ 在闭区间 $[a,b]$ 上连续,因此由闭区间上连续函数的性质

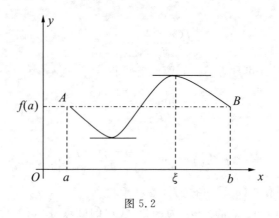

图 5.2

可知,函数 $f(x)$ 在区间 $[a,b]$ 上一定存在最大值 $M$ 和最小值 $m$. 为方便起见,我们分以下两种情况来分析.

(1) 当 $M=m$ 时,函数 $f(x)$ 在区间 $[a,b]$ 恒为常数,所以 $f'(x)\equiv 0$, $x\in(a,b)$,从而定理的结论正确.

(2) 当 $M\neq m$ 时,由于 $f(a)=f(b)$,因此最大值 $M$ 和最小值 $m$ 至少有一个不等于端点上的值,不妨设最大值 $M$ 不等于端点上的值,也就是说函数的最大值 $M$ 一定在开区间 $(a,b)$ 内取得,即存在 $\xi\in(a,b)$,使得 $f(\xi)=M$. 又由于 $f(x)$ 在开区间 $(a,b)$ 内可导,$f'(\xi)$ 存在,由定理 5.1 可知,必有 $f'(\xi)=0$,因此,定理的结论也是正确的. 如图 5.2 所示.

综合上述两种情况即知定理结论为真.

值得指出的是,定理 5.2 中的三个条件是缺一不可的. 也就是说,为保证定理的结论成立,三个条件必须同时具备. 我们可以通过一些例子说明每个条件的必要性,作为练习由读者自己完成.

**例 5.1** 实数 $a_0, a_1, \cdots, a_n$ 满足 $\dfrac{a_0}{1}+\dfrac{a_1}{2}+\cdots+\dfrac{a_n}{n+1}=0$,试证:方程 $a_0+a_1 x+\cdots+a_n x^n=0$ 至少有一个实根.

**证** 令 $f(x)=a_0 x+\dfrac{a_1}{2}x^2+\cdots+\dfrac{a_n}{n+1}x^{n+1}$,显然 $f(x)$ 为多项式函数,是可导的,且

$$f(0)=0, f(1)=a_0+\dfrac{a_1}{2}+\cdots+\dfrac{a_n}{n+1}=0.$$

根据 Rolle 定理,存在 $\xi\in(0,1)$,使

$$f'(\xi)=a_0+a_1\xi+\cdots+a_n\xi^n=0.$$

$\xi$ 即为方程 $a_0+a_1 x+\cdots+a_n x^n=0$ 的一个实根.

## 5.1.3 Lagrange 中值定理

**定理 5.3(Lagrange 中值定理)** 若函数 $f(x)$ 满足:
(1)在闭区间 $[a,b]$ 上连续;
(2)在开区间 $(a,b)$ 内可导,
则在开区间 $(a,b)$ 内至少存在一点 $\xi$,使得

$$f'(\xi) = \frac{f(b)-f(a)}{b-a}. \tag{5.7}$$

**证** 作辅助函数

$$F(x) = f(x) - \frac{f(b)-f(a)}{b-a}x \tag{5.8}$$

可以直接验证,$F(x)$ 满足定理 5.2 的三条要求,自然应该具有定理 5.2 的结果,即在开区间 $(a,b)$ 内至少存在一点 $\xi$,使得 $F'(\xi)=0$. 而

$$F'(x) = f'(x) - \frac{f(b)-f(a)}{b-a},$$

所以有

$$F'(\xi) = f'(\xi) - \frac{f(b)-f(a)}{b-a} = 0,$$

即

$$f'(\xi) = \frac{f(b)-f(a)}{b-a}.$$

定理 5.3 所描述的几何事实可以通过图 5.3 加以解释:一条连续且处处存在切线的曲线段 $AB$,至少存在一点,该点的切线平行于两个端点 $A$、$B$ 的连线.

比较定理 5.3 和定理 5.2 不难发现,当函数满足 $f(a)=f(b)$ 时,定理 5.3 的结果与定理 5.2 是一致的.这说明定理 5.3 是定理 5.2 的推广.

显然,式(5.7)中的 $a,b$ 是对称的,所以在 $a>b$ 时也成立.我们经常称该公式为 **Lagrange 中值公式**.这是一个非常重要的公式,今后在许多问题的讨论中都会看到它的应用.

式(5.7)也经常表示为

$$f(b)-f(a) = f'(\xi)(b-a), \quad (a<\xi<b). \tag{5.9}$$

若令 $\dfrac{\xi-a}{b-a} = \theta$,则 $0<\theta<1$,于是有 $\xi = a+\theta(b-a)$,$(0<\theta<1)$,这样式(5.9)又可表示为

$$f(b)-f(a) = f'[a+\theta(b-a)](b-a), (0<\theta<1), \tag{5.10}$$

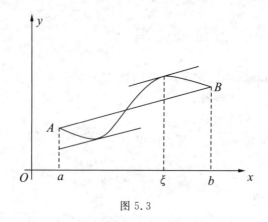

图 5.3

由上述定理可以得到如下重要推论:

**推论 5.1** 若函数 $f(x)$ 在区间 $I$ 上的导数恒为零,则 $f(x)$ 在区间 $I$ 上恒为常数.

**证** 在区间 $I$ 上任取两个不同的点 $x_1, x_2$, 不妨设 $x_1 < x_2$. 在区间 $[x_1, x_2]$ 上应用定理 5.3, 并注意条件 $f'(x) \equiv 0$, 便得

$$\frac{f(x_2) - f(x_1)}{x_2 - x_1} = f'(\xi) = 0,$$

即

$$f(x_2) - f(x_1) = 0,$$

或者

$$f(x_2) = f(x_1),$$

由 $x_1, x_2$ 的任意性可知, 函数 $f(x)$ 在区间 $I$ 上恒为常数.

**推论 5.2** 若函数 $f(x)$ 在区间 $I$ 上的导数 $f'(x)$ 有界, 则存在常数 $L$, 使得对区间 $I$ 上任意两点 $x_1, x_2$, 恒有不等式

$$|f(x_1) - f(x_2)| \leqslant L|x_1 - x_2|. \tag{5.11}$$

此时称函数 $f(x)$ 在区间 $I$ 上满足 Lipschitz 条件.

**证** 由于 $f'(x)$ 有界, 所以存在常数 $L$, 使得 $|f'(x)| \leqslant L$. 在区间 $I$ 上任取两点 $x_1, x_2$, 不妨设 $x_1 < x_2$, 在区间 $[x_1, x_2]$ 上应用定理 5.3, 由式 (5.9) 便有

$$f(x_2) - f(x_1) = f'(\xi)(x_2 - x_1) \quad (x_1 < \xi < x_2),$$

等式两边取绝对值,

$$|f(x_2) - f(x_1)| = |f'(\xi)| |(x_2 - x_1)| \quad (x_1 < \xi < x_2),$$

利用 $|f'(x)| \leqslant L$ 可得

$$|f(x_1) - f(x_2)| \leqslant L|x_1 - x_2|.$$

**例 5.2** 证明恒等式 $\arcsin x + \arccos x = \dfrac{\pi}{2}(-1 \leqslant x \leqslant 1)$.

**证** 令 $f(x) = \arcsin x + \arccos x (-1 \leqslant x \leqslant 1)$,则有
$$f'(x) = \dfrac{1}{\sqrt{1-x^2}} - \dfrac{1}{\sqrt{1-x^2}} = 0,$$
故 $f(x) = \arcsin x + \arccos x = C(-1 \leqslant x \leqslant 1)$,而
$$C = f(0) = \dfrac{\pi}{2},$$
所以有
$$\arcsin x + \arccos x = \dfrac{\pi}{2}(-1 \leqslant x \leqslant 1).$$

**例 5.3** 设 $f$ 在 $[0,a]$ 上 2 阶可导,$|f''(x)| \leqslant M, x \in [0,a]$,且 $f$ 在 $(0,a)$ 内达到最大值,试证:$|f'(0)| + |f'(a)| \leqslant Ma$.

**证** 设 $x_0 \in (0,a), f(x_0) = \max\limits_{0 \leqslant x \leqslant a} f(x)$,则由 Fermat 定理知 $f'(x_0) = 0$,根据 Lagrange 中值定理,存在 $\xi_1 \in (0, x_0)$ 及 $\xi_2 \in (x_0, a)$ 使得
$$f'(0) = f'(x_0) + f''(\xi_1)(0 - x_0) = -f''(\xi_1)x_0,$$
$$f'(a) = f'(x_0) + f''(\xi_2)(a - x_0) = f''(\xi_2)(a - x_0),$$
因此
$$|f'(0)| + |f'(a)| = |f''(\xi_1)x_0| + |f''(\xi_2)||a - x_0|$$
$$\leqslant Mx_0 + M(a - x_0) = Ma.$$

### 5.1.4 Cauchy 中值定理

**定理 5.4(Cauchy 中值定理)** 若函数 $f(x), g(x)$ 满足
(1) $f(x), g(x)$ 在闭区间 $[a,b]$ 上连续;
(2) $f(x), g(x)$ 在开区间 $(a,b)$ 内可导,且 $g'(x) \neq 0$,
则在开区间 $(a,b)$ 内至少存在一点 $\xi$,使得
$$\dfrac{f(b) - f(a)}{g(b) - g(a)} = \dfrac{f'(\xi)}{g'(\xi)}. \tag{5.12}$$

**证** 由 Lagrange 中值定理可知,存在 $\eta \in (a,b)$,使得
$$g(b) - g(a) = g'(\eta)(b - a) \neq 0.$$
作辅助函数
$$F(x) = f(x) - \dfrac{f(b) - f(a)}{g(b) - g(a)} g(x), \tag{5.13}$$
经过验证可以知道,$F(x)$ 在闭区间 $[a,b]$ 上连续,在开区间 $(a,b)$ 内可导,而且
$$F(a) = \dfrac{f(a)g(b) - f(b)g(a)}{g(b) - g(a)} = F(b).$$

由定理 5.2 得知,在开区间内 $(a,b)$ 至少存在一点 $\xi$,使得 $F'(\xi)=0$. 而

$$F'(x)=f'(x)-\frac{f(b)-f(a)}{g(b)-g(a)}g'(x),$$

所以有

$$F'(\xi)=f'(\xi)-\frac{f(b)-f(a)}{g(b)-g(a)}g'(\xi)=0,$$

即

$$\frac{f(b)-f(a)}{g(b)-g(a)}=\frac{f'(\xi)}{g'(\xi)}.$$

为了从几何方面解释 Cauchy 中值定理的直观意义,我们可以考虑曲线的参数方程(图 5.4)

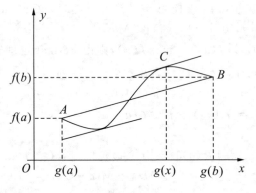

图 5.4

$$\begin{cases} X=g(t) \\ Y=f(t) \end{cases} (a \leqslant t \leqslant b)$$

曲线上 $A$、$B$ 两点连线的斜率为

$$\frac{f(b)-f(a)}{g(b)-g(a)},$$

利用曲线的参数方程求导公式可以确定点 $C$ 处的切线斜率为

$$K=\frac{f'(\xi)}{g'(\xi)},$$

因此,Cauchy 中值定理的几何解释与 Lagrange 中值定理类似,即:对于一条连续且处处存在切线的曲线段 $AB$,至少存在一点 $C$,使该点的切线平行于两个端点 $A$、$B$ 的连线.

显然,定理应具备条件 $g(b)-g(a)\neq 0$,但定理并没有明显提出这一要求. 实际上只要满足 $g'(x)\neq 0$,就能保证有 $g(b)-g(a)\neq 0$.

当函数 $g(x)=x$ 时,Cauchy 中值定理就转化为 Lagrange 中值定理,从这个

意义上讲,定理5.4是定理5.3的推广. 但是Cauchy中值定理还是有它的独到之处,这就是将两个看似无关的函数 $f(x),g(x)$ 利用关系式(5.12)联系在一起了.

**例 5.4** 设 $f(x)$ 在 $[a,b]$ 上连续,在 $(a,b)$ 内可导,且 $a>0$,试证存在 $\xi\in(a,b)$,使得

$$f(b)-f(a)=\xi f'(\xi)\ln\frac{b}{a}. \tag{5.14}$$

**证** 本题结论式(5.14)可以表示为

$$\frac{f(b)-f(a)}{\ln b-\ln a}=\frac{f'(\xi)}{\dfrac{1}{\xi}}. \tag{5.15}$$

令函数 $g(x)=\ln x, x\in[a,b]$,则函数 $f(x),g(x)$ 满足 Cauchy 中值定理的要求,因此应该有定理的结论,即得式(5.15).

**例 5.5** 设 $g(x)$ 在 $[x_1,x_2]$ 上可导,且 $x_1>0, x_2>0$,试证至少存在一点 $m\in(x_1,x_2)$,使得

$$[x_1 g(x_2)-x_2 g(x_1)]/(x_1-x_2)=g(m)-mg'(m).$$

**证** 记 $f(x)=g(x)/x, h(x)=1/x$,显然两函数在 $[x_1,x_2]$ 上满足柯西中值定理条件,可知至少存在一点 $m\in[x_1,x_2]$,使得

$$[f(x_1)-f(x_2)]/[(h(x_1)-h(x_2)]=f'(m)/h'(m),$$

即

$$[g(x_1)/x_1-g(x_2)/x_2]/[1/x_1-1/x_2]=[(mg'(m)-g(m))/m^2]/(-1/m^2),$$

整理即有

$$[x_1 g(x_2)-x_2 g(x_1)]/(x_1-x_2)=g(m)-mg'(m),$$

命题得证.

# 习题 5.1

## (A)

1. 回答下列问题.
(1) 极值点与驻点的区别是什么?
(2) 极值与最大值、最小值的区别是什么?
(3) 导数不存在的点处会有极值吗? 为什么?
(4) 中值定理中的"中值"二字的含义是什么? 是指区间的中点吗?
(5) 中值定理中的 $\xi\in(a,b)$ 与区间 $(a,b)$ 具有怎样的关系? $\xi$ 是常值还是变量?
(6) 举例说明 Rolle 中值定理中的三个条件缺一不可.

(7) 举例说明 Lagrange 中值定理中的两个条件缺一不可.

2. 已知 $f(x)$ 具有一阶导数，$f(0)=0$，$f'(0)=1$，又知 $f''(0)=2$，求 $\lim\limits_{x\to 0}\dfrac{f(x)-x}{x^2}$.

3. 证明下列各题.

(1) $e^x > 1+x$ $(x\neq 0)$；

(2) $\tan x > x$ $(0 < x < \dfrac{\pi}{2})$；

(3) $|\arctan b - \arctan a| \leqslant |b-a|$.

4. 已知函数 $f(x)$ 在 $[0,1]$ 上连续，$(0,1)$ 内可导，$f(0)=1$，$f(1)=0$. 求证：在 $(0,1)$ 内至少存在一点 $C$，使得 $f'(C)=-f(C)/C$.

5. 设 $a > b > 0$，证明：$\dfrac{a-b}{a} < \ln\dfrac{a}{b} < \dfrac{a-b}{b}$.

6. 设 $f:R\to R$ 可导，证明 $f(x)=0$ 的任何两根之间必有 $f'(x)-af(x)=0$ 的一个根，$a$ 为实常数.

7. 函数 $f$ 在有界区间 $(a,b)$ 内可导且无界，证明 $f'(x)$ 在 $(a,b)$ 内也无界，但其逆不真.

8. 设函数 $f(x),g(x)$ 均在闭区间 $[a,b]$ 上连续，在开区间 $(a,b)$ 内可导，且 $f'(x) > g'(x)$，证明：

(1) 若 $f(a)=g(a)$，则 $f(x) > g(x)$，$x > a$；

(2) 若 $f(b)=g(b)$，则 $f(x) < g(x)$，$x < b$.

9. 设函数 $f(x)$ 在闭区间 $[a,b]$ 上连续，在开区间 $(a,b)$ 内可导，而且 $f'(x)\neq 0$，证明：在开区间 $(a,b)$ 内至少存在一点 $\xi$，使得 $2\xi[f(a)-f(b)]=(a^2-b^2)f'(\xi)$.

10. 设函数 $f(x)$ 在闭区间 $[a,b]$ 上连续，在开区间 $(a,b)$ 内可导，而且 $ab>0$，证明：在开区间 $(a,b)$ 内至少存在一点 $\xi$，使得 $\dfrac{bf(a)-af(b)}{b-a}=f(\xi)-\xi f'(\xi)$.

(B)

1. 证明：方程 $2^x - x^2 - 1 = 0$ 恰有三个不同的实根.

2. 设函数 $f(x)$，$x\in(-\infty,+\infty)$ 处处可导，试证：在 $f(x)$ 的两个零点之间一定存在 $f(x)+f'(x)$ 的零点.

3. 设函数 $f(x)$、$g(x)$ 在闭区间 $[a,b]$ 上连续，在开区间 $(a,b)$ 内可导，且 $g'(x)\neq 0$，证明：存在 $\xi\in(a,b)$，使得 $\dfrac{f(\xi)-f(a)}{g(b)-g(\xi)}=\dfrac{f'(\xi)}{g'(\xi)}$.

4. 设 $f(x)$ 在实数范围内可导，且有 $f'(x)=C$（$C$ 为常数），证明：$f(x)$ 一定是线性函数.

5. 不用求出函数 $f(x)=x(x-1)(x-2)(x-3)$ 的导数，判别方程 $f'(x)=0$ 根的个数.

6. 设 $f(x)$ 在 $[0,\pi]$ 上连续，在 $[0,\pi]$ 内可微，且 $0 \leqslant f(x) \leqslant \sin x + \sin 2x - \cos(x+\frac{\pi}{2})$，$0 \leqslant x \leqslant \pi$. 证明：在 $(0,\pi)$ 内至少存在一点 $\xi$，使得 $f'(\xi) = \cos\xi + 2\cos 2\xi + \sin(\xi+\frac{\pi}{2})$.

7. 设函数 $f$ 在 $[a,+\infty)$ 上可导，$f(a)=0$，且当 $x \geqslant a$ 时，$|f'(x)| \leqslant |f(x)|$. 试证 $f \equiv 0$.

8. 设函数 $f$ 在 $[a,b]$ 上可导，且 $ab>0$，则存在 $\xi \in (a,b)$ 使得
$$\frac{1}{a-b}\begin{vmatrix} a & b \\ f(a) & f(b) \end{vmatrix} = f(\xi) - \xi f'(\xi).$$

9. 设 $f(x)$ 在 $[a,b]$ 上二次可微，过点 $A(a,f(a))$ 与 $B(b,f(b))$ 的弦与 $y=f(x)$ 有一个交点，证明：存在 $c \in (a,b)$ 使 $f''(c)=0$.

10. 设 $f(x)$ 在 $[a,b]$ 上可微，$f'(x) \neq 0, 0<a<b$，证明：存在 $\xi, \eta \in (a,b)$ 使得 $f'(\xi) = \frac{a+b}{2\eta}f'(\eta)$.

## 5.2 L'Hospital 法则

本节将应用上一节给出的中值定理，讨论一种重要的求极限方法，这就是人们通常所说的 L'Hospital 法则.

### 5.2.1 $\frac{0}{0}$ 与 $\frac{\infty}{\infty}$ 型未定式

我们知道，当极限 $\lim f(x)=0, \lim g(x)=0$ 时，极限 $\lim \frac{f(x)}{g(x)}$ 有多种可能的结果，有时这个极限存在，而有时这个极限不存在. 通常称这类极限为未定式，并记为符号 $\frac{0}{0}$. 同样，当极限 $\lim f(x)=\infty, \lim g(x)=\infty$ 时，极限 $\lim \frac{f(x)}{g(x)}$ 也有多种可能的结果，我们也称这类极限为未定式，并记为符号 $\frac{\infty}{\infty}$. L'Hospital 法则就是专门用来确定上述两种未定式极限的一种有效方法.

**定理 5.5**(关于 $\dfrac{0}{0}$ 的 L'Hospital 法则)  若函数 $f(x)$、$g(x)$ 在点 $x_0$ 的某个去心邻域 $O_0(x_0)$ 内有定义,且满足

(1) $\lim\limits_{x \to x_0} f(x) = 0$,$\lim\limits_{x \to x_0} g(x) = 0$;

(2) $f(x)$、$g(x)$ 在点 $x_0$ 的某个去心邻域 $O_0(x_0)$ 内有导数,而且 $g'(x) \neq 0$;

(3) $\lim\limits_{x \to x_0} \dfrac{f'(x)}{g'(x)} = A$  (其中 $A$ 为有限值或者为 $\infty$),

则有

$$\lim_{x \to x_0} \frac{f(x)}{g(x)} = \lim_{x \to x_0} \frac{f'(x)}{g'(x)}. \tag{5.16}$$

**证**  由于极限 $\lim\limits_{x \to x_0} f(x)$ 与函数值 $f(x_0)$ 无关,因此我们可以根据需要补充定义 $f(x_0)$. 令 $f(x_0) = 0, g(x_0) = 0$,这时函数 $f(x), g(x)$ 在点 $x_0$ 的邻域 $O(x_0)$ 内连续,而且对任意的 $x \in O(x_0)$,在区间 $[x_0, x]$ (或 $[x, x_0]$)上满足 Cauchy 中值定理的要求,所以由 Cauchy 中值定理可得

$$\frac{f(x)}{g(x)} = \frac{f(x) - f(x_0)}{g(x) - g(x_0)} = \frac{f'(\xi)}{g'(\xi)}  \quad (\text{其中 } \xi \text{ 介于 } x_0 \text{ 与 } x \text{ 之间}),$$

即

$$\frac{f(x)}{g(x)} = \frac{f'(\xi)}{g'(\xi)} \quad (\text{其中 } \xi \text{ 介于 } x_0 \text{ 与 } x \text{ 之间}).$$

显然,当 $x \to x_0$ 时,有 $\xi \to x_0$,所以在上式两端令 $x \to x_0$,便得

$$\lim_{x \to x_0} \frac{f(x)}{g(x)} = \lim_{\xi \to x_0} \frac{f'(\xi)}{g'(\xi)} = \lim_{x \to x_0} \frac{f'(x)}{g'(x)} = A.$$

值得指出的是,若将定理 5.5 中的 $x \to x_0$ 替换为 $x \to x_0^+, x \to x_0^-, x \to +\infty, x \to -\infty, x \to \infty$ 时,定理的结论仍然成立,只是其中的条件(2)作对应的修改即可.

前面,我们利用无穷小的比较方法,已经得到了某些 $\dfrac{0}{0}$ 型未定式的极限. 现在我们可以利用 L'Hospital 法则进行检验(若适用的话). 例如,

$$\lim_{x \to 0} \frac{\sin x}{x} = 1, \; \lim_{x \to 0} \frac{\sin 2x}{x} = 2, \; \lim_{x \to 0} \frac{e^x - 1}{x} = 1, \; \lim_{x \to 0} \frac{\tan 5x}{x} = 5, \; \lim_{x \to 0} \frac{\ln(1 + x)}{x} = 1.$$

**例 5.6**  求极限 $\lim\limits_{x \to \pi} \dfrac{\sin 2x}{x - \pi}$.

**解**  令 $f(x) = \sin 2x, g(x) = x - \pi$,则 $f(x), g(x)$ 在点 $x = \pi$ 的邻域内满足定理 5.5 的条件(1)和(2),对于条件(3)有

$$\lim_{x \to \pi} \frac{f'(x)}{g'(x)} = \lim_{x \to \pi} \frac{2\cos 2x}{1} = 2.$$

所以也满足要求,因此由定理 5.5 结论可知

$$\lim_{x\to\pi}\frac{\sin 2x}{x-\pi}=\lim_{x\to\pi}\frac{f'(x)}{g'(x)}=2.$$

**例 5.7**  设 $f$ 在 $x_0$ 处 2 阶可导,证明

$$f''(x_0)=\lim_{h\to 0}\frac{f(x_0+h)+f(x_0-h)-2f(x_0)}{h^2}.$$

**证**  因为 $f$ 在点 $x_0$ 处 2 阶可导,所以 $f$ 在 $x_0$ 的某个开邻域中 1 阶可导,当然也连续. 根据 L'Hospital 法则和 2 阶导数的定义,有

$$\lim_{h\to 0}\frac{f(x_0+h)+f(x_0-h)-2f(x_0)}{h^2}$$
$$=\lim_{h\to 0}\frac{f'(x_0+h)-f'(x_0-h)}{2h}$$
$$=\frac{1}{2}\lim_{h\to 0}\left[\frac{f'(x_0+h)-f'(x_0)}{h}+\frac{f'(x_0-h)-f'(x_0)}{-h}\right]$$
$$=\frac{1}{2}[f''(x_0)+f''(x_0)]=f''(x_0).$$

**定理 5.6(关于 $\frac{\infty}{\infty}$ 的 L'Hospital 法则)**  若函数 $f(x),g(x)$ 在点 $x_0$ 的某个去心邻域 $O_0(x_0)$ 内有定义,且满足

(1) $\lim\limits_{x\to x_0}f(x)=\infty$,$\lim\limits_{x\to x_0}g(x)=\infty$;

(2) $f(x),g(x)$ 在点 $x_0$ 的某个去心邻域 $O_0(x_0)$ 内有导数,而且 $g'(x)\neq 0$;

(3) $\lim\limits_{x\to x_0}\dfrac{f'(x)}{g'(x)}=A$  (其中 $A$ 为有限值或者为$\infty$),

则有

$$\lim_{x\to x_0}\frac{f(x)}{g(x)}=\lim_{x\to x_0}\frac{f'(x)}{g'(x)}. \tag{5.17}$$

定理 5.6 的证明略去.

与定理 5.5 类似,定理 5.6 同样适用于 $x\to x_0^+,x\to x_0^-,x\to+\infty,x\to-\infty$,$x\to\infty$ 等极限过程,请看下面的例子.

**例 5.8**  求极限 $\lim\limits_{x\to+\infty}\dfrac{e^x}{\ln x}$.

**解**  令 $f(x)=e^x$,$g(x)=\ln x$,则 $f(x),g(x)$ 满足定理 5.6 的条件(1)和(2),对于条件(3)有

$$\lim_{x\to+\infty}\frac{f'(x)}{g'(x)}=\lim_{x\to+\infty}xe^x=+\infty,$$

所以也满足要求,因此由定理 5.6 结论可知

$$\lim_{x\to+\infty}\frac{e^x}{\ln x}=\lim_{x\to+\infty}\frac{f'(x)}{g'(x)}=\lim_{x\to+\infty}xe^x=+\infty.$$

**例 5.9** 求极限 $\lim\limits_{x\to+\infty}\dfrac{e^x}{x^4}$.

**解** 这是一个 $\dfrac{\infty}{\infty}$ 型的未定式,利用定理 5.6,可得

$$\lim_{x\to+\infty}\frac{e^x}{x^4}=\lim_{x\to+\infty}\frac{e^x}{4x^3}=\lim_{x\to+\infty}\frac{e^x}{12x^2}=\lim_{x\to+\infty}\frac{e^x}{24x}=\lim_{x\to+\infty}\frac{e^x}{24}=+\infty.$$

**例 5.10** 求极限 $\lim\limits_{x\to+\infty}\dfrac{2x+\sin x}{3x+\cos x}$.

**解** 这是一个 $\dfrac{\infty}{\infty}$ 型的未定式,令 $f(x)=2x+\sin x$,$g(x)=3x+\cos x$,则 $f(x)$,$g(x)$ 满足定理 5.6 的条件(1)和(2),对于条件(3)有

$$\lim_{x\to+\infty}\frac{f'(x)}{g'(x)}=\lim_{x\to+\infty}\frac{2+\cos x}{3-\sin x}.$$

该极限不存在,而且也不是 $\infty$,说明定理 5.6 的条件(3)不满足. 这时只能说本例不适用 L'Hospital 法则,需要借助别的方法解决,而不能说本例的极限也不存在. 事实上,将分子、分母同时除以 $x$,该极限就可计算如下:

$$\lim_{x\to+\infty}\frac{2x+\sin x}{3x+\cos x}=\lim_{x\to+\infty}\frac{2+\dfrac{\sin x}{x}}{3+\dfrac{\cos x}{x}}=\frac{2}{3}.$$

### 5.2.2 其他类型未定式

当极限 $\lim f(x)=0$,$\lim g(x)=\infty$ 时,极限 $\lim f(x)g(x)$ 也是一种未定式形式,我们称它为 $0\cdot\infty$ 型未定式. 类似的,还有 $\infty-\infty$,$0^0$,$\infty^0$,$1^\infty$ 等多种未定式形式. 当我们遇到这些形式的未定式的极限问题时,通常是先将它们转化成为 $\dfrac{0}{0}$ 或者 $\dfrac{\infty}{\infty}$,再利用 L'Hospital 法则进行计算. 下面我们通过一些实例加以说明.

**例 5.11** 求极限 $\lim\limits_{x\to+\infty} x^2 e^{-x}$.

**解** 这是一个 $0\cdot\infty$ 型的未定式,我们可以通过函数形式的转换变为 $\dfrac{\infty}{\infty}$ 型未定式,即

$$\lim_{x\to+\infty} x^2 e^{-x}=\lim_{x\to+\infty}\frac{x^2}{e^x}.$$

令 $f(x)=x^2$,$g(x)=e^x$,则 $f(x)$,$g(x)$ 满足定理 5.6 的条件(1)和(2),对于条件(3)有

$$\lim_{x\to+\infty}\frac{f'(x)}{g'(x)}=\lim_{x\to+\infty}\frac{2x}{e^x}=\lim_{x\to+\infty}\frac{2}{e^x}=0,$$

所以有
$$\lim_{x \to +\infty} x^2 \mathrm{e}^{-x} = \lim_{x \to +\infty} \frac{x^2}{\mathrm{e}^x} = 0.$$

**例 5.12** 求极限 $\lim\limits_{x \to 0}(\dfrac{1}{x} - \dfrac{1}{\sin x})$.

**解** 这是一个 $\infty - \infty$ 型的未定式,我们可以通过函数形式的转换变为 $\dfrac{0}{0}$ 型未定式,即
$$\lim_{x \to 0}(\frac{1}{x} - \frac{1}{\sin x}) = \lim_{x \to 0} \frac{\sin x - x}{x \sin x} = \lim_{x \to 0} \frac{\sin x - x}{x^2}.$$

令 $f(x) = \sin x - x$,$g(x) = x^2$,则 $f(x)$,$g(x)$ 满足定理 5.5 的条件(1)和(2),对于条件(3)有
$$\lim_{x \to 0} \frac{f'(x)}{g'(x)} = \lim_{x \to 0} \frac{\cos x - 1}{2x} = \lim_{x \to 0} \frac{-\sin x}{2} = 0,$$

所以
$$\lim_{x \to 0}(\frac{1}{x} - \frac{1}{\sin x}) = \lim_{x \to 0} \frac{\sin x - x}{x \sin x} = \lim_{x \to 0} \frac{\sin x - x}{x^2} = 0.$$

**例 5.13** 求极限 $\lim\limits_{x \to 0^+} x^x$.

**解** 这是一个 $0^0$ 型的未定式,我们可以通过函数形式的转换变为
$$\lim_{x \to 0^+} x^x = \lim_{x \to 0^+} \mathrm{e}^{x \ln x} = \mathrm{e}^{\lim\limits_{x \to 0^+} x \ln x}.$$

现在我们只需计算极限 $\lim\limits_{x \to 0^+} x \ln x$ 即可. 这是一个 $0 \cdot \infty$ 型的未定式,可以通过函数形式的转换将其变为 $\dfrac{\infty}{\infty}$ 型未定式,即
$$\lim_{x \to 0^+} x \ln x = \lim_{x \to 0^+} \frac{\ln x}{\dfrac{1}{x}}.$$

令 $f(x) = \ln x$,$g(x) = \dfrac{1}{x}$,则 $f(x)$、$g(x)$ 满足定理 5.6 的条件(1)和(2),对于条件(3)有
$$\lim_{x \to 0^+} \frac{f'(x)}{g'(x)} = \lim_{x \to 0^+} \frac{\dfrac{1}{x}}{-\dfrac{1}{x^2}} = \lim_{x \to 0^+}(-x) = 0,$$

所以
$$\lim_{x \to 0^+} x^x = \lim_{x \to 0^+} \mathrm{e}^{x \ln x} = 1.$$

**例 5.14** 求极限 $\lim\limits_{x\to 0}(\cos x)^{\frac{1}{x^2}}$.

**解** 这是一个 $1^\infty$ 型的未定式，我们可以通过函数形式的转换变为

$$\lim_{x\to 0}(\cos x)^{\frac{1}{x^2}} = \lim e^{\frac{1}{x^2}\ln\cos x} = e^{\lim\limits_{x\to 0}\frac{\ln\cos x}{x^2}}.$$

现在我们只需计算极限 $\lim\limits_{x\to 0}\dfrac{\ln\cos x}{x^2}$ 即可. 这是一个 $\dfrac{0}{0}$ 型的未定式，令 $f(x)=\ln\cos x$，$g(x)=x^2$，则 $f(x)$、$g(x)$ 满足定理 5.5 的条件(1)和(2)，对于条件(3)有

$$\lim_{x\to 0}\frac{f'(x)}{g'(x)} = \lim_{x\to 0}\frac{-\tan x}{2x} = -\frac{1}{2},$$

所以

$$\lim_{x\to 0}(\cos x)^{\frac{1}{x^2}} = \lim e^{\frac{1}{x^2}\ln\cos x} = e^{-\frac{1}{2}}.$$

**例 5.15** 设函数 $f$ 在点 $x_0$ 有 $n$ 阶导数 $(n\in N)$，证明：

$$f^{(n)}(x_0) = \lim_{h\to 0}\frac{1}{h^n}\sum_{k=0}^{n}(-1)^{n-k}C_n^k f(x_0+kh).$$

**证** 连续应用 $n-1$ 次 L'Hospital 法则，再有

$$\sum_{k=0}^{n}(-1)^{n-k}C_n^k k^m = \begin{cases} 0, & m=0,1,\cdots,n-1, \\ n!, & m=n. \end{cases}$$

于是得

$$\lim_{h\to 0}\frac{1}{h^n}\sum_{k=0}^{n}(-1)^{n-k}C_n^k f(x_0+kh)$$

$$= \lim_{h\to 0}\frac{1}{n!h}\sum_{k=0}^{n}(-1)^{n-k}C_n^k f^{(n-1)}(x_0+kh)\cdot k^{n-1}$$

$$= \frac{1}{n!}\lim_{h\to 0}\sum_{k=0}^{n}(-1)^{n-k}C_n^k k^n \frac{f^{(n-1)}(x_0+kh)}{kh}$$

$$= \frac{1}{n!}\lim_{h\to 0}\sum_{k=0}^{n}(-1)^{n-k}C_n^k k^n \frac{f^{(n-1)}(x_0+kh)-f^{(n-1)}(x_0)}{kh}$$

$$= \frac{1}{n!}\sum_{k=0}^{n}(-1)^{n-k}C_n^k k^n \lim_{h\to 0}\frac{f^{(n-1)}(x_0+kh)-f^{(n-1)}(x_0)}{kh}$$

$$= \frac{1}{n!}\sum_{k=0}^{n}(-1)^{n-k}C_n^k k^n f^{(n)}(x_0) = \frac{1}{n!}f^{(n)}(x_0)\sum_{k=0}^{n}(-1)^{n-k}C_n^k k^n$$

$$= f^{(n)}(x_0).$$

# 习题 5.2

## (A)

1. 回答下列问题.

(1) 可以用 L'Hospital 法则计算数列的极限吗？为什么？

(2) 当 $\lim \dfrac{f'(x)}{g'(x)}$ 不存在时，能确定 $\lim \dfrac{f(x)}{g(x)}$ 也不存在吗？

(3) 当 $\lim \dfrac{f'(x)}{g'(x)} = \infty$ 时，能确定 $\lim \dfrac{f(x)}{g(x)} = \infty$ 吗？

(4) 采取什么方法可将 $\infty - \infty, 0 \cdot \infty, 1^\infty, 0^0, \infty^0$ 转化成为 $\dfrac{0}{0}$ 型或者 $\dfrac{\infty}{\infty}$ 型？

(5) 能够详细解释"未定式"的准确含义吗？它指的是一个极限还是一类极限？

2. 计算下列极限.

(1) $\lim\limits_{x \to 0} \dfrac{\sin x - x}{x^2 \tan x}$;

(2) $\lim\limits_{x \to 0} \dfrac{\sin x - x\cos x}{x^2 \sin x}$;

(3) $\lim\limits_{x \to 0} \dfrac{e^{\alpha x} - e^{\beta x}}{\ln(x+2)\sin x}$;

(4) $\lim\limits_{x \to a} \dfrac{\sin x - \sin a}{\sin(x-a)}$;

(5) $\lim\limits_{x \to a} \dfrac{x^m - a^m}{x^n - a^n}$.

3. 计算下列极限.

(1) $\lim\limits_{x \to 1} \left( \dfrac{2}{x^2 - 1} - \dfrac{1}{x-1} \right)$;

(2) $\lim\limits_{x \to 1} \dfrac{x - x^x}{1 - x + \ln x}$;

(3) $\lim\limits_{x \to 0} x \cot 2x$;

(4) $\lim\limits_{x \to 1} (1-x) \tan \dfrac{\pi x}{2}$;

(5) $\lim\limits_{x \to 0^+} x \ln x$.

4. 设函数 $f$ 在区间 $(a, +\infty)$ 上可导，试用 L'Hospital 法则或 $\varepsilon - \delta$ 法证明:

(1) 若 $\lim\limits_{x \to +\infty} f'(x) = 0$, 则 $\lim\limits_{x \to +\infty} \dfrac{f(x)}{x} = 0$;

(2) 若 $\lim\limits_{x \to +\infty} [f(x) + f'(x)] = r$, 则 $\lim\limits_{x \to +\infty} f(x) = r$.

5. 设函数 $f(x)$ 具有一阶连续导数，用 L'Hospital 法则计算极限 $\lim\limits_{x \to 0} \dfrac{f(a+x) - f(a-x)}{x}$.

## (B)

1. 已知 $\lim\limits_{x \to +\infty} \dfrac{f(x)}{x} = a$, 问是否必有 $\lim\limits_{x \to +\infty} f'(x) = a$？试分析函数 $f(x) = \dfrac{\sin x^2}{x}$.

2. 计算下列极限.

(1) $\lim\limits_{x \to 0} \dfrac{\ln \cos x}{x \sin x}$;

(2) $\lim\limits_{x \to 0} \dfrac{\ln \cos 2x}{\ln \cos 3x}$;

(3) $\lim\limits_{x \to 0} \dfrac{\sqrt{x+1} - \sqrt{\tan x + 1}}{x^3}$;

(4) $\lim\limits_{x \to 0^+} \dfrac{e^{-\frac{1}{x}}}{x^{20}}$;

(5) $\lim\limits_{x \to 0} \dfrac{\sin x - \tan x}{x^2 (e^x - 1)}$.

3. 计算下列极限.

(1) $\lim\limits_{x \to \frac{\pi}{2}}(\sec x - \tan x)$；    (2) $\lim\limits_{x \to \infty}\left(1 + \dfrac{a}{x}\right)^x$；    (3) $\lim\limits_{x \to 0} x \cot x$；

(4) $\lim\limits_{x \to 0^+} x^{\arcsin x}$；    (5) $\lim\limits_{x \to 0^+}\left(\dfrac{1}{x}\right)^{\sin x}$.

4. 设函数 $f(x)$ 具有二阶导数，计算极限 $\lim\limits_{x \to 0} \dfrac{f(a+x) + f(a-x) - 2f(a)}{x^2}$.

5. 设函数 $f(x) = \begin{cases} \left[\dfrac{(1+x)^{\frac{1}{x}}}{\mathrm{e}}\right]^{\frac{1}{x}}, & x > 0, \\ \mathrm{e}^{-\frac{1}{2}}, & x \leqslant 0, \end{cases}$ 讨论 $f(x)$ 在 $x = 0$ 处的连续性.

6. 设函数 $g(x)$ 在 $x = 0$ 处有 $g(0) = g'(0) = 0, g''(0) = 17$，令

$$f(x) = \begin{cases} \dfrac{g(x)}{x}, & x \neq 0, \\ 0, & x = 0, \end{cases}$$

讨论 $f(x)$ 在 $x = 0$ 处的可导性.

## 5.3 Taylor 公式

由导数的定义可知，当函数 $f(x)$ 在点 $x_0$ 可导时，在点 $x_0$ 的邻域 $O(x_0)$ 内恒有

$$f(x) = f(x_0) + f'(x_0)(x - x_0) + o(x - x_0) \tag{5.18}$$

或者

$$f(x) \approx f(x_0) + f'(x_0)(x - x_0). \tag{5.19}$$

这是在对函数进行局部线性化处理时常用的公式之一. 从几何上看，它是用切线近似代替曲线. 当然这样的近似是比较粗糙的，而且只在点 $x_0$ 的附近才有近似意义. 本节给出的 Taylor 公式将极大地改善上述不足，它在科学计算和理论分析中起着重要的作用.

### 5.3.1 Taylor 公式

为了提高式 (5.19) 的计算精度，我们自然会想到将丢掉的余项 $o(x - x_0)$ 进行更加精细处理，使丢掉的余项变成更高阶的无穷小，即

$$o(x - x_0) = c_2(x - x_0)^2 + c_3(x - x_0)^3 + \cdots + c_n(x - x_0)^n$$
$$+ o((x - x_0)^n).$$

这样我们就能建立近似公式

$$f(x) \approx f(x_0) + f'(x_0)(x-x_0) + c_2(x-x_0)^2$$
$$+ c_3(x-x_0)^3 + \cdots + c_n(x-x_0)^n,$$

显然这是一个更好的近似计算公式,它产生的误差是 $o((x-x_0)^n)$.

由上述分析得到启发,对于函数 $f(x)$,我们设想存在 $n$ 次多项式 $P_n(x)$,使得
$$f(x) = P_n(x) + o((x-x_0)^n)$$

或者
$$f(x) \approx a_0 + a_1(x-x_0) + a_2(x-x_0)^2 + a_3(x-x_0)^3 + \cdots$$
$$+ a_n(x-x_0)^n.$$

当然,这一设想若能实现,我们就必须解决两个问题:第一个问题是多项式 $P_n(x)$ 的存在性,第二个问题是多项式 $P_n(x)$ 的具体表达式与函数 $f(x)$ 存在怎样的关系. 对此,我们有如下定理.

**定理 5.7(Taylor 定理一)** 如果函数 $f(x)$ 在 $x_0$ 处具有 $n$ 阶导数,那么存在 $x_0$ 的一个邻域,对于该领域内的任一 $x$,有
$$f(x) = f(x_0) + f'(x_0)(x-x_0) + \frac{f''(x_0)}{2!}(x-x_0)^2 + \cdots$$
$$+ \frac{f^{(n)}(x_0)}{n!}(x-x_0)^n + R_n(x), \tag{5.20}$$

其中
$$R_n(x) = o((x-x_0)^n).$$

**证** 记 $R_n(x) = f(x) - p_n(x)$,则
$$R_n(x_0) = R'_n(x_0) = R''_n(x_0) = \cdots = R_n^{(n)}(x_0) = 0.$$

由于 $f(x)$ 在 $x_0$ 处有 $n$ 阶导数,因此 $f(x)$ 必在 $x_0$ 的某邻域内存在 $(n-1)$ 阶导数,从而 $R_n(x)$ 也在该邻域内 $(n-1)$ 阶可导,反复应用 L'Hospital 法则,得
$$\lim_{x \to x_0} \frac{R_n(x)}{(x-x_0)} = \lim_{x \to x_0} \frac{R'_n(x)}{n(x-x_0)^{n-1}} = \lim_{x \to x_0} \frac{R''_n(x)}{n(n-1)(x-x_0)^{n-2}}$$
$$= \cdots = \lim_{x \to x_0} \frac{R_n^{(n-1)}(x)}{n!(x-x_0)}$$
$$= \frac{1}{n!} \lim_{x \to x_0} \frac{R_n^{(n-1)}(x) - R_n^{(n-1)}(x_0)}{x-x_0}$$
$$= \frac{1}{n!} \lim_{x \to x_0} R_n^{(n)}(x_0) = 0.$$

因此 $R_n(x) = o((x-x_0)^n)$,定理证毕.

**注意** 若函数 $f(x)$ 在 $x_0$ 具有 $n$ 阶导数,则存在多项式 $P_n(x)$,使得
$$f(x) = P_n(x) + o((x-x_0)^n),$$

其中

$$P_n(x) = f(x_0) + f'(x_0)(x-x_0) + \frac{f''(x_0)}{2!}(x-x_0)^2 + \cdots$$
$$+ \frac{f^{(n)}(x_0)}{n!}(x-x_0)^n. \tag{5.21}$$

**定理 5.8(Taylor 定理二)** 若函数 $f(x)$ 在 $x_0$ 某个邻域 $O(x_0)$ 内有定义,而且在 $O(x_0)$ 内具有 $n+1$ 阶导数,则对于 $O(x_0)$ 内任意的 $x$,恒有

$$f(x) = f(x_0) + f'(x_0)(x-x_0) + \frac{f''(x_0)}{2!}(x-x_0)^2 + \cdots$$
$$+ \frac{f^{(n)}(x_0)}{n!}(x-x_0)^n + R_n(x), \tag{5.22}$$

其中

$$R_n(x) = \frac{f^{(n+1)}(\xi)}{(n+1)!}(x-x_0)^{n+1} \quad (\xi \text{ 介于 } x \text{ 和 } x_0 \text{ 之间}). \tag{5.23}$$

**证** 在 $x_0$ 的邻域 $O(x_0)$ 内任取一点 $x$,不妨设 $x > x_0$,则在区间 $[x_0, x]$ 上,令函数

$$F(t) = f(t) - \left[ f(x_0) + f'(x_0)(t-x_0) + \frac{f''(x_0)}{2!}(t-x_0)^2 + \cdots + \frac{f^{(n)}(x_0)}{n!}(t-x_0)^n \right],$$
$$G(t) = (t-x_0)^{n+1},$$

直接计算可以验证, $F^{(k)}(x_0) = 0, G^{(k)}(x_0) = 0 \ (k=1,2,\cdots,n)$.

应用 Cauchy 中值定理,有

$$\frac{F(x)}{G(x)} = \frac{F(x) - F(x_0)}{G(x) - G(x_0)} = \frac{F'(\xi_1)}{G'(\xi_1)},$$

其中 $\xi_1$ 介于 $x, x_0$ 之间,并利用了 $F(x_0) = 0, G(x_0) = 0$. 同理,

$$\frac{F'(\xi_1)}{G'(\xi_1)} = \frac{F'(\xi_1) - F'(x_0)}{G'(\xi_1) - G'(x_0)} = \frac{F''(\xi_2)}{G''(\xi_2)} = \cdots = \frac{F^{(n)}(\xi_n)}{G^{(n)}(\xi_n)},$$

而

$$\frac{F^{(n)}(\xi_n)}{G^{(n)}(\xi_n)} = \frac{F^{(n)}(\xi_n) - F^{(n)}(x_0)}{G^{(n)}(\xi_n) - G^{(n)}(x_0)} = \frac{F^{(n+1)}(\xi)}{G^{(n+1)}(\xi)} = \frac{f^{(n+1)}(\xi)}{(n+1)!},$$

其中 $\xi$ 介于 $x, x_0$ 之间. 于是有

$$\frac{F(x)}{G(x)} = \frac{f^{(n+1)}(\xi)}{(n+1)!},$$

即

$$F(x) = \frac{f^{(n+1)}(\xi)}{(n+1)!} G(x),$$

亦即

$$f(x) - \left[ f(x_0) + f'(x_0)(x-x_0) + \frac{f''(x_0)}{2!}(x-x_0)^2 + \cdots \right.$$

$$+\frac{f^{(n)}(x_0)}{n!}(x-x_0)^n\Big]=\frac{f^{(n+1)}(\xi)}{(n+1)!}(x-x_0)^{n+1}.$$

最终得到

$$f(x)=f(x_0)+f'(x_0)(x-x_0)+\frac{f''(x_0)}{2!}(x-x_0)^2+\cdots$$
$$+\frac{f^{(n)}(x_0)}{n!}(x-x_0)^n+\frac{f^{(n+1)}(\xi)}{(n+1)!}(x-x_0)^{n+1}.$$

同理可证 $x<x_0$ 的情形. 而在 $x=x_0$ 时定理结果是显然的. 这样就证明了定理的结果对任意的 $x$ 都是成立的.

我们通常称式(5.23)给出的余项

$$R_n(x)=\frac{f^{(n+1)}(\xi)}{(n+1)!}(x-x_0)^{n+1}$$

为 **Lagrange 型余项**, 而称式(5.20)中的余项

$$R_n(x)=o((x-x_0)^n) \tag{5.24}$$

为 **Peano 型余项**. 相应地称式(5.23)为**带 Lagrange 型余项的 $n$ 阶 Taylor 公式**, 而称式(5.20)为**带 Peano 型余项的 $n$ 阶 Taylor 公式**. 由于 Lagrange 型余项比 Peano 型余项具有更明确的函数表示形式, 所以通常认为式(5.23)是比式(5.20)更好的表示形式. 还经常称多项式(5.21), 即

$$P_n(x)=f(x_0)+f'(x_0)(x-x_0)+\frac{f''(x_0)}{2!}(x-x_0)^2+\cdots$$
$$+\frac{f^{(n)}(x_0)}{n!}(x-x_0)^n$$

为 $f(x)$ 在 $x_0$ 处的 $n$ 阶 **Taylor 多项式**. 由此我们可以建立具有更高精度的近似计算公式

$$f(x)\approx f(x_0)+f'(x_0)(x-x_0)+\frac{f''(x_0)}{2!}(x-x_0)^2+\cdots$$
$$+\frac{f^{(n)}(x_0)}{n!}(x-x_0)^n. \tag{5.25}$$

**例 5.16** 求函数 $f(x)=\mathrm{e}^x$ 在 $x_0=1$ 处带 Lagrange 型余项的 $n$ 阶 Taylor 公式.

**解** 由于函数 $f(x)=\mathrm{e}^x$ 在 $x_0=1$ 处的各阶导数均为 e, 因此, 由式(5.22)可得

$$\mathrm{e}^x=\mathrm{e}+\mathrm{e}(x-1)+\frac{\mathrm{e}}{2!}(x-1)^2+\cdots+\frac{\mathrm{e}}{n!}(x-1)^n+\frac{\mathrm{e}^\xi}{(n+1)!}(x-1)^{n+1},$$

$\xi$ 介于 $x$ 和 1 之间.

**例 5.17**  用 Taylor 公式,证明:当 $x>1$ 时,$e^x>ex$.

**证**  设 $f(x)=e^x-ex$,则 $f(x)$ 当 $x>1$ 时有二阶导数,且 $f(1)=f'(1)=0$,将 $f(x)$ 在点 $x=1$ 处依 Taylor 公式展开,得

$$f(x) = f(1) + f'(1)(x-1) + \frac{f''(x)}{2!}(x-1)^2 \quad (\xi \text{ 在 } 1 \text{ 与 } x \text{ 之间}),$$

即 $f(x)=\dfrac{e^\xi}{2!}(x-1)^2$.

由于 $e^\xi>0$,$(x-1)^2>0$,故 $f(x)>0$,即 $e^x-ex>0$. 从而 $e^x>ex$.

### 5.3.2  几个基本初等函数的 Maclaurin 公式

在 Taylor 公式中,当 $x_0=0$ 时称其为 **Maclaurin 公式**,针对两种不同的余项形式,我们有如下两个不同形式的 $n$ 阶 Maclaurin 公式:

$$f(x) = f(0) + f'(0)x + \frac{f''(0)}{2!}x^2 + \cdots + \frac{f^{(n)}(0)}{n!}x^n$$

$$+ o(x^n) \tag{5.26}$$

$$f(x) = f(0) + f'(0)x + \frac{f''(0)}{2!}x^2 + \cdots + \frac{f^{(n)}(0)}{n!}x^n$$

$$+ \frac{f^{(n+1)}(\xi)}{(n+1)!}x^{n+1} \tag{5.27}$$

其中 $\xi$ 介于 $x$ 和 $0$ 之间,有时也取 $\xi=\theta x$,$(0<\theta<1)$,这时式(5.27)成为

$$f(x) = f(0) + f'(0)x + \frac{f''(0)}{2!}x^2 + \cdots + \frac{f^{(n)}(0)}{n!}x^n$$

$$+ \frac{f^{(n+1)}(\theta x)}{(n+1)!}x^{n+1} \quad (0<\theta<1).$$

**例 5.18**  设函数 $f(x)=e^x$,求它的 $n$ 阶 Maclaurin 公式.

**解**  由于 $f^{(k)}(x)=e^x$,$f^{(k)}(0)=1$,$k=1,2,\cdots$,因此,由式(5.27)可得

$$e^x = 1 + x + \frac{1}{2!}x^2 + \cdots + \frac{1}{n!}x^n + \frac{e^\xi}{(n+1)!}x^{n+1}, \tag{5.28a}$$

其中 $\xi$ 介于 $x$ 和 $0$ 之间. 或者,由式(5.26)可得

$$e^x = 1 + x + \frac{1}{2!}x^2 + \cdots + \frac{1}{n!}x^n + o(x^n). \tag{5.28b}$$

**例 5.19**  设函数 $f(x)=\sin x$,求它的 $n$ 阶 Maclaurin 公式.

**解**  由于 $f^{(k)}(x)=\sin(x+k\dfrac{\pi}{2})$,当 $k=2m$ 时,$f^{(2m)}(0)=0$,当 $k=2m+1$ 时,$f^{(2m+1)}(0)=(-1)^m$,$m=0,1,2,\cdots$,因此,由式(5.27)可得 $\sin x$ 的 $2m$ 阶 Maclaurin 公式

$$\sin x = x - \frac{1}{3!}x^3 + \cdots + \frac{(-1)^{m-1}}{(2m-1)!}x^{2m-1} + \frac{\sin\left[\xi + (2m+1)\dfrac{\pi}{2}\right]}{(2m+1)!}x^{2m+1}, \quad (5.29\text{a})$$

和 $\sin x$ 的 $2m-1$ 阶 Maclaurin 公式

$$\sin x = x - \frac{1}{3!}x^3 + \cdots + \frac{(-1)^{m-1}}{(2m-1)!}x^{2m-1} + \frac{\sin\left[\xi + (2m)\dfrac{\pi}{2}\right]}{(2m)!}x^{2m}, \quad (5.29\text{b})$$

其中 $\xi$ 介于 $x$ 和 $0$ 之间. 若用 Peano 型余项，则式(5.29a)和(5.29b)可分别表示为

$$\sin x = x - \frac{1}{3!}x^3 + \cdots + \frac{(-1)^{m-1}}{(2m-1)!}x^{2m-1} + o(x^{2m}), \quad (5.29\text{c})$$

$$\sin x = x - \frac{1}{3!}x^3 + \cdots + \frac{(-1)^{m-1}}{(2m-1)!}x^{2m-1} + o(x^{2m-1}). \quad (5.29\text{d})$$

显然式(5.29a)与(5.29b)的区别主要体现在余项 $R_n(x)$ 上，其多项式部分是相同的. 在式(5.29c)和(5.29d)中，余项也是不同的.

**例 5.20** 设函数 $f(x) = \cos x$，求它的 $n$ 阶 Maclaurin 公式.

**解** 由于 $f^{(k)}(x) = \cos(x + k\dfrac{\pi}{2})$，当 $k = 2m$ 时，$f^{(2m)}(0) = (-1)^m$，当 $k = 2m+1$ 时，$f^{(2m+1)}(0) = 0, m = 0, 1, 2, \cdots$，因此，由式(5.27)可得 $\cos x$ 的 $2m$ 阶 Maclaurin 公式

$$\cos x = 1 - \frac{1}{2!}x^2 + \cdots + \frac{(-1)^m}{(2m)!}x^{2m} + \frac{\cos\left[\xi + (2m+1)\dfrac{\pi}{2}\right]}{(2m+1)!}x^{2m+1}, \quad (5.30\text{a})$$

和 $\cos x$ 的 $2m+1$ 阶 Maclaurin 公式

$$\cos x = 1 - \frac{1}{2!}x^2 + \cdots + \frac{(-1)^m}{(2m)!}x^{2m} + \frac{\cos\left[\xi + (2m+2)\dfrac{\pi}{2}\right]}{(2m+2)!}x^{2m+2}, \quad (5.30\text{b})$$

其中 $\xi$ 介于 $x$ 和 $0$ 之间. 若用 Peano 型余项，则式(5.30a)和(5.30b)可分别表示为

$$\cos x = 1 - \frac{1}{2!}x^2 + \cdots + \frac{(-1)^m}{(2m)!}x^{2m} + o(x^{2m}), \quad (5.30\text{c})$$

$$\cos x = 1 - \frac{1}{2!}x^2 + \cdots + \frac{(-1)^m}{(2m)!}x^{2m} + o(x^{2m+1}). \quad (5.30\text{d})$$

**例 5.21** 设函数 $f(x) = \ln(1+x)$，求它的 $n$ 阶 Maclaurin 公式.

**解** 由于 $f'(x) = \dfrac{1}{1+x}$，$f^{(k)}(x) = (-1)^{k-1}(k-1)!(1+x)^{-k}$，$f^{(k)}(0) = (-1)^{k-1}(k-1)!$，$k = 1, 2, \cdots$，因此，由式(5.27)可得

$$\ln(1+x) = x - \frac{1}{2}x^2 + \frac{1}{3}x^3 - \cdots + \frac{(-1)^{n-1}}{n}x^n + \frac{(-1)^n(1+\xi)^{-n-1}}{n+1}x^{n+1},$$

$$(5.31\text{a})$$

其中 $\xi$ 介于 $x$ 和 0 之间. 或者由式(5.26)有

$$\ln(1+x) = x - \frac{1}{2}x^2 + \frac{1}{3}x^3 - \cdots + \frac{(-1)^{n-1}}{n}x^n + o(x^n). \quad (5.31\text{b})$$

同理,我们可以求得

$$\ln(1-x) = -(x + \frac{1}{2}x^2 + \frac{1}{3}x^3 + \cdots + \frac{1}{n}x^n) + o(x^n). \quad (5.32)$$

**例 5.22** 设函数 $f(x) = (1+x)^\mu$,其中 $\mu$ 为任意实数,求它的 $n$ 阶 Maclaurin 公式.

**解** 由于 $f^{(k)}(x) = \mu(\mu-1)\cdots(\mu-k+1)(1+x)^{\mu-k}$, $f^{(k)}(0) = \mu(\mu-1)\cdots(\mu-k+1)$, $k=1,2,\cdots$,因此,由式(5.27)可得

$$(1+x)^\mu = 1 + \mu x + \frac{\mu(\mu-1)}{2!}x^2 + \cdots + \frac{\mu(\mu-1)\cdots(\mu-n+1)}{n!}x^n$$
$$+ \frac{\mu(\mu-1)\cdots(\mu-n)(1+\xi)^{\mu-n-1}}{(n+1)!}x^{n+1}, \quad (5.33\text{a})$$

其中 $\xi$ 介于 $x$ 和 0 之间. 或者由式(5.26)有

$$(1+x)^\mu = 1 + \mu x + \frac{\mu(\mu-1)}{2!}x^2 + \cdots + \frac{\mu(\mu-1)\cdots(\mu-n+1)}{n!}x^n + o(x^n).$$
$$(5.33\text{b})$$

特别地,若取 $\mu = -1$,则有

$$\frac{1}{1+x} = 1 - x + x^2 - \cdots + (-1)^n x^n + o(x^n). \quad (5.34)$$

若取 $\mu = -\frac{1}{2}$,则有

$$\frac{1}{\sqrt{1+x}} = 1 - \frac{1}{2}x + \frac{1}{2} \cdot \frac{3}{2} \frac{1}{2!}x^2 + \cdots + (-1)^n \frac{1}{2} \cdot \frac{3}{2} \cdots \frac{(2n-1)}{2}$$
$$\cdot \frac{1}{n!}x^n + o(x^n)$$
$$= 1 - \frac{1}{2}x + \frac{1}{2} \cdot \frac{3}{4}x^2 + \cdots + (-1)^n \frac{1}{2} \cdot \frac{3}{4} \cdots \frac{(2n-1)}{2n}x^n + o(x^n)$$
$$= 1 - \frac{1}{2}x + \frac{1}{2} \cdot \frac{3}{4}x^2 + \cdots + (-1)^n \frac{(2n-1)!!}{(2n)!!}x^n + o(x^n),$$

即

$$\frac{1}{\sqrt{1+x}} = 1 - \frac{1}{2}x + \frac{1}{2} \cdot \frac{3}{4}x^2 + \cdots + (-1)^n \frac{(2n-1)!!}{(2n)!!}x^n + o(x^n). \quad (5.35)$$

通过上述例子可以看出,利用 Taylor 定理计算函数的 Taylor 公式有时是比较困难的,这主要是由于事先需要计算高阶导数. 为了克服这个困难,我们有时可以采取如下间接方法.

**例 5.23** 设函数 $f(x)=\ln(1-x^2)$, 求它的 $2n$ 阶 Maclaurin 公式.

**解** 由式(5.32)知

$$\ln(1-x)=-(x+\frac{1}{2}x^2+\frac{1}{3}x^3+\cdots+\frac{1}{n}x^n)+o(x^n).$$

现在我们将 $x^2$ 代入上式, 便有

$$\ln(1-x^2)=-(x^2+\frac{1}{2}x^4+\frac{1}{3}x^6+\cdots+\frac{1}{n}x^{2n})+o(x^{2n}),$$

这就是函数 $\ln(1-x^2)$ 的 $2n$ 阶 Maclaurin 公式.

同理, 我们可以得到

$$\ln(1+x^2)=x^2-\frac{1}{2}x^4+\frac{1}{3}x^6-\cdots+\frac{(-1)^{n-1}}{n}x^{2n}+o(x^{2n}).$$

**例 5.24** 设函数 $f(x)=x^2 e^x$, 求它的 $n$ 阶 Maclaurin 公式.

**解** 由式(5.28b)

$$e^x=1+x+\frac{1}{2!}x^2+\cdots+\frac{1}{n!}x^n+o(x^n),$$

现在我们将上式两端同乘 $x^2$, 便有

$$x^2 e^x=x^2+x^3+\frac{1}{2!}x^4+\cdots+\frac{1}{n!}x^{n+2}+o(x^{n+2}),$$

于是

$$x^2 e^x=x^2+x^3+\frac{1}{2!}x^4+\cdots+\frac{1}{(n-2)!}x^n+o(x^n).$$

这就是函数 $x^2 e^x$ 的 $n$ 阶 Maclaurin 公式.

利用间接方法, 我们还可以得到更多的结果. 例如

$$\frac{1}{1-x}=1+x+x^2+\cdots+x^n+o(x^n),$$

$$\frac{1}{1-x^2}=1+x^2+x^4+\cdots+x^{2n}+o(x^{2n}),$$

$$\frac{1}{1+x^2}=1-x^2+x^4-\cdots+(-1)^n x^{2n}+o(x^{2n}),$$

$$\frac{1}{\sqrt{1-x}}=1+\frac{1}{2}x+\frac{1}{2}\cdot\frac{3}{4}x^2+\cdots+\frac{(2n-1)!!}{(2n)!!}x^n+o(x^n),$$

$$\frac{1}{\sqrt{1-x^2}}=1+\frac{1}{2}x^2+\frac{1}{2}\cdot\frac{3}{4}x^4+\cdots+\frac{(2n-1)!!}{(2n)!!}x^{2n}+o(x^{2n}).$$

不过要注意的是, 间接方法中使用的余项一般都是 Peano 型余项, 而不能使用 Lagrange 型余项.

### 5.3.3 Taylor 公式的应用

在实际的科学计算中,Taylor 公式具有广泛的应用. 以下我们针对函数值的近似计算、极限计算以及某些导数计算问题进行分析与讨论.

**1. Taylor 公式在近似计算中的应用**

若函数 $f(x)$ 的 $n+1$ 阶导数有界,即存在 $M$,使得 $|f^{(n+1)}(x)|\leqslant M, x\in(a,b)$,则利用式(5.27),我们可以得到如下近似计算公式

$$f(x)\approx f(x_0)+f'(x_0)(x-x_0)+\frac{f''(x_0)}{2!}(x-x_0)^2+\cdots+\frac{f^{(n)}(x_0)}{n!}(x-x_0)^n,$$

其误差

$$|R_n(x)|=\frac{|f^{(n+1)}(\xi)|}{(n+1)!}|x-x_0|^{n+1}\leqslant \frac{M}{(n+1)!}|x-x_0|^{n+1}, \qquad (5.36)$$

当给定近似计算误差精度 $\varepsilon$ 时,对于区间 $(a,b)$ 中任意给定的 $x$,绝对值 $|x-x_0|$ 是一个常数,由于极限

$$\lim_{n\to\infty}\frac{M}{(n+1)!}|x-x_0|^{n+1}=0,$$

因此,可以找到充分大的 $N$,使

$$\frac{M}{(N+1)!}|x-x_0|^{N+1}<\varepsilon, \qquad (5.37)$$

这就说明,根据给定的误差精度 $\varepsilon$,我们取 $n=N$,利用式(5.25)计算出的函数值 $f(x)$ 一定满足事先设定的误差要求.

**例 5.25** 设函数 $f(x)=e^x$,利用它的 $n$ 阶 Maclaurin 公式计算 $f(1)$,并要求误差精度 $\varepsilon=10^{-6}$.

**解** 由式(5.28a)可知,$|e^\xi|\leqslant 3, \xi\in(0,1)$. 取 $x=1$,则可以确定出,当 $n=10$ 时,

$$|R_n(x)|=\frac{|e^\xi|}{(n+1)!}|x|^{n+1}\leqslant\frac{3}{(n+1)!}<10^{-6}, \quad x\in[0,1]$$

$$f(1)=e\approx 1+1+\frac{1}{2!}+\cdots+\frac{1}{10!}\approx 2.718\,282.$$

**例 5.26** 验证当 $0<x<\frac{1}{2}$ 时,按公式 $e^x\approx 1+x+\frac{x^2}{2}+\frac{x^3}{6}$ 计算 $e^x$ 的近似值,所产生的误差小于 $0.01$,并计算 $\sqrt{e}$ 的值,使误差小于 $0.01$.

**解** 因为公式 $e^x\approx 1+x+\frac{x^2}{2}+\frac{x^3}{6}$ 右边是 $e^x$ 的三阶 Maclaurin 公式,故误差 $R_3(x)$

$$|R_3(x)| = \frac{e^\xi}{4!}x^4, \quad (\xi \text{ 在 } 0 \text{ 与 } x \text{ 之间})$$

又已知 $0 < x < \frac{1}{2}$，从而 $0 < \xi < \frac{1}{2}$，故误差 $|R_3(x)| \leq \frac{3^{1/2}}{4!}(\frac{1}{2})^4 \approx 0.0045 < 0.01$. 而

$$\sqrt{e} = e^{1/2} \approx 1 + \frac{1}{2} + \frac{1}{2}(\frac{1}{2})^2 + \frac{1}{6}(\frac{1}{2})^3 \approx 1.645.$$

**2. Taylor 公式在极限计算中的应用**

尽管我们已经讨论了许多求极限的方法，但仍有很多极限的计算相当困难．当我们遇到某些复杂的极限计算时，可以考虑采用 Taylor 公式的方法来解决．

**例 5.27** 求极限 $\lim\limits_{x \to 0} \dfrac{\sin x - x\cos x}{\ln(1+x) + \dfrac{x^2}{2} - \sin x}$.

**解** 将极限中涉及的函数 $\sin x, \ln(1+x)$ 展开成 3 阶 Maclaurin 公式，

$$\ln(1+x) = x - \frac{x^2}{2} + \frac{x^3}{3} + o(x^3)$$

$$\sin x = x - \frac{x^3}{6} + o(x^3)$$

将极限中涉及的函数 $\cos x$ 展开成 2 阶 Maclaurin 公式，

$$\cos x = 1 - \frac{x^2}{2} + o(x^2),$$

从而

$$x\cos x = x - \frac{x^3}{2} + o(x^3).$$

于是

$$\sin x - x\cos x = x - \frac{x^3}{6} + o(x^3) - x + \frac{x^3}{2} + o(x^3) = \frac{x^3}{3} + o(x^3),$$

$$\ln(1+x) + \frac{x^2}{2} - \sin x = x + \frac{x^3}{3} + o(x^3) - x + \frac{x^3}{6} + o(x^3)$$

$$= \frac{x^3}{2} + o(x^3).$$

所以

$$\lim_{x \to 0} \frac{\sin x - x\cos x}{\ln(1+x) + \dfrac{x^2}{2} - \sin x} = \lim_{x \to 0} \frac{\dfrac{x^3}{3} + o(x^3)}{\dfrac{x^3}{2} + o(x^3)} = \frac{2}{3}.$$

**例 5.28** 求极限 $\lim\limits_{x\to 0}\dfrac{(1+\alpha x)^{\beta}-(1+\beta x)^{\alpha}}{x^{2}}$.

**解** 将函数 $(1+\alpha x)^{\beta}$, $(1+\beta x)^{\alpha}$ 展开成 2 阶 Maclaurin 公式,即

$$(1+\alpha x)^{\beta}=1+\alpha\beta x+\dfrac{\beta(\beta-1)\alpha^{2}}{2}x^{2}+o(x^{2}),$$

$$(1+\beta x)^{\alpha}=1+\alpha\beta x+\dfrac{\alpha(\alpha-1)\beta^{2}}{2}x^{2}+o(x^{2}).$$

于是有

$$(1+\alpha x)^{\beta}-(1+\beta x)^{\alpha}=\left(\dfrac{\beta(\beta-1)\alpha^{2}}{2}-\dfrac{\alpha(\alpha-1)\beta^{2}}{2}\right)x^{2}+o(x^{2})$$

$$=\dfrac{\alpha\beta(\beta-\alpha)}{2}x^{2}+o(x^{2}),$$

所以,所求极限

$$\lim\limits_{x\to 0}\dfrac{(1+\alpha x)^{\beta}-(1+\beta x)^{\alpha}}{x^{2}}=\dfrac{\alpha\beta(\beta-\alpha)}{2}.$$

**3. Taylor 公式在计算高阶导数值中的应用**

按照 Taylor 公式,每个幂函数的系数中含有高阶导数值,所以当我们利用间接展开法将函数展开成 Taylor 公式后,函数 $f(x)$ 在 $x_0$ 处的各阶导数就可以求出来.

**例 5.29** 求函数 $f(x)=x^{2}e^{x}$ 的高阶导数 $f^{(2008)}(0)$.

**解** 将函数展开成 $n$ 阶 Maclaurin 公式,由于

$$e^{x}=1+x+\dfrac{1}{2!}x^{2}+\cdots+\dfrac{1}{n!}x^{n}+o(x^{n}),$$

所以

$$x^{2}e^{x}=x^{2}+x^{3}+\dfrac{1}{2!}x^{4}+\cdots+\dfrac{1}{n!}x^{n+2}+o(x^{n+2}).$$

找出其 2008 次幂项为 $\dfrac{1}{2006!}x^{2008}$,而按 Maclaurin 公式,2008 次幂项应该为 $\dfrac{f^{(2008)}(0)}{2008!}x^{2008}$,这样必有

$$\dfrac{f^{(2008)}(0)}{2008!}x^{2008}=\dfrac{1}{2006!}x^{2008},$$

所以

$$\dfrac{f^{(2008)}(0)}{2008!}=\dfrac{1}{2006!},$$

即

$$f^{(2008)}(0)=\dfrac{2008!}{2006!}=2007\times 2008.$$

## 习题 5.3

### (A)

1. 回答下列问题.
   (1) Taylor 公式和 Maclaurin 公式具有怎样的关系?
   (2) Taylor 公式和 Lagrange 中值公式具有怎样的关系?
   (3) 当函数为偶函数时,其 Maclaurin 公式具备怎样的形式?
   (4) 当函数为奇函数时,其 Maclaurin 公式具备怎样的形式?
   (5) Lagrange 型余项与 Peano 型余项的区别是什么?

2. 求函数 $f(x)=x^2 e^x$ 的高阶导数 $f^{(2010)}(0)$.

3. 设 $f(x)$ 具有三阶连续导数,且 $\lim\limits_{x\to 0}\dfrac{f(x)}{x^3}=1$. 试写出 $f(x)$ 的带有 Lagrange 余项的二阶 Maclaurin 公式,并证明:若 $f(1)=0$,则在 $(0,1)$ 内至少存在一点 $\xi$,使 $f'''(\xi)=0$.

4. 求极限 $\lim\limits_{x\to 0}\dfrac{(1+\alpha x)^\beta-(1+\beta x)^\alpha}{x^2}$.

5. 当 $x_0=-1$ 时,求函数 $y=\dfrac{1}{x}$ 的 $n$ 阶 Taylor 展开式.

6. 计算下列极限.

   (1) $\lim\limits_{x\to 0}\dfrac{(1-x)(1+x+x^2)-1}{x\ln(1+x)\sin x}$;

   (2) $\lim\limits_{x\to 0}\dfrac{e^x-1-\dfrac{x^2}{2}-x}{\sqrt[6]{1-x^3}-1}$;

   (3) $\lim\limits_{x\to 0}\dfrac{\sqrt{1+\dfrac{x^2}{3}}+\sqrt[3]{1-\dfrac{x^2}{2}}-2}{(1-\cos x)\ln(1+x^2)}$;

   (4) $\lim\limits_{x\to 0}\dfrac{(x-\sin x)(\cos x-e^x+x)}{x^3(e^x-1)\tan x}$;

   (5) $\lim\limits_{x\to 0}\dfrac{\ln(1+x)-\cos x+\sqrt{1-2x}}{\sin^2 x}$.

### (B)

1. 设 $f(x)$ 在 $[0,+\infty)$ 上 2 阶可导,$f''(x)$ 有界,$\lim\limits_{x\to+\infty}f(x)=0$. 求证: $\lim\limits_{x\to+\infty}f'(x)=0$.

2. 设 $f$ 在 $(-1,1)$ 内 2 阶可导,$f(0)=f'(0)=0$,且 $|f''(x)|\leqslant|f(x)|+|f'(x)|$. 试证:存在 $\delta>0$,使在 $(-\delta,\delta)$ 内,$f(x)\equiv 0$.

3. 设 $f(x)$ 在 $a$ 点的领域内有连续的三阶导数,$f(a+h)=f(a)+f'(a+\theta h)h$,$0<\theta<1$,$f''(a)=0$,$f'''(a)\neq 0$,证明 $\lim\limits_{h\to 0}\theta=\dfrac{\sqrt{3}}{3}$.

4. 设函数 $f(x)$ 在 $x=0$ 点的邻域内有 2 阶导数，且 $\lim\limits_{x\to 0}\left(\dfrac{\ln(1+x)}{x^3}+\dfrac{f(x)}{x^2}\right)=0$，求：(1) $f(0),f'(0),f''(0)$；　(2) $\lim\limits_{x\to 0}\left(\dfrac{2}{x^2}-\dfrac{1}{x}+\dfrac{2f(x)}{x^2}\right)$．

5. 设 $f''(x)>0,\lambda_1>0,\lambda_2>0$，且 $\lambda_1+\lambda_2=1$，证明：对任何的 $x_1,x_2$ 恒有
$$f(\lambda_1 x_1+\lambda_2 x_2)\leqslant \lambda_1 f(x_1)+\lambda_2 f(x_2).$$

6. 设函数 $f(x)$ 具有 2 阶连续导数，且 $f(0)=0$，证明函数 $g(x)=\begin{cases}\dfrac{f(x)}{x}, & x\neq 0,\\ f'(0), & x=0\end{cases}$
具有一阶连续导数．

## 5.4　函数形态的研究

在本节中，我们将讨论如何利用函数的导数来研究函数的形态．主要讨论如何利用一阶导数研究函数的单调性和如何利用二阶导数研究曲线的凹凸性．

### 5.4.1　函数的单调性

单调性是函数的重要特性之一，在许多场合需要研究函数的单调性．例如在利用单调有界准则研究函数的极限时，就需要判断函数的单调性．我们知道，单调的概念有严格单调和一般单调之分．通常利用函数单调性的定义判断函数的单调性是比较困难的．本节将讨论单调性与导数的关系，从而得到判断函数单调性简便而有效的方法．

**定理 5.9**　若函数 $f(x)$ 在区间 $(a,b)$ 内可导，则有

(1) $f(x)$ 在区间 $[a,b]$ 上单调增加的充分必要条件是 $f'(x)\geqslant 0,x\in(a,b)$；

(2) $f(x)$ 在区间 $[a,b]$ 上单调减少的充分必要条件是 $f'(x)\leqslant 0,x\in(a,b)$．

**证**　由于 (2) 的证明与 (1) 是类似的，下面只给出 (1) 的证明．

必要性．设 $f(x)$ 在区间 $[a,b]$ 上单调增加，则对区间 $(a,b)$ 内的任意一点 $x\in(a,b)$，当取 $\Delta x$ 为充分小的正数时，仍有 $x+\Delta x\in(a,b)$．由于 $f(x)$ 在区间 $[a,b]$ 内单调增加，所以恒有
$$\frac{f(x+\Delta x)-f(x)}{\Delta x}\geqslant 0,\quad x\in(a,b).$$
令 $\Delta x\to 0^+$，由极限的保号性可知，
$$f'(x)=\lim_{\Delta x\to 0^+}\frac{f(x+\Delta x)-f(x)}{\Delta x}\geqslant 0,\quad x\in(a,b)$$

充分性．设 $f'(x)\geqslant 0,x\in(a,b)$．对区间 $[a,b]$ 上的任意两点 $x_1,x_2$，不妨设

$x_1 < x_2$,我们在区间$[x_1, x_2]$上应用 Lagrange 中值定理可得
$$f(x_2) - f(x_1) = f'(\xi)(x_2 - x_1), \quad (x_1 < \xi < x_2)$$
由于$f'(x) \geq 0, x \in (a,b)$,所以$f'(\xi) \geq 0$,从而$f(x_1) \leq f(x_2)$. 这就说明函数$f(x)$在区间$[a,b]$上单调增加.

关于严格单调问题,我们有如下结果:

**定理 5.10** 设函数$f(x)$在区间$(a,b)$内可导,则函数$f(x)$在区间$[a,b]$上严格单调增加(或减少)的充要条件是$f'(x) \geq 0$(或$f'(x) \leq 0$), $x \in (a,b)$,而且在$(a,b)$内的任何子区间上$f'(x)$不恒为零.

**证** 必要性. 设函数$f(x)$在区间$[a,b]$上严格单调增加,而且在区间$(a,b)$内可导,则由定理 5.9 可知$f'(x) \geq 0, x \in (a,b)$. 现在我们来说明在$(a,b)$内的任何子区间上$f'(x)$不恒为零,利用反证法,若$f(x)$在$(a,b)$内的某个子区间$I$上$f'(x)$恒为零,则$f(x)$在$I$上恒为常数,这与函数$f(x)$在区间$[a,b]$上严格单调增加的假设相矛盾.

充分性. 设$f'(x) \geq 0, x \in (a,b)$,而且在$(a,b)$内的任何子区间上$f'(x)$不恒为零,则由定理 5.9 可知,函数$f(x)$在区间$[a,b]$上单调增加,即对于区间$[a,b]$内的任意两点$x_1, x_2 (x_1 < x_2)$,均有$f(x_1) \leq f(x_2)$.

现在我们来说明其中的等号不可能成立. 假若不然,对于两点$x_1, x_2 (x_1 < x_2)$,有$f(x_1) = f(x_2)$,因此函数$f(x)$在$(a,b)$内的子区间$[x_1, x_2]$上恒为常数,从而在$(a,b)$内的子区间$[x_1, x_2]$上$f'(x)$恒为零,这与假设矛盾. 于是得到,对于区间$[a,b]$内的任意两点$x_1, x_2 (x_1 < x_2)$,均有
$$f(x_1) < f(x_2),$$
这就说明函数$f(x)$在区间$[a,b]$上严格单调增加.

**推论 5.3** 设函数$f(x)$在区间$[a,b]$上连续,在$(a,b)$内可导,若$f'(x) > 0$(或$f'(x) < 0$), $x \in (a,b)$,则函数$f(x)$在区间$[a,b]$上严格单调增加(或减少).

**例 5.30** 判定函数$f(x) = x + \cos x$在$(-\infty, +\infty)$内的单调性.

**解** 由于$f'(x) = 1 - \sin x \geq 0, x \in (-\infty, +\infty)$,而且只在点$x = 2k\pi + \dfrac{\pi}{2}$, $(k = 0, \pm 1, \pm 2, \cdots)$上有$f'(x) = 0$,由定理 5.10 可知,函数$f(x) = x + \cos x$在$(-\infty, +\infty)$内是严格单调增加的.

**例 5.31** 判定函数$f(x) = xe^x$在$(-\infty, +\infty)$内的单调性.

**解** 由于$f'(x) = (x+1)e^x, x \in (-\infty, +\infty)$,当$x \in (-\infty, -1)$时$f'(x) < 0$,说明函数$f(x) = xe^x$在区间$(-\infty, -1)$内是严格单调减少的;当$x \in (-1, +\infty)$时$f'(x) > 0$,说明函数$f(x) = xe^x$在$(-1, +\infty)$内是严格单调增加的.

**例 5.32** 证明当 $x>0$ 时,有 $x>\ln(1+x)$.

**解** 令 $f(x)=x-\ln(x+1), x\in[0,+\infty)$,则 $f(0)=0$,而且

$$f'(x)=1-\frac{1}{x+1}=\frac{x}{x+1}>0 \quad x\in(0,+\infty),$$

说明函数 $f(x)=x-\ln(x+1)$ 在区间 $[0,+\infty)$ 上严格单调增加,所以当 $x>0$ 时有 $f(x)>f(0)$,即

$$x-\ln(x+1)>0.$$

从而可得,当 $x>0$ 时,不等式 $x>\ln(1+x)$ 恒成立.

### 5.4.2 函数极值的判定

计算函数的极值是函数研究中的重要课题之一,在许多问题中占有重要地位.关于函数取得极值的必要条件,本章开始时给出的 Fermat 定理已经解决了.本节将详细分析函数取得极值的充分条件,从而解决函数极值的判定.

**定理 5.11(极值的第一充分条件)** 设函数 $f(x)$ 在 $x_0$ 的某个邻域内连续,则有:

(1) 若在 $x<x_0$ 时,有 $f'(x)>0$,在 $x>x_0$ 时,有 $f'(x)<0$,则函数 $f(x)$ 在 $x_0$ 处取得极大值;

(2) 若在 $x<x_0$ 时,有 $f'(x)<0$,在 $x>x_0$ 时,有 $f'(x)>0$,则函数 $f(x)$ 在 $x_0$ 处取得极小值.

**证** 定理的几何意义如图 5.5、图 5.6 所示.下面只给出(1)的证明,(2)的证明与(1)类似,略去.

现设函数 $f(x)$ 在 $x<x_0$ 时,有 $f'(x)>0$,所以函数 $f(x)$ 在 $x<x_0$ 时为严格单调增加,于是有 $f(x)<f(x_0)$.同理,若函数 $f(x)$ 在 $x>x_0$ 时,有 $f'(x)<0$,说明函数 $f(x)$ 在 $x>x_0$ 时为严格单调减少,于是有 $f(x)<f(x_0)$.综合上述两方面的讨论可知,函数 $f(x)$ 在 $x_0$ 的该邻域内,恒有不等式

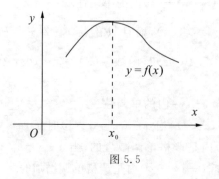

图 5.5

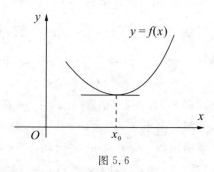

图 5.6

$$f(x) < f(x_0).$$

所以函数 $f(x)$ 在 $x_0$ 处取得极大值.

由上述证明过程可以看出,下列推论是成立的(如图 5.7 所示).

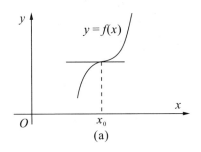
(a)

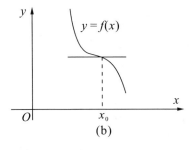
(b)

图 5.7

**推论** 若函数 $f'(x)$ 在 $x_0$ 的某个邻域内保持相同符号,则 $f(x_0)$ 一定不是 $f(x)$ 的极值.

当函数 $f(x)$ 在某点 $x_0$ 处不可导时,函数值 $f(x_0)$ 也可能会成为极值,因此,我们在求函数极值时要同时关注导数为零的点(驻点)和导数不存在的点.

**例 5.33** 求函数 $f(x) = \sqrt[3]{x^2}(2x-5)$ 的极值点与极值.

**解** 函数 $f(x) = \sqrt[3]{x^2}(2x-5)$ 在定义域 $(-\infty, +\infty)$ 内连续,而且 $f'(x) = \dfrac{10}{3} \cdot \dfrac{x-1}{\sqrt[3]{x}}$. 显然在 $x=1$ 时 $f'(1)=0$,而在 $x=0$ 时 $f'(0)$ 不存在. 因此该函数只可能在 $x=0,1$ 两点上取得极值. 现列表讨论如下:

表 5.1 函数极值点的讨论

| $x$ | $(-\infty, 0)$ | 0 | $(0,1)$ | 1 | $(1, +\infty)$ |
|---|---|---|---|---|---|
| $y'$ | + | 不存在 | − | 0 | + |
| $y$ | ↗ | 0 | ↘ | −3 | ↗ |

从表 5.1 可以看出,函数在 $x=0$ 处取得极大值 0,而在 $x=1$ 处取得极小值 −3(图 5.8).

**定理 5.12(极值的第二充分条件)** 设函数 $f(x)$ 在 $x_0$ 处具有二阶导数,并且 $f'(x_0)=0, f''(x_0) \neq 0$,则有

(1) 当 $f''(x_0) < 0$ 时,函数 $f(x)$ 在 $x_0$ 处取得极大值;

(2)当 $f''(x_0)>0$ 时,函数 $f(x)$ 在 $x_0$ 处取得极小值.

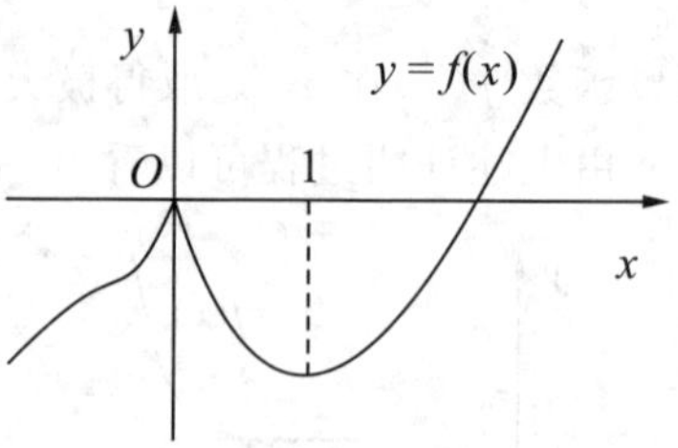

**证** (1)设 $f''(x_0)<0$,即
$$f''(x_0) = \lim_{x \to x_0} \frac{f'(x)-f'(x_0)}{x-x_0} < 0$$

根据极限的保号性,存在 $x_0$ 的某个去心邻域 $O_0(x_0)$ 内,恒有
$$\frac{f'(x)-f'(x_0)}{x-x_0} < 0 \quad x \in O_0(x_0).$$

由于 $f'(x_0)=0$,因此
$$\frac{f'(x)}{x-x_0} < 0 \quad x \in O_0(x_0).$$

由此说明,当 $x<x_0$ 时,有 $f'(x)>0$;在 $x>x_0$ 时,有 $f'(x)<0$. 由定理 5.11 可知,函数 $f(x)$ 在 $x_0$ 处取得极大值.

(2)的证明与(1)类似,证明从略.

**例 5.34** 求函数 $f(x)=x^2$ 的极值点与极值.

**解** 函数 $f(x)=x^2$ 在定义域 $(-\infty,+\infty)$ 内连续,而且 $f'(x)=2x, f''(x)=2$. 显然在 $x=0$ 时 $f'(0)=0$,而且 $f''(0)>0$. 由定理 5.12 可知,函数 $f(x)=x^2$ 在 $x=0$ 处取得极小值 0(图 5.9).

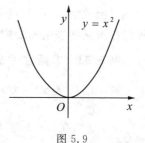

图 5.8

图 5.9

值得指出的是,定理 5.12 要求函数具有条件 $f'(x_0)=0, f''(x_0)\neq 0$,当这些条件不能满足时,这个定理提供的判别法自然就不能使用. 例如,在例 5.33 中, $x=0$ 时函数取得极大值,但不能用定理 5.12 来判断.

### 5.4.3 函数的凹凸性

凹凸性是函数的重要性质,它反映了曲线的弯曲状态,在函数作图中起着重要作用.

**定义 5.2** 设函数 $f(x)$ 在区间 $[a,b]$ 上连续,若对任意的 $x_1,x_2 \in [a,b]$,恒有 $f(\lambda_1 x_1+\lambda_2 x_2) \leqslant \lambda_1 f(x_1)+\lambda_2 f(x_2)$,(或者 $f(\lambda_1 x_1+\lambda_2 x_2) \geqslant \lambda_1 f(x_1)+\lambda_2 f(x_2)$),其中 $\lambda_1>0, \lambda_2>0$,且 $\lambda_1+\lambda_2=1$,则称函数 $f(x)$ 在 $[a,b]$ 上是凹(或者凸)函数(图 5.10).

对于一般函数而言,用定义判断其凹凸性是比较困难的,但当函数具有二阶导数时,可利用二阶导数的符号判断函数的凹凸性质,具体方法就是以下定理.

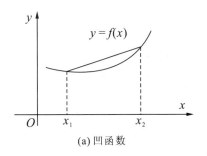
(a) 凹函数
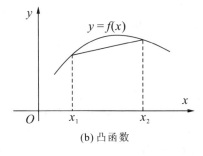
(b) 凸函数

图 5.10

**定理 5.13** 设函数 $f(x)$ 在 $[a,b]$ 上连续,在 $(a,b)$ 内具有二阶导数,则有
(1) 当 $f''(x) \geqslant 0$ 时,函数 $f(x)$ 在 $[a,b]$ 上是凹函数;
(2) 当 $f''(x) \leqslant 0$ 时,函数 $f(x)$ 在 $[a,b]$ 上是凸函数.

**证** (1) 设 $f''(x) \geqslant 0$,一阶 Taylor 公式可得
$$f(x) = f(x_0) + f'(x_0)(x - x_0) + \frac{f''(\xi)}{2!}(x - x_0)^2,$$
其中 $\xi$ 介于 $x$ 和 $x_0$ 之间. 由于 $f''(\xi) \geqslant 0$,所以有
$$f(x) \geqslant f(x_0) + f'(x_0)(x - x_0), \qquad x, x_0 \in [a,b] \tag{5.38}$$
现任取 $x_1, x_2 \in [a,b]$,不妨设 $x_1 < x_2$,令 $x_0 = \lambda_1 x_1 + \lambda_2 x_2$,其中 $\lambda_1 > 0, \lambda_2 > 0$,且 $\lambda_1 + \lambda_2 = 1$,再取 $x = x_1, x_2$ 分别代入式(5.38),得到如下两个不等式
$$f(x_1) \geqslant f(x_0) + f'(x_0)(x_1 - x_0), \tag{5.39}$$
$$f(x_2) \geqslant f(x_0) + f'(x_0)(x_2 - x_0). \tag{5.40}$$
将不等式(5.39)两端同时乘以 $\lambda_1$,不等式(5.40)两端同时乘以 $\lambda_2$,相加得
$$\lambda_1 f(x_1) + \lambda_2 f(x_2) \geqslant \lambda_1 [f(x_0) + f'(x_0)(x_1 - x_0)]$$
$$+ \lambda_2 [f(x_0) + f'(x_0)(x_2 - x_0)]$$
利用 $\lambda_1 + \lambda_2 = 1$,最后得
$$\lambda_1 f(x_1) + \lambda_2 f(x_2) \geqslant f(x_0),$$
即
$$f(\lambda_1 x_1 + \lambda_2 x_2) \leqslant \lambda_1 f(x_1) + \lambda_2 f(x_2).$$
由定义可知,函数 $f(x)$ 在 $[a,b]$ 上是凹函数.

(2) 的证明过程与(1)类似,请读者自己完成.

一般情况下,函数在定义域内具有分段凹凸性质. 如果在某个区间上函数是凹的,我们就称该区间为函数的**凹区间**;如果在某个区间上函数是凸的,我们就称该区间为函数的**凸区间**. 若函数 $f(x)$ 在 $x_0$ 处连续,而且 $x_0$ 是凹凸区间的分界点,则称 $(x_0, f(x_0))$ 为曲线 $y = f(x)$ 的**拐点**. 据此,在拐点处,函数的二阶导数通常为零

或者不存在.

**例 5.35** 求函数 $f(x)=xe^x$ 的凹凸区间与拐点.

**解** 函数 $f(x)=xe^x$ 在定义域 $(-\infty,+\infty)$ 内连续,而且
$$f'(x)=(x+1)e^x, \quad f''(x)=(x+1)e^x.$$
显然在 $x=-2$ 时,$f''(-2)=0$. 当 $x<-1$,$f''(x)<0$.

由定理 5.13 可知,函数 $f(x)=xe^x$ 在 $x<-2$ 时是凸的;同理,函数 $f(x)=xe^x$ 在 $x>-2$ 时是凹的. 从而,$(-2,-2e^{-2})$ 是函数 $f(x)=xe^x$ 的拐点.

**例 5.36** 设 $f(x)$ 在点 $x_0$ 的某邻域内有三阶导数,$f''(x_0)=0$,$f'''(x_0)\neq 0$,证明点 $(x_0,f(x_0))$ 是曲线 $y=f(x)$ 的拐点.

**证** 因为 $f''(x_0)=0$,不妨设 $f'''(x_0)>0$,又 $f''(x_0)=0$,则
$$\lim_{x\to x_0}\frac{f''(x)}{x-x_0}=\lim_{x\to x_0}\frac{f''(x)-f''(x_0)}{x-x_0}=f'''(x_0)>0.$$
根据极限保号性,存在邻域 $(x-\delta,x+\delta)$,在其内 $\frac{f''(x)}{x-x_0}$,从而 $x\in(x_0-\delta,x_0)$ 时,$f''(x)<0$,$x\in(x_0,x_0+\delta)$ 时,$f''(x)>0$. 所以 $(x_0,f(x_0))$ 是曲线 $y=f(x)$ 的拐点.

### 5.4.4 函数作图

利用函数的单调性、凹凸性、极值和拐点等信息,可以比较准确地画出函数的图形. 为了在大范围内更好地把握函数图形,还可以利用渐近线加以控制.

当 $\lim\limits_{x\to\pm\infty}f(x)=A$ 时,我们称直线 $y=A$ 为曲线 $y=f(x)$ 的**水平渐近线**.

当 $\lim\limits_{x\to x_0}f(x)=\infty$ 时,我们称直线 $x=x_0$ 为曲线 $y=f(x)$ 的**铅直渐近线**.

当 $\lim\limits_{x\to\pm\infty}[f(x)-ax-b]=0$ 时,我们称直线 $y=ax+b$ 为曲线 $y=f(x)$ 的**斜渐近线**,其中 $a,b$ 为常数,而且 $a\neq 0$. 具体的计算公式为
$$a=\lim_{x\to\pm\infty}\frac{f(x)}{x}, \quad b=\lim_{x\to\pm\infty}[f(x)-ax] \tag{5.41}$$

**例 5.37** 作出函数 $f(x)=xe^x$ 的图形.

**解** (1)确定函数定义域. 函数 $f(x)=xe^x$ 在定义域 $(-\infty,+\infty)$ 内连续.

(2)确定渐近线. 由于 $\lim\limits_{x\to-\infty}f(x)=\lim\limits_{x\to-\infty}xe^x=0$,因此具有水平渐近线 $y=0$. 不存在铅直渐近线和斜渐近线.

(3)确定单调区间、凹凸区间、极值点与拐点,由 $f'(x)=(x+1)e^x$,$f''(x)=(x+2)e^x$,可知函数在 $x<-1$ 时单调减;在 $x>-1$ 时单调增,$x=-1$ 为函数的极小值点. 由例 5.35 可知,$(-2,-2e^{-2})$ 是函数 $f(x)=xe^x$ 的拐点,函数 $f(x)=xe^x$

在 $x<-2$ 时是凸的;在 $x>-2$ 时是凹的.

(4)列表(表 5.2).

表 5.2 函数作图分析表

| $x$ | $(-\infty,-2)$ | $-2$ | $(-2,-1)$ | $-1$ | $(-1,+\infty)$ |
|---|---|---|---|---|---|
| $y'$ | $-$ |  | $-$ | $0$ | $+$ |
| $y''$ | $-$ | $0$ | $+$ | $+$ | $+$ |
| $y$ | 单调减少、凸段 | 拐点 | 单调减少、凹段 | 极小值点 | 单调增加、凹段 |

(5)画图(如图 5.11 所示).

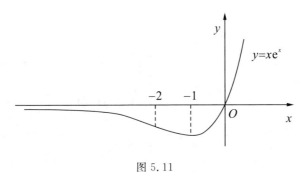

图 5.11

上述例题同时也给出了函数作图的步骤.

**例 5.38** 作出函数 $f(x)=(x+2)\mathrm{e}^{\frac{1}{x}}$ 的图形.

**解** (1)确定函数定义域. 函数 $f(x)=(x+2)\mathrm{e}^{\frac{1}{x}}$ 在定义域 $(-\infty,0)\cup(0,+\infty)$ 内连续.

(2)确定渐近线. 由于 $\lim\limits_{x\to 0^+}f(x)=+\infty$,因此具有铅直渐近线 $x=0$. 利用式(5.41)可以求得斜渐近线 $y=x+3$. 不存在水平渐近线.

(3)确定单调区间、凹凸区间、极值点与拐点,由

$$f'(x)=\frac{(x+1)(x-2)}{x^2}\mathrm{e}^{\frac{1}{x}}, \qquad f''(x)=\frac{5x+2}{x^4}\mathrm{e}^{\frac{1}{x}}$$

可知函数 $f(x)=(x+2)\mathrm{e}^{\frac{1}{x}}$ 在 $x<-1$ 时为单调增;在 $-1<x<2$ 时为单调减;在 $x>2$ 时为单调增. $x=-1$ 为函数的极大值点;$x=2$ 为函数的极小值点. 函数在 $x<-\dfrac{2}{5}$ 时是凸的;在 $x>-\dfrac{2}{5}$ 时是凹的. $x=-\dfrac{2}{5}$ 是函数 $f(x)=(x+2)\mathrm{e}^{\frac{1}{x}}$ 的拐点.

(4)列表(表5.3).

表5.3 函数作图分析表

| $x$ | $(-\infty,-1)$ | $-1$ | $(-1,-\frac{2}{5})$ | $-\frac{2}{5}$ | $(-\frac{2}{5},0)$ | $0$ | $(0,2)$ | $2$ | $(2,+\infty)$ |
|---|---|---|---|---|---|---|---|---|---|
| $y'$ | $+$ | $0$ | $-$ | $0$ | $-$ | | $-$ | $0$ | $+$ |
| $y''$ | $-$ | $0$ | $-$ | $+$ | $+$ | | $+$ | $+$ | $+$ |
| $y$ | 单调增、凸段 | 极大值点 | 单调减、凸段 | 拐点 | 单调减、凹段 | 渐近线 | 单调减、凹段 | 极小值点 | 单调增、凹段 |

(5)画图(如图5.12所示).

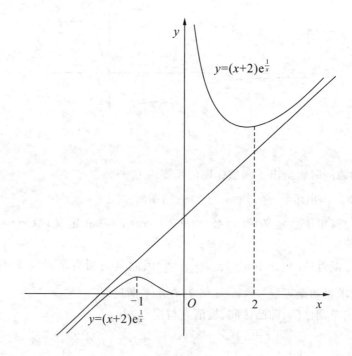

图5.12

### 5.4.5 平面曲线的曲率

曲率是反映曲线弯曲程度的重要概念,在一些工程技术问题中起着重要作用.本节主要讨论平面曲线的曲率问题.

**1. 弧长函数及其微分**

设函数 $f(x)$ 在区间 $(a,b)$ 上具有连续导数,曲线 $y=f(x)$ 在每点处都存在切线,如图 5.13 所示. 现在曲线 $y=f(x)$ 上取固定点 $M(x_0,y_0)$ 作为度量弧长的基点,另外任取一点 $N(x,y)$,则从点 $M$ 到点 $N$ 的有向弧长(与弧的长度不同)记为 $s$,它自然是 $x$ 的函数,通常称为**弧长函数**,记为 $s(x)$,并规定曲线的正方向与 $x$ 增大的方向一致. 这时弧长函数 $s(x)$ 是 $x$ 的单调增函数. 当从点 $M$ 到点 $N$ 的方向与曲线的正向一致时,$s$ 为正值,而当从点 $M$ 到点 $N$ 的方向与曲线的正向相反时,$s$ 为负值.

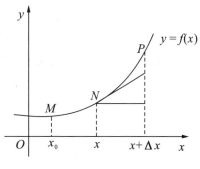

图 5.13

**定理 5.14** 设函数 $y=f(x)$ 在 $[a,b]$ 上连续,在 $(a,b)$ 内具有一阶连续导数,则弧长函数 $s(x)$ 可微,而且

$$\mathrm{d}s = \sqrt{1+y'^2}\,\mathrm{d}x. \tag{5.42}$$

**证** 如图 5.13 所示,在 $x$ 的邻近再取一点 $x+\Delta x$,它在曲线上对应的点为 $P$,对应于 $x$ 的增量 $\Delta x$,弧长函数的增量记为 $\Delta s$,则

$$(\Delta s)^2 \approx \overline{NP}^2 = \Delta x^2 + \Delta y^2,$$

或者

$$\left(\frac{\Delta s}{\Delta x}\right)^2 \approx 1 + \left(\frac{\Delta y}{\Delta x}\right)^2,$$

令 $\Delta x \to 0$,并开方得

$$\frac{\mathrm{d}s}{\mathrm{d}x} = \pm \sqrt{1+y'^2},$$

由于 $s(x)$ 是单调增函数,所以取

$$\frac{\mathrm{d}s}{\mathrm{d}x} = \sqrt{1+y'^2},$$

因此

$$\mathrm{d}s = \sqrt{1+y'^2}\,\mathrm{d}x.$$

通常称式(5.42)为**弧微分公式**.

当曲线的方程为参数方程 $x=x(t), y=y(t)$ 或极坐标方程 $r=r(\theta)$ 时,相应的弧微分公式分别为

$$ds = \sqrt{x'(t)^2 + y'(t)^2}\, dt, \tag{5.43}$$

$$ds = \sqrt{r(\theta)^2 + r'(\theta)^2}\, d\theta. \tag{5.44}$$

**2. 曲率及其计算**

通过观察可以发现,在相同弧长的情况下,弯曲程度大的弧段,其切线的转角大,反之亦然. 于是我们便有如下曲率定义.

**定义 5.3**  设曲线 $y=f(x)$ 在任意点 $N(x,y)$ 处的切线倾角为 $\alpha$,当弧长具有增量 $\Delta s$ 时,切线倾角转过的角度为增量 $\Delta \alpha$,称单位弧长上切线倾角转过角度的大小

$$\overline{K} = \left|\frac{\Delta \alpha}{\Delta s}\right|$$

为该弧段的**平均曲率**. 当 $\Delta s \to 0$ 时,若极限

$$K = \lim_{\Delta s \to 0}\left|\frac{\Delta \alpha}{\Delta s}\right| \tag{5.45}$$

存在,则称 $K$ 为曲线在点 $N(x,y)$ 处的**曲率**.

**注意**  曲率是非负的,它描述了曲线的弯曲程度,与弯曲方向无关. 曲率是曲线的刚性不变量,也就是说,当对坐标系进行平移或旋转时,曲线上每点处的曲率不改变.

从上述曲率定义可以看出,利用式(5.45)计算曲率是很困难的,所以有必要进一步研究曲率的计算方法.

我们知道,当极限 $\lim\limits_{\Delta s \to 0}\dfrac{\Delta \alpha}{\Delta s} = \dfrac{d\alpha}{ds}$ 存在时,曲率 $K$ 为

$$K = \lim_{\Delta s \to 0}\left|\frac{\Delta \alpha}{\Delta s}\right| = \left|\lim_{\Delta s \to 0}\frac{\Delta \alpha}{\Delta s}\right| = \left|\frac{d\alpha}{ds}\right|.$$

根据导数的几何意义,$\tan\alpha = y'(x)$,于是 $\alpha = \arctan y'(x)$,

所以 $d\alpha = \dfrac{y''}{1+y'^2}\,dx$,另外由弧微分公式(5.42) $ds = \sqrt{1+y'^2}\,dx$,可以得到

$$\frac{d\alpha}{ds} = \frac{y''}{(\sqrt{1+y'^2})^3},$$

因此,最终得到曲率 $K$ 的计算公式为

$$K = \frac{|y''|}{(\sqrt{1+y'^2})^3}. \tag{5.46}$$

当曲线方程以参数方程

表示时,曲率 $K$ 的计算公式为
$$\begin{cases} x = x(t) \\ y = y(t) \end{cases}$$

$$K = \frac{|x'(t)y''(t) - x''(t)y'(t)|}{(\sqrt{x'(t)^2 + y'(t)^2})^3}. \tag{5.47}$$

当曲线方程以极坐标方程 $r = r(\theta)$ 表示时,利用极坐标变换公式
$$\begin{cases} x = r(\theta)\cos\theta, \\ y = r(\theta)\sin\theta, \end{cases}$$

可以求得
$$\begin{cases} \mathrm{d}x = [r'(\theta)\cos\theta - r(\theta)\sin\theta]\mathrm{d}\theta, \\ \mathrm{d}y = [r'(\theta)\sin\theta + r(\theta)\cos\theta]\mathrm{d}\theta. \end{cases}$$

于是
$$\frac{\mathrm{d}y}{\mathrm{d}x} = \frac{r'(\theta)\sin\theta + r(\theta)\cos\theta}{r'(\theta)\cos\theta - r(\theta)\sin\theta},$$

$$\frac{\mathrm{d}^2 y}{\mathrm{d}x^2} = \frac{\mathrm{d}}{\mathrm{d}\theta}\left(\frac{r'(\theta)\sin\theta + r(\theta)\cos\theta}{r'(\theta)\cos\theta - r(\theta)\sin\theta}\right)\frac{\mathrm{d}\theta}{\mathrm{d}x}$$
$$= \frac{r(\theta)^2 + 2r'(\theta)^2 - r''(\theta)r(\theta)}{[r'(\theta)\cos\theta - r(\theta)\sin\theta]^3},$$

利用式(5.46)即得极坐标方程下的曲率计算公式为
$$K = \frac{|r(\theta)^2 + 2r'(\theta)^2 - r''(\theta)r(\theta)|}{(\sqrt{r(\theta)^2 + r'(\theta)^2})^3}. \tag{5.48}$$

**例 5.39** 求椭圆 $4x^2 + y^2 = 4$ 在点 $(0,2)$ 处的曲率.

**解** 由 $8x + 2yy' = 0$ 知 $y' = \frac{-4x}{y}$,$y'' = \frac{-16}{y^3}$,于是
$$y'|_{x=0} = 0, \quad y''|_{x=0} = -2,$$

故椭圆在点 $(0,2)$ 处的曲率为 $K = \frac{|y''|}{[1+y'^2]^{\frac{3}{2}}}|_{(0,2)} = 2$.

**例 5.40** 求曲线 $y = \ln\sec x$ 在点 $(x,y)$ 处的曲率及曲率半径.

**解** 由 $y' = \frac{1}{\sec x} \cdot \sec x \tan x = \tan x$,可得 $y'' = \sec^2 x$. 故曲率
$$K = \frac{|y''|}{[1+(y')^2]^{\frac{3}{2}}} = \frac{\sec^2 x}{(1+\tan^2 x)^{\frac{3}{2}}} = |\cos x|,$$

因此曲率半径 $\rho = \frac{1}{K} = |\sec x|$.

**例 5.41** 求抛物线 $y = x^2 - 4x + 3$ 在其顶点处的曲率及曲率半径.

**解** 抛物线的顶点为 $(2,-1)$,$y' = 2x - 4$,$y'' = 2$. 因此,抛物线 $y = x^2 - 4x$

$+3$ 在其顶点处的曲率

$$K = \frac{|y''|}{(1+y'^2)^{\frac{3}{2}}}\Big|_{(2,-1)} = 2,$$

曲率半径 $\rho = \dfrac{1}{K} = \dfrac{1}{2}$.

## 习题 5.4

(A)

1. 回答下列问题.

(1) 若函数 $f(x)$ 在区间 $(a,b)$ 内可导且单调增加,问是否必有 $f'(x) > 0$?

(2) 若函数 $f(x)$ 在区间 $(a,b)$ 内的导数单调增加,问是否必有 $f(x)$ 单调增加?

(3) 若函数 $f(x)$ 在点 $x_0$ 处取得极值,问是否必有 $f'(x_0) = 0$?

(4) 若曲线 $y = f(x)$ 在点 $(x_0, y_0)$ 为拐点,问是否必有 $f''(x_0) = 0$?

(5) 如何寻找函数在闭区间 $[a,b]$ 上的最大值和最小值?

2. 设 $a > 0$,证明 $f(x) = \left(1+\dfrac{a}{x}\right)^x$ 在 $x > 0$ 时为增函数.

3. 设 $f(x)$ 是二阶连续可导的偶函数,$f''(0) \neq 0$,问 $x = 0$ 是否为极值点?

4. 求数列 $\{\sqrt[n]{n}\}$ 中的最大项.

5. 求一条抛物线,使之与曲线 $y = e^x$ 在 $x = 0$ 处相切,且在切点处有相同的曲率和凹向.

6. 证明下列不等式.

(1) 当 $x > 0$ 时,有 $e^x - 1 > (1+x)\ln(1+x)$;

(2) 当 $x > 0$ 时,有 $\ln(1+x) > \dfrac{\arctan x}{1+x}$.

7. 若 $x > 0$ 时,$f''(x) > 0$,而且 $f(0) = 0$,证明在 $x > 0$ 时,函数 $\dfrac{f(x)}{x}$ 单调增加.

8. 设函数 $f(x)$ 在 $[a,b]$ 上连续,且 $f''(x) > 0$,证明 $\varphi(x) = \dfrac{f(x) - f(a)}{x - a}$ 在 $(a,b)$ 内单调增加.

9. 证明方程 $\ln x = \dfrac{x}{e} - 2\sqrt{2}$ 有且仅有两个不同的正根.

10. 讨论函数 $y = \dfrac{x^2}{2x+2}$ 的性态,并作出其图形.

(B)

1. 选择题.

(1) 设函数 $f(x)$ 具有三阶导数,且满足关系式 $f''(x)+[f'(x)]^2=x$,且 $f'(0)=0$,则_____.

(A) $f(0)$ 是 $f(x)$ 的极大值

(B) $f(0)$ 是 $f(x)$ 的极小值

(C) 点 $(0,f(0))$ 是曲线 $y=f(x)$ 的拐点

(D) $f(0)$ 不是 $f(x)$ 的极值,点 $(0,f(0))$ 也不是曲线 $y=f(x)$ 的拐点

(2) 曲线 $y=xe^{\frac{1}{x^2}}$ 的渐近线是_____.

(A) $x=0$     (B) $x=1$     (C) $y=0$     (D) $y=1$     (E) $y=x$

(3) 设函数 $f(x)$ 在点 $x=0$ 的某个邻域内具有连续的二阶导数,且 $f'(0)=f''(0)=0$,则_____.

(A) $f(0)=0$

(B) 点 $(0,f(0))$ 是曲线 $y=f(x)$ 的拐点

(C) 当 $\lim\limits_{x\to 0}\dfrac{f''(x)}{\cos x}=1$ 时,$(0,f(0))$ 是拐点

(D) 当 $\lim\limits_{x\to 0}\dfrac{f''(x)}{\sin x}=1$ 时,$(0,f(0))$ 是拐点

(4) 设 $\lim\limits_{x\to a}\dfrac{f(x)-f(a)}{(x-a)^2}=-1$,则在 $x=a$ 处_____.

(A) $f(x)$ 可导,并且 $f'(a)\neq 0$          (B) $f(x)$ 取得极大值

(C) $f(x)$ 取得极小值                  (D) $f'(x)$ 不存在

2. 当 $x\geqslant 0$ 时,$f(x)$ 连续及 $f(0)=0$,$f'(x)$ 存在且单调增,证明当 $x>0$ 时,函数 $\dfrac{f(x)}{x}$ 单调增.

3. 证明不等式 $\dfrac{x^2}{2(x+1)}<x-\ln(1+x)<\dfrac{x^2}{2}$    $(x>0)$.

4. 设函数 $f(x)$ 在 $[a,+\infty)$ 上可微,$f(a)<0$,且 $x>a$ 时,$f'(x)>k>0$,证明函数 $f(x)$ 在区间 $\left[a,a-\dfrac{f(a)}{k}\right]$ 内存在唯一的零点.

5. 利用函数的凹凸性证明下列不等式.

(1) $2\arctan\dfrac{a+b}{2}\geqslant \arctan a+\arctan b$    $(a,b>0)$;

(2) $\dfrac{x^n+y^n}{2}>\left(\dfrac{x+y}{2}\right)^n$    $(n>1,x>0,y>0,x\neq y)$;

(3) $\ln\dfrac{a+b}{2} > \dfrac{\ln a + \ln b}{2}$ $(a,b>0)$.

6. 设 $y=f(x)$ 在 $x=x_0$ 某邻域内具有三阶连续导数，若 $f'(x_0)=0, f''(x_0)=0, f'''(x_0)\neq 0$，问 $x=x_0$ 是否为极值点？是否为拐点？为什么？

7. 讨论下列函数的单调性，并指出其极值点.

(1) $y=(x-1)(x-2)(x-3)$;　　(2) $y=2\arctan x-\ln(1+x^2)$;

(3) $y=x\ln x$ $(x>0)$;　　(4) $y=x+\dfrac{1}{x}$.

8. 讨论下列函数的凹凸性，并指出其拐点.

(1) $y=\ln(1+x^2)$;　　(2) $y=xe^x$;

(3) $y=e^{-x^2}$;　　(4) $y=x^2-\dfrac{1}{x}$.

9. 画出下列函数的图形.

(1) $y=xe^{-x^2}$;　　(2) $y=x-\dfrac{1}{x^2}$.

10. 设函数 $f(x)$ 满足 $af(x)+bf\left(\dfrac{1}{x}\right)=\dfrac{c}{x}, a,b,c$ 均为常数，且 $|a|\neq|b|$，

(1) 证明 $f(x)$ 为奇函数；

(2) 求 $f'(x), f''(x), f^{(n)}(x)$;

(3) 若 $c>0, |a|>|b|$，问 $a,b$ 满足什么条件时，函数 $f(x)$ 有极大值和极小值.

## 5.5　函数的最大(小)值及其应用

在许多实际问题中，我们经常需要知道某些量的最大值或最小值. 将这个问题抽象成为数学问题就是求函数在某个区间上的最大值或最小值. 我们在第一章中知道，虽然可以断定闭区间上的连续函数一定存在最大值和最小值，但并不清楚如何去寻找它们.

假设函数 $f(x)$ 在闭区间 $[a,b]$ 上连续，在开区间 $(a,b)$ 内至多存在有限个点不可导，也至多存在有限个驻点. 现在我们来讨论函数 $f(x)$ 在闭区间 $[a,b]$ 上的最大值和最小值的计算问题.

首先我们要清楚函数的最大值和最小值可能在哪些类型的点上取得. 我们知道，函数在区间端点 $x=a$ 或者 $x=b$ 是可能取得最大值和最小值的，例如单调函数就是如此. 如果函数 $f(x)$ 的最大值或最小值在开区间 $(a,b)$ 内 $x=x_0$ 取得，则函数 $f(x)$ 在点 $x=x_0$ 处要么不可导，要么导数为零(由 Fermat 定理可知). 这样我们

就清楚如何去寻找函数的最大值和最小值了:

(1) 找出函数 $f(x)$ 在区间 $(a,b)$ 内的所有不可导点和驻点 $x_1, x_2, \cdots, x_n$;

(2) 计算出函数值 $f(x_1), f(x_2), \cdots, f(x_n)$ 以及 $f(a), f(b)$;

(3) 函数 $f(x)$ 在区间 $[a,b]$ 上的最大值 $M$ 和最小值 $m$ 分别为

$$M = \max\{f(x_1), f(x_2), \cdots, f(x_n), f(a), f(b)\},$$
$$m = \min\{f(x_1), f(x_2), \cdots, f(x_n), f(a), f(b)\}.$$

**例 5.42** 求函数 $f(x) = x^3 + 3x^2 - 9x + 1, x \in [-5, 2]$ 的最大值和最小值.

**解** 函数 $f(x) = x^3 + 3x^2 - 9x + 1, x \in [-5, 2]$ 处处可导,而且

$$f'(x) = 3x^2 + 6x - 9 = 3(x-1)(x+3), x \in [-5, 2]$$

得驻点 $x = 1, -3$. 计算出驻点的函数值 $f(1) = -4, f(-3) = 28$. 再计算函数在区间端点的函数值 $f(-5) = -4, f(2) = 3$. 由此可以得到函数的最大值为 28, 最小值为 $-4$.

**例 5.43** (横梁的最优设计问题) 从直径为 $d$ 的圆形树干上切出横断面为矩形的梁, 此矩形的宽、高分别为 $b, h$, 若梁的强度与 $bh^2$ 成正比, 问梁的尺寸 $b, h$ 为何值时, 其强度最大(图 5.14).

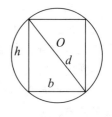

图 5.14

**解** 由于 $h^2 = d^2 - b^2$, 所以横梁强度可表示为

$$f(b) = bh^2 = b(d^2 - b^2), 0 < b < d.$$

这样, 上述问题可归结为求函数 $f(b)$ 在区间 $(0, d)$ 的最大值问题. 利用导数

$$f'(b) = (d^2 - b^2) - 2b^2 = d^2 - 3b^2$$

并令 $f'(b) = 0$ 可以求出唯一的驻点 $b = \dfrac{\sqrt{3}}{3}d$, 而且经过判断知道该点为极大值点. 由于这是唯一的极值点, 因此该点就是函数的最大值点. 这样可以得到横梁的最优强度断面尺寸为

$$b = \frac{\sqrt{3}}{3}d, h = \frac{\sqrt{6}}{3}d.$$

**例 5.44** (用料最省问题) 要生产一种容积为 $100 \text{cm}^3$ 的圆柱形有盖罐头盒, 问怎样设计罐头盒的尺寸可使用料最省 (图 5.15)?

**解** 设罐头盒的高为 $h$, 底半径为 $r$, 则它的外表面积为

$$S = 2\pi r^2 + 2\pi rh,$$

由于罐头盒的体积为 $100 \text{cm}^3$, 所以有约束条件 $\pi r^2 h = 100$, 即

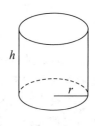

图 5.15

$$h = \frac{100}{\pi r^2},$$

于是有

$$S = 2\pi r^2 + \frac{200}{r} \quad (r>0),$$

这样,问题就归结为求函数 $S(r)$ 的最小值问题. 利用导数

$$S'(r) = 4\pi r - \frac{200}{r^2},$$

令 $S'(r)=0$,求得唯一驻点 $r_0 = \sqrt[3]{\frac{50}{\pi}}$. 由实际问题的意义可知,$S(r_0)$ 就是函数的最小值. 因此,罐头盒的设计尺寸为 $r_0 = \sqrt[3]{\frac{50}{\pi}} \approx 2.52\text{cm}, h = \frac{100}{\pi r^2} \approx 5.01\text{cm}$ 时用料最省.

**例 5.45** 从一块边长为 $a$ 的正方形铁皮的四个角上裁去同样大小的正方形(图 5.16),然后按虚线把四边折起来做成一个无盖盒子,问裁去多大的小方块,可使做成的盒子容积最大?

**解** 设裁去的小方块的边长为 $x$,则所折成的盒子的容积为

$$V = x(a-2x)^2 \quad x \in \left[0, \frac{a}{2}\right]$$

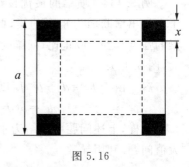

图 5.16

这样,问题就归结为求函数 $V(x)$ 的最大值问题. 利用导数

$$V' = (a-2x)^2 - 4(a-2x)x = a^2 - 8ax + 12x^2,$$

令 $V'(x)=0$,得 $V(x)$ 在 $\left[0, \frac{a}{2}\right]$ 内的唯一驻点 $x = \frac{a}{6}$. 由问题的实际意义可知,$x = \frac{a}{6}$ 就是函数 $V(x)$ 在 $\left[0, \frac{a}{2}\right]$ 内的最大值点.

## 习题 5.5

### (A)

1. 现在要做一个有盖的长方形盒子,其底面边长为 1∶2,体积为 $72\text{cm}^3$,问各边的长为多少可使其表面积为最小?

2. 设有一面积为 $8 \times 5\text{cm}^2$ 的长方形硬纸,在四角剪去相同的小正方形,把四边折起做成一个无盖盒子,要使纸盒的容积为最大,问剪去的小正方形的边长应为多少?

3. 现要做一个圆锥形的漏斗,其母线长为 20cm,要使其体积为最大,问其高应为多少?

4. 轮船甲位于轮船乙以东 75 海里处,以每小时 12 海里的速度向西行驶,而轮船乙则以每小时 6 海里的速度向北行驶,问经过多少时间,两船的距离最近?

5. 从南到北的铁路经过甲、乙两城,两城之间的距离为 15km,某工厂位于乙城正西 2km 处. 现要把货物从甲城运到该工厂,其铁路运费为 3 元/km,公路运费 5 元/km. 为了使货物从甲城运到工厂运费最省,应该从铁路线上的何处起修筑通到工厂的公路较为合适?

6. 一火车锅炉每小时消耗煤的费用与火车行驶的速度之立方成正比,已知当速度为 20km/h 的时候,每小时消耗的煤之价值 40 元. 火车运行中的其他费用为每小时 200 元. 假设甲、乙两城相距 $l$ 千米,问火车以怎样的速度行驶才能使总费用最省?

7. 计算函数 $f(x)=x^4-2x^2+5, x\in[-2,2]$ 的最大值与最小值.

8. 计算函数 $f(x)=x^5-5x^4+5x^3+1, x\in[-1,2]$ 的最大值与最小值.

9. 计算函数 $f(x)=\dfrac{1-x+x^2}{1+x-x^2}, x\in[0,1]$ 的最大值与最小值.

10. 计算函数 $f(x)=\sin 2x-x, x\in(-\dfrac{\pi}{2},\dfrac{\pi}{2})$ 的最大值与最小值.

(B)

1. 设二正数 $a,b$ 之和为常数 $c$,求 $a^m b^n$ 的最大值,其中 $m,n$ 均为正数.

2. 设矩形的面积为常值 $S$,求周长最小者.

3. 设圆柱形闭合罐子的体积为常数 $V$,问怎样设计它的尺寸,可以使得其表面积最小?

4. 在椭圆 $\dfrac{x^2}{a^2}+\dfrac{y^2}{b^2}=1$ 中嵌入具有最大面积而边平行于椭圆轴的矩形,问该矩形的尺寸如何?

5. 在椭圆 $\dfrac{x^2}{a^2}+\dfrac{y^2}{b^2}=1$ $(x>0,y>0)$ 上确定一点 $(x_0,y_0)$,使得该点处的切线与两坐标轴所围成的三角形的面积为最小.

6. 设圆桌面的半径为 $a$,问在桌面中央上方多高处安装灯泡可以使得桌子的边缘上的照度为最大?(提示:照度的计算公式为 $I=k\dfrac{\sin\theta}{r^2}$,其中 $\theta$ 为光线倾斜的角度,$r$ 为光源与被照面的距离,$k$ 为光源的强度.)

7. 质量为 $P$ 的物体位于粗糙的水平面上,需用力把物体从原位置移动. 若物体的摩擦系数等于 $k$,问作用力对水平面的倾斜如何,才使所需的力量为最小?

## *5.6 求函数零点的 Newton 迭代法

由函数的零点定理可知,当函数 $f(x)$ 在 $[a,b]$ 上连续,而且 $f(a)$ 与 $f(b)$ 异号时,在 $(a,b)$ 内至少存在一个点 $\xi$,使得 $f(\xi)=0$,但我们并不能准确给出零点 $\xi$ 在 $(a,b)$ 内的位置. 而在实际问题中,经常会遇到求函数零点的问题. 本节我们讨论一种计算函数零点的迭代方法——Newton 迭代法.

假设函数 $f(x)$ 具有一阶连续导数,$x^*$ 是 $f(x)$ 在区间 $(a,b)$ 内的唯一零点,而且在 $x^*$ 的某空心邻域内 $f'(x) \neq 0$. 下面我们通过一个逐步逼近 $x^*$ 的计算过程,求得 $x^*$ 的近似值数列 $\{x_k\}$.

在 $x^*$ 的邻域内任取一点 $x_1$(图 5.17),自然有 $f(x_1) \neq 0$,还有 $f'(x_1) \neq 0$. 在曲线 $y=f(x)$ 上的点 $(x_1, y_1)$ 处作切线 $T$,其方程为

$$y = y_1 + f'(x_1)(x-x_1),$$

记该切线 $T$ 与 $x$ 轴的交点为 $x_2$,则

$$x_2 = x_1 - \frac{f(x_1)}{f'(x_1)},$$

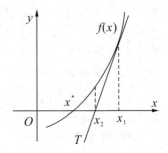

图 5.17

显然 $x_2$ 比 $x_1$ 更接近于 $x^*$. 将这一过程重复进行下去,假如已经得到 $x_k$,我们可以进一步得到 $x_{k+1}$

$$x_{k+1} = x_k - \frac{f(x_k)}{f'(x_k)}, \tag{5.48}$$

当 $|x_{k+1} - x_k|$ 满足事先设定的误差要求时,上述计算过程停止,取 $x_{k+1} \approx x^*$.

通常称式(5.48)给出的迭代过程为 **Newton 迭代法**,它的基本思想是在曲线上一点处用切线代替曲线,因此它是一种线性化方法.

在 Newton 迭代法中,有两个问题需要认真对待. 一是初始选取的 $x_1$ 对迭代过程的影响,二是迭代结果 $\{x_k\}$ 是否一定趋向 $x^*$. 关于这些问题存在一些细节需要分析讨论,在这里我们就不深入探究了,可参考相关书籍,作为一个结论给出如下定理.

**定理 5.15(收敛定理)** 设函数 $f(x)$ 具有二阶导数,$x^*$ 是函数 $f(x)$ 的一个零点,而且 $f'(x^*) \neq 0$,则对于 $x^*$ 某个邻域内任意选取的初始值 $x_1$,由式(5.48)计算出的 $\{x_k\}$ 一定收敛到 $x^*$.

**例 5.46** 用 Newton 迭代法计算函数 $f(x) = xe^x - 1$ 介于 0 和 1 之间的零点 $x^*$,精度为 $10^{-4}$.

**解** 直接计算可以知道 $f(0) = -1 < 0, f(1) = e - 1 > 0$,说明 $f(x) = xe^x - 1$

在 0 和 1 之间至少有一个零点. 又由于 $f'(x)=(x+1)e^x>0, x\in(0,1)$, 可知函数 $f(x)=xe^x-1$ 在区间 $(0,1)$ 内单调增, 因此函数在 $(0,1)$ 内有唯一的零点.

利用式 (5.52), 取 $x_1=0.5$, 可以计算得
$$x_2=0.57102, \quad x_3=0.56716, \quad x_4=0.56714$$
由于 $|x_4-x_3|<10^{-4}$, 所以可以取 $x^*=0.56714$.

**例 5.47** 用 Newton 迭代法计算函数 $f(x)=x^3+3x-5$ 介于 1 和 2 之间的零点 $x^*$, 精度为 $10^{-4}$.

**解** 直接计算可以知道 $f(1)=-1<0, f(2)=9>0$, 这说明 $f(x)=x^3+3x-5$ 在 1 和 2 之间至少有一个零点. 又由于 $f'(x)=3(x^2+1)>0$, 可知函数 $f(x)=x^3+3x-5$ 在区间 $(1,2)$ 内单调增, 因此函数在 $(1,2)$ 内有唯一的零点.

利用式 (5.48), 取 $x_1=1.5$, 可以计算得
$$x_2=1.5-\frac{f(1.5)}{f'(1.5)}=1.5-\frac{2.875}{9.75}=1.5-0.29487=1.20513$$
$$x_3=1.20513-\frac{f(1.20513)}{f'(1.20513)}=1.20513-\frac{0.36565}{7.35701}$$
$$=1.20513-0.04970=1.15543$$
$$x_4=1.15543-\frac{f(1.15543)}{f'(1.15543)}=1.15543-\frac{0.00881}{7.00506}$$
$$=1.15543-0.00126=1.15417$$
$$x_5=1.15417-\frac{f(1.15417)}{f'(1.15417)}=1.15417+\frac{0.00001}{6.99633}$$
$$=1.15417-0.00000=1.15417$$
由于 $|x_5-x_4|<10^{-4}$, 所以可以取 $x^*=1.15417$.

## 习题 5.6

1. 用 Newton 迭代法计算函数 $f(x)=x^2+\dfrac{1}{x^2}-10x$ 的零点 $x^*$, 精度为 $10^{-3}$.
2. 用 Newton 迭代法计算方程 $e^x+x=0$ 的根 $x^*$, 精度为 $10^{-5}$.
3. 用 Newton 迭代法计算方程 $\tan x=x$ 的三个最小正根, 精度为 $10^{-3}$.

## 总习题 5

1. 填空题.

(1) 设函数 $f(x)$ 具有一阶连续导数, 则 $\lim\limits_{h\to 0}\dfrac{f(x+h)-f(x-h)}{h}=$ _____.

(2) 设函数 $f(x)=xe^{2x}$, 则 $f^{(2009)}(0)=$ _____.

(3) 设函数 $f(x)$ 具有二阶连续导数，且 $\lim\limits_{x\to 0}\dfrac{f(x)}{x^2}=3$，则 $f(0)=$ _____，$f'(0)=$ _____，$f''(0)=$ _____。

(4) 设曲线 $y=xe^x$，则其拐点为 _____。

2. 选择题.

(1) 设在 $[0,1]$ 上 $f''(x)>0$，则 _____。

(A) $f'(1)>f'(0)>f(1)-f(0)$      (B) $f'(1)>f(1)-f(0)>f'(0)$

(C) $f(1)-f(0)>f'(1)>f'(0)$      (D) $f'(1)>f(0)-f(1)>f'(0)$

(2) 设 $f(x)$ 有二阶连续导数，$f'(0)=0$，$\lim\limits_{x\to 0}\dfrac{f''(x)}{|x|}=1$，则 _____。

(A) $f(0)$ 是 $f(x)$ 的极大值      (B) $f(0)$ 是 $f(x)$ 的极小值

(C) $(0,f(0))$ 是曲线 $y=f(x)$ 的拐点      (D) 以上结论均不成立

(3) 设函数 $f(x)$ 满足关系式 $xf''(x)+3x[f'(x)]^2=1-e^{-x}$，且 $f'(x_0)=0$ $(x_0\neq 0)$，则 _____。

(A) $f(x_0)$ 是 $f(x)$ 的极大值

(B) $f(x_0)$ 是 $f(x)$ 的极小值

(C) 点 $(x_0,f(x_0))$ 是曲线 $y=f(x)$ 的拐点

(D) $f(x_0)$ 不是 $f(x)$ 的极值，点 $(x_0,f(x_0))$ 也不是曲线 $y=f(x)$ 的拐点

(4) 已知 $f(x)$ 在 $x=0$ 的某个邻域内连续，且 $f(0)=0$，$\lim\limits_{x\to 0}\dfrac{f(x)}{1-\cos x}=2$，则函数 $f(x)$ 在 $x=0$ 处满足 _____。

(A) $f'(0)$ 不存在      (B) $f'(0)$ 存在且不为零

(C) 取得极大值      (D) 取得极小值

3. 证明下列各小题.

(1) 设 $f(x)$ 在 $[0,\pi]$ 上连续，在 $(0,\pi)$ 内可微，求证存在一点 $\xi\in(0,\pi)$，使得
$$f'(\xi)+f(\xi)\cot\xi=0$$

(2) 设 $0<x_1<x_2$，求证存在一点 $\xi\in(x_1,x_2)$，使 $x_1 e^{x_2}-x_2 e^{x_1}=(1-\xi)e^{\xi}(x_1-x_2)$ 成立．

(3) 证明对 $[a,b]$ 上可微函数 $f(x)$，存在点 $\xi\in(a,b)$，使得
$$\dfrac{1}{b-a}\begin{vmatrix} b^n & a^n \\ f(a) & f(b) \end{vmatrix}=\xi^{n-1}[nf(\xi)+\xi f'(\xi)].$$

4. 设 $f$ 为三次多项式，且 $f(a)=f(b)=0$. 证明：函数 $f$ 在 $[a,b]$ 上不变号的充分必要条件是 $f'(a)f'(b)\leqslant 0$.

5. 证明组合恒等式：

(1) $\sum_{k=1}^{n} k C_n^k = n 2^{n-1}, n \in N$;

(2) $\sum_{k=1}^{n} k^2 C_n^k = n(n+1) 2^{n-2}, n \in N$.

6. 设函数 $f$ 在 $x=0$ 处连续，如果 $\lim_{x \to 0} \dfrac{f(2x) - f(x)}{x} = m$. 证明：$f'(0) = m$.

7. 在区间 $[-1, 1]$ 上讨论二次函数 $f(x) = ax^2 + bx + c$，如果 $|f(x)| \leqslant 1, \forall x \in [-1, 1]$，证明：$|f'(x)| \leqslant 4, \forall x \in [-1, 1]$.

8. 证明 $x > 0$ 时，不等式 $\ln(1+x) - \ln x > \dfrac{1}{1+x}$ 成立.

9. 设 $f(x), g(x)$ 在 $[a, b]$ 上连续，在 $(a, b)$ 内可导，且 $f(a) = f(b) = 0$，证明存在 $c \in (a, b)$，使 $f'(c) + f(c) g'(c) = 0$.

10. 设 $f(x)$ 在 $[a, b]$ 上可微，$f'(x) \neq 0$，$0 < a < b$，证明存在 $\xi, \eta \in (a, b)$ 使得 $f'(\xi) = \dfrac{a^2 + ab + b^2}{3 \eta^2} f'(\eta)$.

11. 设 $0 < a < b$，证明：$\dfrac{b-a}{b} < \ln \dfrac{b}{a} < \dfrac{b-a}{a}$.

12. 设 $a > e, 0 < x < y < \dfrac{\pi}{2}$，求证：$a^y - a^x > (\cos x - \cos y) a^x \ln a$.

13. 将函数 $y = \ln \dfrac{1+x}{1-x}$ 在点 $x_0 = 0$ 处展开到 $x^{2n}$ 的项.

14. 证明下列不等式.

(1) 当 $0 < x_1 < x_2 < \dfrac{\pi}{2}$ 时，$\dfrac{\tan x_2}{\tan x_1} > \dfrac{x_2}{x_1}$；

(2) $x > 0$ 时，$(x^2 - 1) \ln x \geqslant (x - 1)^2$；

(3) 设 $b > a > e$，则 $a^b > b^a$；

(4) $\dfrac{|a+b|}{1+|a+b|} \leqslant \dfrac{|a|}{1+|a|} + \dfrac{|b|}{1+|b|}$.

15. 设函数 $f$ 在 $[a, +\infty)$ 内可导，$f(a) < 0$，且当 $x > a$ 时，$f'(x) > k > 0$. 证明：$f$ 有唯一的零点.

16. 设 $f(x)$ 在 $[a, +\infty)$ 上可导，且 $\lim_{x \to +\infty} \dfrac{f(x)}{x} = 0$，证明：$\lim_{x \to +\infty} |f'(x)| = 0$. 并构造函数 $f(x)$ 满足上述条件，但 $\lim_{x \to +\infty} |f'(x)| > 0$.

17. 设 $f(x)$ 在 $[a, +\infty)$ 上有有界的导函数，应用 Lagrange 中值定理证明：$\lim_{x \to +\infty} \dfrac{f(x)}{x \ln x} = 0$.

18. 求出使得不等式 $a^x \geqslant x^a (x>0)$ 成立的一切正数 $a$.

19. 设 $f$ 在 $[a,+\infty)$ 上二阶可导, 且 $f(a)>0, f'(a)<0$, 当 $x>a$ 时, $f''(x) \leqslant 0$, 证明: 方程 $f(x)=0$ 在 $(a,+\infty)$ 内有且仅有一根.

20. 试确定 $a、b、c、d、e$ 使曲线 $y=x^5+ax^4+bx^3+cx^2+dx+e$ 对称于原点且 $y(1)=56$ 为极值, 并求该曲线的拐点.

21. 证明: 区间 $I$ 上的两个单调递增的非负凸函数 $f, g$ 之积仍为凸函数.

22. 设 $f(x)$ 为 $[0,+\infty)$ 上的凸函数, $f(0)=0$, 证明: $\dfrac{f(x)}{x}$ 为 $(0,+\infty)$ 上的单调增函数.

23. 设函数 $f(x), \varphi(x)$ 二阶可导, 当 $x>0$ 时 $f''(x)>\varphi''(x)$, 且 $f(0)=\varphi(0)$, $f'(0)=\varphi'(0)$, 试证: 当 $x>0$ 时, $f(x)>\varphi(x)$.

24. 设 $a_1, a_2, \cdots a_n$ 为 $n$ 个实数, 并满足: $a_1-\dfrac{a_2}{3}+\cdots+(-1)^{n-1}\dfrac{a_n}{2n-1}=0$, 证明: 方程 $a_1\cos x+a_2\cos 3x+\cdots+a_n\cos(2n-1)x=0$ 在 $\left(0,\dfrac{\pi}{2}\right)$ 内至少有一个实根.

25. 设在 $[1,+\infty)$ 上处处有 $f''(x) \leqslant 0$, 且 $f(1)=2$, $f'(1+0)=-3$, 证明: 在 $(1,+\infty)$ 内方程 $f(x)=0$ 仅有一实根.

26. 证明方程 $2^x-x^2-1=0$ 恰有三个不同的实根.

27. 设函数 $f$ 为 $[a,+\infty)$ 上可导, $f(a)=0$, 且当 $x>a$ 时有 $|f'(x)| \leqslant |f(x)|$. 证明: $f \equiv 0$.

28. 求函数 $f(x)=e^x\left[\dfrac{1}{x}-\dfrac{\ln(x-1)}{x}\right]$ 在 $[2,4]$ 上的最大值.

29. 求下列极限.

(1) $\lim\limits_{x \to 0} \dfrac{\sqrt{1+\tan x}-\sqrt{1+\sin x}}{x\ln(1+x)-x^2}$;

(2) $\lim\limits_{x \to 0} \dfrac{e^x-\sin x-1}{1-\sqrt{1-x^2}}$;

(3) $\lim\limits_{x \to 0^+}\left(\ln\dfrac{1}{x}\right)^x$;

(4) $\lim\limits_{x \to \infty}\left[x-x^2\ln\left(1+\dfrac{1}{x}\right)\right]$;

(5) $\lim\limits_{x \to 1}\dfrac{(1-x)(1-\sqrt{x})\cdots(1-\sqrt[n]{x})}{(1-x)^n}$;

(6) 求 $\lim\limits_{x \to 0}\left[\dfrac{a_1^x+a_2^x+\cdots+a_n^x}{n}\right]^{\frac{n}{x}}$, 其中 $a_i>0, i=1,2,\cdots,n$;

(7) 若 $\lim\limits_{x \to 0}\dfrac{\sin 6x+xf(x)}{x^3}=0$, 求 $\lim\limits_{x \to 0}\dfrac{6+f(x)}{x^2}$.

30. 设 $\cos x=\dfrac{1+x^2+Bx^4}{1+Ax^2+Cx^4}+o(x^8), (x \to 0)$, 求 $A, B, C$.

31. 设 $f(x)$ 在 $x=a$ 处具有二阶导数,$f'(a)\neq 0$,求 $\lim\limits_{x\to a}\left[\dfrac{1}{f(x)-f(a)}-\dfrac{1}{(x-a)f'(a)}\right]$.

32. 设 $f(x)$ 满足 $f''(x)+f'(x)g(x)-f(x)=0$,其中 $g(x)$ 为任一函数. 证明: 若 $f(x_0)=f(x_1)=0$ $(x_0<x_1)$,则 $f$ 在 $[x_0,x_1]$ 上恒等于 $0$.

33. 设 $h>0$,函数 $f$ 在 $(a-h,a+h)$ 内具有 $n+2$ 阶连续导数,且 $f^{(n+2)}(a)\neq 0$. $f$ 在 $(a-h,a+h)$ 内的 Taylor 公式为 $f(a+h)=f(a)+f'(a)h+\cdots+\dfrac{f^{(n)}(a)}{n!}h^n+\dfrac{f^{(n+1)}(a+\theta(h)h)}{(n+1)!}h^{n+1}$,$0<\theta(h)<1$. 证明: $\lim\limits_{h\to 0}\theta(h)=\dfrac{1}{n+2}$.

34. 设 $p>0,q>0$,且 $p+q=1$,求极限 $\lim\limits_{n\to +\infty}\left(pe^{\frac{q}{\sqrt{npq}}}+qe^{-\frac{p}{\sqrt{npq}}}\right)$.

35. 求极限 $\lim\limits_{n\to +\infty}\cos\dfrac{a}{n\sqrt{n}}\cos\dfrac{2a}{n\sqrt{n}}\cdots\cos\dfrac{na}{n\sqrt{n}}$.

36. 证明: 多项式 $\sum\limits_{k=1}^{n}\dfrac{(2x-x^2)^k-2x^k}{k}$ 能被 $x^{n+1}$ 整除.

37. 设 $f(x)$ 满足方程 $f(x)+4f\left(-\dfrac{1}{x}\right)=\dfrac{1}{x}$,求 $f(x)$ 的极大值与极小值.

38. 求数列 $\left\{\dfrac{(1+n)^3}{(1-n)^2}\right\}$ 的最小项的项数和该项的数值.

39. 判定椭圆曲线 $\begin{cases}x=a\cos t\\ y=b\sin t\end{cases}$ $(0\leqslant t\leqslant 2\pi)$ 在哪一点处曲率最大(小)?

40. 已知函数 $y=\dfrac{x^3}{(x-1)^2}$,求

(1) 函数的增减区间及极值;

(2) 函数图形的凹凸区间及拐点;

(3) 函数图形的渐近线;

(4) 画出函数的图形.

# 第6章 一元函数的不定积分

前面我们介绍了一元函数的微分学,其基本问题是求已知函数的导数或微分,并应用导数来研究函数的性质.本章将转入一元函数的积分学,所研究的首要问题是与微分学正好相反的问题:函数的导数已知,要求出这个函数.这种运算就叫做求原函数,也就是求不定积分.求原函数的种种方法,构成"不定积分法",它们可看作是逆向应用微分法的结果.因此,熟练掌握微分法是学习本章的前提.

## 6.1 不定积分的概念与性质

### 6.1.1 原函数与不定积分的概念

**定义 6.1** 设 $F(x)$ 是区间 $I$ 上的可微函数,若对任意的 $x \in I$,有 $F'(x) = f(x)$ 或 $dF(x) = f(x)dx$,称 $F(x)$ 为 $f(x)$ 在 $I$ 上的**原函数**.

例如,因 $\dfrac{d}{dx}(x^4) = 4x^3$,故 $F(x) = x^4$ 是 $f(x) = 4x^3$ 的一个原函数.

又因 $\dfrac{d}{dx}(\arctan x) = \dfrac{1}{1+x^2}$,故 $F(x) = \arctan x$ 是 $f(x) = \dfrac{1}{1+x^2}$ 的一个原函数.

若 $F(x)$ 是 $f(x)$ 的原函数,则 $F(x) + C$($C$ 为任意常数)也是 $f(x)$ 的原函数.反之,若 $F(x)$ 和 $G(x)$ 都是 $f(x)$ 的原函数,由 Lagrange 中值定理的推论可知,$F(x) - G(x) =$ 常数.因此,若 $f(x)$ 有一个原函数 $F(x)$,它就有无穷多个原函数,而且所有的原函数都具有 $F(x) + C$ 的形式,即 $f(x)$ 的原函数的一般表达式为 $F(x) + C$,其中 $F'(x) = f(x)$.当 $C$ 取遍任意常数时,$F(x) + C$ 表示 $f(x)$ 的全体原函数;当 $C$ 取某一特定实数,则得到 $f(x)$ 的某一确定的原函数.

根据原函数的这种性质,引入下面的定义:

**定义 6.2(不定积分)** 称 $f(x)$ 在区间 $I$ 上的全体原函数为 $f(x)$ 的**不定积分**,记作

$$\int f(x)dx \tag{6.1}$$

称 $\int$ 为积分号,$f(x)$ 为**被积函数**,$f(x)dx$ 为**被积表达式**,$x$ 为**积分变量**.从 $f(x)$

求 $\int f(x)\mathrm{d}x$ 的运算称为**求积分**或积分运算.

由定义 6.2 可见,若 $F(x)$ 为 $f(x)$ 在某区间 $I$ 上的一个原函数,则 $f(x)$ 的不定积分是一函数族 $\{F(x)+C|C$ 为任意常数$\}$. 为书写方便,通常把它写作

$$\int f(x)\mathrm{d}x = F(x)+C.$$

因此,由 $f(x)$ 求积分 $\int f(x)\mathrm{d}x$,只要求出原函数 $F(x)$ 即可,它显然是求导运算的逆运算.

给定函数 $f(x)$,为求 $\int f(x)\mathrm{d}x$,首先要解决的问题是:不定积分是否存在,即 $f(x)$ 的原函数是否存在?关于这个问题有如下的结论:**连续函数一定有原函数**. 它的证明将在下一章给出.

下面讨论不定积分的几何意义:函数 $f(x)$ 的原函数 $F(x)$ 的图形称为 $f(x)$ 的**积分曲线**. 于是,$f(x)$ 的不定积分在几何上表示 $f(x)$ 的某一条积分曲线沿 $y$ 轴方向平移所得的一切积分曲线组成的曲线族. 显然,若在每一条积分曲线上横坐标相同的点处作切线,则这些切线都是互相平行的(图 6.1).

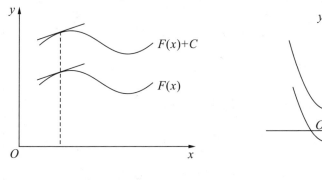

图 6.1

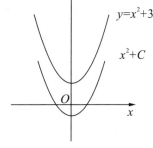

图 6.2

在求原函数的许多问题中,往往先求出全体原函数,然后从中确定一个满足条件 $F(x_0)=y_0$(称为**初始条件**或**边值条件**,它由具体问题所确定)的原函数,它就是积分曲线族中通过点 $(x_0,y_0)$ 的那条积分曲线.

**例 6.1** 求经过点 $(1,4)$,且切线斜率为 $2x$ 的曲线方程.

**解** 设曲线方程为 $y=f(x)$,已知 $f'(x)=2x$,因此

$$y = \int f'(x)\mathrm{d}x = \int 2x\mathrm{d}x = x^2 + C$$

便是斜率为 $2x$ 的曲线族. 将 $x=1$,$y=4$ 代入曲线族方程,得 $C=3$. 因此 $y=x^2+3$ 便是所求的曲线方程(图 6.2).

## 6.1.2 基本积分表

接下来的问题是:若原函数存在,怎样来求原函数(即怎样求不定积分)? 读者会发现这要比求导数困难得多. 原因在于原函数的定义不像导数那样具有构造性,它只告诉我们其导数是已知函数 $f(x)$,而没有指出怎样由 $f(x)$ 求出其原函数的具体途径. 因此,我们需要按照微分法的已知结果去试探.

因为求不定积分是求导数的逆运算,所以每个导数公式倒过来用时便有一个积分公式. 这样我们可以由基本初等函数的导数公式直接得到以下的积分公式(基本积分表):

---

1. $\int 0 \mathrm{d}x = C$;

2. $\int 1 \mathrm{d}x = x + C$ （常简写为 $\int \mathrm{d}x = x + C$）;

3. $\int x^\alpha \mathrm{d}x = \dfrac{x^{\alpha+1}}{\alpha+1} + C$ $(\alpha \neq -1, x > 0)$;

4. $\int \dfrac{1}{x} \mathrm{d}x = \ln|x| + C$① $(x \neq 0)$;

5. $\int \mathrm{e}^x \mathrm{d}x = \mathrm{e}^x + C$, $\int a^x \mathrm{d}x = \dfrac{a^x}{\ln a} + C$ $(a > 0, a \neq 1)$;

6. $\int \cos x \mathrm{d}x = \sin x + C$, $\int \sin x \mathrm{d}x = -\cos x + C$;

7. $\int \sec^2 x \mathrm{d}x = \tan x + C$, $\int \csc^2 x \mathrm{d}x = -\cot x + C$;

8. $\int \sec x \tan x \mathrm{d}x = \sec x + C$, $\int \csc x \cot x \mathrm{d}x = -\csc x + C$;

9. $\int \dfrac{\mathrm{d}x}{\sqrt{1-x^2}} = \arcsin x + C = -\arccos x + C'$;

10. $\int \dfrac{\mathrm{d}x}{1+x^2} = \arctan x + C = -\mathrm{arccot}\, x + C'$;

11. $\int \cosh x \mathrm{d}x = \sinh x + C$, $\int \sinh x \mathrm{d}x = \cosh x + C$.

---

以上基本积分公式,是求不定积分的基础,必须熟记.

---

① 公式 4 适用于不包含原点 0 的任何区间,即 $\int \dfrac{1}{x} \mathrm{d}x = \begin{cases} \ln x + C, & x > 0, \\ \ln(-x) + C, & x < 0. \end{cases}$

## 6.1.3 不定积分的性质

由不定积分的定义,可以推知下述关系:

**定理 6.1** $\left(\int f(x)\mathrm{d}x\right)' = f(x)$ 或 $\mathrm{d}\int f(x)\mathrm{d}x = f(x)\mathrm{d}x$;

$\int F'(x)\mathrm{d}x = F(x) + C$ 或 $\int \mathrm{d}F(x) = F(x) + C$.

这个性质进一步揭示了"积分与导数是互逆运算"这一互逆性.

由导数的线性运算法则,可得到不定积分的线性运算法则:

**定理 6.2** 设 $f(x)$ 与 $g(x)$ 在区间 $I$ 上的原函数都存在, $k_1, k_2$ 为常数,则

$$\int [k_1 f(x) \pm k_2 g(x)]\mathrm{d}x = k_1 \int f(x)\mathrm{d}x \pm k_2 \int g(x)\mathrm{d}x.$$

根据上述线性法则与基本积分公式,可求得一些简单函数的不定积分.

**例 6.2** 求 $I = \int f(x)\mathrm{d}x$ ,若

(1) $f(x) = (x^3 - 6)\sqrt{x}$;  (2) $f(x) = \dfrac{1}{\sin^2 x \cos^2 x}$;

(3) $f(x) = \dfrac{(x-1)^3}{x^2}$;  (4) $f(x) = 10^x - 10^{-x}$.

**解** 对 $f(x)$ 作适当分解,然后利用积分的线性运算性质分项积分,分项积分时利用基本积分公式:

(1) $\int (x^3 - 6)\sqrt{x}\,\mathrm{d}x = \int (x^{\frac{7}{2}} - 6x^{\frac{1}{2}})\mathrm{d}x = \dfrac{2}{9}x^{\frac{9}{2}} - 4x^{\frac{3}{2}} + C$;

(2) $\int \dfrac{\mathrm{d}x}{\sin^2 x \cos^2 x} = \int \dfrac{\cos^2 x + \sin^2 x}{\sin^2 x \cos^2 x}\mathrm{d}x = \int (\csc^2 x + \sec^2 x)\mathrm{d}x$

$\qquad = -\cot x + \tan x + C$;

(3) $\int \dfrac{(x-1)^3}{x^2}\mathrm{d}x = \int \dfrac{x^3 - 3x^2 + 3x - 1}{x^2}\mathrm{d}x = \int \left(x - 3 + \dfrac{3}{x} - \dfrac{1}{x^2}\right)\mathrm{d}x$

$\qquad = \int x\,\mathrm{d}x - 3\int \mathrm{d}x + 3\int \dfrac{\mathrm{d}x}{x} - \int \dfrac{\mathrm{d}x}{x^2}$

$\qquad = \dfrac{x^2}{2} - 3x + 3\ln|x| + \dfrac{1}{x} + C$;

(4) $\int (10^x - 10^{-x})^2 \mathrm{d}x = \int (10^{2x} + 10^{-2x} - 2)\mathrm{d}x$

$\qquad = \int [(10^2)^x + (10^{-2})^x - 2]\mathrm{d}x$

$\qquad = \dfrac{1}{2\ln 10}(10^{2x} - 10^{-2x}) - 2x + C.$

## 习题 6.1

### (A)

1. 回答下列问题.

(1) "不定积分"与"原函数"这两个概念有什么区别和联系?

(2) 验证 $\dfrac{e^{2x}}{2}$, $e^x \mathrm{sh}x$, $e^x \mathrm{ch}x$ 均是函数 $\dfrac{e^x}{\mathrm{ch}x - \mathrm{sh}x}$ 在区间 $I$ 上的原函数,试问它们之间有何关系?

(3) 下列等式是否成立? 为什么?

(A) $d \int f(x) dx = f(x)$  (B) $d \int f(x) dx = f(x) dx$

(C) $\int df(x) = f(x)$  (D) $d \int df(x) = df(x)$

2. 求出下列函数的原函数.

(1) $f(x) = \dfrac{1}{x^2}$ ;

(2) $f(x) = \dfrac{1}{\sqrt{x}}$ ;

(3) $f(x) = \dfrac{1}{x^2 \sqrt{x}}$ ;

(4) $f(x) = x^2 \sqrt[3]{x}$ ;

(5) $f(x) = \dfrac{2}{x} (x > 0)$ ;

(6) $f(x) = \sqrt[m]{x^n}$ ;

(7) $f(x) = (x^2 + 1)^2$ ;

(8) $f(x) = e^x + 6e^{6x}$ ;

(9) $f(x) = 3^x e^x$ ;

(10) $f(x) = \dfrac{(1-x)^2}{\sqrt{x}}$ ;

(11) $f(x) = \dfrac{1}{\sqrt{1-x^2}} + \dfrac{1}{1+x^2}$ ;

(12) $f(x) = \cos x + \dfrac{1}{\cos^2 x}$ .

3. 求满足下列条件的 $y(x)$.

(1) $\dfrac{dy}{dx} = (x-2)^2, y|_{x=2} = 0$;

(2) $\dfrac{d^2 y}{dx^2} = \dfrac{2}{x^3}, \dfrac{dy}{dx}|_{x=1} = 1, y|_{x=1} = 1$.

### (B)

1. 求下列不定积分.

(1) $\int \dfrac{x+1}{\sqrt{x}} dx$ ;

(2) $\int \left(\dfrac{1-x}{x}\right)^2 dx$ ;

(3) $\int \dfrac{3x^4 + 2x^2}{1 + x^2} dx$ ;

(4) $\int (e^x - \dfrac{2}{\sqrt[3]{x}}) dx$ ;

(5) $\int 10^x \cdot e^{2x} dx$;    (6) $\int \cos^2 x\, dx$;

(7) $\int \dfrac{2\cdot 3^x - 5\cdot 2^x}{3^x} dx$;    (8) $\int \dfrac{e^{3x}+1}{e^x+1} dx$;

(9) $\int \left(\sqrt{\dfrac{1+x}{1-x}} + \sqrt{\dfrac{1-x}{1+x}}\right) dx$;    (10) $\int (2^x + 3^x) dx$.

2. 求下列不定积分.

(1) $\int \sin(3t+1) dt$;    (2) $\int \dfrac{\cos 2x}{\cos^2 x \sin^2 x} dx$;

(3) $\int \sqrt{1+\sin 2\theta}\, d\theta$;    (4) $\int \tan^2 x\, dx$;

(5) $\int \dfrac{dt}{\sin^2 \dfrac{t}{2} \cos^2 \dfrac{t}{2}}$;    (6) $\int \cos x(\sec x + \tan x) dx$;

(7) $\int \sin^2 \dfrac{t}{2} dt$;    (8) $\int \dfrac{dx}{1+\cos 2x}$.

3. 若曲线 $y=f(x)$ 上的点 $(x,y)$ 的切线斜率与 $\sin 2x$ 成正比,且曲线过 $(0,2)$ 与 $(\dfrac{\pi}{2},0)$ 两点,求此曲线.

## 6.2 换元积分法和分部积分法

利用基本积分公式和不定积分的性质,能够计算的积分是十分有限的. 因此有必要研究积分运算的规则. 因微分与积分为互逆运算,故每个微分运算规则倒过来用时,就成为一个对应的积分运算规则. 本节讨论的换元积分法就是由复合函数求导法则对应过来的,而分部积分法则是由乘积的求导法则对应过来的.

### 6.2.1 第一换元法

设 $F(u)$ 与 $u=\varphi(x)$ 均可微, $F'(u)=f(u)$,则根据复合函数的求导法则,有
$$dF(u) = dF[\varphi(x)] = f[\varphi(x)]\varphi'(x) dx.$$
利用微分与积分的互逆性,由上式得
$$\int f[\varphi(x)]\varphi'(x) dx = \int f(u) du.$$
由此得到下述定理:

**定理 6.3(第一换元法)** 设 $f(u)$ 具有原函数,$u=\varphi(x)$ 可导,则有换元公式

$$\int f[\varphi(x)]\varphi'(x)\mathrm{d}x = \left[\int f(u)\mathrm{d}u\right]_{u=\varphi(x)}. \tag{6.2}$$

第一换元法也称为**凑微分法**.

怎样应用公式(6.2)来求不定积分?设要计算积分$\int g(x)\mathrm{d}x$,如果被积表达式可以化为如下的形式

$$g(x)\mathrm{d}x = f[\varphi(x)]\varphi'(x)\mathrm{d}x,$$

然后作变量代换 $u=\varphi(x)$,那么

$$\int g(x)\mathrm{d}x = \int f[\varphi(x)]\varphi'(x)\mathrm{d}x = \left[\int f(u)\mathrm{d}u\right]_{u=\varphi(x)}.$$

如果容易求得 $f(u)$ 的原函数 $F(u)$,那么

$$\int g(x)\mathrm{d}x = \left[\int f(u)\mathrm{d}u\right]_{u=\varphi(x)} = [F(u)+C]_{u=\varphi(x)} = F[\varphi(x)]+C.$$

在具体计算时,中间变量也可以不必写出来.

**例 6.3**  求 $I = \int f(x)\mathrm{d}x$,若

(1) $f(x) = \dfrac{1}{2+3x}$;  (2) $f(x) = 3x^2\cos x^3$;  (3) $f(x) = \dfrac{1}{a^2+x^2}$;

(4) $f(x) = \dfrac{x^2}{(x+2)^3}$;  (5) $f(x) = 2x\mathrm{e}^{x^2}$;  (6) $f(x) = \sqrt{\mathrm{e}^x}$;

(7) $f(x) = \dfrac{1}{1-\cos x}$;  (8) $f(x) = \dfrac{1}{\sqrt{1-2x^2}}$.

**解**  这是一组直接利用公式(6.2)和积分公式表的例子.

(1) 将被积表达式凑成:

$$\frac{\mathrm{d}x}{2+3x} = \frac{1}{3}\cdot\frac{\mathrm{d}(3x)}{2+3x} = \frac{1}{3}\cdot\frac{1}{2+3x}(2+3x)'\mathrm{d}x = \frac{1}{3}\cdot\frac{\mathrm{d}(2+3x)}{2+3x},$$

从而令 $u = 2+3x$,便有

$$I = \int\frac{1}{2+3x}\mathrm{d}x = \frac{1}{3}\int\frac{1}{u}\mathrm{d}u$$
$$= \frac{1}{3}\ln|u| + C = \frac{1}{3}\ln|2+3x| + C.$$

一般地,对于积分 $\int f(ax+b)\mathrm{d}x$,总可作变换 $u=ax+b$,把它化为

$$\int f(ax+b)\mathrm{d}x = \int\frac{1}{a}f(ax+b)\mathrm{d}(ax+b) = \frac{1}{a}\left[\int f(u)\mathrm{d}u\right]_{u=ax+b}.$$

(2) $I = \int 3x^2\cos x^3\mathrm{d}x = \int\cos x^3\mathrm{d}(x^3) \xlongequal{u=x^3} \int\cos u\,\mathrm{d}u = \sin u + C = \sin x^3 + C.$

(3) $I = \int \dfrac{\mathrm{d}x}{a^2+x^2} = \int \dfrac{\mathrm{d}(\frac{x}{a})}{a[1+(\frac{x}{a})^2]} \xlongequal{u=\frac{x}{a}} \int \dfrac{\mathrm{d}u}{a(1+u^2)}$

$= \dfrac{1}{a}\arctan u + C = \dfrac{1}{a}\arctan \dfrac{x}{a} + C.$

(4) $I = \int \dfrac{x^2}{(x+2)^3}\mathrm{d}x \xlongequal{u=x+2} \int \dfrac{(u-2)^2}{u^3}\mathrm{d}u = \int (u^2-4u+4)u^{-3}\mathrm{d}u$

$= \int (u^{-1} - 4u^{-2} + 4u^{-3})\mathrm{d}u$

$= \ln|u| + 4u^{-1} - 2u^{-2} + C = \ln|x+2| + \dfrac{4}{x+2} - \dfrac{2}{(x+2)^2} + C.$

(5) $I = \int 2x\mathrm{e}^{x^2}\mathrm{d}x = \int \mathrm{e}^{x^2}\mathrm{d}(x^2) = \mathrm{e}^{x^2} + C.$

(6) $I = \int \sqrt{\mathrm{e}^x}\,\mathrm{d}x = 2\int \mathrm{e}^{x/2}\mathrm{d}(\dfrac{x}{2}) = 2\mathrm{e}^{x/2} + C.$

(7) $I = \int \dfrac{1}{1-\cos x}\mathrm{d}x = \int \dfrac{1}{2\sin^2 \frac{x}{2}}\mathrm{d}x = \int \csc^2 \dfrac{x}{2}\mathrm{d}(\dfrac{x}{2}) = -\cot \dfrac{x}{2} + C.$

(8) $I = \int \dfrac{1}{\sqrt{1-2x^2}}\mathrm{d}x = \dfrac{1}{\sqrt{2}}\int \dfrac{1}{\sqrt{1-(\sqrt{2}x)^2}}\mathrm{d}(\sqrt{2}x) = \dfrac{1}{\sqrt{2}}\arcsin\sqrt{2}x + C.$

**例 6.4** 求下列不定积分.

(1) $\int \dfrac{\mathrm{d}x}{x^2-a^2}$;  (2) $\int \dfrac{\mathrm{d}x}{x(1+2\ln x)}$;  (3) $\int \dfrac{\mathrm{d}x}{\sqrt{x(1-x)}}$.

**解** (1) $\int \dfrac{\mathrm{d}x}{x^2-a^2} = \dfrac{1}{2a}\int (\dfrac{1}{x-a} - \dfrac{1}{x+a})\mathrm{d}x$

$= \dfrac{1}{2a}[\ln|x-a| - \ln|x+a|] + C$

$= \dfrac{1}{2a}\ln\left|\dfrac{x-a}{x+a}\right| + C.$

(2) $\int \dfrac{\mathrm{d}x}{x(1+2\ln x)} = \int \dfrac{\mathrm{d}(\ln x)}{1+2\ln x} = \dfrac{1}{2}\int \dfrac{\mathrm{d}(1+2\ln x)}{1+2\ln x} = \dfrac{1}{2}\ln|1+2\ln x| + C.$

(3) 利用 $\dfrac{\mathrm{d}x}{\sqrt{x}} = 2\mathrm{d}\sqrt{x}$:

$\int \dfrac{\mathrm{d}x}{\sqrt{x(1-x)}} = 2\int \dfrac{\mathrm{d}\sqrt{x}}{\sqrt{1-(\sqrt{x})^2}} = 2\arcsin\sqrt{x} + C.$

下面再举一些积分的例子,它们的被积函数中含有三角函数,在计算这种积分的过程中,往往要用到一些三角恒等式.

**例 6.5** 求下列不定积分.

(1) $\int \sec x \, dx$;  (2) $\int \cos^2 x \, dx$;  (3) $\int \sin^3 x \, dx$;

(4) $\int \sin^2 x \cos^5 x \, dx$;  (5) $\int \sec^6 x \, dx$;  (6) $\int \cos 3x \cos 2x \, dx$;

(7) $\int \sin^2 x \cos^4 x \, dx$;  (8) $\int \csc x \, dx$.

**解**　当被积函数为三角函数时，常常用到一些三角恒等式.

(1) **解法一**　利用 $\sec x = \dfrac{\cos x}{1 - \sin^2 x}$:

$$\int \sec x \, dx = \int \frac{dx}{\cos x} = \int \frac{\cos x}{1 - \sin^2 x} dx = \int \frac{d(\sin x)}{1 - \sin^2 x}$$

$$= \frac{1}{2} \int \left( \frac{1}{1 + \sin x} + \frac{1}{1 - \sin x} \right) d(\sin x)$$

$$= \frac{1}{2} \ln \left| \frac{1 + \sin x}{1 - \sin x} \right| + C.$$

**解法二**　利用 $\sec x = \dfrac{1}{\cos^2 \frac{x}{2} - \sin^2 \frac{x}{2}}$:

$$\int \sec x \, dx = \int \frac{dx}{\cos^2 \frac{x}{2} - \sin^2 \frac{x}{2}} = 2 \int \frac{d(\frac{x}{2})}{\cos^2 \frac{x}{2} (1 - \tan^2 \frac{x}{2})}$$

$$= 2 \int \frac{d(\tan \frac{x}{2})}{1 - \tan^2 \frac{x}{2}} = \ln \left| \frac{1 + \tan \frac{x}{2}}{1 - \tan \frac{x}{2}} \right| + C$$

$$= \ln \left| \tan \left( \frac{x}{2} + \frac{\pi}{4} \right) \right| + C.$$

**解法三**　$\int \sec x \, dx = \int \dfrac{\sec x (\sec x + \tan x)}{\sec x + \tan x} dx = \int \dfrac{\sec^2 x + \sec x \tan x}{\sec x + \tan x} dx$

$$= \int \frac{d(\sec x + \tan x)}{\sec x + \tan x} = \ln |\sec x + \tan x| + C.$$

这三种解法所得结果只是形式上的不同，读者不难将他们统一起来.

(2) 利用 $\cos^2 x = \dfrac{1 + \cos 2x}{2}$:

$$\int \cos^2 x \, dx = \int \frac{1 + \cos 2x}{2} dx = \frac{1}{2} \left( x + \frac{1}{2} \sin 2x \right) + C$$

$$= \frac{1}{2} x + \frac{1}{4} \sin 2x + C.$$

(3) $\int \sin^3 x \mathrm{d}x = -\int (1-\cos^2 x)\mathrm{d}(\cos x) = -\cos x + \dfrac{1}{3}\cos^3 x + C.$

(4) $\int \sin^2 x \cos^5 x \mathrm{d}x = \int \sin^2 x \cos^4 x \cos x \mathrm{d}x = \int \sin^2 x (1-\sin^2 x)^2 \mathrm{d}(\sin x)$

$$= \int (\sin^2 x - 2\sin^4 x + \sin^6 x)\mathrm{d}(\sin x)$$

$$= \dfrac{1}{3}\sin^3 x - \dfrac{2}{5}\sin^5 x + \dfrac{1}{7}\sin^7 x + C.$$

(5) 利用 $\sec^2 x = 1 + \tan^2 x$ 可得：

$$\int \sec^6 x \mathrm{d}x = \int (\sec^2 x)^2 \sec^2 x \mathrm{d}x = \int (1+\tan^2 x)^2 \mathrm{d}(\tan x)$$

$$= \int (1 + 2\tan^2 x + \tan^4 x)\mathrm{d}(\tan x)$$

$$= \tan x + \dfrac{2}{3}\tan^3 x + \dfrac{1}{5}\tan^5 x + C.$$

(6) 由三角函数的积化和差公式 $\cos 3x \cos 2x = \dfrac{1}{2}(\cos x + \cos 5x)$ 可得：

$$\int \cos 3x \cos 2x \mathrm{d}x = \dfrac{1}{2}\int (\cos x + \cos 5x)\mathrm{d}x$$

$$= \dfrac{1}{2}\left(\int \cos x \mathrm{d}x + \dfrac{1}{5}\int \cos 5x \mathrm{d}(5x)\right)$$

$$= \dfrac{1}{2}\sin x + \dfrac{1}{10}\sin 5x + C.$$

(7) $\int \sin^2 x \cos^4 x \mathrm{d}x = \dfrac{1}{8}\int (1-\cos 2x)(1+\cos 2x)^2 \mathrm{d}x$

$$= \dfrac{1}{8}\int (1 + \cos 2x - \cos^2 2x - \cos^3 2x)\mathrm{d}x$$

$$= \dfrac{1}{8}\int (\cos 2x - \cos^3 2x)\mathrm{d}x + \dfrac{1}{8}\int (1 - \cos^2 2x)\mathrm{d}x$$

$$= \dfrac{1}{8}\int \sin^2 2x \cdot \dfrac{1}{2}\mathrm{d}(\sin 2x) + \dfrac{1}{8}\int \dfrac{1}{2}(1-\cos 4x)\mathrm{d}x$$

$$= \dfrac{1}{48}\sin^3 2x + \dfrac{x}{16} - \dfrac{1}{64}\sin 4x + C.$$

一般地，对于 $\sin^{2k} x \cos^{2l} x \, (k,l \in N)$ 型函数，总可利用三角恒等式：$\sin^2 x = \dfrac{1}{2}(1-\cos 2x), \cos^2 x = \dfrac{1}{2}(1+\cos 2x)$ 化成 $\cos 2x$ 的多项式，然后采用例(7)所用的方法求得积分的结果.

(8) $\int \csc x \, \mathrm{d}x = \int \dfrac{\mathrm{d}x}{\sin x} = \int \dfrac{\mathrm{d}x}{2\sin \dfrac{x}{2} \cos \dfrac{x}{2}} = \int \dfrac{\mathrm{d}\left(\dfrac{x}{2}\right)}{\tan \dfrac{x}{2} \cos^2 \dfrac{x}{2}}$

$= \int \dfrac{\mathrm{d}\left(\tan \dfrac{x}{2}\right)}{\tan \dfrac{x}{2}} = \ln\left|\tan \dfrac{x}{2}\right| + C.$

因为

$$\tan \dfrac{x}{2} = \dfrac{\sin \dfrac{x}{2}}{\cos \dfrac{x}{2}} = \dfrac{2\sin^2 \dfrac{x}{2}}{\sin x} = \dfrac{1-\cos x}{\sin x} = \csc x - \cot x,$$

所以上述不定积分又可表示为

$$\int \csc x \, \mathrm{d}x = \ln|\csc x - \cot x| + C.$$

上面所举的例子,可以使我们认识到公式(6.2)在求不定积分中所起到的作用. 正如复合函数的求导法则在微分学中一样,公式(6.2)在积分学中也是经常使用的. 但利用公式(6.2)来求不定积分,一般来说比利用复合函数的求导法则求函数的导数要困难得多,因为其中需要一定的技巧,而且如何适当地选择变量代换 $u = \varphi(x)$ 没有一般规律可循,因此要掌握换元法,除了熟悉一些典型的例子外,还要做较多的练习才行.

### 6.2.2 第二换元法

前面提到的换元公式(6.2)有两种用法:从左到右是将积分 $\int f[\varphi(x)]\varphi'(x)\mathrm{d}x$ 化为 $\int f(u)\mathrm{d}u$,后一积分易求,这就是第一换元法(凑微分法). 将公式从右到左用,即一开始就用变量代换 $u = \varphi(x)$ 将不易计算的积分 $\int f(u)\mathrm{d}u$ 化为易求的积分 $\int f[\varphi(x)]\varphi'(x)\mathrm{d}x$,再求出积分,这就是第二换元法. 这两种方法的基本思想是一致的,只是具体的步骤不同,用定理的形式得到第二换元积分法叙述如下.

**定理 6.4(第二换元法)** 设 $x = \varphi(t)$ 是单调、可导的函数,且 $\varphi'(t) \neq 0$. 又设 $f[\varphi(t)]\varphi'(t)$ 具有原函数,则有换元公式

$$\int f(x)\mathrm{d}x = \left[\int f[\varphi(t)]\varphi'(t)\mathrm{d}t\right]_{t=\varphi^{-1}(x)}, \tag{6.3}$$

其中 $t = \varphi^{-1}(x)$ 是 $x = \varphi(t)$ 的反函数.

**证** 设 $f[\varphi(t)]\varphi'(t)$ 的原函数为 $\Phi(t)$,记 $\Phi[\varphi^{-1}(x)]=F(x)$,因 $t=\varphi^{-1}(x)$ 是 $x=\varphi(t)$ 的反函数,利用复合函数及反函数的求导法则,得

$$F'(x)=\frac{\mathrm{d}\Phi}{\mathrm{d}t}\cdot\frac{\mathrm{d}t}{\mathrm{d}x}=f[\varphi(t)]\varphi'(t)\cdot\frac{1}{\varphi'(t)}=f[\varphi(t)]=f(x),$$

即 $F(x)$ 是 $f(x)$ 的原函数. 所以有

$$\int f(x)\mathrm{d}x=F(x)+C=\Phi[\varphi^{-1}(x)]+C=[\Phi(t)+C]_{t=\varphi^{-1}(x)}$$

$$=\left[\int f[\varphi(t)]\varphi'(t)\mathrm{d}t\right]_{t=\varphi^{-1}(x)}.$$

这就证明了公式(6.3).

第二换元法的要点是:

(1) 适当选取代换 $x=\varphi(t)$,使式(6.3)右边的积分 $\int f[\varphi(t)]\varphi'(t)\mathrm{d}t$ 比较容易计算;

(2) 求出积分 $\int f[\varphi(t)]\varphi'(t)\mathrm{d}t=\Phi(t)+C$ 后,用 $t=\varphi^{-1}(x)$ 将变量"还原"(注意这一步不能遗漏),从而得到 $\int f(x)\mathrm{d}x=\Phi[\varphi^{-1}(x)]+C$.

**例 6.6** 求下列不定积分.

(1) $\int\sqrt{a^2-x^2}\,\mathrm{d}x \quad (a>0);$ \quad (2) $\int\frac{\mathrm{d}x}{\sqrt{x^2-a^2}} \quad (a>0);$

(3) $\int\frac{\mathrm{d}x}{\sqrt{x^2+a^2}} \quad (a>0).$

**解** 当被积函数含形如 $\sqrt{a^2\pm x^2}$ 或 $\sqrt{x^2-a^2}$ 的二次根式时,通常采用"三角代换"去掉根式,本题就属于这种类型.

(1) 为了把被积函数的根式去掉,令 $x=a\sin t,|t|<\dfrac{\pi}{2}$. 于是被积函数化为

$$\sqrt{a^2-x^2}=\sqrt{a^2-a^2\sin^2 t}=a|\cos t|=a\cos t.$$

又由 $\mathrm{d}x=a\cos t\mathrm{d}t$,所以

$$\int\sqrt{a^2-x^2}\,\mathrm{d}x=a^2\int\cos^2 t\,\mathrm{d}t=a^2\int\frac{1+\cos 2t}{2}\mathrm{d}t$$

$$=\frac{a^2}{2}\left(t+\frac{1}{2}\sin 2t\right)+C$$

$$=\frac{a^2}{2}(t+\sin t\cos t)+C$$

$$=\frac{a^2}{2}\arcsin\frac{x}{a}+\frac{1}{2}x\sqrt{a^2-x^2}+C.$$

(2) 令 $x=a\sec t,0<t<\dfrac{\pi}{2}$(在 $x=a\sec t$ 的其他单调区间上也可同样讨论).

于是

$$\int \frac{\mathrm{d}x}{\sqrt{x^2-a^2}} = \int \frac{a\sec t \cdot \tan t \mathrm{d}t}{a\tan t} = \int \sec t \mathrm{d}t$$

$$= \ln|\sec t + \tan t| + C_1 (\text{参见例 } 6.5).$$

借助于图 6.3,求得 $\tan t = \frac{\sqrt{x^2-a^2}}{a}$,故有

$$\int \frac{\mathrm{d}x}{\sqrt{x^2-a^2}} = \ln\left|\frac{x}{a} + \frac{\sqrt{x^2-a^2}}{a}\right| + C_1 = \ln|x + \sqrt{x^2-a^2}| + C.$$

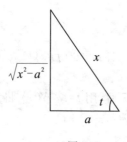
图 6.3

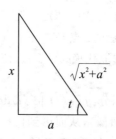
图 6.4

(3) 令 $x = a\tan t$, $|t| < \frac{\pi}{2}$,有

$$\int \frac{\mathrm{d}x}{\sqrt{x^2+a^2}} = \int \frac{a\sec^2 t}{a\sec t}\mathrm{d}t = \int \sec t \mathrm{d}t = \ln|\sec t + \tan t| + C_1.$$

借助于图 6.4,求得 $\sec t = \frac{\sqrt{x^2+a^2}}{a}$,故有

$$\int \frac{\mathrm{d}x}{\sqrt{x^2+a^2}} = \ln\left|\frac{\sqrt{x^2+a^2}}{a} + \frac{x}{a}\right| + C_1 = \ln|x + \sqrt{x^2+a^2}| + C.$$

**例 6.7** 求下列不定积分.

(1) $\int \frac{\mathrm{d}u}{\sqrt{u} + \sqrt[3]{u}}$;  (2) $\int \frac{\ln x \mathrm{d}x}{x\sqrt{1+\ln x}}$.

**解** 有时直接令根式等于新的积分变量,就可以去掉根号从而使积分简化,本例就属于这种情况.

(1) 为了去掉被积函数中的根式,取根次数 2 与 3 的最小公倍数 6 而令 $x = \sqrt[6]{u}$,则化为简单有理式的积分:

$$\int \frac{\mathrm{d}u}{\sqrt{u} + \sqrt[3]{u}} = \int \frac{6x^5}{x^3+x^2}\mathrm{d}x = 6\int \left(x^2 - x + 1 - \frac{1}{1+x}\right)\mathrm{d}x$$

$$= 6\left(\frac{x^3}{3} - \frac{x^2}{2} + x - \ln|1+x|\right) + C$$

$$= 2\sqrt{u} - 3\sqrt[3]{u} + 6\sqrt[6]{u} - 6\ln(1+\sqrt[6]{u}) + C.$$

这里最后一步是根据换元关系式,把变量 $x$ 换回到 $u$.

(2) **解法一** 令 $t = \sqrt{1+\ln x}$,则 $\ln x = t^2 - 1$, $x^{-1}\mathrm{d}x = 2t\mathrm{d}t$. 于是

$$\int \frac{\ln x \mathrm{d}x}{x\sqrt{1+\ln x}} = \int \frac{t^2-1}{t} 2t\mathrm{d}t = 2\int(t^2-1)\mathrm{d}t$$

$$= \frac{2}{3}t^3 - 2t + C$$

$$= \frac{2}{3}(\ln x - 2)\sqrt{1+\ln x} + C.$$

**解法二** 令 $t = \ln x$,于是得

$$\int \frac{\ln x \mathrm{d}x}{x\sqrt{1+\ln x}} = \int \frac{\ln x \mathrm{d}(\ln x)}{\sqrt{1+\ln x}} = \int \frac{t\mathrm{d}t}{\sqrt{1+t}}$$

$$= \int \frac{(t+1-1)\mathrm{d}t}{\sqrt{1+t}} = \int\left(\sqrt{t+1} - \frac{1}{\sqrt{1+t}}\right)\mathrm{d}t$$

$$= \frac{2(t+1)^{\frac{3}{2}}}{3} - 2\sqrt{1+t} + C = \frac{2}{3}(t-2)\sqrt{1+t} + C$$

$$= \frac{2}{3}(\ln x - 2)\sqrt{1+\ln x} + C.$$

**例 6.8** 求不定积分 $\int \frac{\mathrm{d}x}{x^2\sqrt{x^2-1}}$.

**解法一** 当被积函数的分母中积分变量 $x$ 的次数较高时,用"倒代换" $x = \frac{1}{t}$ 也是一种很有效的方法. 令 $x = \frac{1}{t}$,则 $\mathrm{d}x = -\frac{1}{t^2}\mathrm{d}t$,得

$$\int \frac{\mathrm{d}x}{x^2\sqrt{x^2-1}} = \int \frac{-\frac{1}{t^2}\mathrm{d}t}{\frac{1}{t^2}\sqrt{\frac{1}{t^2}-1}} = \int \frac{-t}{\sqrt{1-t^2}}\mathrm{d}t$$

$$= \sqrt{1-t^2} + C = \frac{1}{x}\sqrt{x^2-1} + C.$$

**解法二** 使用三角代换求解:令 $x = \sec t$,得

$$\int \frac{\mathrm{d}x}{x^2\sqrt{x^2-1}} = \int \frac{\sec t \cdot \tan t}{\sec^2 t \cdot \tan t}\mathrm{d}t = \int \cos t \mathrm{d}t$$

$$= \sin t + C = \frac{1}{x}\sqrt{x^2-1} + C.$$

### 6.2.3 分部积分法

现在我们利用两个函数乘积的求导法则,来推出另一个求积分的方法——**分部积分法**.

设函数 $u(x)$ 和 $v(x)$ 具有连续的导数. 则两个函数乘积的求导公式为
$$(uv)' = u'v + uv',$$
移项得
$$uv' = (uv)' - u'v,$$
在这个等式两边求不定积分,得
$$\int uv' \mathrm{d}x = uv - \int u'v \mathrm{d}x. \tag{6.4}$$

公式(6.4)称为**分部积分公式**. 如果求 $\int uv' \mathrm{d}x$ 有困难,而求 $\int u'v \mathrm{d}x$ 比较容易时,这个公式是很有用的.

为简便起见,常将公式(6.4)写成下面的形式:
$$\int u \mathrm{d}v = uv - \int v \mathrm{d}u \tag{6.5}$$

**例 6.9** 求 $\int x\cos x \mathrm{d}x$.

**解** 令 $u = x$,$\mathrm{d}v = \cos x \mathrm{d}x$,则有 $\mathrm{d}u = \mathrm{d}x$,$v = \sin x$. 由公式(6.5),得
$$\int x\cos x \mathrm{d}x = x\sin x - \int \sin x \mathrm{d}x$$
$$= x\sin x + \cos x + C.$$

由此可见,使用分部积分法的关键在于适当选定被积表达式中的 $u$ 和 $\mathrm{d}v$,使得式(6.5)右边的不定积分容易求出. 如果选择不当,可能会使所求不定积分更加复杂. 如果在例 6.9 中取定 $u = \cos x$,$\mathrm{d}v = x \mathrm{d}x$,那么
$$\int x\cos x \mathrm{d}x = \frac{x^2}{2}\cos x + \int \frac{x^2}{2}\sin x \mathrm{d}x.$$

这样,右边的不定积分显然比左边更难求得.

选取 $u$ 和 $\mathrm{d}v$ 一般要考虑以下两点:

(1) $v$ 容易求得;

(2) $\int v \mathrm{d}u$ 要比 $\int u \mathrm{d}v$ 容易求出.

根据以上原则,在被积函数是两类函数的乘积时,常按照反三角函数、对数函数、幂函数、指数函数、三角函数的次序,选定积分函数 $u$. 这种选取方法称为"反、对、幂、指、三"的选择法.

**例 6.10** 求下列不定积分.

(1) $\int x e^x \mathrm{d}x$;  (2) $\int x^2 e^x \mathrm{d}x$;  (3) $\int x^3 \ln x \mathrm{d}x$.

**解** (1) 令 $u=x$, $\mathrm{d}v=e^x \mathrm{d}x$, 利用公式 (6.5), 得

$$\int x e^x \mathrm{d}x = x e^x - \int e^x \mathrm{d}x = x e^x - e^x + C.$$

(2) $\int x^2 e^x \mathrm{d}x = \int x^2 \mathrm{d}(e^x) = x^2 e^x - 2\int x e^x \mathrm{d}x$

$$= x^2 e^x - 2\left[x e^x - \int e^x \mathrm{d}x\right] = e^x(x^2 - 2x + 2) + C.$$

(3) 当运算比较熟练时,中间的换元步骤可以省略,直接利用公式(6.5):

$$\int x^3 \ln x \mathrm{d}x = \int \ln x \mathrm{d}\left(\frac{x^4}{4}\right) = \frac{x^4}{4} \ln x - \int \frac{x^4}{4} \mathrm{d}(\ln x)$$

$$= \frac{x^4}{4} \ln x - \frac{1}{4} \int x^3 \mathrm{d}x = \frac{x^4}{4} \ln x - \frac{1}{16} x^4 + C.$$

有些积分需要接连应用几次分部积分公式才能完成.

**例 6.11** 求下列不定积分.

(1) $\int \arccos x \mathrm{d}x$;  (2) $\int e^{ax} \cos bx \mathrm{d}x$ 与 $\int e^{ax} \sin bx \mathrm{d}x$;  (3) $\int \sec^3 x \mathrm{d}x$.

**解** (1) 设 $u = \arccos x$, $\mathrm{d}v = \mathrm{d}x$, 那么

$$\int \arccos x \mathrm{d}x = x \arccos x - \int x \mathrm{d}(\arccos x) = x \arccos x + \int \frac{x}{\sqrt{1-x^2}} \mathrm{d}x$$

$$= x \arccos x - \frac{1}{2} \int \frac{1}{(1-x^2)^{\frac{1}{2}}} \mathrm{d}(1-x^2)$$

$$= x \arccos x - \sqrt{1-x^2} + C.$$

(2) 令 $I = \int e^{ax} \cos bx \mathrm{d}x$, 利用分部积分公式(6.5), 得

$$I = \int e^{ax} \cos bx \mathrm{d}x = \frac{1}{a} \int \cos bx \mathrm{d}e^{ax} = \frac{b}{a} \int e^{ax} \sin bx \mathrm{d}x,$$

其中

$$\int e^{ax} \sin bx \mathrm{d}x = \frac{1}{a} \int \sin bx \mathrm{d}e^{ax} = \frac{1}{a} e^{ax} \sin bx - \frac{b}{a} I.$$

经相互代入,可以得出

$$I = \int e^{ax} \cos bx \mathrm{d}x = \frac{b \sin bx + a \cos bx}{a^2 + b^2} e^{ax} + C.$$

同理可得

$$\int e^{ax} \sin bx \mathrm{d}x = \frac{a \sin bx - b \cos bx}{a^2 + b^2} e^{ax} + C.$$

(3) $\int \sec^3 x \, dx = \int \sec x \, d(\tan x) = \sec x \tan x - \int \sec x \tan^2 x \, dx$

$\qquad = \sec x \tan x - \int \sec x (\sec^2 x - 1) \, dx$

$\qquad = \sec x \tan x - \int \sec^3 x \, dx + \int \sec x \, dx$

$\qquad = \sec x \tan x + \ln|\sec x + \tan x| - \int \sec^3 x \, dx,$

由于上式右端的第三项就是所求的积分 $\int \sec^3 x \, dx$，将它移到等号左端去，再两端各除以 2，便得

$$\int \sec^3 x \, dx = \frac{1}{2}(\sec x \tan x + \ln|\sec x + \tan x|) + C.$$

**例 6.12** 求关于 $I_n = \int f_n(x) \, dx$ 的递推公式，若

(1) $f_n(x) = \dfrac{1}{(x^2+1)^n}$； \qquad (2) $f_n(x) = \sin^n x.$

**解** (1) $I_n = \displaystyle\int \frac{1}{(x^2+1)^n} \, dx = \frac{x}{(x^2+1)^n} + \int \frac{2nx^2}{(x^2+1)^{n+1}} \, dx$

$\qquad = \dfrac{x}{(x^2+1)^n} + 2n \displaystyle\int \frac{dx}{(x^2+1)^n} - 2n \int \frac{dx}{(x^2+1)^{n+1}}$

$\qquad = \dfrac{x}{(x^2+1)^n} + 2nI_n - 2nI_{n+1}.$

于是得递推公式：$I_{n+1} = \dfrac{1}{2n} \cdot \dfrac{x}{(x^2+1)^n} + \dfrac{2n-1}{2n} I_n.$

例如，由 $I_1 = \displaystyle\int \frac{1}{x^2+1} \, dx = \arctan x + C,$ 得

$$I_2 = \frac{1}{2} \cdot \frac{x}{x^2+1} + \frac{1}{2} I_1 = \frac{1}{2}\left(\frac{x}{x^2+1} + \arctan x\right) + C.$$

(2) $I_n = \displaystyle\int \sin^n x \, dx = -\int \sin^{n-1} x \, d(\cos x)$

$\qquad = -\sin^{n-1} x \cos x + (n-1) \displaystyle\int \sin^{n-2} x \cos^2 x \, dx$

$\qquad = -\sin^{n-1} x \cos x + (n-1)(I_{n-2} - I_n).$

由此解出

$$I_n = \int \sin^n x \, dx = \frac{n-1}{n} I_{n-2} - \frac{1}{n} \sin^{n-1} x \cos x.$$

在本节例子中，有几个积分是以后经常会遇到的，所以它们通常也被当做公式来使用。这样，常用的积分公式，除了基本积分表中的几个外，再添加以下几个

(其中常数 $a>0$):

12. $\int \tan x \, dx = -\ln|\cos x| + C$;  $\qquad \int \cot x \, dx = \ln|\sin x| + C$.

13. $\int \dfrac{dx}{a^2+x^2} = \dfrac{1}{a}\arctan\dfrac{x}{a} + C$;  $\qquad \int \dfrac{dx}{x^2-a^2} = \dfrac{1}{2}\ln\left|\dfrac{x-a}{x+a}\right| + C$.

14. $\int \sec x \, dx = \ln|\sec x + \tan x| + C$;  $\qquad \int \csc x \, dx = \ln|\csc x - \cot x| + C$.

15. $\int \dfrac{dx}{\sqrt{x^2 \pm a^2}} = \ln\left|x + \sqrt{x^2 \pm a^2}\right| + C$.

16. $\int \sqrt{a^2 - x^2} \, dx = \dfrac{x}{2}\sqrt{a^2-x^2} + \dfrac{a^2}{2}\arcsin\dfrac{x}{a} + C$.

17. $\int \sqrt{x^2 \pm a^2} \, dx = \dfrac{x}{2}\sqrt{x^2 \pm a^2} \pm \dfrac{a^2}{2}\ln\left|x + \sqrt{x^2 \pm a^2}\right| + C$.

## 习题 6.2

### (A)

1. 在下列各式等号右端的空白处填入适当的系数,使等式成立(例如: $dx = \dfrac{1}{4}d(4x+7)$):

(1) $dx = \underline{\quad} d(ax)$;  $\qquad$ (2) $dx = \underline{\quad} d(7x-2)$;

(3) $x \, dx = \underline{\quad} d(x^2)$;  $\qquad$ (4) $x \, dx = \underline{\quad} d(4x^2)$;

(5) $x \, dx = \underline{\quad} d(1-x^2)$;  $\qquad$ (6) $x^3 \, dx = \underline{\quad} d(3x^4-2)$;

(7) $e^{3x} \, dx = \underline{\quad} d(e^{3x})$;  $\qquad$ (8) $e^{-\frac{x}{2}} \, dx = \underline{\quad} d(1+e^{-\frac{x}{2}})$;

(9) $\sin\dfrac{5}{2}x \, dx = \underline{\quad} d(\cos\dfrac{5}{2}x)$;  $\qquad$ (10) $\dfrac{dx}{x} = \underline{\quad} d(4\ln|x|)$;

(11) $\dfrac{dx}{x} = \underline{\quad} d(3-4\ln|x|)$;  $\qquad$ (12) $\dfrac{dx}{1+4x^2} = \underline{\quad} d(\arctan 2x)$;

(13) $\dfrac{dx}{\sqrt{1-x^2}} = \underline{\quad} d(1-\arcsin x)$;  (14) $\dfrac{x \, dx}{\sqrt{1-x^2}} = \underline{\quad} d(\sqrt{1-x^2})$.

2. 利用第一换元法计算下列积分.

(1) $\int (3-2x)^3 \, dx$;  $\qquad$ (2) $\int (\sin ax - e^{\frac{x}{b}}) \, dx$;

(3) $\int e^{\cos\theta} \sin\theta \, d\theta$;  $\qquad$ (4) $\int \dfrac{dx}{\sqrt[3]{2-3x}}$;

(5) $\int \dfrac{dx}{\sin^2 2x}$;  $\qquad$ (6) $\int \dfrac{x+1}{x^2+2x+5} \, dx$;

(7) $\int \dfrac{\mathrm{d}x}{2-3x^2}$;  (8) $\int \dfrac{x\mathrm{d}x}{\sqrt{2-3x^2}}$;

(9) $\int \dfrac{\sin\sqrt{t}}{\sqrt{t}}\mathrm{d}t$;  (10) $\int \dfrac{\sin x + \cos x}{\sqrt[3]{\sin x - \cos x}}\mathrm{d}x$;

(11) $\int \dfrac{5^{2\arccos x}}{\sqrt{1-x^2}}\mathrm{d}x$;  (12) $\int \dfrac{\mathrm{d}x}{x\ln x \ln(\ln x)}$.

3. 利用适当的代换计算下列积分.

(1) $\int \dfrac{\mathrm{d}x}{(1-x^2)^{3/2}}$;  (2) $\int \dfrac{\mathrm{d}x}{2x^2-1}$;  (3) $\int \tan\sqrt{1+x^2}\,\dfrac{x\mathrm{d}x}{\sqrt{1+x^2}}$;

(4) $\int \dfrac{\mathrm{d}x}{x\sqrt{x^2-1}}$;  (5) $\int \dfrac{\mathrm{d}x}{\sqrt{x(1-x)}}$;  (6) $\int \dfrac{\mathrm{d}x}{\sqrt{\mathrm{e}^{2x}+1}}$.

4. 利用分部积分法求下列不定积分.

(1) $\int t\mathrm{e}^{-t}\mathrm{d}t$;  (2) $\int \ln x\,\mathrm{d}x$;  (3) $\int x\sin x\,\mathrm{d}x$;

(4) $\int (z+1)\mathrm{e}^{3z}\mathrm{d}z$;  (5) $\int \arcsin x\,\mathrm{d}x$;  (6) $\int \dfrac{\ln^3 x}{x^2}\mathrm{d}x$.

(B)

1. 利用第一换元法计算下列积分.

(1) $\int \dfrac{3x^3}{1-x^4}\mathrm{d}x$;  (2) $\int \dfrac{\mathrm{d}x}{\mathrm{e}^x+\mathrm{e}^{-x}}$;  (3) $\int \dfrac{\mathrm{e}^{\sqrt{y}}}{\sqrt{y}}\mathrm{d}y$;

(4) $\int \dfrac{x\mathrm{d}x}{\sqrt[3]{1-3x}}$;  (5) $\int \dfrac{x-1}{x^2+2x+8}\mathrm{d}x$;  (6) $\int \dfrac{\mathrm{d}x}{x(x^6+4)}$;

(7) $\int \dfrac{\mathrm{d}x}{\sin^2 x + 2\cos^2 x}$;  (8) $\int \dfrac{\arctan\sqrt{x}}{\sqrt{x}(1+x)}$;  (9) $\int \dfrac{\mathrm{d}x}{1+\sin x}$.

2. 利用适当的代换计算下列积分.

(1) $\int \dfrac{\mathrm{d}x}{\sqrt{1+\mathrm{e}^x}}$;  (2) $\int \dfrac{\mathrm{d}x}{x\sqrt{1-x^2}}$;  (3) $\int \dfrac{\sqrt{a^2-x^2}}{x^4}\mathrm{d}x$ (令 $x=\dfrac{1}{t}$);

(4) $\int \dfrac{1+\ln x}{(x\ln x)^2}\mathrm{d}x$;  (5) $\int \dfrac{\mathrm{d}x}{(x^2-1)^{\frac{3}{2}}}$.

3. 利用分部积分法求下列不定积分.

(1) $\int x^2 \mathrm{e}^{-2x}\mathrm{d}x$;  (2) $\int x^2 \sin 2x\,\mathrm{d}x$;  (3) $\int (\ln x)^2 \mathrm{d}x$;

(4) $\int \sqrt{x}\ln^2 x\,\mathrm{d}x$;  (5) $\int x(\arctan x)^2 \mathrm{d}x$;  (6) $\int \sin(\ln x)\mathrm{d}x$.

4. 运用已学过的方法求下列积分.

(1) $\int \ln(1+x^2)\,dx$; (2) $\int \dfrac{xe^{\arctan x}}{(1+x^2)^{\frac{3}{2}}}\,dx$; (3) $\int \dfrac{x+\sin x}{1+\cos x}\,dx$;

(4) $\int \dfrac{\sin^2 x}{\cos^3 x}\,dx$; (5) $\int \dfrac{e^{2x}\,dx}{1+e^x}$; (6) $\int \tan^3 x \sec x\,dx$;

(7) $\int \dfrac{xe^x}{\sqrt{e^x-1}}\,dx$; (8) $\int \dfrac{x^3+1}{(x^2+1)^2}\,dx$; (9) $\int \dfrac{x+\ln x}{(1+x)^2}\,dx$;

(10) $\int x\sqrt{2-5x}\,dx$; (11) $\int \dfrac{\ln^3 x}{x^2}\,dx$; (12) $\int \dfrac{x^2}{(1-x)^{100}}\,dx$.

5. 求 $I_n = \int \tan^n x\,dx$ 的递推公式.

6. 设 $f(x)$ 的原函数是 $\dfrac{\sin x}{x}$, 求 $\int xf'(x)\,dx$.

## 6.3 几类初等函数的积分

前面已经介绍了一些基本的积分方法, 灵活地运用它们, 就能求出许多不定积分. 本节将讨论一些特殊类型函数的积分, 主要介绍有理函数、三角函数的有理式及某些含根式函数的不定积分的计算方法.

### 6.3.1 有理函数的积分

有理函数是指由两个多项式函数的商所表示的函数, 其一般形式为:
$$R(x) = \dfrac{P(x)}{Q(x)} = \dfrac{\alpha_0 x^n + \alpha_1 x^{n-1} + \cdots + \alpha_n}{\beta_0 x^m + \beta_1 x^{m-1} + \cdots + \beta_m},$$
其中 $n,m$ 为正整数或零, $\alpha_0, \alpha_1, \cdots, \alpha_n$ 与 $\beta_0, \beta_1, \cdots, \beta_m$ 都是常数, 且 $\alpha_0 \neq 0, \beta_0 \neq 0$. 若 $m \leqslant n$, 则称它为**假分式**; 若 $m > n$, 则称它为**真分式**. 由多项式的除法可知, 假分式总可以化为一个真分式与一个多项式的和, 而多项式的积分是容易计算的, 因此只需研究真分式的积分. 根据代数学的有关知识可知, **一个有理真分式 $R(x)$ 一定可以表示成若干个最简真分式之和**. 而最简真分式只有以下四种:

(i) $\dfrac{A}{x-a}$;  (ii) $\dfrac{A}{(x-a)^m}$  $(m>1)$;

(iii) $\dfrac{Mx+N}{x^2+px+q}$  $(p^2-4q<0)$;  (iv) $\dfrac{Mx+N}{(x^2+px+q)^k}$  $(k>1, p^2-4q<0)$.

下面通过例子说明如何将真分式分解成最简真分式之和.

**例 6.13** 把下例真分式分解成最简真分式之和.

(1) $\dfrac{x+3}{x^3+2x^2-x-2}$;  (2) $\dfrac{1}{x^3-2x^2+x}$;  (3) $\dfrac{2x+2}{x^5-x^4+2x^3-2x^2+x-1}$.

**解** (1) 首先将分母因式分解：$x^3+2x^2-x-2=(x+2)(x-1)(x+1)$，因此分母多项式只有实零点，无重零点，所以分解的形式为

$$\frac{x+3}{x^3+2x^2-x-2}=\frac{A}{x+2}+\frac{B}{x+1}+\frac{C}{x-1}$$

其中 $A,B,C$ 为待定系数. 将分解式通分，得恒等式

$$\frac{x+3}{x^3+2x^2-x-2}=\frac{A(x^2-1)+B(x+2)(x-1)+C(x+1)(x+2)}{(x+2)(x^2-1)}$$

比较两端分子中同次幂系数得

$$\begin{cases} 0=A+B+C \\ 1=B+3C \\ 3=-A-2B+2C \end{cases}$$

由此得 $A=\dfrac{1}{3}$，$B=-1$，$C=\dfrac{2}{3}$. 所以

$$\frac{x+3}{x^3+2x^2-x-2}=\frac{1}{3(x+2)}-\frac{1}{x+1}+\frac{2}{3(x-1)}.$$

(2) 分母 $x^3-2x^2+x=x(x-1)^2$ 只有实零点，但有重零点，故有分解式

$$\frac{1}{x^3-2x^2+x}=\frac{1}{x(x-1)^2}=\frac{A}{x}+\frac{B}{x-1}+\frac{C}{(x-1)^2}.$$

注意 $(x-1)$ 与 $(x-1)^2$ 都是分母多项式的因式，故所得分解式中部分分式 $\dfrac{B}{x-1}$ 与 $\dfrac{C}{(x-1)^2}$ 都不应遗漏. 两端通分去分母后，得

$$1=A(x-1)^2+Bx(x-1)+Cx \tag{6.6}$$

这里我们用赋值法确定系数. 在式(6.6)中令 $x=0$，得 $A=1$；令 $x=1$，得 $C=1$. 将 $A,C$ 的值代入式(6.6)，再令 $x=2$，得 $B=-1$. 所以

$$\frac{1}{x^3-2x^2+x}=\frac{1}{x}-\frac{1}{x-1}+\frac{1}{(x-1)^2}.$$

(3) 分母 $x^5-x^4+2x^3-2x^2+x-1=(x-1)(x^2+1)^2$，故分解式形如

$$\frac{2x+2}{x^5-x^4+2x^3-2x^2+x-1}=\frac{A}{x-1}+\frac{Bx+C}{x^2+1}+\frac{Dx+E}{(x^2+1)^2} \tag{6.7}$$

这里可采用比较系数法确定常数 $A,B,C,D,E$，下面再介绍一种新方法确定待定系数.

式(6.7)两边同乘 $(x-1)$，令 $x\to 1$，得

$$A=\frac{2+2}{(1+1)^2}=1;$$

式(6.7)两边乘 $(x^2+1)^2$，令 $x\to i=\sqrt{-1}$，得

$$Di+E=\frac{2i+2}{i-1}=-2i;$$

等式两边两复数相等,其实部与虚部应分别相等,即得
$$D=-2, E=0;$$

式(6.7)两边乘 $x$,令 $x\to\infty$,得
$$0=1+B, \quad B=-1;$$

将 $A, B, C, D, E$ 的值代入式(6.7),再令 $x=0$,得
$$-2=-1+C, \quad C=-1.$$

因此
$$\frac{2x+2}{x^5-x^4+2x^3-2x^2+x-1}=\frac{1}{x-1}-\frac{x+1}{x^2+1}-\frac{2x}{(x^2+1)^2}.$$

一般来说,如果有真分式 $\frac{P(x)}{Q(x)}$,分母多项式 $Q(x)$ 在实数范围内必能分解成一次因式和二次质因式的乘积,即
$$Q(x)=b(x-a_1)^{m_1}\cdots(x-a_s)^{m_s}(x^2+p_1x+q_1)^{k_1}\cdots(x^2+p_tx+q_t)^{k_t}$$
$$(p_j^2-4q_j<0, j=1,2,\cdots,t)$$

则真分式 $\frac{P(x)}{Q(x)}$ 的分解式为

$$\begin{aligned}\frac{P(x)}{Q(x)}=&\frac{A_1}{(x-a_1)^{m_1}}+\frac{A_2}{(x-a_1)^{m_1-1}}+\cdots+\frac{A_{m_1}}{x-a_1}+\cdots+\frac{B_1}{(x-a_s)^{m_s}}\\ &+\frac{B_2}{(x-a_s)^{m_s-1}}+\cdots+\frac{B_{m_s}}{x-a_s}+\frac{M_1x+N_1}{(x^2+p_1x+q_1)^{k_1}}\\ &+\frac{M_2x+N_2}{(x^2+p_1x+q_1)^{k_1-1}}+\cdots+\frac{M_{k_1}x+N_{k_1}}{x^2+p_1x+q_1}+\cdots\\ &+\frac{R_1x+S_1}{(x^2+p_tx+q_t)^{k_t}}+\frac{R_2x+S_2}{(x^2+p_tx+q_t)^{k_t-1}}+\cdots\\ &+\frac{R_{k_t}x+S_{k_t}}{x^2+p_tx+q_t},\end{aligned}\tag{6.8}$$

其中 $A_j, \cdots, B_j, M_j, N_j, \cdots, R_j$ 及 $S_j$ 等都是待定的常数. 这样,求有理函数的积分便可以归结为四种最简真分式的积分.

**例 6.14** 求 $\int\frac{1}{1+x^3}\mathrm{d}x$.

**解** 因 $1+x^3=(1+x)(x^2-x+1)$,故可设
$$\frac{1}{1+x^3}=\frac{A}{1+x}+\frac{Bx+C}{x^2-x+1}\tag{6.9}$$

在式(6.9)的两边乘 $(1+x)$,令 $x\to-1$,得 $A=\frac{1}{3}$;在式(6.9)两边乘 $x$,令

$x \to \infty$, 得 $B = -\dfrac{1}{3}$;在式(6.9)中令 $x = 0$,得 $C = \dfrac{2}{3}$. 所以

$$\frac{1}{1+x^3} = \frac{1}{3(1+x)} - \frac{x-2}{3(x^2-x+1)}.$$

于是

$$\begin{aligned}\int \frac{1}{1+x^3} &= \frac{1}{3}\int \frac{1}{1+x}\mathrm{d}x - \frac{1}{3}\int \frac{x-2}{x^2-x+1}\mathrm{d}x \\ &= \frac{1}{3}\ln|1+x| - \frac{1}{6}\int \frac{2x-1}{x^2-x+1}\mathrm{d}x + \frac{1}{2}\int \frac{\mathrm{d}x}{x^2-x+1} \\ &= \frac{1}{3}\ln|1+x| - \frac{1}{6}\int \frac{\mathrm{d}(x^2-x+1)}{x^2-x+1} + \frac{1}{2}\int \frac{\mathrm{d}x}{\left(x-\frac{1}{2}\right)^2+\frac{3}{4}} \\ &= \frac{1}{3}\ln|1+x| - \frac{1}{6}\ln|x^2-x+1| + \frac{1}{\sqrt{3}}\arctan\frac{2x-1}{\sqrt{3}} + C.\end{aligned}$$

从上面的讨论可知,一个有理函数的积分,原则上必能用如上所述的一般方法求得结果. 但是,当分母多项式次数较高时,上述方法常导致很繁的计算. 因此,如果有更简便的方法,就可尽量避免上述一般方法. 以下是灵活处理的例子.

**例 6.15** 求 $I = \int f(x)\mathrm{d}x$,若 (1) $f(x) = \dfrac{x^9}{(x^5+1)^3}$; (2) $f(x) = \dfrac{x^2+1}{x^4+1}$.

**解** (1) 令 $t = x^5+1$,则 $\mathrm{d}t = 5x^4\mathrm{d}x$,于是

$$I = \frac{1}{5}\int \frac{t-1}{t^3}\mathrm{d}t = \frac{1}{5}\left(\int \frac{\mathrm{d}t}{t^2} - \int \frac{\mathrm{d}t}{t^3}\right)$$

$$= \frac{1}{10t^2} - \frac{1}{5t} + C = \frac{1}{10(x^5+1)^2} - \frac{1}{5(x^5+1)} + C.$$

(2) 利用 $1+x^{-2} = \left(x-\dfrac{1}{x}\right)'$,于是

$$I = \int \frac{x^2+1}{x^4+1}\mathrm{d}x = \int \frac{1+x^{-2}}{x^2+x^{-2}}\mathrm{d}x$$

$$= \int \frac{\mathrm{d}\left(x-\dfrac{1}{x}\right)}{\left(x-\dfrac{1}{x}\right)^2+2} = \frac{1}{\sqrt{2}}\arctan\frac{1}{\sqrt{2}}\left(x-\frac{1}{x}\right) + C.$$

### 6.3.2 三角函数有理式的积分

由三角函数和常数经过有限次四则运算所构成的函数,称为**三角函数有理式**.

下面通过具体的例子说明,利用适当的换元法,可将三角函数有理式转化为一般的有理函数,从而可以把积分算出来.

**例 6.16** 求积分 $I = \int \dfrac{\sin 2x}{\sin^2 x + \cos x}\mathrm{d}x$.

**解** $I = 2\int \dfrac{\sin x \cos x}{\sin^2 x + \cos x}\mathrm{d}x = -2\int \dfrac{\cos x \,\mathrm{d}(\cos x)}{1 - \cos^2 x + \cos x}$

$\xlongequal{t=\cos x} -2\int \dfrac{t\,\mathrm{d}t}{1 + t - t^2} = \int \dfrac{\mathrm{d}(1 + t - t^2)}{1 + t - t^2} - \int \dfrac{\mathrm{d}t}{\left(\dfrac{\sqrt{5}}{2}\right)^2 - \left(t - \dfrac{1}{2}\right)^2}$

$= \ln|1 + t - t^2| + \dfrac{1}{\sqrt{5}}\ln\left|\dfrac{\sqrt{5} + 1 - 2t}{\sqrt{5} - 1 + 2t}\right| + C$

$= \ln|1 + \cos x - \cos^2 x| + \dfrac{1}{\sqrt{5}}\ln\left|\dfrac{\sqrt{5} + 1 - 2\cos x}{\sqrt{5} - 1 + 2\cos x}\right| + C.$

**例 6.17** 求 $I = \int \dfrac{\mathrm{d}x}{a^2 \sin^2 x + b^2 \cos^2 x}$.

**解**

$I = \int \dfrac{\mathrm{d}x}{a^2 \sin^2 x + b^2 \cos^2 x} = \int \dfrac{\sec^2 x \,\mathrm{d}x}{a^2 \tan^2 x + b^2}$

$\xlongequal{t=\tan x} \int \dfrac{\mathrm{d}t}{a^2 t^2 + b^2} = \dfrac{1}{ab}\arctan \dfrac{at}{b} + C$

$= \dfrac{1}{ab}\arctan\left(\dfrac{a}{b}\tan x\right) + C.$

**例 6.18** 求 $I = \int \dfrac{\mathrm{d}x}{1 + 2\cos x}$.

**解** 这里介绍一种"万能代换",即令 $t = \tan\dfrac{x}{2}$,此时 $x = 2\arctan t$,则有

$$\sin x = 2\sin\dfrac{x}{2}\cos\dfrac{x}{2} = \dfrac{2\tan\dfrac{x}{2}}{1 + \tan^2\dfrac{x}{2}} = \dfrac{2t}{1 + t^2},$$

$$\cos x = \cos^2\dfrac{x}{2} - \sin^2\dfrac{x}{2} = \dfrac{1 - \tan^2\dfrac{x}{2}}{1 + \tan^2\dfrac{x}{2}} = \dfrac{1 - t^2}{1 + t^2},$$

$$\mathrm{d}x = \dfrac{2\,\mathrm{d}t}{1 + t^2}.$$

于是

$$I = \int \dfrac{1}{1 + 2\cdot\dfrac{1 - t^2}{1 + t^2}} \cdot \dfrac{2\,\mathrm{d}t}{1 + t^2} = \int \dfrac{2\,\mathrm{d}t}{3 - t^2} = \dfrac{1}{\sqrt{3}}\ln\left|\dfrac{\sqrt{3} + t}{\sqrt{3} - t}\right| + C$$

$$= \frac{1}{\sqrt{3}} \ln \left| \frac{\sqrt{3}+\tan\frac{x}{2}}{\sqrt{3}-\tan\frac{x}{2}} \right| + C.$$

**注意** "万能代换"是指对所有三角函数有理式的积分都能用,但对具体积分来说,这种代换可能不是最简便的。对许多情形,要根据被积函数的特点,灵活运用变量代换进行积分。

### 6.3.3 某些含根式的函数的积分

**例 6.19** 求 $\int \frac{\sqrt{x-1}}{x} dx$.

**解** 为了去根号,可以设求 $\sqrt{x-1} = u$,于是 $x = u^2+1$,$dx = 2udu$,从而所求积分为

$$\int \frac{\sqrt{x-1}}{x} dx = \int \frac{u}{u^2+1} \cdot 2udu = 2\int \frac{u^2}{u^2+1} du$$

$$= 2\int \left(1 - \frac{1}{1+u^2}\right) du = 2(u - \arctan u) + C$$

$$= 2(\sqrt{x-1} - \arctan\sqrt{x-1}) + C.$$

**例 6.20** 求 $\int \frac{dx}{1+\sqrt[3]{x+2}}$.

**解** 为了去根号,可以设求 $\sqrt[3]{x+2} = u$,于是 $x = u^3-2$,$dx = 3u^2 du$,从而所求积分为

$$\int \frac{dx}{1+\sqrt[3]{x+2}} = \int \frac{3u^2}{1+u} du = 3\int \left(u-1+\frac{1}{1+u}\right) du$$

$$= 3\left(\frac{u^2}{2} - u + \ln|1+u|\right) + C$$

$$= \frac{3}{2}\sqrt[3]{(x+2)^2} - 3\sqrt[3]{x+2} + 3\ln|1+\sqrt[3]{x+2}| + C.$$

**例 6.21** 求 $\int \frac{1}{x}\sqrt{\frac{x+2}{x-2}} dx$.

**解** 令 $t = \sqrt{\frac{x+2}{x-2}}$,则 $x = \frac{2(t^2+1)}{t^2-1}$,$dx = -\frac{8t}{(t^2-1)^2} dt$. 所以

$$\int \frac{1}{x}\sqrt{\frac{x+2}{x-2}} dx = \int \frac{4t^2}{(1-t^2)(1+t^2)} dt$$

$$= 2\int \left(\frac{1}{1-t^2} - \frac{1}{1+t^2}\right) dt = \ln\left|\frac{1+t}{1-t}\right| - 2\arctan t + C$$

$$= \ln\left|\frac{\sqrt{x-2}+\sqrt{x+2}}{\sqrt{x-2}-\sqrt{x+2}}\right| - 2\arctan\sqrt{\frac{x+2}{x-2}} + C.$$

**例 6.22** 求 $I = \int \dfrac{\mathrm{d}x}{\sqrt[3]{(x-1)^2(x+2)}}$.

**解** 由于

$$\sqrt[3]{(x-1)^2(x+2)} = \sqrt[3]{\frac{(x-1)^2}{(x+2)^2}(x+2)^3}$$

$$= (x+2)\sqrt[3]{\left(\frac{x-1}{x+2}\right)^2}, \tag{6.10}$$

因此可令 $\dfrac{x-1}{x+2} = y^3$，经代入化简得到

$$I = \int \frac{3\mathrm{d}y}{1-y^3}.$$

由于

$$\frac{1}{1-y^3} = \frac{1}{3}\left[\frac{1}{1-y} + \frac{y+2}{1+y+y^2}\right]$$

$$= \frac{1}{3}\left[\frac{1}{1-y} + \frac{1}{2}\frac{1+2y}{1+y+y^2} + \frac{3}{2}\frac{1}{\left(\frac{1}{2}+y\right)^2 + \frac{3}{4}}\right]$$

所以

$$I = \int \frac{3\mathrm{d}y}{1-y^3} = \int \frac{\mathrm{d}y}{1-y} + \frac{1}{2}\int \frac{1+2y}{1+y+y^2}\mathrm{d}y + \frac{3}{2}\int \frac{\mathrm{d}y}{\left(\frac{1}{2}+y\right)^2 + \frac{3}{4}}$$

$$= -\ln|1-y| + \frac{1}{2}\ln|1+y+y^2| + \sqrt{3}\arctan\frac{1+2y}{\sqrt{3}} + C'$$

$$= -\frac{3}{2}\ln\left|\sqrt[3]{x+2} - \sqrt[3]{x-1}\right| + \sqrt{3}\arctan\frac{2\sqrt[3]{x-1} + \sqrt[3]{x+2}}{\sqrt{3}\sqrt[3]{x+2}} + C.$$

**注意** 由于式(6.10)又可表示为

$$\sqrt[3]{(x-1)^2(x+2)} = (x-1)\sqrt[3]{\frac{x+2}{x-1}}.$$

因此若令 $\dfrac{x+2}{x-1} = y^3$，也能得到相同结果.

至此，我们已经介绍了求不定积分的基本方法，以及求某些特殊类型函数的积分法．需要指出的是，通常所说的"求不定积分"，是指怎样用初等函数把这个不定积分（或原函数）表示出来．在这种意义下，并不是任何初等函数的不定积分都能"求出"来的．例如

$$\int \mathrm{e}^{x^2}\,\mathrm{d}x,\ \int \sqrt{1-k^2\sin^2 x}\,\mathrm{d}x,\ \int \frac{\mathrm{d}x}{\ln x},\ \int \frac{\sin x}{x}\,\mathrm{d}x.$$

虽然它们都存在,但却无法用初等函数来表示.

最后顺便指出:在求不定积分时,还可以利用现成的积分表. 在积分表中所有积分公式都按被积函数的类型分类编排. 人们只要根据被积函数的类型,或经过适当变形化为表中列出的类型,查阅相应部分的公式,便可得到需要的结果. 但对初学者来说,首先应该掌握各种基本积分法,然后在此基础上查阅积分表. 在本书末尾附有一个简单的积分表(附录二)供查阅.

## 习题 6.3

(A)

1. 回答下列问题.

(1) $\int \dfrac{x^8(x^2+1)}{(x^2-1)^{10}}\mathrm{d}x$ 是否可以凑成积分变量是 $x-\dfrac{1}{x}$ 的积分?

(2) $\int \dfrac{x^5+x}{x^8+1}\mathrm{d}x$ 是否可以凑成积分变量是 $x^2-\dfrac{1}{x^2}$ 的积分?

2. 求下列积分.

(1) $\int \dfrac{2x+3}{x^2+3x-10}\mathrm{d}x$;  (2) $\int \dfrac{\mathrm{d}x}{(x^2+1)(x^2+2)}$;  (3) $\int \dfrac{x\,\mathrm{d}x}{x^3-3x+2}$;

(4) $\int \dfrac{2x^3+3x-2}{1+x^2}\mathrm{d}x$;  (5) $\int \dfrac{x^2\,\mathrm{d}x}{(x^2+2x+2)^2}$;  (6) $\int \dfrac{\mathrm{d}x}{x^4-1}$;

(7) $\int \dfrac{x^7\,\mathrm{d}x}{(1-x^2)^5}$;  (8) $\int \dfrac{x}{x^8-1}\mathrm{d}x$.

3. 求下列积分.

(1) $\int \cos^4 x \sin^3 x\,\mathrm{d}x$;  (2) $\int \dfrac{\mathrm{d}x}{3+\cos x}$;  (3) $\int \dfrac{1+\sin^2 x\,\mathrm{d}x}{\cos^4 x}$;

(4) $\int \dfrac{\sin 2x}{1+\cos^2 x}\mathrm{d}x$;  (5) $\int \dfrac{\mathrm{d}x}{\sin(2x)+2\sin x}$;  (6) $\int \dfrac{\mathrm{d}x}{1+\tan x}$.

4. 求下列积分.

(1) $\int \dfrac{\mathrm{d}x}{1+\sqrt[3]{x+1}}$;  (2) $\int \sqrt{x^2+x+1}\,\mathrm{d}x$;  (3) $\int \dfrac{\mathrm{d}x}{\sqrt{x^2+x}}$;

(4) $\int \dfrac{\mathrm{d}x}{\sqrt{x}+\sqrt[4]{x}}$;  (5) $\int \dfrac{\sqrt{x+1}-1}{\sqrt{x+1}+1}\mathrm{d}x$;  (6) $\int \dfrac{\mathrm{d}x}{\sqrt[3]{(x+1)^2(x-1)^4}}$.

(B)

求下列积分.

(1) $\int \dfrac{x^8(x^2+1)}{(x^2-1)^{10}}\mathrm{d}x$;  (2) $\int \dfrac{x^5+x}{x^8+1}\mathrm{d}x$;  (3) $\int \dfrac{\mathrm{d}x}{x^4+x^2+1}$;

(4) $\int \dfrac{x^4+1}{x^6+1}\mathrm{d}x$;  (5) $\int \tan^3 x\,\mathrm{d}x$;  (6) $\int \dfrac{\mathrm{d}x}{\sin^3 x\cos x}$.

## 总习题 6

1. 填空题.

(1) 已知 $\int f(x+1)\mathrm{d}x = x\sin(x+1)+C$, 则 $f(x) =$ _____.

(2) 已知 $\int g(x)\mathrm{e}^{\frac{1}{x}}\mathrm{d}x = \mathrm{e}^{\frac{1}{x}}+C$, 则 $g(x) =$ _____.

(3) $\int (2-\dfrac{1}{x})\sqrt{x\sqrt{x}}\,\mathrm{d}x =$ _____.

(4) $\int f'(ax+b)\mathrm{d}x =$ _____ $(a\neq 0)$.

(5) 已知 $\mathrm{e}^{-x^2}$ 是 $f(x)$ 的一个原函数, 且 $f'(x)$ 连续, 则 $\int xf'(x)\mathrm{d}x =$ ____.

(6) $\int x^3\sqrt{1+x^2}\,\mathrm{d}x =$ _____.

(7) $\int \dfrac{1}{x^2}f'(\dfrac{2}{x})\mathrm{d}x =$ _____.

2. 单项选择题.

(1) 设 $f(x)$ 是 $(-\infty,+\infty)$ 内的奇函数, $F'(x)=f(x)$, 则( ).

(A) $F(x)=-F(-x)$  (B) $F(-x)=F(x)$

(C) $F(x)=-F(-x)+C$  (D) $F(x)=F(-x)+C$

(2) 设 $F'(x) = \dfrac{1}{\sqrt{1-x^2}}$, $F(1)=\dfrac{3}{2}\pi$, 则( ).

(A) $\arcsin x$  (B) $\arcsin x+\pi$

(C) $\arccos x$  (D) $\arccos x+\pi$

(3) $\int \dfrac{1}{\mathrm{e}^x+\mathrm{e}^{-x}}\mathrm{d}x = $ ( ).

(A) $\ln(\mathrm{e}^{2x}+1)+C$  (B) $\ln(\mathrm{e}^x+1)+C$

(C) $\arctan \mathrm{e}^x+C$  (D) $-\dfrac{1}{1+\mathrm{e}^{2x}}+C$

3. 求下列不定积分.

(1) $\int \dfrac{x}{(1-x)^3} \mathrm{d}x$;

(2) $\int \arctan\sqrt{x}\, \mathrm{d}x$;

(3) $\int \dfrac{1-\ln x}{(x-\ln x)^2} \mathrm{d}x$;

(4) $\int \dfrac{\arcsin x}{x^2} \mathrm{d}x$;

(5) $\int \dfrac{x^2}{a^6-x^6} \mathrm{d}x \quad (a>0)$;

(6) $\int \dfrac{\mathrm{d}x}{\cos^4 x}$;

(7) $\int \dfrac{x\ln x}{(1+x^2)^{3/2}} \mathrm{d}x$;

(8) $\int \dfrac{1-\cos x}{1+\cos x} \mathrm{d}x$;

(9) $\int \dfrac{x^{11}}{x^8+3x^4+2} \mathrm{d}x$;

(10) $\int \dfrac{\mathrm{d}x}{\sin^{\frac{1}{2}} x \cos^{\frac{7}{2}} x}$;

(11) $\int \dfrac{1+\sin x}{1+\cos x} \mathrm{e}^x \mathrm{d}x$;

(12) $\int \dfrac{\mathrm{d}x}{(1+\mathrm{e}^x)^2}$;

(13) $\int \dfrac{\arctan x}{x^2(1+x^2)} \mathrm{d}x$;

(14) $\int \dfrac{x\mathrm{e}^x}{\sqrt{\mathrm{e}^x-1}} \mathrm{d}x$;

(15) $\int \ln\left(1+\sqrt{\dfrac{1+x}{x}}\right) \mathrm{d}x$.

4. 试确定常数 $A,B$, 使得
$$\int \dfrac{\mathrm{d}x}{(a+b\cos x)^2} = \dfrac{A\sin x}{a+b\cos x} + B\int \dfrac{\mathrm{d}x}{a+b\cos x}, \quad (|a|\neq |b|).$$

5. 设 $f(x)$ 的原函数 $F(x)>0$, 且 $F(0)=1$. 当 $x\geqslant 0$ 时有 $f(x)F(x)=\sqrt{1-x^2}$. 求 $F^2(x)$.

6. 设 $f(x)$ 可微, 它有反函数 $f^{-1}(x)$, $F(x)$ 是其原函数. 证明 $\int f^{-1}(x)\mathrm{d}x = xf^{-1}(x) - F[f^{-1}(x)] + C$.

# 第7章 一元函数定积分

本章将讨论积分学的一个基本而重要的问题——一元函数定积分问题. 我们先从几何与物理问题引出一元函数定积分的定义, 然后讨论它的性质、计算方法及其应用等内容.

## 7.1 定积分的概念

### 7.1.1 面积问题与路程问题

**1. 曲边梯形的面积**

在中学几何课程中, 我们掌握了一些比较规则的平面几何图形的面积计算方法. 如果是一个由任意形状的曲线所围成的平面几何图形, 如何精确计算它的面积呢? 这是一个一般的几何图形的面积计算问题, 我们讨论如下.

如图 7.1, 设 $G$ 是由任意一条曲线围成的平面图形, 它通常可以被两组互相垂直的直线分成两类图形, 一类是一些小矩形(如 $G_1$ 等), 另一类是一些"曲边梯形"(如 $G_2$ 等). 所谓曲边梯形就是直角梯形的一条腰是一条曲线线段的图形(图 7.2), 当然, 它也包括如图 7.3 的特殊情形. 因此要精确计算平面图形 $G$ 的面积, 只要精确计算各个曲边梯形的面积.

下面我们利用平面解析几何的知识来讨论一般曲边梯形面积的计算问题.

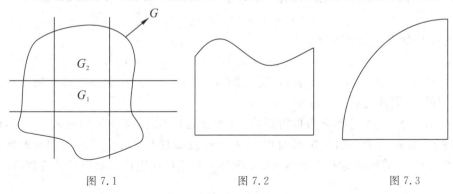

图 7.1　　　　　　图 7.2　　　　　　图 7.3

设 $y=f(x)$ 是区间 $[a,b]$ 上的非负连续函数,由直线 $x=a$, $x=b$, $y=0$ 与曲线 $y=f(x)$ 所围成的图形就是一个一般的曲边梯形(图 7.4),现在要计算这个曲边梯形的面积.

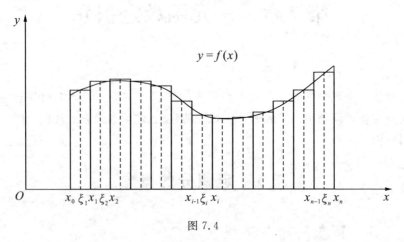

图 7.4

我们知道,矩形面积等于矩形的底乘以高. 但是,若直接用它来计算曲边梯形的面积,就只能将曲边梯形近似为一个矩形来计算,这样得到的是曲边梯形面积的近似值,其原因是曲边梯形在底边上各点处的高 $f(x)$ 在区间 $[a,b]$ 上是变化的. 由于曲边梯形的高 $f(x)$ 是连续变化的,它在任何一个很小的区间上变化很小,近似不变. 因此,如果将区间 $[a,b]$ 分成许多个小区间,对应地,我们将得到许多窄曲边梯形,那么,每个窄曲边梯形可近似看作一个窄矩形. 这样,我们可以将所有这些窄矩形的面积之和作为曲边梯形面积的近似值. 进一步,若将区间 $[a,b]$ 无限细分下去,即使每个小区间的长度都趋于零,这时所有窄矩形的面积之和越来越接近曲边梯形的面积. 我们将这种求面积的方法详述如下.

在区间 $[a,b]$ 中任意插入若干个分点
$$a=x_0<x_1<\cdots<x_{n-1}<x_n=b,$$
将 $[a,b]$ 分成 $n$ 个小区间
$$[x_0,x_1],\ [x_1,x_2],\ \cdots,\ [x_{n-1},x_n],$$
其中第 $i$ 个小区间 $[x_{i-1},x_i]$ 的长度记作 $\Delta x_i=x_i-x_{i-1}$. 注意这里 $\Delta x_i$ 的大小是任意的,它们彼此不一定相等.

对应于第 $i$ 个小区间可以得到第 $i$ 个窄曲边梯形. 任取一点 $\xi_i\in[x_{i-1},x_i]$,以 $f(\xi_i)$ 为高、$\Delta x_i$ 为底的小矩形面积 $f(\xi_i)\Delta x_i$ 近似代替第 $i$ 个窄曲边梯形的面积(图 7.4),再将所有这些小矩形面积之和作为所求的曲边梯形面积 $S$ 的近似值,即

$$S \approx f(\xi_1)\Delta x_1 + f(\xi_2)\Delta x_2 + \cdots + f(\xi_n)\Delta x_n = \sum_{i=1}^{n} f(\xi_i)\Delta x_i,$$

和式 $\sum_{i=1}^{n} f(\xi_i)\Delta x_i$ 与区间 $[a,b]$ 的分法、每个 $\xi_i$ 的取法是有关的. 但是, 当 $[a,b]$ 的分法无限地加细时, 无论 $\xi_i$ 怎么取, 我们可以直观地想象和式 $\sum_{i=1}^{n} f(\xi_i)\Delta x_i$ 能够任意地逼近曲边梯形的面积 $S$. 下面用极限概念来刻画这个事实. 令 $\lambda$ 表示所有小区间长度的最大者, 即 $\lambda = \max\{\Delta x_1, \Delta x_2, \cdots, \Delta x_n\}$, 则 $\lambda \to 0$ (意味着区间 $[a,b]$ 的无限细分, 一定有 $n \to \infty$) 时, 便得到曲边梯形的面积

$$S = \lim_{\lambda \to 0} \sum_{i=1}^{n} f(\xi_i)\Delta x_i,$$

**2. 变速直线运动的路程**

设某物体作直线运动, 其速度 $v = v(t) \geqslant 0$ 是时间间隔 $[T_1, T_2]$ 上的连续函数, 求物体从 $t = T_1$ 到 $t = T_2$ 这段时间内经过的路程 $s$.

我们知道, 对于匀速直线运动, 路程等于速度与时间的乘积. 但是, 这里讨论的是变速直线运动, 速度是变化的. 类似于前一个问题的考虑, 如果将 $[T_1, T_2]$ 分成许多小的时间间隔, 那么, 在很短的时间段内, 物体运动的速度变化很小, 近似于匀速运动, 可以把运动近似地看作是匀速的. 这使得我们可以借鉴上面的方法来解这个问题.

在时间间隔 $[T_1, T_2]$ 内任意插入若干个分点

$$T_1 = t_0 < t_1 < \cdots < t_{n-1} < t_n = T_2,$$

将 $[T_1, T_2]$ 分成 $n$ 个小的时间段

$$[t_0, t_1], \quad [t_1, t_2], \quad \cdots, \quad [t_{n-1}, t_n],$$

其中第 $i$ 个小时间段的长度记作 $\Delta t_i = t_i - t_{i-1}$, 物体在第 $i$ 个小时间段经过的路程记为 $\Delta s_i$.

在时间间隔 $[t_{i-1}, t_i]$ 上任取一点 $\tau_i$, 用 $\tau_i$ 时刻的速度 $v(\tau_i)$ 代替 $[t_{i-1}, t_i]$ 上各个时刻的速度, 也就是说, 在小的时间间隔 $[t_{i-1}, t_i]$ 上, 我们把物体运动近似地看作是速度为 $v(\tau_i)$ 的匀速运动, 于是得到部分路程 $\Delta s_i$ 的近似值, 即

$$\Delta s_i \approx v(\tau_i)\Delta t_i \quad (1 \leqslant i \leqslant n),$$

从而得到路程 $s$ 的近似值

$$s = \Delta s_1 + \Delta s_2 + \cdots + \Delta s_n \approx v(\tau_1)\Delta t_1 + v(\tau_2)\Delta t_2 + \cdots + v(\tau_n)\Delta t_n$$
$$= \sum_{i=1}^{n} v(\tau_i)\Delta t_i.$$

令 $\lambda = \max\{\Delta t_1, \Delta t_2, \cdots, \Delta t_n\}$, 则当 $\lambda \to 0$ 时, 对上述和式取极限, 就得到变速直线运动的路程

$$s = \lim_{\lambda \to 0} \sum_{i=1}^{n} v(\tau_i) \Delta t_i.$$

### 7.1.2 定积分的定义

上一小节讨论了来自几何和物理的两个不同的问题,即计算曲边梯形的面积和变速直线运动的路程。尽管它们的实际意义不同,但这两个量都取决于一个函数及其自变量的变化区间,并且,它们都能用一个统一的方法来计算,都可归结为具有相同数学结构的一种特定和式的极限,即

面积 $\quad S = \lim\limits_{\lambda \to 0} \sum_{i=1}^{n} f(\xi_i) \Delta x_i,$

路程 $\quad s = \lim\limits_{\lambda \to 0} \sum_{i=1}^{n} v(\tau_i) \Delta t_i.$

我们从这两个问题中抽象出它们在数量关系上共同的本质与特性,并加以概括就可以得到定积分的概念。

**定义 7.1** 设函数 $f(x)$ 定义在区间 $[a,b]$ 上,在 $[a,b]$ 中任意插入若干个分点

$$a = x_0 < x_1 < \cdots < x_{n-1} < x_n = b,$$

将 $[a,b]$ 分成 $n$ 个子区间,第 $i$ 个子区间 $[x_{i-1}, x_i]$ 的长度记为 $\Delta x_i = x_i - x_{i-1}$。任取 $\xi_i \in [x_{i-1}, x_i]$ $(1 \leqslant i \leqslant n)$,作乘积 $f(\xi_i) \Delta x_i (1 \leqslant i \leqslant n)$,将这些乘积相加得到和式

$$\sigma = \sum_{i=1}^{n} f(\xi_i) \Delta x_i, \tag{7.1}$$

这个和式称为函数 $f(x)$ 在区间 $[a,b]$ 上的**积分和**(或 **Riemann 和**)。如果无论区间 $[a,b]$ 怎样划分及各个 $\xi_i$ 怎样选取,当 $\lambda = \max\{\Delta x_1, \Delta x_2, \cdots, \Delta x_n\} \to 0$ 时,和式 $\sigma$ 都趋于确定的常数 $I$,则称函数 $f(x)$ 在区间 $[a,b]$ 上 **(Riemann) 可积**,且称此常数 $I$ 为函数 $f(x)$ 在区间 $[a,b]$ 上的**定积分**,记作 $\int_a^b f(x) dx$,即

$$\int_a^b f(x) dx = I = \lim_{\lambda \to 0} \sum_{i=1}^{n} f(\xi_i) \Delta x_i, \tag{7.2}$$

其中,$f(x)$ 称为**被积函数**,$x$ 称为**积分变量**,$f(x)dx$ 称为**被积表达式**,$a$ 和 $b$ 分别称为定积分的**下限**和**上限**,$[a,b]$ 称为**积分区间**。

利用"$\varepsilon$-$\delta$"语言,上述定积分的定义可以表述如下:设有常数 $I$,$\forall \varepsilon > 0$,$\exists \delta > 0$,使得对于区间 $[a,b]$ 的任何分法,无论各个 $\xi_i \in [x_{i-1}, x_i]$ 如何取,只要 $\lambda < \delta$ 时,都有

$$|\sigma - I| = \left|\sum_{i=1}^{n} f(\xi_i)\Delta x_i - I\right| < \varepsilon$$

成立,则称 $I$ 是函数 $f(x)$ 在区间 $[a,b]$ 上的定积分,记作 $\int_a^b f(x)\mathrm{d}x$.

对于以上定积分的定义,以下几点值得注意.

$1°$ 在定义中,"$\lambda \to 0$"不能用"$n \to \infty$"代替.因为,当 $\lambda \to 0$ 时,所有子区间的长度都趋于零,子区间的个数 $n$ 一定趋于无穷大.但是,由于对区间的划分是任意的,$n \to \infty$ 并不能保证每一个子区间的长度都趋于零.所以,"$\lambda \to 0$"与"$n \to \infty$"并不等价.

$2°$ 定义中的和式 $\sum_{i=1}^{n} f(\xi_i)\Delta x_i$ 包含了两个任意性,即对区间的划分和每个 $\xi_i$ 的选取都是任意的.显然,对于确定的函数 $f(x)$ 和区间 $[a,b]$,不同的区间划分或者 $\xi_i$ 的不同选取,得到的和式一般是不同的.定义要求无论区间如何划分以及 $\xi_i$ 怎样选取,只要当 $\lambda \to 0$ 时,所有和式 $\sigma$ 都以同一个数为极限,这样才说 $f(x)$ 在 $[a,b]$ 上可积.换句话说,若对区间 $[a,b]$ 的两种不同的划分或者 $\xi_i$ 的两种不同选择,得到的和式 $\sigma$ 在 $\lambda \to 0$ 时极限不相等,则 $f(x)$ 在 $[a,b]$ 上不可积.例如,Dirichlet 函数

$$D(x) = \begin{cases} 1, & x \text{ 为有理数}, \\ 0, & x \text{ 为无理数}, \end{cases}$$

在区间 $[0,1]$ 上不可积.将区间 $[0,1]$ 任意划分为 $n$ 个子区间,若取 $\xi_i$ 为子区间 $[x_{i-1}, x_i]$ 中的有理数,则 $D(\xi_i) = 1$,所以有

$$\lim_{\lambda \to 0} \sum_{i=1}^{n} D(\xi_i)\Delta x_i = \lim_{\lambda \to 0} \sum_{i=1}^{n} \Delta x_i = 1.$$

另一方面,若取 $\xi_i$ 为子区间 $[x_{i-1}, x_i]$ 中的无理数,则 $D(\xi_i) = 0$,所以有

$$\lim_{\lambda \to 0} \sum_{i=1}^{n} D(\xi_i)\Delta x_i = 0.$$

因此,$D(x)$ 在区间 $[0,1]$ 上不可积.

由此可见,定积分定义中的和式极限(7.2)不同于数列极限或函数极限,其原因是和式的构造包含了两个任意性.

$3°$ 由定义可知,定积分 $\int_a^b f(x)\mathrm{d}x$ 是一个确定的数,它仅由被积函数 $f$ 与积分区间 $[a,b]$ 决定,而与积分变量无关.因此,若积分变量 $x$ 改用其他字母(例如 $t$, $u$ 等)表示,它的值不会改变,即

$$\int_a^b f(x)\mathrm{d}x = \int_a^b f(t)\mathrm{d}t = \int_a^b f(u)\mathrm{d}u.$$

$4°$ 对于定积分,作如下两点补充规定:

(1) 当 $a = b$ 时,$\int_a^a f(x) \mathrm{d}x = 0$.

(2) 当 $a > b$ 时,$\int_a^b f(x) \mathrm{d}x = -\int_b^a f(x) \mathrm{d}x$.

从定积分的概念可以看出,这样的规定是合理的,以后不再限制定积分上下限的大小.

根据定积分的定义,7.1.1 小节中一般曲边梯形的面积可用定积分表示为

$$S = \int_a^b f(x) \mathrm{d}x,$$

变速直线运动的路程可表示为

$$s = \int_{T_1}^{T_2} v(t) \mathrm{d}t.$$

下面讨论定积分的几何意义.如果在 $[a,b]$ 上 $f(x) \geqslant 0$,则定积分 $\int_a^b f(x) \mathrm{d}x$ 表示曲线 $y = f(x)$,直线 $x = a, x = b$ 及 $x$ 轴所围成的曲边梯形的面积(图 7.5(a));如果在 $[a,b]$ 上 $f(x) \leqslant 0$,由曲线 $y = f(x)$,直线 $x = a, x = b$ 及 $x$ 轴所围成的曲边梯形位于 $x$ 轴的下方,则定积分 $\int_a^b f(x) \mathrm{d}x$ 表示该曲边梯形面积的相反数(图 7.5(b));如果在 $[a,b]$ 上 $f(x)$ 既取正值又取负值,则定积分 $\int_a^b f(x) \mathrm{d}x$ 表示介于 $x$ 轴,曲线 $y = f(x)$ 及直线 $x = a, x = b$ 各部分面积的代数和(图 7.5(c)).

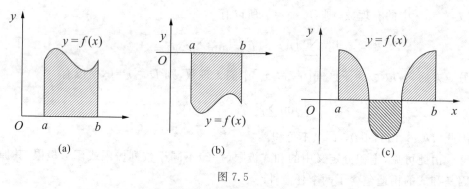

图 7.5

### 7.1.3 用定义计算定积分

根据定积分的定义,计算一个函数 $f(x)$ 在区间 $[a,b]$ 上的定积分的计算过程可以归结为以下四步:

$$\text{分割} \to \text{近似代替} \to \text{求和} \to \text{取极限}.$$

值得注意的是,这种根据定义计算定积分的方法要求函数是可积的,也就是说定积分与区间$[a,b]$的分法及$\xi_i$的取法无关.关于函数可积性的问题将在下一节讨论.

我们通过两个例子来考察如何按定义计算定积分.

**例 7.1** 利用定义计算定积分$\int_a^b 1\,\mathrm{d}x$.

**解** 根据定积分的几何意义我们容易知道,$\int_a^b 1\,\mathrm{d}x = 1\times(b-a) = b-a$,但这里按要求根据定义来计算.将区间$[a,b]$任意分成$n$个子区间,分点为$a=x_0<x_1<\cdots<x_{n-1}<x_n=b$,每个子区间$[x_{i-1},x_i]$的长度为$\Delta x_i,i=1,2,\cdots,n-1$.任意取$\xi_i\in[x_{i-1},x_i],f(\xi_i)\equiv 1,i=1,2,\cdots,n-1$,得到和式

$$\sum_{i=1}^n f(\xi_i)\Delta x_i = \sum_{i=1}^n \Delta x_i = b-a.$$

当$\lambda=\max\{\Delta x_1,\Delta x_2,\cdots,\Delta x_n\}\to 0$时,$n\to\infty$,对上式取极限,根据定积分的定义可得

$$\int_b^a 1\,\mathrm{d}x = \lim_{\lambda\to 0}\sum_{i=1}^n f(\xi_i)\Delta x_i = \lim_{n\to\infty}(b-a) = b-a.$$

**例 7.2** 利用定义计算定积分$\int_0^2 x^2\,\mathrm{d}x$.

**解** 因为被积函数$f(x)=x^2$在积分区间$[0,2]$上是连续的,而连续函数是可积的(见下一节的讨论),所以积分与区间$[0,2]$的分法及$\xi_i$的取法无关.因此,为了计算方便,将区间$[0,2]$分成$n$等分,分点为$x_i=\dfrac{2i}{n},i=1,2,\cdots,n-1$.每个子区间$[x_{i-1},x_i]$的长度为$\Delta x_i=\dfrac{2}{n},i=1,2,\cdots,n$.取$\xi_i=x_i=\dfrac{2i}{n}\in[x_{i-1},x_i]$,$i=1,2,\cdots,n$.于是得到和式

$$\sum_{i=1}^n f(\xi_i)\Delta x_i = \sum_{i=1}^n \xi_i^2 \Delta x_i = \sum_{i=1}^n \left(\frac{2i}{n}\right)^2\cdot\frac{2}{n} = \frac{8}{n^3}\sum_{i=1}^n i^2$$

$$= \frac{8}{n^3}\cdot\frac{1}{6}n(n+1)(2n+1)$$

$$= \frac{4}{3}\left(1+\frac{1}{n}\right)\left(2+\frac{1}{n}\right).$$

当$\lambda=\max\{\Delta x_1,\Delta x_2,\cdots,\Delta x_n\}=\dfrac{2}{n}\to 0$时,$n\to\infty$,对上式取极限,根据定积分的定义可得

$$\int_0^2 f(x)\,\mathrm{d}x = \lim_{\lambda\to 0}\sum_{i=1}^n f(\xi_i)\Delta x_i = \lim_{n\to\infty}\frac{4}{3}\left(1+\frac{1}{n}\right)\left(2+\frac{1}{n}\right) = \frac{8}{3}.$$

上例中,也可以取 $\xi_i = x_{i-1}$ 或 $\dfrac{x_{i-1}+x_i}{2}$ 来计算,结果相同,请读者验证.

在实际求定积分值时,我们很少用定义来计算定积分,而是通过研究定积分的性质,提出一些方法,再利用这些方法就可以比较容易地计算定积分的值.这些内容将在后面几节中介绍.

## 习题 7.1

(A)

1.思考题.
(1)定积分概念的核心是什么?
(2)定积分的几何意义是什么?
(3)定积分与积分变量有关吗?
(4)用定积分求某个总体量的基本步骤是什么?

2.将区间 $[-2,3]$ 分为 $n$ 个相等的小区间,并取这些小区间的中点的横坐标作自变量 $\xi_i(i=1,2,\cdots,n)$ 的值,试写出函数 $f(x)$ 在此区间上的积分和 $\sigma$.

3.利用定积分定义计算由抛物线 $y=x^2+1$,直线 $x=a, x=b(b>a)$ 以及 $x$ 轴所围图形的面积.

4.试确定下列定积分的符号.

(1) $\int_0^\pi x\sin x\,dx$;  (2) $\int_{1/2}^1 x^2 \ln x\,dx$;

(3) $\int_1^{-1} \sqrt{x^2+1}\,dx$;  (4) $\int_0^{-1} xe^{-x}\,dx$.

(B)

1.已知下列函数可积,对于区间 $[a,b]$ $(0<a<b)$ 的任意分法,用定义求下列积分.

(1) $\int_a^b x\,dx$;  (2) $\int_a^b \dfrac{1}{x^2}\,dx$.

2.利用定积分的几何意义,求下列定积分 $(a<b)$.

(1) $\int_a^b x\,dx$;  (2) $\int_a^b \left|x-\dfrac{a+b}{2}\right|dx$;

(3) $\int_{-\pi}^{\pi} \sin x\,dx$;  (4) $\int_a^b \sqrt{(x-a)(b-x)}\,dx$.

3.利用定积分的几何意义,说明下列等式成立.

(1) $\int_{2\pi}^{3\pi} \sin x\,dx = \int_0^\pi \sin x\,dx$;  (2) $\int_{-\pi/2}^{\pi/2} \cos x\,dx = 2\int_0^{\pi/2} \cos x\,dx$.

## 7.2 函数可积准则

上一节对区间 $[a,b]$ 上的函数 $f(x)$ 给出了定积分 $\int_a^b f(x)\,\mathrm{d}x$ 的定义，那么，函数 $f(x)$ 要满足什么条件才在 $[a,b]$ 上可积呢？哪些常见函数是可积的？本节讨论这些问题．

### *7.2.1 可积函数的判别定理

在本小节中，我们将讨论函数可积的充分必要条件．

**定理 7.1** 设函数 $f(x)$ 在区间 $[a,b]$ 上可积，则 $f(x)$ 一定是 $[a,b]$ 上的有界函数．

**证** 用反证法．设 $f(x)$ 在 $[a,b]$ 上无界，则对于 $[a,b]$ 的任何分割
$$a=x_0<x_1<\cdots<x_n=b,$$
至少存在一个小区间 $[x_{i-1},x_i]$，函数 $f(x)$ 在这个小区间上是无界的．在这个小区间以外的其他所有小区间 $[x_{j-1},x_j]$（$j\neq i$, $1\leqslant j\leqslant n$）任取点 $\xi_j$，构造和式 $\sum_{j\neq i} f(\xi_j)\Delta x_j$．然后再从区间 $[x_{i-1},x_i]$ 上取适当的 $\xi_i$，使得对于任意给定的 $M>0$，都有 $|f(\xi_i)|>M$．作和式
$$\sum_{j=1}^n f(\xi_j)\Delta x_j = f(\xi_i)\Delta x_i + \sum_{j\neq i} f(\xi_j)\Delta x_j,$$
则 $\left|\sum_{j=1}^n f(\xi_j)\Delta x_j\right|$ 无界．这说明极限
$$\lim_{\lambda\to 0}\sum_{j=1}^n f(\xi_j)\Delta x_j \quad (\lambda = \max_{1\leqslant i\leqslant n}\{\Delta x_i\})$$
不是对任何的分割及任何的 $\xi_j$（$1\leqslant j\leqslant n$）的取法都存在．因此，$f(x)$ 在 $[a,b]$ 上不可积，与条件矛盾．

闭区间上函数有界是函数可积的必要条件，但它不是充分条件．例如，7.1 节的讨论指出，Dirichlet 函数在区间 $[0,1]$ 上是有界的，但在 $[0,1]$ 上却不可积．

为了更进一步讨论函数可积的问题，下面介绍一个概念——Darboux 和．

设函数 $f(x)$ 在区间 $[a,b]$ 上有界，分割 $T$：
$$a=x_0<x_1<\cdots<x_n=b.$$
将 $[a,b]$ 分成 $n$ 个小区间 $[x_{i-1},x_i]$（$1\leqslant i\leqslant n$）．令
$$M_i = \sup\{f(x)\mid x\in[x_{i-1},x_i]\},$$
$$m_i = \inf\{f(x)\mid x\in[x_{i-1},x_i]\},$$

分别作和
$$S_T = \sum_{i=1}^n M_i \Delta x_i, \qquad s_T = \sum_{i=1}^n m_i \Delta x_i, \tag{7.3}$$
其中，$\Delta x_i = x_i - x_{i-1}$. 称 $S_T$ 和 $s_T$ 分别为函数 $f(x)$ 关于分割 $T$ 的 **Darboux 大和**与 **Darboux 小和**. 显然，$S_T$ 和 $s_T$ 完全由函数 $f(x)$ 和分割 $T$ 所决定.

在给定函数 $f(x)$ 和区间 $[a,b]$ 的条件下，Darboux 大和 $S_T$ 与 Darboux 小和 $s_T$ 有以下基本性质：

$1°$ 若在原来的分点中加入新的分点，则 Darboux 大和不增加，Darboux 小和不减少.

$2°$ 任何一个 Darboux 小和不会超过一个 Darboux 大和，即使对于不同的分割也是如此.

设 $\xi_i$ 是在 $[x_{i-1}, x_i]$ $(1 \leqslant i \leqslant n)$ 上任取的点，作积分和
$$\sigma_T = \sum_{i=1}^n f(\xi_i) \Delta x_i.$$
由于 $\xi_i$ 选取的任意性，$\sigma_T$ 并不只由函数 $f(x)$ 和分割所决定，但是，总有
$$s_T \leqslant \sigma_T \leqslant S_T.$$

由 Darboux 和的性质可知，Darboux 小和的集合 $\{s_T\}$ 有上确界，记为 $l = \sup\{s_T\}$；Darboux 大和的集合 $\{S_T\}$ 有下确界，记为 $L = \inf\{S_T\}$，则有 $s_T \leqslant l \leqslant L \leqslant S_T$. 于是，称 $l$ 为函数 $f(x)$ 在区间 $[a,b]$ 上的**下积分**，记为
$$l = \underline{\int_a^b f(x) \mathrm{d}x};$$
称 $L$ 为函数 $f(x)$ 在区间 $[a,b]$ 上的**上积分**，记为
$$L = \overline{\int_a^b f(x) \mathrm{d}x}.$$
且有
$$\underline{\int_a^b f(x) \mathrm{d}x} \leqslant \overline{\int_a^b f(x) \mathrm{d}x}.$$

对于上、下积分，有以下重要结论.

**定理 7.2** 设函数 $f(x)$ 是定义在区间 $[a,b]$ 上的有界函数，对于 $[a,b]$ 的任意分割 $T$
$$a = x_0 < x_1 < \cdots < x_n = b,$$
若令 $\lambda = \max\limits_{1 \leqslant i \leqslant n} \{\Delta x_i\}$，则有
$$\lim_{\lambda \to 0} s_T = \underline{\int_a^b f(x) \mathrm{d}x}, \qquad \lim_{\lambda \to 0} S_T = \overline{\int_a^b f(x) \mathrm{d}x}.$$

证明从略.

下面给出函数可积的充分必要条件.

**定理 7.3** 函数 $f(x)$ 在闭区间 $[a,b]$ 上可积的充分必要条件是

$$\underline{\int_a^b} f(x)\mathrm{d}x = \overline{\int_a^b f(x)\mathrm{d}x}. \tag{7.4}$$

若定积分存在,则

$$\int_a^b f(x)\mathrm{d}x = \underline{\int_a^b} f(x)\mathrm{d}x = \overline{\int_a^b f(x)\mathrm{d}x}.$$

**证** 必要性. 若 $f(x)$ 在 $[a,b]$ 上可积,且设它的定积分值为 $I$,则由定积分定义可知,对于任意的 $\varepsilon>0$,存在 $\delta>0$,使得对于任意的分割 $T$ 以及任意的取点 $\xi_i \in [x_{i-1}, x_i]$,只要 $\lambda = \max\limits_{1\leqslant i\leqslant n}\{\Delta x_i\} < \delta$,都有

$$\left| I - \sum_{i=1}^n f(\xi_i)\Delta x_i \right| < \varepsilon.$$

设

$$M_i = \sup\{f(x) \mid x \in [x_{i-1}, x_i]\},$$
$$m_i = \inf\{f(x) \mid x \in [x_{i-1}, x_i]\},$$

则存在 $\xi'_i, \xi''_i \in [x_{i-1}, x_i]$,使得

$$f(\xi'_i) > M_i - \frac{\varepsilon}{b-a}, \ f(\xi''_i) < m_i + \frac{\varepsilon}{b-a} \quad (i=1,2,\cdots,n).$$

若取 $\xi_i = \xi'_i$,则由上积分的定义和上述不等式可得

$$\overline{\int_a^b f(x)\mathrm{d}x} - \varepsilon \leqslant \sum_{i=1}^n M_i \Delta x_i - \varepsilon < \sum_{i=1}^n f(\xi'_i)\Delta x_i < I + \varepsilon.$$

另一方面,若取 $\xi_i = \xi''_i$,则由下积分的定义和上述不等式可得

$$\underline{\int_a^b} f(x)\mathrm{d}x + \varepsilon \geqslant \sum_{i=1}^n m_i \Delta x_i + \varepsilon > \sum_{i=1}^n f(\xi''_i)\Delta x_i > I - \varepsilon.$$

结合以上两式可得

$$I < \underline{\int_a^b} f(x)\mathrm{d}x + 2\varepsilon \leqslant \overline{\int_a^b f(x)\mathrm{d}x} + 2\varepsilon < I + 4\varepsilon.$$

由 $\varepsilon$ 的任意性,可知

$$\underline{\int_a^b} f(x)\mathrm{d}x = \overline{\int_a^b f(x)\mathrm{d}x}.$$

充分性. 由定理 7.2 可知,对于任意的 $\varepsilon>0$,存在 $\delta>0$,使得对于任意的分割,只要 $\lambda = \max\limits_{1\leqslant i\leqslant n}\{\Delta x_i\} < \delta$,都有

$$\underline{\int_a^b} f(x)\mathrm{d}x - \varepsilon < s_T \leqslant \sigma_T \leqslant S_T < \overline{\int_a^b f(x)\mathrm{d}x} + \varepsilon.$$

由上、下积分相等有，$\lim\limits_{\lambda \to 0}\sigma_T$ 存在，即 $f(x)$ 在 $[a, b]$ 上可积.

由定理 7.2 和定理 7.3 可以得到下面的推论.

**推论 7.1** 函数 $f(x)$ 在闭区间 $[a, b]$ 上可积的充分必要条件是
$$\lim_{\lambda \to 0}(S_T - s_T) = 0. \tag{7.5}$$

推论 7.1 中的充分必要条件可以解释为：任意给定 $\varepsilon > 0$，存在 $\delta > 0$，只要 $\lambda = \max\limits_{1 \leqslant i \leqslant n}\{\Delta x_i\} < \delta$，就有 $\sum\limits_{i=1}^n (M_i - m_i)\Delta x_i < \varepsilon$ 成立.

令 $\omega_i = M_i - m_i (1 \leqslant i \leqslant n)$，称 $\omega_i$ 为 $f(x)$ 在区间 $[x_{i-1}, x_i]$ 上的**振幅**，显然
$$\omega_i = \sup\{|f(x') - f(x'')| \,|\, x', x'' \in [x_{i-1}, x_i]\}.$$

于是，推论 7.1 中的充分必要条件还可以等价表示为
$$\lim_{\lambda \to 0}\sum_{i=1}^n \omega_i \Delta x_i = 0. \tag{7.6}$$

### 7.2.2 可积函数类

前面的讨论给出了函数可积的条件，下面将根据这个条件给出几个常见的可积函数类.

**定理 7.4** 设函数 $f(x) \in C[a, b]$，则 $f(x)$ 在 $[a, b]$ 上可积.

**证** 因为 $f(x)$ 在 $[a, b]$ 上连续，所以 $f(x)$ 在 $[a, b]$ 上一致连续，从而对于任意的 $\varepsilon > 0$，存在 $\delta > 0$，当 $x', x'' \in [a, b]$ 且 $|x' - x''| < \delta$ 时，有
$$|f(x') - f(x'')| < \frac{\varepsilon}{b-a}.$$

取 $[a, b]$ 的一个任意分割 $T$
$$a = x_0 < x_1 < \cdots < x_n = b,$$
要求 $\lambda = \max\limits_{1 \leqslant i \leqslant n}\{\Delta x_i\} < \delta$. 令
$$M_i = \sup\{f(x) \,|\, x \in [x_{i-1}, x_i]\} = \max\{f(x) \,|\, x \in [x_{i-1}, x_i]\},$$
$$m_i = \inf\{f(x) \,|\, x \in [x_{i-1}, x_i]\} = \min\{f(x) \,|\, x \in [x_{i-1}, x_i]\}.$$

由于对 $[x_{i-1}, x_i]$ 内任意两点 $x', x''$，都有 $|f(x') - f(x'')| < \frac{\varepsilon}{b-a}$，于是
$$M_i - m_i \leqslant \frac{\varepsilon}{b-a},$$

所以，

$$0 \leqslant S_T - s_T = \sum_{i=1}^{n}(M_i - m_i)\Delta x_i \leqslant \frac{\varepsilon}{b-a}\sum_{i=1}^{n}\Delta x_i = \varepsilon,$$

即 $\lim_{\lambda \to 0}(S_T - s_T) = 0$，故由推论 7.1 可知 $f(x)$ 在 $[a, b]$ 上可积.

**定理 7.5** 设 $f(x)$ 在区间 $[a, b]$ 上有界，且只有有限个间断点，则 $f(x)$ 在 $[a, b]$ 上可积.

证明略去.

由定理 7.5 容易得到以下推论.

**推论 7.2** 区间 $[a, b]$ 上的分段连续函数在 $[a, b]$ 上可积.

**定理 7.6** 区间 $[a, b]$ 上的单调有界函数在 $[a, b]$ 上可积.

**证** 不妨设 $f(x)$ 在 $[a, b]$ 上单调增加，则有 $f(a) \leqslant f(x) \leqslant f(b)$. 对于任意的 $\varepsilon > 0$，取 $[a, b]$ 的一个任意分割 $T$，要求

$$\lambda = \max_{1 \leqslant i \leqslant n}\{\Delta x_i\} < \frac{\varepsilon}{f(b) - f(a)}.$$

**注意** 若 $f(b) = f(a)$，则 $f(x)$ 在 $[a, b]$ 上为常数，显然是可积的.

$f(x)$ 在每个小区间 $[x_{i-1}, x_i]$ 上的上确界是 $f(x_i)$，下确界是 $f(x_{i-1})$，这时

$$0 \leqslant S_T - s_T = \sum_{i=1}^{n}[f(x_i) - f(x_{i-1})]\Delta x_i$$
$$\leqslant \lambda\sum_{i=1}^{n}[f(x_i) - f(x_{i-1})]$$
$$= \lambda[f(b) - f(a)] < \varepsilon,$$

因此，$\lim_{\lambda \to 0}(S_T - s_T) = 0$，故 $f(x)$ 在 $[a, b]$ 上可积.

值得注意的是，当 $f(x)$ 在 $[a, b]$ 上单调有界时，它可以有无穷多个间断点，但它仍然是可积的. 例如，

$$f(x) = \begin{cases} \dfrac{1}{2}, & \dfrac{1}{2} \leqslant x \leqslant 1, \\ \dfrac{1}{3}, & \dfrac{1}{3} \leqslant x < \dfrac{1}{2}, \\ \dfrac{1}{4}, & \dfrac{1}{4} \leqslant x < \dfrac{1}{3}, \\ \vdots & \vdots \\ 0, & x = 0. \end{cases}$$

这个函数在 $[0, 1]$ 上单调增加且有界，所以它是可积的，但它有无穷多个间断点 $x = \dfrac{1}{n}$，$n = 2, 3, \cdots$.

实际上，可以证明，有更多的函数在有界闭区间上是可积的.

**Lebesgue 定理**   $f(x)$ 在 $[a,b]$ 上可积的充要条件是 $f(x)$ 为 $[a,b]$ 上的几乎处处连续的函数.

这个定理的内容已超出了本书的范围,有兴趣的读者可参阅刘玉琏等的《数学分析》(第五版).

## 习题 7.2

### (A)

1. 思考题.

(1) 有哪几类常见函数是可积的?

(2) 可积函数在积分区间上一定有界吗? 闭区间上有界函数在这个区间上一定可积吗?

(3) 有无穷个间断点的函数一定不可积吗?

(4) 函数在闭区间上可积的充分必要条件是什么?

2. 若函数 $f(x)$ 在 $[a,b]$ 上单调增加,证明:
$$f(a)(b-a) \leqslant \int_a^b f(x)\mathrm{d}x \leqslant f(b)(b-a).$$

3. 若 $f(x)$ 在 $[a,b]$ 上可积,证明 $|f(x)|$ 在 $[a,b]$ 上可积.

4. 若 $|f(x)|$ 在 $[a,b]$ 上可积,举例说明 $f(x)$ 在 $[a,b]$ 上不一定可积?

5. 设 $f(x)$ 在 $[a,b]$ 上可积,存在常数 $c>0$,使得 $f(x)>c(a\leqslant x\leqslant b)$,证明 $\dfrac{1}{f(x)}$ 在 $[a,b]$ 上可积.

6. 设 $f(x)$ 在 $[a,b]$ 上可积,$c_1,c_2,\cdots,c_m$ 是 $[a,b]$ 上的互不相等的 $m$ 个点,
$$g(x)=\begin{cases} f(x), & x\neq c_i(i=1,2,\cdots,m), \\ g(c_i)\neq f(c_i), & x=c_i(i=1,2,\cdots,m), \end{cases}$$
证明 $g(x)$ 在 $[a,b]$ 上可积,且有 $\int_a^b g(x)\mathrm{d}x = \int_a^b f(x)\mathrm{d}x$.

### (B)

1. 若函数 $f(x)$ 在 $[a,b]$ 上可积,证明对任意 $\varepsilon>0$,存在 $[a,b]$ 上的阶梯函数 $\varphi(x)$,满足 $\int_a^b |f(x)-\varphi(x)|\mathrm{d}x < \varepsilon$.

2. 证明 Riemann 函数 $R(x)=\begin{cases} \dfrac{1}{q}, & x=\dfrac{p}{q}, p,q \text{ 为既约整数}, \\ 0, & x \text{ 为无理数} \end{cases}$ 在 $[0,1]$ 上可积.

3. 证明:若函数 $f(x)$ 在区间 $[a,b]$ 上可积,则存在 $x_0 \in [a,b]$,$f(x)$ 在 $x_0$ 点

连续.

4. 设函数 $f(x)$ 和 $g(x)$ 在区间 $[a,b]$ 上连续,证明:
$$\lim_{\lambda \to 0} \sum_{i=1}^{n} f(\xi_i) g(\theta_i) \Delta x_i = \int_a^b f(x) g(x) \mathrm{d}x,$$
其中,$\xi_i, \theta_i \in [x_{i-1}, x_i], \Delta x_i = x_i - x_{i-1}, a = x_0 < x_1 < \cdots < x_n = b, \lambda = \max_{1 \leqslant i \leqslant n} \{\Delta x_i\}$.

## 7.3 定积分的性质

本节讨论定积分的基本性质.

**定理 7.7(线性性质)** 设 $f(x)$ 和 $g(x)$ 在 $[a,b]$ 上可积,$\alpha$ 与 $\beta$ 为实数,则 $\alpha f(x) \pm \beta g(x)$ 也在 $[a,b]$ 上可积,且有
$$\int_a^b [\alpha f(x) \pm \beta g(x)] \mathrm{d}x = \alpha \int_a^b f(x) \mathrm{d}x \pm \beta \int_a^b g(x) \mathrm{d}x. \tag{7.7}$$

**证** 对于区间 $[a,b]$ 的任意一个划分以及 $\xi_i \in [x_{i-1}, x_i]$ 的任意一种取法,函数 $\alpha f(x) \pm \beta g(x)$ 在区间 $[a,b]$ 上的积分和为
$$\sum_{i=1}^{n} [\alpha f(\xi_i) \pm \beta g(\xi_i)] \Delta x_i = \alpha \sum_{i=1}^{n} f(\xi_i) \Delta x_i \pm \beta \sum_{i=1}^{n} g(\xi_i) \Delta x_i.$$
令 $\lambda = \max_{1 \leqslant i \leqslant n} \{\Delta x_i\} \to 0$,由 $f(x)$ 和 $g(x)$ 在 $[a,b]$ 上可积,知
$$\lim_{\lambda \to 0} \sum_{i=1}^{n} f(\xi_i) \Delta x_i = \int_a^b f(x) \mathrm{d}x, \quad \lim_{\lambda \to 0} \sum_{i=1}^{n} g(\xi_i) \Delta x_i = \int_a^b g(x) \mathrm{d}x.$$
由极限运算法则,有
$$\lim_{\lambda \to 0} \sum_{i=1}^{n} [\alpha f(\xi_i) \pm \beta g(\xi_i)] \Delta x_i = \alpha \lim_{\lambda \to 0} \sum_{i=1}^{n} f(\xi_i) \Delta x_i \pm \beta \lim_{\lambda \to 0} \sum_{i=1}^{n} g(\xi_i) \Delta x_i,$$
即
$$\int_a^b [\alpha f(x) \pm \beta g(x)] \mathrm{d}x = \alpha \int_a^b f(x) \mathrm{d}x \pm \beta \int_a^b g(x) \mathrm{d}x.$$

定理 7.7 表明,定积分具有线性性质,即有限个函数的线性组合的定积分等于这些函数的定积分的线性组合:
$$\int_a^b [c_1 f_1(x) + c_2 f_2(x) + \cdots + c_n f_n(x)] \mathrm{d}x$$
$$= c_1 \int_a^b f_1(x) \mathrm{d}x + c_2 \int_a^b f_2(x) \mathrm{d}x + \cdots + c_n \int_a^b f_n(x) \mathrm{d}x.$$

**定理 7.8(非负性)** 设 $f(x)$ 在 $[a,b]$ 上非负可积,则 $\int_a^b f(x) \mathrm{d}x \geqslant 0$.

**证** 对于区间 $[a,b]$ 的任意一个划分以及 $\xi_i \in [x_{i-1}, x_i]$ 的任意一种取法,

$f(\xi_i) \geqslant 0$，$\Delta x_i \geqslant 0 (i=1,2,\cdots,n)$，因此，函数 $f(x)$ 在 $[a,b]$ 上的积分和为
$$\sum_{i=1}^{n} f(\xi_i)\Delta x_i \geqslant 0,$$
令 $\lambda = \max\limits_{1 \leqslant i \leqslant n}\{\Delta x_i\} \to 0$，由定积分定义和极限性质得到
$$\int_a^b f(x)\mathrm{d}x = \lim_{\lambda \to 0}\sum_{i=1}^n f(\xi_i)\Delta x_i \geqslant 0.$$
由定理 7.8 可得下面的推论.

**推论 7.3(单调性)** 设 $f(x)$，$g(x)$ 在 $[a,b]$ 上可积，且 $f(x) \geqslant g(x)$ ($x \in [a,b]$)，则
$$\int_a^b f(x)\mathrm{d}x \geqslant \int_a^b g(x)\mathrm{d}x.$$

**证** 令 $h(x) = f(x) - g(x)$，由假设和定理 7.7 可知，$h(x)$ 在 $[a,b]$ 上非负可积，于是
$$\int_a^b f(x)\mathrm{d}x - \int_a^b g(x)\mathrm{d}x = \int_a^b [f(x) - g(x)]\mathrm{d}x = \int_a^b h(x)\mathrm{d}x \geqslant 0.$$
由此得所证.

**推论 7.4** 设 $f(x)$ 在 $[a,b]$ 上可积，且 $m \leqslant f(x) \leqslant M$ ($x \in [a,b]$)，其中 $m$，$M$ 是常数，则
$$m(b-a) \leqslant \int_a^b f(x)\mathrm{d}x \leqslant M(b-a).$$
这个推论的证明请读者完成.

**定理 7.9** 设 $f(x)$ 在 $[a,b]$ 上可积，则函数 $|f(x)|$ 在 $[a,b]$ 上也可积，且
$$\left|\int_a^b f(x)\mathrm{d}x\right| \leqslant \int_a^b |f(x)|\mathrm{d}x. \tag{7.8}$$

**证** 任意划分区间 $[a,b]$，$f(x)$ 与 $|f(x)|$ 在子区间 $[x_{k-1},x_k]$ 上的振幅分别用 $\omega_k(f)$ 与 $\omega_k(|f|)$ 表示. 容易证明
$$\omega_k(f) = \sup\{|f(x) - f(y)|\},$$
$$\omega_k(|f|) = \sup\{||f(x)| - |f(y)||\}, \quad x,y \in [x_{k-1},x_k].$$
而
$$||f(x)| - |f(y)|| \leqslant |f(x) - f(y)|, \quad \forall x,y \in [x_{k-1},x_k],$$
所以 $\omega_k(|f|) \leqslant \omega_k(f)$，从而有
$$\sum_{k=1}^n \omega_k(|f|)\Delta x_k \leqslant \sum_{k=1}^n \omega_k(f)\Delta x_k.$$
因为 $f(x)$ 在 $[a,b]$ 上可积，由推论 7.1 可知，$\forall \varepsilon > 0$，$\exists \delta > 0$，当 $\lambda < \delta$ 时，有 $\sum_{k=1}^n \omega_k(f)\Delta x_k < \varepsilon$，于是

$$\sum_{k=1}^{n}\omega_k(|f|)\Delta x_k\leqslant\varepsilon,$$

故 $|f(x)|$ 在 $[a,b]$ 上可积.

由
$$-|f(x)|\leqslant f(x)\leqslant|f(x)|,\quad\forall x\in[a,b]$$

以及推论 7.1 可得
$$-\int_a^b|f(x)|\mathrm{d}x\leqslant\int_a^b f(x)\mathrm{d}x\leqslant\int_a^b|f(x)|\mathrm{d}x,$$

所以
$$\left|\int_a^b f(x)\mathrm{d}x\right|\leqslant\int_a^b|f(x)|\mathrm{d}x.$$

**定理 7.10(区间可加性)** 设 $a<c<b$, $f(x)$ 在 $[a,b]$ 上可积,则 $f(x)$ 在 $[a,c]$ 及 $[c,b]$ 上也可积,且

$$\int_a^b f(x)\mathrm{d}x=\int_a^c f(x)\mathrm{d}x+\int_c^b f(x)\mathrm{d}x. \tag{7.9}$$

**证** 为了证明 $f(x)$ 在 $[a,c]$ 和 $[c,b]$ 上可积,只要证明 $f(x)$ 在 $[a,b]$ 的任何子区间上可积. 这个结论可以利用推论 7.1 来证明,留给读者完成. 下面证明等式 (7.9).

因为 $f(x)$ 在 $[a,b]$ 上可积,所以无论怎样分割 $[a,b]$,积分和的极限总不变. 因此,在分割区间时,可以使 $c$ 点总是一个分点,从而 $[a,b]$ 上的积分和等于 $[a,c]$ 上的积分和加上 $[c,b]$ 上的积分和,即

$$\sum_{[a,b]}f(\xi_i)\Delta x_i=\sum_{[a,c]}f(\xi_i)\Delta x_i+\sum_{[c,b]}f(\xi_i)\Delta x_i.$$

令 $\lambda\to 0$,上式两端同时取极限,得

$$\int_a^b f(x)\mathrm{d}x=\int_a^c f(x)\mathrm{d}x+\int_c^b f(x)\mathrm{d}x.$$

这个性质称为定积分对积分区间的可加性. 进一步,不论 $a,b,c$ 的相对位置如何,总有

$$\int_a^b f(x)\mathrm{d}x=\int_a^c f(x)\mathrm{d}x+\int_c^b f(x)\mathrm{d}x$$

成立. 例如,当 $a<b<c$ 时,由于

$$\int_a^c f(x)\mathrm{d}x=\int_a^b f(x)\mathrm{d}x+\int_b^c f(x)\mathrm{d}x,$$

于是有

$$\int_a^b f(x)\mathrm{d}x=\int_a^c f(x)\mathrm{d}x-\int_b^c f(x)\mathrm{d}x$$

$$= \int_a^c f(x)\mathrm{d}x + \int_c^b f(x)\mathrm{d}x.$$

其他情况类似可证.

**定理 7.11** 设 $f(x)$ 和 $g(x)$ 在 $[a,b]$ 上可积,则 $f(x)g(x)$ 也在 $[a,b]$ 上可积.

这个定理的证明留给读者完成.

**定理 7.12(积分中值定理)** 设函数 $f(x) \in C[a,b]$,$g(x)$ 在 $[a,b]$ 上可积,且 $g(x)$ 在 $[a,b]$ 上符号不变,则至少存在一点 $\xi \in [a,b]$,使得

$$\int_a^b f(x)g(x)\mathrm{d}x = f(\xi)\int_a^b g(x)\mathrm{d}x. \tag{7.10}$$

**证** 由定理 7.11 可知,$f(x)g(x)$ 在 $[a,b]$ 上可积. 不妨设在 $[a,b]$ 上 $g(x) \geqslant 0$,$f(x)$ 在 $[a,b]$ 上的最大值和最小值分别为 $M$ 和 $m$,则有

$$m \leqslant f(x) \leqslant M, \quad \forall x \in [a,b].$$

于是

$$mg(x) \leqslant f(x)g(x) \leqslant Mg(x), \quad \forall x \in [a,b],$$
$$m\int_a^b g(x)\mathrm{d}x \leqslant \int_a^b f(x)g(x)\mathrm{d}x \leqslant M\int_a^b g(x)\mathrm{d}x.$$

若 $\int_a^b g(x)\mathrm{d}x > 0$,则有

$$m \leqslant \frac{\int_a^b f(x)g(x)\mathrm{d}x}{\int_a^b g(x)\mathrm{d}x} \leqslant M.$$

由连续函数的介质定理可知,至少存在一点 $\xi \in [a,b]$,使

$$f(\xi) = \frac{\int_a^b f(x)g(x)\mathrm{d}x}{\int_a^b g(x)\mathrm{d}x},$$

即 $\int_a^b f(x)g(x)\mathrm{d}x = f(\xi)\int_a^b g(x)\mathrm{d}x$,等式(7.10)成立.

若 $\int_a^b g(x)\mathrm{d}x = 0$,则 $g(x) = 0$ $(a \leqslant x \leqslant b)$,于是 $\int_a^b f(x)g(x)\mathrm{d}x = 0$. 此时,对于任何 $\xi \in [a,b]$,等式(7.10)都成立.

在定理 7.12 中取 $g(x) = 1$,得到下面的推论.

**推论 7.5** 设函数 $f(x) \in C[a,b]$,则至少存在一点 $\xi \in [a,b]$,使得

$$\int_a^b f(x)\mathrm{d}x = f(\xi)(b-a). \tag{7.11}$$

当 $f(x)$ 是非负函数时,推论 7.5 的几何意义可由图 7.6 说明,即在 $[a,b]$ 上

至少存在一点 $\xi$,使得以区间$[a,b]$为底边、以 $y=f(x)$ 为曲边的曲边梯形的面积等于同一底边而高为 $f(\xi)$ 的一个矩形的面积.

通常称
$$\frac{\int_a^b f(x)\mathrm{d}x}{b-a}$$

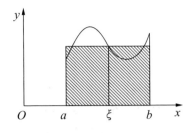

图 7.6

为函数 $f(x)$ 在区间$[a,b]$上的**平均值**或**积分中值**. 一些书称推论 7.5 为积分中值定理,而将定理 7.12 称为广义积分中值定理,本书不加区分都称为积分中值定理.

**例 7.3** 估计积分 $\int_0^{2\pi} \dfrac{\mathrm{d}x}{1+0.5\cos x}$ 的值.

**解** 由于
$$\frac{2}{3} = \frac{1}{1+0.5} \leqslant \frac{1}{1+0.5\cos x} \leqslant \frac{1}{1-0.5} = 2,$$
据推论 7.3 有
$$\frac{4\pi}{3} = \frac{2}{3}\int_0^{2\pi}\mathrm{d}x \leqslant \int_0^{2\pi}\frac{\mathrm{d}x}{1+0.5\cos x} \leqslant 2\int_0^{2\pi}\mathrm{d}x = 4\pi,$$
因此有
$$\int_0^{2\pi}\frac{\mathrm{d}x}{1+0.5\cos x} = \frac{8\pi}{3}+\frac{4\pi}{3}\theta \quad (|\theta|<1).$$

**例 7.4** 设 $f(x),g(x)$ 在$[a,b]$上可积,证明 **Cauchy-Schwartz 不等式**:
$$\left(\int_a^b f(x)g(x)\mathrm{d}x\right)^2 \leqslant \int_a^b f^2(x)\mathrm{d}x \int_a^b g^2(x)\mathrm{d}x. \tag{7.12}$$

**证** 对一切实数 $t$,显然有$[tf(x)+g(x)]^2 \geqslant 0$. 由定积分的非负性,有
$$\int_a^b [tf(x)+g(x)]^2 \mathrm{d}x \geqslant 0,$$
即
$$t^2\int_a^b f^2(x)\mathrm{d}x + 2t\int_a^b f(x)g(x)\mathrm{d}x + \int_a^b g^2(x)\mathrm{d}x \geqslant 0.$$
上式左端是关于 $t$ 的二次三项式,它的判别式必满足
$$\left(\int_a^b f(x)g(x)\mathrm{d}x\right)^2 - \left(\int_a^b f^2(x)\mathrm{d}x\right)\left(\int_a^b g^2(x)\mathrm{d}x\right) \leqslant 0,$$
由此即得不等式(7.12).

## 习题 7.3

### (A)

1. 思考题.

(1) 定积分有哪些基本性质?

(2) 定积分中值定理及其一般形式是怎样的?

2. 试估计下列积分的值.

(1) $\int_{\pi/4}^{5\pi/4}(1+\sin^2 x)\mathrm{d}x$;

(2) $\int_{1/\sqrt{3}}^{\sqrt{3}} x\arctan x\,\mathrm{d}x$;

(3) $\int_0^1 \dfrac{x^9}{\sqrt{1+x}}\mathrm{d}x$;

(4) $\int_2^0 \mathrm{e}^{x^2-x}\mathrm{d}x$.

3. 根据定积分的性质,比较下列积分的大小.

(1) $\int_0^{\pi/2} \sin^{10}x\,\mathrm{d}x$ 与 $\int_0^{\pi/2} \sin^2 x\,\mathrm{d}x$;

(2) $\int_0^1 \mathrm{e}^{-x}\mathrm{d}x$ 与 $\int_0^1 \mathrm{e}^{-x^2}\mathrm{d}x$;

(3) $\int_1^2 \ln x\,\mathrm{d}x$ 与 $\int_1^2 (\ln x)^2\mathrm{d}x$;

(4) $\int_0^1 \dfrac{x}{1+x}\mathrm{d}x$ 与 $\int_0^1 \ln(1+x)\mathrm{d}x$.

4. 求下列函数在给定区间上的平均值.

(1) $f(x)=\dfrac{1}{x^2}$,$[1,3]$;

(2) $f(x)=\sin x$,$[0,\pi/2]$.

5. 设 $f(x)$ 在 $[a,b]$ 上可积,证明 $\left(\int_a^b f(x)\mathrm{d}x\right)^2 \leqslant (b-a)\int_a^b f^2(x)\mathrm{d}x$.

### (B)

1. 设 $f(x),g(x)\in C[a,b]$,证明:

(1) 若在 $[a,b]$ 上, $f(x)\geqslant 0$,且 $\int_a^b f(x)\mathrm{d}x=0$,则在区间 $[a,b]$ 上 $f(x)\equiv 0$;

(2) 若在 $[a,b]$ 上, $f(x)\geqslant 0$,且 $f(x)$ 不恒等于零,则在区间 $[a,b]$ 上 $\int_a^b f(x)\mathrm{d}x>0$;

(3) 若在 $[a,b]$ 上, $f(x)\leqslant g(x)$,且 $\int_a^b f(x)\mathrm{d}x=\int_a^b g(x)\mathrm{d}x$,则在区间 $[a,b]$ 上 $f(x)\equiv g(x)$.

2. 设函数 $f(x)\in C[0,1]$,在 $(0,1)$ 内可导,且 $3\int_{\frac{2}{3}}^1 f(x)\mathrm{d}x=f(0)$. 证明:存在 $c\in(0,1)$,使得 $f'(c)=0$.

3. 设 $f(x),g(x)$ 在 $[a,b]$ 上均可积,证明 Minkowski 不等式:

$$\left(\int_a^b [f(x)+g(x)]^2 \mathrm{d}x\right)^{1/2} \leqslant \left(\int_a^b f^2(x)\mathrm{d}x\right)^{1/2} + \left(\int_a^b g^2(x)\mathrm{d}x\right)^{1/2}.$$

4. 设 $f'(x)$ 在 $[0,1]$ 上连续, $f(0)=0$, 证明:

(1) $\left[\max\limits_{0\leqslant x \leqslant 1} f(x)\right]^2 \leqslant \int_0^1 [f'(x)]^2 \mathrm{d}x$;

(2) 若 $f(1)=1$, 则 $\int_0^1 [f'(x)]^2 \mathrm{d}x \geqslant 1$.

5. 设 $f(x)$ 是区间 $[a,b]$ 上连续的非负函数, 证明:

$$\lim_{n\to+\infty} \sqrt[n]{\int_a^b [f(x)]^n \mathrm{d}x} = \max_{a\leqslant x\leqslant b} f(x).$$

## 7.4 微积分基本公式

在 7.1 节我们看到, 即使被积函数是一个比较简单的函数, 直接按定义计算它的定积分也是比较复杂的. 如果被积函数比较复杂, 那么定积分的计算将更困难. 因此, 有必要寻求更简单的计算定积分的方法.

### 7.4.1 问题的提出

设某物体作变速直线运动, $t$ 时刻物体所在位置为 $s(t)$、速度为 $v=v(t)\geqslant 0$. 由 7.1 节的讨论可知, 物体在时间间隔 $[T_1, T_2]$ 内经过的路程可以用速度函数 $v(t)$ 在 $[T_1, T_2]$ 上的定积分

$$\int_a^b v(t)\mathrm{d}t$$

来表示. 另一方面, 物体在时间间隔 $[T_1, T_2]$ 内经过的路程又可以通过位置函数 $s(t)$ 在区间 $[T_1, T_2]$ 上的增量

$$s(T_2)-s(T_1)$$

来表示. 因此,

$$\int_a^b v(t)\mathrm{d}t = s(T_2)-s(T_1).$$

因为 $s'(t)=v(t)$, 即位置函数 $s(t)$ 是速度函数 $v(t)$ 的原函数, 所以上式表示, 速度函数 $v(t)$ 在区间 $[T_1, T_2]$ 上的定积分等于 $v(t)$ 的原函数 $s(t)$ 在区间 $[T_1, T_2]$ 上的增量. 换句话说, 如果我们要计算速度函数在某个区间上的定积分值, 则只要求出速度函数的原函数, 然后再计算它在这个区间上的增量. 这样, 就将定积分的计算问题转化为求原函数并计算函数值的问题.

在一定条件下, 上述结论是否具有普遍意义呢? 回答是肯定的. 我们将在本节证明, 若函数 $f(x)$ 在区间 $[a,b]$ 上连续, 则 $f(x)$ 在区间 $[a,b]$ 上的定积分等于

$f(x)$ 的一个原函数 $F(x)$ 在区间 $[a,b]$ 上的增量 $F(b)-F(a)$.

### 7.4.2 积分上限函数及其性质

我们首先介绍一种新的函数形式——积分上限函数.

设函数 $f(x)$ 在区间 $[a,b]$ 上可积,$x$ 为 $[a,b]$ 上的一点,我们考察 $f(x)$ 在子区间 $[a,x]$ 上的定积分

$$\int_a^x f(x)\mathrm{d}x.$$

由定理 7.10 可知,以上定积分存在. 这时,$x$ 既表示定积分的上限,又表示积分变量. 由于定积分与积分变量的记法无关,为了明确起见,我们将积分变量用其他符号如 $t$ 来表示,上面的定积分可以写成

$$\int_a^x f(t)\mathrm{d}t.$$

另一方面,若上限 $x$ 在区间 $[a,b]$ 上任意取值,则对于每一个取定的 $x$ 值,都有一个确定的定积分值与之对应. 因此,它在 $[a,b]$ 上定义了一个函数,记作

$$\Phi(x) = \int_a^x f(t)\mathrm{d}t \quad (a \leqslant x \leqslant b). \tag{7.13}$$

这个函数称为**积分上限函数**,下面来讨论它的性质.

**定理 7.13** 设函数 $f(x)$ 在 $[a,b]$ 上可积,则 $\Phi(x) = \int_a^x f(t)\mathrm{d}t$ 是 $[a,b]$ 上的连续函数.

**证** 由定理 7.1 可知,可积函数 $f(x)$ 在 $[a,b]$ 上有界,故可设

$$|f(x)| \leqslant M \quad (\forall x \in [a,b]).$$

任取 $x_0 \in (a,b)$,应用定积分的性质,有

$$|\Phi(x) - \Phi(x_0)| = \left|\int_a^x f(t)\mathrm{d}t - \int_a^{x_0} f(t)\mathrm{d}t\right|$$

$$= \left|\int_{x_0}^x f(t)\mathrm{d}t\right| \leqslant \left|\int_{x_0}^x |f(t)|\mathrm{d}t\right| \leqslant M|x-x_0|,$$

由此可得 $\lim\limits_{x \to x_0} \Phi(x) = \Phi(x_0)$,即 $\Phi(x)$ 在 $x_0$ 点连续,于是 $\Phi(x)$ 在 $(a,b)$ 内连续.

类似可证,$\Phi(x)$ 在 $x=a$ 点右连续、$x=b$ 点左连续. 因此,$\Phi(x)$ 在 $[a,b]$ 上连续.

**定理 7.14** 设 $f(x) \in C[a,b]$,则函数 $\Phi(x) = \int_a^x f(t)\mathrm{d}t$ 在 $[a,b]$ 上可导,且

$$\Phi'(x) = \frac{\mathrm{d}}{\mathrm{d}x}\int_a^x f(t)\mathrm{d}t = f(x) \quad (x \in [a,b]), \tag{7.14}$$

其中,若 $x$ 为区间 $[a,b]$ 的端点,则 $\Phi'(x)$ 是指单侧导数.

**证** 任取 $x \in (a, b)$，设自变量 $x$ 的增量 $\Delta x$ 的绝对值足够小，使得 $x + \Delta x \in (a, b)$，由 $\Phi(x)$ 的定义和定积分性质可知函数 $\Phi(x)$ 的增量

$$\Delta \Phi = \Phi(x + \Delta x) - \Phi(x) = \int_a^{x+\Delta x} f(t)\,dt - \int_a^x f(t)\,dt$$

$$= \int_x^{x+\Delta x} f(t)\,dt.$$

应用积分中值定理，得

$$\Delta \Phi = f(\xi)\Delta x \quad (\xi \text{ 介于 } x \text{ 与 } x + \Delta x \text{ 之间}),$$

上式两端除以 $\Delta x$，得

$$\frac{\Delta \Phi}{\Delta x} = f(\xi).$$

由假设知 $f(x)$ 是 $[a, b]$ 上的连续函数，而当 $\Delta x \to 0$ 时，$\xi \to x$，因此 $\lim\limits_{\Delta x \to 0} f(\xi) = f(x)$。由此可得

$$\lim_{\Delta x \to 0} \frac{\Delta \Phi}{\Delta x} = \lim_{\Delta x \to 0} f(\xi) = f(x).$$

这表明 $\Phi(x)$ 的导数存在，且 $\Phi'(x) = f(x)$。

若 $x = a$，取 $\Delta x > 0$，则类似可证 $\Phi'_+(a) = f(a)$。

若 $x = b$，取 $\Delta x < 0$，则类似可证 $\Phi'_-(b) = f(b)$。

这个定理指出了一个重要事实：连续函数 $f(x)$ 取变上限 $x$ 的定积分然后求导，其结果还原为 $f(x)$ 本身。回忆原函数的定义，我们可由定理 7.14 推知 $\Phi(x)$ 是连续函数 $f(x)$ 的一个原函数。因此，我们得到如下的原函数存在定理。

**定理 7.15** 设 $f(x) \in C[a, b]$，则函数 $\Phi(x) = \int_a^x f(t)\,dt$ 是 $f(x)$ 在 $[a, b]$ 上的一个原函数。

这个定理的重要意义在于：一方面它肯定了连续函数的原函数是存在的，另一方面它初步揭示了一个函数的定积分与它的原函数之间的关系。因此，我们有可能通过原函数来计算定积分，这样就可以获得计算定积分的一个方便途经。这个问题将在下一小节展开讨论。

类似于上面的分析，我们也可以讨论变下限的定积分

$$\Psi(x) = \int_x^b f(t)\,dt$$

以及积分限是函数的情形

$$\Theta(x) = \int_0^{u(x)} f(t)\,dt$$

其中，$u'(x)$ 存在。

**例 7.5**  求 $\dfrac{\mathrm{d}}{\mathrm{d}x}\left(\displaystyle\int_0^{x^2} \mathrm{e}^{-t^2}\,\mathrm{d}t\right)$.

**解**  令 $\Phi(u)=\displaystyle\int_0^u \mathrm{e}^{-t^2}\,\mathrm{d}t$, $u=x^2$, 利用复合函数求导的链式法则, 有

$$\dfrac{\mathrm{d}}{\mathrm{d}x}\left(\int_0^{x^2}\mathrm{e}^{-t^2}\,\mathrm{d}t\right)=\dfrac{\mathrm{d}\Phi(u)}{\mathrm{d}u}\bigg|_{u=x^2}\cdot\dfrac{\mathrm{d}u}{\mathrm{d}x}=\mathrm{e}^{-u^2}\bigg|_{u=x^2}\cdot 2x=2x\mathrm{e}^{-x^4}.$$

一般地, 若 $u(x)$ 是可微函数, $f$ 是连续函数, 则用例 7.5 的方法容易证明

$$\dfrac{\mathrm{d}}{\mathrm{d}x}\left(\int_0^{u(x)}f(t)\,\mathrm{d}t\right)=f[u(x)]u'(x). \tag{7.15}$$

**例 7.6**  设 $f(x)$ 连续, $x>0$, $F(x)=\displaystyle\int_{1/x}^{\ln x}f(t)\,\mathrm{d}t$, 求 $F'(x)$.

**解**  函数 $F(x)$ 可以写成

$$F(x)=\int_{1/x}^{1}f(t)\,\mathrm{d}t+\int_{1}^{\ln x}f(t)\,\mathrm{d}t=\int_{1}^{\ln x}f(t)\,\mathrm{d}t-\int_{1}^{1/x}f(t)\,\mathrm{d}t,$$

于是有

$$\begin{aligned}F'(x)&=\left(\int_1^{\ln x}f(t)\,\mathrm{d}t\right)'-\left(\int_1^{1/x}f(t)\,\mathrm{d}t\right)'\\&=f(\ln x)\cdot\dfrac{1}{x}-f\left(\dfrac{1}{x}\right)\cdot\left(-\dfrac{1}{x^2}\right)\\&=\dfrac{1}{x}f(\ln x)+\dfrac{1}{x^2}f\left(\dfrac{1}{x}\right).\end{aligned}$$

一般地, 若 $u(x)$, $v(x)$ 是可微函数, $f$ 是连续函数, 则有

$$\dfrac{\mathrm{d}}{\mathrm{d}x}\left(\int_{v(x)}^{u(x)}f(t)\,\mathrm{d}t\right)=f[u(x)]u'(x)-f[v(x)]v'(x). \tag{7.16}$$

**例 7.7**  求下列极限.

(1) $\displaystyle\lim_{x\to 0}\dfrac{\displaystyle\int_0^x \cos t^2\,\mathrm{d}t}{x}$;   (2) $\displaystyle\lim_{x\to+\infty}\dfrac{\displaystyle\int_0^x \mathrm{e}^{t^2}\,\mathrm{d}t}{\dfrac{1}{2x}\mathrm{e}^{x^2}}$.

**解**  (1) 由于被积函数 $\cos t^2$ 连续, 所以变上限积分 $\displaystyle\int_0^x \cos t^2\,\mathrm{d}t$ 是 $x$ 的连续且可导的函数. 这是 $\dfrac{0}{0}$ 型未定式的极限问题, 由 L'Hospital 法则, 有

$$\lim_{x\to 0}\dfrac{\displaystyle\int_0^x \cos t^2\,\mathrm{d}t}{x}=\lim_{x\to 0}\dfrac{\cos x^2}{1}=\cos 0=1.$$

(2) 由于被积函数 $\mathrm{e}^{t^2}$ 连续, 所以变上限积分 $\displaystyle\int_0^x \mathrm{e}^{t^2}\,\mathrm{d}t$ 是 $x$ 的连续且可导的函数.

这是 $\frac{\infty}{\infty}$ 型未定式的极限问题，由 L'Hospital 法则，有

$$\lim_{x\to+\infty}\frac{\int_0^x e^{t^2}dt}{\frac{1}{2x}e^{x^2}} = \lim_{x\to+\infty}\frac{2x\int_0^x e^{t^2}dt}{e^{x^2}} = \lim_{x\to+\infty}\frac{\int_0^x e^{t^2}dt + xe^{x^2}}{xe^{x^2}}$$

$$= \lim_{x\to+\infty}\frac{2e^{x^2}+2x^2 e^{x^2}}{e^{x^2}+2x^2 e^{x^2}} = 1.$$

### 7.4.3 Newton-Leibniz 公式

下面我们根据定理 7.15 来证明一个重要定理，它给出了用原函数计算定积分的公式.

**定理 7.16** 设函数 $f(x) \in C[a,b]$，函数 $F(x)$ 是 $f(x)$ 在区间 $[a,b]$ 上的一个原函数，则有

$$\int_a^b f(x)dx = F(b) - F(a). \tag{7.17}$$

**证** 函数 $F(x)$ 是 $f(x)$ 在区间 $[a,b]$ 上的一个原函数，而根据定理 7.15 可知，积分上限函数

$$\Phi(x) = \int_a^x f(t)dt$$

也是连续函数 $f(x)$ 在 $[a,b]$ 上的一个原函数，因此，这两个原函数之差 $F(x) - \Phi(x)$ 在 $[a,b]$ 上一定是某一个常数 $C$，即

$$F(x) - \Phi(x) = C \quad (a \leqslant x \leqslant b).$$

在上式中令 $x=a$，得到 $F(a)-\Phi(a)=C$. 又由 $\Phi(x)$ 的定义可知 $\Phi(a)=0$，因此，$C=F(a)$，将它代入上式并考虑到 $\Phi(x)$ 的定义，可得

$$\int_a^x f(t)dt = \Phi(x) = F(x) - C = F(x) - F(a).$$

在上式中令 $x=b$，就可得到所要证明的公式(7.17).

由 7.1.2 小节的补充规定，公式(7.17)对于 $a>b$ 的情形同样成立.

为了记法上的方便，公式(7.17)也可写成

$$\int_a^b f(x)dx = F(b) - F(a) \triangleq [F(x)]_a^b.$$

公式(7.17)称为 **Newton-Leibniz 公式**，也称为**微积分基本公式**. 这个公式揭示了定积分与被积函数的原函数（或不定积分）之间的联系. 它表明：一个连续函数在区间 $[a,b]$ 上的定积分等于它的任一个原函数在区间 $[a,b]$ 上的增量. 因此，它将定积分的计算转化为原函数（可通过求不定积分得到）的函数值的计算，这就为定

积分计算提供了一个有效而简便的方法.

**例 7.8** 求下列定积分.

(1) $\int_0^2 x^2 \mathrm{d}x$;   (2) $\int_1^2 \dfrac{\mathrm{d}x}{x^2}$.

**解** (1) 由于 $\dfrac{x^3}{3}$ 是 $x^2$ 的一个原函数，所以，由 Newton-Leibniz 公式有

$$\int_0^2 x^2 \mathrm{d}x = \left[\dfrac{x^3}{3}\right]_0^2 = \dfrac{2^3}{3} - \dfrac{0^3}{3} = \dfrac{8}{3}.$$

(2) 由于 $-\dfrac{1}{x}$ 是 $\dfrac{1}{x^2}$ 的一个原函数，所以

$$\int_1^2 \dfrac{\mathrm{d}x}{x^2} = \left[-\dfrac{1}{x}\right]_1^2 = -\dfrac{1}{2} + 1 = \dfrac{1}{2}.$$

**例 7.9** 求下列定积分.

(1) $\int_a^b \mathrm{e}^x \mathrm{d}x$;   (2) $\int_0^{\frac{\pi}{2}} \cos x \mathrm{d}x$.

**解** (1) 由于 $\mathrm{e}^x$ 就是 $\mathrm{e}^x$ 的一个原函数，所以

$$\int_a^b \mathrm{e}^x \mathrm{d}x = \left[\mathrm{e}^x\right]_a^b = \mathrm{e}^b - \mathrm{e}^a.$$

(2) 由于 $\sin x$ 是 $\cos x$ 的一个原函数，所以

$$\int_0^{\frac{\pi}{2}} \cos x \mathrm{d}x = \left[\sin x\right]_0^{\pi/2} = \sin\dfrac{\pi}{2} - \sin 0 = 1.$$

**例 7.10** 求极限 $\lim\limits_{n\to\infty}\left(\dfrac{1}{\sqrt{n^2+1}} + \dfrac{1}{\sqrt{n^2+2^2}} + \cdots + \dfrac{1}{\sqrt{n^2+n^2}}\right)$.

**解** 这是一个"无限和的极限"问题，可以用定积分来讨论. 显然，

$$\dfrac{1}{\sqrt{n^2+1}} + \dfrac{1}{\sqrt{n^2+2^2}} + \cdots + \dfrac{1}{\sqrt{n^2+n^2}} = \sum_{i=1}^n \dfrac{1}{\sqrt{n^2+i^2}}$$

$$= \sum_{i=1}^n \dfrac{1}{\sqrt{1+(i/n)^2}} \cdot \dfrac{1}{n}.$$

若将区间 $[0,1]$ 分成 $n$ 等份，分点为

$$0 < \dfrac{1}{n} < \dfrac{2}{n} < \cdots < \dfrac{n}{n} = 1,$$

每个小区间的长度为 $\dfrac{1}{n}$. 在每个小区间 $[(i-1)/n, i/n]$ 上取 $\xi_i = \dfrac{i}{n}$，则函数 $f(x) = \dfrac{1}{\sqrt{1+x^2}}$ 在 $[0,1]$ 上的积分和就是上面的和式. 于是

$$\lim_{n\to\infty}\left(\dfrac{1}{\sqrt{n^2+1}} + \dfrac{1}{\sqrt{n^2+2^2}} + \cdots + \dfrac{1}{\sqrt{n^2+n^2}}\right) = \lim_{n\to\infty}\sum_{i=1}^n \dfrac{1}{\sqrt{1+(i/n)^2}} \dfrac{1}{n}$$

$$= \int_0^1 \frac{\mathrm{d}x}{\sqrt{1+x^2}} = \left[\ln|x+\sqrt{x^2+1}|\right]_0^1$$
$$= \ln(1+\sqrt{2}).$$

## 习题 7.4

### (A)

1. 思考题.

(1) 微积分基本公式的内容是什么?

(2) 函数 $F(t)$ 的变化率 $F'(t)$ 与该函数在某个区间 $a \leqslant t \leqslant b$ 上的变化总量是什么关系?

(3) $f(x)$ 满足什么条件时,$\int_a^x f(t)\mathrm{d}t$ 是 $x$ 的连续函数?

(4) $f(x)$ 满足什么条件时,$\int_a^x f(t)\mathrm{d}t$ 是 $f(x)$ 的原函数?

2. 求由参数方程 $x = \int_0^t \cos u\, \mathrm{d}u, y = \int_0^t \sin u\, \mathrm{d}u$ 所确定的函数 $y$ 对 $x$ 的导数.

3. 求由 $\int_0^y e^t \mathrm{d}t + \int_0^x \sin t\, \mathrm{d}t = 0$ 所确定的隐函数 $y$ 对 $x$ 的导数.

4. 求下列导数:

(1) $\dfrac{\mathrm{d}}{\mathrm{d}x}\int_a^b \sin x^2\, \mathrm{d}x$;

(2) $\dfrac{\mathrm{d}}{\mathrm{d}x}\int_0^{x^2} \sqrt{1+t^2}\, \mathrm{d}t$;

(3) $\dfrac{\mathrm{d}}{\mathrm{d}x}\int_{x+a}^{x+b} (1+t)^2\, \mathrm{d}t$;

(4) $\dfrac{\mathrm{d}}{\mathrm{d}x}\int_{\sin x}^{\cos x} \cos(\pi t^2)\, \mathrm{d}t$.

5. 求下列极限.

(1) $\lim\limits_{x \to 0} \dfrac{\int_0^x \cos t^2\, \mathrm{d}t}{x}$;

(2) $\lim\limits_{x \to 0} \dfrac{\left(\int_0^x e^{t^2}\, \mathrm{d}t\right)^2}{\int_0^x t e^{2t^2}\, \mathrm{d}t}$;

(3) $\lim\limits_{x \to +\infty} \dfrac{\int_0^x (\arctan t)^2\, \mathrm{d}t}{\sqrt{x^2+1}}$;

(4) $\lim\limits_{x \to +\infty} \dfrac{\int_1^x \sqrt{t+\dfrac{1}{t}}\, \mathrm{d}t}{x\sqrt{x}}$.

6. 求下列定积分.

(1) $\int_1^2 \left(3x^2 - x - 1 + \dfrac{1}{x^2}\right)\mathrm{d}x$;

(2) $\int_1^4 \sqrt{t}(t + \sqrt{t} + 1)\mathrm{d}t$;

(3) $\int_0^{\sqrt{3}a} \dfrac{\mathrm{d}x}{a^2+x^2} \quad (a>0)$;

(4) $\int_0^1 \dfrac{\mathrm{d}x}{\sqrt{4-x^2}}$;

(5) $\int_{-e-1}^{-2} \dfrac{\mathrm{d}x}{1+x}$;

(6) $\int_0^{\pi/4} \tan^2\theta\, \mathrm{d}\theta$;

(7) $\int_{-1}^{0} \dfrac{3x^4 + 3x^2 + 1}{x^2 + 1} dx$;  (8) $\int_{10}^{12} \ln t \, dt$.

7. 设 $k, l$ 为正整数，证明：

(1) $\int_{-\pi}^{\pi} \cos kx \, dx = \int_{-\pi}^{\pi} \sin kx \, dx = 0$;  (2) $\int_{-\pi}^{\pi} \cos kx \sin lx \, dx = 0$;

(3) $\int_{-\pi}^{\pi} \cos kx \cos lx \, dx = \begin{cases} \pi, & k = l, \\ 0, & k \neq l; \end{cases}$  (4) $\int_{-\pi}^{\pi} \sin kx \sin lx \, dx = \begin{cases} \pi, & k = l, \\ 0, & k \neq l. \end{cases}$

8. 证明不等式：$\ln(1 + \sqrt{2}) \leqslant \int_{0}^{1} \dfrac{dx}{\sqrt{1 + x^n}} \leqslant 1$, $(n \geqslant 2)$.

9. 求下列极限.

(1) $\lim\limits_{n \to \infty} \left( \dfrac{1}{n+1} + \dfrac{1}{n+2} + \cdots + \dfrac{1}{n+n} \right)$;

(2) $\lim\limits_{n \to \infty} \dfrac{1^p + 2^p + \cdots + n^p}{n^{p+1}}$  $(p > 0)$;

(3) $\lim\limits_{n \to \infty} \dfrac{1}{n} \left( \sin \dfrac{1}{n} \pi + \sin \dfrac{2}{n} \pi + \cdots + \sin \dfrac{n-1}{n} \pi \right)$;

(4) $\lim\limits_{n \to \infty} \left( \dfrac{1}{\sqrt{4n^2 - 1}} + \dfrac{1}{\sqrt{4n^2 - 2^2}} + \cdots + \dfrac{1}{\sqrt{4n^2 - n^2}} \right)$.

(B)

1. 已知 $\lim\limits_{x \to 0} \dfrac{1}{bx - \sin x} \int_{0}^{x} \dfrac{t^2}{\sqrt{a + t}} dt = 1$，求 $a, b$.

2. 讨论函数 $f(x) = \begin{cases} \dfrac{\sin 2(e^x - 1)}{e^x - 1}, & x > 0, \\ 2, & x = 0, \\ \dfrac{1}{x} \int_{0}^{x} \cos^2 t \, dt, & x < 0 \end{cases}$ 的连续性.

3. 设 $f(x)$ 是 $[0, +\infty)$ 上取正值的连续函数，证明函数 $F(x) = \dfrac{\int_{0}^{x} t f(t) dt}{\int_{0}^{x} f(t) dt}$ 在 $(0, +\infty)$ 内单调增加.

4. 求 $y = \int_{0}^{x} (1 + t) \arctan t \, dt$ 的极小值.

5. 设 $f(x) = \int_{0}^{x} (t - t^2) \sin^{2n} t \, dt$，其中，$x \geqslant 0, n$ 为正整数，证明：

$$f(x) \leqslant \dfrac{1}{(2n+2)(2n+3)}.$$

6. 设函数 $f(x)$ 在区间 $[0,1]$ 上有连续的一阶导数,且 $f(1)-f(0)=1$,证明:
$$\int_0^1 [f'(x)]^2 dx \geqslant 1.$$

7. 设函数 $f(x)$ 在闭区间 $[a,b]$ 上有连续的一阶导数,$f(a)=f(b)=0$,证明:
$$\max_{a \leqslant x \leqslant b} |f'(x)| \geqslant \frac{4}{(b-a)^2} \int_a^b |f(x)| dx.$$

## 7.5 定积分的计算

利用 Newton-Leibniz 公式计算定积分时,只要求出被积函数的原函数即可. 如果被积函数比较复杂,可以采用各种不定积分方法先求出原函数,再计算原函数的增量得到定积分的值. 但在实际应用中,人们更多地直接将不定积分方法应用于定积分的计算中,这样使得计算更为简单. 本节就来讨论计算定积分的方法.

### 7.5.1 定积分的换元法

为了说明如何直接应用换元法来计算定积分,我们先证明下面的定理.

**定理 7.17** 设函数 $f(x) \in C[a,b]$,函数 $x = \varphi(t)$ 满足条件:

(1) $\varphi(\alpha) = a$,$\varphi(\beta) = b$;

(2) $\varphi(t)$ 在闭区间 $[\alpha,\beta]$(或 $[\beta,\alpha]$)上具有连续导数,并且 $\varphi$ 的值域 $R(\varphi) \subseteq [a,b]$,则有

$$\int_a^b f(x) dx = \int_\alpha^\beta f[\varphi(t)] \varphi'(t) dt. \tag{7.18}$$

**证** 由 $f(x)$ 连续可知,$f(x)$ 在 $[a,b]$ 上有原函数 $F(x)$,因此由 Newton-Leibniz 公式,有
$$\int_a^b f(x) dx = F(b) - F(a).$$

另一方面,由于
$$\frac{d}{dt} F[\varphi(t)] = F'[\varphi(t)] \cdot \varphi'(t) = f[\varphi(t)] \cdot \varphi'(t),$$

所以 $F[\varphi(t)]$ 是 $f[\varphi(t)] \cdot \varphi'(t)$ 在 $[\alpha,\beta]$ 上的一个原函数,得
$$\int_\alpha^\beta f[\varphi(t)] \cdot \varphi'(t) dt = F[\varphi(\beta)] - F[\varphi(\alpha)] = F(b) - F(a),$$

于是式(7.18)得证.

公式(7.18)称为定积分的**换元公式**.

定积分 $\int_a^b f(x)dx$ 中的 $dx$ 本来是整个定积分记号中不可分割的一部分，但由上述定理可知，在一定的条件下，它可以单独作为微分记号来对待．或者说，应用换元公式时，若将 $\int_a^b f(x)dx$ 中的 $x$ 换成 $\varphi(t)$，则 $dx$ 就换成了 $\varphi'(t)dt$，它正好就是 $x=\varphi(t)$ 的微分 $dx$．

应用换元公式时有几点值得注意：

1° 要求换元后得到的被积函数比原来的被积函数更容易求原函数，否则换元就没有意义了；

2° 用 $x=\varphi(t)$ 将原来变量 $x$ 换成新变量 $t$ 时，积分限也要对应地换成新变量 $t$ 的积分限；

3° 求出 $f[\varphi(t)]\varphi'(t)$ 的一个原函数后，不必像计算不定积分那样将原函数变换为原变量 $x$ 的函数，而只要根据新变量 $t$ 的上、下限计算原函数的增量．

**例 7.11** 求 $\int_0^a \sqrt{a^2-x^2}\,dx$ （$a>0$）．

**解** 作变换 $x=a\sin t$，则 $dx=a\cos t\,dt$，并且，当 $x=0$ 时，$t=0$；当 $x=a$ 时，$t=\dfrac{\pi}{2}$．于是

$$\int_0^a \sqrt{a^2-x^2}\,dx = a^2\int_0^{\pi/2}\cos^2 t\,dt = \frac{a^2}{2}\int_0^{\pi/2}(1+\cos 2t)\,dt$$
$$= \frac{a^2}{2}\left(t+\frac{1}{2}\sin 2t\right)\bigg|_0^{\pi/2} = \frac{\pi a^2}{4}.$$

在这里我们看到，采用换元法计算定积分时，不必返回到原变量即可求得结果．但应注意把原积分变量的上、下限对应换为新变量的上、下限．

换元公式(7.18)也可以反过来使用，即

$$\int_\alpha^\beta f[\varphi(x)]\varphi'(x)\,dx = \int_a^b f(t)\,dt.$$

注意此时所作的变换是 $t=\varphi(x)$．

**例 7.12** 计算 $\int_0^{\pi/2}\cos^5 x\sin x\,dx$．

**解** 作变换 $t=\cos x$，则 $dt=-\sin x\,dx$，并且，$x=0$ 时，$t=1$；$x=\dfrac{\pi}{2}$ 时，$t=0$．于是

$$\int_0^{\pi/2}\cos^5 x\sin x\,dx = -\int_1^0 t^5\,dt = \int_0^1 t^5\,dt = \left[\frac{t^6}{6}\right]_0^1 = \frac{1}{6}.$$

上例也可以如下计算：

$$\int_0^{\pi/2}\cos^5 x\sin x\,dx = -\int_0^{\pi/2}\cos^5 x\,d(\cos x) = -\left[\frac{\cos^6 x}{6}\right]_0^{\pi/2} = \frac{1}{6}.$$

这种方法称为**凑微分法**. 由于没有代入新变量,所以定积分的上、下限也不要变更.

**例 7.13** 证明:

(1) 设 $f(x)$ 是区间 $[-a, a]$ 上连续的偶函数,则 $\int_{-a}^{a} f(x) dx = 2 \int_{0}^{a} f(x) dx$;

(2) 设 $f(x)$ 是区间 $[-a, a]$ 上连续的奇函数,则 $\int_{-a}^{a} f(x) dx = 0$;

(3) 设 $f(x)$ 是以 $l$ 为周期的可积函数,$a$ 为任意常数,则 $\int_{a}^{a+l} f(x) dx = \int_{0}^{l} f(x) dx$.

**证** (1) 当 $f(x)$ 是区间 $[-a, a]$ 上连续的偶函数时

$$\int_{-a}^{a} f(x) dx = \int_{-a}^{0} f(x) dx + \int_{0}^{a} f(x) dx = -\int_{a}^{0} f(-t) dt + \int_{0}^{a} f(x) dx$$

$$= \int_{0}^{a} f(t) dt + \int_{0}^{a} f(x) dx$$

$$= 2 \int_{0}^{a} f(x) dx.$$

(2) 当 $f(x)$ 是区间 $[-a, a]$ 上连续的奇函数

$$\int_{-a}^{a} f(x) dx = \int_{-a}^{0} f(x) dx + \int_{0}^{a} f(x) dx = -\int_{a}^{0} f(-t) dt + \int_{0}^{a} f(x) dx$$

$$= -\int_{0}^{a} f(t) dt + \int_{0}^{a} f(x) dx = 0.$$

(3) 利用定积分的区间可加性,有

$$\int_{a}^{a+l} f(x) dx = \int_{a}^{0} f(x) dx + \int_{0}^{l} f(x) dx + \int_{l}^{a+l} f(x) dx$$

$$= -\int_{0}^{a} f(x) dx + \int_{0}^{l} f(x) dx + \int_{l}^{a+l} f(x) dx.$$

再令 $t = x - l$,则 $dx = dt$,且 $x = l$ 时,$t = 0$;$x = a + l$ 时,$t = a$,于是

$$\int_{l}^{a+l} f(x) dx = \int_{0}^{a} f(t+l) dt = \int_{0}^{a} f(x+l) dx = \int_{0}^{a} f(x) dx,$$

所以

$$\int_{a}^{a+l} f(x) dx = \int_{0}^{l} f(x) dx.$$

**例 7.14** 利用递推公式计算积分 $I_n = \int_{0}^{\pi/4} \tan^{2n} x \, dx$($n$ 为正整数).

**解** 利用凑微分法可得

$$I_n = \int_{0}^{\pi/4} \tan^{2n-2} x \cdot \tan^2 x \, dx = \int_{0}^{\pi/4} \tan^{2n-2} x \cdot (\sec^2 x - 1) dx$$

$$= \int_0^{\pi/4} \tan^{2n-2} x \, \mathrm{d}(\tan x) - \int_0^{\pi/4} \tan^{2n-2} x \, \mathrm{d}x$$

$$= \frac{1}{2n-1} - I_{n-1},$$

即 $I_n = \dfrac{1}{2n-1} - I_{n-1}$.

由于 $I_0 = \int_0^{\pi/4} \mathrm{d}x = \dfrac{\pi}{4}$，故可推得

$$I_n = \frac{1}{2n-1} - \left( \frac{1}{2n-3} - I_{n-2} \right) = \cdots$$

$$= \frac{1}{2n-1} - \frac{1}{2n-3} + \frac{1}{2n-5} - \cdots + (-1)^n I_0$$

$$= (-1)^n \left[ \frac{\pi}{4} - \left( 1 - \frac{1}{3} + \frac{1}{5} - \cdots + \frac{(-1)^{n-1}}{2n-1} \right) \right].$$

### 7.5.2 定积分的分部积分法

对于定积分，也有相应于不定积分的分部积分法.

**定积分分部积分公式** 设函数 $u(x)$ 和 $v(x)$ 在 $[a,b]$ 上有连续的导数，则

$$\int_a^b u(x) v'(x) \mathrm{d}x = [u(x)v(x)]_a^b - \int_a^b v(x) u'(x) \mathrm{d}x. \tag{7.19}$$

关于这个公式，我们简要推导如下. 由不定积分的分部积分公式有

$$\int_a^b u(x) v'(x) \mathrm{d}x = \left[ \int u(x) v'(x) \mathrm{d}x \right]_a^b$$

$$= \left[ u(x) v(x) - \int v(x) u'(x) \mathrm{d}x \right]_a^b$$

$$= [u(x) v(x)]_a^b - \int_a^b v(x) u'(x) \mathrm{d}x.$$

公式(7.19)也可简记作

$$\int_a^b u v' \mathrm{d}x = [uv]_a^b - \int_a^b v u' \mathrm{d}x$$

或

$$\int_a^b u \, \mathrm{d}v = [uv]_a^b - \int_a^b v \, \mathrm{d}u.$$

**例 7.15** 求 $\int_2^3 \ln x \, \mathrm{d}x$.

**解** 令 $u = \ln x$，$v = x$，由分部积分公式可得

$$\int_2^3 \ln x \, \mathrm{d}x = [x \ln x]_2^3 - \int_2^3 x \cdot \frac{1}{x} \mathrm{d}x = 3\ln 3 - 2\ln 2 - \int_2^3 \mathrm{d}x$$

$$= 3\ln 3 - 2\ln 2 - 1.$$

**例 7.16** 求 $\int_0^{\frac{1}{2}} \arcsin x \, dx$.

**解** 令 $u = \arcsin x$,$v = x$,由分部积分公式可得

$$\int_0^{\frac{1}{2}} \arcsin x \, dx = \left[ x \arcsin x \right]_0^{\frac{1}{2}} - \int_0^{\frac{1}{2}} \frac{x}{\sqrt{1-x^2}} dx$$

$$= \frac{\pi}{12} - \int_0^{\frac{1}{2}} \frac{x}{\sqrt{1-x^2}} dx.$$

再进行凑微分得到

$$\int_0^{\frac{1}{2}} \arcsin x \, dx = \frac{\pi}{12} + \frac{1}{2} \int_0^{\frac{1}{2}} (1-x^2)^{-\frac{1}{2}} d(1-x^2)$$

$$= \frac{\pi}{12} + \left[ \sqrt{1-x^2} \right]_0^{\frac{1}{2}}$$

$$= \frac{\pi}{12} + \frac{\sqrt{3}}{2} - 1.$$

**例 7.17** 求 $\int_1^4 e^{\sqrt{x}} \, dx$.

**解** 先进行换元. 令 $\sqrt{x} = t$,则 $x = t^2$,$dx = 2t \, dt$. 并且,当 $x=1$ 时,$t=1$;当 $x=4$ 时,$t=2$. 于是

$$\int_1^4 e^{\sqrt{x}} dx = \int_1^2 e^t \cdot 2t \, dt = 2 \int_1^2 t e^t \, dt.$$

再用分部积分公式得到

$$\int_1^4 e^{\sqrt{x}} dx = 2 \int_1^2 t \, d(e^t) = 2 \left[ \left[ t e^t \right]_1^2 - \int_1^2 e^t \, dt \right] = 2 \left[ t e^t - e^t \right]_1^2$$

$$= 2(2e^2 - e^2 - e + e) = 2e^2.$$

**例 7.18** 求 $I_n = \int_0^{\pi/2} \sin^n x \, dx = \int_0^{\pi/2} \cos^n x \, dx$,$n$ 为自然数.

**解** 上述第二个等式通过作变换 $x = \frac{\pi}{2} - t$ 立即可得. 由分部积分公式可得

$$I_n = \int_0^{\pi/2} \sin^{n-1} x \, d(-\cos x) = \left[ -\sin^{n-1} x \cos x \right]_0^{\frac{\pi}{2}} + \int_0^{\pi/2} \cos x \, d(\sin^{n-1} x)$$

$$= (n-1) \int_0^{\pi/2} \sin^{n-2} x \cos^2 x \, dx = (n-1) \int_0^{\pi/2} \sin^{n-2} x (1 - \sin^2 x) \, dx$$

$$= (n-1) \int_0^{\pi/2} \sin^{n-2} x \, dx - (n-1) \int_0^{\pi/2} \sin^n x \, dx,$$

于是 $I_n = (n-1) I_{n-2} - (n-1) I_n$,故得 $I_n$ 的关于下标的递推公式

$$I_n = \frac{n-1}{n} I_{n-2}.$$

容易计算出
$$I_0 = \int_0^{\pi/2} dx = \frac{\pi}{2}, \quad I_1 = \int_0^{\pi/2} \sin x dx = 1,$$
所以由递推公式知,当 $n$ 是偶数时,
$$I_n = \frac{n-1}{n} I_{n-2} = \frac{(n-1)(n-3)}{n(n-2)} I_{n-4} = \cdots$$
$$= \frac{(n-1)(n-3)\cdots 3 \cdot 1}{2 \cdot 4 \cdot 6 \cdots (n-2) n} \cdot \frac{\pi}{2};$$

当 $n$ 是奇数时,
$$I_n = \frac{n-1}{n} I_{n-2} = \frac{n-1}{n} \cdot \frac{n-3}{n-2} I_{n-4} = \cdots$$
$$= \frac{(n-1)(n-3)\cdots 4 \cdot 2}{3 \cdot 5 \cdots (n-2) n}.$$

故得
$$I_{2m} = \frac{(2m-1)(2m-3)\cdots 3 \cdot 1}{2m(2m-2)\cdots 4 \cdot 2} \cdot \frac{\pi}{2} = \frac{(2m-1)!!}{(2m)!!} \cdot \frac{\pi}{2},$$
$$I_{2m+1} = \frac{2m(2m-2)\cdots 4 \cdot 2}{(2m+1)(2m-1)\cdots 3 \cdot 1} = \frac{(2m)!!}{(2m+1)!!},$$
其中,$m$ 为非负整数.

### 7.5.3 定积分计算和证明的若干方法

在关于定积分的计算与证明中,方法的选择是很重要的. 它关系到计算的复杂程度,甚至,如果选择的方法不合适,可能计算不出结果. 因此,掌握一些常用的定积分计算的方法和技巧是必要的. 本小节主要是通过一些例题来介绍这些方法.

**1. 利用函数特点进行换元或分部积分**

利用被积函数的特点进行换元或者分部积分,可以快捷地将原积分转化为容易计算的定积分.

**例 7.19** 计算定积分 $I = \int_{-3}^{-2} \frac{dx}{x^2 \sqrt{x^2-1}}$.

**解** 作倒代换 $x = \frac{1}{t}$,则 $dx = -\frac{1}{t^2} dt$,且 $x = -3$ 时,$t = -\frac{1}{3}$;$x = -2$ 时,$t = -\frac{1}{2}$,于是

$$I = \int_{-1/3}^{-1/2} \frac{-\frac{1}{t^2} dt}{\frac{1}{t^2}\sqrt{\frac{1}{t^2}-1}} = \int_{-1/2}^{-1/3} \frac{-t dt}{\sqrt{1-t^2}} = \frac{1}{2} \int_{-1/2}^{-1/3} \frac{d(1-t^2)}{\sqrt{1-t^2}}$$

$$= \left[\sqrt{1-t^2}\right]_{-1/2}^{-1/3} = \frac{2\sqrt{2}}{3} - \frac{\sqrt{3}}{2}.$$

**例 7.20** 计算定积分 $I = \int_2^4 \frac{\sqrt{x+3}}{\sqrt{x+3}+\sqrt{9-x}}\mathrm{d}x.$

**解** 令 $x+3=9-t$,则 $\mathrm{d}x=-\mathrm{d}t$,且 $x=2$ 时,$t=4$;$x=4$ 时,$t=2$,于是

$$I = \int_2^4 \frac{\sqrt{x+3}}{\sqrt{x+3}+\sqrt{9-x}}\mathrm{d}x = -\int_4^2 \frac{\sqrt{9-t}}{\sqrt{t+3}+\sqrt{9-t}}\mathrm{d}t$$

$$= \int_2^4 \frac{\sqrt{9-x}}{\sqrt{x+3}+\sqrt{9-x}}\mathrm{d}x,$$

因此,

$$I = \frac{1}{2}\left[\int_2^4 \frac{\sqrt{x+3}}{\sqrt{x+3}+\sqrt{9-x}}\mathrm{d}x + \int_2^4 \frac{\sqrt{9-x}}{\sqrt{x+3}+\sqrt{9-x}}\mathrm{d}x\right]$$

$$= \frac{1}{2}\int_2^4 \frac{\sqrt{x+3}+\sqrt{9-x}}{\sqrt{x+3}+\sqrt{9-x}}\mathrm{d}x = \frac{1}{2}\int_2^4 \mathrm{d}x = 1.$$

**例 7.21** 计算 $I = \int_0^1 x(1+x^2)\arctan x\,\mathrm{d}x.$

**解** 利用分部积分可得

$$I = \int_0^1 x(1+x^2)\arctan x\,\mathrm{d}x = \frac{1}{2}\int_0^1 (1+x^2)\arctan x\,\mathrm{d}(1+x^2)$$

$$= \frac{1}{4}\int_0^1 \arctan x\,\mathrm{d}(1+x^2)^2$$

$$= \frac{1}{4}\left[(1+x^2)^2\arctan x\right]_0^1 - \frac{1}{4}\int_0^1 (1+x^2)\mathrm{d}x$$

$$= \frac{\pi}{4} - \frac{1}{4}\left[x+\frac{x^3}{3}\right]_0^1 = \frac{\pi}{4} - \frac{1}{3}.$$

**例 7.22** 计算 $I = \int_0^a \arctan\sqrt{\frac{a-x}{a+x}}\,\mathrm{d}x.$

**解** 先换元再分部积分. 令 $x = a\cos t\ \left(0 \leqslant t \leqslant \frac{\pi}{2}\right)$,则

$$\arctan\sqrt{\frac{a-x}{a+x}} = \arctan\sqrt{\frac{1-\cos t}{1+\cos t}} = \frac{t}{2}.$$

于是

$$I = \int_0^a \arctan\sqrt{\frac{a-x}{a+x}}\,\mathrm{d}x = -a\int_0^{\pi/2} \frac{t}{2}\mathrm{d}(\cos t)$$

$$= -a\left[\frac{t\cos t}{2}\right]_0^{\pi/2} + \frac{a}{2}\int_0^{\pi/2} \cos t\,\mathrm{d}t$$

$$= \frac{a}{2}\left[\sin t\right]_0^{\pi/2} = \frac{a}{2}.$$

**2. 分段函数的定积分一般要分区间计算**

一个区间上的分段函数在不同的子区间上有不同的函数表达式，从而有不同的原函数．因此，要利用定积分的区间可加性分区间进行计算．

**例 7.23** 设 $f(x) = \begin{cases} x^2, & 0 \leqslant x < 1, \\ 1+x, & 1 \leqslant x < 2, \end{cases}$ 求 $\int_0^2 f(x) \mathrm{d}x$.

**解** 根据定积分的区间可加性可得

$$\int_0^2 f(x)\mathrm{d}x = \int_0^1 f(x)\mathrm{d}x + \int_1^2 f(x)\mathrm{d}x = \int_0^1 x^2 \mathrm{d}x + \int_1^2 (1+x)\mathrm{d}x$$

$$= \left[\frac{x^3}{3}\right]_0^1 + \left[x + \frac{x^2}{2}\right]_1^2 = \frac{17}{6}.$$

**例 7.24** 计算 $\int_0^\pi \sqrt{\sin^3 x - \sin^5 x}\, \mathrm{d}x$.

**解** 因为

$$\sqrt{\sin^3 x - \sin^5 x} = \sqrt{\sin^3 x(1 - \sin^2 x)} = \sin^{3/2} x \,|\cos x|$$

$$= \begin{cases} \sin^{3/2} x \cos x, & 0 \leqslant x \leqslant \pi/2, \\ -\sin^{3/2} x \cos x, & \pi/2 < x \leqslant \pi, \end{cases}$$

所以被积函数是分段函数．根据定积分的区间可加性可得

$$\int_0^\pi \sqrt{\sin^3 x - \sin^5 x}\, \mathrm{d}x = \int_0^{\pi/2} \sin^{3/2} x \cos x \, \mathrm{d}x - \int_{\pi/2}^\pi \sin^{3/2} x \cos x \, \mathrm{d}x$$

$$= \int_0^{\pi/2} \sin^{3/2} x \, \mathrm{d}(\sin x) - \int_{\pi/2}^\pi \sin^{3/2} x \, \mathrm{d}(\sin x)$$

$$= \left[\frac{2}{5}\sin^{5/2} x\right]_0^{\pi/2} - \left[\frac{2}{5}\sin^{5/2} x\right]_{\pi/2}^\pi$$

$$= \frac{4}{5}.$$

**例 7.25** 计算 $I = \int_0^2 f(x-1)\mathrm{d}x$，其中 $f(x) = \begin{cases} \dfrac{1}{1+x}, & x \geqslant 0, \\ \dfrac{1}{1+e^x}, & x < 0. \end{cases}$

**解** 先换元，再分区间积分，

$$I = \int_0^2 f(x-1)\mathrm{d}x = \int_{-1}^1 f(t)\mathrm{d}t = \int_{-1}^0 f(t)\mathrm{d}t + \int_0^1 f(t)\mathrm{d}t$$

$$= \int_{-1}^0 \frac{\mathrm{d}t}{1+e^t} + \int_0^1 \frac{\mathrm{d}t}{1+t} = \int_{-1}^0 \frac{e^t \mathrm{d}t}{1+e^t} + \ln 2$$

$$= \left[\ln(1+e^t)\right]_{-1}^0 + \ln 2 = \ln(1+e).$$

### 3. 利用奇、偶函数以及周期函数的性质计算定积分

由例 7.13 可知,奇函数、偶函数和周期函数的定积分具有以下性质:

$1°$ 若 $f(x)$ 为奇函数,则 $\int_{-a}^{a} f(x) \mathrm{d}x = 0$;

$2°$ 若 $f(x)$ 为偶函数,则 $\int_{-a}^{a} f(x) \mathrm{d}x = 2\int_{0}^{a} f(x) \mathrm{d}x$;

$3°$ 若 $f(x)$ 是周期为 $l$ 的可积函数,则

$$\int_{a}^{a+l} f(x) \mathrm{d}x = \int_{0}^{l} f(x) \mathrm{d}x = \int_{-l/2}^{l/2} f(x) \mathrm{d}x, \tag{7.20}$$

$$\int_{a}^{a+nl} f(x) \mathrm{d}x = n \int_{a}^{a+l} f(x) \mathrm{d}x = n \int_{0}^{l} f(x) \mathrm{d}x \quad (n \text{ 为正整数}). \tag{7.21}$$

利用这些性质,可以简化一些定积分的计算.

**例 7.26** 设 $f(x)$ 为连续函数,证明:

(1) 若 $f(x)$ 为奇函数,则 $F(x) = \int_{a}^{x} f(t) \mathrm{d}t$ 为偶函数;

(2) 若 $f(x)$ 为偶函数,则 $G(x) = \int_{0}^{x} f(t) \mathrm{d}t$ 为奇函数;

(3) 若 $f(x)$ 以 $l$ 为周期,则当 $\int_{0}^{l} f(x) \mathrm{d}x = 0$ 时,$H(x) = \int_{a}^{x} f(t) \mathrm{d}t$ 仍以 $l$ 为周期.

**证** (1) 由奇函数的性质可得

$$F(-x) = \int_{a}^{-x} f(t) \mathrm{d}t = \int_{a}^{x} f(t) \mathrm{d}t + \int_{x}^{-x} f(t) \mathrm{d}t = \int_{a}^{x} f(t) \mathrm{d}t = F(x),$$

因此,$F(x)$ 是偶函数.

(2) 由偶函数的性质可得

$$G(-x) = \int_{0}^{-x} f(t) \mathrm{d}t = \int_{0}^{x} f(t) \mathrm{d}t + \int_{x}^{-x} f(t) \mathrm{d}t$$

$$= \int_{0}^{x} f(t) \mathrm{d}t - 2\int_{0}^{x} f(t) \mathrm{d}t = -G(x),$$

因此,$G(x)$ 是奇函数.

(3) 由周期函数的性质可得

$$H(x+l) = \int_{a}^{x+l} f(t) \mathrm{d}t = \int_{a}^{x} f(t) \mathrm{d}t + \int_{x}^{x+l} f(t) \mathrm{d}t$$

$$= \int_{a}^{x} f(t) \mathrm{d}t + \int_{0}^{l} f(t) \mathrm{d}t = H(x),$$

因此,$H(x)$ 仍以 $l$ 为周期.

**例 7.27** 计算 $\int_{-1}^{1} |x| \left( x^2 + \dfrac{\sin^3 x}{1+\cos x} \right) \mathrm{d}x.$

**解** 因为$|x|x^2$是偶函数,$\dfrac{|x|\sin^3 x}{1+\cos x}$是奇函数,所以

$$\int_{-1}^{1}|x|\left(x^2+\dfrac{\sin^3 x}{1+\cos x}\right)\mathrm{d}x=\int_{-1}^{1}|x|x^2\mathrm{d}x+\int_{-1}^{1}\dfrac{|x|\sin^3 x}{1+\cos x}\mathrm{d}x$$

$$=2\int_{0}^{1}x^3\mathrm{d}x+0=\left[\dfrac{x^4}{2}\right]_{0}^{1}=\dfrac{1}{2}.$$

**例 7.28** 计算$I=\displaystyle\int_{-\pi}^{5\pi}(\cos x\cos 2x\cos 3x+\sin x\sin 2x\sin 3x)\mathrm{d}x$.

**解** 因为被积函数以$2\pi$为周期,积分区间长度为3个周期,利用(7.20)可得

$$I=3\int_{-\pi}^{\pi}(\cos x\cos 2x\cos 3x+\sin x\sin 2x\sin 3x)\mathrm{d}x.$$

因为$\sin x\sin 2x\sin 3x$和$\cos x\cos 2x\cos 3x$分别是$[-\pi,\pi]$上的奇、偶函数,因此

$$I=3\int_{-\pi}^{\pi}\cos x\cos 2x\cos 3x\mathrm{d}x=6\int_{0}^{\pi}\cos x\cos 2x\cos 3x\mathrm{d}x$$

$$=3\int_{0}^{\pi}\cos x(\cos 5x+\cos x)\mathrm{d}x=3\int_{0}^{\pi}(\cos x\cos 5x+\cos^2 x)\mathrm{d}x$$

$$=\dfrac{3}{2}\int_{0}^{\pi}(\cos 6x+\cos 4x+\cos 2x+1)\mathrm{d}x=\dfrac{3}{2}\int_{0}^{\pi}\mathrm{d}x$$

$$=\dfrac{3}{2}\pi.$$

**4. 利用一些特殊等式计算定积分**

利用定积分的性质,我们容易得到下面的特殊等式(证明留给读者):

$1°$ 若$f(x)$在$[0,a]$上可积,则

$$\int_{0}^{a}f(x)\mathrm{d}x=\int_{0}^{a/2}f(x)\mathrm{d}x+\int_{0}^{a/2}f(a-x)\mathrm{d}x, \qquad(7.22)$$

$$\int_{0}^{a}f(x)\mathrm{d}x=\int_{0}^{a}f(a-x)\mathrm{d}x. \qquad(7.23)$$

$2°$ 若$f(x)$在$[-a,a]$上可积,则

$$\int_{-a}^{a}f(x)\mathrm{d}x=\int_{0}^{a}[f(x)+f(-x)]\mathrm{d}x. \qquad(7.24)$$

上述等式可以简化一些定积分的计算.

**例 7.29** 计算$I_1=\displaystyle\int_{0}^{\pi}\ln(\sin\theta)\mathrm{d}\theta$和$I_2=\displaystyle\int_{0}^{\pi}\ln(1+\cos\theta)\mathrm{d}\theta$.

**解** 利用式(7.22)和式(7.23)可得

$$I_1=\int_{0}^{\pi}\ln(\sin\theta)\mathrm{d}\theta=\int_{0}^{\pi/2}\ln(\sin\theta)\mathrm{d}\theta+\int_{0}^{\pi/2}\ln[\sin(\pi-\theta)]\mathrm{d}\theta$$

$$=2\int_{0}^{\pi/2}\ln(\sin\theta)\mathrm{d}\theta=2\int_{0}^{\pi/2}\ln\left[\sin\left(\dfrac{\pi}{2}-\theta\right)\right]\mathrm{d}\theta=2\int_{0}^{\pi/2}\ln(\cos\theta)\mathrm{d}\theta,$$

于是，
$$2I_1 = 2\int_0^{\pi/2} \ln(\sin\theta)\,\mathrm{d}\theta + 2\int_0^{\pi/2} \ln(\cos\theta)\,\mathrm{d}\theta$$
$$= 2\int_0^{\pi/2} [\ln(\sin\theta) + \ln(\cos\theta)]\,\mathrm{d}\theta$$
$$= 2\int_0^{\pi/2} \ln(\sin\theta\cos\theta)\,\mathrm{d}\theta = 2\int_0^{\pi/2} \ln(\sin 2\theta)\,\mathrm{d}\theta - 2\int_0^{\pi/2} \ln 2\,\mathrm{d}\theta$$
$$= \int_0^\pi \ln(\sin\theta)\,\mathrm{d}\theta - \pi\ln 2 = I_1 - \pi\ln 2,$$

因此，$I_1 = -\pi\ln 2$.

并且，
$$I_2 = \int_0^\pi \ln(1+\cos\theta)\,\mathrm{d}\theta = \int_0^\pi \ln\left(2\cos^2\frac{\theta}{2}\right)\mathrm{d}\theta$$
$$= \pi\ln 2 + 2\int_0^\pi \ln\left(\cos\frac{\theta}{2}\right)\mathrm{d}\theta$$
$$= \pi\ln 2 + 4\int_0^{\pi/2} \ln(\cos\theta)\,\mathrm{d}\theta = \pi\ln 2 + 2I_1$$
$$= -\pi\ln 2.$$

**例 7.30** 计算 $I = \int_0^{\pi/2} \dfrac{\sin^2 x}{\sin x + \cos x}\,\mathrm{d}x$.

**解** 利用式(7.23)可得
$$I = \int_0^{\pi/2} \frac{\sin^2 x}{\sin x + \cos x}\,\mathrm{d}x = \int_0^{\pi/2} \frac{\sin^2\left(\dfrac{\pi}{2}-x\right)}{\sin\left(\dfrac{\pi}{2}-x\right) + \cos\left(\dfrac{\pi}{2}-x\right)}\,\mathrm{d}x$$
$$= \int_0^{\pi/2} \frac{\cos^2 x}{\sin x + \cos x}\,\mathrm{d}x,$$

于是
$$I = \frac{1}{2}\int_0^{\pi/2} \frac{\sin^2 x + \cos^2 x}{\sin x + \cos x}\,\mathrm{d}x = \frac{1}{2}\int_0^{\pi/2} \frac{1}{\sin x + \cos x}\,\mathrm{d}x$$
$$= \frac{1}{2\sqrt{2}}\int_0^{\pi/2} \frac{\sin\left(x+\dfrac{\pi}{4}\right)}{\sin^2\left(x+\dfrac{\pi}{4}\right)}\,\mathrm{d}x$$
$$= \frac{1}{2\sqrt{2}}\int_0^{\pi/2} \frac{\sin\left(x+\dfrac{\pi}{4}\right)}{\left[1-\cos\left(x+\dfrac{\pi}{4}\right)\right]\left[1+\cos\left(x+\dfrac{\pi}{4}\right)\right]}\,\mathrm{d}x$$

$$= \frac{1}{4\sqrt{2}} \left[ \ln \left| \frac{1-\cos\left(x+\frac{\pi}{4}\right)}{1+\cos\left(x+\frac{\pi}{4}\right)} \right| \right]_0^{\pi/2}$$

$$= \frac{1}{\sqrt{2}} \ln(1+\sqrt{2}).$$

**例 7.31**  设 $f(x)$ 在 $[0,1]$ 上连续，证明：

(1) $\int_0^{\pi/2} f(\sin x) dx = \int_0^{\pi/2} f(\cos x) dx$;

(2) $\int_0^{\pi} x f(\sin x) dx = \frac{\pi}{2} \int_0^{\pi} f(\sin x) dx$，并由此计算 $\int_0^{\pi} \frac{x \sin x}{1+\cos^2 x} dx$.

**证**  (1) 由式 (7.23) 可得

$$\int_0^{\pi/2} f(\sin x) dx = \int_0^{\pi/2} f\left[\sin\left(\frac{\pi}{2} - x\right)\right] dx = \int_0^{\pi/2} f(\cos x) dx.$$

(2) 由式 (7.23) 可得

$$\int_0^{\pi} x f(\sin x) dx = \int_0^{\pi} (\pi - x) f[\sin(\pi - x)] dx$$

$$= \int_0^{\pi} (\pi - x) f(\sin x) dx$$

$$= \pi \int_0^{\pi} f(\sin x) dx - \int_0^{\pi} x f(\sin x) dx,$$

故

$$\int_0^{\pi} x f(\sin x) dx = \frac{\pi}{2} \int_0^{\pi} f(\sin x) dx.$$

利用上式可得

$$\int_0^{\pi} \frac{x \sin x}{1+\cos^2 x} dx = \frac{\pi}{2} \int_0^{\pi} \frac{\sin x}{1+\cos^2 x} dx = -\frac{\pi}{2} \int_0^{\pi} \frac{d(\cos x)}{1+\cos^2 x}$$

$$= -\frac{\pi}{2} \left[\arctan(\cos x)\right]_0^{\pi} = \frac{\pi^2}{4}.$$

**例 7.32**  计算 $\int_{-\pi/4}^{\pi/4} \frac{\sin^2 x}{1+e^{-x}} dx$.

**解**  由式 (7.24) 可得

$$\int_{-\pi/4}^{\pi/4} \frac{\sin^2 x}{1+e^{-x}} dx = \int_0^{\pi/4} \left[\frac{\sin^2 x}{1+e^{-x}} + \frac{\sin^2(-x)}{1+e^{-(-x)}}\right] dx$$

$$= \int_0^{\pi/4} \sin^2 x \left[\frac{e^x}{1+e^x} + \frac{1}{1+e^x}\right] dx = \int_0^{\pi/4} \sin^2 x \, dx$$

$$= \int_0^{\pi/4} \frac{1-\cos 2x}{2} dx = \left[\frac{1}{2}x - \frac{1}{4}\sin 2x\right]_0^{\pi/4}$$

$$= \frac{\pi-2}{8}.$$

**5. 利用递推公式计算定积分**

当被积函数与整数有关时,可以考虑利用递推公式来计算定积分.

**例 7.33** 设 $n$ 为正整数,计算积分 $I_n = \int_0^{\pi/2} \frac{\sin(2n+1)\theta}{\sin\theta}d\theta$.

**解** 注意到 $\sin(2n\pm1)\theta = \sin 2n\theta\cos\theta \pm \cos 2n\theta\sin\theta$,于是
$$\sin(2n+1)\theta - \sin(2n-1)\theta = 2\cos 2n\theta\sin\theta,$$
$$\sin(2n+1)\theta = \sin(2n-1)\theta + 2\cos 2n\theta\sin\theta.$$

因此,
$$I_n = \int_0^{\pi/2} \frac{\sin(2n-1)\theta}{\sin\theta}d\theta + 2\int_0^{\pi/2} \cos 2n\theta\, d\theta$$
$$= \int_0^{\pi/2} \frac{\sin(2n-1)\theta}{\sin\theta}d\theta = I_{n-1},$$

依此递推下去,可得
$$I_n = I_{n-1} = I_{n-2} = \cdots = \int_0^{\pi/2} \frac{\sin(2-1)\theta}{\sin\theta}d\theta = \frac{\pi}{2}.$$

**例 7.34** 设 $n$ 为非负整数,计算积分 $I_n = \int_0^1 (1-x^2)^n dx$.

**解** 由分部积分法,可得
$$I_n = \int_0^1 (1-x^2)^n dx = \left[x(1-x^2)^n\right]_0^1 + 2n\int_0^1 x^2(1-x^2)^{n-1}dx$$
$$= 2n\int_0^1 (x^2-1)(1-x^2)^{n-1}dx + 2n\int_0^1 (1-x^2)^{n-1}dx$$
$$= -2nI_n + 2nI_{n-1}.$$

于是 $I_n = \frac{2n}{2n+1}I_{n-1}$.

而
$$I_0 = \int_0^1 dx = 1,$$

故
$$I_n = \frac{2n}{2n+1}I_{n-1} = \frac{2n}{2n+1}\cdot\frac{2(n-1)}{2n-1}I_{n-2} = \cdots$$
$$= \frac{2n}{2n+1}\cdot\frac{2(n-1)}{2n-1}\cdots\frac{2}{3}\cdot 1 = \frac{(2n)!!}{(2n+1)!!}.$$

**例 7.35** 设 $n$ 为正整数,计算积分 $I_n = \int_0^1 \frac{x^n}{1+x}dx$.

**解** 注意到被积函数的特点,有

$$I_n + I_{n-1} = \int_0^1 \frac{x^n}{1+x} dx + \int_0^1 \frac{x^{n-1}}{1+x} dx$$

$$= \int_0^1 x^{n-1} \left( \frac{x}{1+x} + \frac{1}{1+x} \right) dx = \int_0^1 x^{n-1} dx = \frac{1}{n},$$

于是

$$I_n = \frac{1}{n} - I_{n-1} = \frac{1}{n} - \left( \frac{1}{n-1} - I_{n-2} \right) = \frac{1}{n} - \frac{1}{n-1} + I_{n-2}$$

$$= \frac{1}{n} - \frac{1}{n-1} + \frac{1}{n-2} - I_{n-3} = \cdots$$

$$= \frac{1}{n} - \frac{1}{n-1} + \frac{1}{n-2} - \cdots + (-1)^{n-1} + (-1)^n \ln 2.$$

## 习题 7.5

(A)

1. 思考题.

(1) 定积分计算中应用换元公式应注意哪几点?

(2) 在积分 $\int_0^3 x \sqrt[3]{1-x^2} \, dx$ 中作变换 $x = \sin t$ 是否可以?

(3) 对积分 $\int_{-1}^1 dx$ 作变换 $t = x^{2/3}$ 是否可以?

2. 计算下列定积分.

(1) $\int_0^\pi \sin\theta (\cos\theta + 5)^7 d\theta$;

(2) $\int_0^\pi (1 - \sin^3\theta) d\theta$;

(3) $\int_{\pi/6}^{\pi/4} \tan\theta \sec^2\theta d\theta$;

(4) $\int_{-\frac{\pi}{2}}^{\frac{\pi}{2}} \sqrt{\cos\theta - \cos^3\theta} \, d\theta$;

(5) $\int_0^1 \frac{dx}{x^2 + 2x + 1}$;

(6) $\int_1^2 e^{x^3} x^2 \, dx$;

(7) $\int_2^3 \frac{e^{1/x}}{x^2} dx$;

(8) $\int_0^{1/\sqrt{2}} \frac{x \, dx}{\sqrt{1-x^4}}$;

(9) $\int_{-2}^0 \frac{2x+4}{x^2+4x+5} dx$;

(10) $\int_1^4 x \sqrt{x^2+5} \, dx$;

(11) $\int_1^9 x \sqrt[3]{1-x} \, dx$;

(12) $\int_{-1}^1 \frac{x \, dx}{\sqrt{5-4x}}$;

(13) $\int_1^4 \frac{dx}{1+\sqrt{x}}$;

(14) $\int_{3/4}^1 \frac{dx}{\sqrt{1-x}-1}$;

(15) $\int_1^{e^2} \dfrac{dx}{x\sqrt{1+\ln x}}$;    (16) $\int_1^{\sqrt{3}} \dfrac{dx}{x^2\sqrt{1+x^2}}$;

(17) $\int_{-\sqrt{2}}^{\sqrt{2}} \sqrt{8-2y^2}\, dy$;    (18) $\int_{1/\sqrt{2}}^{1} \dfrac{\sqrt{1-x^2}}{x^2}\, dx$;

(19) $\int_0^a x^2\sqrt{a^2-x^2}\, dx$;    (20) $\int_0^\pi \sqrt{1+\cos 2x}\, dx$.

3. 利用函数的奇偶性计算下列积分.

(1) $\int_{-\pi}^{\pi} x^4 \sin 3x\, dx$;    (2) $\int_{-1/2}^{1/2} \dfrac{(\arcsin x)^2}{\sqrt{1-x^2}}\, dx$;

(3) $\int_0^{2\pi} |x-\pi| \sin^5 x\, dx$;    (4) $\int_{-3\pi/4}^{3\pi/4} (1+\arctan x)\sqrt{1+\cos 2x}\, dx$.

4. 设 $f(x)$ 在 $[a, b]$ 上连续，证明：$\int_a^b f(x)\, dx = \int_a^b f(a+b-x)\, dx$.

5. 设 $f(x)$ 是连续函数，证明 $\int_0^2 f(x)\, dx = \int_0^1 [f(x)+f(x+1)]\, dx$.

6. 证明下列等式.

(1) $\int_x^1 \dfrac{dt}{1+t^2} = \int_1^{1/x} \dfrac{dt}{1+t^2} \ (x>0)$;

(2) $\int_0^1 x^m (1-x)^n\, dx = \int_0^1 x^n (1-x)^m\, dx$;

(3) $\int_0^\pi \sin^n x\, dx = 2\int_0^{\pi/2} \sin^n x\, dx$.

7. 求下列定积分 ($m, n$ 为自然数).

(1) $\int_1^5 \ln x\, dx$;    (2) $\int_0^{10} x e^{-x}\, dx$;    (3) $\int_1^3 x\ln x\, dx$;

(4) $\int_1^4 \dfrac{\ln x}{\sqrt{x}}\, dx$;    (5) $\int_3^5 x\cos x\, dx$;    (6) $\int_0^1 \arctan\theta\, d\theta$;

(7) $\int_0^1 -u\arcsin u^2\, du$;    (8) $\int_0^1 x\arctan x^2\, dx$;    (9) $\int_{\pi/4}^{\pi/2} \dfrac{x}{\sin^2 x}\, dx$;

(10) $\int_0^\pi (x\sin x)^2\, dx$;    (11) $\int_0^{\pi/2} e^{2x}\cos x\, dx$;    (12) $\int_1^e \sin(\ln x)\, dx$;

(13) $\int_{1/e}^e |\ln x|\, dx$;    (14) $\int_0^3 \arcsin\sqrt{\dfrac{x}{1+x}}\, dx$;    (15) $\int_0^1 (1-x^2)^{m/2}\, dx$;

(16) $\int_0^\pi x\sin^n x\, dx$.

8. 已知 $f(x) = e^{-x^2}$，求 $\int_0^1 f'(x) f''(x)\, dx$.

(B)

1. 计算下列积分.

(1) $\int_0^{a/\sqrt{2}} \dfrac{\mathrm{d}x}{(a^2-x^2)^{3/2}}$ $(a>0)$;

(2) $\int_1^{\sqrt{3}} \dfrac{\sqrt{1+x^2}}{x}\mathrm{d}x$;

(3) $\int_0^a \sqrt{\dfrac{a-x}{a+x}}\mathrm{d}x$ $(a>0)$

(4) $\int_1^{16} \arctan\sqrt{\sqrt{x}-1}\,\mathrm{d}x$;

(5) $\int_0^1 \dfrac{\ln(1+x)}{(2-x)^2}\mathrm{d}x$;

(6) $\int_0^1 \dfrac{x}{\mathrm{e}^x+\mathrm{e}^{1-x}}\mathrm{d}x$;

(7) $\int_0^{1/2} x\ln\dfrac{1+x}{1-x}\mathrm{d}x$;

(8) $\int_0^{\pi/4} \ln(1+\tan x)\mathrm{d}x$;

(9) $\int_0^{\pi/4} \dfrac{1-\sin 2x}{1+\sin 2x}\mathrm{d}x$;

(10) $\int_{\frac{1}{4}}^{\frac{1}{2}} \dfrac{\arcsin\sqrt{x}}{\sqrt{x(1-x)}}\mathrm{d}x$;

(11) $\int_{-\pi/4}^{\pi/4} \dfrac{1}{1+\sin x}\mathrm{d}x$;

(12) $\int_0^1 \dfrac{\ln(1+x)}{1+x^2}\mathrm{d}x$;

(13) $\int_0^{n\pi} x|\sin x|\mathrm{d}x$;

(14) $\int_{\mathrm{e}^{-2n\pi}}^1 |[\cos(\ln x)]'|\mathrm{d}x$;

(15) $\int_{-1/2}^{1/2} \left[\dfrac{\sin x}{x^8+1}+\sqrt{\ln^2(1-x)}\right]\mathrm{d}x$;

(16) $\int_0^{\pi/2} \dfrac{1}{1+\tan^n x}\mathrm{d}x$;

(17) $\int_0^{\pi/4} \left(\dfrac{\sin x-\cos x}{\sin x+\cos x}\right)^{2m}\mathrm{d}x$;

(18) $\int_0^{\pi} \cos(mx)\cos^n x\,\mathrm{d}x$ $(n>m)$.

2. 证明 $f(x)=\int_x^{x+\pi/2}|\sin t|\mathrm{d}t$ 为周期函数,并求它的最大值和最小值.

3. 设 $f_0(x)$ 为 $(-\infty,+\infty)$ 上的连续函数,$f_k(x)=\int_0^x f_{k-1}(t)\mathrm{d}t$ $(k=1,2,\cdots)$,证明:$f_k(x)=\dfrac{1}{(k-1)!}\int_0^x (x-t)^{k-1}f_0(t)\mathrm{d}t$ $(k=1,2,\cdots)$.

4. 设 $f(x)=\int_x^{x+1}\sin\mathrm{e}^t\mathrm{d}t$,证明:$\mathrm{e}^x|f(x)|\leqslant 2$.

5. 证明:

(1) $\ln(1+n)<1+\dfrac{1}{2}+\dfrac{1}{3}+\cdots+\dfrac{1}{n}<1+\ln n$ $(n\geqslant 2)$;

(2) $\lim\limits_{n\to\infty}\left(1+\dfrac{1}{2}+\dfrac{1}{3}+\cdots+\dfrac{1}{n}-\ln n\right)$ 存在.

6. 设 $f(x)$ 在 $[0,\pi]$ 上连续,证明:$\lim\limits_{n\to\infty}\int_0^{\pi}|\sin nx|f(x)\mathrm{d}x=\dfrac{2}{\pi}\int_0^{\pi}f(x)\mathrm{d}x$.

7. 设 $f(x)$ 在 $(-\infty,+\infty)$ 上连续,$T$ 为正常数,对任意 $y$,$\int_0^T f(x+y)\mathrm{d}x\equiv$ 常数,证明:$f(x)$ 以 $T$ 为周期.

8. 设函数 $f(x)$ 存在非负的二阶导数,且 $u(t)$ 为连续函数,证明:
$$\frac{1}{a}\int_0^a f(u(t))\mathrm{d}t \geqslant f\left(\frac{1}{a}\int_0^a u(t)\mathrm{d}t\right) \quad (a>0).$$

## 7.6 反常积分

定积分概念要求积分区间是有界的,同时为了保证积分存在,被积函数也必须是有界的.但是,在许多实际问题中所出现的积分,并不具有这些性质.本节将研究一类所谓反常积分(亦称为广义积分),其中的积分区间是无穷区间,或者被积函数是无界的.

### 7.6.1 无穷区间的反常积分

我们先来看一个例子.

**例 7.36** 求 $\lim\limits_{b\to+\infty}\int_1^b \frac{1}{x^2}\mathrm{d}x$.

**解** 因为
$$\int_1^b \frac{1}{x^2}\mathrm{d}x = \left[-\frac{1}{x}\right]_1^b = -\frac{1}{b}+1,$$
所以
$$\lim_{b\to+\infty}\int_1^b \frac{1}{x^2}\mathrm{d}x = \lim_{b\to+\infty}\left(-\frac{1}{b}+1\right)=1.$$

上式左端是一个定积分的极限,可以把它看成是函数 $f(x)=\frac{1}{x^2}$ 在区间 $[1,+\infty)$ 上的积分. 直观上看,它表示曲线 $y=\frac{1}{x^2}$ 在区间 $[1,+\infty)$ 上与 $x$ 轴之间的区域的面积为 1(图 7.7).

对于不同的被积函数,当 $b\to+\infty$ 时也可能极限不存在.对于这种情况,我们引进无穷积分及其敛散性的概念.

**定义 7.2(无穷积分)** 设函数 $f(x)$ 定义在区间 $[a,+\infty)$ 上,若对任何 $t>a$,积分 $\int_a^t f(x)\mathrm{d}x$ 存在,则称 $\lim\limits_{t\to+\infty}\int_a^t f(x)\mathrm{d}x$ 为 $f(x)$ 在**无穷区间** $[a,+\infty)$ **上的反常积分**,简称**无穷积分**,记作

$$\int_a^{+\infty} f(x)\mathrm{d}x = \lim_{t\to+\infty}\int_a^t f(x)\mathrm{d}x \tag{7.25}$$

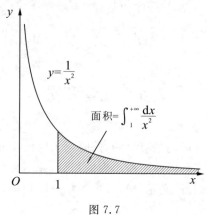

图 7.7

若极限 $\lim\limits_{t\to+\infty}\int_a^t f(x)\mathrm{d}x$ 存在,则称无穷积分 $\int_a^{+\infty} f(x)\mathrm{d}x$ **收敛**. 否则,称无穷积分 $\int_a^{+\infty} f(x)\mathrm{d}x$ **发散**.

类似地,可以定义无穷积分 $\int_{-\infty}^b f(x)\mathrm{d}x$ 及其敛散性.

**定义 7.3** 设函数 $f(x)$ 定义在区间 $(-\infty, b]$ 上,若对任何 $t<b$, 积分 $\int_t^b f(x)\mathrm{d}x$ 存在,则称 $\lim\limits_{t\to-\infty}\int_t^b f(x)\mathrm{d}x$ 为 $f(x)$ 在**无穷区间** $(-\infty, b]$ **上的反常积分**, 也简称为**无穷积分**,记作

$$\int_{-\infty}^b f(x)\mathrm{d}x = \lim_{t\to-\infty}\int_t^b f(x)\mathrm{d}x. \qquad (7.26)$$

若极限 $\lim\limits_{t\to-\infty}\int_t^b f(x)\mathrm{d}x$ 存在,则称无穷积分 $\int_{-\infty}^b f(x)\mathrm{d}x$ **收敛**. 否则,称无穷积分 $\int_{-\infty}^b f(x)\mathrm{d}x$ **发散**.

进一步,还可以定义无穷积分 $\int_{-\infty}^{+\infty} f(x)\mathrm{d}x$ 及其敛散性.

**定义 7.4** 函数 $f(x)$ 在 $(-\infty, +\infty)$ 上的反常积分 $\int_{-\infty}^{+\infty} f(x)\mathrm{d}x$ 定义如下:

$$\int_{-\infty}^{+\infty} f(x)\mathrm{d}x = \lim_{t\to-\infty}\int_t^c f(x)\mathrm{d}x + \lim_{t\to+\infty}\int_c^t f(x)\mathrm{d}x, \qquad (7.27)$$

其中 $c$ 为任意实数. 若无穷积分 $\int_{-\infty}^c f(x)\mathrm{d}x$ 与 $\int_c^{+\infty} f(x)\mathrm{d}x$ 都收敛,则称无穷积分 $\int_{-\infty}^{+\infty} f(x)\mathrm{d}x$ **收敛**,并记作

$$\int_{-\infty}^{+\infty} f(x)\mathrm{d}x = \int_{-\infty}^{c} f(x)\mathrm{d}x + \int_{c}^{+\infty} f(x)\mathrm{d}x.$$

否则,称无穷积分 $\int_{-\infty}^{+\infty} f(x)\mathrm{d}x$ **发散**.

可以证明,上述定义不依赖于 $c$ 的选取.

上述三类反常积分统称为无穷区间的反常积分.

计算无穷区间的反常积分,可以借助 Newton-Leibniz 公式.

设 $F(x)$ 为 $f(x)$ 在 $[a, +\infty)$ 上的一个原函数,若记 $F(+\infty) \triangleq \lim\limits_{x \to +\infty} F(x)$ 存在,则反常积分

$$\int_{a}^{+\infty} f(x)\mathrm{d}x = \lim_{x \to +\infty} F(x) - F(a) = F(+\infty) - F(a) \triangleq [F(x)]_{a}^{+\infty};$$

若 $F(+\infty)$ 不存在,则反常积分 $\int_{a}^{+\infty} f(x)\mathrm{d}x$ 发散.

类似地,设 $F(x)$ 为 $f(x)$ 在 $(-\infty, b]$ 上的一个原函数,若记 $F(-\infty) \triangleq \lim\limits_{x \to -\infty} F(x)$ 存在,则反常积分

$$\int_{-\infty}^{b} f(x)\mathrm{d}x = F(b) - \lim_{x \to -\infty} F(x) = F(b) - F(-\infty) \triangleq [F(x)]_{-\infty}^{b};$$

若 $F(-\infty)$ 不存在,则反常积分 $\int_{-\infty}^{b} f(x)\mathrm{d}x$ 发散.

设 $F(x)$ 为 $f(x)$ 在 $(-\infty, +\infty)$ 上的一个原函数,若 $F(-\infty)$ 与 $F(+\infty)$ 都存在,则反常积分

$$\int_{-\infty}^{+\infty} f(x)\mathrm{d}x = F(+\infty) - F(-\infty) \triangleq [F(x)]_{-\infty}^{+\infty};$$

若 $F(-\infty)$ 与 $F(+\infty)$ 有一个不存在,则反常积分 $\int_{-\infty}^{+\infty} f(x)\mathrm{d}x$ 发散.

**例 7.37** 讨论反常积分 $\int_{a}^{+\infty} \dfrac{1}{x^p}\mathrm{d}x \ (a > 0)$ 的敛散性,其中 $p$ 为任意实数.

**解** 当 $p \neq 1$ 时,

$$\int_{a}^{+\infty} \frac{\mathrm{d}x}{x^p} = \left[\frac{1}{1-p} x^{1-p}\right]_{a}^{+\infty} = \begin{cases} +\infty, & p < 1, \\ \dfrac{a^{1-p}}{p-1}, & p > 1, \end{cases}$$

当 $p = 1$ 时,

$$\int_{a}^{+\infty} \frac{1}{x^p}\mathrm{d}x = \int_{a}^{+\infty} \frac{\mathrm{d}x}{x} = [\ln x]_{a}^{+\infty} = +\infty.$$

因此,当 $p > 1$ 时,反常积分 $\int_{a}^{+\infty} \dfrac{1}{x^p}\mathrm{d}x$ 收敛,其值为 $\dfrac{a^{1-p}}{p-1}$;当 $p \leqslant 1$ 时,反常积分 $\int_{1}^{+\infty} \dfrac{1}{x^p}\mathrm{d}x$ 发散.

**例 7.38** 计算反常积分 $\int_{-\infty}^{+\infty} \dfrac{1}{1+x^2} \mathrm{d}x$.

**解**
$$\int_{-\infty}^{+\infty} \dfrac{1}{1+x^2} \mathrm{d}x = [\arctan x]_{-\infty}^{+\infty} = \lim_{x\to+\infty}\arctan x - \lim_{x\to-\infty}\arctan x$$
$$= \dfrac{\pi}{2} - \left(-\dfrac{\pi}{2}\right) = \pi.$$

这个反常积分值的几何意义是：曲线 $y = \dfrac{1}{1+x^2}$ 与 $x$ 轴之间的区域具有有限面积 $\pi$.

### 7.6.2 无界函数的反常积分

下面讨论另一类反常积分，其积分区间是有界的，但被积函数在区间中某些点附近是无界的. 先看一个例子.

**例 7.39** 求 $\lim\limits_{a\to 0^+}\int_a^1 \dfrac{\mathrm{d}x}{\sqrt{x}}$.

**解** 因为当 $0<a<1$ 时，
$$\int_a^1 \dfrac{\mathrm{d}x}{\sqrt{x}} = [2\sqrt{x}]_a^1 = 2 - 2\sqrt{a},$$
所以，
$$\lim_{a\to 0^+}\int_a^1 \dfrac{\mathrm{d}x}{\sqrt{x}} = \lim_{a\to 0^+}(2 - 2\sqrt{a}) = 2.$$

上式左端是一个定积分的极限，被积函数在 $x=0$ 附近无界，可以把它看成是无界函数 $f(x) = \dfrac{1}{\sqrt{x}}$ 在区间 $[0,1]$ 上的积分，记作 $\int_0^1 \dfrac{\mathrm{d}x}{\sqrt{x}} = 2$. 直观上看，它表示曲线 $y = \dfrac{1}{\sqrt{x}}$ 与 $x$ 轴以及直线 $x=0$、$x=1$ 所围成区域的面积为 2（图 7.8）.

一般地，有下面的定义.

**定义 7.5（无界函数的积分）** 设 $f(x)$ 在区间 $(a,b]$ 上有定义，在 $a$ 点的右邻域内无界（此时称 $x=a$ 为 $f(x)$ 的瑕点），若 $\forall \varepsilon > 0$，$f(x)$ 在 $[a+\varepsilon, b]$ 上可积，则称 $\lim\limits_{\varepsilon\to 0^+}\int_{a+\varepsilon}^b f(x)\mathrm{d}x$ 为**无界函数** $f(x)$ 在 $[a,b]$ 上的**反常积分**，记作
$$\int_a^b f(x)\mathrm{d}x = \lim_{\varepsilon\to 0^+}\int_{a+\varepsilon}^b f(x)\mathrm{d}x. \tag{7.28}$$

若极限 $\lim\limits_{\varepsilon\to 0^+}\int_{a+\varepsilon}^b f(x)\mathrm{d}x$ 存在，则称反常积分 $\int_a^b f(x)\mathrm{d}x$ **收敛**；否则，称反常积分

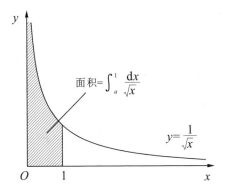

图 7.8

$\int_a^b f(x)\mathrm{d}x$ 发散.

类似地,当积分上限为被积函数的瑕点时,有以下定义.

**定义 7.6**  设 $f(x)$ 在 $[a,b]$ 上有定义,在 $b$ 点的左邻域内无界(此时称 $x=b$ 也是 $f(x)$ 的瑕点),若 $\forall \varepsilon > 0$,$f(x)$ 在 $[a,b-\varepsilon]$ 上可积,则称 $\lim\limits_{\varepsilon \to 0^+}\int_a^{b-\varepsilon} f(x)\mathrm{d}x$ 为**无界函数 $f(x)$ 在 $[a,b]$ 上的反常积分**,记作

$$\int_a^b f(x)\mathrm{d}x = \lim_{\varepsilon \to 0^+} \int_a^{b-\varepsilon} f(x)\mathrm{d}x. \tag{7.29}$$

若右边极限存在,则称反常积分 $\int_a^b f(x)\mathrm{d}x$ **收敛**;否则,称反常积分 $\int_a^b f(x)\mathrm{d}x$ **发散**.

一般地,我们有以下无界函数的反常积分的定义.

**定义 7.7**  设 $f(x)$ 定义在区间 $[a,c)$ 及 $(c,b]$ 上,$x=c$ 为瑕点.若 $\forall \varepsilon > 0$ 和 $\varepsilon' > 0$,$f(x)$ 在 $[a,c-\varepsilon]$ 及 $[c+\varepsilon',b]$ 上可积,则定义

$$\int_a^b f(x)\mathrm{d}x = \lim_{\varepsilon \to 0^+} \int_a^{c-\varepsilon} f(x)\mathrm{d}x + \lim_{\varepsilon' \to 0^+} \int_{c+\varepsilon'}^b f(x)\mathrm{d}x. \tag{7.30}$$

若右端两个极限均存在,则称反常积分 $\int_a^b f(x)\mathrm{d}x$ **收敛**;否则称它**发散**.

上述定义式中,右端两项中的 $\varepsilon$ 和 $\varepsilon'$ 是相互无关的.

以上三类反常积分统称为无界函数的反常积分.

计算无界函数的反常积分,同样可以借助 Newton-Leibniz 公式.

设 $x=a$ 为 $f(x)$ 的瑕点,$F(x)$ 是 $f(x)$ 在 $(a,b]$ 上的一个原函数,若 $F(a^+) \triangleq \lim\limits_{x \to a^+} F(x)$ 存在,则反常积分

$$\int_a^b f(x)\mathrm{d}x = F(b) - \lim_{x\to a^+} F(x) = F(b) - F(a^+) = \left[F(x)\right]_{a^+}^b;$$

若 $\lim\limits_{x\to a^+} F(x)$ 不存在,则反常积分 $\int_a^b f(x)\mathrm{d}x$ 发散.

设 $x=b$ 是 $f(x)$ 的瑕点,$F(x)$ 是 $f(x)$ 在 $[a,b)$ 上的一个原函数,若 $F(b^-) \triangleq \lim\limits_{x\to b^-} F(x)$ 存在,则反常积分

$$\int_a^b f(x)\mathrm{d}x = \lim_{x\to b^-} F(x) - F(a) = F(b^-) - F(a) = \left[F(x)\right]_a^{b^-};$$

若 $\lim\limits_{x\to b^-} F(x)$ 不存在,则反常积分 $\int_a^b f(x)\mathrm{d}x$ 发散.

**例 7.40** 计算反常积分 $\int_0^a \dfrac{\mathrm{d}x}{\sqrt{a^2-x^2}}$,其中 $a>0$.

**解** 因为

$$\lim_{x\to a^-} \frac{1}{\sqrt{a^2-x^2}} = +\infty,$$

所以 $x=a$ 是瑕点,于是

$$\int_0^a \frac{\mathrm{d}x}{\sqrt{a^2-x^2}} = \left[\arcsin\frac{x}{a}\right]_0^{a^-} = \lim_{x\to a^-}\arcsin\frac{x}{a} - 0 = \frac{\pi}{2}.$$

这个反常积分值的几何意义是:由曲线 $y=\dfrac{1}{\sqrt{a^2-x^2}}$,$x$ 轴,直线 $x=0$ 与 $x=a$ 所围区域的面积是 $\dfrac{\pi}{2}$.

**例 7.41** 讨论反常积分 $\int_{-1}^1 \dfrac{\mathrm{d}x}{x^4}$ 的敛散性.

**解** 显然 $\lim\limits_{x\to 0}\dfrac{1}{x^4}=\infty$,即 $x=0$ 是 $f(x)=\dfrac{1}{x^4}$ 的瑕点. 将积分拆成两项之和,即

$$\int_{-1}^1 \frac{\mathrm{d}x}{x^4} = \int_{-1}^0 \frac{\mathrm{d}x}{x^4} + \int_0^1 \frac{\mathrm{d}x}{x^4},$$

由于

$$\int_0^1 \frac{\mathrm{d}x}{x^4} = \left[-\frac{x^{-3}}{3}\right]_{0^+}^1 = -\frac{1}{3} - \lim_{x\to 0^+}\left(-\frac{x^{-3}}{3}\right) = +\infty,$$

所以反常积分 $\int_0^1 \dfrac{\mathrm{d}x}{x^4}$ 发散,故反常积分 $\int_{-1}^1 \dfrac{\mathrm{d}x}{x^4}$ 发散.

类似地,也可以通过证明反常积分 $\int_{-1}^0 \dfrac{\mathrm{d}x}{x^4}$ 发散来说明原积分发散. 值得注意的是,若忽视了 $x=0$ 是被积函数的瑕点,将得到以下错误的结果:

## 第 7 章 一元函数定积分

$$\int_{-1}^{1} \frac{\mathrm{d}x}{x^4} = \left[-\frac{x^{-3}}{3}\right]_{-1}^{1} = -\frac{1}{3} - \left(-\frac{-1}{3}\right) = -\frac{2}{3}.$$

**例 7.42** 讨论反常积分 $\int_a^b \frac{\mathrm{d}x}{(x-a)^p}$ 的收敛性,其中 $p$ 为任意实数.

**解** 当 $p \neq 1$ 时,

$$\int_a^b \frac{\mathrm{d}x}{(x-a)^p} = \left[\frac{1}{1-p}(x-a)^{1-p}\right]_{a^+}^b = \begin{cases} \dfrac{(b-a)^{1-p}}{1-p}, & p < 1, \\ +\infty, & p > 1. \end{cases}$$

当 $p = 1$ 时,

$$\int_a^b \frac{\mathrm{d}x}{(x-a)^p} = \int_a^b \frac{\mathrm{d}x}{x-a} = \left[\ln(x-a)\right]_{a^+}^b$$
$$= \ln(b-a) - \lim_{x \to a^+} \ln(x-a) = +\infty.$$

因此,当 $p < 1$ 时,反常积分 $\int_a^b \frac{\mathrm{d}x}{(x-a)^p}$ 收敛,其值为 $\dfrac{(b-a)^{1-p}}{1-p}$;当 $p \geq 1$ 时,这个反常积分发散.

有一类反常积分,它既是无穷区间上的反常积分(无穷积分),又是无界函数的反常积分.这一类反常积分敛散性也是将它分成两个反常积分来讨论.

**例 7.43** 讨论反常积分 $\int_0^{+\infty} \frac{\mathrm{d}x}{x^2}$ 的敛散性.

**解** 这个积分既是无穷积分,又是无界函数的反常积分($x = 0$ 是被积函数 $\dfrac{1}{x^2}$ 的瑕点).我们用点 $x = 1$ 将积分分成两部分:

$$\int_0^{+\infty} \frac{\mathrm{d}x}{x^2} = \int_0^1 \frac{\mathrm{d}x}{x^2} + \int_1^{+\infty} \frac{\mathrm{d}x}{x^2}.$$

由例 7.37 知 $\int_1^{+\infty} \frac{\mathrm{d}x}{x^2}$ 收敛,由例 7.42 知 $\int_0^1 \frac{\mathrm{d}x}{x^2}$ 发散,因此原积分发散.

对于被积函数是无界函数且积分区间无穷的反常积分 $\int_a^b f(x)\mathrm{d}x$,$f(x)$ 在开区间 $(a, b)$ 内连续,$a$ 可以是 $-\infty$,$b$ 可以是 $+\infty$,$a, b$ 可以是 $f(x)$ 的瑕点,若换元函数单调,则可以像定积分一样通过换元来计算反常积分的值.

**例 7.44** 计算反常积分 $\int_0^{+\infty} \frac{\mathrm{d}x}{\sqrt{x\,(x+1)^3}}$.

**解** 这个反常积分中,积分上限为 $+\infty$,积分下限 $x = 0$ 是被积函数的瑕点. 令 $\dfrac{1}{x} = t$,则 $x \to 0^+$ 时,$t \to +\infty$;$x \to +\infty$ 时,$t \to 0^+$. 于是

$$\int_0^{+\infty} \frac{\mathrm{d}x}{\sqrt{x\,(x+1)^3}} = \int_0^{+\infty} \frac{\mathrm{d}t}{\sqrt{(t+1)^3}} = \left[-2(t+1)^{-\frac{1}{2}}\right]_0^{+\infty} = 2.$$

本例也可以用变换 $\dfrac{1}{x+1}=t$ 或者 $\sqrt{x}=t$，读者可自行练习.

### 7.6.3 收敛判别法

有时候，只需知道反常积分是否收敛，而不管其值是多少，因此，可以不必按反常积分的定义来判断其收敛性. 有时候，求被积函数的原函数是非常复杂的，甚至是难以实现的，因此，不可能按反常积分定义来判断其收敛性. 本节中，我们来讨论一些区别于定义的、更简单有效的判定反常积分敛散性的方法.

**1. 无穷区间上的反常积分的审敛法**

**定理 7.18** 设函数 $f(x)$ 在区间 $[a,+\infty)$ 上连续，且 $f(x)\geqslant 0$. 若函数 $F(x)=\displaystyle\int_a^x f(t)\mathrm{d}t$ 在 $[a,+\infty)$ 上有上界，则反常积分 $\displaystyle\int_a^{+\infty} f(x)\mathrm{d}x$ 收敛.

**证** 因为 $f(x)\geqslant 0$，所以 $F(x)$ 在 $[a,+\infty)$ 上单调增加. 又 $F(x)$ 在 $[a,+\infty)$ 上有上界，因此 $F(x)$ 在 $[a,+\infty)$ 上是单调有界的函数. 根据"单调有界函数必有极限"的准则，可知 $\displaystyle\lim_{x\to+\infty}\int_a^x f(t)\mathrm{d}t$ 存在，即反常积分 $\displaystyle\int_a^{+\infty} f(x)\mathrm{d}x$ 收敛.

根据定理 7.18，对于非负函数的无穷积分，我们有以下的比较审敛原理.

**定理 7.19（比较审敛原理）** 设函数 $f(x)$、$g(x)$ 在区间 $[a,+\infty)$ 上连续. 若 $0\leqslant f(x)\leqslant g(x)$ $(a\leqslant x<+\infty)$，且 $\displaystyle\int_a^{+\infty} g(x)\mathrm{d}x$ 收敛，则 $\displaystyle\int_a^{+\infty} f(x)\mathrm{d}x$ 也收敛；若 $0\leqslant g(x)\leqslant f(x)$ $(a\leqslant x<+\infty)$，且 $\displaystyle\int_a^{+\infty} g(x)\mathrm{d}x$ 发散，则 $\displaystyle\int_a^{+\infty} f(x)\mathrm{d}x$ 也发散.

**证** 设 $a<t<+\infty$，由 $0\leqslant f(x)\leqslant g(x)$ 及 $\displaystyle\int_a^{+\infty} g(x)\mathrm{d}x$ 收敛，得
$$\int_a^t f(x)\mathrm{d}x\leqslant \int_a^t g(x)\mathrm{d}x\leqslant \int_a^{+\infty} g(x)\mathrm{d}x,$$
这表明作为积分上限 $t$ 的函数，$F(t)=\displaystyle\int_a^t f(x)\mathrm{d}x$ 在 $[a,+\infty)$ 上有上界. 由定理 7.18 即知反常积分 $\displaystyle\int_a^{+\infty} f(x)\mathrm{d}x$ 收敛.

若 $0\leqslant g(x)\leqslant f(x)$，且 $\displaystyle\int_a^{+\infty} g(x)\mathrm{d}x$ 发散，则 $\displaystyle\int_a^{+\infty} f(x)\mathrm{d}x$ 必定发散. 若不然，由 $\displaystyle\int_a^{+\infty} f(x)\mathrm{d}x$ 收敛和定理的第一部分可知，$\displaystyle\int_a^{+\infty} g(x)\mathrm{d}x$ 也收敛，这与假设相矛盾.

由例 7.37 知道，反常积分 $\displaystyle\int_a^{+\infty}\dfrac{\mathrm{d}x}{x^p}$ $(a>0)$ 当 $p>1$ 时收敛；当 $p\leqslant 1$ 时发散. 因此，取 $g(x)=\dfrac{A}{x^p}$ $(A>0)$，立即得到下面的反常积分的比较审敛法.

**定理 7.20(比较审敛法)**　设函数 $f(x)$ 在区间 $[a, +\infty)$ $(a>0)$ 上连续,且 $f(x) \geqslant 0$. 若存在常数 $M>0$ 及 $p>1$,使得 $f(x) \leqslant \dfrac{M}{x^p}$ $(a \leqslant x < +\infty)$,则反常积分 $\int_a^{+\infty} f(x) \mathrm{d}x$ 收敛;若存在常数 $N>0$,使得 $f(x) \geqslant \dfrac{N}{x}$ $(a \leqslant x < +\infty)$,则反常积分 $\int_a^{+\infty} f(x) \mathrm{d}x$ 发散.

**例 7.45**　判定反常积分 $\int_1^{+\infty} \dfrac{\mathrm{d}x}{\sqrt[5]{x^6+1}}$ 的收敛性.

**解**　由于
$$0 < \frac{1}{\sqrt[5]{x^6+1}} < \frac{1}{\sqrt[5]{x^6}} = \frac{1}{x^{6/5}},$$
根据比较审敛法,这个反常积分收敛.

注意,求这个反常积分的被积函数的原函数是比较复杂的.

以比较审敛法为基础,我们可以得到在应用上较为方便的极限审敛法.

**定理 7.21(极限审敛法)**　设函数 $f(x)$ 在区间 $[a, +\infty)$ 上连续,且 $f(x) \geqslant 0$. 若存在常数 $p>1$,使得 $\lim\limits_{x \to +\infty} x^p f(x)$ 存在,则反常积分 $\int_a^{+\infty} f(x) \mathrm{d}x$ 收敛;若 $\lim\limits_{x \to +\infty} xf(x) = d > 0$ 或 $\lim\limits_{x \to +\infty} xf(x) = +\infty$,则反常积分 $\int_a^{+\infty} f(x) \mathrm{d}x$ 发散.

**证**　设 $\lim\limits_{x \to +\infty} x^p f(x) = c$ $(p>1)$,则存在充分大的 $x_1$ $(x_1 \geqslant a, x_1 > 0)$,当 $x > x_1$ 时,必有
$$|x^p f(x) - c| < 1,$$
由此可得
$$0 \leqslant x^p f(x) < 1 + c.$$
于是,在区间 $x_1 < x < +\infty$ 内不等式 $0 \leqslant f(x) < \dfrac{1+c}{x^p}$ 成立. 由比较审敛法可知,$\int_{x_1}^{+\infty} f(x) \mathrm{d}x$ 收敛. 而
$$\begin{aligned}
\int_a^{+\infty} f(x) \mathrm{d}x &= \lim_{t \to +\infty} \int_a^t f(x) \mathrm{d}x = \lim_{t \to +\infty} \left[ \int_a^{x_1} f(x) \mathrm{d}x + \int_{x_1}^t f(x) \mathrm{d}x \right] \\
&= \int_a^{x_1} f(x) \mathrm{d}x + \lim_{t \to +\infty} \int_{x_1}^t f(x) \mathrm{d}x \\
&= \int_a^{x_1} f(x) \mathrm{d}x + \int_{x_1}^{+\infty} f(x) \mathrm{d}x,
\end{aligned}$$
故反常积分 $\int_a^{+\infty} f(x) \mathrm{d}x$ 收敛.

若 $\lim\limits_{x\to+\infty}xf(x)=d>0$(或 $+\infty$),则存在充分大的 $x_1$,当 $x>x_1$ 时,必有

$$|xf(x)-d|<\frac{d}{2},$$

由此可得

$$xf(x)>\frac{d}{2}.$$

注意,当 $\lim\limits_{x\to+\infty}xf(x)=+\infty$ 时,可取任意正数作为 $d$. 于是,在区间 $x_1<x<+\infty$ 内不等式 $f(x)\geqslant\dfrac{d/2}{x}$ 成立. 根据比较审敛法可知,$\int_{x_1}^{+\infty}f(x)\mathrm{d}x$ 发散,从而反常积分 $\int_a^{+\infty}f(x)\mathrm{d}x$ 发散.

**例 7.46** 讨论反常积分 $\int_1^{+\infty}\dfrac{\mathrm{d}x}{x\sqrt[3]{1+x^3}}$ 的收敛性.

**解** 由于

$$\lim_{x\to+\infty}x^2\,\frac{1}{x\sqrt[3]{1+x^3}}=\lim_{x\to+\infty}\frac{1}{\sqrt[3]{\frac{1}{x^3}+1}}=1,$$

根据极限审敛法可知,所给反常积分收敛.

**例 7.47** 讨论反常积分 $\int_2^{+\infty}\dfrac{\mathrm{d}x}{x\sqrt{x-\sqrt{x^2-1}}}$ 的收敛性.

**解** 由于

$$x\cdot\frac{1}{x\sqrt{x-\sqrt{x^2-1}}}=\frac{1}{\sqrt{x-\sqrt{x^2-1}}}=\frac{\sqrt{x+\sqrt{x^2-1}}}{\sqrt{x^2-(x^2-1)}}$$

$$=\sqrt{x}\sqrt{1+\sqrt{1-\frac{1}{x^2}}},$$

因此

$$\lim_{x\to+\infty}x\cdot\frac{1}{x\sqrt{x-\sqrt{x^2-1}}}=+\infty.$$

根据极限审敛法可知,所给反常积分发散.

**例 7.48** 讨论反常积分 $\int_0^{+\infty}x^8\mathrm{e}^{-x}\mathrm{d}x$ 的收敛性.

**解** 利用 L'Hospital 法则可得

$$\lim_{x\to+\infty}x^2\cdot x^8\mathrm{e}^{-x}=\lim_{x\to+\infty}\frac{x^{10}}{\mathrm{e}^x}=0.$$

根据极限审敛法可知,所给反常积分收敛.

如果反常积分的被积函数在所讨论的区间上可能取正值也可能取负值,那么对于这类反常积分的收敛性,我们有如下结论.

**定理 7.22** 设函数 $f(x)$ 在区间 $[a,+\infty)$ 上连续,若反常积分 $\int_a^{+\infty}|f(x)|\mathrm{d}x$ 收敛,则反常积分 $\int_a^{+\infty}f(x)\mathrm{d}x$ 也收敛.

**证** 令 $\varphi(x)=\dfrac{1}{2}(f(x)+|f(x)|)$,则 $\varphi(x)\geqslant 0$,且 $\varphi(x)\leqslant|f(x)|$,而 $\int_a^{+\infty}|f(x)|\mathrm{d}x$ 收敛,由比较审敛原理可知,$\int_a^{+\infty}\varphi(x)\mathrm{d}x$ 也收敛.但 $f(x)=2\varphi(x)-|f(x)|$,因此

$$\int_a^{+\infty}f(x)\mathrm{d}x=2\int_a^{+\infty}\varphi(x)\mathrm{d}x-\int_a^{+\infty}|f(x)|\mathrm{d}x,$$

即反常积分 $\int_a^{+\infty}f(x)\mathrm{d}x$ 是两个收敛的反常积分的差,因此它是收敛的.

通常称满足定理 7.22 条件的反常积分 $\int_a^{+\infty}f(x)\mathrm{d}x$ 为绝对收敛.于是,定理 7.22 可简单地表达为:绝对收敛的反常积分必定收敛.

**例 7.49** 判定反常积分 $\int_0^{+\infty}\mathrm{e}^{-ax}\cos bx\,\mathrm{d}x\,(a,b$ 都是常数,且 $a>0)$ 的收敛性.

**解** 由于 $|\mathrm{e}^{-ax}\cos bx|\leqslant \mathrm{e}^{-ax}$,而 $\int_0^{+\infty}\mathrm{e}^{-ax}\mathrm{d}x$ 收敛,根据比较审敛原理,反常积分 $\int_0^{+\infty}|\mathrm{e}^{-ax}\sin bx|\mathrm{d}x$ 收敛.由定理 7.22 可知,所给反常积分也收敛.

**2. 无界函数的反常积分的审敛法**

对于无界函数的反常积分,也有类似的审敛法.

由例 7.42 知道,反常积分

$$\int_a^b\frac{\mathrm{d}x}{(x-a)^q}$$

当 $q<1$ 时收敛,当 $q\geqslant 1$ 时发散.于是,与定理 7.20、定理 7.21 类似,可得下面两个审敛法.

**定理 7.23(比较审敛法)** 设函数 $f(x)$ 在区间 $(a,b]$ 上连续,且 $f(x)\geqslant 0$,$x=a$ 为 $f(x)$ 的瑕点.若存在常数 $M>0$ 及 $q<1$,使得

$$f(x)\leqslant\frac{M}{(x-a)^q}\quad(a<x\leqslant b),$$

则反常积分 $\int_a^b f(x)\mathrm{d}x$ 收敛;若存在常数 $N>0$,使得

$$f(x) \geqslant \frac{N}{x-a} \quad (a < x \leqslant b),$$

则反常积分 $\int_a^b f(x) \mathrm{d}x$ 发散.

**定理 7.24(极限审敛法)** 设函数 $f(x)$ 在区间 $(a, b]$ 上连续,且 $f(x) \geqslant 0$, $x = a$ 为 $f(x)$ 的瑕点. 若存在常数 $0 < q < 1$,使得

$$\lim_{x \to a^+} (x-a)^q f(x)$$

存在,则反常积分 $\int_a^b f(x) \mathrm{d}x$ 收敛;若

$$\lim_{x \to a^+} (x-a) f(x) = d > 0 \quad \text{或} \quad \lim_{x \to a^+} (x-a) f(x) = +\infty,$$

则反常积分 $\int_a^b f(x) \mathrm{d}x$ 发散.

**例 7.50** 讨论反常积分 $\int_1^3 \frac{\mathrm{d}x}{\ln x}$ 的收敛性.

**解** 这里 $x = 1$ 是被积函数的瑕点. 由 L'Hospital 法则可得

$$\lim_{x \to 1^+} (x-1) \frac{1}{\ln x} = \lim_{x \to 1^+} \frac{1}{\frac{1}{x}} = 1 > 0,$$

根据极限审敛法可知,所给反常积分发散.

**例 7.51** 讨论椭圆积分 $\int_0^1 \frac{\mathrm{d}x}{\sqrt{(1-x^2)(1-k^2 x^2)}}$ $(k^2 < 1)$ 的收敛性.

**解** 这里 $x = 1$ 是被积函数的瑕点. 因为

$$\lim_{x \to 1^-} (1-x)^{\frac{1}{2}} \frac{1}{\sqrt{(1-x^2)(1-k^2 x^2)}} = \lim_{x \to 1^-} \frac{1}{\sqrt{(1+x)(1-k^2 x^2)}}$$
$$= \frac{1}{\sqrt{2(1-k^2)}},$$

根据极限审敛法可知,所给反常积分收敛.

**例 7.52** 讨论反常积分 $\int_0^1 \frac{\ln x}{(1-x)^2} \mathrm{d}x$ 的收敛性.

**解** 这里 $x = 0$ 和 $x = 1$ 都是被积函数的瑕点. 考虑

$$\int_0^{1/2} \frac{\ln x}{(1-x)^2} \mathrm{d}x \text{ 和} \int_{1/2}^1 \frac{\ln x}{(1-x)^2} \mathrm{d}x.$$

由于

$$\lim_{x \to 0^+} x^{1/2} \cdot \frac{-\ln x}{(1-x)^2} = \lim_{x \to 0^+} \frac{-x^{1/2} \ln x}{(1-x)^2} = 0,$$

根据极限审敛法可知,反常积分 $\int_0^{1/2} \frac{\ln x}{(1-x)^2} \mathrm{d}x$ 收敛.

由于
$$\lim_{x\to 1^-}(1-x)\cdot\frac{-\ln x}{(1-x)^2}=\lim_{x\to 1^-}\frac{-\ln x}{1-x}=1,$$
根据极限审敛法可知,反常积分 $\int_{1/2}^{1}\frac{\ln x}{(1-x)^2}\mathrm{d}x$ 发散.

综合以上讨论可知,反常积分 $\int_{0}^{1}\frac{\ln x}{(1-x)^2}\mathrm{d}x$ 发散.

对于被积函数在所讨论的区间上可取正值也可取负值的反常积分,也有与定理 7.22 相类似的结论,这里不再详述.

**例 7.53** 判定反常积分 $\int_{0}^{1}\frac{1}{\sqrt{x}}\sin\frac{1}{x^2}\mathrm{d}x$ 的收敛性.

**解** 因为 $\left|\frac{1}{\sqrt{x}}\sin\frac{1}{x^2}\right|\leqslant\frac{1}{\sqrt{x}}$,而 $\int_{0}^{1}\frac{\mathrm{d}x}{\sqrt{x}}$ 收敛,根据比较审敛原理可知,反常积分 $\int_{0}^{1}\left|\frac{1}{\sqrt{x}}\sin\frac{1}{x^2}\right|\mathrm{d}x$ 收敛,从而反常积分 $\int_{0}^{1}\frac{1}{\sqrt{x}}\sin\frac{1}{x^2}\mathrm{d}x$ 也收敛.

### *7.6.4　Γ 函数与 B 函数

作为反常积分的具体例子和实际应用,本小节讨论 Γ 函数和 B 函数,它们在理论上和应用上都具有重要意义.

**1. Γ 函数**

Γ 函数以反常积分的形式定义为

$$\Gamma(s)=\int_{0}^{+\infty}\mathrm{e}^{-x}x^{s-1}\mathrm{d}x \quad (s>0). \tag{7.31}$$

我们首先讨论上式右端积分的敛散性.这个积分的积分区间是无穷的,并且 $s<1$ 时,$x=0$ 是被积函数的瑕点.因此,我们分别讨论下列两个积分

$$I_1=\int_{0}^{1}\mathrm{e}^{-x}x^{s-1}\mathrm{d}x \quad 和 \quad I_2=\int_{1}^{+\infty}\mathrm{e}^{-x}x^{s-1}\mathrm{d}x$$

的收敛性.

先讨论 $I_1$.当 $s\geqslant 1$ 时,$I_1$ 是定积分;当 $0<s<1$ 时,由

$$\mathrm{e}^{-x}x^{s-1}=\frac{1}{\mathrm{e}^x}\cdot\frac{1}{x^{1-s}}<\frac{1}{x^{1-s}}$$

和比较审敛法 2 可知,$I_1$ 收敛.因此,反常积分 $I_1$ 对 $s>0$ 收敛.

再讨论 $I_2$.因为

$$\lim_{x\to+\infty}x^2(\mathrm{e}^{-x}x^{s-1})=\lim_{x\to+\infty}\frac{x^{s+1}}{\mathrm{e}^x}=0,$$

由极限审敛法 1 可知,反常积分 $I_2$ 对 $s>0$ 收敛.

综合以上讨论可知,反常积分 $\Gamma(s) = \int_0^{+\infty} e^{-x} x^{s-1} dx$ 对 $s>0$ 收敛,因此函数 $\Gamma(s)$ 对 $s>0$ 有定义. $\Gamma(s)$ 的图形如图 7.9 所示.

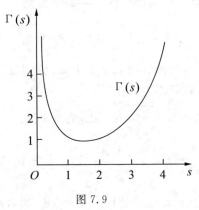

图 7.9

下面我们讨论 $\Gamma$ 函数的几个重要性质.

**1° 递推公式**

$$\Gamma(s+1) = s\Gamma(s) \quad (s>0). \tag{7.32}$$

**证** 应用分部积分法,可得

$$\begin{aligned}\Gamma(s+1) &= \int_0^{+\infty} e^{-x} x^s dx \\ &= \left[-e^{-x} x^s\right]_0^{+\infty} + s \int_0^{+\infty} e^{-x} x^{s-1} dx \\ &= s\Gamma(s),\end{aligned}$$

其中,

$$\left[-e^{-x} x^s\right]_0^{+\infty} = \lim_{x\to+\infty}(-e^{-x} x^s) - 0 = -\lim_{x\to+\infty}\frac{x^s}{e^x} = 0$$

由 L'Hospital 法则得到.

由

$$\Gamma(1) = \int_0^{+\infty} e^{-x} dx = 1,$$

反复应用递推公式,得到

$$\Gamma(2) = 1 \cdot \Gamma(1) = 1,$$
$$\Gamma(3) = 2 \cdot \Gamma(2) = 2!,$$
$$\Gamma(4) = 3 \cdot \Gamma(3) = 3!,$$
$$\cdots\cdots\cdots\cdots$$

一般地,对任何正整数 $n$,有

$$\Gamma(n+1) = n!.$$

因此，可以把 $\Gamma$ 函数看成阶乘的推广．

**2°** 当 $s \to 0^+$ 时，$\Gamma(s) \to +\infty$

**证** 可以证明 $\Gamma(s)$ 在 $s > 0$ 时连续，于是由 $\Gamma(1) = 1$ 可得

$$\lim_{s \to 0^+} \Gamma(s) = \lim_{s \to 0^+} \frac{\Gamma(s+1)}{s} = +\infty.$$

**3°** 余元公式

$$\Gamma(s)\Gamma(1-s) = \frac{\pi}{\sin \pi s} \quad (0 < s < 1). \tag{7.33}$$

这个公式的证明略去．

取 $s = \frac{1}{2}$，由余元公式可得 $\Gamma\left(\frac{1}{2}\right) = \sqrt{\pi}$．

**4°**

$$\int_0^{+\infty} e^{-u^2} u^t \, du = \frac{1}{2} \Gamma\left(\frac{1+t}{2}\right) \quad (t > -1) \tag{7.34}$$

**证** 令 $u^2 = x$ 可得

$$\int_0^{+\infty} e^{-u^2} u^t \, du = \frac{1}{2} \int_0^{+\infty} e^{-x} x^{\frac{t-1}{2}} \, dx = \frac{1}{2} \int_0^{+\infty} e^{-x} x^{\frac{t+1}{2}-1} \, dx = \frac{1}{2} \Gamma\left(\frac{t+1}{2}\right).$$

上式左端是应用中常见的积分，它的值可以通过上式由 $\Gamma$ 函数计算得到．在上式中取 $t = 0$，得到

$$\int_0^{+\infty} e^{-u^2} \, du = \frac{1}{2} \Gamma\left(\frac{1}{2}\right) = \frac{\sqrt{\pi}}{2}.$$

这个积分是概率论中常用的积分，它也可以用重积分的方法得到．

**2. B 函数**

可以证明，当 $p > 0, q > 0$ 时反常积分 $\int_0^1 x^{p-1}(1-x)^{q-1} \, dx$ 收敛，于是这个积分在 $p > 0, q > 0$ 的区域内定义了一个以 $p$ 和 $q$ 为自变量的二元函数，称为 B 函数，记为

$$B(p, q) = \int_0^1 x^{p-1}(1-x)^{q-1} \, dx \quad (p > 0, q > 0). \tag{7.35}$$

B 函数是工程中应用广泛的一类函数．下面是它的几个简单而又重要的性质．

**1°** 对称性：$B(p, q) = B(q, p)$

**证** 设 $x = 1 - t$，则 $dx = -dt$，于是

$$B(p, q) = \int_0^1 x^{p-1}(1-x)^{q-1} \, dx = -\int_1^0 (1-t)^{p-1} t^{q-1} \, dt$$

$$= \int_0^1 t^{q-1}(1-t)^{p-1} \, dt = B(q, p).$$

**2°**

$$B(p,q) = \frac{\Gamma(p)\Gamma(q)}{\Gamma(p+q)} \quad (p>0, q>0). \tag{7.36}$$

证明略去.

这个公式表明,尽管 B 函数与 Γ 函数的定义在形式上没有关系,但它们之间却有内在联系.

**3°**

$$B(p,q) = 2\int_0^{\frac{\pi}{2}} \cos^{2p-1}\varphi \sin^{2q-1}\varphi \, d\varphi \quad (p>0, q>0). \tag{7.37}$$

**证** 设 $x = \cos^2\varphi$,则 $dx = -2\sin\varphi\cos\varphi \, d\varphi$,于是

$$B(p,q) = \int_0^1 x^{p-1}(1-x)^{q-1} dx$$

$$= \int_{\frac{\pi}{2}}^0 (\cos^2\varphi)^{p-1}(\sin^2\varphi)^{q-1}(-2\sin\varphi\cos\varphi \, d\varphi)$$

$$= 2\int_0^{\frac{\pi}{2}} \cos^{2p-1}\varphi \sin^{2q-1}\varphi \, d\varphi.$$

**例 7.54** 求 $\int_0^1 \sqrt{x-x^2} \, dx$.

**解** 由 B 函数的定义有

$$\int_0^1 \sqrt{x-x^2} \, dx = \int_0^1 x^{\frac{1}{2}}(1-x)^{\frac{1}{2}} dx = B\left(\frac{3}{2}, \frac{3}{2}\right).$$

而

$$B\left(\frac{3}{2}, \frac{3}{2}\right) = \frac{\Gamma\left(\frac{3}{2}\right)\Gamma\left(\frac{3}{2}\right)}{\Gamma(3)} = \frac{\left[\frac{1}{2}\Gamma\left(\frac{1}{2}\right)\right]^2}{2!} = \frac{\pi}{8},$$

故 $\int_0^1 \sqrt{x-x^2} \, dx = \frac{\pi}{8}$.

## 习题 7.6

### (A)

1. 思考题.

(1) 无穷积分 $\int_{-\infty}^{+\infty} f(x) dx$ 的收敛性是怎样定义的?

(2) 无界函数的反常积分 $\int_a^b f(x) dx (x = x_0 \in (a,b)$ 是瑕点) 的收敛性是怎样定义的?

(3) 反常积分 $\int_a^{+\infty} f(x) dx (x = a$ 是瑕点) 的收敛性如何考虑?

2. 用定义判别下列反常积分的敛散性. 若积分收敛, 则计算它的值.

(1) $\int_1^{+\infty} e^{-2x} dx$;

(2) $\int_0^{+\infty} \frac{x}{e^x} dx$;

(3) $\int_{-\infty}^0 \frac{e^x}{1+e^x} dx$;

(4) $\int_1^{+\infty} \frac{x}{4+x^2} dx$;

(5) $\int_{-\infty}^{+\infty} \frac{dz}{z^2+25}$;

(6) $\int_\pi^{+\infty} \sin y \, dy$;

(7) $\int_1^{+\infty} \frac{dx}{\sqrt{x^2+1}}$;

(8) $\int_3^{+\infty} \frac{dx}{x(\ln x)^2}$;

(9) $\int_1^{+\infty} \frac{\ln x}{x^2} dx$;

(10) $\int_0^{+\infty} e^{-ax} \sin bx \, dx \ (a>0)$;

(11) $\int_0^1 \frac{\ln x}{x} dx$;

(12) $\int_1^2 \frac{dx}{x \ln x}$;

(13) $\int_0^\pi \frac{1}{\sqrt{x}} e^{-\sqrt{x}} dx$;

(14) $\int_0^4 \frac{dx}{\sqrt{16-x^2}}$;

(15) $\int_0^1 \frac{x^4+1}{x} dx$;

(16) $\int_{\pi/4}^{\pi/2} \frac{\sin x}{\sqrt{\cos x}} dx$;

(17) $\int_{-1}^1 \frac{dt}{t}$;

(18) $\int_0^{+\infty} \frac{x \ln x}{(1+x^2)^2} dx$.

3. 设 $\lim\limits_{x \to +\infty} \left(\frac{x+c}{x-c}\right)^x = \int_{-\infty}^c x e^{2x} dx$, 求常数 $c$ 的值.

4. 当 $k$ 为何值时, 反常积分 $I(k) = \int_2^{+\infty} \frac{dx}{x(\ln x)^k}$ 收敛; 当 $k$ 为何值时, 该反常积分发散; 当 $k$ 为何值时, 该反常积分取到最小值.

5. 设反常积分 $\int_1^{+\infty} f^2(x) dx$ 收敛, 证明反常积分 $\int_1^{+\infty} \frac{f(x)}{x} dx$ 绝对收敛.

6. 利用收敛判别法判定下列反常积分的敛散性.

(1) $\int_1^{+\infty} \frac{dx}{x\sqrt[3]{x^2+1}}$;

(2) $\int_0^{+\infty} \frac{x^2}{x^4+x^2+1} dx$;

(3) $\int_1^{+\infty} \sin \frac{1}{x^2} dx$;

(4) $\int_0^{+\infty} \frac{dx}{1+x|\sin x|}$;

(5) $\int_0^{+\infty} \frac{x \arctan x}{1+x^3} dx$;

(6) $\int_0^1 \frac{x^4}{\sqrt{1-x^4}} dx$;

(7) $\int_1^2 \frac{dx}{\sqrt[3]{x^2-3x+2}}$;

(8) $\int_1^2 \frac{1}{(\ln x)^3} dx$.

7. 用 $\Gamma$ 函数表示下列积分, 并指出这些积分的收敛范围.

(1) $\int_0^{+\infty} e^{-x^n} dx \ (n>0)$;  (2) $\int_0^1 \left(\ln\frac{1}{x}\right)^p dx$;  (3) $\int_0^{+\infty} x^m e^{-x^n} dx \ (n \neq 0)$.

8. 设 $n$ 为自然数,证明下列各式.

(1) $2 \cdot 4 \cdot 6 \cdots (2n) = 2^n \Gamma(n+1)$;

(2) $1 \cdot 3 \cdot 5 \cdots (2n-1) = \dfrac{\Gamma(2n)}{2^{n-1}\Gamma(n)}$;

(3) $\sqrt{\pi}\,\Gamma(2n) = 2^{2n-1}\Gamma(n)\Gamma\left(n+\dfrac{1}{2}\right)$.

(B)

1. 已知 $\int_{-\infty}^{+\infty} e^{-x^2} dx = \sqrt{\pi}$,且 $\int_{-\infty}^{+\infty} A e^{-x^2-x} dx = 1$,求 $A$.

2. 设 $p,q$ 为常数,讨论 $I = \int_1^{+\infty} \dfrac{dx}{x^p \ln^q x}$ 的敛散性.

3. 判断下列积分是否收敛,若收敛,则求其值.

(1) $\int_1^{+\infty} \dfrac{(\ln x)^2}{x^2} dx$;  (2) $\int_0^{+\infty} \dfrac{dx}{(1+x^2)^{3/2}}$;

(3) $\int_{-\infty}^{+\infty} \dfrac{dx}{x\sqrt{1+x^2}}$;  (4) $\int_a^b \dfrac{dx}{\sqrt{(x-a)(b-x)}} \ (a<b)$;

(5) $\int_0^\pi \dfrac{dx}{1-\sin x}$;

4. 求下列反常积分的值.

(1) $\int_0^\infty \dfrac{x e^{-x}}{(1+e^{-x})^2} dx$;  (2) $\int_{1/2}^{3/2} \dfrac{dx}{\sqrt{|x-x^2|}}$;

(3) $I_n = \int_0^{+\infty} x^n e^{-\alpha x} dx \ (\alpha > 0)$;  (4) $J_n = \int_0^1 x^\alpha (\ln x)^n dx \ (\alpha > -1)$.

5. 求 $I_n = \dfrac{1}{2} \int_0^{+\infty} \left(\dfrac{\sqrt{1+x^2}-1}{x}\right)^n \dfrac{1}{1+x^2} dx$ 的值,并证明 $I_n \geq \dfrac{1}{2(n+1)}$.

6. 设函数 $f(x)$ 在 $(-\infty,+\infty)$ 上连续,且 $f(a+x) = f(a-x)$,$\int_{-\infty}^{+\infty} f(x) dx = 1$,$\int_{-\infty}^{+\infty} x f(x) dx$ 收敛,证明:$\int_{-\infty}^{+\infty} x f(x) dx = a$.

## 7.7 定积分的应用

本节我们将应用前面学过的定积分的理论和方法来分析与解决一些几何和物理方面的问题,其主要内容是介绍运用微元法将某个总量表示成定积分再进行计算的分析方法.

## 7.7.1 微元法

在定积分应用中,经常采用所谓的微元法.为了说明这种方法,我们先回顾并概括 7.1.1 小节中讨论过的曲边梯形的面积计算问题.

设 $f(x)$ 在区间 $[a,b]$ 上连续且非负,求以曲线 $y=f(x)$ 为曲边,以 $[a,b]$ 为底的曲边梯形的面积 $S$. 将这个面积 $S$ 表示为定积分

$$S = \int_a^b f(x)\mathrm{d}x$$

的步骤是:

第一步,分割. 用一组分点将区间 $[a,b]$ 分成长度为 $\Delta x_i (i=1,2,\cdots,n)$ 的 $n$ 个小区间,相应地得到 $n$ 个窄曲边梯形,记 $\Delta S_i$ 为第 $i$ 个窄曲边梯形的面积,则有

$$S = \sum_{i=1}^n \Delta S_i;$$

第二步,近似. 在第 $i$ 个小区间 $[x_{i-1}, x_i]$ 上"以直代曲"计算 $\Delta S_i$ 的近似值

$$\Delta S_i \approx f(\xi_i)\Delta x_i (x_{i-1} \leqslant \xi_i \leqslant x_i, i=1,2,\cdots,n);$$

第三步,求和. 将 $n$ 个窄曲边梯形面积的近似值相加得到 $S$ 的近似值

$$S \approx \sum_{i=1}^n f(\xi_i)\Delta x_i;$$

第四步,取极限. 将 $[a,b]$ 无限细分,得到这个和式的极限,即定积分

$$S = \lim_{\lambda \to 0} \sum_{i=1}^n f(\xi_i)\Delta x_i = \int_a^b f(x)\mathrm{d}x.$$

在上述问题中,所求的总量(即面积 $S$)与区间 $[a,b]$ 有关. 若将区间 $[a,b]$ 分成多个部分区间,则总量相应地分成了多个部分量(即面积 $\Delta S_i$). 换句话说,所求总量等于所有部分量之和(即 $S = \sum_{i=1}^n \Delta S_i$). 这个性质称为所求量对于区间 $[a,b]$ 具有可加性. 另外,以 $f(\xi_i)\Delta x_i$ 近似部分量 $\Delta S_i$ 时,要求二者只相差一个比 $\Delta x_i$ 高阶的无穷小,这样保证和式 $\sum_{i=1}^n f(\xi_i)\Delta x_i$ 的极限是总量 $S$ 的精确值.

一般地,在讨论一个关于区间 $[a,b]$ 上总量 $A$ 的计算问题时,套用前述四个步骤是不方便的,我们将其简化为如下两步.

第一步,任取一个小区间 $[x, x+\mathrm{d}x] \subseteq [a,b]$,求出 $A$ 在这个小区间上的局部量 $\Delta A$ 的近似值

$$\Delta A \approx \mathrm{d}A = f(x)\mathrm{d}x,$$

要求 $\Delta A - f(x)\mathrm{d}x$ 是 $\mathrm{d}x$ 的高阶无穷小.

第二步,在 $[a,b]$ 上将 $\mathrm{d}A$ "相加",得到

$$A = \int_a^b f(x)\mathrm{d}x.$$

这样,就将总量的计算问题转化为定积分的计算问题.

在以上讨论中,$\mathrm{d}A = f(x)\mathrm{d}x$ 称为量 $A$ 的**积分微元**,简称**微元**.上述寻找微元并求其在相应区间上的积分的方法,称为**微元分析法**,简称**微元法**.

在应用微元法求某个总量 $A$ 时,必须注意以下几点:

$1°$ $A$ 是与一个变量 $x$ 的变化区间 $[a, b]$ 有关的量;

$2°$ $A$ 关于区间必须是可加的,这是由定积分概念所决定的;

$3°$ $\Delta A - f(x)\mathrm{d}x$ 是 $\mathrm{d}x$ 的高阶无穷小.

第三点是微元法的关键,它保证了 $\Delta A$ 的近似表达式的正确性.在一般情况下,要检验 $\Delta A - f(x)\mathrm{d}x$ 是 $\mathrm{d}x$ 的高阶无穷小往往不是一件容易的事.因此对 $\Delta A$ 的近似表达式 $\mathrm{d}A = f(x)\mathrm{d}x$ 的合理性要仔细考虑.

### 7.7.2 定积分在几何中的应用举例

下面我们应用微元法讨论定积分在几何中的应用.

**1. 平面图形的面积**

**(1) 直角坐标系下平面图形的面积**

在本章 7.1.1 小节中,我们已经知道,由曲线 $y = f(x)$ ($f(x) \geqslant 0$) 以及直线 $x = a, x = b$ ($a < b$) 与 $x$ 轴所围成的曲边梯形的面积 $S$ 是定积分

$$S = \int_a^b f(x)\mathrm{d}x.$$

应用定积分,我们可以计算直角坐标系下更为复杂的平面图形的面积.

**例 7.55** 求由 $x = 0, x = 1, y = \mathrm{e}^x$ 及 $y = \mathrm{e}^{-x}$ 所围图形的面积(图 7.10).

**解** 这个图形位于直线 $x = 0$ 和 $x = 1$ 之间.取横坐标 $x$ 为积分变量,它的变化区间为 $[0, 1]$.在 $[0, 1]$ 上任取一个小区间 $[x, x + \mathrm{d}x]$,对应 $[x, x + \mathrm{d}x]$ 的窄条的面积近似于高为 $\mathrm{e}^x - \mathrm{e}^{-x}$、底为 $\mathrm{d}x$ 的窄矩形的面积,从而得到面积微元

$$\mathrm{d}S = (\mathrm{e}^x - \mathrm{e}^{-x})\mathrm{d}x.$$

以 $(\mathrm{e}^x - \mathrm{e}^{-x})\mathrm{d}x$ 为被积表达式,在 $[0, 1]$ 上作定积分,得到所求面积为

$$S = \int_0^1 (\mathrm{e}^x - \mathrm{e}^{-x})\mathrm{d}x = [\mathrm{e}^x + \mathrm{e}^{-x}]_0^1 = \mathrm{e} + \frac{1}{\mathrm{e}} - 2.$$

**例 7.56** 求由 $y^2 = 2x$ 与直线 $y = x - 4$ 所围图形的面积(图 7.11).

**解** 为了确定这个图形所在区域,解方程

$$\begin{cases} y^2 = 2x, \\ y = x - 4, \end{cases}$$

得到曲线 $y^2 = 2x$ 与直线 $y = x - 4$ 的交点 $(2, -2)$ 和 $(8, 4)$.因此,图形位于直线

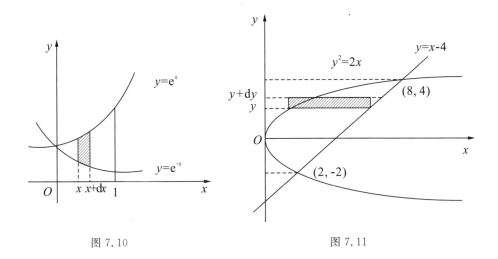

图 7.10    图 7.11

$y=-2$ 和 $y=4$ 之间.

选取纵坐标 $y$ 为积分变量,它的变化区间为 $[-2, 4]$. 在 $[-2, 4]$ 上任取一个小区间 $[y, y+\mathrm{d}y]$,对应 $[y, y+\mathrm{d}y]$ 的窄条的面积近似于高为 $\mathrm{d}y$、底为 $y+4-\frac{1}{2}y^2$ 的窄矩形的面积,从而得到面积微元

$$\mathrm{d}S = \left(y+4-\frac{1}{2}y^2\right)\mathrm{d}y.$$

以 $\left(y+4-\frac{1}{2}y^2\right)\mathrm{d}y$ 为被积表达式,在 $[-2, 4]$ 上作定积分,得到所求面积为

$$S = \int_{-2}^{4}\left(y+4-\frac{1}{2}y^2\right)\mathrm{d}y = \left[\frac{y^2}{2}+4y-\frac{y^3}{6}\right]_{-2}^{4} = 18.$$

在例 7.55 中,我们选取横坐标 $x$ 为积分变量,而在例 7.56 中,却选取纵坐标 $y$ 为积分变量,这是为什么呢? 这个问题留给读者思考.

**例 7.57** 计算椭圆 $\dfrac{x^2}{a^2}+\dfrac{y^2}{b^2}=1$ 所围图形的面积.

**解** 利用对称性可知,椭圆在四个象限部分的面积相等,因此只需要求椭圆在第一象限内那部分 $S_1$ 的面积(图 7.12).

取横坐标 $x$ 为积分变量,它的变化区间为 $[0, a]$. 在 $[0, a]$ 上任取一个小区间 $[x, x+\mathrm{d}x]$,对应 $[x, x+\mathrm{d}x]$ 的窄条的面积近似于高为 $y$、底为 $\mathrm{d}x$ 的窄矩形的面积,从而得到面积微元

$$\mathrm{d}S_1 = y\mathrm{d}x.$$

以 $y\mathrm{d}x$ 为被积表达式,在 $[0, a]$ 上作定积分,得到第一象限部分的面积为

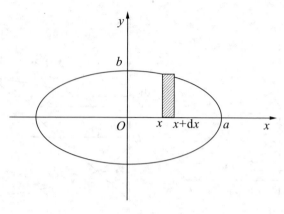

图 7.12

$$S_1 = \int_0^a y\,dx = \int_0^a \frac{b}{a}\sqrt{a^2-x^2}\,dx.$$

应用定积分的换元法,令 $x=a\cos t$,则

$$S_1 = \int_{\pi/2}^0 \frac{b}{a}\sqrt{a^2-a^2\cos^2 t}\,(-a\sin t)\,dt = ab\int_0^{\pi/2}\sin^2 t\,dt$$
$$= ab \cdot \frac{1}{2} \cdot \frac{\pi}{2} = \frac{\pi ab}{4}.$$

因此,所求椭圆的面积为 $S=4S_1=\pi ab$.

当 $a=b$ 时,就得到大家熟悉的圆面积的计算公式 $S=\pi a^2$.

**(2) 极坐标系下平面图形的面积**

设由曲线 $r=\varphi(\theta)$,射线 $\theta=\alpha$ 及 $\theta=\beta$ 围成一个"曲边扇形"(图 7.13),现在的问题是要计算它的面积. 假设对任意 $\theta\in[\alpha,\beta]$,有 $r(\theta)\geqslant 0$,我们应用微元法来讨论这个问题.

取极角 $\theta$ 为积分变量. 在区间 $[\alpha,\beta]$ 上取出任意的一个小区间 $[\theta,\theta+d\theta]$,设法求出相应的窄曲边扇形面积的近似值. 当 $d\theta$ 很小时,我们用半径为 $r=\varphi(\theta)$、中心角为

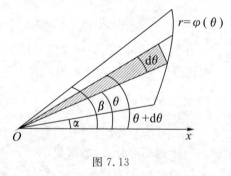

图 7.13

$d\theta$ 的圆扇形面积 $dS$ 来近似代替相应于 $[\theta,\theta+d\theta]$ 的窄曲边扇形面积 $\Delta S$ (图 7.13),即得到曲边扇形的面积微元

$$\Delta S\approx dS = \frac{1}{2}[\varphi(\theta)]^2 d\theta.$$

可以证明 $\Delta S - dS = o(\Delta \theta)$（这里从略）。换句话说，$dS$ 是曲边扇形面积 $S$ 的微分。

以 $\frac{1}{2}[\varphi(\theta)]^2 d\theta$ 为被积表达式，在闭区间 $[\alpha, \beta]$ 上作定积分（相当于求无穷和），便得到曲边扇形的面积为

$$S = \frac{1}{2}\int_\alpha^\beta [\varphi(\theta)]^2 d\theta. \tag{7.38}$$

**例 7.58** 求 Archimedes 螺线 $r = a\theta$ ($a > 0$) 上对应于 $0 \leqslant \theta \leqslant 2\pi$ 的一段弧与极轴所围成图形（如图 7.14）的面积。

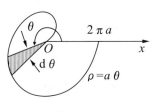

**解** 在指定的螺线段上，$\theta$ 的变化区间为 $[0, 2\pi]$，其中任意一个小区间 $[\theta, \theta+d\theta]$ 对应的窄曲边扇形的面积近似于半径为 $r = a\theta$、中心角为 $d\theta$ 的圆扇形面积。由此得到面积微元

$$dS = \frac{1}{2}(a\theta)^2 d\theta,$$

图 7.14

从而所求图形面积为

$$S = \int_0^{2\pi} \frac{1}{2}(a\theta)^2 d\theta = \frac{a^2}{2}\left[\frac{\theta^3}{3}\right]_0^{2\pi} = \frac{4}{3}a^2\pi^3.$$

**例 7.59** 求双纽线 $r^2 = a^2 \cos 2\theta$ 所围成图形（图 7.15）的面积 $S$。

**解** 双纽线围成的图形位于 $|\theta| \leqslant \frac{\pi}{4}$ 和 $|\theta| \geqslant \frac{3\pi}{4}$ 之中。根据对称性，我们只需要考虑 $0 \leqslant \theta \leqslant \frac{\pi}{4}$ 对应的弧段与极轴所围的面积 $S_1$。区间 $[0, \pi/4]$ 中任意一个小区间 $[\theta, \theta+d\theta]$ 对应的窄曲边扇形的面积近似于半径为 $r = \sqrt{a^2\cos 2\theta}$、中心角为 $d\theta$ 的圆扇形面积。由此得到面积微元

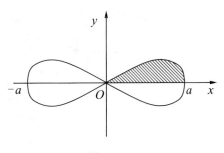

图 7.15

$$dS_1 = \frac{1}{2}r^2 d\theta = \frac{1}{2}a^2 \cos 2\theta d\theta,$$

于是，

$$S_1 = \frac{1}{2}\int_0^{\pi/4} a^2 \cos 2\theta d\theta = \frac{a^2}{4},$$

故所求图形面积为 $S = 4S_1 = a^2$。

## 2. 立体图形的体积

### (1) 平行截面面积已知的立体体积

一物体位于平面 $x=a$ 与 $x=b$ $(a<b)$ 之间,设任意一个垂直于 $x$ 轴的平面与此物体相交的截面积为 $A(x)$,并设 $A(x)\in C[a,b]$(图 7.16),求这个物体的体积 $V$.

在 $[a,b]$ 中任意取一个小区间 $[x,x+\mathrm{d}x]$,物体中相应 $[x,x+\mathrm{d}x]$ 的一个薄片的体积,可近似地用一个底面积为 $A(x)$、高为 $\mathrm{d}x$ 的扁柱体的体积来代替,即物体的体积微元为

$$\mathrm{d}V=A(x)\mathrm{d}x,$$

从而所求的体积为

$$V=\int_a^b A(x)\mathrm{d}x. \tag{7.39}$$

**例 7.60** 设一立体的底面是 $xOy$ 平面上由曲线 $y=\sin x$ $(0\leqslant x\leqslant \pi)$ 与 $x$ 轴所围成的区域,该立体的每一个垂直于 $x$ 轴的截面都是一个正方形,而这个正方形的底边位于立体的底面上. 求这个立体的体积(图 7.17).

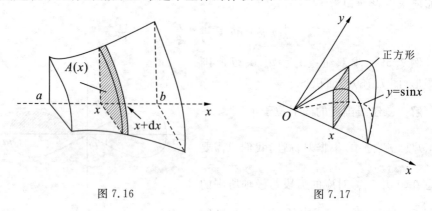

图 7.16    图 7.17

**解** 由于物体截面是正方形,其一边为 $\sin x$,故截面的面积为

$$A(x)=\sin^2 x,$$

于是立体的体积为

$$V=\int_0^\pi \sin^2 x\mathrm{d}x=2\int_0^{\pi/2}\sin^2 x\mathrm{d}x=\int_0^{\pi/2}(1-\cos 2x)\mathrm{d}x=\frac{\pi}{2}.$$

**例 7.61** 求以半径为 $R$ 的圆为底、平行且等于底圆直径的线段为顶、高为 $h$ 的正劈锥体的体积.

**解** 取底圆所在平面为 $xOy$ 平面,原点 $O$ 为圆心,并使 $x$ 轴与正劈锥的顶平行(图 7.18). 于是,底圆方程为 $x^2+y^2=R^2$. 过 $x$ 轴上的点 $x$ $(-R\leqslant x\leqslant R)$ 作垂

直于 $x$ 轴的平面,截正劈锥体得截面为等腰三角形,它的面积为

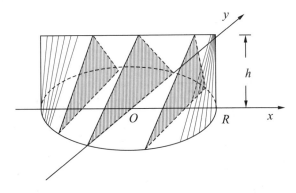

图 7.18

$$A(x) = \frac{1}{2} \cdot h \cdot 2y = h\sqrt{R^2 - x^2},$$

于是所求正劈锥体的体积为

$$V = \int_{-R}^{R} A(x)\mathrm{d}x = h\int_{-R}^{R} \sqrt{R^2 - x^2}\,\mathrm{d}x = 2R^2 h \int_{0}^{\pi/2} \cos^2\theta \mathrm{d}\theta$$
$$= \frac{1}{2}\pi R^2 h.$$

**(2) 旋转体的体积**

旋转体是一个平面图形绕平面内一条定直线旋转一周而成的立体. 例如,圆柱、圆台、圆锥、球体等都是旋转体.

我们在较一般的情形下来讨论旋转体体积的计算方法. 设有一曲边梯形,它由连续曲线 $y=f(x)$ 以及两条直线 $x=a, x=b$ $(a<b)$ 和 $x$ 轴围成. 将这个曲边梯形绕 $x$ 轴旋转一周,得到一个旋转体(图 7.19),求这个旋转体的体积.

由旋转体的特点知道,任何一个垂直于 $x$ 轴的平面与这个旋转体相交的截面积为

$$A(x) = \pi y^2 = \pi [f(x)]^2,$$

所以由平行截面面积已知的立体体积的计算可得

$$V = \int_{a}^{b} A(x)\mathrm{d}x = \pi \int_{a}^{b} [f(x)]^2 \mathrm{d}x. \tag{7.40}$$

类似地,由连续曲线 $x=\varphi(y)$ 以及两条直线 $y=c, y=d$ $(c<d)$ 和 $y$ 轴围成的曲边梯形,绕 $y$ 轴旋转一周而成的旋转体(图 7.20)的体积为

$$V = \pi \int_{c}^{d} [\varphi(y)]^2 \mathrm{d}y. \tag{7.41}$$

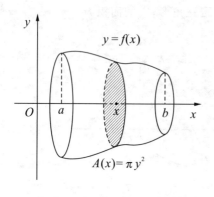

图 7.19

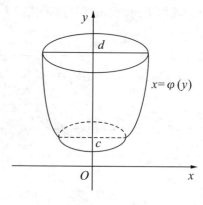

图 7.20

**例 7.62** 求椭圆 $\dfrac{x^2}{a^2}+\dfrac{y^2}{b^2}=1$ 分别绕 $x$ 轴、$y$ 轴旋转而成的旋转椭球的体积(图 7.21).

**解** 当椭圆绕 $x$ 轴旋转时,考虑上半椭圆,其方程为

$$y=\frac{b}{a}\sqrt{a^2-x^2} \quad (-a\leqslant x\leqslant a),$$

此时旋转椭球体的截面积为

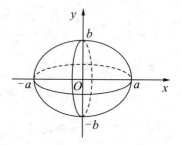

图 7.21

$$A_1(x)=\pi y^2=\pi\frac{b^2}{a^2}(a^2-x^2) \quad (-a\leqslant x\leqslant a),$$

椭球体的体积为

$$V_1=\int_{-a}^{a}A_1(x)\mathrm{d}x=\frac{\pi b^2}{a^2}\int_{-a}^{a}(a^2-x^2)\mathrm{d}x=\frac{\pi b^2}{a^2}\left[a^2x-\frac{x^3}{3}\right]_{-a}^{a}$$

$$=\frac{4}{3}\pi ab^2.$$

当椭圆绕 $y$ 轴旋转时,考虑右半椭圆,其方程为

$$x=\frac{a}{b}\sqrt{b^2-y^2} \quad (-b\leqslant y\leqslant b),$$

此时旋转椭球体的截面积为

$$A_2(y)=\pi x^2=\pi\frac{a^2}{b^2}(b^2-y^2) \quad (-b\leqslant y\leqslant b),$$

椭球体的体积为

$$V_2=\int_{-b}^{b}A_2(y)\mathrm{d}y=\frac{\pi a^2}{b^2}\int_{-b}^{b}(b^2-y^2)\mathrm{d}y=\frac{\pi a^2}{b^2}\left[b^2y-\frac{y^3}{3}\right]_{-b}^{b}$$

$$= \frac{4}{3}\pi a^2 b.$$

**例 7.63** 由连续曲线 $y=f(x)\geqslant 0$,直线 $x=a$ 和 $x=b(0<a<b)$ 以及 $x$ 轴围成一个曲边梯形,它绕 $y$ 轴旋转一周所产生的旋转体的体积是多少?

**解** 这个问题不能直接用旋转体体积的定积分计算公式求解,但我们可以用微元法的分析方法来求解.在 $[a,b]$ 上任取一小段 $[x, x+\mathrm{d}x]$,则对应的小曲边梯形绕 $y$ 轴旋转一周所得的体积 $\Delta V$,可近似地用一个底边为 $\mathrm{d}x$、高为 $f(x)$ 小矩形绕 $y$ 轴旋转所得体积来代替(图 7.22),即

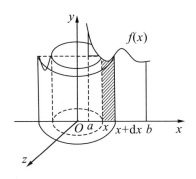

图 7.22

$$\Delta V \approx \pi(x+\mathrm{d}x)^2 f(x) - \pi x^2 f(x) = 2\pi x f(x)\mathrm{d}x + \pi f(x)(\mathrm{d}x)^2$$
$$\approx 2\pi x f(x)\mathrm{d}x.$$

由此得到体积微元为

$$\mathrm{d}V = 2\pi x f(x)\mathrm{d}x.$$

以 $2\pi x f(x)\mathrm{d}x$ 为被积表达式,在闭区间 $[a,b]$ 上作定积分(相当于求无穷和),便得到这个旋转体的体积为

$$V = 2\pi \int_a^b x f(x)\mathrm{d}x. \tag{7.42}$$

### 3. 平面曲线的弧长

设 $A$、$B$ 是曲线弧上的两个端点(图 7.23).在弧 $\overparen{AB}$ 上依次任意取分点 $A = M_0, M_1, \cdots, M_n = B$,并依次连接相邻分点得一条折线(图 7.23).当分点的个数无限增加且每个小弧段 $\overparen{M_{i-1}M_i}$ 都缩向一点时,若折线的长度 $\sum_{i=1}^n |M_{i-1}M_i|$ 的极限存在,则称此极限为曲线弧 $\overparen{AB}$ 的长度,并称曲线弧 $\overparen{AB}$ 是可求长度的.

可以证明,光滑曲线弧是可求长度的.我们用定积分的微元法来讨论平面光滑曲线弧长的计算问题.设有光滑平面曲线弧段 $l: y = f(x)$ $(a \leqslant x \leqslant b)$,$f(x)$ 具有一阶连续导数,下面来计算 $l$ 的长度.

如图 7.24,在 $[a,b]$ 上任取一小区间 $[x, x+\mathrm{d}x]$,它所对应的一小段弧的长度,可以用曲线在点 $(x, f(x))$ 处的切线上相应的一小段的长度来近似,即

$$\Delta s \approx \mathrm{d}s = \sqrt{(\mathrm{d}x)^2 + (\mathrm{d}y)^2} = \sqrt{1 + [f'(x)]^2}\,\mathrm{d}x.$$

其中

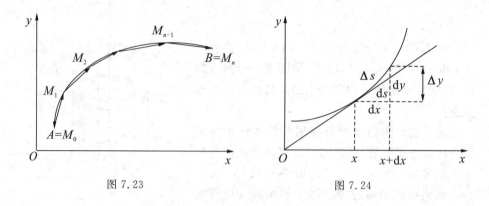

图 7.23　　　　　　　　图 7.24

$$\mathrm{d}s = \sqrt{1+[f'(x)]^2}\,\mathrm{d}x \tag{7.43}$$

是**弧长微元**（或**弧长微分**）.

以 $\sqrt{1+[f'(x)]^2}\,\mathrm{d}x$ 为被积表达式，在闭区间 $[a,b]$ 上作定积分（相当于求无穷和），便得到弧长计算公式

$$s = \int_a^b \sqrt{1+[f'(x)]^2}\,\mathrm{d}x. \tag{7.44}$$

当曲线 $l$ 是用参数方程

$$\begin{cases} x = \varphi(t), \\ y = \psi(t) \end{cases} \quad (\alpha \leqslant t \leqslant \beta)$$

表示时，弧长微分为

$$\mathrm{d}s = \sqrt{(\mathrm{d}x)^2+(\mathrm{d}y)^2} = \sqrt{[\varphi'(t)]^2+[\psi'(t)]^2}\,\mathrm{d}t,$$

故所求弧长为

$$s = \int_\alpha^\beta \sqrt{[\varphi'(t)]^2+[\psi'(t)]^2}\,\mathrm{d}t.$$

当曲线用极坐标方程

$$r = r(\theta) \quad (\alpha \leqslant \theta \leqslant \beta)$$

表示时，其参数方程为

$$\begin{cases} x = r(\theta)\cos\theta, \\ y = r(\theta)\sin\theta \end{cases} \quad (\alpha \leqslant \theta \leqslant \beta),$$

因此，弧长微分为

$$\mathrm{d}s = \sqrt{[x'(\theta)]^2+[y'(\theta)]^2}\,\mathrm{d}\theta = \sqrt{r^2(\theta)+[r'(\theta)]^2}\,\mathrm{d}\theta,$$

从而所求弧长为

$$s = \int_\alpha^\beta \sqrt{r^2(\theta)+[r'(\theta)]^2}\,\mathrm{d}\theta.$$

**例 7.64** 图 7.25 所示的是**悬链线**,其方程为
$$y = \frac{1}{2}(e^x + e^{-x}) = \cosh x,$$
它描述两根电线杆之间电线的形态. 试求悬链线上从 $x=-1$ 到 $x=1$ 之间的一段弧长.

**解** 因为 $y' = \frac{1}{2}(e^x - e^{-x}) = \sinh x$,故弧长微分为
$$ds = \sqrt{1 + y'^2}\,dx = \sqrt{1 + \sinh^2 x}\,dx = \cosh x\,dx.$$

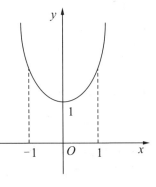

图 7.25

利用对称性,所求弧长为
$$s = 2\int_0^1 \cosh x\,dx = [2\sinh x]_0^1 = 2\sinh 1 = e - \frac{1}{e}.$$

**例 7.65** 求星形线(图 7.26) $x = a\cos^3 t, y = a\sin^3 t$ 的弧长.

**解** 由对称性知,只需求它在第一象限内的一段弧长再乘 4 即可. 此时参数 $t$ 由 0 到 $\frac{\pi}{2}$,弧长微分为
$$\begin{aligned}ds &= \sqrt{(x'(t))^2 + (y'(t))^2}\,dt \\ &= \sqrt{(-3a\cos^2 t\sin t)^2 + (3a\sin^2 t\cos t)^2}\,dt \\ &= 3a\cos t\sin t\,dt,\end{aligned}$$
故所求弧长为
$$\begin{aligned}s &= 4\int_0^{\pi/2}\sqrt{(x'(t))^2 + (y'(t))^2}\,dt = 12a\int_0^{\pi/2}\cos t\sin t\,dt \\ &= [6a\sin^2 t]_0^{\pi/2} = 6a.\end{aligned}$$

注意:星形线也可以用方程 $x^{2/3} + y^{2/3} = a^{2/3}$ 表示.

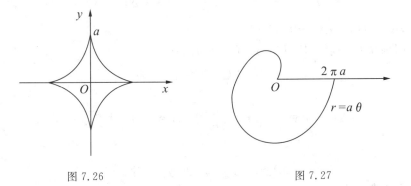

图 7.26      图 7.27

**例 7.66** 求 Archimedes 螺线 $r=a\theta$ ($a>0$) 对应于 $0\leqslant\theta\leqslant2\pi$ 的一段弧 (图 7.27) 的长度.

**解** 弧长微分为
$$ds=\sqrt{r^2+r'^2}\,d\theta=\sqrt{a^2\theta^2+a^2}\,d\theta=a\sqrt{1+\theta^2}\,d\theta,$$
故所求弧长为
$$s=a\int_0^{2\pi}\sqrt{1+\theta^2}\,d\theta=\frac{a}{2}\left[2\pi\sqrt{1+4\pi^2}+\ln(2\pi+\sqrt{1+4\pi^2})\right].$$

**4. 旋转体的侧面积**

设光滑平面曲线 $l$ 的方程为
$$y=f(x),\quad x\in[a,b],$$
并设 $f(x)\geqslant 0$,求曲线 $l$ 绕 $x$ 轴旋转一周所得旋转体的侧面积 $A$.

我们仍用微元法进行讨论. 取 $[a,b]$ 中的一个小区间 $[x,x+\Delta x]$,过 $x$ 与 $x+\Delta x$ 两点分别作垂直于 $x$ 轴的平面,它们在旋转体的侧面截下一条狭带(图 7.28). 当 $\Delta x$ 很小时,这个狭带的侧面积 $\Delta A$ 可用小圆台的侧面积近似,即

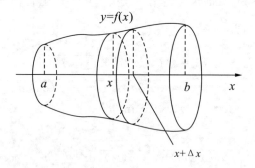

图 7.28

$$\Delta A\approx 2\pi\frac{f(x)+f(x+\Delta x)}{2}\cdot\sqrt{\Delta x^2+\Delta y^2},$$
其中,$\Delta y=f(x+\Delta x)-f(x)$.

因为 $f'(x)$ 连续,所以当 $\Delta x$ 充分小时,有
$$\frac{f(x)+f(x+\Delta x)}{2}\approx f(x),$$
$$\sqrt{\Delta x^2+\Delta y^2}=\sqrt{1+\left(\frac{\Delta y}{\Delta x}\right)^2}\Delta x\approx\sqrt{1+[f'(x)]^2}\,dx.$$
因此,
$$\Delta A\approx 2\pi f(x)\sqrt{1+[f'(x)]^2}\,dx,$$
即侧面积微元为

$$dA = 2\pi f(x)\sqrt{1+[f'(x)]^2}\,dx.$$

它又可简单地看作底圆半径为 $f(x)$、高为 $ds=\sqrt{1+[f'(x)]^2}\,dx$ 的小圆柱体的侧面积.

以 $2\pi f(x)\sqrt{1+[f'(x)]^2}\,dx$ 为被积表达式,在闭区间 $[a,b]$ 上作定积分(相当于求无穷和),便得到旋转体的侧面积计算公式

$$A = 2\pi\int_a^b f(x)\sqrt{1+[f'(x)]^2}\,dx. \tag{7.45}$$

若曲线 $l$ 由参数方程

$$x=x(t), \quad y=y(t), \quad \alpha\leqslant t\leqslant\beta$$

表示,且设 $x'(t)\geqslant 0$(用来保证曲线上点的 $x$ 坐标单调增加)及 $y(t)\geqslant 0$,则 $l$ 绕 $x$ 轴旋转所得旋转体的侧面积计算公式为

$$A = 2\pi\int_\alpha^\beta y(t)\sqrt{[x'(t)]^2+[y'(t)]^2}\,dt. \tag{7.46}$$

**例 7.67** 求半径为 $R$ 的球的表面积.

**解** 不妨设球面是由上半圆: $y=\sqrt{R^2-x^2}$ ($-R\leqslant x\leqslant R$) 绕 $x$ 轴旋转所得曲面. 因此, 半径为 $R$ 的球的表面积为

$$A = 2\pi\int_{-R}^R y\sqrt{1+[y']^2}\,dx$$

$$= 2\pi\int_{-R}^R \sqrt{R^2-x^2}\cdot\sqrt{1+\frac{x^2}{R^2-x^2}}\,dx = 4\pi R^2.$$

**例 7.68** 求由星形线 $x=a\cos^3 t, y=a\sin^3 t$ (图 7.26) 绕 $x$ 轴旋转所得旋转体的表面积.

**解** 由对称性以及基于参数方程的旋转体侧面积计算公式,可得

$$A = 2\cdot 2\pi\int_0^{\pi/2} a\sin^3 t\sqrt{(3a\cos^2 t\sin t)^2+(3a\sin^2 t\cos t)^2}\,dt$$

$$= 12\pi a^2\int_0^{\pi/2}\sin^4 t\cos t\,dt = \frac{12}{5}\pi a^2.$$

### 7.7.3 定积分在物理中的应用举例

本小节介绍定积分在变力作功、质心、引力及液体的静压力等物理问题中的应用.

**1. 变力作功**

由物理学的知识可知,若物体沿直线运动时受一不变的力 $F$ 作用,且力 $F$ 的方向与物体运动方向一致,则在物体移动了距离 $s$ 时,力 $F$ 对物体所作的功为

$$W = F\cdot s.$$

下面考虑 $F$ 是变力的情形.

**例 7.69** 将一个带 $+q$ 电荷量的点电荷放在 $r$ 轴上坐标原点 $O$ 处,它产生一个电场,这个电场对周围的电荷有作用力. 若有一个单位正电荷位于这个电场中距离原点 $O$ 为 $r$ 的地方,则电场对它的作用力的大小是

$$F = k\frac{q}{r^2},$$

其中, $k$ 是常数. 如图 7.29,当这个单位正电荷在电场中从 $r=a$ 处沿 $r$ 轴移动到 $r=b(a<b)$ 处时,计算电场力 $F$ 对它所作的功.

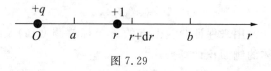

图 7.29

**解** 显然,单位正电荷在移动过程中所受到的电场力是变化的. 取 $r$ 为积分变量,它的变化区间是 $[a, b]$. 在 $[a, b]$ 中任取一个小区间 $[r, r+\mathrm{d}r]$,单位正电荷从 $r$ 处移动到 $r+\mathrm{d}r$ 处时,电场力对它所作的功可以近似为不变的力 $F=k\dfrac{q}{r^2}$ 所作的功,即功微元为

$$\mathrm{d}W = k\frac{q}{r^2}\cdot \mathrm{d}r = \frac{kq}{r^2}\mathrm{d}r,$$

于是,所求的功为

$$W = \int_a^b \frac{kq}{r^2}\mathrm{d}r = kq\left[-\frac{1}{r}\right]_a^b = kq\left(\frac{1}{a}-\frac{1}{b}\right).$$

单位正电荷在电场中从 $r=a$ 处沿 $r$ 轴移到无穷远处时,电场力对单位正电荷所作的功是反常积分:

$$W = \int_a^{+\infty}\frac{kq}{r^2}\mathrm{d}r = kq\left[-\frac{1}{r}\right]_a^{+\infty} = \frac{kq}{a}.$$

**例 7.70** 一条 28m 长、20kg 重的均匀铁链从屋顶悬垂下来(图 7.30). 现将整条铁链拉到屋顶上,需要作多少功?

**解** 显然,拉动过程中力的大小是变化的,拉力会越来越小. 在铁链上任取一小段 $[y, y+\mathrm{d}y]$(图 7.30),则这一小段的重力是

$$\frac{20\times 9.8}{28}\cdot \mathrm{d}y = 7\mathrm{d}y(\mathrm{N}).$$

当 $\mathrm{d}y$ 很小时, $y+\mathrm{d}y\approx y$,因此,把这一小段拉到

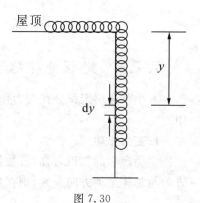

图 7.30

屋顶上所作的功近似等于
$$7\mathrm{d}y \cdot y = 7y\mathrm{d}y(\mathrm{J}).$$

因此,功微元为
$$\mathrm{d}W = 7y\mathrm{d}y.$$

于是,将整条铁链拉到屋顶上所作的功
$$W = \int_0^{28} 7y\mathrm{d}y = \left[\frac{7}{2}y^2\right]_0^{28} = 2\,744(\mathrm{J}).$$

**例 7.71** 设有一容器,其顶部所在的平面与铅直轴 $Ox$ 相交于原点. 设容器中水表面与 $Ox$ 轴相截于 $x=a(\mathrm{m})$,底面与 $Ox$ 轴相截于 $x=b(\mathrm{m})$. 如果垂直于 $Ox$ 轴的平面截容器所得的截面积为已知的 $S(x)$(图 7.31),试问要把容器中的水全部抽出需要作多少功?

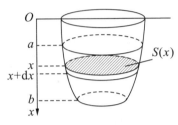

图 7.31

**解** 如图 7.31 所示,取 $[a,b]$ 中任一小区间 $[x, x+\mathrm{d}x]$,它对应于容器中高度为 $\mathrm{d}x$ 的一薄层水. 由于水的密度为 $1\,000\mathrm{kg/m}^3$,于是这一薄层水的重量近似等于 $1\,000S(x)\mathrm{d}x$,抽出这一薄层水所作的功近似地等于
$$\mathrm{d}W = 1\,000S(x)\mathrm{d}x \cdot g \cdot x = 1\,000gxS(x)\mathrm{d}x,$$
其中,$g$ 为重力加速度. 上式就是功微元.

因此,将容器内的水全部抽出所需作功为
$$W = \int_a^b 1\,000gxS(x)\mathrm{d}x = 1\,000g\int_a^b xS(x)\mathrm{d}x.$$

**2. 引力**

设有两个质点,质量分别为 $m_1$ 与 $m_2$,根据万有引力定律可知,这两个质点之间的引力为
$$F = G\frac{m_1 m_2}{r^2},$$
其中,$G$ 为引力常数,$r$ 为这两个质点之间的距离.

如果考虑两个物体之间的引力,一般来说需要用到下册的重积分才能解决. 但是在某些简单情况下也可以用定积分加以解决.

**例 7.72** 有一线密度为常数 $\mu$、长度为 $l$ 的细杆,有一质量为 $m$ 的质点 $M$ 位于杆的中垂线上距离杆 $a$ 个单位处. 已知引力系数为 $G$,求细

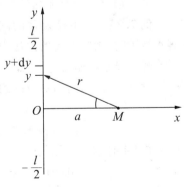

图 7.32

杆对质点 $M$ 的引力.

**解** 如图 7.32 所示建立坐标系,使细杆在 $y$ 轴上,质点 $M$ 在 $x$ 轴上,细杆的中点为原点 $O$. 取 $y$ 为积分变量,它的变化区间是 $[-l/2, l/2]$.

在 $[-l/2, l/2]$ 上任取一个小区间 $[y, y+\mathrm{d}y]$,将细杆上对应于 $[y, y+\mathrm{d}y]$ 的这一小段近似地看成一个质点,其质量为 $\mu \mathrm{d}y$,与质点 $M$ 的距离为 $r=\sqrt{a^2+y^2}$. 因此,这一小段细杆与质点 $M$ 之间的引力 $\Delta F$ 的大小近似为

$$\Delta F \approx G \frac{m\mu \mathrm{d}y}{a^2+y^2},$$

由此可以求出 $\Delta F$ 在水平方向的分力 $\Delta F_x$ 的近似值,即细杆对质点 $M$ 的引力在水平方向的分力 $F_x$ 的微元为

$$\mathrm{d}F_x = -G \frac{am\mu \mathrm{d}y}{(a^2+y^2)^{3/2}},$$

于是得细杆对质点 $M$ 的引力在水平方向的分力为

$$F_x = -\int_{-l/2}^{l/2} \frac{Gam\mu}{(a^2+y^2)^{3/2}} \mathrm{d}y = -\frac{2Gm\mu l}{a} \cdot \frac{1}{\sqrt{4a^2+l^2}}.$$

由对称性可知,细杆对质点 $M$ 的引力在铅直方向的分力为 $F_y=0$.

当细杆的长度很大时,可视 $l$ 趋于无穷. 此时引力大小为 $\dfrac{2Gm\mu}{a}$,方向与细杆垂直且由 $M$ 指向细杆.

**3. 液体的静压力**

下面我们讨论利用定积分求液体的静压力问题,基本想法是利用压强来求静压力. 所谓压强是指单位面积所受到的压力. 由物理学知识可知:

$1°$ 在液体中任一点处,各个方向的压强都是相等的;

$2°$ 压强随深度的增加而增加(压强=深度×液体密度×$g$).

下面通过一个具体问题来说明基于定积分的液体静压力计算方法.

**例 7.73** 一半径为 $R$ 的圆形管道,有一道闸门,问盛水半满时,闸门所受的静压力为多少?

**解** 设水的密度为 $\mu$,如图 7.33 所示建立坐标系. 由题设可知,圆形闸门对应的圆方程为

$$x^2+y^2=R^2.$$

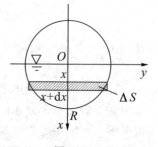

图 7.33

取 $x$ 为积分变量,根据题意知它的变化区间是 $[0, R]$,在其上任取一小区间 $[x, x+\mathrm{d}x]$. 水浸泡的半圆片上对应于 $[x, x+\mathrm{d}x]$ 的窄条上各点处的压强近似为 $\mu g x$,这个窄条的面积近似为 $2\sqrt{R^2-x^2}\mathrm{d}x$(图 7.33). 因此,这个窄条所受的水的

静压力
$$\Delta P = 压强 \times 面积 \approx 2\mu g x \sqrt{R^2 - x^2}\,\mathrm{d}x.$$
于是得到静压力微元
$$\mathrm{d}P = 2\mu g x \sqrt{R^2 - x^2}\,\mathrm{d}x,$$
从而所求静压力为
$$P = \int_0^R 2\mu g x \sqrt{R^2 - x^2}\,\mathrm{d}x = -\mu g \left[\frac{2}{3}(R^2 - x^2)^{3/2}\right]_0^R = \frac{2\mu g}{3}R^3.$$

**4. 质心**

假设平面上有 $n$ 个质点 $P_i(x_i, y_i)$，质量分别为 $m_i$，$i = 1, 2, \cdots, n$. 由物理学知识可知，这个质点组的质心 $(\bar{x}, \bar{y})$ 可表示为

$$\bar{x} = \frac{\sum_{i=1}^n m_i x_i}{\sum_{i=1}^n m_i}, \qquad \bar{y} = \frac{\sum_{i=1}^n m_i y_i}{\sum_{i=1}^n m_i},$$

其中，$\sum_{i=1}^n m_i = M$ 是质点组的总质量，$\sum_{i=1}^n m_i x_i$ 与 $\sum_{i=1}^n m_i y_i$ 分别为这个质点组对 $y$ 轴和 $x$ 轴的静力矩.

**(1) 平面曲线的质心**

下面我们讨论基于定积分的平面曲线的质心的求法.

设平面曲线 $l$ 的参数方程为
$$x = x(t), \quad y = y(t) \quad (\alpha \leqslant t \leqslant \beta),$$

其中，$x'(t)$ 与 $y'(t)$ 连续且不同时为零. 假设 $l$ 的线密度为 $\mu(t) \in C[\alpha, \beta]$，我们先导出曲线 $l$ 的质量公式. 由本章 7.7.2 小节知，$\forall t \in [\alpha, \beta]$，对应 $[\alpha, t]$ 的曲线段的弧长为

$$s(t) = \int_\alpha^t \sqrt{[x'(\tau)]^2 + [y'(\tau)]^2}\,\mathrm{d}\tau,$$

它的反函数设为 $t = t(s)$，其中 $s$ 为弧长. 在曲线 $l$ 上任取一小段曲线 $[s, s + \mathrm{d}s]$，当 $\mathrm{d}s$ 很小时可近似看作一个质点，因而质量微元为
$$\mathrm{d}M = \mu[t(s)]\mathrm{d}s.$$

若设 $s_0$ 为 $l$ 的全长，则得到曲线 $l$ 的质量为

$$M = \int_0^{s_0} \mu[t(s)]\mathrm{d}s = \int_\alpha^\beta \mu(t) \sqrt{[x'(t)]^2 + [y'(t)]^2}\,\mathrm{d}t.$$

再求曲线 $l$ 的质心. 任取曲线的一小段 $[s, s + \mathrm{d}s]$，则将它近似地看成一个质点时，得到关于 $y$ 轴和 $x$ 轴的静力矩微元分别为

$$\mathrm{d}M_y = \mu[t(s)]x[t(s)]\mathrm{d}s, \quad \mathrm{d}M_x = \mu[t(s)]y[t(s)]\mathrm{d}s.$$

于是曲线 $l$ 对 $y$ 轴和 $x$ 轴的静力矩分别为

$$M_y = \int_0^{s_0} \mu[t(s)]x[t(s)]ds = \int_\alpha^\beta \mu(t)x(t)\sqrt{[x'(t)]^2 + [y'(t)]^2}dt,$$

$$M_x = \int_\alpha^\beta \mu(t)y(t)\sqrt{[x'(t)]^2 + [y'(t)]^2}dt,$$

因此,曲线 $l$ 的质心为

$$\bar{x} = \frac{1}{M}\int_\alpha^\beta \mu(t)x(t)\sqrt{[x'(t)]^2 + [y'(t)]^2}dt,$$

$$\bar{y} = \frac{1}{M}\int_\alpha^\beta \mu(t)y(t)\sqrt{[x'(t)]^2 + [y'(t)]^2}dt.$$
(7.47)

**例 7.74** 试求圆 $x^2 + y^2 = R^2$ 的下半圆周的质心.

**解** 根据题意,圆周的密度是均匀的,设为 $\mu$,于是下半圆周的质量为 $M = \mu\pi R$. 下半圆周的参数方程为

$$\begin{cases} x = R\cos t, \\ y = R\sin t \end{cases} \quad (\pi \leqslant t \leqslant 2\pi)$$

于是由曲线的质心计算公式得

$$\bar{x} = \frac{1}{\mu\pi R}\int_\pi^{2\pi} \mu R\cos t \cdot R dt = 0,$$

$$\bar{y} = \frac{1}{\mu\pi R}\int_\pi^{2\pi} \mu R\sin t \cdot R dt = -\frac{2R}{\pi}.$$

**(2) 平面图形的质心**

下面我们讨论基于定积分的平面图形的质心的求法.

设 $f(x), g(x) \in C[a, \beta]$,且 $f(x) \geqslant g(x) \geqslant 0$,$A$ 是由 $y = f(x), y = g(x), x = a, x = b$ 围成的平面图形,它的质量均匀分布,不妨设面密度为 $\mu$,求 $A$ 的质心(图 7.34).

在 $[a, b]$ 中任取一个小区间 $[x, x+dx]$,$A$ 中对应的小窄条的质量近似为 $\mu[f(x) - g(x)]dx$. 当 $dx$ 很小时,我们可假定这小窄条的质量全部集中在它的质心上,而小窄条又可近似地看作是一小长方形,因此,小窄条的质心就是小长方形的形心,即质心到 $x$ 轴的距离是 $\frac{1}{2}[f(x) + g(x)]$,到 $y$ 轴的距离是 $x + \frac{dx}{2}$.

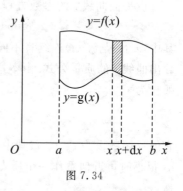

图 7.34

于是,小窄条对 $x$ 轴和 $y$ 轴的静力矩分别为

$$\Delta M_y \approx \left(x + \frac{dx}{2}\right) \cdot \mu[f(x) - g(x)]dx \approx \mu x[f(x) - g(x)]dx,$$

$$\Delta M_x \approx \frac{1}{2}[f(x)+g(x)] \cdot \mu[f(x)-g(x)]\mathrm{d}x$$
$$= \frac{1}{2}\mu[f^2(x)-g^2(x)]\mathrm{d}x.$$

因此，静力矩微元分别是
$$\mathrm{d}M_y = \mu x[f(x)-g(x)]\mathrm{d}x, \quad \mathrm{d}M_x = \frac{1}{2}\mu[f^2(x)-g^2(x)]\mathrm{d}x,$$

于是平面图形 $A$ 的静力矩分别为
$$M_y = \mu\int_a^b x[f(x)-g(x)]\mathrm{d}x, \quad M_x = \frac{1}{2}\mu\int_a^b [f^2(x)-g^2(x)]\mathrm{d}x,$$

而平面图形 $A$ 的总质量为
$$M = \mu\int_a^b [f(x)-g(x)]\mathrm{d}x,$$

因此，平面图形 $A$ 的质心坐标为
$$\bar{x} = \frac{M_y}{M} = \frac{\int_a^b x[f(x)-g(x)]\mathrm{d}x}{\int_a^b [f(x)-g(x)]\mathrm{d}x},$$
$$\bar{y} = \frac{M_x}{M} = \frac{\frac{1}{2}\int_a^b [f^2(x)-g^2(x)]\mathrm{d}x}{\int_a^b [f(x)-g(x)]\mathrm{d}x}.$$
(7.48)

## 习题 7.7

(A)

1. 思考题.

(1) 什么是微元法？

(2) 应用微元法必须注意哪些问题？

2. 求下列曲线所围图形的面积.

(1) $y=x^2$ 与 $y=2x+3$；　　(2) $y=\sqrt{x}$ 与 $y=x$；

(3) $y=\dfrac{1}{x}$ 与 $y=x, x=2$；　　(4) $y^2=1+2x-x^2$ 与 $x=\sqrt{1-y^2}$；

(5) $y=\mathrm{e}^x, y=\mathrm{e}^{-x}$ 与 $x=1$；　　(6) $y=\ln x, y$ 轴与 $y=\ln a, y=\ln b\ (b>a>0)$.

3. 求下列图形的面积.

(1) 抛物线 $y=-x^2+4x-3$ 与它在点 $(0,-3)$ 和 $(3,0)$ 处的切线所围成的图形；

(2) 抛物线 $y^2=2px\ (p>0)$ 与它在点 $(p/2,p)$ 处的法线所围成的图形.

4. 求下列曲线所围图形的面积.

(1) $r=2a(2+\cos\theta)$;　　　　(2) $r=a\sin3\theta$;

(3) $x=a\cos^3 t, y=a\sin^3 t$.

5. 求下列图形的面积.

(1) $\begin{cases} x=a(t-\sin t) \\ y=a(1-\cos t) \end{cases}$ $(0\leqslant t\leqslant 2\pi)$ 与 $y=0$ 所围成的图形;

(2) $r=ae^\theta (-\pi\leqslant\theta\leqslant\pi)$ 与 $\theta=\pi$ 所围成的图形;

(3) $r=3\cos\theta$ 与 $r=1+\cos\theta$ 的公共部分;

(4) $r=\sqrt{2}\sin\theta$ 与 $r^2=\cos2\theta$ 的公共部分.

6. 一立体的底面为一半径为 $R$ 的圆盘,其垂直于底面一条固定直线的所有截面都是等边三角形,求这个立体的体积.

7. 有一高为 $h$ 的截锥体,上下底均为椭圆,其轴长分别为 $2a,2b$ 和 $2A,2B$,求这截锥体的体积.

8. 曲线 $y=x^3$ 和直线 $x=2, y=0$ 所围图形分别绕 $x$ 轴和 $y$ 轴旋转,计算所得的两个旋转体体积.

9. 求下列旋转体的体积.

(1) 将星形线 $x^{2/3}+y^{2/3}=a^{2/3}$ 所围图形绕 $x$ 轴旋转一周所得旋转体;

(2) 将曲线 $y=\sqrt{x}$ 与 $y=x^2$ 所围图形绕 $x$ 轴旋转一周所得旋转体;

(3) 将曲线 $y=(x-1)(x-2)$ 和 $x$ 轴所围图形绕 $y$ 轴旋转一周所得旋转体;

(4) 将曲线 $y=\sin x(0\leqslant x\leqslant\pi)$ 和 $x$ 轴所围图形绕 $y$ 轴旋转一周所得旋转体.

10. 求下列弧段的长度.

(1) 曲线 $y=\ln(1-x^2)$ 上相应于 $0\leqslant x\leqslant\dfrac{1}{2}$ 的一段弧;

(2) 曲线 $y=\dfrac{1}{3}\sqrt{x}(3-x)$ 上相应于 $1\leqslant x\leqslant 3$ 的一段弧;

(3) $y=\displaystyle\int_0^{x/n} n\sqrt{\sin\theta}\,d\theta$ 相应于 $0\leqslant x\leqslant n\pi$($n$ 为正整数)的一段弧.

11. 计算下列参数方程或极坐标方程表示的曲线弧段的长度.

(1) 曲线(圆的渐伸线) $x=a(\cos t+t\sin t), y=a(\sin t-t\cos t)$ $(a>0, 0\leqslant t\leqslant 2\pi)$ 的一段弧;

(2) 对数螺成 $r=e^{a\theta}$ 相应于 $\theta=0$ 到 $\theta=\varphi$ 的一段弧;

(3) 心形线 $r=a(1+\cos\theta)$ 的全长.

12. 求下列曲线绕指定轴旋转所得旋转体的侧面积.

(1) $y=\sin x, 0\leqslant x\leqslant\pi$,绕 $x$ 轴;

(2) $r=a(1+\cos\theta), 0 \leqslant x \leqslant 2\pi$, 绕极轴.

13. 若 1kg 的力能使弹簧伸长 1cm, 则要使弹簧伸长 10cm 需作多少功?

14. 一物体按规律 $x=ct^3$ 作直线运动, 介质的阻力与速度的平方成正比, 计算物体由 $x=0$ 移至 $x=a$ 时, 克服介质阻力所作的功.

15. 直径为 20cm, 高为 80cm 的圆筒内充满压强为 $10\text{N}/\text{cm}^2$ 的蒸汽. 若温度保持不变, 要使蒸汽体积缩小一半, 问需作多少功?

16. 将 10m 的铁索下垂于矿井中, 铁索重 8kg/m, 现将此铁索由矿井全部提出, 问需作多少功?

17. 设有一个盛满水的锥形蓄水池, 深 15m, 口径 20m, 问要作多少功才能将水抽干净(水的相对密度设为 1)?

18. 在 $x$ 轴上, 从原点到 $P(l,0)$ 有一线密度为常数 $\mu$ 的细棒, 在点 $A(0,a)$ 处有一质量为 $m$ 的质点, 试求:

(1) 细棒对质点的引力;

(2) 当 $l\to+\infty$ 时, 细棒对质点的引力.

19. 设有一半径为 $R$, 中心角为 $\varphi$ 的圆弧形细棒, 线密度为 $\mu$ 常数, 在圆心处有一质量为 $m$ 的质点 $M$, 试求细棒对质点 $M$ 的引力.

20. 设两细棒的线密度为常数 $\mu$, 其长度分别为 $a$ 和 $b$, 两棒放在一直线上, 距离为 $c>0$, 求它们之间的引力.

21. 一个等腰三角形闸门垂直立于水中, 底边与水面相齐, 三角形底边上的高为 $h$, 底边长为 $a$, 求:

(1) 闸门所受的压力;

(2) 作水平线将闸门分为上下两部分, 使两部分所受压力相等.

22. 有一个等腰梯形水闸, 上底为 6m, 下底为 2m, 高为 10m, 试求当水面与上底相接时闸门所受的水压力.

23. 某船的观察窗的形状为长、短半轴依次为 $a,b$ 的半椭圆, 短轴为其上沿, 上沿与水面平行, 且位于水下 $c$ 处, 求此观察窗所受的水压力.

24. 求曲线 $x=a\cos\theta, y=a\sin\theta, |\theta|\leqslant\theta_0\leqslant\pi$ 的质心坐标, 其中曲线的线密度为常数 $\mu$.

25. 设一薄片所占区域由 $y=\sqrt{2px}, x=x_0$ 和 $y=0$ 围成, 它是均匀的, 求它的质心.

(B)

1. 求位于曲线 $y=e^x$ 下方, 该曲线过原点的切线的左方以及 $x$ 轴上方之间的图形的面积.

2. 求由抛物线 $y^2 = 4ax$ 与焦点的弦围成的图形面积的最小值.

3. 设 $M(\cos t, 2\sin^2 t)$ 为曲线 $\begin{cases} x = \cos t \\ y = 2\sin^2 t \end{cases}$ $(0 \leqslant t \leqslant \frac{\pi}{2})$ 上的一点,此曲线与直线 $OM$ 及 $x$ 轴所围图形的面积为 $S$,求 $\dfrac{dS}{dt}$ 取最大值时点 $M$ 的坐标.

4. 设 $f(x)$ 在 $[a,b]$ 上连续,且在 $(a,b)$ 内 $f'(x) > 0$,
   (1) 证明 $(a,b)$ 内存在唯一的 $\xi$ 使 $y = f(x)$ 与两直线 $y = f(\xi), x = a$ 所围面积 $S_1$ 等于曲线 $y = f(x)$ 与两直线 $y = f(\xi), x = b$ 所围图形面积 $S_2$;
   (2) 若 $y = qx^n (q > 0, n$ 为自然数$), 0 < a < b$,求 $\xi$.

5. 求圆盘 $x^2 + y^2 \leqslant a^2$ 绕 $x = -b$ $(b > a > 0)$ 旋转所成旋转体的体积.

6. 设抛物线 $y = ax^2 + bx + c$ 过原点,且当 $x \in [0,1]$ 时 $y \geqslant 0$,试确定 $a,b,c$ 的值使抛物线与直线 $x = 1, y = 0$ 所围成图形面积为 $\dfrac{4}{9}$,且使该图形绕 $x$ 轴旋转而成的旋转体体积最小.

7. 计算立方抛物线 $y^2 = \dfrac{2}{3}(x-1)^3$ 被抛物线 $y^2 = \dfrac{x}{3}$ 截得的一段弧的长度.

8. 在摆成 $x = a(t - \sin t), y = a(1 - \cos t)$ 上求分摆线第一拱成 $1:3$ 的分点的坐标.

9. 用铁锤将一铁钉击入木板,设木板对铁钉的阻力与铁钉击入木板的深度成正比,在击打第一次时,将铁钉击入木板 $1 cm$,若铁锤每次击打铁钉所作的功相等,问击打第二次时铁钉又击入木板多少?

10. 将半径为 $r$ 的球沉入水中,球的上部与水面相切,设球的相对密度与水的相对密度相同,现将球从水中取出需作多少功?

11. 设星形线 $x = a\cos^3 t, y = a\sin^3 t$ 上每一点处的线密度的大小等于该点到原点距离的立方,在原点处有一单位质点,求星形线在第一象限的弧段对这质点的引力(引力系数设为 $k$).

12. 均匀细棒 $AB$ 长为 $l$,质量为 $M$,另有质量为 $m$ 的质点位于点 $O$(图 7.35),$AB \perp OC$,$\angle COA = \alpha$,$\angle COB = \beta, OC = a$,求此棒对质点 $O$ 的引力.

13. 边长为 $a$ 和 $b$ 的矩形薄板与液面成 $\alpha$ 角斜沉于液体内,长边平行于液面而位于深 $h$,设 $a > b$,液体密度为 $\mu$,试求薄板每面所受的压力.

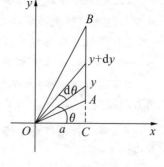

图 7.35

14. 一开口容器的侧面和底面分别由曲线弧段 $y = x^2 - 1 (1 \leqslant x \leqslant 2)$ 和直线段

$y=0$ $(0 \leqslant x \leqslant 1)$ 绕 $y$ 轴旋转而成,坐标轴长度单位为 m,现以 $2\mathrm{m}^3/\min$ 的速度向容器内注水,试求水面高度达到容器一半时,水面上升的速度.

15. 设一旋转体容器,底部有一个半径为 1cm 的圆孔,问该容器呈什么形状,才能使液体流出时液体体表面下降是均匀的?

## *7.8 定积分的近似计算

7.4 节的内容表明,只要求出被积函数的原函数,再利用微积分基本公式就可以得到定积分的精确值.但是在实际应用中,被积函数往往是近似的而不是精确的,因此,没有必要去求其定积分的精确值,而只要求出近似值就可满足需要.另一方面,在具体问题中,大量的被积函数的原函数并不容易求得,有时候即使求出了原函数,也往往由于它的形式过于复杂而不便计算精确值.由函数的可积性可知,若 $f(x)$ 在 $[a,b]$ 上可积,则可以采用任一特殊的 Riemann 和式逼近其积分值.本节将介绍定积分的几种近似计算方法.

### 7.8.1 矩形法

假设函数 $y=f(x) \in C[a,b]$,要求计算 $\int_a^b f(x)\mathrm{d}x$ 的近似值.将区间 $[a,b]$ 作 $n$ 等分,其分点为

$$x_i = a + i\frac{b-a}{n} \quad (i=0,1,2,\cdots,n),$$

每个小区间的长度为 $\Delta x = \dfrac{b-a}{n}$.

在第 $i$ 个小区间 $[x_{i-1}, x_i]$ 上,取 $\xi_i$ 分别等于小区间的左端点、右端点和中点,即

$$\xi_i = x_{i-1}, \quad x_i, \quad \frac{x_{i-1}+x_i}{2} \quad (1 \leqslant i \leqslant n).$$

再记

$$y_i = f(x_i) = f\left(a + i\frac{b-a}{n}\right) \quad (i=0,1,2,\cdots,n),$$

$$y_{i-1/2} = f\left(\frac{x_{i-1}+x_i}{2}\right) = f\left[a + \left(i-\frac{1}{2}\right)\frac{b-a}{n}\right] \quad (i=1,2,\cdots,n).$$

则由

$$\int_a^b f(x)\mathrm{d}x = \lim_{n \to +\infty} \sum_{i=1}^n f(\xi_i)\Delta x_i$$

可以得到 $\int_a^b f(x)\mathrm{d}x$ 的三个近似和式：

$$\int_a^b f(x)\mathrm{d}x \approx \sum_{i=1}^n f(x_{i-1})\Delta x = \frac{b-a}{n}\sum_{i=1}^n y_{i-1}, \qquad (7.49)$$

$$\int_a^b f(x)\mathrm{d}x \approx \sum_{i=1}^n f(x_i)\Delta x = \frac{b-a}{n}\sum_{i=1}^n y_i, \qquad (7.50)$$

$$\int_a^b f(x)\mathrm{d}x \approx \sum_{i=1}^n f\left(\frac{x_{i-1}+x_i}{2}\right)\Delta x = \frac{b-a}{n}\sum_{i=1}^n y_{i-1/2}. \qquad (7.51)$$

这三个公式分别称为**左矩形公式**、**右矩形公式**以及**中矩形公式**.

矩形法的几何意义是：每一个区间$[x_{i-1}, x_i]$上，用窄条矩形的面积作为窄条曲边梯形面积的近似值.整体上，用台阶形的面积作为曲边梯形面积的近似值.不同的窄条矩形高度的选取方法对应于不同的矩形公式(图 7.36).

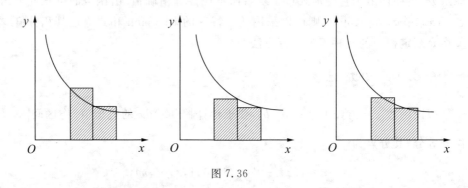

图 7.36

### 7.8.2 梯形法

如果在每个小区间$[x_{i-1}, x_i]$上用小梯形近似地代替小曲边梯形(图 7.37)，就可以得到下面的**梯形公式**：

$$\int_a^b f(x)\mathrm{d}x \approx \frac{b-a}{n}\left[\frac{1}{2}(y_0+y_1)+\frac{1}{2}(y_1+y_2)+\cdots+\frac{1}{2}(y_{n-1}+y_n)\right]$$

$$= \frac{b-a}{n}\left[\frac{1}{2}(y_0+y_n)+y_1+y_2+\cdots+y_{n-1}\right]. \qquad (7.52)$$

实际上，这个公式也可以看作是左矩形公式与右矩形公式相加后除以 2 得到的.
可以证明梯形法近似计算定积分的误差为

$$\left|\int_a^b f(x)\mathrm{d}x - \frac{b-a}{n}\left[\frac{1}{2}(y_0+y_n)+y_1+y_2+\cdots+y_{n-1}\right]\right| \leqslant \frac{(b-a)^3}{12n^2}M_2,$$

其中，$M_2$ 是 $|f''(x)|$ 在$[a, b]$上的最大值.

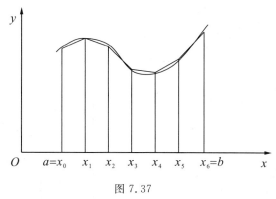

图 7.37

**例 7.75** 试利用梯形公式,计算定积分 $\int_0^1 e^{-x^2} dx$ 的近似值.

**解** 注意,$f(x)=e^{-x^2}$ 的原函数无法用初等积分法求出,我们用梯形法来计算这个定积分的近似值.将区间[0,1]作10等分,分点为

$$x_i = \frac{i}{10} \quad (i=0,1,2,\cdots,10),$$

相应的函数值为

$$y_i = e^{-x_i^2} \quad (i=0,1,2,\cdots,10),$$

将其列表如下(由指数函数表可查得 $e^{-x_i^2}$ 的值).

| $i$ | 0 | 1 | 2 | 3 | 4 | 5 | 6 | 7 | 8 | 9 | 10 |
|---|---|---|---|---|---|---|---|---|---|---|---|
| $x_i$ | 0 | 0.1 | 0.2 | 0.3 | 0.4 | 0.5 | 0.6 | 0.7 | 0.8 | 0.9 | 1 |
| $y_i$ | 1.000 00 | 0.990 05 | 0.960 79 | 0.913 93 | 0.852 14 | 0.778 80 | 0.697 68 | 0.612 63 | 0.527 29 | 0.444 86 | 0.367 88 |

利用梯形公式(7.52)得

$$\int_0^1 e^{-x^2} dx \approx \frac{1}{10} \times \left(\frac{y_0 + y_{10}}{2} + y_1 + y_2 + \cdots + y_9\right)$$

$$= 0.1 \times [0.683\ 94 + 0.990\ 05 + 0.960\ 79 + 0.913\ 93$$
$$+ 0.852\ 14 + 0.778\ 80 + 0.697\ 68 + 0.612\ 63$$
$$+ 0.527\ 29 + 0.444\ 86]$$
$$= 0.1 \times 7.462\ 11 = 0.746\ 21.$$

### 7.8.3 抛物线法

用梯形法求定积分的近似值时,当 $y=f(x)$ 为凹曲线时,近似值偏大;当 $y=f(x)$ 为凸曲线时,近似值偏小.若每段改用与被积函数凸性相接近的抛物线来近

似,就可以提高近似值的精确度.

现在将区间$[a, b]$作$2n$等分,分点为
$$a=x_0<x_1<\cdots<x_{2n}=b, \quad \Delta x=\frac{b-a}{2n}.$$

对应的函数值为$y_i=f(x_i)$ $(i=0,1,2,\cdots,2n)$,即
$$y_0, y_1, y_2, \cdots, y_{2n}.$$

曲线上相应的点为$P_i=(x_i, y_i)$ $(i=0,1,2,\cdots,2n)$,即
$$P_0, P_1, P_2, \cdots, P_{2n}.$$

用通过三点$P_0, P_1, P_2$的抛物线(图 7.38)
$$y=px^2+qx+r=Q_1(x)$$
来近似代替$[x_0, x_2]$上的曲线段$y=f(x)$,然后计算积分:

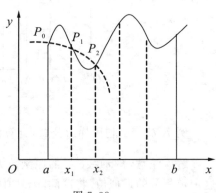

图 7.38

$$\begin{aligned}\int_{x_0}^{x_2} Q_1(x)\mathrm{d}x &= \int_{x_0}^{x_2}(px^2+qx+r)\mathrm{d}x \\ &= \frac{p}{3}(x_2^3-x_0^3)+\frac{q}{2}(x_2^2-x_0^2)+r(x_2-x_0) \\ &= \frac{x_2-x_0}{6}[(px_0^2+qx_0+r)+(px_2^2+qx_2+r) \\ &\quad +p(x_0+x_2)^2+2q(x_0+x_2)+4r].\end{aligned}$$

注意到$x_1=\frac{x_0+x_2}{2}$,将它代入上式得到
$$\begin{aligned}\int_{x_0}^{x_2} Q_1(x)\mathrm{d}x &= \frac{x_2-x_0}{6}[(px_0^2+qx_0+r)+4(px_1^2+qx_1+r) \\ &\quad +(px_2^2+qx_2+r)] \\ &= \frac{x_2-x_0}{6}(y_0+4y_1+y_2)=\frac{b-a}{6n}(y_0+4y_1+y_2).\end{aligned}$$

类似地有
$$\int_{x_2}^{x_4} Q_2(x)\mathrm{d}x = \frac{b-a}{6n}(y_2+4y_3+y_4),$$
$$\vdots$$
$$\int_{x_{2n-2}}^{x_{2n}} Q_n(x)\mathrm{d}x = \frac{b-a}{6n}(y_{2n-2}+4y_{2n-1}+y_{2n}).$$

将这$n$个积分相加即得$f(x)$在$[a, b]$上的积分的近似值:

$$\int_a^b f(x)\mathrm{d}x \approx \sum_{i=1}^n \int_{x_{2i-2}}^{x_{2i}} Q_i(x)\mathrm{d}x = \sum_{i=1}^n \frac{b-a}{6n}(y_{2i-2} + 4y_{2i-1} + y_{2i}),$$

即

$$\int_a^b f(x)\mathrm{d}x \approx \frac{b-a}{6n}[y_0 + y_{2n} + 4(y_1 + y_3 + \cdots + y_{2n-1})$$
$$+ 2(y_2 + y_4 + \cdots + y_{2n-2})]. \tag{7.53}$$

上式称为**抛物线形公式**,又称为 **Simpson** 公式.

可以证明,用抛物线形公式求定积分的近似值,其最大误差不超过 $\frac{(b-a)^5}{180n^4}M_4$,其中 $M_4$ 是 $|f^{(4)}(x)|$ 在 $[a,b]$ 上的最大值.

**例 7.76** 利用 Simpson 公式计算积分 $\int_0^1 \mathrm{e}^{-x^2}\mathrm{d}x$(取 $n=5$).

**解** 由 $n=5$ 的 Simpson 公式,可得

$$\int_0^1 \mathrm{e}^{-x^2}\mathrm{d}x \approx \frac{1}{6\times 5}[(y_0 + y_{10}) + 4(y_1 + y_3 + y_5 + y_7 + y_9)$$
$$+ 2(y_2 + y_4 + y_6 + y_8)]$$
$$= \frac{0.1}{3} \times [1.367\ 88 + 4\times 3.740\ 27 + 2\times 3.037\ 90]$$
$$= 0.746\ 83.$$

计算定积分的近似值的方法还有很多.随着计算机的广泛应用,很多数学软件可以直接进行定积分的近似计算.

## 习题 7.8

1. 利用中矩形公式计算积分 $\int_1^2 \frac{\mathrm{d}x}{x}$ 的近似值(取 $n=10$).

2. 利用梯形公式计算积分 $\int_0^1 \frac{\mathrm{d}x}{1+x^2}$ 的近似值(取 $n=10$).

3. 利用 Simpson 公式计算上题积分的近似值,取 $2n=6$.

## 总习题 7

1. 填空题.

(1) 函数 $f(x)$ 在 $[a,b]$ 上有界是 $f(x)$ 在 $[a,b]$ 上可积的_____条件,而函数 $f(x)$ 在 $[a,b]$ 上连续是 $f(x)$ 在 $[a,b]$ 上可积的_____条件.

(2) 函数 $f(x)$ 在 $[a,b]$ 上有定义,且 $|f(x)|$ 在 $[a,b]$ 上可积,此时积分 $\int_a^b f(t)\mathrm{d}t$ _____存在.

(3) 设 $f(x)$ 是 $[a, +\infty)$ 上的非负、连续函数,它的变上限积分 $\int_a^x f(t)dt$ 在 $[a, +\infty)$ 上有界是反常积分 $\int_a^{+\infty} f(t)dt$ 收敛的_____条件.

(4) 极限 $\lim\limits_{n\to +\infty} \sum\limits_{k=1}^n \dfrac{e^{k/n}}{n+ne^{2k/n}} = $ _____.

(5) 设 $f(x) = \begin{cases} xe^{x^2}, & -\dfrac{1}{2} \leqslant x < \dfrac{1}{2}, \\ -1, & \dfrac{1}{2} \leqslant x, \end{cases}$ 则 $\int_{1/2}^2 f(x-1)dx = $ _____.

(6) 设 $f(x)$ 连续,$\varphi(x) = \int_0^1 f(x^2+t)dt$,则 $\varphi'(x) = $ _____.

(7) 曲线 $y = \int_0^x e^{-t^2}dt \,(x \geqslant 0)$ 有渐近线_____.

(8) 已知 $\int_0^{+\infty} \dfrac{\sin x}{x}dx = \dfrac{\pi}{2}$,则 $\int_0^{+\infty} \dfrac{\sin^2 x}{x^2}dx = $ _____.

2. 选择题.

(1) 设 $f(x) = \begin{cases} 1, & x > 0, \\ 0, & x = 0, \\ -1, & x < 0, \end{cases}$ $F(x) = \int_0^x f(t)dt$,则有_____.

(A) $F(x)$ 在 $x=0$ 点不连续

(B) $F(x)$ 在 $(-\infty, +\infty)$ 内连续,但在 $x=0$ 点不可导

(C) $F(x)$ 在 $(-\infty, +\infty)$ 内可导,且满足 $F'(x) = f(x)$

(D) $F(x)$ 在 $(-\infty, +\infty)$ 内可导,但不一定满足 $F'(x) = f(x)$

(2) 设 $f(x) \in C[a,b]$,且 $f(x) > 0$,则 $\int_a^x f(t)dt + \int_b^x \dfrac{1}{f(t)}dt = 0$ 在 $(a,b)$ 内的根有_____.

(A) 0 个  (B) 1 个  (C) 2 个  (D) 无穷多个

(3) 设可微函数满足 $\int_0^x [2f(t)-1]dt = f(x)-1$,则 $f'(0) = $ _____.

(A) 2  (B) $2e-1$  (C) 1  (D) $e-1$

(4) 函数 $F(x) = \int_0^x (1+t)\arctan t \, dt$ 的极大值为_____.

(A) 0  (B) $-1$  (C) $\dfrac{1-\ln 2}{2}$  (D) 不存在

(5) 设 $f(x)$ 为已知的连续函数,$I = t\int_0^{s/t} f(tx)dx$,其中 $t > 0, s > 0$,则 $I$ 的值

_____.

(A)同时依赖于 $s$ 和 $t$  (B)既不依赖于 $s$ 也不依赖于 $t$

(C)依赖于 $t$ 而不依赖于 $s$  (D)依赖于 $s$ 而不依赖于 $t$

(6)设函数 $f(x)$ 连续,则下列函数中必为偶函数的是_____.

(A)$F_1(x) = \int_0^x t[f(t) + f(-t)]\mathrm{d}t$

(B)$F_2(x) = \int_0^x t[f(t) - f(-t)]\mathrm{d}t$

(C)$F_3(x) = \int_0^x f(t^2)\mathrm{d}t$

(D)$F_4(x) = \int_0^x t f^2(t)\mathrm{d}t$

(7)设 $I_1 = \int_1^e \ln x \mathrm{d}x, I_2 = \int_1^e \ln^2 x \mathrm{d}x$,则_____.

(A)$I_2 - I_1^2 = 0$  (B)$I_2 - 2I_1 = 0$  (C)$I_2 + 2I_1 = e$  (D)$I_2 - 2I_1 = e$

(8)反常积分 $\int_1^{+\infty} \dfrac{1}{x\sqrt{x^2-1}}\mathrm{d}x =$ _____.

(A)$0$  (B)$\dfrac{\pi}{2}$  (C)$\dfrac{\pi}{4}$  (D)发散

3.计算下列极限.

(1) $\lim\limits_{x \to +\infty} \dfrac{\int_0^x (\arctan t)^2 \mathrm{d}t}{\sqrt{x^2+1}}$;

(2) $\lim\limits_{x \to 0} \dfrac{\int_0^x \left[\int_0^{u^2} \arctan(1+t)\mathrm{d}t\right]\mathrm{d}u}{x(1-\cos x)}$;

(3) $\lim\limits_{n \to \infty} \dfrac{1}{n}\left[\sqrt{1+\cos\dfrac{\pi}{n}} + \sqrt{1+\cos\dfrac{2\pi}{n}} + \cdots + \sqrt{1+\cos\dfrac{n\pi}{n}}\right]$;

(4) $\lim\limits_{n \to \infty} \ln \sqrt[n]{\left(1+\dfrac{1}{n}\right)^2 \left(1+\dfrac{2}{n}\right)^2 \cdots \left(1+\dfrac{n}{n}\right)^2}$;

(5) $\lim\limits_{n \to +\infty} \dfrac{\sqrt[n]{n!}}{n}$.

4.计算下列定积分.

(1) $\int_0^3 \arcsin\sqrt{\dfrac{x}{1+x}}\mathrm{d}x$;

(2) $\int_0^{2a} x\sqrt{2ax-x^2}\,\mathrm{d}x \ (a>0)$;

(3) $\int_{\sqrt{e}}^{e^{3/4}} \dfrac{dx}{x\sqrt{\ln x(1-\ln x)}}$；

(4) $\int_0^1 x^2 f(x)dx$，其中 $f(x)=\int_1^x \dfrac{dt}{\sqrt{1+t^4}}$；

(5) $\int_1^n \dfrac{[x]}{x}dx.$（$[x]$ 表示 $x$ 的取整函数）；

(6) $\int_{-1}^1 (|x|+x)e^{-|x|}dx$；

(7) $\int_0^\pi \dfrac{x|\sin x\cos x|}{1+\sin^4 x}dx$；

(8) $I_n=\int_0^1 \dfrac{x^n}{\sqrt{1-x^2}}dx-\int_0^\pi x\sin^n x\,dx\ (n\in N).$

5. 设 $f(x)=\begin{cases} xe^{-x^2}, & x\geqslant 0,\\ \dfrac{1}{1+\cos x}, & -\pi<x<0, \end{cases}$ 求 $\int_1^4 f(x-2)dx.$

6. 设 $f(x)=\begin{cases} 2x+\dfrac{3}{2}x^2, & -1\leqslant x<0,\\ \dfrac{xe^x}{(e^x+1)^2}, & 0\leqslant x\leqslant 1, \end{cases}$ 求函数 $F(x)=\int_{-1}^x f(t)dt$ 的表达式.

7. 设 $xOy$ 平面上有正方形 $D=\{(x,y)\mid 0\leqslant x\leqslant 1,0\leqslant y\leqslant 1\}$ 及直线 $l$：$x+y=t\ (t\geqslant 0)$，若 $S(t)$ 表示正方形 $D$ 位于直线 $l$ 左下方部分的面积，试求 $\int_0^x S(t)dt\ (x\geqslant 0).$

8. 设 $f(x)$ 在 $[a,b]$ 上有连续导数，试求 $\lim\limits_{\lambda\to\infty}\int_a^b f(x)\cos\lambda x\,dx.$

9. 设 $f(x)$ 在 $[a,b]$ 上连续，且对于任意区间 $[\alpha,\beta]\subset[a,b]$，均有 $\left|\int_\alpha^\beta f(x)dx\right|\leqslant(\beta-\alpha)^2$ 成立，试证 $f(x)\equiv 0.$

10. 设 $f(x)$ 在 $[0,\pi/2]$ 上连续，且满足 $f(x)=x^2\cos x+\int_0^{\pi/2} f(t)dt$，求 $f(x).$

11. 设函数 $f(x)$ 在 $[0,+\infty)$ 上可导，$f(0)=0$，且其反函数为 $g(x)$，若 $\int_0^{f(x)} g(t)dt=x^2 e^x$，求 $f(x).$

12. 设函数 $f(x)$ 在 $(0,+\infty)$ 上连续，$f(1)=\dfrac{5}{2}$，且对所有 $x,t\in(0,+\infty)$，都有 $\int_0^{xt} f(u)du=t\int_1^x f(u)du+x\int_1^t f(u)du$，求 $f(x).$

13. 设 $f(x) = \int_0^x \cos\dfrac{1}{t}\mathrm{d}t$，求证 $f'(0) = 0$.

14. 证明下列不等式.

(1) $\dfrac{p}{p+1} < \int_0^1 \dfrac{\mathrm{d}x}{1+x^p} < 1$ $(p>0)$；

(2) $\int_0^{\sqrt{2\pi}} \sin x^2 \mathrm{d}x \geqslant 0$；

(3) $\dfrac{2}{\sqrt[4]{\mathrm{e}}} \leqslant \int_0^2 \mathrm{e}^{x^2-x}\mathrm{d}x \leqslant 2\mathrm{e}^2$.

15. 设 $\alpha_n = \int_0^1 \sin x^n \mathrm{d}x, \beta_n = \int_0^1 \sin^n x \mathrm{d}x$，其中 $n$ 为正整数，试证：

(1) $\alpha_n \geqslant \beta_n \geqslant 0$；

(2) 当 $n \to +\infty$ 时，$\alpha_n \to 0, \beta_n \to 0$.

16. 设函数 $S(x) = \int_0^x |\cos t|\mathrm{d}t$，

(1) 当 $n$ 为正整数，且 $n\pi \leqslant x < (n+1)\pi$ 时，证明：$2n \leqslant S(x) < 2(n+1)$；

(2) 求 $\lim\limits_{x \to +\infty} \dfrac{S(x)}{x}$.

17. 设 $f(x) = \int_x^{x+\frac{\pi}{2}} |\sin t|\mathrm{d}t$，

(1) 证明 $f(x)$ 是以 $\pi$ 为周期的周期函数；

(2) 求 $f(x)$ 的值域.

18. 试证方程 $\int_0^x \sqrt{1+t^4}\mathrm{d}t + \int_{\cos x}^0 \mathrm{e}^{-t^2}\mathrm{d}t = 0$ 有且只有一个实根.

19. 设 $f(x)$ 在 $[0,1]$ 上连续，在 $(0,1)$ 内可导，且满足 $f(1) = k\int_0^{\frac{1}{k}} x\mathrm{e}^{1-x}f(x)\mathrm{d}x$ $(k>1)$，证明：存在一点 $\xi \in (0,1)$，使得 $f'(\xi) = (1-\xi^{-1})f(\xi)$.

20. 设 $f(x)$ 在区间 $[0,1]$ 上连续，在 $(0,1)$ 内可导，且满足 $f(1) = 3\int_0^{\frac{1}{3}} \mathrm{e}^{1-x^2} f(x)\mathrm{d}x$，证明：存在 $\xi \in (0,1)$，使得 $f'(\xi) = 2\xi f(\xi)$.

21. 设 $f(x)$ 在 $[0,1]$ 上连续，且 $\int_0^1 f(x)\mathrm{d}x = 0, \int_0^1 xf(x)\mathrm{d}x = 0, \cdots, \int_0^1 x^{n-1}f(x)\mathrm{d}x = 0, \int_0^1 x^n f(x)\mathrm{d}x = 1$，试证：在 $[0,1]$ 上至少存在一点 $x_0$，使得 $|f(x_0)| \geqslant 2^n(n+1)$.

22. 设函数 $f(x)$ 在 $[0,\pi]$ 上连续，且 $\int_0^\pi f(x)\mathrm{d}x = 0, \int_0^\pi f(x)\cos x\mathrm{d}x = 0$，证明：在 $(0,\pi)$ 内至少存在两个不同的点 $\xi_1, \xi_2$，使 $f(\xi_1) = f(\xi_2) = 0$.

23. 设 $f(x)$ 为连续函数,证明:$\int_0^x f(t)(x-t)\mathrm{d}t = \int_0^x \left(\int_0^t f(u)\mathrm{d}u\right)\mathrm{d}t$.

24. 设 $f(x)$ 在 $[0,1]$ 上连续,且 $f(x) > 0$,证明:$\ln\int_0^1 f(x)\mathrm{d}x \geqslant \int_0^1 \ln f(x)\mathrm{d}x$.

25. 设 $f(x)$ 在 $[a,b]$ 上连续,且严格单调增加,证明:$(a+b)\int_a^b f(x)\mathrm{d}x < 2\int_a^b xf(x)\mathrm{d}x$.

26. 设 $f(x),g(x)$ 在 $[a,b]$ 上连续,且满足 $\int_a^b f(t)\mathrm{d}t = \int_a^b g(t)\mathrm{d}t, \int_a^x f(t)\mathrm{d}t \geqslant \int_a^x g(t)\mathrm{d}t, x \in [a,b)$,证明:$\int_a^b xf(x)\mathrm{d}x \leqslant \int_a^b xg(x)\mathrm{d}x$.

27. 计算下列反常积分.

(1) $\int_3^{+\infty} \dfrac{\mathrm{d}x}{(x-1)^4\sqrt{x^2-2x}}$;

(2) $\int_1^{+\infty} \dfrac{\mathrm{d}x}{\mathrm{e}^{1+x}+\mathrm{e}^{3-x}}$;

(3) $\int_2^{+\infty} \dfrac{\mathrm{d}x}{(x+7)\sqrt{x-2}}$;

(4) $\int_0^{+\infty} \dfrac{\mathrm{d}x}{(1+x^2)(1+x^\alpha)}$ $(\alpha \geqslant 0)$;

(5) $\int_0^{\pi/2} \ln\sin x\,\mathrm{d}x$.

28. 证明.

(1) $\int_0^{+\infty} x^n \mathrm{e}^{-x^2}\mathrm{d}x = \dfrac{n-1}{2}\int_0^{+\infty} x^{n-2}\mathrm{e}^{-x^2}\mathrm{d}x$ $(n > 1)$;

(2) $\int_0^{+\infty} x^{2n+1}\mathrm{e}^{-x^2}\mathrm{d}x = \dfrac{1}{2}\Gamma(n+1)$ $(n \in N)$.

29. 判别下列反常积分的收敛性.

(1) $\int_0^{+\infty} \dfrac{\sin x}{\sqrt{x^3}}\mathrm{d}x$;

(2) $\int_2^{+\infty} \dfrac{\mathrm{d}x}{x\sqrt[3]{x^2-3x+2}}$;

(3) $\int_2^{+\infty} \dfrac{\cos x}{\ln x}\mathrm{d}x$;

(4) $\int_0^{+\infty} \dfrac{\mathrm{d}x}{\sqrt[3]{x^2(x-1)(x-2)}}$.

30. 设 $F(x) = \begin{cases} \mathrm{e}^{2x}, & x \leqslant 0, \\ \mathrm{e}^{-2x}, & x > 0, \end{cases}$ $S$ 表示夹在 $x$ 轴与曲线 $y = F(x)$ 之间的面积.对任何 $t > 0, S_1(t)$ 表示矩形 $-t \leqslant x \leqslant t, 0 \leqslant y \leqslant F(t)$ 的面积,求:

(1) $S(t) = S - S_1(t)$ 的表达式;

(2) $S(t)$ 的最小值.

31. 过坐标原点作曲线 $y = \ln x$ 的切线,该切线与曲线 $y = \ln x$ 及 $x$ 轴围成平面图形 $D$,

(1) 求 $D$ 的面积 $S$;

(2) 求 $D$ 绕直线 $x=e$ 旋转一周所得旋转体的体积 $V$.

32. 设曲线 $y=ax^2(a>0,x\geqslant 0)$ 与 $y=1-x^2$ 交于点 $A$,过坐标原点 $O$ 和点 $A$ 的直线与曲线 $y=ax^2$ 围成一平面图形.问 $a$ 为何值时,该平面图形绕 $x$ 轴旋转一周所得的旋转体体积最大?最大体积是多少?

33. 设 $D_1$ 是由抛物线 $y=2x^2$ 和直线 $x=a,x=2$ 及 $y=0$ 所围成的平面区域,$D_2$ 是由抛物线 $y=2x^2$ 和直线 $y=0,x=a$ 所围成的平面区域,其中,$0<a<2$.

(1) 求 $D_1$ 绕 $x$ 轴旋转而成的旋转体体积 $V_1$;$D_2$ 绕 $y$ 轴旋转而成的旋转体体积 $V_2$;

(2) 当 $a$ 为何值时,$V_1+V_2$ 取得最大值,并求此最大值.

34. 曲线 $y=\dfrac{e^x+e^{-x}}{2}$ 与直线 $x=0,x=t$ $(t>0)$ 及 $y=0$ 围成一曲边梯形.该曲边梯形绕 $x$ 轴旋转一周得一旋转体,其体积为 $V(t)$,侧面积为 $S(t)$,在 $x=t$ 处的底面积为 $F(t)$.

(1) 求 $\dfrac{S(t)}{V(t)}$ 的值;

(2) 计算极限 $\lim\limits_{t\to+\infty}\dfrac{S(t)}{F(t)}$.

35. 某建筑工程打地基时,需用气锤将桩打进土层.汽锤每次击打都将克服土层对桩的阻力而作功.设土层对桩的阻力的大小与桩被打进地下的深度成正比(比例系数 $k>0$).汽锤第一次击打将桩打进地下 $a$ m.根据设计方案,要求汽锤每次打桩时所作的功与前一次击打时所作的功之比为常数 $r$ $(0<r<1)$.问:

(1) 汽锤击打桩 3 次后,可将桩打进地下多深?

(2) 若击打次数不限,汽锤至多能将桩打进地下多深?

36. 某种闸门的形状如图 7.39 所示,其中直线 $l$ 为对称轴.闸门的上部为矩形 $ABCD$,下部由二次抛物线与线段 $AB$ 围成.当水面与闸门的上端相平时,要使闸门矩形部分承受的水压力与闸门下部分承受的水压力之比为 $5:4$,闸门矩形部分的高 $h$ 应为多少?

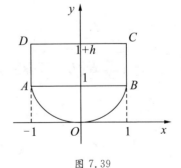

图 7.39

# 附录 I  积分表

## (一) 含有 $ax+b$ 的积分

1. $\int \dfrac{\mathrm{d}x}{ax+b} = \dfrac{1}{a}\ln|ax+b| + C$

2. $\int (ax+b)^\alpha \mathrm{d}x = \dfrac{1}{a(\alpha+1)}(ax+b)^{\alpha+1} + C \quad (\alpha \neq -1)$

3. $\int \dfrac{x}{ax+b}\mathrm{d}x = \dfrac{1}{a^2}(ax+b-b\ln|ax+b|) + C$

4. $\int \dfrac{x^2}{ax+b}\mathrm{d}x = \dfrac{1}{a^3}\left[\dfrac{1}{2}(ax+b)^2 - 2b(ax+b) + b^2\ln|ax+b|\right] + C$

5. $\int \dfrac{\mathrm{d}x}{x(ax+b)} = -\dfrac{1}{b}\ln\left|\dfrac{ax+b}{x}\right| + C$

6. $\int \dfrac{\mathrm{d}x}{x^2(ax+b)} = -\dfrac{1}{bx} + \dfrac{a}{b^2}\ln\left|\dfrac{ax+b}{x}\right| + C$

7. $\int \dfrac{x}{(ax+b)^2}\mathrm{d}x = \dfrac{1}{a^2}\left[\ln|ax+b| + \dfrac{b}{ax+b}\right] + C$

8. $\int \dfrac{x^2}{(ax+b)^2}\mathrm{d}x = \dfrac{1}{a^3}\left[ax+b-2b\ln|ax+b| - \dfrac{b^2}{ax+b}\right] + C$

9. $\int \dfrac{\mathrm{d}x}{x(ax+b)^2} = \dfrac{1}{b(ax+b)} - \dfrac{1}{b^2}\ln\left|\dfrac{ax+b}{x}\right| + C$

## (二) 含有 $\sqrt{ax+b}$ 的积分

10. $\int \sqrt{ax+b}\,\mathrm{d}x = \dfrac{2}{3a}\sqrt{(ax+b)^3} + C$

11. $\int x\sqrt{ax+b}\,\mathrm{d}x = \dfrac{2}{15a^2}(3ax-2b)\sqrt{(ax+b)^3} + C$

12. $\int x^2\sqrt{ax+b}\,\mathrm{d}x = \dfrac{2}{105a^3}(15a^2x^2 - 12abx + 8b^2)\sqrt{(ax+b)^3} + C$

13. $\int \dfrac{x}{\sqrt{ax+b}}\mathrm{d}x = \dfrac{2}{3a^2}(ax-2b)\sqrt{ax+b} + C$

14. $\int \dfrac{x^2}{\sqrt{ax+b}}dx = \dfrac{2}{15a^3}(3a^2x^2 - 4abx + 8b^2)\sqrt{ax+b} + C$

15. $\int \dfrac{dx}{x\sqrt{ax+b}} = \begin{cases} \dfrac{1}{\sqrt{b}}\ln\left|\dfrac{\sqrt{ax+b}-\sqrt{b}}{\sqrt{ax+b}+\sqrt{b}}\right| + C & (b>0) \\ \dfrac{2}{\sqrt{-b}}\arctan\sqrt{\dfrac{ax+b}{-b}} + C & (b<0) \end{cases}$

16. $\int \dfrac{dx}{x^2\sqrt{ax+b}} = -\dfrac{\sqrt{ax+b}}{bx} - \dfrac{a}{2b}\int\dfrac{dx}{x\sqrt{ax+b}}$

17. $\int \dfrac{\sqrt{ax+b}}{x}dx = 2\sqrt{ax+b} + b\int\dfrac{dx}{x\sqrt{ax+b}}$

18. $\int \dfrac{\sqrt{ax+b}}{x^2}dx = -\dfrac{\sqrt{ax+b}}{x} + \dfrac{a}{2}\int\dfrac{dx}{x\sqrt{ax+b}}$

## (三) 含有 $x^2 \pm a^2$ 的积分

19. $\int \dfrac{dx}{x^2+a^2} = \dfrac{1}{a}\arctan\dfrac{x}{a} + C \quad (a \neq 0)$

20. $\int \dfrac{dx}{(x^2+a^2)^n} = \dfrac{x}{2(n-1)a^2(x^2+a^2)^{n-1}} + \dfrac{2n-3}{2(n-1)a^2}\int\dfrac{dx}{(x^2+a^2)^{n-1}}$

21. $\int \dfrac{dx}{x^2-a^2} = \dfrac{1}{2a}\ln\left|\dfrac{x-a}{x+a}\right| + C$

## (四) 含有 $ax^2 + b\ (a>0)$ 的积分

22. $\int \dfrac{dx}{ax^2+b} = \begin{cases} \dfrac{1}{2\sqrt{-ab}}\ln\left|\dfrac{\sqrt{a}x-\sqrt{-b}}{\sqrt{a}x+\sqrt{-b}}\right| + C & (b<0) \\ \dfrac{1}{\sqrt{ab}}\arctan\sqrt{\dfrac{a}{b}}x + C & (b>0) \end{cases}$

23. $\int \dfrac{dx}{ax^2+b} = \dfrac{1}{2a}\ln|ax^2+b| + C$

24. $\int \dfrac{x^2}{ax^2+b}dx = \dfrac{x}{a} - \dfrac{b}{a}\int\dfrac{dx}{ax^2+b}$

25. $\int \dfrac{dx}{x(ax^2+b)} = \dfrac{1}{2b}\ln\dfrac{x^2}{|ax^2+b|} + C$

26. $\int \dfrac{dx}{x^2(ax^2+b)} = -\dfrac{1}{bx} - \dfrac{a}{b}\int\dfrac{dx}{ax^2+b}$

27. $\int \dfrac{dx}{x^3(ax^2+b)} = \dfrac{a}{2b^2}\ln\dfrac{|ax^2+b|}{x^2} - \dfrac{1}{2bx^2} + C$

28. $\int \dfrac{\mathrm{d}x}{(ax^2+b)^2} = \dfrac{x}{2b(ax^2+b)} + \dfrac{1}{2b}\int \dfrac{\mathrm{d}x}{ax^2+b}$

**(五)含有 $ax^2+bx+c\ (a>0)$ 的积分**

29. $\int \dfrac{\mathrm{d}x}{ax^2+bx+c} = \begin{cases} \dfrac{1}{\sqrt{b^2-4ac}} \ln\left|\dfrac{2ax+b-\sqrt{b^2-4ac}}{2ax+b+\sqrt{b^2-4ac}}\right| + C\ (b^2>4ac) \\ \dfrac{2}{\sqrt{4ac-b^2}} \arctan \dfrac{2ax+b}{\sqrt{4ac-b^2}} + C\ (b^2<4ac) \end{cases}$

30. $\int \dfrac{x}{ax^2+bx+c}\mathrm{d}x = \dfrac{1}{2a}\ln|ax^2+bx+c| - \dfrac{b}{2a}\int \dfrac{\mathrm{d}x}{ax^2+bx+c}$

**(六)含有 $\sqrt{x^2+a^2}\ (a>0)$ 的积分**

31. $\int \dfrac{\mathrm{d}x}{\sqrt{x^2+a^2}} = \mathrm{arsh}\dfrac{x}{a} + C_1 = \ln(x+\sqrt{x^2+a^2}) + C$

32. $\int \dfrac{\mathrm{d}x}{\sqrt{(x^2+a^2)^3}} = \dfrac{x}{a^2\sqrt{x^2+a^2}} + C$

33. $\int \dfrac{x}{\sqrt{x^2+a^2}}\mathrm{d}x = \sqrt{x^2+a^2} + C$

34. $\int \dfrac{x}{\sqrt{(x^2+a^2)^3}}\mathrm{d}x = -\dfrac{1}{\sqrt{x^2+a^2}} + C$

35. $\int \dfrac{x^2}{\sqrt{x^2+a^2}}\mathrm{d}x = \dfrac{x}{2}\sqrt{x^2+a^2} - \dfrac{a^2}{2}\ln(x+\sqrt{x^2+a^2}) + C$

36. $\int \dfrac{x^2}{\sqrt{(x^2+a^2)^3}}\mathrm{d}x = -\dfrac{x}{\sqrt{x^2+a^2}} + \ln(x+\sqrt{x^2+a^2}) + C$

37. $\int \dfrac{\mathrm{d}x}{x\sqrt{x^2+a^2}} = \dfrac{1}{a}\ln \dfrac{\sqrt{x^2+a^2}-a}{|x|} + C$

38. $\int \dfrac{\mathrm{d}x}{x^2\sqrt{x^2+a^2}} = -\dfrac{\sqrt{x^2+a^2}}{a^2 x} + C$

39. $\int \sqrt{x^2+a^2}\,\mathrm{d}x = \dfrac{x}{2}\sqrt{x^2+a^2} + \dfrac{a^2}{2}\ln(x+\sqrt{x^2+a^2}) + C$

40. $\int \sqrt{(x^2+a^2)^3}\,\mathrm{d}x = \dfrac{x}{8}(2x^2+5a^2)\sqrt{x^2+a^2} + \dfrac{3a^4}{8}\ln(x+\sqrt{x^2+a^2}) + C$

41. $\int x\sqrt{x^2+a^2}\,\mathrm{d}x = \dfrac{1}{3}\sqrt{(x^2+a^2)^3} + C$

42. $\int x^2\sqrt{x^2+a^2}\,\mathrm{d}x = \dfrac{x}{8}(2x^2+a^2)\sqrt{x^2+a^2} - \dfrac{a^4}{8}\ln(x+\sqrt{x^2+a^2}) + C$

43. $\int \dfrac{\sqrt{x^2+a^2}}{x}\mathrm{d}x = \sqrt{x^2+a^2} + a\ln\dfrac{\sqrt{x^2+a^2}-a}{|x|} + C$

44. $\int \dfrac{\sqrt{x^2+a^2}}{x^2}\mathrm{d}x = -\dfrac{\sqrt{x^2+a^2}}{x} + \ln(x+\sqrt{x^2+a^2}) + C$

## (七)含有 $\sqrt{x^2-a^2}$ ($a>0$) 的积分

45. $\int \dfrac{\mathrm{d}x}{\sqrt{x^2-a^2}} = \dfrac{x}{|x|}\mathrm{arch}\dfrac{|x|}{a} + C_1 = \ln|x+\sqrt{x^2-a^2}| + C$

46. $\int \dfrac{\mathrm{d}x}{\sqrt{(x^2-a^2)^3}} = -\dfrac{x}{a^2\sqrt{x^2-a^2}} + C$

47. $\int \dfrac{x}{\sqrt{x^2-a^2}}\mathrm{d}x = \sqrt{x^2-a^2} + C$

48. $\int \dfrac{x}{\sqrt{(x^2-a^2)^3}}\mathrm{d}x = -\dfrac{1}{\sqrt{x^2-a^2}} + C$

49. $\int \dfrac{x^2}{\sqrt{x^2-a^2}}\mathrm{d}x = \dfrac{x}{2}\sqrt{x^2-a^2} + \dfrac{a^2}{2}\ln|x+\sqrt{x^2-a^2}| + C$

50. $\int \dfrac{x^2}{\sqrt{(x^2-a^2)^3}}\mathrm{d}x = -\dfrac{x}{\sqrt{x^2-a^2}} + \ln|x+\sqrt{x^2-a^2}| + C$

51. $\int \dfrac{\mathrm{d}x}{x\sqrt{x^2-a^2}} = \dfrac{1}{a}\arccos\dfrac{a}{|x|} + C$

52. $\int \dfrac{\mathrm{d}x}{x^2\sqrt{x^2-a^2}} = \dfrac{\sqrt{x^2-a^2}}{a^2 x} + C$

53. $\int \sqrt{x^2-a^2}\,\mathrm{d}x = \dfrac{x}{2}\sqrt{x^2-a^2} - \dfrac{a^2}{2}\ln|x+\sqrt{x^2-a^2}| + C$

54. $\int \sqrt{(x^2-a^2)^3}\,\mathrm{d}x = \dfrac{x}{8}(2x^2-5a^2)\sqrt{x^2-a^2} + \dfrac{3a^4}{8}\ln|x+\sqrt{x^2-a^2}| + C$

55. $\int x\sqrt{x^2-a^2}\,\mathrm{d}x = \dfrac{1}{3}\sqrt{(x^2-a^2)^3} + C$

56. $\int x^2\sqrt{x^2-a^2}\,\mathrm{d}x = \dfrac{x}{8}(2x^2-a^2)\sqrt{x^2-a^2} - \dfrac{a^4}{8}\ln(x+\sqrt{x^2-a^2}) + C$

57. $\int \dfrac{\sqrt{x^2-a^2}}{x}\mathrm{d}x = \sqrt{x^2-a^2} - a\arccos\dfrac{a}{|x|} + C$

58. $\int \dfrac{\sqrt{x^2-a^2}}{x^2}\mathrm{d}x = -\dfrac{\sqrt{x^2-a^2}}{x} + \ln(x+\sqrt{x^2-a^2}) + C$

## (八) 含有 $\sqrt{a^2-x^2}$ ($a>0$) 的积分

59. $\int \dfrac{\mathrm{d}x}{\sqrt{a^2-x^2}} = \arcsin \dfrac{x}{a} + C$

60. $\int \dfrac{\mathrm{d}x}{\sqrt{(a^2-x^2)^3}} = \dfrac{x}{a^2\sqrt{a^2-x^2}} + C$

61. $\int \dfrac{x}{\sqrt{a^2-x^2}} \mathrm{d}x = -\sqrt{a^2-x^2} + C$

62. $\int \dfrac{x}{\sqrt{(a^2-x^2)^3}} \mathrm{d}x = \dfrac{1}{\sqrt{a^2-x^2}} + C$

63. $\int \dfrac{x^2}{\sqrt{a^2-x^2}} \mathrm{d}x = -\dfrac{x}{2}\sqrt{a^2-x^2} + \dfrac{a^2}{2}\arcsin \dfrac{x}{a} + C$

64. $\int \dfrac{x^2}{\sqrt{(a^2-x^2)^3}} \mathrm{d}x = \dfrac{x}{\sqrt{a^2-x^2}} - \arcsin \dfrac{x}{a} + C$

65. $\int \dfrac{\mathrm{d}x}{x\sqrt{a^2-x^2}} = \dfrac{1}{a}\ln \dfrac{a-\sqrt{a^2-x^2}}{|x|} + C$

66. $\int \dfrac{\mathrm{d}x}{x^2\sqrt{a^2-x^2}} = -\dfrac{\sqrt{a^2-x^2}}{a^2 x} + C$

67. $\int \sqrt{a^2-x^2} \, \mathrm{d}x = \dfrac{x}{2}\sqrt{a^2-x^2} + \dfrac{a^2}{2}\arcsin \dfrac{x}{a} + C$

68. $\int \sqrt{(a^2-x^2)^3} \, \mathrm{d}x = \dfrac{x}{8}(5a^2-2x^2)\sqrt{a^2-x^2} + \dfrac{3a^4}{8}\arcsin \dfrac{x}{a} + C$

69. $\int x\sqrt{a^2-x^2} \, \mathrm{d}x = -\dfrac{1}{3}\sqrt{(a^2-x^2)^3} + C$

70. $\int x^2\sqrt{a^2-x^2} \, \mathrm{d}x = \dfrac{x}{8}(2x^2-a^2)\sqrt{a^2-x^2} + \dfrac{a^4}{8}\arcsin \dfrac{x}{a} + C$

71. $\int \dfrac{\sqrt{a^2-x^2}}{x} \mathrm{d}x = \sqrt{a^2-x^2} + a\ln \dfrac{a-\sqrt{a^2-x^2}}{|x|} + C$

72. $\int \dfrac{\sqrt{a^2-x^2}}{x^2} \mathrm{d}x = -\dfrac{\sqrt{a^2-x^2}}{x} - \arcsin \dfrac{x}{a} + C$

## (九) 含有 $\sqrt{\pm ax^2+bx+c}$ ($a>0$) 的积分

73. $\int \dfrac{\mathrm{d}x}{\sqrt{ax^2+bx+c}} = \dfrac{1}{\sqrt{a}}\ln \left| 2ax+b+2\sqrt{a}\sqrt{ax^2+bx+c} \right| + C$

74. $\int \sqrt{ax^2+bx+c} \, \mathrm{d}x = \dfrac{2ax+b}{4a}\sqrt{ax^2+bx+c}$

$$+\frac{4ac-b^2}{8\sqrt{a^3}}\ln\left|2ax+b+2\sqrt{a}\sqrt{ax^2+bx+c}\right|+C$$

75. $\displaystyle\int\frac{x}{\sqrt{ax^2+bx+c}}\mathrm{d}x=\frac{1}{a}\sqrt{ax^2+bx+c}$

$$-\frac{b}{2\sqrt{a^3}}\ln\left|2ax+b+2\sqrt{a}\sqrt{ax^2+bx+c}\right|+C$$

76. $\displaystyle\int\frac{\mathrm{d}x}{\sqrt{c+bx-ax^2}}=-\frac{1}{\sqrt{a}}\arcsin\frac{2ax-b}{\sqrt{b^2+4ac}}+C$

77. $\displaystyle\int\sqrt{c+bx-ax^2}\,\mathrm{d}x=\frac{2ax-b}{4a}\sqrt{c+bx-ax^2}+\frac{b^2+4ac}{8\sqrt{a^3}}\arcsin\frac{2ax-b}{\sqrt{b^2+4ac}}+C$

78. $\displaystyle\int\frac{x}{\sqrt{c+bx-ax^2}}\mathrm{d}x=-\frac{1}{a}\sqrt{c+bx-ax^2}+\frac{b}{2\sqrt{a^3}}\arcsin\frac{2ax-b}{\sqrt{b^2+4ac}}+C$

## （十）含有 $\sqrt{\pm\dfrac{x-a}{x-b}}$ 或 $\sqrt{(x-a)(b-x)}$ 的积分

79. $\displaystyle\int\sqrt{\frac{x-a}{x-b}}\,\mathrm{d}x=(x-b)\sqrt{\frac{x-a}{x-b}}+(b-a)\ln(\sqrt{|x-a|}+\sqrt{|x-b|})+C$

80. $\displaystyle\int\sqrt{\frac{x-a}{b-x}}\,\mathrm{d}x=(x-b)\sqrt{\frac{x-a}{b-x}}+(b-a)\arcsin\sqrt{\frac{x-a}{b-a}}+C$

81. $\displaystyle\int\frac{\mathrm{d}x}{\sqrt{(x-a)(b-x)}}=2\arcsin\sqrt{\frac{x-a}{b-a}}+C\ (a<b)$

82. $\displaystyle\int\sqrt{(x-a)(b-x)}\,\mathrm{d}x=\frac{2x-a-b}{4}\sqrt{(x-a)(b-x)}$

$$+\frac{(b-a)^2}{4}\arcsin\sqrt{\frac{x-a}{b-a}}+C\ (a<b)$$

## （十一）含有三角函数的积分

83. $\displaystyle\int\sin x\,\mathrm{d}x=-\cos x+C$

84. $\displaystyle\int\cos x\,\mathrm{d}x=\sin x+C$

85. $\displaystyle\int\tan x\,\mathrm{d}x=-\ln|\cos x|+C$

86. $\displaystyle\int\cot x\,\mathrm{d}x=\ln|\sin x|+C$

87. $\displaystyle\int\sec x\,\mathrm{d}x=\ln\left|\tan\left(\frac{\pi}{4}+\frac{x}{2}\right)\right|+C=\ln|\sec x+\tan x|+C$

88. $\int \csc x \, \mathrm{d}x = \ln\left|\tan\dfrac{x}{2}\right| + C = \ln|\csc x - \cot x| + C$

89. $\int \sec^2 x \, \mathrm{d}x = \tan x + C$

90. $\int \csc^2 x \, \mathrm{d}x = -\cot x + C$

91. $\int \sec x \tan x \, \mathrm{d}x = \sec x + C$

92. $\int \csc x \cot x \, \mathrm{d}x = -\csc x + C$

93. $\int \sin^2 x \, \mathrm{d}x = \dfrac{x}{2} - \dfrac{1}{4}\sin 2x + C$

94. $\int \cos^2 x \, \mathrm{d}x = \dfrac{x}{2} + \dfrac{1}{4}\sin 2x + C$

95. $\int \sin^n x \, \mathrm{d}x = -\dfrac{1}{n}\sin^{n-1} x \cos x + \dfrac{n-1}{n}\int \sin^{n-2} x \, \mathrm{d}x$

96. $\int \cos^n x \, \mathrm{d}x = \dfrac{1}{n}\cos^{n-1} x \sin x + \dfrac{n-1}{n}\int \cos^{n-2} x \, \mathrm{d}x$

97. $\int \dfrac{\mathrm{d}x}{\sin^n x} = -\dfrac{1}{n-1}\cdot\dfrac{\cos x}{\sin^{n-1} x} + \dfrac{n-2}{n-1}\int \dfrac{\mathrm{d}x}{\sin^{n-2} x}$

98. $\int \dfrac{\mathrm{d}x}{\cos^n x} = \dfrac{1}{n-1}\cdot\dfrac{\sin x}{\cos^{n-1} x} + \dfrac{n-2}{n-1}\int \dfrac{\mathrm{d}x}{\cos^{n-2} x}$

99. $\int \cos^m x \sin^n x \, \mathrm{d}x = \dfrac{1}{m+n}\cos^{m-1} x \sin^{n+1} x + \dfrac{m-1}{m+n}\int \cos^{m-2} x \sin^n x \, \mathrm{d}x$

$\qquad = -\dfrac{1}{m+n}\cos^{m+1} x \sin^{n-1} x + \dfrac{n-1}{m+n}\int \cos^m x \sin^{n-2} x \, \mathrm{d}x$

100. $\int \sin ax \cos bx \, \mathrm{d}x = -\dfrac{1}{2(a+b)}\cos(a+b)x - \dfrac{1}{2(a-b)}\cos(a-b)x + C$

101. $\int \sin ax \sin bx \, \mathrm{d}x = -\dfrac{1}{2(a+b)}\sin(a+b)x + \dfrac{1}{2(a-b)}\sin(a-b)x + C$

102. $\int \cos ax \cos bx \, \mathrm{d}x = \dfrac{1}{2(a+b)}\sin(a+b)x + \dfrac{1}{2(a-b)}\sin(a-b)x + C$

103. $\int \dfrac{\mathrm{d}x}{a+b\sin x} = \dfrac{2}{\sqrt{a^2-b^2}}\arctan\dfrac{a\tan\dfrac{x}{2}+b}{\sqrt{a^2-b^2}} + C \ (a^2 > b^2)$

104. $\int \dfrac{\mathrm{d}x}{a+b\sin x} = \dfrac{2}{\sqrt{b^2-a^2}}\ln\left|\dfrac{a\tan\dfrac{x}{2}+b-\sqrt{b^2-a^2}}{a\tan\dfrac{x}{2}+b+\sqrt{b^2-a^2}}\right| + C \ (a^2 < b^2)$

105. $\int \dfrac{\mathrm{d}x}{a+b\cos x} = \dfrac{1}{a+b}\sqrt{\dfrac{a+b}{b-a}} \ln \left| \dfrac{\tan \dfrac{x}{2} + \sqrt{\dfrac{a+b}{b-a}}}{\tan \dfrac{x}{2} - \sqrt{\dfrac{a+b}{b-a}}} \right| + C \ (a^2 < b^2)$

106. $\int \dfrac{\mathrm{d}x}{a+b\cos x} = \dfrac{2}{a+b}\sqrt{\dfrac{a+b}{a-b}} \arctan\left( \sqrt{\dfrac{a-b}{a+b}} \tan \dfrac{x}{2} \right) + C \ (a^2 > b^2)$

107. $\int \dfrac{\mathrm{d}x}{a^2 \cos^2 x + b^2 \sin^2 x} = \dfrac{1}{ab} \arctan\left( \dfrac{b}{a} \tan x \right) + C$

108. $\int \dfrac{\mathrm{d}x}{a^2 \cos^2 x - b^2 \sin^2 x} = \dfrac{1}{2ab} \ln \left| \dfrac{b\tan x + a}{b\tan x - a} \right| + C$

109. $\int x \sin ax \, \mathrm{d}x = \dfrac{1}{a^2} \sin ax - \dfrac{1}{a} x \cos ax + C$

110. $\int x^2 \sin ax \, \mathrm{d}x = -\dfrac{1}{a} x^2 \cos ax + \dfrac{2}{a^2} x \sin ax + \dfrac{2}{a^3} \cos ax + C$

111. $\int x \cos ax \, \mathrm{d}x = \dfrac{1}{a^2} \cos ax + \dfrac{1}{a} x \sin ax + C$

112. $\int x^2 \cos ax \, \mathrm{d}x = \dfrac{1}{a} x^2 \sin ax + \dfrac{2}{a^2} x \cos ax - \dfrac{2}{a^3} \sin ax + C$

## (十二) 含有反三角函数的积分 (其中 $a>0$)

113. $\int \arcsin \dfrac{x}{a} \, \mathrm{d}x = x \arcsin \dfrac{x}{a} + \sqrt{a^2 - x^2} + C$

114. $\int x \arcsin \dfrac{x}{a} \, \mathrm{d}x = \left( \dfrac{x^2}{2} - \dfrac{a^2}{4} \right) \arcsin \dfrac{x}{a} + \dfrac{x}{4} \sqrt{a^2 - x^2} + C$

115. $\int x^2 \arcsin \dfrac{x}{a} \, \mathrm{d}x = \dfrac{x^3}{3} \arcsin \dfrac{x}{a} + \dfrac{1}{9}(x^2 + 2a^2) \sqrt{a^2 - x^2} + C$

116. $\int \arccos \dfrac{x}{a} \, \mathrm{d}x = x \arccos \dfrac{x}{a} - \sqrt{a^2 - x^2} + C$

117. $\int x \arccos \dfrac{x}{a} \, \mathrm{d}x = \left( \dfrac{x^2}{2} - \dfrac{a^2}{4} \right) \arccos \dfrac{x}{a} - \dfrac{x}{4} \sqrt{a^2 - x^2} + C$

118. $\int x^2 \arccos \dfrac{x}{a} \, \mathrm{d}x = \dfrac{x^3}{3} \arccos \dfrac{x}{a} - \dfrac{1}{9}(x^2 + 2a^2) \sqrt{a^2 - x^2} + C$

119. $\int \arctan \dfrac{x}{a} \, \mathrm{d}x = x \arctan \dfrac{x}{a} - \dfrac{a}{2} \ln(a^2 + x^2) + C$

120. $\int x \arctan \dfrac{x}{a} \, \mathrm{d}x = \dfrac{1}{2}(a^2 + x^2) \arctan \dfrac{x}{a} - \dfrac{a}{2} x + C$

121. $\int x^2 \arctan \dfrac{x}{a} \, \mathrm{d}x = \dfrac{x^3}{3} \arctan \dfrac{x}{a} - \dfrac{a}{6} x^2 + \dfrac{a^3}{6} \ln(a^2 + x^2) + C$

## (十三) 含有三角函数的积分

122. $\int a^x \mathrm{d}x = \dfrac{1}{\ln a} a^x + C$

123. $\int \mathrm{e}^{ax} \mathrm{d}x = \dfrac{1}{a} \mathrm{e}^{ax} + C$

124. $\int x\mathrm{e}^{ax} \mathrm{d}x = \dfrac{1}{a^2}(ax-1)\mathrm{e}^{ax} + C$

125. $\int x^n \mathrm{e}^{ax} \mathrm{d}x = \dfrac{1}{a} x^n \mathrm{e}^{ax} - \dfrac{n}{a} \int x^{n-1} \mathrm{e}^{ax} \mathrm{d}x$

126. $\int x a^x \mathrm{d}x = \dfrac{x}{\ln a} a^x - \dfrac{1}{(\ln a)^2} a^x + C$

127. $\int x^n a^x \mathrm{d}x = \dfrac{1}{\ln a} x^n a^x - \dfrac{n}{\ln a} \int x^{n-1} a^x \mathrm{d}x$

128. $\int \mathrm{e}^{ax} \sin bx \, \mathrm{d}x = \dfrac{1}{a^2+b^2} \mathrm{e}^{ax}(a\sin bx - b\cos bx) + C$

129. $\int \mathrm{e}^{ax} \cos bx \, \mathrm{d}x = \dfrac{1}{a^2+b^2} \mathrm{e}^{ax}(b\sin bx + a\cos bx) + C$

130. $\int \mathrm{e}^{ax} \sin^n bx \, \mathrm{d}x = \dfrac{1}{a^2+b^2 n^2} \mathrm{e}^{ax} \sin^{n-1} x (a\sin bx - nb\cos bx)$
$\qquad + \dfrac{n(n-1)b^2}{a^2+b^2 n^2} \int \mathrm{e}^{ax} \sin^{n-2} bx \, \mathrm{d}x$

131. $\int \mathrm{e}^{ax} \cos^n bx \, \mathrm{d}x = \dfrac{1}{a^2+b^2 n^2} \mathrm{e}^{ax} \cos^{n-1} bx (a\cos bx + nb\sin bx)$
$\qquad + \dfrac{n(n-1)b^2}{a^2+b^2 n^2} \int \mathrm{e}^{ax} \cos^{n-2} bx \, \mathrm{d}x$

## (十四) 含有对数函数的积分

132. $\int \ln x \, \mathrm{d}x = x \ln x - x + C$

133. $\int \dfrac{\mathrm{d}x}{x \ln x} = \ln|\ln x| + C$

134. $\int x^n \ln x \, \mathrm{d}x = \dfrac{1}{n+1} x^{n+1} \left( \ln x - \dfrac{1}{n+1} \right) + C$

135. $\int (\ln x)^n \mathrm{d}x = x (\ln x)^n - n \int (\ln x)^{n-1} \mathrm{d}x + C$

136. $\int x^m (\ln x)^n \mathrm{d}x = \dfrac{1}{m+1} x^{m+1} (\ln x)^n - \dfrac{n}{m+1} \int x^m (\ln x)^{n-1} \mathrm{d}x + C$

## (十五)含有双曲函数函数的积分

137. $\int \mathrm{sh} x \mathrm{d}x = \mathrm{ch} x + C$

138. $\int \mathrm{ch} x \mathrm{d}x = \mathrm{sh} x + C$

139. $\int \mathrm{th} x \mathrm{d}x = \ln \mathrm{ch} x + C$

140. $\int \mathrm{sh}^2 x \mathrm{d}x = -\dfrac{x}{2} + \dfrac{1}{4}\mathrm{sh} 2x + C$

141. $\int \mathrm{ch}^2 x \mathrm{d}x = \dfrac{x}{2} + \dfrac{1}{4}\mathrm{sh} 2x + C$

## (十六)定积分

142. $\int_{-\pi}^{\pi} \cos nx \, \mathrm{d}x = \int_{-\pi}^{\pi} \sin nx \, \mathrm{d}x = 0$

143. $\int_{-\pi}^{\pi} \cos mx \sin nx \, \mathrm{d}x = 0$

144. $\int_{-\pi}^{\pi} \cos mx \cos nx \, \mathrm{d}x = \begin{cases} 0, & m \neq n, \\ \pi, & m = n \end{cases}$

145. $\int_{-\pi}^{\pi} \sin mx \sin nx \, \mathrm{d}x = \begin{cases} 0, & m \neq n, \\ \pi, & m = n \end{cases}$

146. $\int_{0}^{\pi} \sin mx \sin nx \, \mathrm{d}x = \int_{0}^{\pi} \cos mx \cos nx \, \mathrm{d}x = \begin{cases} 0, & m \neq n, \\ \pi/2, & m = n \end{cases}$

147. $I_n = \int_{0}^{\frac{\pi}{2}} \sin^n x \, \mathrm{d}x = \int_{0}^{\frac{\pi}{2}} \cos^n x \, \mathrm{d}x$

$I_n = \dfrac{n-1}{n} I_{n-2}$

$= \begin{cases} \dfrac{n-1}{n} \cdot \dfrac{n-3}{n-2} \cdot \cdots \cdot \dfrac{4}{5} \cdot \dfrac{2}{3} & (n \text{ 为大于 1 的正奇数}), I_1 = 1, \\ \dfrac{n-1}{n} \cdot \dfrac{n-3}{n-2} \cdot \cdots \cdot \dfrac{3}{4} \cdot \dfrac{1}{2} \cdot \dfrac{\pi}{2} & (n \text{ 为正偶数}), I_0 = \dfrac{\pi}{2} \end{cases}$

# 附录 Ⅱ　几种常用的二次曲线

(1) 三次抛物线
$$y = ax^3.$$

(2) 半立方抛物线
$$y^2 = ax^3.$$

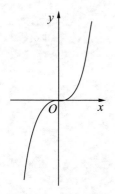

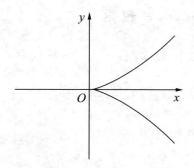

(3) 概率曲线
$$y = e^{-x^2}.$$

(4) 箕舌线
$$y = \frac{8a^3}{x^2 + 4a^2}.$$

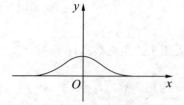

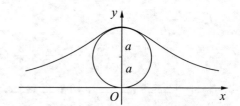

(5) 蔓叶线

$$y^2(2a-x)=x^3.$$

(6) 笛卡尔叶形线

$$y=\frac{3at}{1+t^3},\ y=\frac{3at^2}{1+t^3}.$$

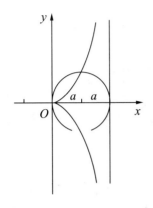
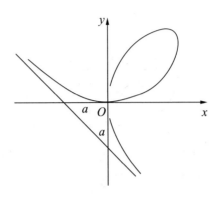

(7) 星形线 (内摆线的一种)

$$x^{2/3}+y^{2/3}=a^{2/3},\ \begin{cases}x=a\cos^3\theta,\\ y=a\sin^3\theta.\end{cases}$$

(8) 摆线

$$\begin{cases}x=a(\theta-\sin\theta),\\ y=a(1-\cos\theta).\end{cases}$$

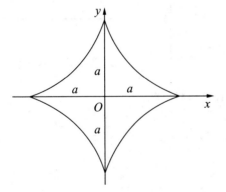
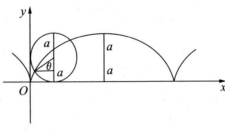

(9) 心形线(外摆线的一种)

$$x^2+y^2+ax=a\sqrt{x^2+y^2},$$
$$\rho=a(1-\cos\varphi).$$

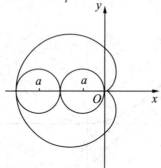

(10) 阿基米德螺线

$$\rho=a\varphi.$$

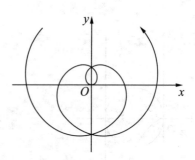

(11) 对数螺线

$$\rho=e^{a\varphi}.$$

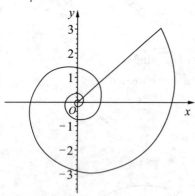

(12) 双曲螺线

$$\rho\varphi=a.$$

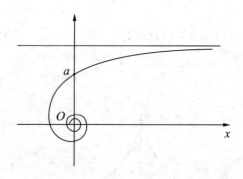

(13) 伯努利双纽线

$$(x^2+y^2)^2=2a^2xy,$$
$$\rho^2=a^2\sin2\varphi.$$

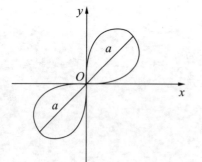

(14) 伯努利双纽线

$$(x^2+y^2)^2=a^2(x^2-y^2),$$
$$\rho^2=a^2\cos2\varphi.$$

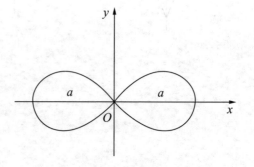

(15) 三叶玫瑰线

$\rho = a\cos 3\varphi.$

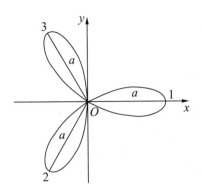

(16) 三叶玫瑰线

$\rho = a\sin 3\varphi.$

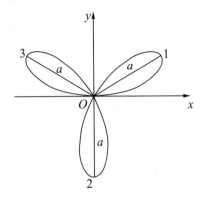

(17) 四叶玫瑰线

$\rho = a\sin 2\varphi.$

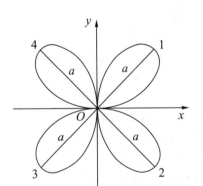

(18) 四叶玫瑰线

$\rho = a\cos 2\varphi.$

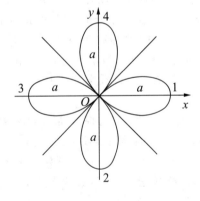

# 参考文献

北京邮电大学数学教研室. 高等数学(第二版)[M]. 北京:北京邮电大学出版社,2004.
杜伯仁,赵晶,等. 高等数学写作课精编[M]. 北京:国防工业出版社,2002.
复旦大学数学系编. 数学分析(上册)(第三版)[M]. 北京:高等教育出版社,2007.
华中科技大学数学系. 微积分学(上册)(第三版)[M]. 北京:高等教育出版社,2008.
李大华,林益,汤燕斌,等. 工科数学分析(第三版)[M]. 武汉:华中科技大学出版社,2007.
刘玉琏,傅沛仁,林玎,等. 数学分析(第五版)[M]. 北京:高等教育出版社,2008.
裴礼文. 数学分析中的典型问题与方法(第五版)[M]. 北京:高等教育出版社,1993.
钱吉林. 数学分析题解精粹(第二版)[M]. 武汉:湖北辞书出版社,2009.
孙兵,毛京中. 工科科学分析[M]. 北京:机械工业出版社,2018.
同济大学数学系. 高等数学(第七版)[M]. 北京:高等教育出版社,2014.
同济大学数学系. 高等数学习题全解指南(第七版)[M]. 北京:高等教育出版社,2014.
王绵森,马知恩. 工科数学分析基础(上册)(第三版)[M]. 北京:高等教育出版社,2017.
谢兴武. 高等数学学习与提高[M]. 武汉:中国地质大学出版社,2006.
阎国辉,张宏志. 高等数学教与学参考(第六版)[M]. 北京:中国原子能出版社,2010.
杨小远,孙玉泉,薛玉梅,等. 工科数学分析教程[M]. 北京:科学出版社,2018.
张传义,包革军,张彪. 工科数学分析[M]. 北京:科学出版社,2018.

# 习题答案与提示

## 习题 1.1 答案与提示

(A)

1. (1) 坐标原点,三条相互垂直的坐标轴;

   (2) $M_1(x_1, x_2, \cdots, x_n)$,$M_2(y_1, y_2, \cdots, y_n)$,$M_1$ 和 $M_2$ 两点之间的距离为
   $$\sqrt{(x_1-y_1)^2+(x_2-y_2)^2+\cdots+(x_n-y_n)^2};$$

   (3) 向量是既有大小又有方向的量,向量之间不能相互比较;

   (4) 长度为1的向量,向量除以它的模就可以得到同方向的单位向量;

   (5) 向量的模通过两点之间的距离公式定义的,方向余弦由向量在三个价值轴的投影和向量的模相除得到的;

   (6) 通过定义向量的加法运算和数乘运算.

2. 先确定点在哪个卦限,再根据点到三个坐标面的距离画出该点.

3. (1) $(a,b,-c)$,$(a,-b,c)$,$(-a,b,c)$;  (2) $(a,-b,-c)$,$(-a,b,-c)$,$(-a,-b,c)$;

   (3) $(-a,-b,-c)$.

4. $(x_0, y_0, 0)$、$(0, y_0, z_0)$、$(x_0, 0, z_0)$;$(x_0, 0, 0)$、$(0, y_0, 0)$、$(0, 0, z_0)$.

5. $|MM_x|=\sqrt{(-3)^2+5^2}=\sqrt{34}$,$|MM_y|=\sqrt{4^2+5^2}=\sqrt{41}$,$|MM_z|=\sqrt{4^2+(-3)^2}=5$.

6. $M(0, 1, -2)$.

7. $\pm(\dfrac{6}{11}, \dfrac{7}{11}, \dfrac{-6}{11})$.

8. $5\boldsymbol{a}-11\boldsymbol{b}+7\boldsymbol{c}$.

9. $12$;$7\boldsymbol{j}$.

10. $\dfrac{\sqrt{2}}{2}, \dfrac{\sqrt{2}}{2}, 0$ 或 $0, 0, -1$.   11. $(-2, 3, 0)$;$9$;$\dfrac{4}{9}, \dfrac{-4}{9}, \dfrac{7}{9}$.

12. (1) 平行于 $yOz$ 平面;  (2) 垂直于 $xOz$ 平面;  (3) 垂直于 $xOy$ 平面.   13. $\sqrt{3}, \sqrt{11}$.

(B)

1. 证明 $|AB|=|AC|\neq|BC|$.

2. $\sqrt{21}$;$\dfrac{2}{\sqrt{21}}, \dfrac{1}{\sqrt{21}}, \dfrac{4}{\sqrt{21}}$.

3. $\boldsymbol{a}+\boldsymbol{b}=\lambda_1\boldsymbol{c}$ 和 $\boldsymbol{b}+\boldsymbol{c}=\lambda_2\boldsymbol{a}$ 相减再利用 $\boldsymbol{a}$、$\boldsymbol{c}$ 不共线即可得到结论.

## 习题1.2答案与提示

### (A)

1. (1) 其中一个向量的模与另外一个向量在这个向量的方向上的投影的乘积;
   (2) 数量积等于0;
   (3) 两个向量的向量积是一个向量,它的模等于两个向量的模以及两个向量夹角的正弦的乘积,方向按照右手规则来确定;
   (4) 数量积是一个数,向量积是一个向量;
   (5) 向量积和已知的两个量垂直;
   (6) 向量积等于0.

2. 六个命题全是错误的.    3. (1) $3$;$5i+j+7k$;    (2) $\dfrac{3}{2\sqrt{21}}$.

4. $\pm(13i+j-5k)$.    5. $\pm(\dfrac{4}{5}i-\dfrac{3}{5}j)$.    6. $(-4,2,-4)$.    7. $13\sqrt{3}$.    8. $-61$.

9. $\lambda=-\dfrac{2}{3}\mu$.    10. $\pm30$.    11. $\lambda=\pm\dfrac{3}{5}$.    12. $(3\sqrt{3},3,0)$.

### (B)

1. (1) $\dfrac{|a\times b|}{a\cdot b}=\dfrac{|a||b|\times\sin(\widehat{a,b})}{|a||b|\times\cos(\widehat{a,b})}=\dfrac{\sin(\widehat{a,b})}{\cos(\widehat{a,b})}=\tan(\widehat{a,b})$

   (2) $(a\times b)^2=|a\times b|^2=(|a||b|\times\sin(\widehat{a,b}))^2=|a|^2|b|^2\times\sin^2(\widehat{a,b})=a^2b^2\times\sin^2(\widehat{a,b})$.

2. 在等式 $a+b+c=0$ 两边同时叉积 $a,b,c$.

3. 设 $C$ 是 $A$、$B$ 连线上一点,$A,B,C$ 三点共线的充要条件是 $\overrightarrow{BC}=r\overrightarrow{AB}$,由 $\overrightarrow{OC}=\overrightarrow{OA}+\overrightarrow{AB}+\overrightarrow{BC}$ 可证得结论成立.

## 总习题1答案与提示

1. (1) $(0,2,0)$;    (2) 平行于 $z$ 轴;    (3) $-\dfrac{1}{2}$;    (4) $-\dfrac{3}{2}$;
   (5) $4$;    (6) 共面;    (7) $-4$;    (8) $-1$ 或 $5$.

2. (1) (C);    (2) (C);    (3) (B);    (4) (C);
   (5) (D);    (6) (D);    (7) (D);    (8) (B).

3. (1) $1$;    (2) $\dfrac{1}{3}(2,2,1)$;    (3) $\dfrac{8}{9},-\dfrac{4}{9},\dfrac{1}{9}$.

4. 模 $2$;方向余弦:$-\dfrac{1}{2},-\dfrac{\sqrt{2}}{2},\dfrac{1}{2}$;方向角:$\dfrac{2}{3}\pi,\dfrac{3}{4}\pi,\dfrac{\pi}{3}$.

5. $\left(\dfrac{15}{\sqrt{17}},\dfrac{25}{\sqrt{17}},0\right)$.    6. $\left(\dfrac{2}{3}\sqrt{3},\dfrac{2}{3}\sqrt{3},\dfrac{2}{3}\sqrt{3}\right)$.    7. $\pm\dfrac{1}{\sqrt{35}}(3,1,5)$.

8. $5$.    9. $\pm(\dfrac{2}{3},\dfrac{1}{3},-\dfrac{2}{3})$.    10. $p$.    11. $2$.    12. $\cos\theta\, b+\dfrac{\sin\theta}{|a|}(a\times b)$.

## 习题 2.1 答案与提示

(A)

**1.** 略.

**2.** (1) 即 $yOz$ 坐标面； (2) 平行于 $z$ 轴； (3) 过原点且平行于 $z$ 轴；
(4) 平行于 $x$ 轴； (5) 过原点且平行于 $y$ 轴； (6) 过原点.

**3.** (1) $(1,3,2)$； (2) $(\pi, \pi-1, 1-\pi)$.

**4.** (1) 由定义：$(1, 2, -3)$； (2) $(1, 2, 1)$； (3) $(-7, -2, 10)$.

**5.** $2x+9y-6z=121$.

**6.** $9y-z=2$.

**7.** $\dfrac{x-1}{-2} = \dfrac{y-1}{1} = \dfrac{z-1}{3}$, $\begin{cases} x=1-2t, \\ y=1+t, \\ z=1+3t, \end{cases} t \in \mathbf{R}$.

**8.** $\begin{cases} 2x+4y+2=0, \\ y-2z+4=0. \end{cases}$

(B)

**1.** $\dfrac{x}{a} + \dfrac{y}{b} - \dfrac{z}{c} = 1$.

**2.** (1) 过原点； (2) 平行于 $z$ 轴； (3) 垂直于 $y$ 轴；
(4) 平行于 $x$ 轴； (5) 重合于 $y$ 轴； (6) 垂直于 $x$ 轴.

## 习题 2.2 答案与提示

(A)

**1.** 略. **2.** $\dfrac{A_1}{A_2} = \dfrac{B_1}{B_2} = \dfrac{C_1}{C_2} \neq \dfrac{D_1}{D_2}$.

**3.** (1) $3x-7y+5z-4=0$； (2) $-x+3y+z-4=0$； (3) $8x-9y-22z-59=0$；
(4) $2x-8y+z-12=0$.

**4.** (1) $\dfrac{x-4}{2} = \dfrac{y+1}{1} = \dfrac{z-3}{5}$； (2) $\dfrac{x}{-2} = \dfrac{y-2}{3} = \dfrac{z-4}{1}$； (3) $\dfrac{x}{1} = \dfrac{y}{2} = \dfrac{z-6}{-3}$；
(4) $\dfrac{x-1}{1} = \dfrac{y+2}{2} = \dfrac{z-4}{-1}$； (5) $\begin{cases} 2x-z-3=0, \\ 34x-y-6z+53=0. \end{cases}$

**5.** (1) 平行；(2) 垂直；(3) 平行(在平面上). **6.** 3. **7.** $\dfrac{\pi}{3}$. **8.** $\left(-\dfrac{5}{3}, \dfrac{2}{3}, \dfrac{2}{3}\right)$.

(B)

**1.** $\begin{cases} 17x+31y-37z-117=0, \\ 4x-y+z=1. \end{cases}$

**2.** 提示 将直线改写为对称式，方向数为 $1,1,1$，方向角为 $\alpha = \arccos \dfrac{1}{\sqrt{3}}$.

## 习题2.3答案与提示

(A)

**1.** 略. **2.** (1)直线,平面; (2)直线,平面; (3)圆,圆柱面; (4)点,直线(两平面的交线).
**3.** (1) $y^2+z^2=k^2x^2$; (2) $y^2+z^2=5x$; (3) $x^2+y^2+z^2=9$. **4.** 略.
**5.** (1)圆柱面; (2)双曲柱面; (3)单叶双曲面; (4)双叶双曲面; (5)椭圆.

(B)

**1.** 略. **2.** $(x+5)^2+(y-3)^2+z^2=11^2$.

## 习题2.4答案与提示

(A)

**1.** 略. **2.** 略.

**3.** (1) $\begin{cases} x=\dfrac{3}{\sqrt{2}}\cos t, \\ y=\dfrac{3}{\sqrt{2}}\cos t, \\ z=3\sin t \end{cases}$ $(0\leqslant t\leqslant 2\pi)$; (2) $\begin{cases} x=1+\sqrt{3}\cos t, \\ y=\sqrt{3}\sin t, \\ z=0 \end{cases}$ $(0\leqslant t\leqslant 2\pi)$;

(3) $\begin{cases} x=1+\cos t, \\ y=1-\cos t, \\ z=\sqrt{2}\sin t \end{cases}$ $(0\leqslant t\leqslant 2\pi)$.

**4.** $3y^2-z^2=16$. **5.** $\begin{cases} x^2+4z^2-2x-2z-2=0, \\ y=0. \end{cases}$

(B)

**1.** 提示:要证直线在单叶双曲面上,必须证直线上任一点在曲面上.利用参数式方程证明.
**2.** $\begin{cases} x^2+y^2-y=1, \\ z=0. \end{cases}$

## 总习题2答案与提示

**1.** (1) $\dfrac{x-1}{3}=\dfrac{y-2}{2}=\dfrac{z+1}{-1}$; (2) $\pm\dfrac{\sqrt{70}}{2}$; (3) 1; (4) $(11,-9,-3)$或$(3,7,13)$;
(5) $z=2$; (6) $2(x+y)^2+2z(z+1)=1$; (7) $4(x^2+z^2)-9y^2=36$; (8) $3x^2+2z^2=16$;
(9) $x=1$; (10) 1.
**2.** (1) (B); (2) (D); (3) (C); (4) (D); (5) (C);
(6) (B); (7) (D); (8) (C); (9) C; (10) D.
**3.** $(1,1,1)$. **4.** $x-3y+z+2=0$. **5.** $x+\sqrt{26}y+3z-3=0$ 和 $x-\sqrt{26}y+3z-3=0$.
**6.** $l: \dfrac{x-1}{-2}=\dfrac{y}{1}=\dfrac{z+1}{5}$.

**7.** (1) $\frac{\sqrt{3}}{3}$; (2) $\frac{x-1}{1}=\frac{y-2}{1}=\frac{z-6}{-1}$.

**8.** 先求 $P$ 点在直线 $L$ 上的投影点 $Q$,再求过 $P,Q$ 两点,且垂直于平面 $z=0$ 的平面: $x+2y+1=0$.

**9.** (1) $y^2+z^2=5x$; (2) $y=\pm a\sqrt{x^2+z^2}$.

**10.** $z^2=3(x^2+y^2)$. **11.** $5x^2-3y^2=1$. **12.** $4x^2-17y^2+4z^2+2y-1=0$.

**13.** $\frac{x-2}{-7}=\frac{y}{-2}=\frac{z-1}{8}$. **14.** 先求直线的方向向量,再求点在直线上,然后证明在平面内.

**15.** $(-13+\frac{5}{7}, \frac{17}{7}, \frac{43}{7})$.

## 习题 3.1 答案与提示

(A)

**1.** 略. **2.** (1) C; (2) C; (3) B

**3.** (1) $\{x|x\in(-1,2)\cup(2,5)\}=\{x|-1<x<2 \text{ or } 2<x<5\}$, $\{x|1\leqslant x<+\infty\}$.
(2) $O(-1,4); O(0.1, 0.01)$.

**4.** (1) $\{a,b,c,d,e,g\}$; (2) $\{a,c,e\}$; (3) $\{b,f\}$; (4) $\{b,f\}$.

**5.** (1) $\{(1,a),(1,b),(1,c),(2,a),(2,b),(2,c)\}$; $\varnothing$.
(2) $\{(x,y)|a\leqslant x\leqslant b, c\leqslant y\leqslant d\}$; $\{(y,z)|c\leqslant y\leqslant d, -\infty<z<+\infty\}$.

**6.** (1) 5, 0; (2) $\sqrt{3}$, $-\sqrt{3}$; (3) 6, $-6$.

**7.** (1) 分 $a\geqslant b, a<b$ 两种情况讨论; (2) 将等式右端展开即可.

**8.** (1) $a=-2$; (2) $x=y=-1$.

(B)

**1.** (1) 正确; (2) 不正确.

**2.** 利用定义 3.2.

**3.** 利用上题的结论证明.

**4.** 利用定义 3.2.

**5.** 利用 $A=\{x|x\geqslant 1\}$.

## 习题 3.2 答案与提示

(A)

**1.** (1) 错; (2) 对; (3) 错; (4) 对; (5) 错; (6) 错.

**2.** (1) $\frac{\pi}{4}, \frac{\pi}{2}, \frac{\pi}{8}, \frac{5\pi}{12}, \frac{\pi}{6}$. (2) 3; 1; 5; $\begin{cases} 4x+5, & x\geqslant-1, \\ x^2+2x+3, & x\leqslant-2. \end{cases}$

**3.** (1) $[-2,-1)\cup(-1,1)\cup(1,+\infty)$; (2) $[-1,3]$; (3) $(-\infty,-1)\cup(1,3)$.

**4.** (1) (C); (2) (D); (3) (B); (4) (C); (5) (B).

**5.** (1) 奇; (2) 偶; (3) 非奇偶; (4) 奇.

**6.** 令 $f(x)=\varphi(\lambda x+k)$.

**7.** (1)有界； (2)有界； (3)有界； (4)无界.

**9.** (1) $y=\dfrac{1}{3}\arcsin\dfrac{x}{2}$ $(-2\leqslant x\leqslant 2)$； (2) $y=e^{x-1}-2$ $(-\infty<x<\infty)$；

(3) $y=\log_2\dfrac{x}{1-x}$ $(0<x<1)$； (4) $y=\dfrac{1}{2}\ln\dfrac{1+x}{1-x}$ $(|x|<1)$.

**10.** (1) 不能复合； (2) $y=\dfrac{x}{\sqrt{1+3x^2}}$ $(-\infty<x<+\infty)$；

(3) 不能复合； (4) $y=\arcsin(t-3), t\in[2,4]$.

**11.** (1) $[-1,1]$； (2) $\{x\mid 2k\pi\leqslant x\leqslant(2k+1)\pi, k\in Z\}$；

(3) $-a\leqslant x\leqslant 1-a$； (4) $a\leqslant x\leqslant 1-a$ $\left(0<a\leqslant\dfrac{1}{2}\right)$.

**12.** (1) 从左向右证明；(2) 从右向左证明.

**13.** $y=\begin{cases}8.9, & 0<x\leqslant 8,\\ 8.9+1.2(x-8), & 8<x\leqslant 16,\\ 8.9+1.2\times 8+1.8(x-16), & x>16.\end{cases}$

(B)

**1.** $\underbrace{f\circ f\circ\cdots\circ f}_{n\text{个}f}(x)=\dfrac{x}{1-nx}$. **2.** $f[\varphi(x)]=\begin{cases}e^{x+2}, & x<-1,\\ x+2, & -1<x<0,\\ e^{x^2-1}, & 0\leqslant x<\sqrt{2},\\ x^2-1, & x\geqslant\sqrt{2}.\end{cases}$

**3.** (1) $y=f^{-1}(x)=\begin{cases}x, & x<1,\\ \sqrt{x}, & 1\leqslant x\leqslant 16,\\ \log_2 x, & x>16;\end{cases}$ (2) $y=\begin{cases}\arcsin x, & -1\leqslant x<0,\\ \dfrac{-1+\sqrt{1+4x}}{2}, & 0\leqslant x<2,\\ \dfrac{x^2}{4}, & 2\leqslant x<4\sqrt{2}.\end{cases}$

**4.** 利用已知条件与增函数的定义证明.

## 习题 3.3 答案与提示

(A)

**1.** (1)可以； (2)可以； (3)可以； (4)不可以； (5)不可以.

**2.** (1)(B)； (2)(A)； (3)(D).

**3.** (1) $\dfrac{1}{2}, \dfrac{1}{11}, \dfrac{1}{101}, \dfrac{1}{n+1}$； (2) $N=10^4-1$； (3) $N=\left(\dfrac{1}{\varepsilon}-1\right)+1$ $(0<\varepsilon<1)$.

**4.** (1)利用 $\left|\dfrac{1}{n}\sin\dfrac{n\pi}{4}\right|<\dfrac{1}{n}$； (2) 利用 $\left|\sqrt{n+1}-\sqrt{n}\right|=\dfrac{1}{\sqrt{n+1}+\sqrt{n}}<\dfrac{1}{\sqrt{n}}$；

(3)注意到当 $n>[a]+1$ 时，则 $\dfrac{a}{n}<1$，从而 $\dfrac{a^n}{n^n}<\dfrac{a}{n}$； (4)利用 $|0.4999\cdots 9-0.5|=\dfrac{1}{10^{n+1}}$.

**5.** (1) 2；　(2) $\dfrac{1}{\sqrt{2}}$；　(3) $\dfrac{1}{5}$；　(4) $\dfrac{1}{2}$；　(5) $\dfrac{3}{2}$；　(6) $\lim\limits_{n\to\infty}\dfrac{a^n}{1+a^n}=\begin{cases}0, & 0\leqslant a<1,\\ \dfrac{1}{2}, & a=1,\\ 1, & a>1.\end{cases}$

(B)

**1.** 由 $\lim\limits_{n\to\infty}x_n=a$，及 $||x_n|-|a||<|x_n-a|<\varepsilon$，因此 $\lim\limits_{n\to\infty}|x_n|=|a|$ 成立. 反例：$x_n=(-1)^n$.

**2.** (1) B；　(2) A；　(3) D.

**3.** 反例：$x_n=\dfrac{1+(-1)^n}{2}$，$y_n=\dfrac{1-(-1)^n}{2}$　or　$x_n=\sin\dfrac{n\pi}{2}$，$y_n=\cos\dfrac{n\pi}{2}$.

**4.** 由题设 $0<a-x_n<y_n-x_n$，$0<y_n-a<y_n-x_n$ 再利用题设条件即可.

**5.** 当 $|b|<1$，$a$ 为任何实数，或 $b\neq 1$，$a=\dfrac{1}{1-b}$ 时，$\lim\limits_{n\to\infty}x_n=\lim\limits_{n\to\infty}\left[\dfrac{1}{1-b}+b^n\left(a-\dfrac{1}{1-b}\right)\right]=\dfrac{1}{1-b}$.

## 习题 3.4 答案与提示

(A)

**1.** (1) 对；　(2) 否，例如考察例 3.17.　　**2.** B.　　**3.** (1) 1；　(2) 0；　(3) 1.

**4.** (1) 0；　(2) 2；　(3) $\sqrt{a}$.　　**5.** (1) $e^{-1}$；　(2) $e$.

(B)

**1.** (1) 10；　(2) 1；　(3) 0.

**2.** 由题设 $0<|x_n-a|<\rho^{n-N}|x_N-a|\to 0$　$(n\to\infty)$，利用两边夹准则知 $\lim\limits_{n\to\infty}x_n=a$. 再令 $u_n=nq^n$，证明 $n$ 充分大时，有 $|u_{n+1}-0|<\rho|u_n-0|$ $(|q|<\rho<1)$，由前面结果即可得证.

**3.** 利用柯西收敛准则证明.

**4.** 证明 $\{x_n\}$ 单调有界.

## 习题 3.5 答案与提示

(A)

**1.** (1) 可以；　(2) 可以；　(3) 可以；　(4) 不可以.

**2.** (1) (B)；　(2) (D)；　(3) (C)；　(4) (D)；　(5) (C).

**3.** (1) $\dfrac{1}{5}\times 0.001$；　(2) $4\times 10^2$.

**4.** (1) 利用 $\left|\dfrac{x-2}{x+1}-1\right|=\left|\dfrac{3}{x+1}\right|<\dfrac{3}{|x|-1}$；

(2) 利用 $\left|\dfrac{2x^2-2}{x-1}-4\right|=2|x-1|$；

(3) $\forall\varepsilon>0$，令 $\delta_1=x_0(1-e^{-\varepsilon})$，$\delta_2=x_0(e^\varepsilon-1)$，取 $\delta=\min(\delta_1,\delta_2)$；

(4) 因为 $x\to 1$，不妨先设 $|x-1|<1$；

(5) 利用 $|\sin x-\sin x_0|=2\left|\cos\dfrac{x+x_0}{2}\cdot\sin\dfrac{x-x_0}{2}\right|\leqslant|x-x_0|$；

(6)利用 $\left|\dfrac{\sin x}{\sqrt{x}}-0\right|=\dfrac{|\sin x|}{\sqrt{x}}\leqslant\dfrac{1}{\sqrt{x}}$.

5. (1)利用 $0<|x-a|<\delta\Leftrightarrow a<x<a+\delta$ 或 $a-\delta<x<a$;

    (2)利用 $|x|>z\Leftrightarrow x>z$ 或 $x<-z$.

6. (1) $-\dfrac{8}{5}$; (2) $\dfrac{2}{3}$; (3) $\dfrac{1}{3}$; (4) $\dfrac{1}{4}$; (5) $-1$; (6) $\dfrac{1}{2}$; (7) $\dfrac{n(n+1)}{2}$.

(B)

1. (1) 由 $\varphi(0+0)=1\neq -1=\varphi(0-0)$, $\lim\limits_{x\to 0}\varphi(x)$ 不存在.

    (2) 由 $f(0+0)\neq f(0-0)$, $\lim\limits_{x\to 0}f(x)=\lim\limits_{x\to 0}e^{\frac{1}{x}}$ 不存在.

    (3) 由 $f[g(x)]=\operatorname{sing}(x)=\begin{cases}\sin(x-\dfrac{\pi}{2}) & (x\leqslant 0)\\ \sin(x+\dfrac{\pi}{2}) & (x>0)\end{cases}$ 可得 $f[g(0+0)]\neq f[g(0-0)]$,

    $\lim\limits_{x\to 0}f[g(x)]$ 不存在.

2. (2) 设 $\lim\limits_{x\to\infty}f(x)=A$,则对 $\varepsilon=1$, $\exists X_0>0$, $|x|>X_0$ 时, $A-1<f(x)<A+1$.

    (3) $\lim\limits_{x\to a}f(x)=A>0$,则对 $\varepsilon_0=\dfrac{A}{2}$, $\exists\delta>0$, 当 $0<|x-a|<\delta$ 时,有 $|f(x)-A|<\varepsilon_0=\dfrac{A}{2}$,即
    $\dfrac{A}{2}<f(x)<\dfrac{3A}{2}$.

    (4) 利用反证法及保号性.

3. (1) 1; (2) 0.

4. $a=1, b=-1$.

## 习题 3.6 答案与提示

(A)

2. (1)(D); (2)(C); (3)(B).

3. 1, 3.

4. (1) 3; (2) $x$; (3) $\dfrac{3}{5}$; (4) $\dfrac{1}{2}$.

5. (1) $e^{-1}$; (2) $e$; (3) $e^3$; (4) $e^3$.

(B)

1. $a=-2, b=1$.

2. (1) $\dfrac{3}{5}$; (2) $\cos a$; (3) 1; (4) $e^{-2}$; (5) $e^2$; (6) $e^3$.

3. $a\neq\dfrac{1}{2e}$ 时,极限不存在; $a=\dfrac{1}{2e}$ 时,极限存在为 $e$.

4. 利用海涅定理证明.    5. $\left(\dfrac{3}{2}\right)^{50}$

## 习题 3.7 答案与提示

### (A)

1. (1)是； (2)是； (3)否； (4)是.

2. (1)是； (2)是； (3)是； (4)是.

3. (3)利用和差化积公式 $\cos x - \cos 2x = -2\sin\frac{3}{2}x\sin(-\frac{x}{2})$ 及等价无穷小代换.

4. (1)$\infty$； (2)$\infty$； (3)0； (4) 0； (5) 0； (6) $\frac{1}{2}$； (7) $\frac{3}{2}$； (8) $\begin{cases} 1, & (n=m) \\ 0, & (n>m) \\ \infty, & (n<m) \end{cases}$ ；(9) 0.

5. (1)$\frac{5}{2}$； (2)$\frac{1}{3}$； (3)2； (4)3.

### (B)

1. (2) 因 $x \to -2$, 不妨先限制 $|x+2| < 1$.

2. (1)①取 $x_k = \dfrac{1}{2k\pi + \frac{\pi}{2}}$, 则 $\dfrac{1}{x_k}\sin\dfrac{1}{x_k} = 2k\pi + \dfrac{\pi}{2} \to \infty$. ②取 $x_k = \dfrac{1}{2k\pi}$, 则 $\left|\dfrac{1}{x_k}\sin\dfrac{1}{x_k}\right| = 0$.

   (2)①令 $x_k = 2k\pi + \dfrac{\pi}{4}$ 时, 则 $x_k \cot x_k \to +\infty$. ②取 $x_k = 2k\pi + \dfrac{\pi}{2}$, 则 $x_k \cot x_k = 0$.

3. $P(x) = 2x^3 + x^2 + 3x$.

4. $k = 3$.

5. 利用 $\sin(\pi\sqrt{n^2+1}) = \sin[n\pi + \pi(\sqrt{n^2+1} - n)] = (-1)^n \sin(\pi\sqrt{n^2+1} - n\pi)$ 证明.

6. (1) 利用 $\lim\limits_{x \to 0}(\sqrt{1+x} - 1) = 0$； (2) 利用 $\lim\limits_{x \to \infty}\dfrac{2x^3 + 2x^2}{x^3} = 2$；

   (3) 求证 $x \to 0$ 时, $\dfrac{o(x^n) + o(x^m)}{x^n} \to 0$； (4) 求证 $x \to 0$ 时, $\dfrac{o(x^n)o(x^m)}{x^{n+m}} \to 0$.

## 习题 3.8 答案与提示

### (A)

1. (1)(C)； (2)(A)； (3)(C)； (4)(A).

2. 当 $a=0, b=e$ 时 $f(x)$ 有无穷间断点 $x=0$ 和可去间断点 $x=1$.

3. (1) $a=1$； (2) $a>0$ 且 $a \neq 1$； (3) $a=2$.   4. $f(x)$ 的连续区间为 $(-\infty, 0]$ 和 $(0, +\infty)$.

5. 略.   6. (1) $\dfrac{2}{3}$； (2) $\dfrac{1}{3}$； (3) 1； (4) $\cos 2$； (5) 0； (6) $e^a$； (7) $\dfrac{1}{4}$； (8) $\ln 2 + 1$.

7. (2) 由 $\lim\limits_{x \to +\infty}\dfrac{f(x)}{x^3} = 1 > 0$, 存在 $x_1 > 0$, 使 $f(x_1) > 0$； 由 $\lim\limits_{x \to -\infty}\dfrac{f(x)}{x^3} = 1 > 0$, 存在 $x_2 < 0$, 使 $f(x_2)$

   $<0$. 再利用零点定理.

   (3) 令 $F(x) = x - a\sin x - b$, 对 $F(x)$ 在 $[0, a+b]$ 上用零点定理讨论.

8. 令 $g(x) = f(x) - x$, 对 $g(x)$ 在 $[0, 1]$ 上用零点定理讨论.

9. 设 $\varphi(x)=f(x+a)-f(x)$,对 $\varphi(x)$ 在 $[0,a]$ 上用零点定理讨论.

(B)

1. (1) $f(x)=\begin{cases}0.5 & x=k\pi \quad (k=0,\pm 1,\pm 2,\cdots)\\ 1 & x\neq k\pi \quad (k=0,\pm 1,\pm 2,\cdots)\end{cases}$, $x\neq k\pi$ 时, $f(x)$ 连续; $x=k\pi$ 为 $f(x)$ 的可去间断点.

(2) $f(x)=\begin{cases}x, & |x|<1\\ 0, & |x|=1\\ -x, & |x|>1\end{cases}$, 当 $x\neq\pm 1$ 时, $f(x)$ 连续; $x=1,x=-1$ 为 $f(x)$ 的跳跃间断点.

2. 利用 $u(x)^{v(x)}=e^{v(x)\ln u(x)}$.

3. (1)$e^3$; (2)$\dfrac{\pi}{2}$; (3)$e^2$;

4. $f(x)\in C[x_1,x_n]$, 故 $f(x)$ 在 $[x_1,x_n]$ 上有最大值 $M$ 与最小值 $m$, 再利用介值定理.

6. 定义 $f(a)=f(a+0),f(b)=f(b-0)$, 则 $f(x)\in C[a,b]$, 再利用定理 3.31.

7. 由一致连续的定义证明.

## 总习题 3 答案与提示

1. (1)、(2)、(3)必要,充分; (4)充分必要.

2. (1)$\ln 2$; (2)$-1$; (3)$-\dfrac{3}{2}$; (4)$\dfrac{1}{2}$,2; (5)$\dfrac{3}{4}$.

3. (1)(D); (2)(B); (3)(B); (4)(C); (5)(D); (6)(B); (7)(C); (8)(D).

4. (1) $1\leqslant x\leqslant 4$; (2)$(-\infty,0)\cup(0,2]$.

5. (1) $f(x)=x^2-2,f(\sin x)=\sin^2 x-2$; (2) $g(x)=|\ln(1-x)|$;
   (3) $f[f(x)]=f(x),f[g(x)]=0$.

6. (1)$\dfrac{m}{n}$; (2)0; (3)0; (4)1; (5)$\operatorname{sgn}x$; (6)1; (7)$\begin{cases}\dfrac{1}{1-x}, & |x|<1,\\ \infty, & |x|>1,\\ \infty, & x=1,\\ 0, & x=-1;\end{cases}$

(8)$-1$; (9)$\begin{cases}t, & |a|>1,\\ 0, & |a|<1,\\ \sin t, & |a|=1;\end{cases}$ (10)$-\sqrt{a}$; (11)1; (12)$e^2$;

(13)$e^{\frac{b-c}{a}}$; (14)$te^{2t}$; (15)$e^{\frac{2}{\pi}}$; (16)$e^{-2}$; (17)$\dfrac{1}{8}$; (18)$-\dfrac{1}{2}$; (19)$\dfrac{2}{11}$; (20)0.

7. (1)分 $|x|\leqslant 1$,和 $|x|>1$ 两种情况证明, $|f(x)|\leqslant 2$.
   (2)求出 $f(x)=\dfrac{a}{3}(\dfrac{2}{x}-x)$, 所以是奇函数.

8. 令 $\sqrt[n]{n}=1+h$, 则 $(1+h)^n=n\Rightarrow 1+nh+\dfrac{n(n-1)}{2}h^2<n\Rightarrow \dfrac{1}{n}+h+\dfrac{n-1}{2}h^2<1$, 从而 $\dfrac{n-1}{2}h^2<1$.

9. (1)用归纳法证明 $0<ax_{n+1}<1,\{x_n\}$ 有界,且 $x_{n+1}-x_n>0\Rightarrow\{x_n\}$ 单调增, $\lim\limits_{n\to\infty}x_n=\dfrac{1}{a}$.

(2) 用归纳法证明 $\{x_n\}$ 单调减有下界,$\lim\limits_{n\to\infty}x_n=0$.

10. (1) 分子有理化可得 $\alpha=\sqrt{a}$,$\beta=\dfrac{b}{\sqrt{a}}$.

    (2) 将所求式子分子有理化,然后将 $\alpha=\sqrt{a}$,$\beta=\dfrac{b}{\sqrt{a}}$ 代入所求式中,即得.

11. $A\ln a$.

12. (1) $f(x)=\begin{cases}1, & x>0,\\ \dfrac{1}{2}, & x=0,\\ x, & x<0,\end{cases}$ 在 $x=0$ 处间断,是第一类跳跃间断点;

    (2) $f(x)=e^{\frac{x}{\sin x}}$,间断点是 $x=k\pi$ $(k=0,\pm 1,\pm 2,\cdots)$.
    $x=0$ 是第一类可去间断点,$x=k\pi$ $(k=\pm 1,\pm 2,\cdots)$ 是第二类无穷间断点.

    (3) $f(x)=\begin{cases}1, & |x|\leqslant 1\\ x^2, & |x|>1\end{cases}$ 处处连续.    13. 略.

14. (2) 对 $F(x)=a(x-m)(x-n)+b(x-h)(x-n)+c(x-h)(x-m)$ 分别在 $(h,m)$、$(m,n)$ 内应用零点定理,并注意到二次方程至多只有两个根.

15. 用反证法及零点定理证明.

16. 利用连续函数的最值定理和介值定理证明.

17. 任取 $b\in[a,+\infty)$,$f(b)>0$. 由 $\lim\limits_{x\to+\infty}f(x)=0$,取 $\varepsilon=f(b)$,$\exists X>0$,当 $x>X$ 时,$f(x)<f(b)$. 又 $f(x)\in C[a,X]$,$f(x)$ 在 $[a,X]$ 上有最大值 $f(c)$. 取 $f(x_0)=\max\{f(b),f(c)\}$ 即可.

## 习题 4.1 答案与提示

(A)

1. 略.    2. (1) 假命题;  (2) 假命题;  (3) 真命题;  (4) 假命题;  (5) 假命题;  (6) 假命题.

3. (1) 可以;  (2) 可以;  (3) 不可以.

4. $f'(x_0)=\lim\limits_{x\to x_0}\dfrac{f(x)-f(x_0)}{x-x_0}=\varphi(x_0)=\lim\limits_{x\to x_0}\varphi(x)$.

5. $\lim\limits_{h\to 0}\dfrac{f(a+nh)-f(a-mh)}{h}=(m+n)f'(a)$.

6. 0.    7. $A=0$,$b=0$($a$ 为任意常数),$f'(0)=0$.

8. (1) 过点 $(4,8)$ 处的切线与直线 $y=3x-1$ 平行;  (2) 过点 $(0,0)$ 处的切线与 $x$ 轴平行.

9. $y=-x+2$.    10. 切线方程为:$3x-y-1=0$,法线方程为:$x+3y-17=0$.

(B)

1. (1) $a=2$,$b=-2$.  (2) $a=-1$,$b=2$.    2. $f'(0)=10000!$

3. (1) 设函数 $f(x)$ 为偶函数,则 $f(-x)=f(x)$. 所以 $f'(x)=[f(-x)]'=f'(-x)\cdot(-1)$. 即 $-f'(x)=f'(-x)$. 所以偶函数的导数是奇函数.

   (2) 设函数 $f(x)$ 为奇函数,则 $g(-x)=-g(x)$. 所以 $g'(x)=[-g(-x)]'=g'(-x)$. 所以奇

函数的导数是偶函数.

**4.** $f'(x+T) = \lim\limits_{h \to 0} \dfrac{f(x+T+h)-f(x+T)}{h} = \lim\limits_{h \to 0} \dfrac{f(x+h)-f(x)}{h} = f'(x).$

**5.** $f'_-(a) = -\varphi(a), f'_+(a) = \varphi(a).$

**6.** (1) $b = 3$; (2) $m = 9$ 或 1.　　**7.** $(\dfrac{3}{2}, -1).$　　**8.** $4x + 4y + 1 = 0.$

**9.** 曲线 $y = \ln x$ 与 $x$ 轴的夹角为 $45°$.

**10.** 函数在 $x = 0$ 处不可导,在 $x = 0$ 处连续. 函数在 $x = 1$ 处的可导,且 $f'(1) = 2.$

## 习题 4.2 答案与提示

(A)

**1.** (1) $2x + e^x$; (2) $2(x - e^x)$; (3) $x \cdot e^x(x+2)$; (4) $\dfrac{2x - x^2}{e^x}$;

(5) $2(x-1)$; (6) $2e^{2x}$; (7) $2xe^{x^2}$; (8) $4xe^{2x^2}$;

(9) $|f(x)-1|' = \begin{cases} 2x & |x| > 1 \\ -2x & |x| < 1 \end{cases}$, 当 $|x| = 1$ 时, $|f(x)-1|'$ 不存在.

(10) 在 $x = 0$ 处函数不可导；$x \neq 0$ 时, $[\operatorname{sgn} f(x)]' = 0$

**2.** (1) $5x^4 - 4x$; (2) $4x^3 - 1$; (3) $5x^4 + 12x^3 - 3x^2 - 12x - 2$; (4) $\dfrac{7}{3\sqrt[3]{x^2}}$;

(5) $-15x^{-4}$; (6) $\dfrac{-x^2 - 6x + 3}{(3+x^2)^2}$; (7) $\dfrac{-t^4 + 6t^3 - 3t^2 + 2t - 3}{(t^3+1)^2}$; (8) $3x^2 + \dfrac{7}{2}x^{\frac{5}{2}}$;

(9) $-\dfrac{2}{x^2} + \dfrac{1}{3\sqrt[3]{x^2}}$; (10) $\dfrac{1}{x^2} - \dfrac{2}{x^3}$; (11) $-\dfrac{3x^2+2}{(x^3+2x+1)^2}$; (12) $-\dfrac{2\sqrt{x}+1}{2\sqrt{x}(x+\sqrt{x})^2}.$

**3.** (1) $-2(\sin 2x + \cos x)$; (2) $-2x\cos x + (x^2 - 2)\sin x$; (3) $(2x+1)\cos(x+x^2)$;

(4) $3x^2 \cos x^3 + \cos x$; (5) $-\sin x \cos(\cos x)$; (6) $\cos x \cos(\sin x)$;

(7) $(1+\cos x)\cos(x+\sin x)$; (8) $-\cos x \sin(\sin x)\cos[\cos(\sin x)]$; (9) $2\csc^2 x$;

(10) $n \sin^{n-1} x \cdot \sin(n+1)x$; (11) $\tan x \sec x$; (12) $-\cot x \csc x.$

**4.** (1) $\ln x + 1$; (2) $(1 - \dfrac{1}{x^2})\ln x + \dfrac{1}{x^2} + 1$; (3) $\dfrac{6}{x}\ln^2 x^2$; (4) $\csc x$;

(5) $\dfrac{1}{x \ln x}$; (6) $\dfrac{x}{\sqrt{1+x^2}} \cos\sqrt{1+x^2}$; (7) $\dfrac{1}{\sqrt{1+x^2}}$; (8) $\dfrac{x}{x^4-1}$;

(9) $\dfrac{1}{2\sqrt{x+\sqrt{x+\sqrt{x}}}}[1 + \dfrac{1}{2\sqrt{x+\sqrt{x}}}(1 + \dfrac{1}{2\sqrt{x}})]$; (10) $a^2(a^2 - x^2)^{-\frac{3}{2}}$;

(11) $\dfrac{1}{2\sqrt{x}} + \dfrac{1}{3\sqrt[3]{x^2}} + 1$; (12) $-x^{-2} - \dfrac{1}{2}x^{-\frac{3}{2}} - \dfrac{1}{3}x^{-\frac{4}{3}}.$

**5.** (1) $\dfrac{1}{2\sqrt{x}}e^{\sqrt{x}}$; (2) $\dfrac{2}{x^3}e^{-\frac{1}{x^2}}$; (3) $-\dfrac{x}{\sqrt{x^2(1-x^2)}}$; (4) $-\dfrac{1}{\sqrt{x^2(x^2-1)}}$; (5) $-\dfrac{\cos x}{|\cos x|}$;

(6) $2x\arctan x + \dfrac{x^2}{1+x^2}$;　　(7) $e^{ax}(a\cos bx - b\sin bx)$;　　(8) $e^{ax}(a\sin bx + b\cos bx)$;　　(9) $\dfrac{2}{1+x^2}$;

(10) $-\dfrac{2}{1+4x^2}$;　　(11) $\dfrac{e^x}{1+e^{2x}} - \dfrac{x}{1+e^{2x}}$;　　(12) $\dfrac{3a^2 - 2x^2}{4\sqrt{a^2-x^2}}$.

6. (1) $-\dfrac{1}{x^2} + 6$;　　(2) $-2\sin x - x\cos x$;　　(3) $4a^{2x}(\ln a)^2$;

(4) $e^{ax}(a^2-1)\cdot \sin x + 2e^{ax}\cdot a\cos x$;　　(5) $e^x(x+2)$;　　(6) $\dfrac{3x + 2x^3}{(1+x^2)^{\frac{3}{2}}}$;

(7) $2\sec^2 x \tan x$;　　(8) $\dfrac{1}{x}$;　　(9) $\dfrac{(1+2x^2)\arcsin x + 3x\sqrt{1-x^2}}{(1-x^2)^{\frac{5}{2}}}$;　　(10) $3x(1-x^2)^{-\frac{5}{2}}$.

7. (1) $y' = -f'(\csc x)\cdot \csc x \cdot \cot x$;　　(2) $y' = \sec^2 x \cdot f'(\tan x) + \sec^2[f(x)]\cdot f'(x)$;

(3) $y' = e^{f(x)}[e^x f'(e^x) + f'(x)f(e^x)]$;　　(4) $y' = \sin 2x[f'(\sin^2 x) - f'(\cos^2 x)]$;

(5) $y' = \dfrac{f'(x)}{1+f^2(x)}$;　　(6) $y' = f'(\sin x)\cos x + \cos[f(x)]f'(x)$.

(B)

1. $f'[f(x)] = 2\cos 2[f(x)] = 2\cos(2\sin 2x)$,　$\{f[f(x)]\}' = 4\cos(2\sin 2x)\cos 2x$.

2. $\dfrac{dy}{dx} = \dfrac{1}{(x+1)^2}\ln\dfrac{2x-1}{x+1}$.

3. $f(u) = \begin{cases} u, & u \leqslant 0, \\ 2e^{\frac{u}{2}-2}, & u > 0. \end{cases}$

4. (1) $\dfrac{n!}{2}\left[\dfrac{1}{(1-x)^{n+1}} + \dfrac{(-1)^n}{(1+x)^{n+1}}\right]$;　　(2) $y' = 1 - \dfrac{1}{(x-1)^2}, y^{(n)} = \dfrac{(-1)^n n!}{(x-1)^{n+1}} (n\geqslant 2)$;

(3) $2^{n-1}\sin\left[2x + \dfrac{n-1}{2}\pi\right]$;　　(4) $e^x(x+n)$.

5. (1) 将 $y' = (2\arcsin x)\dfrac{1}{\sqrt{1-x^2}}$ 写成 $y'\sqrt{1-x^2} = 2\arcsin x$, 再两边对 $x$ 求导;

(2) 在(1)中等式两边对 $x$ 求 $n$ 阶导数并利用 Leibniz 公式, 可得递推公式, 解得
$$y^{(2k-1)}(0) = 0,\ y^{(2k)}(0) = 2^{2k-1}[(k-1)!]^2.$$

6. $\dfrac{d^2 x}{dy^2} = -\dfrac{y''}{[y'(x)]^3}$,　$\dfrac{d^3 x}{dy^3} = \dfrac{3(y'')^2 - y'y'''}{(y')^5}$.

# 习题 4.3 答案与提示

(A)

1. 略.

2. 切线方程为: $x + y - \dfrac{\sqrt{2}}{2}a = 0$; 法线方程为: $x - y = 0$.

3. (1) $y' = -\dfrac{x}{y}$;　　(2) $y' = -\tan t$;　　(3) $y' = -\dfrac{2xy^3 + ye^x}{1 + 3x^2 y^2 + e^x}$;

(4) $y' = \sqrt{x\sin x \sqrt{1-e^x}} \left[\dfrac{1}{2x} + 2\cot x - \dfrac{e^x}{4(1-e^x)}\right]$.

4. (1) $\dfrac{(\dfrac{a^2y-ax^2}{y^2-ax}-2x)(y^2-ax)-(ay-x^2)(\dfrac{2ay^2-2yx^2}{y^2-ax}-a)}{(y^2-ax)^2}$;  (2) $\dfrac{6x^2y}{y^2+1} + \dfrac{4x^6y(1-y^2)}{(y^2+1)^3}$;

(3) $\dfrac{e^{x+y}(1+x-y)(y-e^{x+y})}{(e^{x+y}-x)^3} + \dfrac{e^{x+y}(x-y-1)+y-xy}{(e^{x+y}-x)^2}$;  (4) $\dfrac{e^{2y}(xe^y+2)}{(xe^y+1)^3}$.

5. (1) $\dfrac{dy}{dx} = (\ln x+1)x^x$;  (2) $\dfrac{dy}{dx} = \dfrac{\ln x}{x} \cdot (\sqrt{x})^{\ln x}$;

(3) $\dfrac{dy}{dx} = a^{\sin x}\cos x \ln a$;  (4) $\dfrac{dy}{dx} = \left[\dfrac{1}{x(x+1)} - \dfrac{\ln(x+1)}{x^2}\right] \cdot (1+x)^{\frac{1}{x}}$;

(5) $\dfrac{dy}{dx} = \dfrac{(x+5)^2(x-4)^{\frac{1}{3}}}{(x+2)^5(x+4)^{\frac{1}{2}}}\left[\dfrac{2}{x+5} + \dfrac{1}{3(x-4)} - \dfrac{5}{x+2} - \dfrac{1}{2(x+4)}\right]$;

(6) $\dfrac{dy}{dx} = x\sqrt{\dfrac{1-x}{1+x}}\left[\dfrac{1}{x} + \dfrac{1}{2(1-x)} - \dfrac{1}{2(x+1)}\right]$.

6. (1) $\dfrac{dy}{dx} = (3t+2)(1+t)$;  (2) $\dfrac{dy}{dx} = \dfrac{(\theta\cos\theta)'}{[\theta(1-\sin\theta)]'} = \dfrac{\cos\theta - \theta\sin\theta}{1-\sin\theta - \theta\cos\theta}$;  (3) $\dfrac{dy}{dx} = \dfrac{-2t}{1-2t}$.

7. (1) $-\dfrac{1}{a\sin^3 t}$;  (2) $\dfrac{3}{4-4t}$;  (3) $-\dfrac{1+t^2}{4t^3}$;  (4) $4t^2 + 2$.

8. (1) 0;  (2) $\dfrac{m\sin\theta + \cos\theta}{m\cos\theta - \sin\theta}$.  9. $v = -\dfrac{14}{5}$.

10. $y - a = -\left[x - a\left(\dfrac{3\pi}{2}+1\right)\right]$.  11. $10 \text{cm}^2/\text{s}$.

(B)

1. (1) $e^x(e^{e^x}+1)$;  (2) $x^{a-1}a^{x^a+1}\ln a + a^{x^a+x}\ln^2 a$;  (3) $-\dfrac{\ln 2}{x^2}\sec^2\dfrac{1}{x}2^{\tan\frac{1}{x}}$;

(4) $\left(\dfrac{b}{a}\right)^x \left(\dfrac{b}{x}\right)^a \left(\dfrac{x}{a}\right)^b \left(\ln\dfrac{b}{a} + \dfrac{b-a}{x}\right)$;  (5) $y' = \dfrac{e^x(\sin x - \cos x)}{2\sin^2\dfrac{x}{2}}$ ($x \neq 2k\pi, k \in z$);

(6) $3^x\ln 3 \cdot \ln x + 3^x \dfrac{1}{x}$.

2. $0.14 \text{ rad/min}$.

3. $y' = \dfrac{1}{\ln y + 1}\left(1 + \dfrac{4x}{a+x^2} - \dfrac{3x}{b+x^2}\right)$.

4. $\dfrac{dy}{dx} = \dfrac{f'}{1-f'}$, $\dfrac{d^2y}{dx^2} = \dfrac{f''}{(1-f')^3}$.

5. $\dfrac{du}{dx} = f'(\varphi(x) + y^2)\left(\varphi'(x) + \dfrac{2y}{1+e^y}\right)$.

6. $\dfrac{d^2y}{dx^2} = -\dfrac{e^t(1+t) + (e^t-2)}{(e^t-2)^2(1+t)^2} \dfrac{1}{e^t+te^t}$.

7. $y + x = e^{\frac{\pi}{2}}$.

## 习题 4.4 答案与提示

### (A)

**1.** 略.

**2.** (1) $x(2+x)e^x dx$; (2) $x\sin x dx$; (3) $-\dfrac{2}{x^3}dx$; (4) $\dfrac{x}{\sqrt{a^2+x^2}}dx$; (5) $\dfrac{2x}{x^2-1}dx$;

(6) $\dfrac{2-\ln x}{2x\sqrt{x}}dx$.

**3.** (1) $\dfrac{2}{3}x^{\frac{3}{2}}+C$; (2) $-\dfrac{1}{3}\cos(3x-2)+C$; (3) $x^3+x^2+C$; (4) $-\dfrac{1}{2}e^{-2x}+C$;

(5) $\dfrac{1}{a}\arctan\dfrac{x}{a}+C$; (6) $\dfrac{1}{2}\ln(2x+3)+C$; (7) $e^{x^2}+C$; (8) $\dfrac{1}{2}\sin(2x)+C$;

(9) $\arcsin x+C$; (10) $\dfrac{\ln^2 x}{2}+C$.

**4.** (1) $dy=\dfrac{1}{2}\cot\dfrac{x}{2}dx$; (2) $dy=\dfrac{1}{1+x^2}dx$; (3) $dy=\dfrac{xy-y^2}{x^2+xy}dx$; (4) $dy=\dfrac{4x^3 y}{2y^2+1}dx$.

**5.** (1) $\dfrac{e^x}{1+e^{2x}}dx$; (2) $-\sin x e^{\cos x}dx$. **6.** (1) 9.9867; (2) 0.875.

**7.** $V=l^3=70^3 \text{cm}^3$, $V$ 的绝对误差为 $1470\text{cm}^3$, 相对误差为 $0.43\%$.

**8.** $f(x)$ 在 $x=1$ 连续且可微. 提示: 根据导数定义求出 $f(x)$ 在 $x=1$ 处的导数.

**9.** (1) $dy=-\dfrac{b^2 x dx}{a^2 y}$; (2) $dy=\dfrac{1+y^2}{y^2}dx$; (3) $dy=x^{\sin x}\left[\cos x \ln x+\dfrac{\sin x}{x}\right]dx$.

**10.** 摆长约需加长 2.23cm.

### (B)

**1.** (1) $d^2 y=\dfrac{1}{(1+x^2)^{\frac{3}{2}}}dx^2$; (2) $d^2 y=\dfrac{-3+2\ln x}{x^3}dx^2$. **2.** $0.67\%$.

**3.** 先求出 $f(0)=0$ 和 $f'(0)=\lim\limits_{h\to 0}\dfrac{f(h)-f(0)}{h}=\lim\limits_{h\to 0}\dfrac{f(h)}{h}$,

再利用导数定义求出 $f'(x)=f'(0)[1+4f^2(x)]$.

## 总习题 4 答案与提示

**1.** (1) 充分; 必要. (2) 充分必要. (3) 充分必要.
**2.** (1)(A); (2)(B); (3)(D); (4)(C).
**3.** (1) $f'(0)$ 存在; (2) $f'(0)$ 不存在.
**4.** 提示: $f(0)=0$.
**5.** $A=\dfrac{3}{(b-a)^2}$, $B=\dfrac{2a+b}{3}$.
**6.** (1) $\Delta q=2$; (2) $\Delta C=404$; (3) 202; (4) 200.

**7.** (1) $\sin\dfrac{2(1-\ln x)}{x}\cdot\dfrac{\ln x-2}{x^2}$;　(2) $1+x^x(\ln x+1)+x^{x^x}[x^x(\ln x+1)\ln x+x^x\cdot\dfrac{1}{x}]$;

(3) $(\dfrac{2}{x+1}+\dfrac{1}{3x-2}-\dfrac{2}{3(x-3)})\dfrac{(x+1)^2\sqrt[3]{3x-2}}{\sqrt[3]{(x-3)^2}}$;　(4) $\dfrac{y\cos x+\sin(x-y)}{\sin(x-y)-\sin x}$;

(5) $\dfrac{2(x^2+y^2)}{(x-y)^3}$;　(6) $-\dfrac{3(t^2+1)}{8t^5}$;　(7) $\sin 2x[f'(\sin^2 x)-f'(\cos^2 x)]$;　(8) $-\dfrac{y''}{(y')^3}$;

(9) $\dfrac{(-1)^{n-1}(n-1)!\ a^n}{(ax+b)^n}$;　(10) $4^{n-1}x\cos(4x+\dfrac{n}{2}\pi)+n4^{n-2}\cos(4x+\dfrac{n-1}{2}\pi)$.

**8.** 切线方程为：$x+2y-4=0$；　法线方程为：$2x-y-3=0$.

**9.** (1) $\dfrac{1}{\sqrt{x^2-1}}\mathrm{d}x$;　(2) $\dfrac{\sqrt{3}}{24}\pi$;　(3) $\dfrac{-2x}{(1+x^2)^2}\mathrm{d}x^2$;　(4) $\mathrm{d}x^2$.　　**10.** $0.628\mathrm{m}^2$.

**11.** $\dfrac{2}{a}f'(t)$.　　**12.** $f(x)$.

**13.** $\dfrac{\mathrm{d}}{\mathrm{d}x}f[g(x)]=\begin{cases}f'(x^2\arctan\dfrac{1}{x})(2x\arctan\dfrac{1}{x}+\dfrac{x^2}{1+x^2}),&x\ne 0,\\ 0,&x=0.\end{cases}$

**14.** 当 $a+b=1$ 时，$f(x)$ 在 $(-\infty,+\infty)$ 连续；当 $a=2$ 时，$f(x)$ 在 $(-\infty,+\infty)$ 可导.

## 习题 5.1 答案与提示

(A)

**1.** 略.　　**2.** 原式 $=\dfrac{1}{2}f''(0)=1$.

**3.** (1) 令 $f(x)=\mathrm{e}^x-x-1$，则 $f(0)=0$，$f'(x)=\mathrm{e}^x-1$，$\begin{cases}f'(x)>0,&x>0,\\ f'(x)<0,&x<0.\end{cases}$

(2) $f(x)=\tan x-x$，则 $f(0)=0$，$f'(x)=\dfrac{1}{\cos^2 x}-1>0$，$(0<x<\dfrac{\pi}{2})$.

(3) 令 $f(x)=\arctan x$，在任意区间 $[a,b]$ 上应用 Lagrange 中值定理.

**4.** 应用 Rolle 中值定理.

**5.** 令 $f(x)=\ln x$，在区间 $[b,a]$ 应用 Lagrange 中值定理.

**6.** 令 $F(x)=\mathrm{e}^{-ax}f(x)$，对 $F(x)$ 应用 Rolle 定理.

**7.** 应用 Lagrange 中值定理.

**8.** 令 $F(x)=f(x)-g(x)$，$F'(x)=f'(x)-g'(x)>0$.

**9.** 令 $F(x)=x^2$，$G(x)=f(x)$，在区间 $[a,b]$ 上应用 Cauchy 中值定理.

**10.** 所要证明的等式可以转化为

$$\dfrac{\dfrac{f(a)}{a}-\dfrac{f(b)}{b}}{\dfrac{1}{a}-\dfrac{1}{b}}=-\dfrac{f(\xi)-\xi f'(\xi)}{-\dfrac{1}{\xi^2}}.$$

于是令 $F(x) = \dfrac{f(x)}{x}, G(x) = \dfrac{1}{x}$, 在区间 $[a,b]$ 上应用 Cauchy 中值定理即可.

(B)

1. 令 $f(x) = 2^x - 1 - x^2$, 则 $f'(x) = 2^x \ln 2 - 2x$, $f''(x) = 2^x (\ln 2)^2 - 2$. 因为 $f''(x)$ 只有一个实零点, $f'(x)$ 最多只有两个不同的实零点.
2. 考虑函数 $F(x) = f(x) e^x$, 应用 Rolle 中值定理.
3. 作辅助函数 $F(x) = f(x)g(x) - f(a)g(x) - g(b)f(x)$.
4. 注意到 $f$ 可导且 $f'(x) = C$.
5. 应用 Rolle 定理.
6. 作辅助函数 $F(x) = f(x) - \sin x - \sin 2x + \cos(x + \dfrac{\pi}{2})$.
7. 应用连续函数的最值定理和 Langrange 中值定理.
8. 令 $F(x) = \dfrac{f(x)}{x}, G(x) = \dfrac{1}{x}$, 并在区间 $(a,b)$ 上应用 Cauchy 中值定理.
9. 考虑弦 $AB$ 的斜率 $\dfrac{f(b)-f(a)}{b-a}$.
10. 分别对 $f(x)$ 应用 Lagrange 中值定理和对 $f(x)$ 及 $g(x) = x^2$ 应用 Cauchy 中值定理.

## 习题 5.2 答案与提示

(A)

1. 略.  2. (1) $-\dfrac{1}{6}$;  (2) $\dfrac{1}{3}$;  (3) $\dfrac{\alpha-\beta}{\ln 2}$;  (4) $\cos a$;  (5) $\dfrac{m}{n} a^{m-n}$.

3. (1) $-\dfrac{1}{2}$;  (2) 2;  (3) $\dfrac{1}{2}$;  (4) $\dfrac{2}{\pi}$;  (5) 0.

4. 应用 L'Hospital 法则.

5. $2f'(a)$.

(B)

1. 略.

2. (1) $-\dfrac{1}{2}$;  (2) $\dfrac{4}{9}$;  (3) $-\dfrac{1}{6}$;  (4) 0;  (5) $-\dfrac{1}{2}$.

3. (1) 0;  (2) $e^a$;  (3) 1;  (4) 1;  (5) 1.

4. $f''(a)$.  5. 连续.  6. 可导.

## 习题 5.3 答案与提示

(A)

1. 略.
2. 应用 Maclaurin 公式.
3. 注意 $f(x)$ 具有三阶连续导数, 应用 Maclaurin 公式.

4. 分别对 $(1+\alpha x)^\beta$, $(1+\beta x)^\alpha$ 展开成 Maclaurin 公式.

5. 应用 Taylor 公式.

6. (1) $-1$；　(2) $-1$；　(3) $-\dfrac{1}{12}$；　(4) $-\dfrac{1}{6}$；　(5) $-\dfrac{1}{2}$.

(B)

1. 注意到 $\lim\limits_{x\to+\infty} f(x)=0$, 应用中值定理.

2. 由于二阶可导, 得出 $f, f'$ 连续, 应用 Taylor 公式.

3. 应用 Taylor 公式及 Rolle 定理.

4. (1) $f(0)=-1, f'(0)=\dfrac{1}{2}, f''(0)=-\dfrac{2}{3}$；　(2) $-\dfrac{2}{3}$.

5. 略.　6. 略.

## 习题 5.4 答案与提示

(A)

1. 略.　2. 略.

3. 是极值点.　4. $\sqrt[3]{3}$ 为最大项.　5. $y=\dfrac{x^2}{2}+x+1$.

6. (1) 令 $f(x)=e^x-1-(1+x)\ln(1+x)$；　(2) 令 $f(x)=(1+x)\ln(1+x)-\arctan x$.

7. 考虑 $F(x)=\dfrac{f(x)}{x}$ 的导数.　8. 考虑 $\varphi(x)=\dfrac{f(x)-f(a)}{x-a}$ 的导数.

9. 考虑 $f(x)=\dfrac{x}{e}-2\sqrt{2}-\ln x$ 的导数.

(B)

1. (1) C；　(2) A、E；　(3) D；　(4) B.

2. 考虑 $F(x)=\dfrac{f(x)}{x}$ 的导数.

3. 分别考虑函数 $F(x)=\dfrac{x^2}{2(x+1)}-x+\ln(1+x)$ 和 $G(x)=x-\ln(1+x)-\dfrac{x^2}{2}$.

4. 考虑函数 $F(x)=f(x)-kx$.　5. 略.　6. 为拐点.

7. (1) 极值点 $x=2\pm\dfrac{\sqrt{3}}{3}$；　(2) 极值点 $x=1$；　(3) 极值点 $x=e^{-1}$；　(4) 极值点 $x=\pm 1$.

8. (1) 拐点 $x=\pm 1$；　(2) 拐点 $x=-2$；　(3) 拐点 $x=\pm\dfrac{\sqrt{2}}{2}$；　(4) 拐点 $x=1$.

## 习题 5.5 答案与提示

(A)

1. $S(x_0)=\dfrac{424}{\sqrt[3]{52}}$ 为最小值.　2. $V(1)=18$ 为最大值.

3. $x_0=\dfrac{20}{3}\sqrt{3}, V(x_0)$ 为最大值.　4. $t_0=5, f(t_0)$ 为最小值.

5. $x_0 = \dfrac{3}{2}$, $f(x_0)$ 为最小值.   6. $v_0 = 10\sqrt[3]{20}$, $f(x_0)$ 为最小值.

7. 最大值 13, 最小值 4.   8. 最大值 26, 最小值 $-10$.

9. 最大值 1, 最小值 $\dfrac{3}{5}$.   10. 最大值 $f(-\dfrac{\pi}{2}) = \dfrac{\pi}{2}$, 最小值 $f(\dfrac{\pi}{2}) = -\dfrac{\pi}{2}$.

(B)

1. 当 $a = \dfrac{mc}{m+n}$, $b = c - \dfrac{mc}{m+n} = \dfrac{nc}{m+n}$ 时, $a^m b^n$ 为最大值.

2. $x_0 = \sqrt{S}$, $f(x_0) = 4\sqrt{S}$ 为最小值.   3. $x_0 = \sqrt[3]{\dfrac{V}{2\pi}}$, $S(x_0) = 3\sqrt[3]{2\pi V^2}$ 为最小值.

4. $x_0 = \dfrac{\sqrt{2}}{2}a$, $f(x_0) = 2ab$ 为最大值.   5. $x_0 = \dfrac{\sqrt{2}}{2}a$, $S(x_0) = ab$ 为最小值.

6. $r_0 = \dfrac{\sqrt{6}}{2}a$, $f(r_0)$ 为最大, $h = \sqrt{r^2 - a^2} = \dfrac{\sqrt{2}}{2}a$.   7. $\theta_0 = \arctan k$, $F$ 为最小.

## 习题 5.6 答案与提示

1. $x_1^* = 0.472$; $x_2^* = 9.999$.   2. $x^* = -0.567\ 15$.

3. $x_1^* = 4.493$; $x_2^* = 7.725$; $x_3^* = 10.904$.

## 总习题 5 答案与提示

1. (1) $2f'(0)$;   (2) $2009 \cdot 2^{2008}$;   (3) $f(0) = 0$, $f'(0) = 0$, $f''(0) = 6$;
   (4) $(-2, -2\mathrm{e}^{-2})$.

2. (1) B;   (2) B;   (3) B;   (4) D.

3. (1) 令 $F(x) = f(x)\sin x$, 利用 Rolle 中值定理可以证明之.

   (2) 令 $f(x) = x\mathrm{e}^x$, $g(x) = \dfrac{1}{x}$, 利用 Cauchy 中值定理可以证明之.

   (3) 令 $F(x) = f(x)x^n$, 利用 Langrange 中值定理可以证明之.

4. 考虑 $f$ 是三次多项式, 则 $f$ 是连续可导的, 充分性用反证法证明.

5. (1) 对恒等式 $(1+x)^n = \sum\limits_{k=0}^{n} C_n^k x^k$ 两边求导;

   (2) 对恒等式 $nx(1+x)^{n-1} = \sum\limits_{k=1}^{n} k C_n^k x^k$ 两边求导.

6. 证: 令 $\varphi(x) = f(x) - mx - f(0)$.

7. $f'(x) = 2ax + b$. 求出 $f'(x)$ 的最大值.

8. 令 $f(x) = \ln x$, 应用 Langrange 中值定理.

9. 令 $F(x) = f(x)\mathrm{e}^{g(x)}$, 用 Rolle 定理.

10. 对 $f(x)$ 应用 Langrange 中值定理, 令 $g(x) = x^3$, 对 $f(x)$, $g(x)$ 应用 Cauchy 中值定理.

11. 令 $f(x) = \ln x$, 利用 Langrange 中值定理.

12. 令 $F(t) = a^t$, $G(t) = \cos t$, 则在区间 $[x, y]$ 上利用 Cauchy 中值定理.

13. 对 $\ln(1-x)$ 和 $\ln(1+x)$ 分别展开再相减.

14. (4)证明：令 $f(x)=\dfrac{x}{1+x}(x\geqslant 0)$，证明 $f(x)$ 在 $x>0$ 时是单调上升的，再利用 $|a+b|\leqslant |a|+|b|$ 即可得证.

15. 应用 Langrange 中值定理和零点定理.

16. 反证法，假设 $\lim\limits_{x\to+\infty}|f'(x)|\neq 0$，应用 Lagrange 中值定理得出与条件矛盾.

17. 应用 Lagrange 中值定理和夹逼定理.

18. 令 $f(x)=\dfrac{\ln x}{x}$，分析 $f(x)$ 的极值点和单调性.

19. 应用零值定理.

20. 由已知条件求得 $a$、$b$、$c$、$d$、$e$ 的值.

21. 根据凸函数的定义，注意到 $f,g$ 都是 $I$ 上的单调递增的非负凸函数.

22. 根据凸函数的定义.

23. 略.

24. 对 $f(x)=a_1\sin x+\dfrac{1}{3}a_2\sin 3x+\cdots+\dfrac{1}{2n-1}a_n\sin(2n-1)x$ 在 $[0,\pi/2]$ 上应用 Rolle 定理.

25. 略.

26. 令 $f(x)=2^x-x^2-1$，计算 $f'(x)$ 和 $f''(x)$.

27. 对 $f$ 在区间 $\left[a,a+\dfrac{1}{2}\right]$ 应用 Lagrange 中值定理.

28. 求出 $f'(x)=\dfrac{\mathrm{e}^x(x-1)}{x^2}\left[1-\ln(x-1)-\dfrac{x}{(x-1)^2}\right]$，再令 $g(x)=1-\ln(x-1)-\dfrac{x}{(x-1)^2}$.

29. (1) $-\dfrac{1}{2}$；　(2) 1；　(3) 1；　(4) $\dfrac{1}{2}$；　(5) $\dfrac{1}{n!}$；　(6) $a_1\cdots a_n$；　(7) 36.

30. $A=\dfrac{3}{2}, B=\dfrac{433}{720}, C=\dfrac{11}{90}$.

31. $-\dfrac{1}{2}\dfrac{f''(a)}{[f'(a)]^2}$.

32. 反证法，应用 Fermat 定理.

33. 将 $f$ 在 $(a-h,a+h)$ 内进行 Taylor 展开，注意到 $f$ 的 $n+2$ 阶导数连续.

34. 应用 Taylor 公式.

35. 对 $\cos x$ 和 $\ln(1+x)$ 分别进行 Taylor 展开.

36. 将 $\ln(1-x)$ 进行 Taylor 展开.

37. 极大值 $f\left(\dfrac{1}{2}\right)=-\dfrac{4}{15}$；极小值 $f\left(-\dfrac{1}{2}\right)=\dfrac{4}{15}$.

38. $n=5$；　$\dfrac{27}{2}$.

39. 当 $a>b>0$ 时，在点 $(a,0)$ 与 $(-a,0)$ 处曲率最大；在点 $(0,b)$ 与 $(0,-b)$ 处曲率最小.

40. (1)单调增区间为 $(-\infty,1)$ 和 $(3,+\infty)$，单调减区间为 $(1,3)$，极小值 $y(3)=\dfrac{27}{4}$；

(2)凹区间为$(0,1)$和$(1,+\infty)$,凸区间为$(-\infty,0)$,拐点为$(0,f(0))$;

(3)渐近线$x=1$,$y=x+2$; (4)略.

## 习题 6.1 答案与提示

(A)

1. 略.

2. (1) $-\dfrac{1}{x}+C$;　　(2) $2\sqrt{x}+C$;　　(3) $-\dfrac{2}{3}x^{-\frac{3}{2}}+C$;　　(4) $\dfrac{3}{10}x^{\frac{10}{3}}+C$;

(5) $2\ln x+C$;　　(6) $\dfrac{m}{m+n}x^{\frac{m+n}{m}}+C$;　　(7) $\dfrac{x^5}{5}+\dfrac{2}{3}x^3+x+C$;

(8) $e^x+e^{6x}+C$;　　(9) $\dfrac{3^x e^x}{\ln 3+1}+C$;　　(10) $\dfrac{2}{5}x^{\frac{5}{2}}-\dfrac{4}{3}x^{\frac{3}{2}}+2x^{\frac{1}{2}}+C$;

(11) $\arcsin x+\arctan x+C$;　　(12) $\sin x+\tan x+C$.

3. (1) $y=\dfrac{1}{3}(x^3-6x^2+12x-8)$;　　(2) $y=\dfrac{1}{x}+2x-2$.

(B)

1. (1) $\dfrac{2}{3}x^{\frac{3}{2}}+2x^{\frac{1}{2}}+C$;　　(2) $-\dfrac{1}{x}-2\ln|x|+x+C$;

(3) $x^3-x+\arctan x+C$;　　(4) $e^x-3x^{\frac{2}{3}}+C$;

(5) $\dfrac{10^x e^{2x}}{2+\ln 10}+C$;　　(6) $\dfrac{x}{2}+\dfrac{1}{4}\sin 2x+C$;

(7) $2x-\dfrac{5\cdot 2^x}{3^x(\ln 2-\ln 3)}+C$;　　(8) $\dfrac{1}{2}e^{2x}-e^x+x+C$;

(9) $2\arcsin x+C$;　　(10) $\dfrac{2^x}{\ln 2}+\dfrac{3^x}{\ln 3}+C$.

2. (1) $-\dfrac{1}{3}\cos(3t+1)+C$;　　(2) $-\cot x-\tan x+C$;

(3) $\sin\theta-\cos\theta+C$;　　(4) $\tan x-x+C$;

(5) $2\tan\dfrac{t}{2}-2\cot\dfrac{t}{2}+C$;　　(6) $x-\cos x+C$;

(7) $\dfrac{1}{2}(t-\sin t)+C$;　　(8) $\dfrac{1}{2}\tan x+C$.

3. $f(x)=\cos 2x+1$.

## 习题 6.2 答案与提示

(A)

1. (1) $\dfrac{1}{a}$;　　(2) $\dfrac{1}{7}$;　　(3) $\dfrac{1}{2}$;　　(4) $\dfrac{1}{8}$;　　(5) $-\dfrac{1}{2}$;

(6) $\dfrac{1}{12}$;　　(7) $\dfrac{1}{3}$;　　(8) $-2$;　　(9) $-\dfrac{2}{5}$;　　(10) $\dfrac{1}{4}$;

(11) $-\dfrac{1}{4}$;  (12) $\dfrac{1}{2}$;  (13) $-1$;  (14) $-1$.

2. (1) $-\dfrac{1}{8}(3-2x)^4+C$;

   (2) $-\dfrac{1}{a}\cos ax - be^{\frac{x}{b}}+C$;

   (3) $-e^{\cos\theta}+C$;

   (4) $-\dfrac{1}{2}(2-3x)^{\frac{2}{3}}+C$;

   (5) $-\dfrac{1}{2}\cot 2x+C$;

   (6) $\dfrac{1}{2}\ln(x^2+2x+5)+C$;

   (7) $\dfrac{1}{2\sqrt{6}}\ln\left|\dfrac{\sqrt{2}+\sqrt{3}\,x}{\sqrt{2}-\sqrt{3}\,x}\right|+C$;

   (8) $-\dfrac{1}{3}(2-3x^2)^{\frac{1}{2}}+C$;

   (9) $-2\cos\sqrt{t}+C$;

   (10) $\dfrac{3}{2}\sqrt[3]{(\sin x-\cos x)^2}+C$;

   (11) $-\dfrac{5^{2\arccos x}}{2\ln 5}+C$;

   (12) $\ln(\ln(\ln x))+C$.

3. (1) $\dfrac{x}{\sqrt{1-x^2}}+C$;

   (2) $\dfrac{1}{2\sqrt{2}}\ln\left|\dfrac{\sqrt{2}\,x-1}{\sqrt{2}\,x+1}\right|+C$;

   (3) $-\ln|\cos\sqrt{1+x^2}|+C$;

   (4) $\arccos\dfrac{1}{|x|}+C$;

   (5) $2\arcsin\sqrt{x}+C$;

   (6) $-\ln(e^{-x}+\sqrt{1+e^{-2x}})+C$.

4. (1) $-(t+1)e^{-t}+C$;

   (2) $x(\ln x-1)+C$;

   (3) $\sin x-x\cos x+C$;

   (4) $\dfrac{1}{3}e^{3z}(z+1)-\dfrac{1}{9}e^{3z}+C$;

   (5) $x\arcsin x+\sqrt{1-x^2}+C$;

   (6) $-\dfrac{1}{x}(\ln^3 x+3\ln^2 x+6\ln x+6)+C$.

(B)

1. (1) $-\dfrac{3}{4}\ln|1-x^4|+C$;

   (2) $\arctan e^x+C$;

   (3) $2e^{\sqrt{y}}+C$;

   (4) $-\dfrac{1+2x}{10}(1-3x)^{\frac{2}{3}}+C$;

   (5) $\dfrac{1}{2}\ln(x^2-2x+8)+C$;

   (6) $-\dfrac{1}{24}\ln(1+4x^{-6})+C$;

   (7) $\dfrac{1}{\sqrt{2}}\arctan\left(\dfrac{\tan x}{\sqrt{2}}\right)+C$;

   (8) $(\arctan\sqrt{x})^2+C$;

   (9) $-\dfrac{2}{1+\tan\frac{x}{2}}+C$ or $-\tan\left(\dfrac{\pi}{4}-\dfrac{x}{2}\right)+C'$.

2. (1) $x-2\ln(1+\sqrt{1+e^x})+C$;

   (2) $\ln x-\ln(1+\sqrt{1-x^2})+C$;

   (3) $-\dfrac{(a^2-x^2)^{3/2}}{3a^2 x^3}+C$;

   (4) $-\dfrac{1}{x\ln x}+C$;

   (5) $-\dfrac{x}{\sqrt{x^2-1}}+C$.

3. (1) $-\dfrac{1}{2}x^2 e^{-2x}-\dfrac{1}{2}x e^{-2x}-\dfrac{1}{4}e^{-2x}+C$;

(2) $-\frac{1}{2}x^2\cos 2x + \frac{1}{2}x\sin 2x + \frac{1}{4}\cos 2x + C$;

(3) $x\ln^2 x - 2x\ln x + 2x + C$;   (4) $\frac{2}{3}x^{\frac{3}{2}}\left(\ln^2 x - \frac{4}{3}\ln x + \frac{8}{9}\right) + C$;

(5) $\frac{1}{2}(x^2+1)(\arctan x)^2 - x\arctan x + \frac{1}{2}\ln(1+x^2) + C$;

(6) $\frac{x\sin(\ln x) - x\cos(\ln x)}{2} + C$.

4. (1) $x\ln(1+x^2) - 2x + 2\arctan x + C$;   (2) $\frac{(x-1)e^{\arctan x}}{2\sqrt{1+x^2}} + C$;

(3) $x\tan\frac{x}{2} + C$;   (4) $\frac{1}{2}[\sec x\tan x - \ln|\sec x + \tan x|] + C$;

(5) $e^x - \ln(1+e^x) + C$;   (6) $\frac{1}{3}\sec^3 x - \sec x + C$;

(7) $2x\sqrt{e^x-1} - 4\sqrt{e^x-1} + 4\arctan\sqrt{e^x-1} + C$;

(8) $\frac{1}{2}\left(\frac{x+1}{x^2+1} + \ln(x^2+1) + \arctan x\right) + C$;

(9) $\frac{x(\ln x - 1)}{1+x} + C$;   (10) $-\frac{8+30x}{375}(2-5x)^{\frac{3}{2}} + C$;

(11) $-\frac{1}{x}(\ln^3 x + 3\ln^2 x + 6\ln x + 6) + C$;

(12) $\frac{1}{99(1-x)^{99}} - \frac{1}{49(1-x)^{99}} + \frac{1}{97(1-x)^{97}} + C$.

5. $I_n = \frac{1}{n-1}\tan^{n-1} x - I_{n-2}$   $(n \geq 2)$.   6. $\cos x - \frac{2}{x}\sin x + C$.

## 习题 6.3 答案与提示

(A)

1. 略.

2. (1) $\ln|x-2| + \ln|x+5| + C$;   (2) $\frac{1}{4}\ln\frac{x^4}{(x+1)^2(x^2+1)} - \frac{1}{2}\arctan x + C$;

(3) $\frac{-1}{3(x-1)} + \frac{2}{9}\ln\left|\frac{x-1}{x+2}\right| + C$;   (4) $x^2 + \frac{1}{2}\ln(1+x^2) - 2\arctan x + C$;

(5) $\arctan(x+1) + \frac{1}{x^2+2x+2} + C$;   (6) $\frac{1}{4}\ln\left|\frac{x-1}{x+1}\right| - \frac{1}{2}\arctan x + C$;

(7) $\frac{x^8}{8(1-x^2)^4} + C$;   (8) $\frac{1}{8}\ln\left|\frac{x^2-1}{x^2+1}\right| - \frac{1}{4}\arctan(x^2) + C$.

3. (1) $\frac{1}{7}\cos^7 x - \frac{1}{5}\cos^5 x + C$;   (2) $\frac{1}{\sqrt{2}}\arctan\left(\frac{\tan\frac{x}{2}}{\sqrt{2}}\right) + C$;

(3) $\frac{2}{3}\tan^3 x + \tan x + C$;   (4) $-\ln(\cos^2 x + 1) + C$;

(5) $\dfrac{1}{8}\left[\ln(1-\cos x)-\ln(1+\cos x)+\dfrac{2}{1+\cos x}\right]+C\left(\text{或}\ \dfrac{1}{4}\ln\left|\tan\dfrac{x}{2}\right|+\dfrac{1}{8}\tan^2\dfrac{x}{2}+C\right)$；

(6) $\dfrac{1}{2}(x+\ln|\sin x+\cos x|)+C$.

**4.** (1) $\dfrac{3}{2}\sqrt[3]{(x+1)^2}-3\sqrt[3]{x+1}+3\ln|1+\sqrt[3]{x+1}|+C$；

(2) $\dfrac{3}{8}\left[\dfrac{2(x+\tfrac{1}{2})}{\sqrt{3}}\sqrt{1+\tfrac{4}{3}(x+\tfrac{1}{2})^2}\right]+\dfrac{3}{8}\ln\left|\dfrac{2(x+\tfrac{1}{2})}{\sqrt{3}}+\sqrt{1+\tfrac{4}{3}(x+\tfrac{1}{2})^2}\right|+C$；

(3) $\ln|\sqrt{x}+\sqrt{1+x}|+C$；    (4) $2\sqrt{x}-4\sqrt[4]{x}+4\ln(\sqrt[4]{x}+1)+C$；

(5) $x-4\sqrt{x+1}+4\ln(\sqrt{x+1}+1)+C$；    (6) $-\dfrac{3}{2}\sqrt[3]{\dfrac{x+1}{x-1}}+C$.

(B)

**1.** (1) $-\dfrac{1}{9}(x-\dfrac{1}{x})^{-9}+C$；    (2) $\dfrac{\sqrt{2}}{4}\arctan\dfrac{(x^2-\tfrac{1}{x^2})}{\sqrt{2}}+C$；

(3) $\dfrac{1}{4}\ln\dfrac{x^2+x+1}{x^2-x+1}+\dfrac{1}{2\sqrt{3}}\arctan\left(\dfrac{x^2-1}{\sqrt{3}x}\right)+C$；    (4) $\arctan x+\dfrac{1}{3}\arctan x^3+C$；

(5) $\dfrac{1}{2\cos^2 x}+\ln|\cos x|+C$；    (6) $\ln|\tan x|-\dfrac{1}{2\sin^2 x}+C$.

## 总习题 6 答案与提示

**1.** (1) $\sin x+x\cos x-\cos x$；    (2) $-\dfrac{1}{x^2}$；    (3) $\dfrac{8}{7}x^{\tfrac{7}{4}}-\dfrac{4}{3}x^{\tfrac{3}{4}}+C$；

(4) $\dfrac{1}{a}f(ax+b)+C$；    (5) $-2x^2 \mathrm{e}^{-x^2}-\mathrm{e}^{-x^2}+C$；

(6) $\dfrac{1}{15}(3x^4+x^2-2)\sqrt{1+x^2}+C$；    (7) $-\dfrac{1}{2}f(\dfrac{2}{x})+C$.

**2.** (1) (B)；    (2) (B)；    (3) (C).

**3.** (1) $\dfrac{1}{2(1-x)^2}-\dfrac{1}{1-x}+C$；    (2) $(x+1)\arctan\sqrt{x}-\sqrt{x}+C$；

(3) $\dfrac{\ln x}{x-\ln x}+C$；    (4) $-\dfrac{\arcsin x}{x}+\ln\left|\dfrac{1-\sqrt{1-x^2}}{x}\right|+C$；

(5) $\dfrac{1}{6a^3}\ln\left|\dfrac{a^3+x^3}{a^3-x^3}\right|+C$；    (6) $\dfrac{1}{3}\tan^3 x+\tan x+C$；

(7) $-\dfrac{\ln x}{\sqrt{1+x^2}}+\ln\dfrac{\sqrt{1+x^2}-1}{x}+C$；    (8) $2\tan\dfrac{x}{2}-x+C$；

(9) $\dfrac{x^4}{4}+\ln\dfrac{\sqrt[4]{x^4+1}}{x^4+2}+C$；    (10) $2(\tan x)^{\tfrac{1}{2}}+\dfrac{2}{5}(\tan x)^{\tfrac{5}{2}}+C$；

(11) $\mathrm{e}^x\tan\dfrac{x}{2}+C$；    (12) $\dfrac{1}{1+\mathrm{e}^x}+\ln\dfrac{\mathrm{e}^x}{1+\mathrm{e}^x}+C$.

(13) $\ln\left|\dfrac{x}{\sqrt{1+x^2}}\right| - \dfrac{\arctan x}{x} - \dfrac{1}{2}(\arctan x)^2 + C$；

(14) $2x\sqrt{e^x-1} - 4\sqrt{e^x-1} + 4\arctan\sqrt{e^x-1} + C$；

(15) $x\ln(1+\sqrt{\dfrac{1+x}{x}}) + \dfrac{1}{2}\ln(\sqrt{1+x}+\sqrt{x}) - \dfrac{\sqrt{x}}{2}(\sqrt{1+x}-\sqrt{x}) + C$.

**4.** $A = \dfrac{b}{b^2-a^2}$，$B = \dfrac{a}{a^2-b^2}$；

**5.** $F^2(x) = x\sqrt{1-x^2} + \arcsin x + 1$.

**6.** 利用分部积分公式及 $x = f[f^{-1}(x)] = F'[f^{-1}(x)]$.

## 习题 7.1 答案与提示

(A)

**1.** 略.  **2.** $\sigma = \sum\limits_{i=1}^{n} f\left[-2 + \left(i - \dfrac{1}{2}\right)\dfrac{5}{n}\right]\dfrac{5}{n}$.

**3.** $S = \dfrac{1}{3}(b^3 - a^3) + b - a$.

**4.** (1) $\int_0^{\pi} x\sin x\, dx > 0$；(2) $\int_{\frac{1}{2}}^{1} x^2\ln x\, dx < 0$；(3) $\int_1^{-1}\sqrt{x^2+1}\, dx < 0$；(4) $\int_1^{-1}\sqrt{x^2+1}\, dx > 0$.

(B)

**1.** (1) $\dfrac{b^2-a^2}{2}$；(2) $\dfrac{1}{a} - \dfrac{1}{b}$.  **2.** (1) $\dfrac{b^2-a^2}{2}$；(2) $\dfrac{(b-a)^2}{4}$；(3) $0$；(4) $\dfrac{\pi}{8}(b-a)^2$.

**3.** (1) 注意所围的两部分图形全等；(2) 注意所围图形关于 $y$ 轴对称.

## 习题 7.2 答案与提示

(A)

**1.** 略.

**2.** 考虑任意一个积分和满足 $f(a)(b-a) \leqslant \sum\limits_{i=1}^{n} f(\xi_i)\Delta x_i \leqslant f(b)(b-a)$.

**3.** 利用 $\sum\limits_{k=1}^{n} \omega_k(|f|)\Delta x_k \leqslant \sum\limits_{k=1}^{n} \omega_k(f)\Delta x_k$.

**4.** 考虑 $g(x) = \begin{cases} 1, & x\text{ 为有理数}, \\ -1, & x\text{ 为无理数}. \end{cases}$

**5.** 导出 $S_T\left(\dfrac{1}{f}\right) - s_T\left(\dfrac{1}{f}\right) \leqslant \dfrac{1}{c^2}\sum\limits_{i=1}^{n}(M_i - m_i)\Delta x_i$，

其中 $M_i = \sup\limits_{x\in[x_{i-1},x_i]}\{f(x)\}, m_i = \inf\limits_{x\in[x_{i-1},x_i]}\{f(x)\}$.

**6.** 注意到 $\sum\limits_{i=1}^{n} g(\xi_i)\Delta x_i = \sum\limits_{i=1}^{n} f(\xi_i)\Delta x_i + \sum\limits_{k=1}^{m}\left[g(\xi_{j_k}) - f(\xi_{j_k})\right]\Delta x_{j_k}$.

(B)

**1.** 阶梯函数 $\varphi(x) = \begin{cases} M_i, & x_{i-1} < x < x_i (i=1,2,\cdots,n), \\ M_1, & x = a, \end{cases}$

$M_i = \sup\limits_{x \in [x_{i-1}, x_i]} \{f(x)\}, m_i = \inf\limits_{x \in [x_{i-1}, x_i]} \{f(x)\}.$

**2.** 对任意 $\varepsilon > 0$，区间 $[0,1]$ 上使得 $R(x) \geqslant \dfrac{\varepsilon}{2}$ 的点最多只有有限个. 对区间 $[0,1]$ 作划分后，令 $\sum \omega_i \Delta x_i = \sum_1 \omega_i \Delta x_i + \sum_2 \omega_i \Delta x_i$，其中，$\sum_1 \omega_i \Delta x_i$ 表示含有那些使得 $R(x) \geqslant \dfrac{\varepsilon}{2}$ 的点的小区间对应项的和，它是有限项的和；$\sum_2 \omega_i \Delta x_i$ 是其余项之和，它的每个 $\omega_i$ 都满足 $\omega_i < \dfrac{\varepsilon}{2}$.

**3.** 利用区间套定理.

**4.** 注意到 $\left| \sum\limits_{i=1}^{n} f(\xi_i) g(\xi_i) \Delta x_i - \sum\limits_{i=1}^{n} f(\xi_i) g(\theta_i) \Delta x_i \right| \leqslant \sum\limits_{i=1}^{n} |f(\xi_i)| |g(\xi_i) - g(\theta_i)| \Delta x_i.$

## 习题 7.3 答案与提示

(A)

**1.** 略.

**2.** (1) $\pi \leqslant \int_{\pi/4}^{5\pi/4} (1 + \sin^2 x) dx \leqslant 2\pi;$ (2) $\dfrac{1}{9}\pi \leqslant \int_{1/\sqrt{3}}^{\sqrt{3}} x \arctan x dx \leqslant \dfrac{2}{3}\pi;$

(3) $0 \leqslant \int_0^1 \dfrac{x^9}{\sqrt{1+x}} dx \leqslant \dfrac{1}{\sqrt{2}};$ (4) $-2e^2 \leqslant \int_2^0 e^{x^2 - x} dx \leqslant -2e^{-1/4}.$

**3.** (1) $\int_0^{\pi/2} \sin^{10} x dx < \int_0^{\pi/2} \sin^2 x dx;$ (2) $\int_0^1 e^{-x} dx < \int_0^1 e^{-x^2} dx;$

(3) $\int_1^2 \ln x dx \geqslant \int_1^2 (\ln x)^2 dx;$ (4) $\int_0^1 \dfrac{x}{1+x} dx \leqslant \int_0^1 \ln(1+x) dx.$

**4.** (1) $\dfrac{1}{3};$ (2) $\dfrac{2}{\pi}.$ **5.** 在 Cauchy-Schwartz 不等式中取 $g(x) \equiv 1.$

(B)

**1.** (1) 用反证法. 设有 $x_0 \in [a,b]$，使得 $f(x_0) > 0$；(2) 利用(1)的结论；
(3) 设 $h(x) = g(x) - f(x)$，再利用(1)的结论.

**2.** 利用积分中值定理和 Rolle 定理. **3.** 利用 Cauchy-Schwartz 不等式.

**4.** (1) 设 $f(\xi) = \max\limits_{0 \leqslant x \leqslant 1} f(x)$，考虑 $\left( \int_0^{\xi} 1 \cdot f'(x) dx \right)^2 \leqslant \left( \int_0^{\xi} 1^2 dx \right) \left( \int_0^{\xi} [f'(x)]^2 dx \right);$

(2) 利用(1)的结论.

**5.** 设 $f(x_0) = \max\limits_{a \leqslant x \leqslant b} f(x)$，考虑 $f(x_0) \sqrt[n]{b-a} \geqslant \sqrt[n]{\int_a^b [f(x)]^n dx} \geqslant [f(x_0) - \varepsilon] \sqrt[n]{2\delta}.$

## 习题 7.4 答案与提示

(A)

**1.** 略. **2.** $\tan x.$ **3.** $y' = -\tan x.$

**4.** (1) 0； (2) $2x\sqrt{1+x^4}$； (3) $(x+b+1)^2-(x+a+1)^2$； (4) $(\sin x-\cos x)\cos(\pi\sin^2 x)$.

**5.** (1) 1； (2) 2； (3) $\dfrac{\pi^2}{4}$； (4) $\dfrac{2}{3}$.

**6.** (1) 5； (2) $\dfrac{62}{5}+\dfrac{15}{2}+\dfrac{14}{3}$； (3) $\dfrac{\pi}{3a}$； (4) $\dfrac{\pi}{6}$； (5) $-1$； (6) $1-\dfrac{\pi}{4}$； (7) $1+\dfrac{\pi}{4}$； (8) $12\ln 12-10\ln 10-2$.

**7.** 注意先积化和差再求原函数． **8.** 注意在 $[0,1]$ 上，$\dfrac{1}{\sqrt{1+x^2}}\leqslant\dfrac{1}{\sqrt{1+x^n}}\leqslant 1$.

**9.** (1) $\ln 2$； (2) $\dfrac{1}{p+1}$； (3) $\dfrac{2}{\pi}$； (4) $\dfrac{\pi}{6}$.

(B)

**1.** $a=4, b=1$. **2.** $f(x)$ 在 $x=0$ 不连续，在 $x\neq 0$ 连续． **3.** 对 $F(x)$ 求导，证明 $F'(x)\geqslant 0$.

**4.** 极小值为 $y(0)=0$. **5.** 证明 $f(x)\leqslant f(1)=\displaystyle\int_0^1(t-t^2)\sin^{2n}t\,dt$.

**6.** 利用 Cauchy - Schwartz 不等式.

**7.** 对 $x\in[a,(a+b)/2]$ 和 $x\in[(a+b)/2,b]$，分别用 Lagrange 中值定理得到 $|f(x)|$ 的估计，再代入 $\displaystyle\int_a^b|f(x)|\,dx=\int_a^{(a+b)/2}|f(x)|\,dx+\int_{(a+b)/2}^b|f(x)|\,dx$.

## 习题 7.5 答案与提示

(A)

**1.** 略.

**2.** (1) $\dfrac{1}{8}(6^8-4^8)$； (2) $\pi-\dfrac{4}{3}$； (3) $\dfrac{1}{3}$； (4) $\dfrac{4}{3}$； (5) $\dfrac{1}{2}$；
(6) $\dfrac{1}{3}(e^8-e)$； (7) $\sqrt{e}-\sqrt[3]{e}$； (8) $\dfrac{\pi}{12}$； (9) $\ln 5$； (10) $\dfrac{35}{3}\sqrt{5}$；
(11) $-\dfrac{468}{7}$； (12) $\dfrac{1}{6}$； (13) $2+2\ln\dfrac{2}{3}$； (14) $1-2\ln 2$； (15) $2(\sqrt{3}-1)$；
(16) $\sqrt{2}-\dfrac{2}{\sqrt{3}}$； (17) $\sqrt{2}(\pi+2)$； (18) $1-\dfrac{\pi}{4}$； (19) $\dfrac{\pi a^4}{16}$； (20) $2\sqrt{2}$.

**3.** (1) 0； (2) $\dfrac{\pi^3}{324}$； (3) 0； (4) $4\sqrt{2}-2$.

**4.** 作代换 $t=a+b-x$. **5.** 利用区间可加性.

**6.** (1) 作代换 $s=\dfrac{1}{x}$； (2) 作代换 $t=1-x$； (3) 利用区间可加性.

**7.** (1) $5\ln 5-4$； (2) $1-11e^{10}$； (3) $\dfrac{9}{2}\ln 3-2$； (4) $8\ln 2-4$；
(5) $5\sin 5-3\sin 3+\cos 5-\cos 3$； (6) $\dfrac{\pi}{4}-\dfrac{1}{2}\ln 2$； (7) $\dfrac{1}{2}-\dfrac{\pi}{4}$；
(8) $\dfrac{\pi}{8}-\dfrac{1}{4}\ln 2$； (9) $\dfrac{\pi}{4}+\dfrac{1}{2}\ln 2$； (10) $\dfrac{\pi^3}{6}-\dfrac{1}{4}\pi$； (11) $\dfrac{1}{5}(e^\pi-2)$；

(12) $\dfrac{1}{2}+\dfrac{e}{2}(\sin 1-\cos 1)$;　　　　(13) $2-2e^{-1}$;　　(14) $\dfrac{4\pi}{3}-\sqrt{3}$;

(15) $I_m=\begin{cases}\dfrac{m}{m+1}\cdots\dfrac{5}{6}\cdot\dfrac{3}{4}\cdot\dfrac{\pi}{4}=\dfrac{1\cdot3\cdot5\cdots m}{2\cdot4\cdot6\cdots(m+1)}\cdot\dfrac{\pi}{2},& m\text{ 为奇数},\\ \dfrac{m}{m+1}\cdots\dfrac{6}{7}\cdot\dfrac{4}{5}\cdot\dfrac{2}{3}=\dfrac{2\cdot4\cdot6\cdots m}{1\cdot3\cdot5\cdots(m+1)},& m\text{ 为偶数};\end{cases}$

(16) $I_n=\begin{cases}\dfrac{2\cdot4\cdot6\cdots(n-1)}{1\cdot3\cdot5\cdots n}\cdot\pi,& n\text{ 为大于 1 的奇数},\\ \dfrac{1\cdot3\cdot5\cdots(n-1)}{2\cdot4\cdot6\cdots n}\cdot\dfrac{\pi^2}{2},& n\text{ 为偶数}.\end{cases}$

8. $2e^{-2}$.

(B)

1. (1) $\dfrac{1}{a^2}$;　　(2) $2-\sqrt{2}-\ln\sqrt{3}-\ln(\sqrt{2}-1)$;　　(3) $\left(\dfrac{\pi}{2}-1\right)a$;　　(4) $\dfrac{16}{3}\pi-2\sqrt{3}$;

(5) $\dfrac{1}{3}\ln 2$;　　(6) $\dfrac{1}{2\sqrt{e}}\left(\arctan\sqrt{e}-\arctan\dfrac{1}{\sqrt{e}}\right)$;　　(7) $\dfrac{1}{2}-\dfrac{3}{8}\ln 3$;　　(8) $\dfrac{\pi}{8}\ln 2$;

(9) $1-\dfrac{\pi}{4}$;　　(10) $\dfrac{5}{144}\pi^2$;　　(11) $2$;　　(12) $\dfrac{\pi}{8}\ln 2$;

(13) $n^2\pi$;　　(14) $4n$;　　(15) $\dfrac{3}{2}\ln 3-2\ln 2$;　　(16) $\dfrac{\pi}{4}$;

(17) $\dfrac{1}{2m-1}-\dfrac{1}{2m-3}+\cdots+(-1)^{m-1}+(-1)^m\dfrac{\pi}{4}$;　　(18) $0$.

2. $f_{\max}=\sqrt{2}, f_{\min}=2-\sqrt{2}$.　　3. 注意到 $f'_k(x)=f_{k-1}(x)$ 并利用分部积分法.

4. 先导出 $f(x)=\dfrac{\cos e^x}{e^x}-\dfrac{\cos e^{x+1}}{e^{x+1}}-\displaystyle\int_{e^x}^{e^{x+1}}\dfrac{\cos u}{u^2}du$.

5. (1) 注意到当 $k\leqslant x\leqslant k+1$ 时, $\dfrac{1}{x}\leqslant\dfrac{1}{k}\leqslant\dfrac{1}{x-1}$;

(2) 利用(1) 的结论和单调有界数列的收敛准则.

6. 利用区间可加性和积分中值定理.

7. 导出 $\displaystyle\int_T^{y+T}f(x)dx=\int_0^y f(x)dx$ 再两边对 $y$ 求导.

8. 将 $f(x)$ 在 $x_0=\dfrac{1}{a}\displaystyle\int_0^a u(t)dt$ 作 Taylor 展开.

# 习题 7.6 答案与提示

(A)

1. 略.

2. (1) $\dfrac{1}{2}e^{-2}$;　　(2) $1$;　　(3) $\ln 2$;　　(4) 发散;

(5) $\dfrac{\pi}{5}$;　　(6) 发散;　　(7) 发散;　　(8) $\dfrac{1}{\ln 3}$;

(9) 1；  (10) $\dfrac{b}{a^2+b^2}$；  (11) 发散；  (12) 发散；

(13) $2(1-\mathrm{e}^{-\sqrt{\pi}})$；  (14) $\dfrac{\pi}{2}$；  (15) 发散；  (16) $2^{3/4}$；

(17) 发散；  (18) 0.

**3.** $c=\dfrac{5}{2}$.

**4.** 当 $k>1$ 时收敛；当 $k\leqslant 1$ 时发散；当 $k=1-\dfrac{1}{\ln\ln 2}$ 时反常积分取到最小值.

**5.** 注意到 $f^2(x)+\dfrac{1}{4x^2}\geqslant \left|\dfrac{f(x)}{x}\right|$.

**6.** (1) 收敛；(2) 收敛；(3) 收敛；(4) 发散；(5) 收敛；(6) 收敛；(7) 收敛；(8) 发散.

**7.** (1) $\dfrac{1}{n}\Gamma\left(\dfrac{1}{n}\right), n>0$；  (2) $\Gamma(p+1), p>-1$；  (3) $\dfrac{1}{|n|}\Gamma\left(\dfrac{m+1}{n}\right), \dfrac{m+1}{n}>0$.

**8.** (1) 利用 $\Gamma(n+1)=n!$；  (2) 利用 $\Gamma(2n)=(2n-1)!, \Gamma(n)=(n-1)!$；

(3) 利用 $\Gamma\left(\dfrac{1}{2}\right)=\sqrt{\pi}$.

(B)

**1.** $A=\mathrm{e}^{-\frac{1}{4}}\pi^{-\frac{1}{2}}$.  **2.** 只在 $p>1$ 且 $q<1$ 时收敛.

**3.** (1) 2；  (2) 1；  (3) 发散；  (4) $\pi$；  (5) 发散.

**4.** (1) $\ln 2$；  (2) $\dfrac{\pi}{2}+\ln(2+\sqrt{3})$；  (3) $\dfrac{n!}{\alpha^{n+1}}$；  (4) $(-1)^n\dfrac{n!}{(\alpha+1)^{n+1}}$.

**5.** $I_n=\begin{cases}\dfrac{1}{2k-1}-\dfrac{1}{2k-3}+\cdots+(-1)^{k-1}+(-1)^k\dfrac{\pi}{4}, & n=2k,\\ \dfrac{1}{2k}-\dfrac{1}{2k-2}+\cdots+(-1)^{k-1}\dfrac{1}{2}+(-1)^k\dfrac{1}{2}\ln 2, & n=2k+1.\end{cases}$

导出 $I_{n+2}+I_n=\dfrac{1}{n+1}$ 和 $I_{n+2}\leqslant I_n$.

**6.** 作代换，令 $x=a+t$.

## 习题 7.7 答案与提示

(A)

**1.** 略.

**2.** (1) $\dfrac{32}{3}$；  (2) $\dfrac{1}{6}$；  (3) $\dfrac{3}{2}-\ln 2$；  (4) $\pi-1$；  (5) $(\mathrm{e}+\mathrm{e}^{-1})-2$；  (6) $b-a$.

**3.** (1) $\dfrac{9}{4}$；(2) $\dfrac{16}{3}p^2$.  **4.** (1) $18\pi a^2$；  (2) $\dfrac{\pi}{4}a^2$；  (3) $\dfrac{3}{8}\pi a^2$.

**5.** (1) $3\pi a^2$；  (2) $\dfrac{a^2}{4}(\mathrm{e}^{2\pi}-\mathrm{e}^{-2\pi})$；  (3) $\dfrac{5}{4}\pi$；  (4) $\dfrac{\pi}{6}+\dfrac{1}{2}(1-\sqrt{3})$.

**6.** $\dfrac{4\sqrt{3}}{3}R^3$.  **7.** $\dfrac{1}{6}\pi h[2(ab+AB)+aB+bA]$.  **8.** $\dfrac{128}{7}\pi, \dfrac{64}{5}\pi$.

**9.** (1) $\dfrac{32\pi}{105}a^3$; (2) $\dfrac{3}{10}\pi$; (3) $\dfrac{\pi}{2}$; (4) $2\pi^2$.

**10.** (1) $\ln 3 - \dfrac{1}{2}$; (2) $2\sqrt{3} - \dfrac{4}{3}$; (3) $4n$.

**11.** (1) $2a\pi^2$; (2) $\dfrac{\sqrt{1+a^2}}{a}(e^{a\varphi}-1)$; (3) $8a$.

**12.** (1) $2\sqrt{2}\pi + 2\pi\ln(1+\sqrt{2})$; (2) $\dfrac{32}{5}\pi a^2$.   **13.** $4.9$ (J).

**14.** $\dfrac{27}{7}kc^{\frac{2}{3}}a^{\frac{7}{3}}$.   **15.** $800\pi\ln 2$ (J).   **16.** $3\,920$ (J).   **17.** $1\,875$ (t·m) $= 57\,697.5$ (kJ).

**18.** (1) $F_x = km\mu \dfrac{\sqrt{l^2+a^2}-a}{a\sqrt{l^2+a^2}}$, $F_y = \dfrac{klm\mu}{a\sqrt{l^2+a^2}}$; (2) $F_x \to \dfrac{km\mu}{a}$, $F_y \to \dfrac{km\mu}{a}$.

**19.** 引力大小为 $F = \dfrac{2km\mu}{R}\sin\dfrac{\varphi}{2}$, 方向指向圆弧的中心.

**20.** $k\mu^2 \ln \dfrac{(a+c)(b+c)}{c(a+b+c)}$.   **21.** (1) $\dfrac{\mu g}{6}ah^2$; (2) 三角形中位线.

**22.** $\dfrac{500}{3}\mu g$.   **23.** $2\mu gab\left(\dfrac{\pi}{4}c + \dfrac{1}{3}a\right)$.   **24.** $\left(\dfrac{a\sin\theta_0}{\theta_0}, 0\right)$.   **25.** $\overline{x} = \dfrac{3}{5}x_0$, $\overline{y} = \dfrac{3}{8}y_0$.

(B)

**1.** $\dfrac{e}{2}$.   **2.** $\dfrac{8}{3}a^2$.   **3.** $\left(\dfrac{\sqrt{3}}{3}, \dfrac{4}{3}\right)$.

**4.** (1) 利用单调连续函数的性质; (2) $\xi = \left[\dfrac{b^{n+1}-a^{n+1}}{(n+1)(b-a)}\right]^{\frac{1}{n}}$.

**5.** $2\pi^2 a^2 b$.   **6.** $a = -\dfrac{5}{3}$, $b = 2$, $c = 0$.   **7.** $\dfrac{8}{9}\left(\dfrac{5}{4}\sqrt{10}-1\right)$.

**8.** $x_0 = a\left(\dfrac{2}{3}\pi - \dfrac{\sqrt{3}}{2}\right)$, $y_0 = \dfrac{3}{2}a$.   **9.** $\sqrt{2}-1$ (cm).   **10.** $\dfrac{4}{3}\pi gr^4$.

**11.** $F_x = \dfrac{3}{5}ka^2$, $F_y = \dfrac{3}{5}ka^2$.

**12.** $F = \sqrt{F_x^2 + F_y^2} = \dfrac{2kmM}{al}\sin\dfrac{\beta-\alpha}{2}$, 它与 $x$ 轴夹角为 $\theta_0 = \dfrac{\alpha+\beta}{2}$.

**13.** $\dfrac{1}{2}ab\mu g(2h + b\sin\alpha)$.   **14.** $\dfrac{4}{5\pi}$ (m/min).   **15.** 由曲线 $y = c_2 x^4$ 旋转而成.

## 习题 7.8 答案与提示

**1.** $0.692\,836$.   **2.** $0.784\,981$.   **3.** $0.785\,40$.

## 总习题 7 答案与提示

**1.** (1) 必要, 充分; (2) 不一定; (3) 充分必要; (4) $\arctan e - \dfrac{\pi}{4}$; (5) $-\dfrac{1}{2}$;

(6) $2x[f(x^2+1)-f(x^2)]$；  (7) $y=\dfrac{\sqrt{\pi}}{2}$；  (8) $\dfrac{\pi}{2}$.

2. (1)(B)；  (2)(B)；  (3)(C)；  (4)(C)；  (5)(D)；  (6)(A)；  (7)(C)；  (8)(B).

3. (1) $\dfrac{\pi^2}{4}$；  (2) $\dfrac{\pi}{6}$；  (3) $\dfrac{2\sqrt{2}}{\pi}$；  (4) $2\ln 2-1$；  (5) $e^{-1}$.

4. (1) $\dfrac{4\pi}{3}-\sqrt{3}$；  (2) $\dfrac{\pi}{2}a^3$；  (3) $\dfrac{\pi}{6}$；  (4) $\dfrac{1}{6}(1-\sqrt{2})$；  (5) $\ln\dfrac{n^n}{n!}$；  (6) $2(1-2e^{-1})$；  (7) $\dfrac{\pi^2}{8}$；

(8) $I_n = \begin{cases} \dfrac{(2k-1)!!}{(2k)!!}\cdot\dfrac{\pi(1-\pi)}{2}, & n=2k, k\in N, \\ \dfrac{(2k)!!}{(2k+1)!!}(1-\pi), & n=2k+1, k\in N. \end{cases}$

5. $\tan\dfrac{1}{2}-\dfrac{1}{2}e^{-4}+\dfrac{1}{2}$.

6. $F(x) = \begin{cases} \dfrac{1}{2}x^3+x^2-\dfrac{1}{2}, & -1\leqslant x<0, \\ \ln\dfrac{e^x}{e^x+1}-\dfrac{x}{e^x+1}-\dfrac{1}{2}-\ln 2, & 0\leqslant x\leqslant 1. \end{cases}$

7. $\displaystyle\int_0^x S(t)\,\mathrm{d}t = \begin{cases} \dfrac{1}{6}x^3, & 0\leqslant x\leqslant 1, \\ -\dfrac{x^3}{6}+x^2-x+\dfrac{1}{3}, & 1<x\leqslant 2, \\ x-1, & x>2. \end{cases}$

8. 0.  9. 利用积分中值定理.

10. $f(x)=x^2\cos x+\dfrac{\pi^2-8}{2(2-\pi)}$.

11. $f(x)=(x+1)e^x-1$.

12. $f(x)=\dfrac{5}{2}(\ln x+1)$.

13. 利用分部积分法求得 $f(x)=-x^2\sin\dfrac{1}{x}+\displaystyle\int_0^x 2t\sin\dfrac{1}{t}\,\mathrm{d}t$.

14. (1) 当 $x\in[0,1]$, $p>0$ 时，导出 $\dfrac{1}{1+x^p}\geqslant 1-x^p$；

(2) 导出 $\displaystyle\int_0^{\sqrt{2\pi}}\sin x^2\,\mathrm{d}x=\dfrac{1}{2}\int_0^{\pi}\sin t\left(\dfrac{1}{\sqrt{t}}-\dfrac{1}{\sqrt{t+\pi}}\right)\mathrm{d}t$；

(3) 求出 $f(x)=e^{x^2-x}$ 在 $[0,2]$ 上的最小值和最大值.

15. (1) 证明 $f(x)=\sin x^n-\sin^n x$ 当 $0\leqslant x\leqslant 1$ 时单调递增；

(2) 注意当 $0\leqslant x\leqslant 1$ 时, $0\leqslant\sin x^n\leqslant x^n$.

16. (1) 证明 $\displaystyle\int_0^{n\pi}|\cos t|\,\mathrm{d}t=2n$, $\displaystyle\int_0^{(n+1)\pi}|\cos t|\,\mathrm{d}t=2n+1$；  (2) 利用(1)的结论.

17. (1) 证明 $f(x+\pi)=f(x)$；  (2) $f(x)$ 的值域是 $[2-\sqrt{2},\sqrt{2}]$.

18. 讨论 $f(x)=\displaystyle\int_0^x\sqrt{1+t^4}\,\mathrm{d}t+\int_{\cos x}^0 e^{-t^2}\,\mathrm{d}t$ 的单调性.

19. 由积分中值定理找到一点 $\xi_1 \in \left[0, \dfrac{1}{k}\right]$，使得 $f(1) = k\int_0^{\frac{1}{k}} x\mathrm{e}^{\frac{1}{x}} f(a)\mathrm{d}x = \xi_1 \mathrm{e}^{1-\xi} f(\xi_1)$. 再在 $[\xi_1, 1]$ 上，对 $\varphi(x) = x\mathrm{e}^{1-x} f(x)$ 应用 Rolle 定理.

20. 由积分中值定理找到一点 $\xi_1 \in \left[0, \dfrac{1}{3}\right]$，使得 $f(1) = \mathrm{e}^{1-\xi_1^2} f(\xi_1)$. 再在 $[\xi, 1]$ 上对 $F(x) = \mathrm{e}^{1-x^2} f(x)$ 应用 Rolle 定理.

21. 考虑积分 $I = \int_0^1 \left(x - \dfrac{1}{2}\right)^n f(x)\mathrm{d}x$，并利用积分中值定理.

22. 设 $F(x) = \int_0^x f(t)\mathrm{d}t \ (0 \leqslant x \leqslant \pi)$，证明存在 $\xi \in (0, \pi)$ 使得 $F(0) = F(\xi) = F(\pi) = 0$，再应用 Rolle 定理.

23. 对等式右端进行分部积分.

24. 注意 $\int_0^1 f(x)\mathrm{d}x = \lim\limits_{n\to\infty} \sum\limits_{i=1}^n f(\xi_i)\Delta x_i \geqslant \lim\limits_{n\to\infty} \sqrt[n]{f(\xi_1)f(\xi_2)\cdots f(\xi_n)} = \mathrm{e}^{\lim\limits_{n\to\infty} \sum\limits_{i=1}^n \ln f(\xi_i)\Delta x_i}$.

25. 作辅助函数 $F(x) = (a+x)\int_a^x f(t)\mathrm{d}t - 2\int_a^x tf(t)\mathrm{d}t$.

26. 令 $F(x) = f(x) - g(x)$，$G(x) = \int_a^x F(t)\mathrm{d}t$，证明 $\int_a^b xF(x)\mathrm{d}x = \int_a^b x\mathrm{d}G(x) \leqslant 0$.

27. (1) $\dfrac{2}{3} - \dfrac{3\sqrt{3}}{8}$；(2) $\dfrac{\pi}{4}\mathrm{e}^{-2}$；(3) $\dfrac{\pi}{3}$；(4) $\dfrac{\pi}{4}$；(5) $-\dfrac{\pi}{2}\ln 2$.

28. (1) 利用凑微分方法；(2) 作代换 $t = x^2$.

29. (1) 收敛；(2) 收敛；(3) 收敛；(4) 收敛.

30. (1) $S(t) = 1 - 2t\mathrm{e}^{-2t}$，$t \in (0, +\infty)$；(2) 最小值 $1 - \dfrac{1}{\mathrm{e}}$.

31. (1) $\dfrac{1}{2}\mathrm{e} - 1$；(2) $\dfrac{\pi}{6}(5\mathrm{e}^2 - 12\mathrm{e} + 3)$.

32. 旋转体在 $a = 4$ 时取最大值 $\dfrac{32\sqrt{5}}{1\,875}\pi$.

33. (1) $\dfrac{4\pi}{5}(32 - a^5)$，$\pi a^4$；(2) $a = 1$ 时，$V = V_1 + V_2$ 取得最大值 $\dfrac{129}{5}\pi$.

34. (1) 2；(2) 1.

35. (1) $\sqrt{1 + r + r^2}\,a$ (m)；(2) $\sqrt{\dfrac{1}{1-r}}\,a$ (m).

36. 2m.